U0263383

房舍和储藏物粉螨

第 2 版

主 编 李朝品 沈兆鹏

科学出版社

北 京

内 容 简 介

本书系统地介绍了粉螨亚目中孳生在房舍和储藏物上的螨类。全书共12章,约80万字,含插图500余幅。主要介绍了粉螨的形态特征、生物学与生态学、粉螨主要类群、粉螨为害、粉螨与疾病、粉螨的防制、粉螨采集与标本制作、粉螨显微观察技术、粉螨分类技术、粉螨线条图绘图技术和粉螨的饲养等内容。

本书可供生物学、农学、医学等专业人员学习之用,也可供从事蜱螨研究的高校师生、科技工作者和从事工农业生产、粮食储藏、螨害控制、仓储物流、公共卫生、螨性疾病防治等专业的技术人员在工作中参考。

图书在版编目(CIP)数据

房舍和储藏物粉螨 / 李朝品,沈兆鹏主编. —2 版. —北京:科学出版社,2018.6

ISBN 978-7-03-056171-8

Ⅰ.①房… Ⅱ.①李…②沈… Ⅲ.①粉螨–研究 Ⅳ.①Q969.91

中国版本图书馆 CIP 数据核字(2017)第 317991 号

责任编辑:杨卫华 / 责任校对:张小霞
责任印制:赵 博 / 封面设计:吴朝洪

科 学 出 版 社 出版

北京东黄城根北街 16 号
邮政编码:100717

http://www.sciencep.com

中国科学院印刷厂 印刷

科学出版社发行 各地新华书店经销

*

1996 年 4 月第 一 版 由中国科学技术大学出版社出版
2018 年 6 月第 二 版 开本:787×1092 1/16
2018 年 6 月第一次印刷 印张:34 1/4
字数:784 000

定价:198.00 元

(如有印装质量问题,我社负责调换)

《房舍和储藏物粉螨》编写人员

主　　编　李朝品　沈兆鹏
副主编　张　浩　叶向光　王慧勇　杨庆贵　李小宁　韩仁瑞
编　　者　(以姓氏笔画为序)

王少圣　皖南医学院
王慧勇　淮北职业技术学院
王赛寒　安徽出入境检验检疫局
石　泉　安徽出入境检验检疫局
叶向光　安徽出入境检验检疫局
吕佳乐　中国农业科学院植物保护研究所
朱玉霞　安徽理工大学
乔　岩　北京市植物保护站
刘　婷　皖南医学院
刘继鑫　齐齐哈尔医学院
许　佳　安徽出入境检验检疫局
许礼发　安徽理工大学
孙恩涛　皖南医学院
杜凤霞　齐齐哈尔医学院
李　婕　皖南医学院
李小宁　皖南医学院
李朝品　皖南医学院
杨邦和　皖南医学院
杨庆贵　江苏出入境检验检疫局
沈兆鹏　中储粮成都粮食储藏科学研究所
宋锋林　辽宁出入境检验检疫局
张　浩　齐齐哈尔医学院
武其文　皖南医学院

岳巧云　中山出入境检验检疫局
赵　丹　齐齐哈尔医学院
赵金红　皖南医学院
姜晓环　中国农业科学院植物保护研究所
洪　勇　皖南医学院
贺　骥　厦门出入境检验检疫局
柴　强　皖南医学院
郭　伟　皖南医学院
郭　家　齐齐哈尔医学院
唐小牛　皖南医学院
唐秀云　铜陵市第二人民医院
陶　宁　皖南医学院
陶　莉　南京中医药大学
黄　勇　山东省寄生虫病防治研究所
韩仁瑞　皖南医学院
湛孝东　皖南医学院

致　谢

　　《房舍和储藏物粉螨》的修订历经两年时光，经全体编者、审校者的同力协契，终于尘埃落定，在本书付梓之际，我谨代表编委会向大家深表感谢；本书修订以国内外从事粉螨研究的教授、专家、学者长期研究成果为参考，在此，向他们表示崇高的敬意，尤其是我国从事粉螨研究的老一辈专家、教授、学者，如忻介六、李隆术、陆联高、温廷桓、孟阳春、王孝祖、江镇涛、马恩沛、沈兆鹏、梁来荣、李云瑞等，为我国粉螨事业的开拓与发展做出了巨大贡献，我们将永远铭记他们的光辉业绩；向目前仍从事蜱螨学研究的专家洪晓月、林坚贞、张智强、范青海、张艳璇、孙劲旅、沈莲、夏斌、李明华、莫乘风（中国香港）、曾义雄（中国台湾）、何琦琛（中国台湾）等致敬，他们的研究工作将使得我国粉螨研究事业更加繁荣、成就更加卓越，我们由衷地钦佩他们的奉献精神。

　　在本书编写过程中，我们主要参考了《中国粉螨概论》（李朝品、沈兆鹏主编）、《中国仓储螨类》（陆联高编著）、《蜱螨与人类疾病》（孟阳春、李朝品、梁国光主编）、《农业螨类学》（洪晓月主编）、《农业螨类图解检索》（张智强、梁来荣编著）、《医学蜱螨学》和《医学节肢动物学》（李朝品主编）、《蜱螨学》（李隆术、李云瑞编著）、《农业螨类学》和《蜱螨学纲要》（忻介六编著）、《农业螨类学》（李云瑞、卜根生编）、《中国农业螨类》（马恩沛、沈兆鹏、陈熙雯等编著）、《哮喘病学》（李明华、殷凯生、蔡映云主编）；*The Mites of Stored Food and Houses*（A. M. Hughes, 1976）, *A Manual of Acarology*（G. W. Krantz, D. E. Walter, 2009）, *Fauna of U. S. S. R. Arachnoidea. Vol.* Ⅵ . *Tyroglyphoidea*（*Acari*）（A. A. Zachvatikin, 1941）, *Synopsis and Classification of Living Organisms*（B. M. OConnor, 1982）, *An Introduction to Acarology*（E. W. Baker, 1952）等专著。本书图片来源于作者拍摄、同行专家馈赠，或精选于国内期刊、专著。原图由作者自绘，仿绘图是作者以国内外书刊为图源进行改编的，主要参考了 A. M. Hughes, G. W. Krantz、忻介六、李隆术、陆联高、王孝祖、江镇涛、温廷桓、李云瑞、黄复生、张智强、梁来荣、邹萍、范青海、苏秀霞、江原和赵小玉等的著作和论文。部分照片由张永毅老师馈赠或采自 L. Stingeni, L. Bianchi, M. Tramontana, Griffiths 和陆联高等专家的著作和论文。若无上述成果为基石，我们将难以顺利完成本书的修订工作，为此，我们向上述著作和图片的作者、审校者、编者及图片摄制者表示衷心的感谢，并致以崇高敬意。

　　首先，我们由衷地感谢沈兆鹏老师的悉心指导。在本书修订过程中，沈兆鹏老师始终如一地关心和指导，书稿完成后，又一丝不苟地亲自审校全书文字、插图。沈老师孜孜以求的工作态度和精益求精的强烈责任心值得我们尊敬和学习。

　　南京农业大学洪晓月教授在本书编写过程中给予了关心和支持，并就编写内容提出了意见和建议，在此表示衷心的谢意。

　　为保证本书的质量，在统稿之后又进行了编者互审、副主编初审和主编审校等多个环节。此外，李婕和孙恩涛等帮助审校了部分内容。各位专家提出了很多建设性的意见和建议，在此表示诚挚的谢意。

感谢国家自然科学基金对粉螨有关课题的基金资助，从而使本书得以顺利出版。

感谢西南大学张永毅老师给予的指导；感谢南昌大学周宪民和夏斌教授及皖南医学院王先寅老师在编写过程中给予的帮助；感谢皖南医学院韩仁瑞等在绘图方面给予的帮助；感谢安徽理工大学医学院病原生物学与免疫学教研室、齐齐哈尔医学院病原生物学教研室和皖南医学院医学寄生虫学教研室全体老师和研究生在资料检索、绘图等工作中给予的帮助和支持，特别是田晔、王春花、游牧、姚应水、陆军、郭敏、黄月娥、曹剑锋、陈国创、杨邦和、陶宁、洪勇、柴强、赵亚男和蒋峰等。

感谢中国农业科学院植物保护研究所、中储粮成都粮食储藏科学研究所、安徽理工大学、皖南医学院、齐齐哈尔医学院、安徽出入境检验检疫局、南京出入境检验检疫局、厦门出入境检验检疫局、北京市植物保护站等单位给予的大力支持。

此外，还要感谢科学出版社的支持和帮助，使本书得以如期付梓出版。

最后，由衷感谢对本书编写给予关心和帮助的所有老师、同学和亲友，在此，对你们的无私帮助表示崇高的敬意。

李朝品
2018 年 1 月于芜湖

前　言

房舍和储藏物粉螨是粉螨中的一大类群，其种类多、分布广，是孳生在房舍和储藏物中的主要种类，不仅为害粮食、食物、饲料、中药材和中成药等储藏物，而且有些粉螨的排泄物、分泌物、蜕下的皮等是作用极强的过敏原，可引起过敏性疾病。也有些粉螨的分泌物、排泄物等对人畜有毒害作用，可引起人畜中毒，因此，应加强对房舍和储藏物粉螨的研究与防制。

《房舍和储藏物粉螨》第 1 版于 1996 年由中国科学技术大学出版社出版，对粉螨亚目的 7 个科中的常见螨种进行了较为系统的阐述，是研究中国粉螨的必备参考书。20 多年过去了，我国在粉螨种类调查、形态学、生物学、生态学、分类学、螨害控制和螨性疾病防治等方面均取得了令人瞩目的成就。为适应我国粉螨研究工作的进展，满足从事粉螨教学和科研、农业与畜牧业、疾病控制与海关检验检疫等专业技术人员学习和参考的需要，现将本书进行修订，吸收新的研究成果，使之更趋完善，以飨读者。

英国著名学者 A. M. Hughes 对全世界为害储藏食物和栖息于房舍中的螨类进行了为期 20 多年的调查研究，并于 1976 年出版了专著《储藏食物与房舍的螨类》（*The Mites of Stored Food and Houses*），该书将房舍和储藏物粉螨归属于蜱螨亚纲（Acari）真螨目（Acariformes）无气门亚目（Astigmata）。G. W. Krantz 于 1978 年在其所著的《蜱螨学手册》（*A Manual of Acarology*）中把蜱螨亚纲分为 2 个目、7 个亚目、105 个总科、388 个科，将粉螨划为粉螨亚目（Acaridida），等同于上述的无气门亚目。2009 年，在《蜱螨学手册》第 3 版中，G. W. Krantz 和 D. E. Walter 将蜱螨亚纲重新分为 2 个总目，即寄螨总目（Parasitiformes）和真螨总目（Acariformes），下设 125 个总科、540 个科。其中寄螨总目包括 4 个目：节腹螨目（Opilioacarida）、巨螨目（Holothyrida）、蜱目（Ixodida）及中气门目（Mesostigmata）。真螨总目包括 2 个目：绒螨目（Trombidiformes）和疥螨目（Sarcoptiformes）。之前的甲螨目（Oribatida）被降格为亚目；无气门（亚）目，也称为粉螨（亚）目，被降格为甲螨亚目（Oribatida）下的甲螨总股（Desmonomatides ＝ Desmonomata）的无气门股（Astigmatina）。此无气门股下分 10 个总科、76 个科，包括两个主要类群：粉螨（Acaridia）和瘙螨（Psoroptidia）。本书有关粉螨的分类是为了便于从事粉螨教学与科研、医疗与保健、农业与畜牧业、疾病控制与海关检验检疫等工作的技术人员在学习和工作中参考，仍沿用第 1 版曾经采用的分类系统，即把粉螨归属于蜱螨亚纲真螨目粉螨亚目，并在粉螨亚目下设 7 个科，即粉螨科、脂螨科、食甜螨科、嗜渣螨科、果螨科、麦食螨科和薄口螨科。应当明确的是，本书所记述的粉螨是指 A. M. Hughes（1976）、张智强和梁来荣（1997）的著作中无气门亚目的螨类，同时力图将其与 G. W. Krantz 和 D. E. Walter 的第 3 版《蜱螨学手册》中的无气门股中所涵盖的粉螨螨种相统一。

本书共分为12章，约80万字，含插图500余幅，涉及粉螨近100种，隶属于7科35属。本书侧重于粉螨常见种类，同时兼顾少见螨种，并根据资料多寡编写相应内容。对于现有资料匮乏或罕见的种类，则少写、简写或不写。为方便读者查阅国内外有关文献，每章后均附有相关参考文献，文内专业术语后多辅以英文或拉丁文注释。

为提高编写质量，统一全书风格，本书编委会先后在黑龙江省齐齐哈尔市、安徽省淮北市和江苏省南京市召开了3次编写会议。来自科学出版社、中国农业科学院植物保护研究所、安徽理工大学、皖南医学院、齐齐哈尔医学院、江苏出入境检验检疫局等单位的人员参加了会议。各参会者集思广益，对本书的修订提出了诸多建设性意见，最终确定了编写内容，并落实了各编者的职责和义务。

本书是全体编者辛勤劳动的结晶，在修订过程中，他们热忱合作，尤其是张浩、李婕、韩仁瑞、王少圣等为本书的修订付出了辛勤劳动，协助主编做了很多具体工作，在此深表谢意。由于我们的学术水平和写作能力所限，难免对以往学者的文献、资料有取舍不当之处，特恳请原著者谅解。在修订本书过程中，尽管编者、审校者齐心协力，力图少出或不出错误，但由于编者较多，资料来源与取舍不同，参照的文献和著作有的是原著，有的则不然，难免出现不当之处。有些螨种的文献数量较少，有些新种因检索不到原著者的模式标本，无法核对粉螨形态图的具体结构特征。全书的插图未标注比例尺，敬请读者不要按插图大小估算螨体大小。限于编者能力和精力，本书体例和图文风格不尽一致，插图和文字也难免出现疏漏，恳请广大读者批评指正，以利再版时修订。

李朝品

2018 年 2 月于芜湖

目　　录

第一章 绪 论

房舍和储藏物粉螨种类多、分布广,是房舍生态系统中的主要成员。房舍和储藏物粉螨食性广泛,可为害储粮、食物、中药材和纺织品等,使这些物品质量下降,甚至完全被破坏。房舍和储藏物粉螨在温湿度适宜的条件下大量孳生,可对人们的生活环境造成污染,其排泄物、分泌物、蜕下的皮及死亡粉螨的裂解物均是很强的过敏原,可引起多种过敏性疾病。其中有些种类生存能力很强,可通过呼吸道、消化道和泌尿道进入人体,导致肺螨病、肠螨病和尿螨病等多种疾病。

第一节 概 述

蜱螨隶属于蛛形纲(Arachnida)的蜱螨亚纲(Acari)。本书讨论的房舍和储藏物粉螨隶属于蜱螨亚纲真螨目(Acariformes)粉螨亚目(Acaridida)。全球粉螨约有 27 科、430 属、1400 种,我国目前已记录的约有 150 种。

粉螨亚目的螨类体软,无气门,极少有气管,通过皮肤进行气体交换,对干燥的环境没有足够的抵抗力。粉螨的螯肢由定趾和动趾组成,呈钳状,两侧扁平,内缘常具有刺或齿。须肢小,1~2 节,紧贴于颚体。躯体多呈卵圆形,体壁薄而呈半透明,颜色各异,乳白色至棕褐色,前端背面有一块背板,表皮柔软,或光滑,或粗糙,或有细的皱纹。足常有单爪,或爪退化,而由扩展的盘状爪垫衬所覆盖。足的基节同腹面愈合,前足体近后缘处无假气门器。有些雄螨具阳茎和肛门吸盘,足Ⅳ跗节背面具跗节吸盘 1 对。雌螨有产卵孔,无肛门吸盘和跗节吸盘。粉螨躯体背面、腹面、足上着生各种刚毛,毛的长短和形状及排列方式因种而异。躯体上的刚毛有长、短、粗、细、栉状、羽状、棒状等形式;足上的刚毛,特别是足Ⅰ跗节上的刚毛更是错综复杂。对于某一种粉螨而言,其躯体和足Ⅰ跗节上的刚毛却是固定不变的。因而可将此作为粉螨分类、鉴定的重要依据。

蜱螨不是昆虫,蜱螨的成体有足 4 对,而不像昆虫成虫那样有足 3 对,两者以此相区别。就外部形态而言,蜱螨与昆虫也有明显区别。例如,蜱螨的体节分节不明显,昆虫的身体则分许多节。但它们和昆虫一样分布广泛,几乎每个地方都可见粉螨踪迹,但绝大多数已记载的粉螨都来自于人类和动物的聚居地。粉螨的生活史独特,包括卵、幼螨、第一若螨、第三若螨和成螨等发育期,在温湿度适宜的条件下,完成生活史约需 15 天。在进入第一若螨、第三若螨和成螨之前,各有约一天的静息期,即幼螨静息期、第一若螨静息期和第三若螨静息期。当遇到恶劣环境或杀虫剂时,第一若螨可变为休眠体(第二若螨);环境条件改善,休眠体复苏,变为第三若螨。正是这种生活史类型,使粉螨能抵抗不良环境而大量繁殖;由于休眠体有吸盘,所以可吸附在其他动物身上而广为传播。

粉螨种类繁多、形态特殊、栖息场地多样、生活史复杂,加之与人类经济活动密切相

关，所以各国科学工作者竞相研究。人们对粉螨的认识很早，瑞典学者 Linnaeus 在第 1 版
Systema Nature 中就使用了属名粉螨属（*Acarus*）。1758 年他记述了粗脚粉螨（*Acarus siro*）
和甜果螨（*Carpoglyphus lactis*），在该书第 10 版中又记述了约 30 种螨类，均属于粉螨属。
更有资料显示，在距今 2800 万年前的琥珀中发现了无气门螨类。苏联学者查赫凡特金
（1941）出版《粉螨总科》（*Tyroglyphoidea*）一书，为粉螨研究奠定了坚实的基础。英国
学者 Hughes（1976）出版了《贮藏食物与房舍的螨类》（*The Mites of Stored Food and
Houese*），为粉螨的研究做出了卓越的贡献。

我国对粉螨的研究始于 1957 年，当时仅知道几种为害储藏粮食的粉螨。张国樑
（1958）报道了全国记录的储粮螨类共 7 种；李隆术和陆联高（1958）报道了四川的 5 种
储粮螨类；沈兆鹏（1962）在上海发现可对食糖造成严重污染的甜果螨和作为螨性过敏致
敏原的粉尘螨（*Dermatophagoides farinae*）；忻介六、沈兆鹏于 1963 年和 1964 年在《昆虫
学报》上发表论文，题目分别为《椭圆板白螨形态的研究》和《椭圆食粉螨生活史的研
究》。高景明、刘明华、魏炳星（1956）在《中华医学杂志》上发表了 "在呼吸系统疾病
患者痰内发现米蜱虫一例报告及对米蜱虫生活史、抵抗力的观察" 一文。1986～1988 年
由商业部组织开展了 "全国重点省市区储粮螨类区系调查研究"，此后又进行了 "储粮螨
类防制方法的研究"。参加上述两项课题研究的有黑龙江、甘肃、河南、江西、四川、上
海、云南、西藏、湖北、福建、江苏等地的粮食局、大专院校和研究单位。这一时期，我
国从事粉螨研究的学者发表了大量的学术论文，也出版了一些专著。中国科学院动物研究
所、复旦大学生物系和国家粮食局科学研究院等是中国较早研究储藏物粉螨的单位，忻介
六、李隆术、冯敦棠、陆联高、王孝祖、张国樑、金礼中和沈兆鹏等是我国早期开展粉螨
研究并做出突出贡献的专家。我国粉螨研究工作历经半个多世纪，取得了令人瞩目的成
就。1983 年，忻介六、沈兆鹏把英国著名学者 Hughes 历经 30 年调查研究之后再版的《贮
藏食物与房舍的螨类》一书译成中文，由中国农业出版社出版。1984 年，马恩沛和沈兆鹏等
编著的《中国农业螨类》由上海科学技术出版社出版。1994 年，陆联高编著并出版《中国
仓储螨类》一书，在该著作中共描述储粮螨类 90 种。1995 年，孟阳春、李朝品、梁国光主
编了《蜱螨与人类疾病》，书中较系统地阐述了粉螨与疾病的关系，由中国科学技术大学出
版社出版。1996 年，李朝品、武前文出版了《房舍和储藏物粉螨》，对粉螨的常见种类进行
了较系统的阐述，成为研究中国粉螨的必备参考书。张智强和梁来荣于 1997 年出版的《农
业螨类图解检索》在介绍粉螨分类时新增了脂螨科。1998 年，李隆术和李云瑞编著并出版
《蜱螨学》一书，该著作系统介绍了蜱螨学基础理论及其在农业螨类、储粮螨类生态和防制
方面的应用，是一部研究蜱螨学的重要参考书籍。2016 年，李朝品、沈兆鹏主编《中国粉螨
概论》，由科学出版社出版。

我国台湾地区气候温和湿润，储藏物螨类的种类很多且易大量繁殖，各种储藏的粮食、
食物、食糖等存在不同程度的污染。据台湾检疫部门报道，台湾地区有储藏物螨类近 100
种，分别隶属于 4 个亚目：粉螨亚目（Acaridida）、甲螨亚目（Oribatida）、辐螨亚目
（Actinedida）和革螨亚目（Gamasida）。Kishida（1935）和 Takahashi（1938）在台湾对与
农业关系密切的粉螨进行了研究。黄坤炜（2004）在台湾蜱螨学研究史中指出，台湾约有
粉螨 104 种；但在台湾生物多样性信息网的台湾物种名录中收录的粉螨仅有 38 种，均隶

属于粉螨科（Acaridae）。

　　房舍是一个复杂的生态系统，因为房舍内储藏了大量的物品，所以易孳生许多昆虫、螨类、菌类、鼠类和鸟类。粉螨是其中主要的类群，它们孳生物多样，食性广杂。其中腐食酪螨（*Tyrophagus putrescentiae*）、粗脚粉螨（*Acarus siro*）、家食甜螨（*Glycyphagus domesticus*）、害嗜鳞螨（*Lepidoglyphus destructor*）、罗宾根螨（*Rhizoglyphus robini*）、伯氏嗜木螨（*Caloglyphus berlesei*）、羽栉毛螨（*Ctenoglyphus plumiger*）等取食有机物碎片和食物残屑、栽培的蕈类、植物的球茎、真菌、霉菌、地衣、苔藓等；速生薄口螨（*Histiostoma feroniarum*）取食流体或半流体的腐败有机物。在粮食仓库，腐食酪螨、粗脚粉螨、椭圆食粉螨（*Aleuroglyphus ovatus*）、食虫狭螨（*Thyreophagus entomophagus*）、纳氏皱皮螨（*Suidasia nesbitti*）、伯氏嗜木螨、家食甜螨、害嗜鳞螨、弗氏无爪螨（*Blomia freemani*）、棕脊足螨（*Gohieria fusca*）、拱殖嗜渣螨（*Chortoglyphus arcuatus*）、隆头食甜螨（*Glycyphagus ornatus*）、梅氏嗜霉螨（*Euroglyphus maynei*）、粉尘螨（*Dermatophagoides farinae*）等取食谷物的胚芽、粉状粮食和发霉的粮食。在食物仓库，甜果螨（*Carpoglyphus lactis*）、干向酪螨（*Tyrolichus casei*）、腐食酪螨、害嗜鳞螨、扎氏脂螨（*Lardoglyphus zacheri*）、纳氏皱皮螨、伯氏嗜木螨、棉兰皱皮螨（*Suidasia medanensis*）等取食蜜饯、干果、食糖、茶叶、奶酪等；在储存中药材的地方，它们取食各种动物性和植物性中药材。有些粉螨，如甜果螨、粗脚粉螨、腐食酪螨、椭圆食粉螨、纳氏皱皮螨、家食甜螨、粉尘螨等可侵入人体器官（如细支气管和肺）。在房舍中，尘螨以人体脱落的皮屑和生长在皮屑上的霉菌为食，可在地毯（特别是地毯下层）和充填式家具中生长繁殖。绝大多数粉螨营自生生活，属于植食、菌食和腐食性的节肢动物类群，多孳生于有机质丰富且相对湿度较大的环境中，如房舍、粮仓、食堂储藏间、中草药库、养殖场、动物巢穴、树洞、垃圾和土壤等。孳生物包括各种储藏物，如谷物、食物、药物及衣物等，通常以粮食、干果、中药材、糠皮、火腿、奶酪、真菌、细菌和人（动物）脱落的皮屑等为食，如粉螨科、食甜螨科（Glycyphagidae）、果螨科（Carpoglyphidae）的大多数种类。这些螨类大多体软，螯肢有粗大的齿，可对储藏物造成很大损害。腐食性和菌食性螨类以植物根茎、腐烂谷物、霉菌和其他腐败有机物为食，如椭圆食粉螨和家食甜螨嗜食粉红单端孢霉（*Trichothecium roseum*）。此外，家食甜螨还是寄生在啮齿动物体内绦虫的中间宿主。粗脚粉螨与害嗜鳞螨常在粮堆中共同生活，二者均可取食菌类，但各自取食不同的菌种，很少发生食物竞争现象。粉螨属（*Acarus*）和食酪螨属（*Trophagus*）的螨类也常成对发生在发霉的粮食和食物上，污染食物。因此，根据粉螨的食性，可把粉螨大体分为植食性、菌食性和腐食性三类。植食性粉螨以谷物、饲料、中药材、干果及糖类等为食，这种食性的粉螨多隶属于粉螨科、食甜螨科、果螨科等，如粗脚粉螨、腐食酪螨、椭圆食粉螨、拱殖嗜渣螨、棕脊足螨、弗氏无爪螨、隆头食甜螨、羽栉毛螨、隐秘食甜螨（*Glycyphagus Privatus*）和甜果螨等。这些螨类常为害稻谷、大米、小米、小麦、面粉、黄豆、玉米、向日葵、中药材、香肠、食糖、干果、粮种胚芽和各种干杂食物等。粗脚粉螨除喜食谷物的胚芽外，还嗜食阿姆斯特丹散囊菌（*Eurotium amstelodami*）、匍匐散囊菌（*E. repens*）和赤散囊菌（*E. ruber*），并能消化这些真菌的大部分孢子。菌食性粉螨以菌类为食，如家食甜螨，常以生长在植物纤维上的霉菌为食，也是谷物储藏中的重要种群。腐食性粉螨以腐败有机物为食，如速生薄口螨不但以菌丝为食料，还常孳生在腐败的植物、潮湿的谷物、腐烂的蘑菇和蔬菜、树木流出的液汁及牛粪等呈液体或半液体状态的有机物中。

　　房舍和储藏物粉螨对几乎所有的储藏物均有不同程度的危害，不仅污染和毁坏储藏物，而且还能引起螨病（acariasis）。因此，对粉螨进行研究，这在谷物储藏、房舍生态和人类健康等方面均具有重要的意义。

　　房舍和储藏物粉螨的尸体、排泄物、蜕下的皮壳、难闻的代谢产物及因螨类而产生的微生物都可造成储藏物污染。粉螨为害粮食，把谷物的胚芽吃掉，导致其种子发芽率和营养价值均大大下降。粉螨为害储藏的大米和糙米，有时螨类数目达到惊人的程度。例如，贵州地区在储藏的大米中每千克大米有粉螨 15 000 只之多。螨类为害可引起储粮发热、水分增高，促使一些真菌繁殖，使储粮发霉、变质。值得一提的是，某些孳生于粮食中的微生物能产生毒素，如黄曲霉（*Aspergillus flavus*）可产生黄曲霉毒素，可导致人畜肝脏癌变；黄绿青霉（*Penicillum citreo-viride*）产生的毒素可使储粮变黄；桔青霉（*Penicillum citrinum*）产生的毒素可使储藏的大米变黄带毒，成为黄变米。我国东北、四川和沿海一带由于相对湿度较大，储藏的粮食均有不同程度的螨类污染。只要温湿度条件适宜，粉螨就大量繁殖。据台湾地区报道，粉螨严重污染储藏的粮食，稻谷为害率达 100%、玉米 95%、花生 87%、豆类 71%、大米 69%，如此高的为害率与台湾地区温暖且湿润的天气有关。在粮食和食品仓库中可发现许多储藏物螨类，但主要是粉螨亚目（Acaridida）螨类及捕食粉螨的捕食性螨类，如肉食螨科（Cheyletidae）。下述粉螨是在我国储藏物中分布广泛、数目最多的螨种，如腐食酪螨（*Tyrophagus putrescentiae*）、纳氏皱皮螨（*Suidasia nesbitti*）、椭圆食粉螨（*Aleuroglyphus ovatus*）、家食甜螨（*Glycyphagus domesticus*）。害嗜鳞螨（*Lepidoglyphus destructor*）、棕脊足螨（*Gohieria fusca*）、甜果螨（*Carpoglyphus lactis*）、拱殖嗜渣螨（*Chortoglyphus arcuatus*）和粉尘螨（*Dermatophagoides farinae*）。

　　粉尘螨和屋尘螨（*D. pteronyssinus*）等螨类栖息于储藏的粮食、棉籽饼、动物饲料等物品中，它们也是房舍螨类的重要成员。北京协和医院变态反应科曾对北京地区进行调查。在北京地区，几乎每个家庭的灰尘中均含有螨，采自床上的灰尘含螨量更高，但并非每个接触螨的人都会过敏。在长期使用空调的房间里，由于与自然环境不直接通风、换气，加之温湿度适宜，可能会隐藏较多的螨类。特别是在长期使用空调并铺设羊毛地毯的房间里，尘螨的数目更多，因为地毯下面是尘螨理想的孳生场地。床垫是屋尘螨理想的栖息、繁殖场所，在羊毛毯、床垫和地板的灰尘中也隐藏着许多尘螨。在欧美一些国家，过敏性哮喘的发病率较高，因为这些患者家中普遍装有空调、铺有羊毛地毯。人们生活在长期使用空调、铺有羊毛地毯的房间里，确实感到很舒服，同样，隐藏在房间里的尘螨对此环境也很适宜，它们就此孳生、繁殖，影响着人们的健康。在居室中，尘螨以人体脱落的皮屑及棉花短纤维为食。它们的尸体、排泄物、蜕下的皮壳等均是过敏原，能引起过敏性哮喘，特别是儿童。近年，国外的研究发现，在尘螨的排泄物中有 5 种蛋白质，这些蛋白质是引起过敏性哮喘的过敏物质。房舍螨类的主要成员是储藏物螨类，尘螨也不例外。由于尘螨是引起人们过敏性哮喘的一种过敏原，因此居室要保持清洁、干燥，并且经常打开窗户与自然环境通风、换气；床上用品及内衣要经常更换；床下要经常清理、打扫，以降低居室尘螨过敏原密度。若居室铺有地毯，应定期清理地毯上下两面的积尘；若用吸尘器清理地毯上层，也只能部分清除居室螨类及其过敏原。螨性过敏是一个十分复杂的问题。在无尘螨的场所，腐食酪螨可取代尘螨而起过敏原的作用。腐食酪螨分布广泛，数目很多，这使原来就很复杂的尘螨变态反应变得更为复杂。

粉螨对动物饲料的污染很严重，并且普遍发生。动物饲料中常见的粉螨是粗脚粉螨、纳氏皱皮螨、腐食酪螨、椭圆食粉螨、家食甜螨、害嗜鳞螨、棕脊足螨、伯氏嗜木螨及捕食这些粉螨的捕食性螨类，如普通肉食螨（*Cheylteus eruditus*）、马六甲肉食螨（*Cheyletus malaccensis*）等。我国对于动物饲料中的螨类虽然没有进行详细的研究，但一般认为污染是严重的。英国曾对位于西南部 114 个奶牛场所用的饲料进行调查，结果仅有 4 个饲料样品中没有检查出螨。动物饲料中严重的螨类污染给家畜养殖业带来了问题，例如，饲料的适口性差，减少了家禽的产蛋量、奶牛的产奶量，降低了猪的繁殖力，延长了猪达到屠宰的日期。同时各种饲养动物表现出维生素 A～D 缺乏症，有腹泻、呕吐等症状。用被粉螨严重污染的饲料饲养家畜、家禽，它们往往长得不好，但胃口却增加，即每天所吃的饲料要比无螨饲料多得多。家畜胃口的增加，反映了饲料中营养的减少；同时粉螨在饲料中占一定比例，也是动物胃口增加的原因。有人估计，由于粉螨对动物饲料的严重为害，其重量损失竟可达 50%。用 9 对同胎小猪（体重约 20kg）做喂养试验，对每一对小猪中的一头给予对照饲料（无螨类污染的饲料），另一头则给予有粉螨污染的饲料。实验结果表明，用有螨饲料喂养的小猪虽然饲料吃得多，但长得慢。

关于中药材染螨的问题，过去没有引起足够的注意，现在这些问题已引起有关方面的重视。在温湿度条件适宜储藏物粉螨生长、繁殖的条件下，大部分储藏的中药材都会有不同程度的螨类污染，特别是一些蛋白质和淀粉含量较高的中药材，如地鳖虫、桔梗、僵蚕、黄芪、神曲、川芎、全虫等。在中药材仓库里发现的储藏物螨类有粗脚粉螨、腐食酪螨、害嗜鳞螨、扎氏脂螨、普通肉食螨和马六甲肉食螨等，一些名贵中药材，如牛黄、熊胆，若储藏保管不妥，也可孳生螨类，主要是腐食酪螨和害嗜鳞螨。

储藏物螨类对储藏粮食和食品的为害不仅使我们在经济上受到损失，而且构成了一个重要的食品卫生和食品质量问题。有些国家已把螨类对于食品的污染列入本国的食品卫生法之中。例如，甜果螨污染食糖、干果、蜜饯等甜食品，若污染严重则不能食用。福建省对储藏的食糖进行调查，发现每千克红糖中有螨类 7000～8000 只，已丧失食用价值。台湾地区盛产食糖，若食糖储藏不妥，螨类可对其造成为害。当环境条件适宜螨类生长繁殖时，螨类孳生很快，它们排出的水分能在储糖容器中凝聚，引起食糖溶化。人们误食被螨类严重污染的食糖，可引起胃部不适、胃痛和过敏等症状。当螨类在食糖中大量繁殖时，其排泄物及蜕下的皮可使食糖产生一种难闻的气味。在我国，甜果螨（*Carpoglyphus lactis*）是为害食糖最严重的螨类，其次是棉兰皱皮螨（*Suidasia medanensis*）。欧洲人喜食干酪，但干酪在储藏期间经常受到干向酪螨（*Tyrolichus casei*）的严重为害，人们在食用时只好把受干向酪螨为害的部分削去。火腿好吃又耐储存，但若保管不妥，就会在火腿表面密布一层粉螨，不知情者会误以为是火腿上的一层白色盐霜。河野脂螨（*Lardoglyphus konoi*）是鱼干和咸鱼制品的重要害螨。

在储粮螨类研究早期，人们仅认为它们是为害储藏粮食的一大类群有害节肢动物，属于储粮螨类；但经深入研究，发现这些为害储粮的螨类也是重要的医学螨类。储粮螨类能使人类产生疾病，因为这种疾病是由螨类引起的，所以称为人体螨病。人体螨病大致可分为粉螨过敏性疾病和人体内螨病。

1. 粉螨过敏性疾病　粉螨除为害储藏物和危害禽畜外，其排泄物（粪粒）、分泌物、皮蜕、死亡的螨体及其裂解物等均是强烈的过敏原，可引起螨性过敏，如螨性过敏性哮喘（或称螨性哮喘）、过敏性鼻炎、过敏性皮炎等。引起过敏的常见致敏螨种有粗脚粉螨（*Acarus siro*）、小粗脚粉螨（*Acarus farris*）、腐食酪螨（*Tyrophagus putrescentiae*）、长食酪螨（*Tyrophagus longior*）、隐秘食甜螨（*Glycyphagus Privatus*）、家食甜螨（*Glycyphagus domesticus*）、害嗜鳞螨（*Lepidoglyphus destructor*）、棕脊足螨（*Gohieria fusca*）、库氏无爪螨（*Blomia kulagini*）、热带无爪螨（*Blomia tropicalis*）、甜果螨（*Carpoglyphus lactis*）、椭圆食粉螨（*Aleuroglyphus ovatus*）、纳氏皱皮螨（*Suidasia nesbitti*）、棉兰皱皮螨（*Suidasia medanensis*）、拱殖嗜渣螨（*Chortoglyphus arcuatus*）、梅氏嗜霉螨（*Euroglyphus maynei*）、丝泊尘螨（*Dermatophagoides siboney*）、粉尘螨（*Dermatophagoides farinae*）、屋尘螨（*Dermatophagoides pteronyssinus*）和小角尘螨（*Dermatophagoides microceras*）等。粉尘螨和屋尘螨等不仅是为害储藏粮食的螨类，而且也是引起人们过敏性哮喘的一种过敏原，在医学上称之为尘螨过敏或变态反应。粉尘螨和屋尘螨均是属于麦食螨科（Pyroglyphidae）的螨类，喜欢栖息于房屋的灰屑中。粉尘螨和屋尘螨的俗名分别为美洲屋尘螨（American house dust mite）和欧洲屋尘螨（European house dust mite），可见这两种尘螨与房屋灰尘有密切的关系。

关于由储藏物螨类（如尘螨）引起人体皮炎有不少报道。大多数螨性皮炎患者血清尘螨特异性 IgE 水平升高，淋巴细胞对尘螨过敏原的反应呈强阳性。Langeveld 等用尘螨给患者做皮肤异位斑贴试验（atopic patch test，APT），阳性率为 15%～100%；Van 等的研究表明，对螨性皮炎患者进行尘螨浸液挑刺试验，不仅可诱发局部产生尘螨特异性 T 细胞，而且还发现皮肤内含有针对尘螨的特异性记忆 Th2 细胞群。临床研究已经证实，室内尘螨密度与螨性皮炎发病关系密切，其密度越高，螨性皮炎的发病率就越高。当每克屋尘含100 只尘螨时，异位性体质者就会处于对尘螨致敏的状态，当尘螨数目>500 只/克室尘浓度时，则足以诱发临床症状。当异位性体质者接触了被储藏物螨类污染的物品之后，就有可能产生皮炎。这种情况在码头工人、搬运工人、仓库保管员、粮食加工厂人员、轧花厂工人等人群中均能发生。因为皮炎的产生与接触某种物品有关，故有"过敏性皮炎""异位性皮炎""棉花接触皮炎""香子兰中毒""杂货痒""椰子仁干痒"等名称。曾有学者报道，内蒙古某药材站向山东省兖州市运输数千斤柴胡，运至河北承德站卸货转车时，搬运者便出现皮疹、全身发痒等表现，调查发现是由柴胡被粉螨污染所致。四川省产棉区的几个县曾发生大规模的皮炎，凡是棉田后期管理、收花、晒花、轧花、清理棉籽及与棉花接触的所有人员都发生了皮炎。因为皮炎的产生与接触棉花有关，所以有"棉花接触皮炎"之称，其症状是皮肤瘙痒，出现红疹，严重者可能发热。有些患者由于奇痒而把皮肤抓破，引起皮肤红肿、溃疡。经调查发现，这种皮炎是由隐藏于棉花或栖息在棉花仓库中的储藏物螨类引起的。

2. 人体内螨病　若螨类通过摄食或呼吸进入人体内部，就可能使人患肠螨病或肺螨病。

（1）肠螨病：是储藏物螨类通过人们取食进入消化道而引起的一种体内螨病。引起肠螨病的螨类有甜果螨（*Carpoglyphus lactis*）、腐食酪螨（*Tyrophagus putrescentiae*）和粗脚粉螨（*Acarus siro*）等，其中甜果螨是主要螨种。追溯甜果螨的历史，其在 200 多年之前就被瑞典博物学家林奈发现。当时，他定甜果螨的学名为 *Acarus dysenteriae* Linnaeus 1758。根据双名法，可把它译为痢疾粉螨——能引起痢疾（dysenteria）的属于粉螨属（*Acarus*）的一种螨类。可以这样推测，当时林奈可能是根据人们吃了被甜果螨污染的食物之后会引起痢疾而定其学名的。近代科学证明，甜果螨是人肠螨病的一种常见的病原螨。随着对蜱螨研究的进展，对甜果螨的分类有很大改变，其现在的学名是 *Carpogιyphus lactis*（L.）。

（2）肺螨病：粉螨很小，身体上有许多刚毛，随着粮食等储藏物的搬运、翻动、倒仓和输送等作业，螨类有可能与粉尘一起悬浮在空气中。长期在空气悬浮螨密度较高的场所中劳作的人员，即有可能随呼吸而把螨类带入呼吸系统——肺及支气管，引起肺螨病。肺螨病患者有咳嗽、咳痰、胸闷、胸痛、气短、哮喘、乏力、低热、烦躁等症状，与肺结核相似。正是由于这种相似的病症，有可能误把肺螨病患者当作肺结核患者进行治疗。肺螨病的研究迄今至少已有 80 年的历史。研究发现，大多数肺螨病患者均是在粉尘含量大，同时无良好除尘设备的环境中劳作，环境中存在的储藏物螨类与粉尘混杂而悬浮在空气中，被在其中劳作的人员吸入而引起肺螨病的。从肺螨病患者的痰液中检查出螨类与工作环境中孳生的螨类完全一致，多为粉螨亚目的螨类，如粗脚粉螨、腐食酪螨、椭圆食粉螨和伯氏嗜木螨等。它们可在粮食仓库、食品仓库、中药材仓库、棉籽仓库及其他储藏物中普遍发生，都是本来就栖息于自然环境中的螨类。

（3）其他螨病：储粮螨类侵入人体泌尿系统而引起的螨病，称为尿螨病。据报道，从尿螨病患者的尿中分离出来的螨绝大部分是储藏物粉螨，如粗脚粉螨、食酪螨属（*Tyrophagus*）螨类、尘螨属（*Dermatophagoides*）螨类及跗线螨属（*Tarsonemus*）螨类等。这些储藏物螨类如何侵入泌尿系统，目前尚无定论。储藏物螨类很小，它们还可以通过某种途径侵染人体。目前有从十二指肠引流液、胆汁、腹水、囊肿、外耳道中检查出螨类的文献报道。

随着国际贸易的增长，商品流通日益频繁，包括粉螨在内的有害生物有可能随商品一起传入我国。为害食糖、干果、蜜饯等甜食制品的甜果螨就是 20 世纪 60 年代随古巴进口的古巴砂糖传入的，如今甜果螨在我国已普遍存在。对此我们一定要加强进口货物的检验检疫工作，把粉螨等有害生物拒之在国门之外。

粉螨的防制是一个值得探讨及研究的课题。防制粉螨最好的办法是通风和干燥。粉螨无气门，用柔软、很薄的皮肤进行呼吸，对周围环境的湿度很敏感，这就是利用通风和干燥防制粉螨的机制。当大气的相对湿度低于 60% 或储藏物含水量小于 12% 时，不利于粉螨存活。食品和中药材应存放在干燥、通风的仓库，以防甜果螨和棉兰皱皮螨的为害。干果、蜜饯、果脯应储藏在温度 10℃ 和相对湿度低于 50% 的仓库中可避免甜果螨、腐食酪螨的侵害。中药材可采用气调方法（改变仓库内的气体成分），这是储藏中药材的最佳方法。居室应经常开窗通风、换气，使用空调的房间也应如此。如有条件，可选用抗尘螨床垫。在欧美各国，制造床垫时已预留注射杀虫剂的孔道，便于今后把杀虫剂注入床垫中杀死其中的尘螨。要达到上述要求并非易事，特别是在相对湿度较大的地区，如四川和沿海一带。

对储藏量最大的储藏物——储藏粮食而言，要防制为害储粮的粉螨是一个难题。经多年研究得出的结论如下：现有的杀螨剂均是高效高毒的化合物，不可能用于储粮中，因而必须使用高效低毒的化学杀虫剂来防制粉螨，必要时可使用磷化氢（PH₃）来消灭粉螨。磷化氢是磷化铝吸收空气中的水分（湿气）后产生的气体。每片磷化铝片重约 3g（磷化铝的含量为 56%），吸湿完全反应后，可产生 1g PH₃ 气体。PH₃ 是剧毒性气体，渗透力极强，一般的砖墙和水泥墙都可以透过。在使用 PH₃ 熏蒸杀螨时，一定要严格遵守操作规则。对于大型粮库，如有粉螨为害，可用 PH₃ 进行连续两次低剂量熏蒸。此外，对生产车间、厂房，如轧花厂，若有粉螨严重为害，可采用彻底清扫并深埋污染物（垃圾）的方法，10 ~ 12 天再进行一次，必要时可用马拉硫磷进行杀螨。保管员在施药时应注意防护，这样不仅可防止杀虫剂侵蚀皮肤，而且也可减少储粮螨类对人体的侵害。尽可能地减少粮食中的尘土，这是保护操作人员健康的重要措施之一。

英国学者 Armitage 等试用硅藻土替代有机磷杀虫剂防制粗脚粉螨、腐食酪螨和害嗜鳞螨。在温度 15℃、相对湿度 75% 条件下，4 种硅藻土粉的剂量为 1 ~ 3g/kg，对粗脚粉螨的防制效果几乎为 100%。对于腐食酪螨和害嗜鳞螨则需要 3 ~ 5g/kg 的剂量才能有效防制，同时发现害嗜鳞螨对硅藻土最不敏感。

由于费用较高及影响粮食流速等因素，致使应用高剂量硅藻土粉防制粉螨受到限制，但这种方法仍可参与粮食储藏的综合治理，即可应用硅藻土粉作为覆盖粮食的物质，或者用硅藻土粉处理建筑物表面，以防制粉螨。

房舍类型很多，居室、房间、旅店、医院、宾馆、酒店、军营、宿舍、电影院、剧场、飞机客舱、船舱和车厢等有人居住或活动的地方均可称为房舍。房舍中的粉螨防制是一个难题。若忽视清洁卫生，粉螨就有可能在这些地方孳生，给人们的健康带来不利影响。对于一般居室而言，防制粉螨的有效方法为：房间要经常通风换气，清扫床下积尘，常换内衣，日晒被褥，室内不用地毯等。为了防制家栖粉螨，一些防螨、杀螨的产品也应运而生，如防螨床垫、杀螨床垫、抗螨织物、床用吸螨器等。

我国粉螨研究虽然取得了举世瞩目的成就，但就其研究现状和未来发展而言，尚存在专业人才和学科队伍数量不足、粉螨分类系统尚不完善、粉螨生态学和生物防制的研究尚待进一步拓展、房舍生态系统和室内过敏原仍需深化、粉螨性疾病的防治还应引起人们的足够重视等问题，有待进一步解决。

第二节　分　类

蜱螨起源很早，Sharov（1966）认为，螨类从泥盆纪（Devonian Period）（距今 3.6 亿 ~ 4 亿年）中期的须肢动物演化而来。甲螨化石约在 37 500 万年前泥盆纪的泥岩中发现，并推测其中的某一支系演化为无气门（Astigmata = Acaridida）螨类。无气门螨类最早在距今 2800 万年前的琥珀中发现。Woolley（1961）对蜱螨螯肢形态等研究表明，蜱螨亚纲（Acari）与盲蛛亚纲（Opiliones）极为相似，认为蜱螨是由盲蛛（图 1-1）进化而来的。从食性变化来看，在中生代（Mesozoic）晚期和新生代（Cenozoic）早期，人们就发现了不少螨类，这与被子植物的大量出现有关。当被子植物分化后，各种螨类分别适应了不同的植物，它们在各自的生境中得以快速繁衍，此即早期出现的"螨类—植物"联系。直到人类开始储藏食物后，有些螨类便迁徙至储藏食物中大量繁殖，因此，也有学者认为蜱螨的演化与食物种类的发展变化有关。

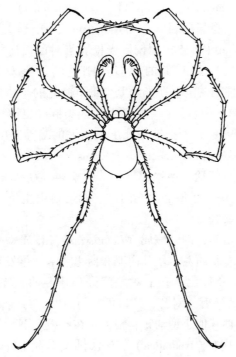

图 1-1 一种盲蛛 (*Opilio* sp.)

蜱螨是小型节肢动物，种类繁多，在形态特征和生活习性上差异很大，生殖方式、生境和孳生物多种多样。全世界已知的蜱螨物种约有 5 万种，有学者估计，自然界中实际存在的蜱螨物种超过 50 万种。据 Radford (1950) 估计，世界上约有蜱螨 3 万种，隶属于 1700 属；Evans (1992) 估计，自然界中蜱螨超过 60 万种，但 Walter 和 Proctor (1999) 统计，当时已描述并认定的蜱螨约有 5500 种。近年，Krantz 和 Walter (2009) 在书中记述，迄今全球已知的蜱螨约有 5500 属和 1200 亚属，隶属于 124 总科 540 科。蜱螨的分类研究目前尚处在发展阶段，新种逐年增加，蜱螨物种数量将随着人们研究工作的不断深入而逐渐增加。例如，农业害螨瘿螨总科的物种数量现知有 3000 余种。Amrine (1996) 统计近年来每年有 100 余新种被发现和描述，其估计瘿螨总科全世界有 35 000 ~ 50 000 种。

目前，蜱螨亚纲的分类尚不完善，由于蜱螨的分类大多以成螨（少数为若螨）的外部形态特征为物种的鉴定依据，目阶元分类系统和名称常不统一，科、属阶元上存在的分歧更多。正如美国著名蜱螨学家 Krantz (1970) 所述，蜱螨学实际上还处在分类混乱的状态，恰如 100 年前昆虫学所遇到的境况，有待解决的问题还很多。Krantz (1970) 在《蜱螨学手册》(*A Manual of Acarology*) 第 1 版中将蜱螨目提升为亚纲，下分 3 目、7 亚目、69 总科、255 科；1978 年他在该书第 2 版中将蜱螨亚纲又分为 2 目、7 亚目、105 总科；2009 年 Krantz 和 Walter 在该书第 3 版中把蜱螨亚纲重新分为 2 个总目，下设 125 总科、540 科。就蜱螨分类而言，Kramer (1877) 奠定了分类基础，之后许多学者（如 Michael，

1883；Canestrini，1891；Berlese，1899；Oudemans，1906；Vitzthum，1929；Tragardh，1932；Baker 和 Wharton，1952) 对其不断进行完善。Evans 等（1961) 把蜱螨亚纲分为 7 个目，即背气门目（Notostigmata)、四气门目（Tetrastig mata)、中气门目（Mesosgmata)、后气门目（Metastigmata)、隐气门目（Cryptostigmata)、无气门目（Astigmata) 和前气门目（Prostigmata)。Grandjean（1935) 用偏振光检验当时已描述的各目螨种标本，发现前气门目、无气门目和隐气门目螨类的大多数刚毛的轴是双折射的，并有辐几丁质（ctinochitin) 芯，而其他种类的刚毛在光学上均是不旋光的。他把有辐几丁质刚毛的螨类（前气门目、无气门目和隐气门目）归纳为辐几丁质类群（也称复毛类）（Actinochitinosi = Actinochaeta，Evans 等，1961)；而把缺辐几丁质刚毛的螨类归纳为无辐几丁质类群（也称单毛类）（Anactinochitinosi = Anactinochaeta，Evans 等，1961)。

背气门目只有一个分布广泛而亲缘模糊的节腹螨属（*Opilioacarus*)。将该属归为一个类群，是因为其后半体分节并有 8 个背气门。它们营自由生活，栖息在地中海区域、中亚、南美洲和北美洲的石块底下。

四气门目也仅包含一个属，即巨螨属（*Holothyrus*)。该属螨类分布广泛，在塞舌尔群岛、毛里求斯、澳大利亚、新西兰、新几内亚和斯里兰卡均可发现。该属中的大多数螨类是大型的，长达 7mm，充分骨化，有 1 对气门开口于足 III 基节侧面，并与长的气门板（peritremes) 相通。此外，还有一对孔，开口于气门后方，与气囊（air sac) 系统相连接。该属螨类营自由生活，捕食其他小型动物，常栖息在石板底下。

在后气门目下设蜱总科（Ixodoidea)。该总科又分为硬蜱科（Ixodidae)、软蜱科（Argasidae) 和纳蜱科（Nuttalliellidae)。蜱个体较大，体长 2~10 mm，雌蜱饱食后可胀大至 20~30mm。表皮革质，背面具甲壳质盾板，覆盖部分或全部躯体。它们都寄生于脊椎动物，取食宿主的组织和吮吸血液，其中很多种类叮刺人并能传播病原体而引起人体疾病。蜱多栖息在森林、草原、荒漠地带等草木茂盛处。

关于粉螨的分类系统，研究粉螨的国际权威 Hughes（1976) 通过对仓储粉螨分类研究，将粉螨归属于蜱螨亚纲（Acari) 真螨目（Acariformes) 无气门亚目（Astigmata) 或称粉螨亚目（Acaridida)，并编写了储藏物粉螨的分属分种检索表。O'Connor（2009) 又将无气门亚目（Astigmata)（以往列为目或亚目）降格，把其排列于甲螨亚目（Oribatida) 下的无气门股（Astigmatina)。尽管如此，目前各学者对粉螨目一级的分类使用系统和术语尚不统一，科一级的分类系统更是混乱，至于种名问题则更多。例如，腐食酪螨（*Tyrophagus putrescentiae*)，又称为卡氏长螨，其拉丁文学名出现多个，如 *Tyrophagus castellanii*、*Tyrophagus noxius*、*Tyrophagus brauni* 等。据国外学者 O'Connor（1982) 的总结，粉螨包括 79 属，其中 15 属仅有成螨描述，37 属仅有若螨描述，仅有 15 属成螨和若螨均有描述，另有 7 属无法辨别。

纵观粉螨的分类历程，有关其分类的讨论从未停止。苏联学者查赫凡特金（1941) 在《粉螨总科》（*Tyroglyphoidea*) 一书中以足 I 跗节上刚毛的排列特征为标准，将粉螨总科（Tyroglyphoidea) 分为粉螨科（Tyroglyphidae)、嗜腐螨科（Saproglyphidae) 和食甜螨科（Glycyphagidae) 3 个科。Yunker（1955) 根据粉螨形态学和生物学，在粉螨总股（Acaridiae) 下设粉螨股（Acaridia)、尤因螨股（Ewingidia) 和痒螨股（Psoroptidia)；在粉螨股下又分成 4 个总科，其中粉螨总科再分成 5 个科。Baker 等（1958）主要参照 Yunker（1955）的分类系统，将疥螨亚目（Sarcoptiformes）分成甲螨总股（Oribatei）和粉螨总股（Acaridiae）。Hughes（1961）在粉螨总股内设 5 个总科，其中粉螨总科（Acaroidea）下设 13 个科，粉螨科又分为 3 个亚科：粉螨亚科（Tyroglyphinae）、食甜螨亚科（Glycyphaginae）和钳爪螨亚科（Labidophorinae）。Evans 等（1961）、Hammen（1972）和 Krantz（1970，1978）等学者对有关蜱螨的分类意见渐趋一致，将粉螨划归为无气门目（Astigmata）。Krantz（1970）将无气门亚目（Acaridida）分为粉螨总股（Acarides）和瘙螨总股（Psoroptides），又将其中的粉螨总股分为粉螨总科（Acaroidea）、食菌螨总科（Anoetoidea）和寄甲螨总科（Canestrinioidea）3 个总科，其中粉螨总科下设 13 个科。而 Yunker（1955）提出的尤因螨股被纳入瘙螨总股，降格为尤因螨总科（Ewingoidea）。Hammen（1972）等把蜱螨亚纲（Acari）分为 7 个目，将粉螨划归为无气门目（Astigmata）。Hughes（1976）对储藏食物与房舍的螨类进行了细致研究，将原属粉螨总股（Acaridiae）的类群提升为无气门目（Astigmata），在该目下设粉螨科（Acaridea）、食甜螨科（Glycyphagidae）、果螨科（Carpoglyphidae）、嗜渣螨科（Chortoglyphidae）、麦食螨科（Pyroglyphidae）和薄口螨科（Histiostomidae）。此外，他还对 1961 年提出的粉螨总科（Acaroidea）的分类意见做了很大的修正，即将原来的食甜螨亚科提升为食甜螨科，将原属于食甜螨亚科的嗜渣螨属和果螨属分别提升为嗜渣螨科和果螨科，把原属食甜螨亚科脊足螨属（*Gohieria*）的棕脊足螨（*G. fusca*）列为食甜螨科的钳爪螨亚科（Labidophorinae），把原来属于表皮螨科的螨类归类为麦食螨科。Krantz（1978）将粉螨总科分为 12 科：粉螨科（Acaridae）、食甜螨科（Glycyphagidae）、嗜草螨科（Chortoglyphidae）、果螨科（Carpoglyphidae）、嗜腐螨科（Saproglyphidae）、毛爪螨科（Chaetodactylidae）、小高螨科（Gaudillidae）、嗜平螨科（Platyglyphidae）、红区螨科（Rosensteiniidae）、海阿螨科（Hyadesiidae）、褐粉螨科（Fusacaridae）和颈下螨科（Hypodectridae）。O'Connor（1982）总结了粉螨的分类，在无气门亚目下设 7 个总科，其中粉螨总科下设 6 个科，粉螨科包含 79 属。Krantz 和 Walter（2009）在《蜱螨学手册》第 3 版中对蜱螨分类系统又做了大幅度的调整。这个分类系统是基于支序系统学研究成果建立的，是当前蜱螨分类最新的分类系统。其中有关甲螨和粉螨在此新分类系统中的地位和两者的隶属关系均发生了很大变化，实际上两者形态特征存在着明显的差别，并且在以往的著作中都有明确的记述。甲螨亚目（Oribatida）的大部分甲螨体躯表皮骨化坚硬，体色由褐色至黑褐色。甲螨的显著特征是前足体背面近后缘处有 1 对假气门器官（蛊毛）。甲螨背板上有明显孔区、背囊（sacculi）或隙孔（pore），这些附属器官与呼吸有关，可直接进行气体交换。而粉螨亚目的螨类表皮不像甲螨那样变硬或极度骨化，骨化程度很低，体躯柔软，体壁很薄，半透明，较光滑，乳白色或黄棕色。粉螨前足体近后缘处无气门或气门沟（因此称为无气门类），而通过皮肤呼吸。这种以螨类的形态特征为依据的分类方法仍是螨类分类的基本方法，在螨类研究和防制方面仍有其重要的参考和应用价值。

　　我国学者对粉螨已有较为系统的研究，其中忻介六、李隆术、陆联高、沈兆鹏、王孝祖、张智强和梁来荣、温廷桓及范青海等在粉螨的分类学、形态学、生物学、生态学、为害和防制等方面做了许多工作，取得了举世瞩目的成就。沈兆鹏（1984）在与马恩沛、陈熙雯和黄良炉等编著的《中国农业螨类》一书中，分类系统采纳了 Hughes（1976）的意见，将粉螨总股提升为无气门目，将在储藏食物和房舍中发现的粉螨归为无气门目下的 6 个科。但目和亚目的分类仍然按 Krantz（1970）的系统。王孝祖（1989）在和邓国藩、王慧芙、忻介六、王敦清、吴伟南合著的《中国蜱螨概要》一书中指出，粉螨是粉螨总科（Acaroidea）的统称，隶属于无气门亚目（Astigmata）粉螨总股（Acaridia）。粉螨总科的分类沿用 Krantz（1978）的分类系统。李隆术和李云瑞（1987）在其所著的《蜱螨学》中、忻介六（1988）在其所著的《农业螨类学》中均列出了粉螨亚目（Acardida）分类系统表，即粉螨亚目下分粉螨总股（Acaridides）和瘙螨总股（Psoroptides），把房舍和储藏物中孳生的粉螨，归属于粉螨亚目（Acardida）的 6 个科，他认为食菌螨科（Anoetidae）应称为薄口螨科（Histiostomidae），食菌螨科（Anoetidae）和薄口螨属（*Histiostoma*）是同物异名。陆联高（1994）在其所著的《中国仓储螨类》一书中指出，粉螨亚目在分类地位上隶属于真螨目（Acariforms），其下分 2 个总股，即粉螨总股（Acaridea）和瘙螨总股（Psoropitides），共 11 个总科、29 科。粉螨亚目包括 6 个科：粉螨科（Acaridea）、食甜螨科（Glycyphagidae）、嗜渣螨科（Chortoglyphidae）、果螨科（Carpoglyphidae）、麦食螨科（Pyroglyphidae）和薄口螨科（Histiostomidae）［原为食菌螨科（Anoetidae）］。Baker 和 Gamin（1958）所记载的螨类中与仓储有关的螨类，在我国仅记载有 6 科、28 属、58 种，其中常见且为害严重的有 23 属、37 种。李朝品、武前文（1996）在《房舍和储藏物粉螨》一书中介绍了房舍和储藏物粉螨的分类，将 Hughes 的无气门目与 Krantz 的粉螨亚目（Acardida）统一起来，并在粉螨亚目下设 7 个科，即粉螨科（Acaridea）、脂螨科（Lardoglyphidae）、食甜螨科（Glycyphagidae）、果螨科（Carpoglyphidae）、嗜渣螨科（Chortoglyphidae）、麦食螨科（Pyroglyphidae）和薄口螨科（Histiostomidae）。张智强和梁来荣（1997）在其著作《农业螨类图解检索》中将蜱螨亚纲分为 3 个总目和 7 个目，分别是①节腹螨总目（Opilioacariformes），其包含 1 个目，即节腹螨目（Opilioacarida＝Notostigmata）；②寄螨总目（Parasitiformes），共包括 3 个目，分别为巨螨目（Holothyrida＝Tetrastigmata）、中气门目（Mesostigmata）和蜱目（Ixodida＝Metastigmata）；③真螨总目（Acaritiformes），同样包含 3 个目，分别为前气门目（Prostigmata）、无气门目（Astigmata）和甲螨目（Oribatida＝Cryptostigmata）。将房舍和储藏物中孳生的粉螨归属于无气门目的 7 个科。黄坤炜（2004）在台湾蜱螨学研究史中记述，台湾有蜱螨 1084 种，隶属于粉螨目、辐螨目、革螨目、蜱目和甲螨目。但台湾植物检疫部门报道台湾地区有储粮螨类近 100 种，隶属于粉螨亚目（Acaridida）、甲螨亚目（Oribatida）、辐螨亚目（Actinedida）和革螨亚目（Gamasida）。温廷桓（2009）在《国际医学寄生虫病杂志》上发表文章介绍了粉螨的分类。粉螨隶属于无气门目下的 10 个科，即果螨科（Carpoglyphidae）、藻螨科（Chortoglyphidae）、垫螨科（Echimyopodidae）、甘螨科（Glycyphagidae）、云螨科（Winterschmidtiidae＝Saproglyphidae）、粟螨科（Suidasiidae）、脔螨科（Lardoglyphidae）、疥螨科（Sarcoptidae）、粉螨科（Acaridae）和蚍螨科（Pyroglyphidae）。应该指出的是，我国学者出版的《英汉蜱螨学词汇》使有关粉螨的科学术语和名称取得了初步统一，但新的螨种、属，甚至科仍在不断地被发现，这些发现也在不断挑战着现在的科、属概念。

本书有关粉螨的分类综合了国内外粉螨研究的成果，借鉴了 Evans 等（1961）、

Hughes（1976）的无气门目分类系统和 Krantz（1978）粉螨亚目（Acardida）的分类系统，尤其是在粉螨的整体归属上，又重点参考了 Krantz 和 Walter（2009）将无气门股（Astigmatina）划分的 2 个主要类群，即粉螨（Acaridia）和瘙螨（Psorptidia）的分类系统，并结合了我国学者沈兆鹏（1984）、王孝祖（1989）、张智强和梁来荣（1997）等有关粉螨的分类意见。为了便于从事粉螨教学与科研、医疗与保健、农业与畜牧业、疾病控制与海关检验检疫等的专业技术人员在学习和工作中参考，仍沿用《房舍和储藏物粉螨》第 1 版曾经采用的分类系统，即把粉螨归属于蛛形纲（Arachnida）蜱螨亚纲（Acari）真螨目（Acariformes）粉螨亚目（Acardida）［也称无气门亚目（Astigmata）］，并在粉螨亚目（Acardida）下设 7 个科（图 1-2）。应当明确的是，本书所记述的中国粉螨是指 Hughes（1976）、张智强和梁来荣（1997）无气门目的螨类，同时力图将其与《蜱螨学手册》（*A Manual of Acarology*）第 3 版（Krantz 和 Walter，2009）的无气门股中粉螨所涵盖的我国的粉螨螨种相统一。现将房舍和储藏物粉螨的重要种类列于表 1-1。

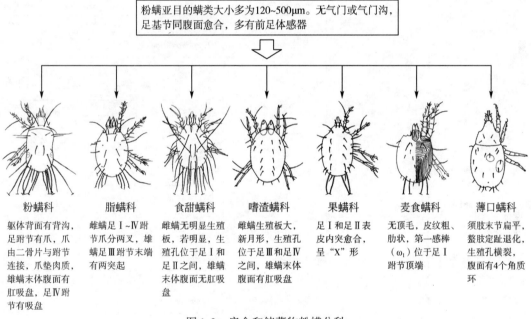

图 1-2　房舍和储藏物粉螨分科

表 1-1　房舍和储藏物粉螨的重要种类

蛛形纲（Arachnida）蜱螨亚纲（Acari）真螨目（Acariformes）粉螨亚目（Acardida）	粉螨科（Acaridae）	粉螨属（Acarus）	粗脚粉螨（A. siro）
			小粗脚粉螨（A. farris）
			静粉螨（A. immobilis）
			薄粉螨（A. gracilis）

蛛形纲 （Arachnida） 蜱螨亚纲 （Acari） 真螨目 （Acariformes） 粉螨亚目 （Acardida）	粉螨科 （Acaridae）	粉螨属 （Acarus）	波密粉螨 （A. bomiensis）
			丽粉螨 （A. mirabilis）
			庐山粉螨 （A. lushanensis）
			昆山粉螨 （A. kunshanensis）
			奉贤粉螨 （A. fengxianens）
		华粉螨属 （Sinoglyphus）	香菇华粉螨 （S. lentinusi）
		食酪螨属 （Tyrophagus）	腐食酪螨 （T. putrescentiae）
			长食酪螨 （T. longior）
			阔食酪螨 （T. palmarum）
			瓜食酪螨 （T. neiswanderi）
			尘食酪螨 （T. perniciosus）
			似食酪螨 （T. similis）
			短毛食酪螨 （T. brevicrinatus）
			笋食酪螨 （T. bambusae）
			垦丁食酪螨 （T. kentinus）
			拟长食酪螨 （T. mimlongior）
			赣江食酪螨 （T. ganjiangensis）
			半食酪螨 （T. dimidiatus）

蛛形纲 （Arachnida） 蜱螨亚纲 （Acari） 真螨目 （Acariformes） 粉螨亚目 （Acardida）	粉螨科 （Acaridae）	食酪螨属 （Tyrophagus）	范张食酪螨 （T. fanetzhangorum）
			普通食酪螨 （T. communis）
			景德镇食酪螨 （T. jingdezhenensis）
			粉磨食酪螨 （T. molitor）
			热带食酪螨 （T. tropicus）
		嗜酪螨属 （Tyroborus）	线嗜酪螨 （T. lini）
		向酪螨属 （Tyrolichus）	干向酪螨 （T. casei）
		嗜菌螨属 （Mycetoglyphus）	菌食嗜菌螨 （M. fungivorus）
		食粉螨属 （Aleuroglyphus）	椭圆食粉螨 （A. ovatus）
			中国食粉螨 （A. chinensis）
			台湾食粉螨 （A. formosanus）
		嗜木螨属 （Caloglyphus）	伯氏嗜木螨 （C. berlesei）
			食菌嗜木螨 （C. mycophagus）
			食根嗜木螨 （C. rhizoglyphoides）
			嗜粪嗜木螨 （C. coprophila）
			卡氏嗜木螨 （C. caroli）
			福建嗜木螨 （C. fujianensis）
			克氏嗜木螨 （C. krameri）

			上海嗜木螨 （*C. shanghainensis*）
蛛形纲 （Arachnida） 蜱螨亚纲 （Acari） 真螨目 （Acariformes） 粉螨亚目 （Acardida）	粉螨科 （Acaridae）	嗜木螨属 （*Caloglyphus*）	昆山嗜木螨 （*C. kunshanensis*）
			奇异嗜木螨 （*C. paradoxa*）
			奥氏嗜木螨 （*C. oudemansi*）
			赫氏嗜木螨 （*C. hughesi*）
		根螨属 （*Rhizoglyphus*）	罗宾根螨 （*R. robini*）
			水芋根螨 （*R. callae*）
			刺足根螨 （*R. echinopus*）
			淮南根螨 （*R. huainanensis*）
			康定根螨 （*R. kangdingensis*）
			水仙根螨 （*R. narcissi*）
			长毛根螨 （*R. setosus*）
			单列根螨 （*R. singularis*）
			猕猴桃根螨 （*R. actinidia*）
			澳登根螨 （*R. ogdeni*）
			短毛根螨 （*R. brevisetosus*）
			大蒜根螨 （*R. allii*）

续表

蛛形纲 （Arachnida） 蜱螨亚纲 （Acari） 真螨目 （Acariformes） 粉螨亚目 （Acardida）	粉螨科 （Acaridae）	狭螨属 （Thyreophagus）	食虫狭螨 （T. entomophagus）
			尾须狭螨 （T. circus）
			伽氏狭螨 （T. gallegoi）
		尾囊螨属 （Histiogaster）	八宿尾囊螨 （H. bacchus）
		皱皮螨属 （Suidasia）	纳氏皱皮螨 （S. nesbitti）
			棉兰皱皮螨 （S. medanesis）
		华皱皮螨属 （Sinosuidasia）	东方华皱皮螨 （S. orientalis）
			缙云华皱皮螨 （S. jinyunensis）
		食粪螨属 （Scatoglyphus）	多孔食粪螨 （S. polytremetus）
		嗜腐螨属 （Saproglyphus）	一种嗜腐螨 （Saproglyphus sp.）
		士维螨属 （Schwiebea）	漳州士维螨 （S. zhangzhouensis）
			香港士维螨 （S. xianggangensis）
			水芋士维螨 （S. callae）
			江西士维螨 （S. jiangxiensis）
			梅岭士维螨 （S. meilingensis）
			伊索士维螨 （S. isotarsis）
			似士维螨 （S. similis）
			中华士维螨 （S. chinensis）

			台湾士维螨 (*S. taiwanensis*)
			姜士维螨 (*S. zingiberi*)
	粉螨科 (Acaridae)	士维螨属 (*Schwiebea*)	墩士维螨 (*S. obesa*)
			鸟士维螨 (*S. woodring*)
			红士维螨 (*S. rossi*)
蛛形纲 (Arachnida) 蜱螨亚纲 (Acari) 真螨目 (Acariformes) 粉螨亚目 (Acardida)	脂螨科 (Lardoglyphidae)	脂螨属 (*Lardoglyphus*)	扎氏脂螨 (*L. zacheri*)
			河野脂螨 (*L. konoi*)
		中国脂螨属 (*Sinolardoglyphus*)	南昌脂螨 (*S. nanchangnensis*)
	食甜螨亚科 (Glycyphaginae)	食甜螨属 (*Glcyphagus*)	家食甜螨 (*G. domesticus*)
			隐秘食甜螨 (*G. privatus*)
			隆头食甜螨 (*G. ornatus*)
			扎氏食甜螨 (*G. zachvatkini*)
			一种食甜螨 (*Glycyphagus* sp.)
			双尾食甜螨 (*G. bicaudatus*)
		拟食甜螨属 (*Pseudoglycyphagus*)	余江拟食甜螨 (*P. yujiangensis*)
			金秀拟食甜螨 (*P. jinxiuensis*)
		嗜鳞螨属 (*Lepidoglyphus*)	害嗜鳞螨 (*L. destructor*)
			棍嗜鳞螨 (*L. fustifer*)
			米氏嗜鳞螨 (*L. michaeli*)
		澳食甜螨属 (*Austroglyphagus*)	膝澳食甜螨 (*A. geniculatus*)

嗜嗜

续表

蛛形纲 (Arachnida) 蜱螨亚纲 (Acari) 真螨目 (Acariformes) 粉螨亚目 (Acardida)	食甜螨亚科 (Glycyphaginae)	无爪螨属 (Blomia)	弗氏无爪螨 (B. freemani)
			热带无爪螨 (B. tropicalis)
	栉毛螨亚科 (Ctenoglyphinae)	重嗜螨属 (Diamesoglyphus)	媒介重嗜螨 (D. intermedius)
			中华重嗜螨 (D. chinensis)
		栉毛螨属 (Ctenoglyphus)	羽栉毛螨 (C. plumiger)
			卡氏栉毛螨 (C. canestrinii)
			棕栉毛螨 (C. palmifer)
			鼢鼠栉毛螨 (C. myospalacis)
	嗜蝠螨亚科 (Nycteriglyphinae)	革染螨属 (Grammolichus)	爱革染螨 (G. eliomys)
		嗜粪螨属 (Coproglyphus)	斯氏嗜粪螨 (C. stammeri)
			赣州嗜粪螨 (C. ganzhouensis)
			乳糖嗜粪螨 (C. lactis)
			翼毛嗜粪螨 (C. pterophorus)
			一种嗜粪螨 (Coproglyphus sp.)
	钳爪螨亚科 (Labidophorinae)	脊足螨属 (Gohieria)	棕脊足螨 (G. fusca)
	嗜渣螨科 (Chortoglyphidae)	嗜渣螨属 (Chortoglyphus)	拱殖嗜渣螨 (C. arcuatus)
	果螨科 (Carpoglyphidae)	果螨属 (Carpoglyphus)	甜果螨 (C. lactis)
			芒氏果螨 (C. munroi)

	果螨科 (Carpoglyphidae)	果螨属 (Carpoglyphus)	赣州果螨 (C. ganzhouensis)
	麦食螨科 (Pyroglyphdiae)	麦食螨属 (Pyoglyphus)	非洲麦食螨 (P. africanus)
		嗜霉螨属 (Euroglyphus)	梅氏嗜霉螨 (E. magnei)
			长嗜霉螨 (E. longior)
蛛形纲 (Arachnida) 蜱螨亚纲 (Acari) 真螨目 (Acariformes) 粉螨亚目 (Acardida)	尘螨亚科 (Dermatophagoidinae)	尘螨属 (Dermatophagoides)	粉尘螨 (D. farinae)
			小角尘螨 (D. microceras)
			屋尘螨 (D. pteronyssinus)
			丝泊尘螨 (D. siboney)
	薄口螨科 (Histiostomidae)	薄口螨属 (Histiostoma)	速生薄口螨 (H. feroniarum)
			吸腐薄口螨 (H. sapromyzarum)
			实验室薄口螨 (H. laboratorium)
			美丽薄口螨 (H. pulchrum)
			圆孔薄口螨 (H. formosani)
			嗜湿薄口螨 (H. humidiatus)
		棒菌螨属 (Rhopalanoetus)	中华棒菌螨 (R. chinensis)
			简棒菌螨 (R. simplex)

　　关于粉螨的分类，很多学者试图拟定出一个令人满意的分类表，但由于粉螨乃至整个蜱螨的研究工作蓬勃发展，研究队伍不断壮大，学术水平日益提高，新种新记录不断增加，分类系统也在不断地更新。一些从事分类研究的专家、学者也各抒己见，其分类系统

也就在这"百家争鸣"中不断被完善。

（沈兆鹏　李朝品）

参 考 文 献

卜根生，刘怀.1997.中国根螨属（Rhizoglyphus）5个种的记述.西南农业大学学报，（1）：80-82

蔡黎，温廷桓.1989.上海市区屋尘螨区系和季节消长的观察.生态学报，（3）：225-229

陈可毅，单柏周，刘荣一.1985.家畜肠道螨病初报.中国兽医杂志，4：3-5

陈文华，刘玉章，何琦琛，等.2002.长毛根螨（Rhizoglyphus setosus Manson）在台湾为害洋葱之新记录.
　植物保护学会会刊，44：249-253

陈文华，刘玉章，何琦琛.2002.长毛根螨（Rhizoglyphus setosus）的生活史、分布及其寄主植物.植物保
　护学会会刊，44：341-352

戈建军，沈京培.1990.腐食酪螨感染1例报告.江苏医药，2：75

何琦琛，王振澜，吴金村，等.1998.六种木材对美洲室尘螨的抑制力探讨.中华昆虫，18：247-257

江吉富.1995.罕见的粉螨泌尿系感染一例报告.中华泌尿外科杂志，2：91

江佳佳，李朝品.2005.食用菌螨类孳生情况调查.热带病与寄生虫学，（2）：77-79

江佳佳，李朝品.2005.我国食用菌螨类及其防制方法.热带病与寄生虫学，（4）：250-252

李朝品.2006.医学蜱螨学.北京：人民军医出版社

李朝品.2009.医学节肢动物学.北京：人民卫生出版社

李朝品，陈兴保，李立.1985.安徽省肺螨病的首次研究初报.蚌埠医学院学报，10（4）：284

李朝品，陈兴保，李立.1986.肺螨类生境研究.蚌埠医学院学报，11（2）：86-87

李朝品，吕友梅.1995.粉螨性腹泻5例报告.泰山医学院学报，2：146-148

李朝品，沈兆鹏.2016.中国粉螨概论.北京：科学出版社

李朝品，王克霞，徐广绪，等.1996.肠螨病的流行病学调查.中国寄生虫学与寄生虫病杂志，1：63-67

李朝品，武前文.1996.房舍和储藏物粉螨.合肥：中国科学技术大学出版社

李隆术，李云瑞.1988.蜱螨学.重庆：重庆出版社

李孝达，李国长，郝令军.1988.河南省储藏物螨类的调查研究.郑州粮食学院学报，4：64-69

李兴武，潘珩，赖泽仁.2001.粪便中检出粉螨的意义.临床检验杂志，4：233

李云瑞.1987.蔬菜新害螨—吸腐薄口螨Histiostoma sapromyzarum（Dufour）记述.西南农业大学学报，1：
　46-47

林萱，阮启错，林进福，等.2000.福建省储藏物螨类调查.粮食储藏，6：13-17

刘小燕，李朝品，陶莉，等.2009.宣城地区储藏物孳生粉螨名录初报.中国病原生物学杂志，5：
　363，404

柳忠婉.1989.几种与人疾病有关的仓贮螨类.医学动物防制，3：50-54

陆联高.1994.中国仓储螨类.成都：四川科学技术出版社

马恩沛，沈兆鹏，陈熙雯，等.1984.中国农业螨类.上海：上海科学技术出版社

孟阳春，李朝品，梁国光.1995.蜱螨与人类疾病.合肥：中国科学技术大学出版社

沈定荣，胡清锡，潘元厚.1980.肠螨病调查报告.贵州医药，1：16-18

沈祥林，赵英杰，王殿轩.1992.河南省近期储藏物螨类调查研究.郑州粮食学院学报，3：81-88

沈兆鹏.1980.贮藏物螨类与人体螨病.粮食贮藏，3：1-7

沈兆鹏.1982.台湾省贮藏物螨类名录及其为害情况.粮食贮藏，6：16-20

沈兆鹏. 1985. 储藏物螨类的分类特征及其亚目的代表种. 粮油仓储科技通讯, 6：43-45

沈兆鹏. 1985. 中国储藏物螨类名录及研究概况. 粮食储藏, 1：3-8

沈兆鹏. 1986. 粉螨亚目. 粮油仓储科技通讯, 1：22-28

沈兆鹏. 1991. 我国粉螨小志及重要种的检索. 粮油仓储科技通讯, 6：22-26

沈兆鹏. 1994. 我国储粮螨类研究三十年. 黑龙江粮油科技, 3：15-19

沈兆鹏. 1996. 海峡两岸储藏物螨类种类及其危害. 粮食储藏, 1：7-13

沈兆鹏. 1996. 我国粉螨分科及其代表种. 植物检疫, 6：7-13

沈兆鹏. 1997. 中国储粮螨类研究四十年. 粮食储藏, 6：19-28

沈兆鹏. 2005. 中国储藏物螨类名录. 黑龙江粮食, 5：25-31

沈兆鹏. 2007. 中国储粮螨类研究 50 年. 粮食科技与经济, 3：38-40

宋乃国, 徐井高, 庞金华, 等. 1987. 粉螨引起肠螨症 1 例. 河北医药, 1：10

涂丹, 朱志民, 夏斌, 等. 2001. 中国食甜螨属记述. 南昌大学学报（理科版）, 4：356-357

王克霞, 崔玉宝, 杨庆贵, 等. 2003. 从十二指肠溃疡患者引流液中检出粉螨一例. 中华流行病学杂志, 9：44

王克霞, 杨庆贵, 田晔. 2005. 粉螨致结肠溃疡一例. 中华内科杂志, 9：7

王孝祖. 1964. 中国粉螨科五个种的新纪录. 昆虫学报, 13 (6)：900

温廷桓. 2005. 螨非特异性侵染. 中国寄生虫学与寄生虫病杂志, 23 (S1)：374-378

温廷桓. 2009. 尘螨的起源. 国际医学寄生虫病杂志, (5)：307-314

夏立照, 陈灿义, 许从明, 等. 1996. 肺螨病临床误诊分析. 安徽医科大学学报, 2：111-112

忻介六. 1984. 蜱螨学纲要. 北京：高等教育出版社

忻介六. 1988. 农业螨类学. 北京：农业出版社

邢新国. 1990. 粪检粉螨三例报告. 寄生虫学与寄生虫病杂志, 1：9

张朝云, 李春成, 彭洁, 等. 2003. 螨虫致食物中毒一例报告. 中国卫生检验杂志, 6：776

张智强, 梁来荣, 洪晓月, 等. 1997. 农业螨类图解检索. 上海：同济大学出版社

赵金红, 王少圣, 湛孝东, 等. 2013. 安徽省烟仓孳生螨类的群落结构及多样性研究. 中国媒介生物学及控制杂志, 3：218-221

钟自力, 叶靖. 1999. 痰液中检出粉螨一例. 上海医学检验杂志, 2：36

周洪福, 孟阳春, 王正兴, 等. 1986. 甜果螨及肠螨症. 江苏医药, 8：444-464

周淑君, 周佳, 向俊, 等. 2005. 上海市场新床席螨类污染情况调查. 中国寄生虫病防制杂志, 4：254

朱志民, 涂丹, 夏斌, 等. 2001. 中国拟食甜螨属记述（蜱螨亚纲：食甜螨科）. 蛛形学报, 2：25-27

朱志民, 夏斌, 余丽萍, 等. 1999. 粉螨总科的形态特征及分类学研究概况. 江西植保, 4：33-34

朱志民, 夏斌, 余丽萍, 等. 1999. 中国粉螨属已知种简述及其检索. 南昌大学学报（理科版）, 3：244-249

Hughes AM. 1983. 贮藏食物与房舍的螨类. 忻介六, 沈兆鹏, 译. 北京：农业出版社

Barker. 1967. Bionomics of *Blattisocius keegani* (Fos) (Acarias：Ascidae), a predator on eggs of pests of stored grain. Can J Zool, 45：1093

Barker. 1967. Note on the bionomics of *Haemogamasus pontiger* (Berlese) (Acarina：Mesostigmata), a predator on *Glycyphagus domesticus* (De Geer). Manitoba Ent, 2：85

Cunnington. 1965. Physical limits for complete development of the Grain mite, *Acarus siro* (Acarina, Acaridae), in relation to its world distribution. J Appl Ecol, 2：295

Dubinin. 1956. Astigmata：Pterolichidae. Entomologische Mitteilungen aus dem Zoologischen Museum Hamburg, 14 (165)：27-37

Evans GO. 1957. An introduction to the British Mesostigmata with keys to the families and genera. Linn Soc Jour Zool, 43: 203-259

Evans GO, Till WM. 1979. Mesostigmatic mites of Britain and Ireland (Chelicerata: Acari-Parasitiformes): an introduction to their external morphology and classification. The Transactions of the Zoological Society of London, 35 (2): 139-262

Fain A. 1974. Notes sur les Knemidocoptidae avec description de taxa nouveaux. Acarologia, 16 (1): 182-188

Grandjean F. 1935. Les poils et les organes sensitifs portés par le pattes et le palpe chez les Oribates. Bull soc Zool France, 60 (1): 6-39

Griffiths DA. 1960. Some field habitats of mites of stored food products. Ann Appl Biol, 48: 134

Griffiths DA. 1964. A revision of the genus *Acarus* (Acaridae, Acarina). Bull Brit Mus (nat Hist) (Zool), 11: 413

Griffiths DA. 1966. Nutrition as a factor influencing hyopus formation in *Acarus siro* species complex (Acarina: Acaridae). J Stored Prod Res, 1: 325

Griffiths DA. 1970. A further systematic study of the genus *Acarus* L., 1758 (Acaridae Acarina), with a key to species. Bull Brit Mus (nat Hist) (Zool), 19: 89

Ho CC. 1993. Two new species and a new record of *Schwiebiea oudemans* from Taiwan (Acari: acaridae). Internat J Acarol 19, (1): 45-50

Ho CC, Wu CS. 2002. Suidasia mite found from the human ear. Formosan Entomol, 22: 291-296

Krantz GW. 1978. A Manual of Acarology. 2nd ed. Corvallis: Oregon State University Bookstore, Corvallis, Oregon

Krantz GW, Walter DE. 2009. A Manual of Acarology. 3rd ed. Lubbock: Texas Tech Univerity Press

Liu D, Yi TC, Xu Y, et al. 2013. Hotspots of new species discovery: new mite species described during 2007 to 2012. Auckland: Magnolia Press, 102

Luxton M. 1992. Hong Kong hyadesiid mites (Acari: Astigmata). In: Morton B. The Marine Flora and Fauna of Hong Kong and Southern China Ⅲ. Hong Kong: Hong Kong University Press

OConnor BM. 1982. Astigmata. In: Parker SP. Synopsis and Classification of Living Organisms, vol. 2. New York: McGraw-Hill

OConnor BM. 2009. Chapter sixteen: Cohort Astigmatina. *In*: Krantz GW, Walter DE. A Manual of Acarology. 3rd ed. Lubbock: Texas Tech University Press

Sharov AG. 1966. Basic Arthropodan Stock: with Special Reference to Insects. Oxford: Oxford Pergamon Press

Solomon ME, Hill ST, Cunington AM. 1964. Storage fungi antagonistic to the flour mite (*Acarus siro* L.). J Appl Ecol, 1: 119

Wharton GW. 1970. Mites and Commercial Extracts of House Dust. Science, 167: 1382

Woolley TA. 1961. A review of the phylogeny of mites. Ann Rev ento, 6: 263-284

Yunker CE. 1955. A proposed calssification of the Acaridae (Acarina, Sarcoptiformes). Proc Helminthol Soc Washington, 22: 98-105

Yunker CE, Cory J, Meibos H. 1984. Tick tissue and cell culture: applications to research in medical and veterinary acarology and vector-borne disease. Acarology Ⅳ, 2: 1082

Zachvatikin AA. 1952. Division of mites (Acarina) Into orders and their position in the system of Chelicerata. Parasitol. Sbornik Zool. Inst Acad Sci U. S. S. R., 14: 5-46

Zhang ZQ, Hong XY, Fan QH. 2010. Xin Jie-Liu centenary: progress in Chinese Acarology. Zoosymposia, 4: 1-345

第二章　粉螨的形态特征

粉螨孳生在房舍和储藏物中，为害粮食、食物及其他储藏物，并可对人体健康造成危害。由于粉螨个体微小，肉眼难于分辨，所以对于粉螨的经济意义及其与人畜健康关系的研究相对较慢。直到1957年我国开展仓储螨类调查时，粉螨才引起我国蜱螨研究者的重视。

粉螨无气门，由体壁进行氧气和二氧化碳的交换，畏光、怕干燥，常孳生于隐蔽、潮湿的环境中，多见于动物巢穴、畜禽圈舍和人居环境的储藏物中，孳生环境温度的变化可直接影响其体温，甚至影响其生长发育，因此粉螨在孳生物中的孳生密度会发生明显的季节变化。

粉螨隶属于蛛形纲（Arachnida）蜱螨亚纲（Acari），与具颚类（mandibulata）节肢动物门（Arthropoda）不同。蜱螨（tick and mite）、昆虫（insect）和节肢动物（arthropod）在分类上并非属于同一分类阶元（taxonomic category）。昆虫是节肢动物门中的一个纲[昆虫纲（Insecta）]，蜘蛛与蜱螨同属于蛛形纲，分别属于蜘蛛亚纲（Araneae）和蜱螨亚纲。蜘蛛、蜱螨、昆虫在形态上有明显的差别（图2-1，表2-1）。蜱和螨在形态上也有所不同（表2-2）。

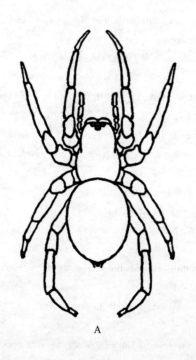 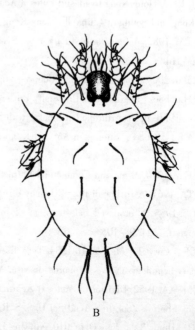

A　　　　　　　　　　　　　　　B

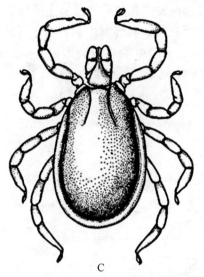
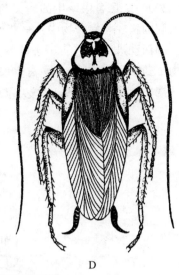

C　　　　　　　　　　　　　　　　D

图 2-1　蜘蛛、蜱螨与昆虫的形态区别

A. 蜘蛛；B. 粉螨；C. 硬蜱；D. 蜚蠊

表 2-1　蜘蛛、蜱螨与昆虫的形态区别

	蜘蛛	蜱螨	昆虫
体躯	分为头胸和腹两部分	头胸腹合一	分为头、胸、腹三部分
腹节	无明显分节	无明显分节	有明显分节
触角	无触角，有螯肢齿且为口器附肢	无触角	有触角，与口器无关
眼	仅有单眼	有的有单眼	有单眼和复眼
口器	吮吸口器	吮吸、刺吸口器	刺吸或咀嚼口器
足	成体 4 对	成体 4 对	成体 3 对
翅	无	无	多数有 1 对或 2 对，少数无翅
呼吸器	以肺为主，兼行气管呼吸	气管呼吸	气管呼吸
纺器	成蛛有复杂纺器	无	多数无纺器

表 2-2　螨与蜱的形态区别

	螨	蜱
体形	一般较小，通常需用显微镜观察	一般较大，肉眼可见
体壁	薄，多呈膜状	厚，呈革质状
体毛	多数全身遍布长毛	毛少且短
口下板	隐入，无齿或无口下板（自生生活螨类有齿）	显露，有齿
须肢	分节不明显，有的螨几乎不分节	分节明显
螯肢	发育不充分，多呈叶状或杆状	角质化
气门	有前气门、中气门或无气门等	后气门在足Ⅲ或足Ⅳ基节附近
气门沟	常有	缺如

　　粉螨是很早引起人类注意的螨类之一，全球粉螨约有 27 科、430 属、1400 种，其中在我国发现的有 14 科、50 属、136 种，我国粉螨的物种丰富度约占世界粉螨的 9.7%（范

青海等，2009）。房舍中孳生的螨类与人类活动密切相关，有些螨类可随生活物资的运输而进入人们的房舍和储藏物中；一些螨类本来是生活在鸟巢和兽窝中的自由生活螨类，它们随鸟兽的活动进入人们的房舍并孳生在储藏物中。这些螨类在房舍内取食储藏物（谷物、食物、药物和衣物等）、畜禽皮屑和真菌，逐步演化成与人共栖的稳定的房舍和储藏物螨类，据估计其中约70%的螨类隶属于粉螨亚目（Acaridida）（图2-2）。

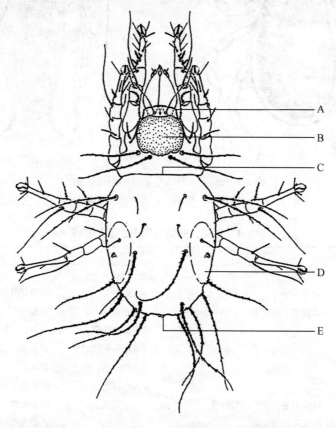

图2-2　一种食酪螨（*Tyrophagus* sp.）（♀）背面
体壁薄，无气门，无盅毛（假气门器）；足跗节端部的爪间突呈爪状或吸盘状
A：围颚沟；B：前背板；C：背沟；D：末体腺；E：交配囊

螨类体躯一般以围颚沟（circumcapitular suture）为界分为颚体（gnathosoma）和躯体（idiosoma）两部分。颚体构成螨体的前端部分，其上生有螯肢（chelicera）、须肢（palpus）和口下板（hypostome）等。躯体位于颚体的后方，是感觉、运动、代谢、消化和生殖等功能的中心，可再划分为着生有4对足的足体（podosoma）和位于足后方的末体（opisthosoma）两部分；足体又以背沟（sejugal furrow）为界，分为前足体（propodosoma）（足Ⅰ、Ⅱ区）和后足体（metapodosoma）（足Ⅲ、Ⅳ区）。末体位于后足体的后部，以足后缝（postpedal furrow）为界与后足体分开。有的学者把螨类的体躯分为前半体（proterosoma）和后半体（hysterosoma）。前半体包括颚体和前足体，后半体包括后足体和末体。有的学者把螨类的体躯分颚体、足体（前足体和后足体）和末体（足后区）；有的将其分为前体和末体两部分，前体包括颚体和足体（图2-3，表2-3）。

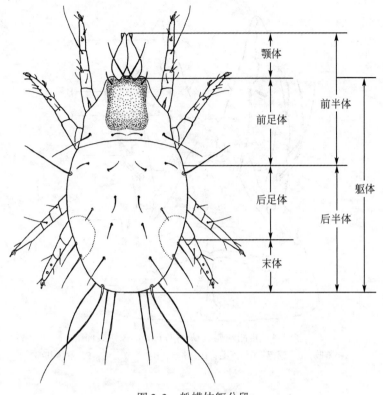

图 2-3　粉螨体躯分段

表 2-3　粉螨体躯区分名称

口器区	足 I、II 区	足 III、IV 区	足后区
颚体 （gnathosoma）	躯体（idiosoma）		
颚体 （gnathosoma）	前足体 （propodosoma）	后足体 （metapodosoma）	末体 （opisthosoma）
颚体 （gnathosoma）	足体（podosoma）		末体 （opisthosoma）
颚体 （gnathosoma）	前体（prosoma）		末体 （opisthosoma）
前半体（proterosoma）		后半体（hysterosoma）	

第一节　颚　　体

粉螨的颚体一般位于躯体的前端，由颚基（gnathobase）、螯肢（chelicera）、须肢（palpus）和口下板（hypostome）等组成（图 2-4）。由于粉螨的中枢神经系统位于后方的前足体内（不在颚体内），因此颚体也被称为假头（capitulum）。颚体背面有螯肢和口上板（epistome），两侧有须肢，腹面为口下板。颚体上着生有口器，位于螯肢的下方。典型的螨类，其颚体背面常退化，似一小叶片位于螯肢基部之间，故从背面可看到螯肢。有些螨类颚体也可被前足体背面的喙状伸出物所覆盖，如脊足螨属（*Gohieria*）（图 2-5）；有

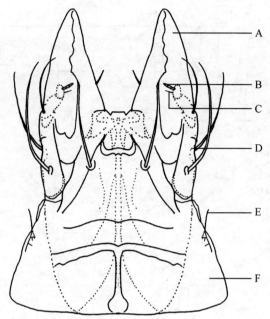

图 2-4　食甜螨属（*Glycyphagus*）颚体腹面

A：螯肢；B：感棒；C：芥毛；D：须肢；E：基节上毛；F：颚体基部

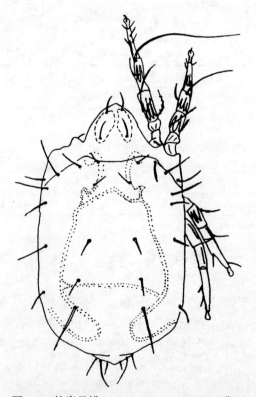

图 2-5　棕脊足螨（*Gohieria fusca*）（♀）背面

些螨类的颚体较小，螯肢由长而带齿的活动叶组成，其上着生一些感觉器官，如速生薄口螨（*Histiostoma feroniarum*）。颚体活动自如，由关节膜与躯体相连，并且部分可缩进躯体内。活螨的颚体常与躯体成一定角度，以利于螯肢的顶端接触食物。螯肢和须肢的形态特征是分类的重要依据之一。

1. 螯肢 由三节基节（coxa）和两节端节（distal article）组成，位于颚体背面，与须肢同为取食器官。螯肢两侧扁平，后面较大，形成一个大的基区，基区向前延伸的部分为定趾（fixed digit），定趾内面为一锥形距（conical spur），上面为上颚刺（mandibular spine）（图2-6）。与定趾关联的是动趾（movable digit），定趾和动趾构成剪刀状结构，其内缘常具有"刺"或"锯齿"。粉螨有螯肢1对，从前足体背板长出的肌肉可使螯肢活动，且这两个螯肢能彼此独立活动。粉螨的螯钳有把握和粉碎食物的功能。由于对不同食物的适应，各种螨类的螯肢形状各异，有的无定趾，有的钳状部分消失，有的螯肢特化为尖利的口针。在螯肢定趾的下方为上唇（labrum），上唇为一中空结构，形成口器的盖。上唇向后延伸到躯体中，形成一板状结构，其侧壁与颚体腹面部分一起延长，开咽肌（dilator muscles of pharynx）由此起源（图2-7）。

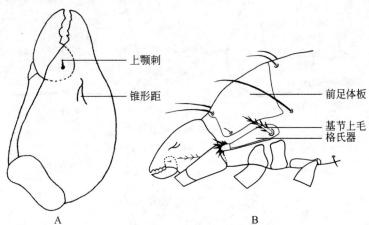

图2-6 粉螨螯肢和前侧面

A. 粗脚粉螨（*Acarus siro*）螯肢内面；B. 粉螨前侧面

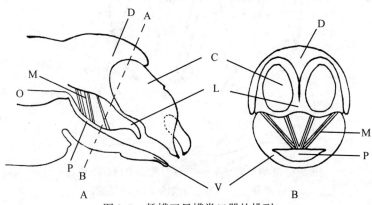

图2-7 粉螨亚目螨类口器的排列

A. 纵切面；B. AB线上的横切面

C：螯肢；D：颚体背面；L：上唇；M：开咽肌；O：食管；P：咽；V：颚体腹面

2. 须肢和口下板　粉螨的须肢基节为颚基。须肢（palpus）1 对，位于外侧，共 2 节（图 2-8）。须肢为一扁平结构，趾节消失，其基部有一条刚毛和一个偏心的圆柱体，此可能是第 3 节的痕迹或是一个感觉器官（图 2-9，图 2-10）。须肢基节愈合构成颚体的腹面部分，即口下板（hypostome）或称颚底（infracapitulum），向前特化成磨叶（internal malae）1 对，外侧为须肢。螨类须肢的主要功能是寻找、捕获和把握食物，在取食后清洁螯肢，或交配时雄螨用须肢抱持雌螨，因而雄螨的须肢常比雌螨的粗壮。有些螨类的口器可因某种特殊的生活方式而发生变异，如薄口螨科（Histiostomidae）螨类的口器适于从液体或半液体食物中吸取小的食物颗粒。

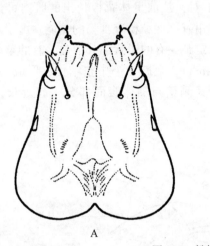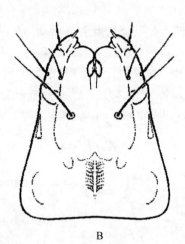

図 2-8　粉螨科须肢特征

A. 粉螨属；B. 食酪螨属

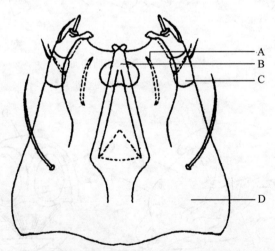

図 2-9　粗脚粉螨（*Acarus siro*）除去螯肢的颚体背面

A：磨片；B：上唇；C：须肢；D：须肢基节

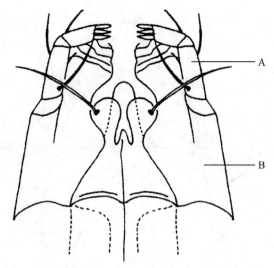

图 2-10　害嗜鳞螨（*Lepidoglyphus destructor*）颚体腹面
A：须肢；B：须肢基节

第二节　躯　体

粉螨躯体常为卵圆形，表面分节痕迹不明显或完全无分节痕迹，有些螨的表皮有或纤细或粗而不规则的纹饰，有的形成形状各异的刻点和瘤突，有的形成整齐的网状格。粉螨躯体背腹两面均着生各种刚毛（图 2-11），刚毛的形状和排列方式因属、种而不同，因此，粉螨刚毛的数量、形状和排列方式是分类的重要依据。在前足体与后半体之间多数粉螨有清晰的背沟（sejugal furrow）（图 2-12）将其划分为前足体和后半体。有些螨类的雄螨在后足体与末体之间还有另一条沟即足后缝（postpedal furrow），以其为界将后足体与末体分开，使躯体的分段非常清晰。有些雄性粉螨的躯体后缘突出呈叶状，如狭螨属（*Thyreophagus*）和尾囊螨属（*Histiogaster*）。上述的沟和缝，有些螨类有，有些螨类无。沟和缝只表现在躯体表面，与昆虫区分头、胸、腹的缝不同。蠕形螨、瘿螨及跗线螨等螨类后半体上的轮状纹不是真正的缝，只是附着肌肉的构造在体表的呈现。

图 2-11　刚毛形态
A. 光滑或简单；B. 稍有栉齿状；C. 栉齿状；D. 双栉齿状；
E. 缘缨状；F. 叶状或镰状；G. 吸盘状；H. 匙状；I. 刺状

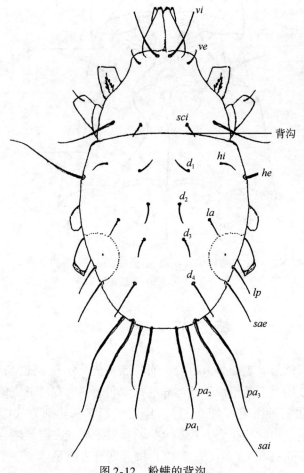

图 2-12　粉螨的背沟

1. 体壁　螨类体躯最外层的组织是体壁（integument），不同种类的螨体壁硬化程度不同。体壁的功能是维持螨类的固有外形、供肌肉附着和参与体躯的运动，因与脊椎动物的骨骼功能类似，常称为外骨骼（exoskeleton）。但是，螨类的体壁较其他节肢动物的柔软。其组成结构如下：

$$
体壁
\begin{cases}
表皮
\begin{cases}
上表皮
\begin{cases}
黏质层 \\
蜡层 \\
表皮质层
\end{cases} \\
\left.
\begin{matrix}
外表皮 \\
内表皮
\end{matrix}
\right\} 前表皮
\end{cases} \\
真皮 \\
基底膜
\end{cases}
$$

螨类的体壁由表皮（cuticle）、真皮（epidermis）和基底膜（lamina）组成（图 2-13）。表皮可分为上表皮（epicuticle）、外表皮（exocuticle）和内表皮（endocuticle）。上

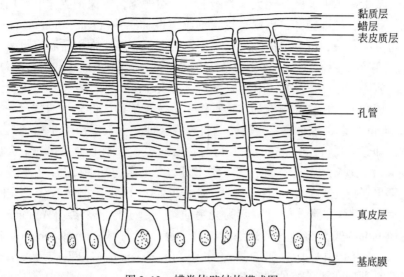

黏质层
蜡层
表皮质层

孔管

真皮层

基底膜

图 2-13　螨类体壁结构模式图

表皮很薄，无色素，最外层是黏质层（cement layer），中层是蜡层，亦称盖角层（tectostracum layer），内层是表皮质层（cuticulin layer）。外表皮和内表皮合称前表皮（procuticle），均由几丁质（chitin）形成。外表皮无色，酸性染料可使之染成黄色或褐色。内表皮可用碱性染料染色。表皮层下是真皮层，真皮层具有细胞结构。真皮层的细胞有管（孔）向外延伸，直至上表皮的表皮质层，并在此分成许多小管。紧贴真皮细胞之下有一层基底膜，是体壁的最内层。螨类的体壁常称为"表皮"，具有支撑和保护体躯、呼吸和调节体内水分吸入与排出、防止病原体侵入、参与运动，以及通过感觉毛或其他结构接受外界刺激的功能。Hughes（1959）认为，表皮的功能主要是呼吸和调节水分吸入与排出。Knülle 和 Wharton（1964）认为，在临界平衡点之上，表皮所吸收的水分可与非活性吸湿剂相比拟。螨类的体壁有表皮细胞特化而成的皮腺（dermal gland），如侧腹腺（latero-abdorninal gland）和末体腺（opisthosomal gland）。皮腺的分泌物经裂缝或管（孔）分泌到体外，可能与报警、聚集和性信息素的分泌有关，毛和各种感觉器的性状和功能都与此相关联，如粉螨科（Acaridae）、果螨科（Carpoglyphidae）和麦食螨科（Pyoglyphidae）螨类的末体背腺均能分泌报警外激素（alarm pheromones）。粉螨表皮有的比较坚硬，有的相当柔软，有的有花纹、瘤突或网状格等，在分类学上均具有一定的意义。真螨目（Acariformes）螨类的腺体较复杂，除基节腺和唾液腺外，还有 1～3 对颚足腺与贯穿体侧的颚足沟（podocephalic canal）相连，将腺体的分泌物运至有关器官。

　　蜱螨无触角，须肢和足Ⅰ具有与触角相似的功能，是蜱螨重要的感觉器官。须肢和足Ⅰ之所以能起感觉器官的作用，是因为其上着生有各种不同类型的毛和感觉器，如触觉毛（tactile setae）、感觉毛（sensory setae）、黏附毛（tenent setae）、格氏器（Grandjean's organ）、哈氏器（Haller's organ）和琴形器（lyrate organ）等。蜱螨躯体上刚毛的长短和形状各式各样，有丝状、鞭状、扇状等，其数目和毛序（chaetotary）具有分类意义。按功能可分为三类，即触觉毛、感觉毛和黏附毛。触觉毛遍布全身，感觉毛多生在附肢上，黏附毛多着生在跗节末端爪上。触觉毛大多为刚毛状，司触觉，有保护躯体的作用；感觉毛呈棒状，有细轮状纹，端部钝圆，内壁有轮状细纹，也称感棒（solenidion）；黏附毛顶端柔软而膨大，可分泌黏液，以利螨体黏附在孳生物的表面。感棒常用希腊字母表示，股节上用 θ（theta）、膝节上用 σ（sigma）、胫节上用 φ（phi）、跗节上用 ω（omega）表示。芥毛（famuli）着生在足 I 跗节上，用希腊字母 ε（epsilon）表示。蜱螨躯体上的各种毛，无论触觉毛、感觉毛，还是黏附毛都有感觉作用，按光学特性可分为两类：一类具有辐基丁质（actinochitin）芯，也称亮毛素的光毛质芯，这种亮毛素实质上是一种具光化学活性的嗜碘物质，即光毛质（actinopilin），具有此物质的大多数刚毛轴在偏光下会出现双折射（birefringent）发光现象且易于碘染；另一类不具有亮毛素的光毛质芯，在光学上均为不旋光的，因此不出现折光现象，也不易碘染。Grandjean（1935）把含有光毛质刚毛的螨类（前气门目、无气门目和隐气门目）归为光毛质类群，也称亮毛类（Actinochitinosi）；把不含有光毛质刚毛的螨类归为无光毛质类群，也称暗毛类（Anactinochitinosi）。此两类分别相当于 Evans（1961）所提出的复毛类（Actinochaeta）和单毛类（Anactinochaeta）。蜱螨的感觉器官类型和数量随种类和发育期而异。

（1）格氏器：有些粉螨前足体的前侧缘（足 I 基节前方，紧贴体侧）可向前形成一个薄膜状（呈角状突起）的骨质板，即格氏器。格氏器环绕在颚体基部，有的很小，有的膨大呈火焰状，如薄粉螨（*Acarus gracilis*）（图 2-14）。格氏器基部有一个向前伸展弯曲的侧骨片（lateral sclerite），围绕在足 I 基部。侧骨片后缘为基节上凹陷（supracoxal fossa），也称假气门（pseudostigma），凹陷内着生有基节上毛（supracoxal seta），也称假气门刚毛（pseudostigmatic setae）（图 2-15）。基节上毛的形状可呈杆状，如伯氏嗜木螨（*Caloglyphus berlesei*）（图 2-16A）；分枝状，如家食甜螨（*Glycyphagus domesticus*）（图 2-16B）。

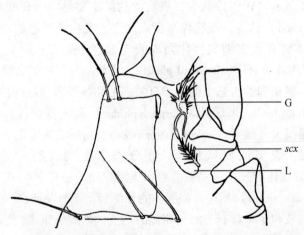

图 2-14　薄粉螨（*Acarus gracilis*）右足 I 区域侧面
G：格氏器；*scx*：基节上毛；L：侧骨片

（2）哈氏器：位于足 I 跗节背面，有小毛着生于表皮的凹窝处，是嗅觉器官，也是湿度感受器。

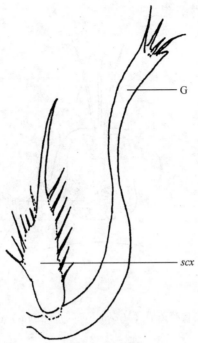

图 2-15　粉螨基节上毛和格氏器

G：格氏器；*scx*：基节上毛

图 2-16　基节上毛的形状

A. 伯氏嗜木螨（*Caloglyphus berlesei*）；B. 家食甜螨（*Glycyphagus domesticus*）

（3）克氏器（Clapared's organ）：位于幼螨躯体的腹面，足 I 、Ⅱ基节之间，是温度感受器。大部分螨类的幼螨有克氏器，但在若螨和成螨时消失，代之以生殖盘（genital sucker）。

（4）眼：无气门亚目螨类大多无眼。有眼的螨类眼是单眼，无复眼，其中大多数有单眼 1~2 对，位于前足体的前侧。

（5）琴形器：又称隙孔（lyriform pore）是螨类体表许多微小裂孔中的一种。

2. 背板与头脊　粉螨躯体背面（dorsum）通常着生有背板或头脊。背板（dorsal shield）（图 2-17）着生在前足体背面，也称为前足体板（propodosomal shield），如粉螨科（Acaridae）的螨类。有些粉螨的前足体板特化为狭长的头脊（crista metopica），其上还着生有背毛，如食甜螨属（*Glycyphagus*）的螨类（图 2-18）。背板与头脊的大小、形状、完整与否及是否有背毛均具分类学意义。

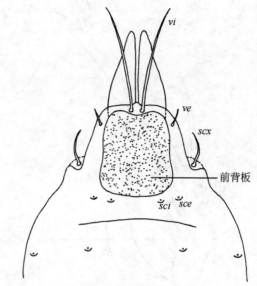

图 2-17　菌食嗜菌螨（*Mycetoglyphus fungivorus*）（♀）背板

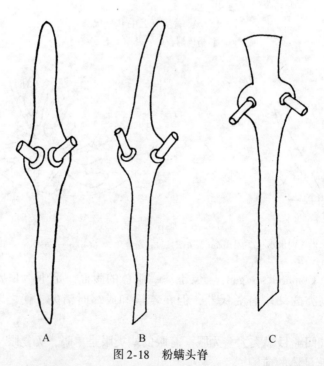

图 2-18　粉螨头脊

A. 隆头食甜螨（*Glycyphagus ornatus*）；B. 家食甜螨（*Glycyphagus domesticus*）；C. 隐秘食甜螨（*Glycyphagus privatus*）

3. 背毛　粉螨背面刚毛包括顶毛（vertical setae）、胛毛（scapular setae）、肩毛（humeral setae）、背毛（dorsal setae）、侧毛（lateral setae）和骶毛（sacral setae），其长度和形态各异（图 2-19），在不同类群中变异很大，但在同一类群中，其背毛排列的方式、着生位置和形状固定不变，因而背毛是分类鉴定的重要依据之一。

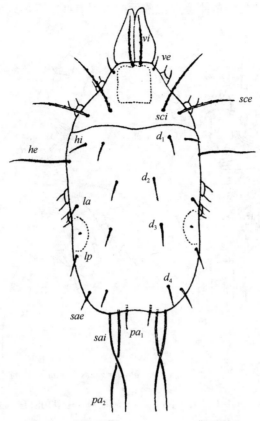

图 2-19　粗脚粉螨（*Acarus siro*）背面刚毛

vi：顶内毛；*ve*：顶外毛；*sci*：胛内毛；*sce*：胛外毛；*hi*：肩内毛；*he*：肩外毛；*la*：前侧毛；*lp*：后侧毛；
$d_1 \sim d_4$：背毛；*sai*：骶内毛；*sae*：骶外毛；pa_1，pa_2：肛后毛

　　前足体背面有 4 对刚毛，即顶内毛（internal vertical setae）、顶外毛（external vertical setae）、胛内毛（internal scapular setae）和胛外毛（external scapular setae）。顶内毛位于前足体的背面中央近前缘，并在颚体上向前方延伸；顶外毛位于螯肢两侧或稍后的位置；胛内毛和胛外毛排成横列位于前足体背面后缘。这些刚毛的位置、形状、长短及是否缺如等均是粉螨亚目（Acaridida）螨类分类鉴定的重要依据。例如，粉尘螨（*Dermatophagoides farinae*）和屋尘螨（*Dermatophagoides pteronyssinus*）的雌雄均无顶毛（图 2-20，图 2-21）；食甜螨属（*Glycyphagus*）的前足体背面中线前端有一狭长的头脊（crista metopica）（图 2-22），顶内毛就着生在头脊上。

　　后足体和末体构成后半体，有 1～3 对肩毛（humeral setae），位于后半体前侧缘的足Ⅱ、足Ⅲ之间，根据着生位置可分为肩内毛（internal humeral setae）、肩外毛（external humeral setae）和肩腹毛（ventral humeral setae）。中线两侧有背毛（dorsal setae）4 对，由前至后依次为第一背毛（d_1）、第二背毛（d_2）、第三背毛（d_3）和第四背毛（d_4）。躯体两侧有侧毛（latcral setae）2 对，根据着生位置分为前侧毛（anterior lateral setae）和后侧毛（posterior lateral setae），前者位于侧腹腺开口之前。在后背缘，生有 1 对或 2 对骶毛（sacral setae），即骶内毛（*sai*）和骶外毛（*sae*）（图 2-23）。这些刚毛的长度和形状在不同种类的螨中变

异甚大，一般来说，躯体后面的刚毛要比前面的长，有些刚毛可以缩短，或全部缺如。

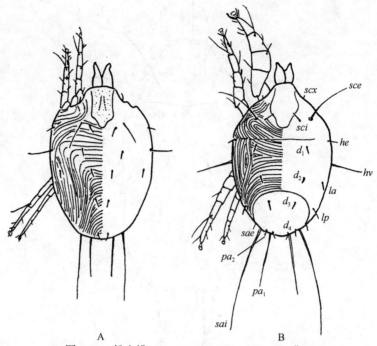

图 2-20　粉尘螨（*Dermatophagoides farinae*）背面

A. ♀；B. ♂

sce, sci, he, hv, d₁~d₄, la, lp, sae, sai, pa₁, pa₂：躯体的刚毛；*scx*：基节上毛

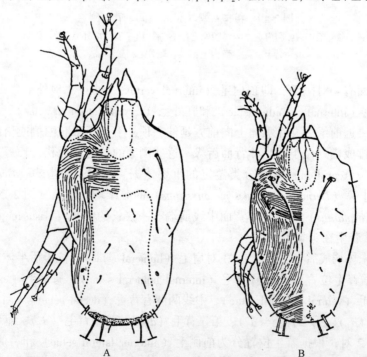

图 2-21　屋尘螨（*Dermatophagoides pteronyssinus*）背面（无顶毛）

A. ♂；B. ♀

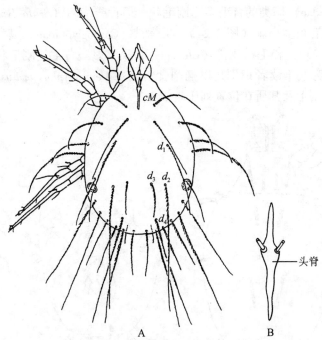

A　　　　　　　　　　　　B

图 2-22　家食甜螨（*Glycyphagus domesticus*）

A. 背面；B. 头脊

$d_1 \sim d_4$：背毛；cM：头脊

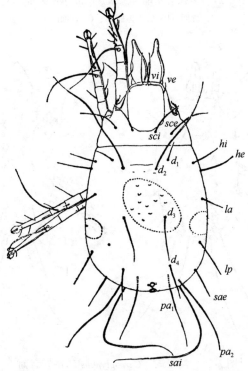

图 2-23　薄粉螨（*Acarus gracilis*）（♀）背面

ve, vi, sce, sci, he, hi, $d_1 \sim d_4$, la, lp, sae, sai, pa_1, pa_2：躯体的刚毛

粉螨科（Acaridae）螨类的背毛多为刚毛状，但食粪螨属（*Scatoglyphus*）螨类的背毛多为棍棒状，其上有很多小刺（图2-24）。果螨科（Carpoglyphidae）螨类背毛多呈短杆状且端部圆钝（图2-25）。栉毛螨亚科（Ctenoglyphinae）螨类背毛呈刚毛状、栉齿状或羽毛状等（图2-26）。为便于读者识别，以椭圆食粉螨（*Aleuroglyphus ovatus*）（图2-27）为例，将其躯体背面刚毛及其所在位置列于表2-4。

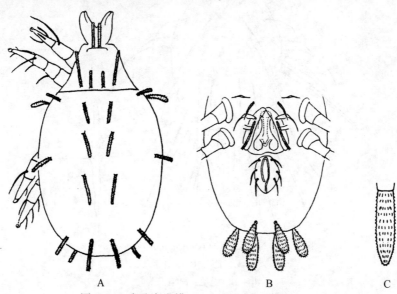

图 2-24　多孔食粪螨（*Scatoglyphus polytremetus*）

A. 背面；B. 后半体腹面；C. 背面刚毛

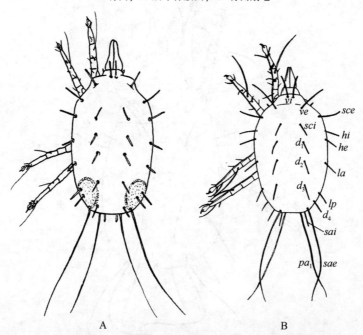

图 2-25　甜果螨（*Carpoglyphus lactis*）背面

A. ♀；B. ♂

vi，*ve*，*sci*，*d₁ ~ d₄*，*hi*，*he*，*la*，*lp*，*sae*，*sai*，*pa₁*：躯体的刚毛

图 2-26　栉毛螨亚科（Ctenoglyphinae）螨类背面刚毛

A. 羽栉毛螨（*Ctenoglyphus plumiger*）；B. 卡氏栉毛螨（*Ctenoglyphus canestrinii*）；C. 棕栉毛螨（*Ctenoglyphus palmifer*）；

D. 媒介重嗜螨（*Diamesoglyphus intermedius*）

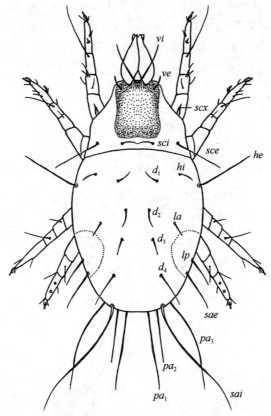

图 2-27　椭圆食粉螨（*Aleuroglyphus ovatus*）躯体背面刚毛

vi，*ve*，*sci*，*sce*，*hi*，*he*，$d_1 \sim d_4$，*la*，*lp*，*sai*，*sae*，pa_1，pa_2，pa_3：躯体的刚毛；

scx：基节上毛

表 2-4　椭圆食粉螨躯体背面刚毛

刚毛名称	符号	着生位置
顶内毛	vi	前足体前缘中央
顶外毛	ve	vi 后方侧缘
胛内毛	sci	在 sce 的内侧
胛外毛	sce	前足体后缘
肩内毛	hi	在 he 的内侧
肩外毛	he	在背沟之后，后半体两侧
第一至第四对背毛	$d_1 \sim d_4$	后半体背面，两纵行排列
前侧毛	la	后半体侧缘中间
后侧毛	lp	在 la 之后
骶内毛	sai	后半体背面后缘，近中央线处
骶外毛	sae	在 sai 的外侧

4. 腹毛　粉螨躯体腹面的刚毛包括基节毛（coxal setae）、基节间毛（intercoxal setae）、前生殖毛（pre-genital setae）、生殖毛（genital setae）、肛毛（anal setae）和肛后毛（post-anal setae）（图 2-28）。腹毛（ventral setae）数量较少，结构也较简单。生殖孔周围有生殖毛 3 对，根据其位置分别称为前生殖毛（g_1）、中生殖毛（g_2）、后生殖毛（g_3），或用前生殖毛（f）、中生殖毛（h）、后生殖毛（i）表示。肛门周围有肛前毛

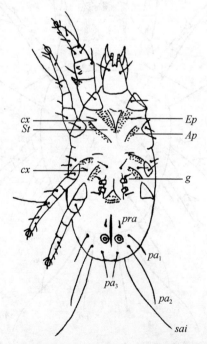

图 2-28　粗脚粉螨（*Acarus siro*）雄螨腹面刚毛

$pa_1 \sim pa_3$：肛后毛；pra：肛前毛；sai：骶内毛；cx：基节毛；g：生殖毛；Ap：表皮内突；Ep：基节内突；St：胸板

（pre-anal setae）和肛后毛两个复合群。有时这两群肛毛可连在一起，统称为肛毛。在足Ⅰ、Ⅲ基节上有基节毛1对。基节毛和生殖毛的数目和位置是固定的，但肛毛的数目和位置在种类及性别之间差异较大。例如，有些粉螨雌螨的肛门纵裂，周围有肛毛5对（$a_1 \sim a_5$）（图2-29）、肛后毛2对（pa_1、pa_2）；雄螨肛吸盘前方有肛前毛1对，肛后毛3对（pa_1、pa_2、pa_3）（图2-30）。雄螨生殖孔外表有生殖瓣（genital valve）1对、生殖盘（genital sucker）2对，中央有阳茎（penis）（图2-31）；雌螨相对应处是一中央纵裂的产卵孔（oviporus），两侧具生殖盘2对，外覆生殖瓣，生殖毛3对（f、h、i）（图2-32，图2-33）。

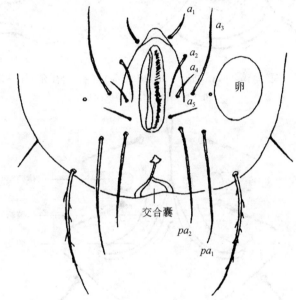

图2-29　粗脚粉螨（*Acarus siro*）（♀）肛门区
$a_1 \sim a_5$：肛毛；pa_1，pa_2：肛后毛

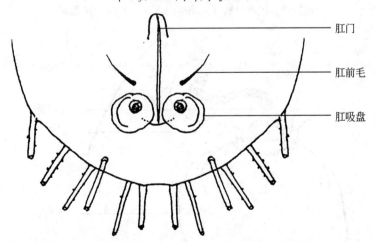

图2-30　腐食酪螨（*Tyrophagus putrescentiae*）（♂）腹面后端

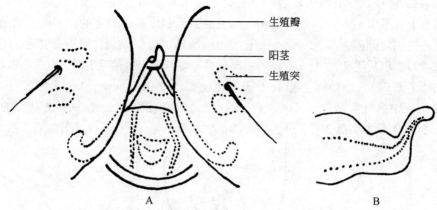

图 2-31　腐食酪螨（*Tyrophagus putrescentiae*）（♂）外生殖器区和阳茎

A. 外生殖器区；B. 阳茎侧面观

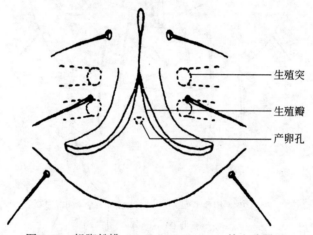

图 2-32　粗脚粉螨（*Acarus siro*）（♀）外生殖器区

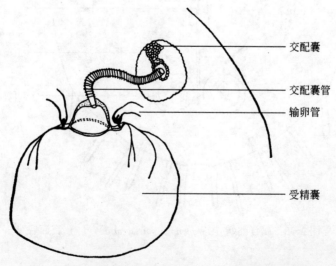

图 2-33　粗脚粉螨（*Acarus siro*）（♀）交配囊和受精囊

　　为便于读者识别，以椭圆食粉螨（*Aleuroglyphus ouatus*）为例（图2-34），将其躯体腹面刚毛及其位置列于表2-5。

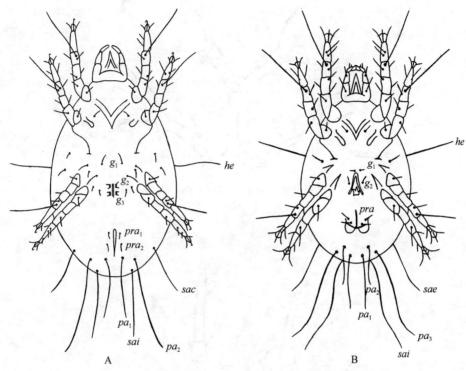

图2-34　椭圆食粉螨（*Aleuroglyphus ovatus*）躯体腹面刚毛

A. ♀；B. ♂

表2-5　椭圆食粉螨躯体腹面刚毛

刚毛名称	符号	着生位置
基节毛	*cx*	足Ⅰ和足Ⅲ的基节
肩腹毛	*hv*	后半体腹侧面，足Ⅱ和足Ⅲ之间
生殖毛（前、中、后）	g_1、g_2、g_3或 *f*、*h*、*i*	生殖孔周围
肛毛	*a*	肛门周围
肛前毛	*pra*	肛门前面
肛后毛（第一、二、三对）	*pa*（pa_1、pa_2、pa_3）	肛门后面

　　粉螨腹面除刚毛外，还有胸板（sternum）、表皮皱褶（epidermal folds）、表皮内突（apodeme）、基节内突（epimeron）、生殖板（genital shield）和圆形角质环（circular chitinous rings）等（图2-35，图2-36）。在前侧毛（*la*）和后侧毛（*lp*）之间的躯体边缘有侧腹腺（latero-abdorminal gland），侧腹腺中含有高折射率的无色、黄色或棕色液体，这种液体在膝澳食甜螨（*Austroglycyphagus geniculatus*）则为红色。在后半体上，有圆形角质环4对，1对在肩毛附近，1对在前侧毛附近，1对靠近躯体后端，另1对在肛门两侧。这些圆形角质环在实验室薄口螨（*Histiostoma laboratorium*）的后半体腹面清晰可见。许多螨

类在侧骨片后端和邻近基节上毛处有一裂缝或细孔，可能是表皮下方腺体的开口。

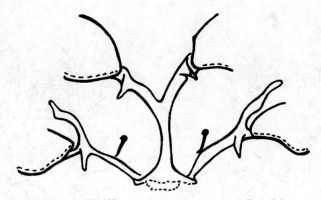

图 2-35　甜果螨（*Carpoglyphus lactis*）基节—胸板

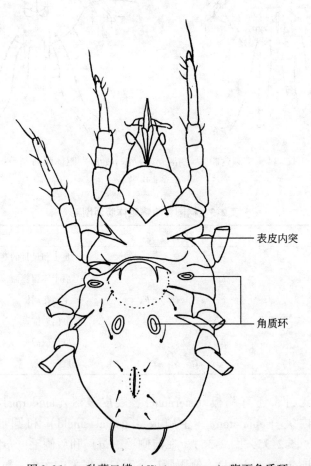

表皮内突

角质环

图 2-36　一种薄口螨（*Histiostoma* sp.）腹面角质环

5. 足 粉螨跗肢变异大，幼螨有足3对，成螨和第一及第三若螨均有足4对。成螨前2对足向前伸展，后2对足向后伸展。足由基节（coxa）、转节（trochanter）、腿（股）节（femur）、膝节（genu）、胫节（tibia）和跗节（tarsus）组成（图2-37），其中基节已与躯体腹面愈合而不能活动，其余5节均可活动。基节着生有基节毛（coxal setae）和基节间毛（intercoxal setae），基节的前缘变硬并向内部突出而形成表皮内突（apodeme）。足Ⅰ表皮内突在中线处愈合成胸板（sternum），而足Ⅱ~Ⅳ的表皮内突则常分开。每一基节的后缘也可骨化形成基节内突（epimere），并可与相邻的表皮内突愈合。足Ⅰ转节背面有基节上腺（supracoxal gland），其分泌液流入颚足沟（podocephalic canal）内。跗节末端为前跗节（pretarsus），跗节末端为爪（claw）、爪间突（empodium）和爪垫（pulvillus），爪间突呈爪状或吸盘状。粗脚粉螨（*Acarus siro*）雄螨足Ⅰ股节粗大，腹面有锥形距1个（图2-38）。脂螨科（Lardoglyphidae）脂螨属（*Lardoglyphus*）的螨，雌螨的爪分叉，异型雄螨（heteromorphic male）足Ⅲ末端有2个大刺（图2-39）；食甜螨科（Glycyphagidae）的爪常

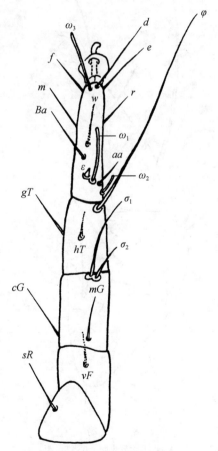

图2-37 椭圆食粉螨左足Ⅰ

gT, *hT*：胫节毛；*cG*, *mG*：膝节毛；*vF*：股节毛；*sR*：转节毛；ω_1~ω_3：跗节感棒；ε：跗节芥毛；*aa*：亚基侧毛；φ：胫节感棒；σ_1和σ_2：膝外毛和膝内毛；*Ba*：背中毛；*w*：腹中毛；*r*：侧中毛；*d*：第一背端毛；*e*：第二背端毛；*f*：正中端毛；*m*：正中毛

附着在柔软的前跗节（pretarsus）顶端，由 2 个细"腱"（tendon）连接在跗节末端（图 2-40）；食甜螨科（Glycyphagidae）无爪螨属（*Blomia*）足跗节无爪。害嗜鳞螨的跗节基部还着生有亚跗鳞片（subtarsal scale, ρ）（图 2-41）；根螨属（*Rhizoglyphus*）的爪可以在 2 块骨片中间转动，基部被柔软的前跗节包围。所有的足均具爬行功能，第一对足兼有取食功能。

　　粉螨足 IV 跗节有明显的吸盘（图 2-42），如粗脚粉螨（*Acarus siro*）足 IV 跗节靠基部及中部有吸盘 2 个；伯氏嗜木螨雄螨足 IV 跗节 1/2 处有交配吸盘 2 个；食菌嗜木螨（*Caloglyphus mycophagus*）和椭圆食粉螨（*Aleuroglyphus ovatus*）足 IV 跗节端部有交配吸盘 2 个；拱殖嗜渣螨（*Chortoglyphus arcuatus*）雄螨的足 IV 跗节中间也有交配吸盘 2 个。

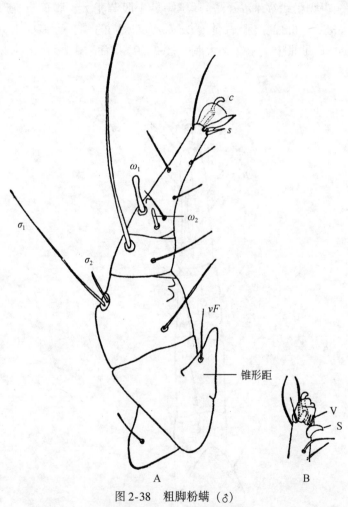

图 2-38　粗脚粉螨（♂）

A. 足 I 股节腹面；B. 锥形距

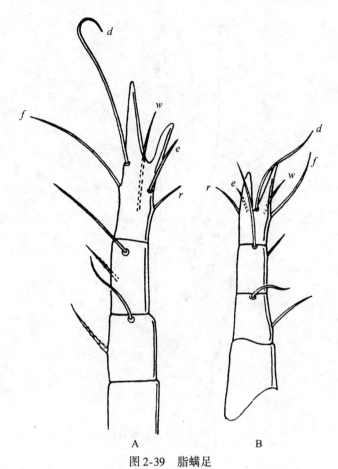

图 2-39　脂螨足

A. 扎氏脂螨 (*Lardoglyphus zacheri*) (♂) 右足Ⅲ背面；B. 河野脂螨 (*Lardoglyphus konoi*) (♂) 左足Ⅲ背面

d, *e*, *f*, *r*, *w*：跗节毛

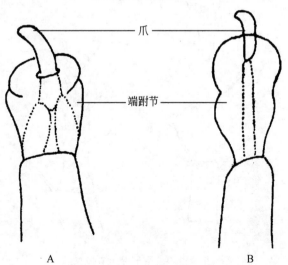

图 2-40　柄吸盘 (ambulacrum)

A. 食甜螨属 (*Glycyphagus*)；B. 根螨属 (*Rhizoglyphus*)

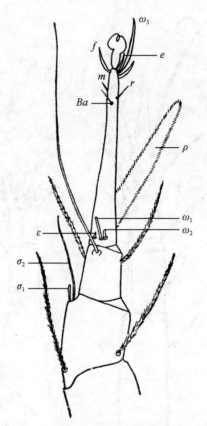

图 2-41　害嗜鳞螨跗节基部的亚跗鳞片

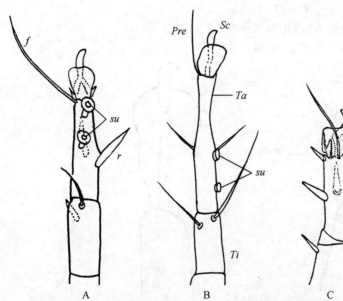

图 2-42　粉螨足Ⅳ跗节吸盘
A. 伯氏嗜木螨；B. 粗脚粉螨；C. 食菌嗜木螨；D. 椭圆食粉螨

6. 足毛 粉螨足上着生许多刚毛状突起（图 2-43），跗节最多，足 Ⅰ～Ⅳ逐渐减少。这些刚毛状突起可分为感棒（solenidia，ω）、芥毛（famulus，ε）和真刚毛（true setae）三种。感棒是一薄的几丁质管，基部不膨大，末端有开口。由于感棒不具栉齿，且有裂缝状的凹陷，故镜下可见条纹。芥毛一般很微小，仅存在于足 Ⅰ 跗节，常呈圆锥形；芥毛芯子中空，含原生质，常与第一感棒（ω_1）接近，镜下呈双折射性。真刚毛与躯体上其他刚毛一样，内有辐几丁质组成芯，外有附加层，附加层上有梳状物；真刚毛的基部膨大，多封闭，着生在表皮的小孔中。在粉螨亚目（Acaridida）中，足上刚毛和感棒的排列方式及数目基本相同，但形状、着生位置和数目并非完全一致。因此，刚毛或感棒的缺如或移位可作为分类鉴别的重要依据，甚至在同一种类的雌雄间也有差异。例如，麦食螨科（Pyoglyphidae）足 Ⅰ 跗节上的第一感棒从跗节基部的正常位置移位到前跗节的基部，该科的嗜霉螨属（Euroglyphus）和尘螨属（Dermatophagoides）跗节上的第三感棒（ω_3）着生在该节顶端，而拱殖嗜渣螨（Chortoglyphus arcuatus）足 Ⅰ 跗节上缺少芥毛（ε）。粉螨科（Acaridae）螨类足的刚毛变异不大，但食甜螨科（Glycyphagidae）螨类足刚毛常有很大变异，如嗜鳞螨属（Lepidoglyphus）所有足的跗节均被一个有栉齿（毛）的亚跗鳞片（ρ）所包裹；米氏嗜鳞螨（Lepidoglyphus michaeli）足 Ⅲ 膝节上的腹面刚毛（nG）膨大成栉状鳞片（pectinate scales）；棕脊足螨（Gohieria fusca）的膝节和胫节上有明显的脊条；弗氏

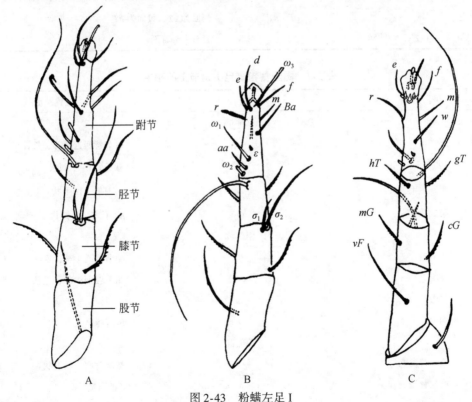

图 2-43 粉螨左足 Ⅰ

A. 粗脚粉螨（Acarus siro）（♀）背面；B. 薄粉螨（Acarus gracilis）（♀）背面；C. 薄粉螨（Acarus gracilis）（♀）腹面
$\omega_1 \sim \omega_3$：跗节感棒；φ：胫节感棒；σ_1，σ_2：膝节感棒；ε：跗节芥毛；aa, Ba, d, e, f, m, r, w, p, q, s, u, v：跗节的刚毛和刺；gT, hT：胫节毛；cG, mG：膝节毛；vF：股节毛；sR：转节毛

无爪螨（*Blomia freemani*）所有的足跗节均细长，足Ⅳ跗节常与胫节基部连接处构成一个角度，可向内弯曲；雄隆头食甜螨（*Glycyphagus ornatus*）的足Ⅰ、Ⅱ胫节上有1条梳状毛（hT），雌螨足Ⅰ、Ⅱ胫节上的梳状毛为正常刚毛。食甜螨科（Glycyphagidae）螨类的须肢及足Ⅰ、Ⅱ跗节上有芥毛（棘状毛，eupathidia）和感棒〔环管毛（solenidion setae）〕，这两种毛均为感觉毛。有的螨足Ⅰ跗节上还有一种芥毛（famuli），其末端膨大或多刺。

粉螨足上有背毛、腹毛、侧毛和感棒，将足纵向划分为二，分为前后背毛、前后腹毛和前后侧毛。其中以足Ⅰ跗节上的刚毛和感棒最为复杂，但其着生位置和排列顺序也是有规则的。我国常见的椭圆食粉螨（*Aleuroglyphus ovatus*）躯体和足上的刚毛齐全，故以此螨为例介绍相应的刚毛名称及位置。椭圆食粉螨右足Ⅰ上的刚毛见表2-6，该螨足Ⅰ跗节上的刚毛分为三群：基部群、中部群和端部群（表2-7）。

表 2-6　椭圆食粉螨足Ⅰ上的刚毛

刚毛名称	符号	着生位置
转节毛	sR	转节腹面前方
股（腿）节毛	vF	股（腿）节腹面中间上方
膝节毛	mG，cG	mG 在背面，cG 在腹面
膝外毛和膝内毛（膝节感棒）	σ_1，σ_2	膝节背面前端的骨片上，长者为 σ_1，短者为 σ_2
胫节毛	gT，hT	侧面为 gT，腹面为 hT
胫节感棒（鞭状感棒、背胫刺）	φ	胫节末端背面

表 2-7　椭圆食粉螨足Ⅰ跗节上的刚毛

刚毛名称	符号	着生位置及形状
基部群		
第一感棒	ω_1	跗节背面近基部，长杆状
芥毛	ε	靠近 ω_1，小刺状
亚基侧毛	aa	ω_1 右侧，刚毛状
第二感棒	ω_2	aa 下方，短钉状
中部群		
背中毛	Ba	跗节背面中部，毛状
腹中毛	w	跗节腹面中部，毛状
正中毛	m	Ba 上方
侧中毛	r	Ba 右侧
端部群		
第一背端毛	d	端部背面，长发状
第二背端毛	e	d 的右侧
正中端毛	f	d 的左侧
第三感棒	ω_3	跗节背面端部，管状

刚毛名称	符号	着生位置及形状
中腹端刺	s	跗节腹面端部中间，刺状
外腹端刺	p、u 或 $p+u$	位于 s 的左侧，刺状
内腹端刺	q、v 或 $q+v$	位于 s 的右侧，刺状

足 I 端跗节基部有呈圆周形排列的刚毛 8 根，以左足为例：第一背端毛 (d) 位于中间，正中端毛 (f) 和第二背端毛 (e) 分别位于 d 的左右两侧，腹端刺 (p、q、u、v 和 s) 着生在腹面，并为短刺状，内腹端刺 (q、v) 位于右面，外腹端刺 (p、u) 位于左面，中腹端刺 (s) 位于中间。所有足的跗节都着生有这些刚毛和刺，仅在足 I 跗节上有第三感棒 (ω_3)，其呈圆柱状，位于该节背面端部，并在最后一个若螨期开始出现。有的螨在跗节端部（邻近跗节基部）可见几丁质突起（chitinous process，S），如尘螨属 (*Dermatophagoides*) 的小角尘螨 (*Dermatophagoides microceras*)。足 I 跗节的中部有轮状排列的刚毛 4 根，背中毛 (Ba) 位于背面，腹中毛 (w) 位于腹面，正中毛 (m) 和侧中毛 (r) 分别位于左面和右面。足 II 跗节同样具有这些刚毛，但在足 III 和 IV 跗节仅有刚毛 2 根，即 r 和 w。跗节基部群有刚毛和感棒 4 根，第一感棒 (ω_1) 着生在背面，为棒状感觉毛，在各发育期的足 I、II 跗节上均有，足 II 跗节的 ω_1 比足 I 跗节的 ω_1 长，在幼螨期 ω_1 尤其长。在足 I 跗节上，芥毛 (ε) 小刺状，常紧靠 ω_1。第二感棒 (ω_2) 较小，位于较后的位置，在第一若螨期开始出现，其与亚基侧毛 (aa) 仅在足 I 跗节上才有。

胫节感棒 (φ) 也称为鞭状感棒或背胫刺，着生在除足 IV 胫节以外所有胫节的背面，存在于生活史各发育阶段。足 I、II 胫节腹面有胫节毛 2 根，gT 位于侧面，hT 位于腹面。足 I 膝节背面有感棒 σ_1 和 σ_2 2 根，着生在同一凹陷上；而足 II、III 膝节上仅有感棒 1 根。在足 I、II 膝节上有膝节毛 2 根，即 cG 和 mG，而足 III 膝节上仅有刚毛 nG 1 根，在足 IV 膝节上，刚毛和感棒均缺如。足 I、II 和 III 腿节的腹面均有腿节毛 (vF) 1 根。足 I、II 和 IV 转节的腹面均有转节毛 (sR) 1 根。例如，纳氏皱皮螨 (*Suidasia nesbitti*) 足 I 跗节端部腹面中间有腹端刺 (s) 1 根，两侧各有腹刺 2 根，在外的为外腹刺 (p、u)，在内的为内腹刺 (q、v)；腐食酪螨 (*Tyrophagus putrescentiae*) 足 I 跗节的腹端刺 (s、u、v) 呈刺状，腹端刺 (p、q) 呈长毛状；食粉螨属 (*Aleuroglyphus*) 足 I 跗节腹端刺为 3 根，即腹端刺 (s) 1 根，已愈合的外腹端刺 (p、u) 和内腹端刺 (q、v) 各 1 根；伯氏嗜木螨 (*Caloglyphus berlesei*) 足 I 跗节腹端刺有 5 根，即 u、p、s、v、q；干向酪螨 (*Tyrophagus casei*) 所有足跗节上的第二背端毛 (e) 演变成厚刺状；水芋根螨 (*Rhizoglyphus callae*) 足 I 跗节上的背中毛 (Ba) 演变为锥形距；弗氏无爪螨 (*Blomia freemani*) 足 IV 胫节感棒 (φ)（背胫刺）移位着生于该节中间；河野脂螨 (*Lardoglyphus konoi*) 雄螨，足 I、II 和足 IV 的爪不分叉；足 III 跗节短，刚毛着生在端部；伯氏嗜木螨 (*Caloglyphus berlesei*) 足 I 跗节第二背端毛 (e) 变为粗刺状，正中端毛 (f)、侧中毛 (r) 变为镰状毛，顶端膨大呈叶片形，腹中毛 (w)、正中毛 (m) 变为粗刺；食菌嗜木螨 (*Caloglyphus mycophagus*) 与伯氏嗜木螨 (*Caloglyphus berlesei*) 足 I、II 胫节毛 (gT 与 hT) 均变为刺状。

7. 生殖孔和肛门　生殖孔是螨类生殖器官的开口，雌雄两性的生殖孔位于躯体腹面，足基节之间。肛门是螨类消化器官的末端开口，通常位于末体腹面近后端。

（1）生殖孔（genital opening）：形状和位置多样，是区别成螨和若螨的主要标志，仅成螨具有生殖孔。寄螨目（Parasiformes）的生殖孔位于足Ⅳ基节之间或足Ⅳ基节之前。真螨目（Acariformes）中粉螨亚目（Acaridida）螨类生殖孔的位置多种多样，一般开口于足Ⅱ~Ⅳ的基节之间，呈纵向或横向。生殖孔被 1 对分叉的生殖褶（genital fold）遮盖，其内侧是 1 对粗直管状结构的生殖"吸盘"（genital sucker），也称生殖乳突（genital papilla）。在粉螨发育过程中，第一若螨有生殖感觉器（genital sense organs）1 对，第三若螨有生殖感觉器 2 对。生殖板（genital shield）是围绕生殖孔的板，骨化程度常微弱。无爪螨属（Blomia）的雌螨有一个附加的不成对的生殖褶，从后面覆盖生殖孔。

雌螨外生殖器主要是交配囊（bursa copulatrix）、生殖孔（genital pore）或生殖瓣（genital valve）。交配囊的形状因螨种而异，也具有一定的分类意义。交配囊位于足Ⅲ和足Ⅳ基节之间，内部与雌生殖系统相连。卵巢（ovary）单个或成对排列，卵通过输卵管（oviduct）到达不成对的子宫（uterus）内，如革螨亚目（Gamasida）和辐螨亚目（Actinedida）的螨类，从子宫再进入阴道（vagina），阴道位于躯体腹面的中部或后部，外接生殖板。卵巢与受精囊（receptacula seminis，Rs）相连，而交配囊则开口入受精囊内。雌螨生殖孔较大，两侧具生殖乳突 2 对，外覆生殖瓣，雌螨相对应处是一中央纵裂的产卵孔，多呈纵向裂缝（多数是营自生生活的螨类），或呈横向裂缝（多数为寄生螨类），便于卵排出。麦食螨科（Pyoglyphidae）螨类雌性生殖孔为内翻的"U"形，有一块骨化的生殖板，食甜螨属（Glycyphagus）雌螨的生殖孔前缘有一块新月状的细小前骨片（epigynium）。雌性生殖孔的前缘也可与胸板相愈合，如果螨属（Carpoglyphus）；也可与围绕在输卵管孔周围的围生殖环（circumgenital ring）相愈合，如脊足螨属（Gohieria）。雌螨体躯后端有一个圆形的小陷腔，即交配囊，其位于体表的孔常通过富有弹性的交配囊管通向受精囊，受精囊与卵巢相通。

雄螨生殖孔两侧具前、中、后生殖毛 3 对（g_1、g_2、g_3），生殖孔外表具生殖瓣 1 对和生殖乳突（genital papilla）2 对，中央有阳茎（penis）。阳茎为一几丁质管，其着生在结构复杂的几丁质支架（chitinous struts）上，支架上附有使阳茎活动的肌肉（图 2-44）。雄螨阳茎形态特征各异，对螨种鉴定有重要意义。粉螨亚目（Actinedida）粉螨科（Acaridae）的螨类睾丸则成对，睾丸中产生的精细胞（sperm cell）通过成对的或单一的输精管（vas deferens）导入射精管（ejaculatory ducts）。在输精管和射精管之间有附属腺（accessory gland），保护精子顺利输至雌螨的受精囊。粉螨科（Acraidae）螨类的精包为不同的曲形结构，性行为受不同的性信息素支配。粉螨亚目的螨类通过阳茎把精子直接导向雌螨的生殖孔中。雄螨有特殊的交配器，为位于肛门两侧的 1 对交尾吸盘或肛门吸盘（anal sucker，as），或位于足Ⅳ跗节的 1 对小吸盘（图 2-45），或位于足Ⅰ和Ⅱ跗节上的 1 个吸盘。食甜螨科（Glycyphagidae）的雄螨常缺少肛门吸盘和跗节吸盘，而隆头食甜螨（Glycyphagus ornatus）足Ⅰ、Ⅱ吸盘的形状变异有辅助交配作用。许多寄生性螨类足Ⅲ、Ⅳ吸盘的变异也起着同样的作用。

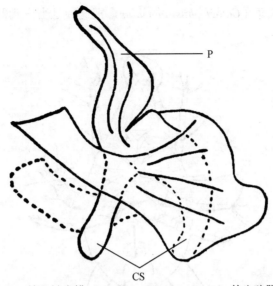

图 2-44　棉兰皱皮螨（*Suidasia medanensis*）（♂）外生殖器侧面
P：阳茎；CS：几丁质支架

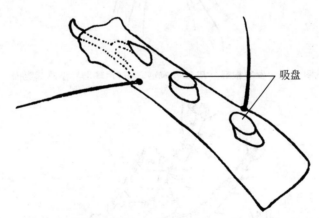

图 2-45　干向酪螨（*Tyrolichus casei*）（♂）足Ⅳ跗节背面的吸盘

　　粉螨亚目（Actinedida）的某些种类具雄螨多态现象，即某些螨类出现多型雄螨。如嗜木螨属（*Caloglyphus*）、根螨属（*Rhizoglyphus*）和士维螨属（*Schwiebia*）等可出现 4 种类型的雄螨。①同型雄螨（homomorphic male）：体躯形状和背刚毛的长短似未孕的雌螨。②二型雄螨（bimorphic male）：体躯较大，背刚毛较长。③异型雄螨（heteromorphic male）：与同型异螨类似，但有变形的足 3 对（图 2-46，图 2-47）。④多型雄螨（pleomorphic male）：与二型雄螨的体躯类似，但第 3 对足变形。根螨属（*Rhizoglyphus*）螨类能形成两种类型的雄螨，一种与雌螨相似，另一种的足Ⅲ膨大，且该足跗节变异成一个稍弯曲的爪；而脂螨属（*Lardoglyphus*）仅有异型雄螨，而没有同型雄螨。Woodring（1969）根据体躯的形状和背刚毛的长短把这 4 种类型雄螨分为二群：同类型雄螨（homotype male），其体躯的形状及刚毛的长短与雌螨相同；二类型雄螨（bimotypes），体躯和背刚毛均较长。Michael（1901）观察了这种变异的足，这种足不与地面接触，不具爬行功能。如畸形嗜木螨（*Caloglyphus anomalus*）把这种足当作武器，用于互相搏斗，以杀死年轻的同型雄螨。

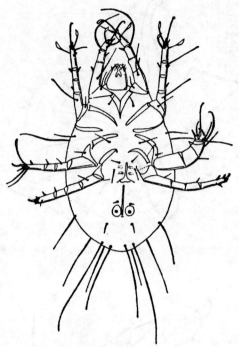

图 2-46　罗宾根螨（*Rhizoglyphus robini*）畸形异型雄螨腹面

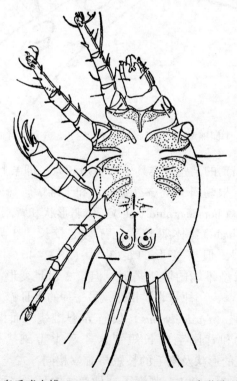

图 2-47　奥氏嗜木螨（*Caloglyphus oudemansi*）畸形异型雄螨腹面

（2）肛门：螨类的肛门（anal）通常位于末体的后端，是消化道的末端出口，两侧有肛板（anal shield）围护。由于种类不同，肛门的着生位置也有差别，有的肛门位于末端，有的位于末体腹面近后缘。有些粉螨的雄螨肛门区有肛吸盘1对，肛吸盘附近有肛前毛（pre-anal setae）1对、肛后毛（post-anal setae）3对（pa_1、pa_2、pa_3）。雌螨的肛门通常纵裂，周围有肛毛（anal setae）5对（$a_1 \sim a_5$）、肛后毛2对（pa_1、pa_2）。

粉螨生活史各个发育期形态差异很大，上述较系统描述了成螨形态，其他各个发育期的形态将在第三章描述。

（李朝品）

参 考 文 献

蔡黎，温廷桓.1989. 上海市区屋尘螨区系和季节消长的观察. 生态学报，3：225-229

陈文华，刘玉章，何琦琛.2002. 长毛根螨（Rhizoglyphus setosus）的生活史、分布及其寄主植物. 植物保护学会会刊，44：341-352

付仁龙，刘志刚，邢苗，等.2004. 屋尘螨特异性变应原的定位研究. 中国寄生虫学与寄生虫病杂志，22（4）：243-245

戈建军，沈京培.1990. 腐食酪螨感染1例报告. 江苏医药，2：75

何琦琛，王振澜，吴金村，等.1998. 六种木材对美洲室尘螨的抑制力探讨. 中华昆虫，18：247-257

江吉富.1995. 罕见的粉螨泌尿系感染一例报告. 中华泌尿外科杂志，2：91

江佳佳，李朝品.2005. 食用菌螨类孳生情况调查. 热带病与寄生虫学，2：77-79

江佳佳，李朝品.2005. 我国食用菌螨类及其防治方法. 热带病与寄生虫学，4：250-252

李朝品.1989. 引起肺螨病的两种螨的季节动态. 昆虫知识，26（2）：94

李朝品.2006. 医学蜱螨学. 北京：人民军医出版社

李朝品.2007. 医学昆虫学. 北京：人民军医出版社

李朝品.2009. 医学节肢动物学. 北京：人民卫生出版社

李朝品，陈兴保，李立.1985. 安徽省肺螨病的首次研究初报. 蚌埠医学院学报，10（4）：284

李朝品，陈兴保，李立.1986. 肺螨类生境研究. 蚌埠医学院学报，11（2）：86-87

李朝品，江佳佳，贺骥，等.2005. 淮南地区储藏中药材孳生粉螨的群落组成及多样性. 蛛形学报，14（2）：100-103

李朝品，姜玉新，刘婷，等.2013. 伯氏嗜木螨各发育阶段的外部形态扫描电镜观察. 昆虫学报，56（2）：212-218

李朝品，吕友梅.1995. 粉螨性腹泻5例报告. 泰山医学院学报，2：146-148

李朝品，王慧勇，贺骥，等.2005. 储藏干果中腐食酪螨孳生情况调查. 中国寄生虫病防制杂志，18（5）：382-383

李朝品，王克霞，徐广绪，等.1996. 肠螨病的流行病学调查. 中国寄生虫学与寄生虫病杂志，1：63-67

李朝品，武前文.1996. 房舍和储藏物粉螨. 合肥：中国科学技术大学出版社

李隆术，李云瑞.1988. 蜱螨学. 重庆：重庆出版社

李兴武，潘珩，赖泽仁.2001. 粪便中检出粉螨的意义. 临床检验杂志，4：233

李云瑞.1987. 蔬菜新害螨—吸腐薄口螨 Histiostoma sapromyzarum（Dufour）记述. 西南农业大学学报，1：46-47

李云瑞，卜根生.1997. 农业螨类学. 重庆：西南农业大学

林萱, 阮启错, 林进福, 等. 2000. 福建省储藏物螨类调查. 粮食储藏, 6: 13-17

刘小燕, 李朝品, 陶莉, 等. 2009. 宣城地区储藏物孳生粉螨名录初报. 中国病原生物学杂志, 5: 363, 404

刘晓宇, 马忠校, 赵莹颖, 等. 2013. 粉尘螨在空气净化器作用下扫描电镜形态观察. 南昌大学学报 (医学版), 53 (2): 6-9

刘志刚, 李盟, 包莹, 等. 2005. 屋尘螨1类Der p1的体内定位. 昆虫学报, 48 (6): 833-836

陆联高. 1994. 中国仓储螨类. 成都: 四川科学技术出版社

马恩沛, 沈兆鹏, 陈熙雯, 等. 1984. 中国农业螨类. 上海: 上海科学技术出版社

孟阳春, 李朝品, 梁国光. 1995. 蜱螨与人类疾病. 合肥: 中国科学技术大学出版社

裴伟, 林贤荣, 松冈裕之. 2012. 防治尘螨危害方法研究概述. 中国病原生物学杂志, 7 (8): 632-636

沈定荣, 胡清锡, 潘元厚. 1980. 肠螨病调查报告. 贵州医药, 1: 16-18

沈兆鹏. 1986. 粉螨亚目. 粮油仓储科技通讯, 1: 22-28

沈兆鹏. 1991. 我国粉螨小志及重要种的检索. 粮油仓储科技通讯, 6: 22-26

沈兆鹏. 2005. 谷物保护剂——现状和前景. 黑龙江粮食, 1: 20-22

沈兆鹏. 2005. 中国储藏物螨类名录. 黑龙江粮食, 5: 25-31

沈兆鹏. 2006. 中国重要储粮螨类的识别与防治 (二) 粉螨亚目. 黑龙江粮食, 3: 27-31

沈兆鹏. 2007. 中国储粮螨类研究50年. 粮食科技与经济, 3: 38-40

沈兆鹏. 2009. 房舍螨类或储粮螨类是现代居室的隐患. 黑龙江粮食, 2: 47-49

孙善才, 李朝品, 张荣波. 2001. 粉螨在仓贮环境中传播霉菌的逻辑质的研究. 中国职业医学, 28 (6): 31

涂丹, 朱志民, 夏斌, 等. 2001. 中国食甜螨属记述. 南昌大学学报 (理科版), 4: 356-357

汪诚信. 2002. 有害生物防制 (PCO) 手册. 武汉: 武汉出版社

王伯明, 王梓清, 吴子毅, 等. 2008. 甜果螨的发生与防治概述. 华东昆虫学报, 17 (2): 156-160

王慧勇, 李朝品. 2005. 粉螨危害及防制措施. 中国媒介生物学及控制杂志, 16 (5): 403-405

王克霞, 崔玉宝, 杨庆贵, 等. 2003. 从十二指肠溃疡患者引流液中检出粉螨一例. 中华流行病学杂志, 9: 44

王克霞, 杨庆贵, 田晔. 2005. 粉螨致结肠溃疡一例. 中华内科杂志, 9: 7

王孝祖. 1964. 中国粉螨科五个种的新纪录. 昆虫学报, 13 (6): 900

吴桂华, 刘志刚, 孙新. 2008. 粉尘螨生殖系统形态学研究. 昆虫学报, 51 (8): 810-816

夏斌, 罗冬梅, 邹志文, 等. 2007. 普通肉食螨对椭圆食粉螨的捕食功能. 昆虫知识, 44 (4): 549-552

夏斌, 张涛, 邹志文, 等. 2007. 鳞翅触足螨对腐食酪螨捕食效能. 南昌大学学报 (理科版), 31 (6): 579-582

夏立照, 陈灿义, 许从明, 等. 1996. 肺螨病临床误诊分析. 安徽医科大学学报, 2: 111-112

忻介六. 1988. 农业螨类学. 北京: 农业出版社

邢新国. 1990. 粪检粉螨三例报告. 寄生虫学与寄生虫病杂志, 1: 9

杨培志, 张红. 2001. 饲料的螨害及防制. 饲料博览, 8: 35-36

杨庆贵, 李朝品. 2006. 室内粉螨污染及控制对策. 环境与健康杂志, 23 (1): 81-82

于晓, 范青海. 2002. 腐食酪螨的发生与防制. 福建农业科技, 6: 49-50

张朝云, 李春成, 彭洁, 等. 2003. 螨虫致食物中毒一例报告. 中国卫生检验杂志, 6: 776

张莺莺, 刘志刚, 孙新, 等. 2007. 粉尘螨消化系统的形态学观察. 昆虫学报, 50 (1): 85-89

张宇, 辛天蓉, 邹志文, 等. 2011. 我国储粮螨类研究概述. 江西植保, 34 (4): 139-144

张智强, 梁来荣, 洪晓月, 等. 1997. 农业螨类图解检索. 上海: 同济大学出版社

赵金红, 王少圣, 湛孝东, 等. 2013. 安徽省烟仓孳生螨类的群落结构及多样性研究. 中国媒介生物学及控制杂志, 3: 218-221

赵学影, 刘晓宇, 李玲, 等. 2012. 屋尘螨成螨形态的扫描电镜观察. 昆虫学报, 55 (4): 493-498

钟自力, 叶靖. 1999. 痰液中检出粉螨一例. 上海医学检验杂志, 2: 36

周淑君, 周佳, 向俊, 等. 2005. 上海市场床席螨类污染情况调查. 中国寄生虫病防制杂志, 18: 254

朱志民, 涂丹, 夏斌, 等. 2001. 中国拟食甜螨属记述 (蜱螨亚纲: 食甜螨科). 蛛形学报, 2: 25-27

Hughes AM. 1983. 贮藏食物与房舍的螨类. 忻介六, 沈兆鹏, 译. 北京: 农业出版社

Alberti G. 1984. The contribution of comparative spermatology to problems of acarine systematics. Acarology VI, 1: 479-489

Arlian LG, Platts-Mills TA. 2001. The biology of dust mites and the remediation of mite allergens in allergic disease. J Allergy Clin Immunol, 107 (Suppl): S406

Baker RA. 1964. The further development of the hypopus of *Histiostoma feroniarum* (Dufour, 1839) (Acari). Ann Mag Nat Hist, 7 (13): 693

Baker RA. 1967. Bionomics of *Blattisocius keegani* (Fox) (Acarias: Ascidae), a predator on eggs of pests of stored grain. Can J Zool, 45: 1093

Baker RA. 1967. Note on the bionomics of *Haemogamasus pontiger* (Berlese) (Acarina: Mesostigmata), a predator on *Glycyphagus domesticus* (De Geer). Manitoba Ent, 2: 85

Burst GE, House GJ. 1988. A study of *Tyrophagus putrescentiae* (Acari: Acaridae) as a facultative predator of southern corn rootworm eggs. Exp Appl Acarol, 4: 355

Chmielewski W. 1977. Formation and importance of hypopus stage in the life of mites belonging to the superfamily Acaroidea. Prace Naukowe Instytutu Ochrony Roslin, 19: 5-94

Cloosterman SG, Hofland ID, Lukassen HG, et al. 1997. House dust mite avoidance measures improve peak flow but without asthma: a possible delay in the manifestation of clinical asthma. J Allergy Clin Immunol, 100 (3): 313.

Colloff MJ. 1991. A review of biology and allergenicity of the house-dust mite *Euroglyphus maynei* (Acari: Pyroglyphidae). Exp Appl AcaroL, 11: 177-198

Colloff MJ, Spieksma FTM. 1992. Pictorial keys for the identification of domestic mites. Clinical & Experimental Allergy, 22 (9): 823-830

Cunnington AM. 1965. Physical limits for complete development of the Grain mite, *Acarus siro* (Acarina, Acaridae), in relation to its world distribution. J Appl Ecol, 2: 295

Dorn S. 1998. Integrated stored product protection as a puzzle of mutually compatible elements. IOBC-WPRS Bulletin, 21: 9-12

Evans GO. 1957. An introduction to the British Mesostigmata with keys to the families and genera. Linn Soc Jour Zool, 43: 203-259

Evans GO, Sheals JG, Maefarlane D. 196l. The terrestrial Acari of the British Isles. An introduction to their morphology, biology and classification. Vol. I. Introduction and biology. London (Brtish Museum) Nat Hist.

Evans GO, Till WM. 1979. Mesostigmatic mites of Britain and Ireland (Chelicerata: Acari-Parasitiformes): an introduction to their external morphology and classification. The Transactions of the Zoological Society of London, 35 (2): 139-262

Fain A. 1974. Notes sur les Knemidocoptidae avec description de taxa nouveaux. Acarologia, 16 (1): 182-188

Grandjean F. 1935. Les poils et les organes sensitifs portés par le pattes et le palpe chez les Oribates. Bull Soc Zool, 60 (1): 6-39.

Griffiths DA. 1960. Some field habitats of mites of stored food products. Ann Appl Biol, 48: 134

Griffiths DA. 1964. A revision of the genus *Acarus* (Acaridae, Acarina). Bull Brit Mus (Nat. Hist)(Zool), 11: 413

Griffiths DA. 1966. Nutrition as a factor influencing hyopus formation in *Acarus siro* species complex (Acarina: Acaridae) . J Stored Prod Res, 1: 325

Griffiths DA. 1970. A further systematic study of the genus *Acarus* L. , 1758 (Acaridae Acarina), with a key to species. Brit Mus Nat. Hist Bull Zool, 19: 89-120

Griffiths DA, Boczek J. 1977. Spermatophores of some acaroid mites (Astigamata: Acarina) . International Journal of Insect Morphology and Embryology, 6 (5): 231-238

Hart BJ, Fain A. 1988. Morphological and biological studies of medically important house- dmites. Acarologia, 29 (3): 285-295

Hayden ML, Perzanowski M, Matheson L, et al. 1997. Dust mite allergen avoidance in the treatment of hospitalized children with asthma. Ann Allergy Asthma Immunol, 79 (5): 437

Ho CC. 1993. Two new species and a new record of *Schwiebiea* oudemans from Taiwan (Acari: acaridae). Internat J Acarol, 19 (1): 45-50

Ho CC, Wu CS. 2002. Suidasia mite found from the human ear. Formosan Entomol, 22: 291-296

Jeong KY, Lee IY, Ree HI, et al. 2002. Localization of Der f 2 in the gut and fecal pellets of *Dermatophagoides farinae*. Allergy, 57 (8): 729-731

Krantz GW. 1961. The biology and ecology of granary mites of the Pacific northwest I. Ecological Consideration. Ann Ent Soc Am, 54 (2): 169

Krantz GW. 1978. A Manual of Acarology. 2rd ed. Corvallis: Oregon State University Bookstore, Corvallis, Oregon

Krantz GW, Walter DE. 2009. A Manual of Acarology. 3rd ed. Lubbock: Texas Tech Univerity Press

Li CP, Cui YB, Wang J, et al. 2003. Acaroid mite, intestinal and urinary acariasis. World J Gastroenterol, 9 (4): 874

Li CP, Cui YB, Wang J, et al. 2003. Diarrhea and acaroid mites: a clinical study. World J Gastroenterol, 9 (7): 1621

Li CP, Wang J. 2000. Intestinal acariasis in Anhui Province. World J Gasteroentero, 6 (4): 597

Luxton M. 1992. Hong Kong hyadesiid mites (Acari: Astigmata) . In: Morton B. The Marine Flora and Fauna of Hong Kong and Southern China III. Hong Kong: Hong Kong University Press

Mapstone SC, Beasley A, Wall R. 2002. Structure and function of the gnathosoma of the mange mite, Psoroptes ovis. Medical and Veterinary Entomology, 16 (4): 378-385

Mariana A, Santana Raj AS, Ho TM, et al. 2008. Scanning electron micrograp in Malaysia. Trop Biomed, 25: 217-224

Mumcuoglu Y, Henning L, Guggenheim R. 1973. Scanning electron microscopy studies of house dust and asthma mites *Dermatophagoides pteronyssinus* (Trouessart, 1897) (Acarina: Astigmata) . Experientia, 29 (11): 1405-1408

OConnor BM. 1982. Astigmata. In: Parker S P. Synopsis and Classification of Living Organisms, vol2. New York: McGraw- Hill.

OConnor BM. 2009. Chapter Sixteen: Cohort Astigmatina. In: Krantz GW, Walter DE. A Manual of Acarology. 3rd ed. Texas: Texas Tech University Press

Rees JA, Carter J, Sibley P, et al. 1992. Localization of the major house dust mite allergen Der p1 in the body of *Dermatophagoides pteronyssinus* by immustain. Clin Exp Allergy, 22: 640-641

Sharov AG. 1966. Basic Arthropodan Stock: with Special Reference to Insects. Oxford: Pergamon Press

Solomon ME, Hill ST, Cunington AM. 1964. Storage fungi antagonistic to the flour mite (*Acarus siro* L.) . J Nppl Ecol, 1: 119

Thomas B, Heap P, Carswell F. 1991. Ultrastructural localization of the allergen Der P Ñin the gut of the house dust mite *Dermatophagoides pteronyssinus*. Int Arch Allergy Appl Immunol, 94: 365-367

Van Bronswijk JE, Schober G, Kniest FM. 1990. The management of house dust mite allergies. Clin Ther, 12 (3): 221

Walzl MG. 1991. Microwave treatmetn of mites (Acari, Arthropoda) for extruding hidden cuticular parts of the body for scanning electron microscopy. Micron and Microscopica Acta, 22 (1): 9-15

Wang HY, Li CP. 2005. Composition and diversity of acaroid mites (Acari Astigmata) corn munity in stored food. Journal of Tropical Disease and Parasitology, 3 (3): 139-142.

Wharton GW. 1970. Mites and commercial extracts of house dust. Scjence, 167: 1382

Witaliński W, Szlendak E, Boczek J. 1990. Anatomy and ultrastructure of the reproductive systems of *Acarus siro* (Acari: Acaridae). Experimental & Applied Acarology, 10 (1): 1-31

Woolley TA. 1961. A review of the phylogeny of mites. Ann Rev Ento, 6: 263-284

Yunker CE. 1955. A proposed classification of the Acaridae (Acarina, Sarcoptiformes). Proc Helminthol Soc, 22: 98-105

Yunker CE, Cory J, Meibos H. 1984. Tick tissue and cell culture: applications to research in medical and veterinary acarology and vector-borne disease. Acarology IV, 2: 1082

Zachvatkin AA. 1941. Tyroglyphoidea (Acari). Fauna of the U. S. S. R., Arachnoidea, 5 (1): 1-573

Zhang ZQ, Hong XY, Fan QH. 2010. Xin Jie-Liu centenary: progress in Chinese acarology. Zoosymposia, 4: 1-345

第三章　生物学与生态学

粉螨表皮柔软、体型小、乳白色、分布广泛、喜欢孳生在阴暗潮湿的环境，如房舍、粮仓、粮食加工厂、中草药库及家禽养殖场等中。大多数粉螨营自生生活，极少数种类营寄生生活。营自生生活的粉螨多为植食性、腐食性和菌食性；营寄生生活的粉螨多寄生于动植物的体内或体表。粉螨中植食性螨类多以谷物、干果、中药材等为食，可严重污染和为害储藏物及中药材。腐食性螨类则以腐烂的植物碎片、苔藓等为食，参与自然界的物质循环。菌食性螨类常取食各种菌类（如真菌、藻类、细菌等），是为害食用菌等菇类栽培的重要害螨。寄生性螨类若寄生于农业害虫体内，可抑制害虫繁殖，对农业生产有利；若寄生于益虫体内，则对农业生产有害。粉螨不仅可污染和破坏储藏物，而且部分种类可侵犯人体，引起螨性过敏性疾病和人体螨病。为有效防制粉螨，必须了解粉螨的生物学特征。

第一节　生　物　学

螨类的一个新个体（卵或幼体）从离开母体至发育成性成熟个体的发育周期称为一代或一个世代。若为卵胎生种类，世代从幼螨（或是若螨、休眠体、成螨）自母体产出开始，到子代再次生殖为止。因此，粉螨的生活史是指粉螨完成一代生长、发育和繁殖的全过程。

1. 生活史过程　包括两个阶段，第一阶段为胚胎发育，自卵受精后开始至卵孵化出幼螨，此阶段在卵内完成；第二阶段为胚后发育，从卵孵化出幼螨开始至螨发育成性成熟的成螨。

螨类完成一个世代所需的时间因种类、环境和气候条件而异，其中环境因子（如温湿度）是重要的影响因素。同一种螨类，在我国温度较高的南方，完成一个世代所需的时间较短，每年发生的代数较多；在温度较低的北方，完成一个世代所需的时间较长，每年发生的代数较少。与此同时，南方温暖，螨类的生长期和产卵期长，世代重叠现象明显，分清每一世代的界线比较困难；而北方寒冷，生长期和产卵期短，发生代数少，世代的界线比较容易划分。

2. 发育各期的形态　粉螨的卵（egg）多为椭圆形或长椭圆形，由于粉螨卵的卵黄丰富，故卵比较大，一般为 $120\mu m \times 100\mu m$，有的较大。例如，脂螨的卵大小约为 $150\mu m \times 100\mu m$，而伯氏嗜木螨（*Caloglyphus berlesei*）的卵可达 $200\mu m \times 110\mu m$。雌成螨制成标本后常可看到在末体内部藏有一个或几个成熟的卵。粉螨的卵多呈白色、乳白色、浅棕色、绿色、橙色或红色；多数粉螨卵的卵壳光滑、半透明，少数有花纹和刻点，如长食酪螨（*Tyrophagus longior*）的卵（图 3-1）。根据卵表面的特有花纹，可进行种类鉴定。粉螨一般为卵生，由于卵细胞在雌成螨体内时已进行分裂，因此经常可见到含有多个卵细胞的螨卵。在发育成熟的卵内有时可见幼螨轮廓。卵有堆产，也有散产，堆产时产下的卵聚集成堆，散产时产下的卵是孤立的小堆。粉螨产卵多少因螨种而异，一只雌螨可产卵10余粒，甚至数百粒。不同季节产出螨卵的结构也存在差异，夏卵产后6小时内不耐干燥，而冬卵产下后则能在干燥的环境中生存。粉螨的产卵量除受其自身产卵力的影响外，还受温湿度和食物等环境因素的影响。

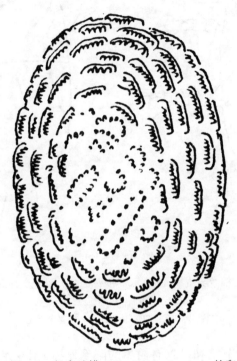

图3-1 长食酪螨（*Tyrophagus longior*）的卵

粉螨幼螨（larva）个体较小，长度为60~80μm。幼螨仅有足3对，缺少第4对足是幼螨期的主要形态特征。幼螨的生殖器官尚未发育成熟，生殖器的形态特征不明显或完全不可见，也无生殖吸盘和生殖刚毛。幼螨腹面足Ⅱ基节前方（基节Ⅰ区）有1对称为胸柄［基节杆（coxal rods, *CR*）］的茎状突出物，为幼螨期所特有（图3-2）。基节杆和感棒类似，为端部延长的中空管子。足由5节构成，其节数与若螨和成螨相同。跗节上刚毛形状及其排列、爪垫及爪的形状等特征具有种类鉴别意义。幼螨因后半体发育不完全，躯体上的某些刚毛（d_4、lp、生殖毛和肛毛）及足上的某些刚毛和感棒［足Ⅰ、足Ⅱ和足Ⅲ转节的转节毛，足Ⅰ跗节的第二感棒（ω_2）和第三感棒（ω_3）］缺如，但其骶毛可特别长，第一感棒（ω_1）与幼螨跗节相比也较大。幼螨与第三若螨、成螨的不同之处是幼螨足Ⅰ、足Ⅱ和足Ⅲ转节上无刚毛，而第三若螨和成螨足Ⅰ、足Ⅱ和足Ⅲ转节上有1根刚毛。

第一若螨（protonymph）又称前若螨，其个体较幼螨稍大，而稍小于第三若螨。粉螨自该期起有足4对，基节杆已经消失（图3-3）。第一若螨的特征是具有生殖孔，但生殖孔不发达，有生殖吸盘1对、生殖感觉器1对、生殖毛和侧肛毛各1对；后半体已有d_4和

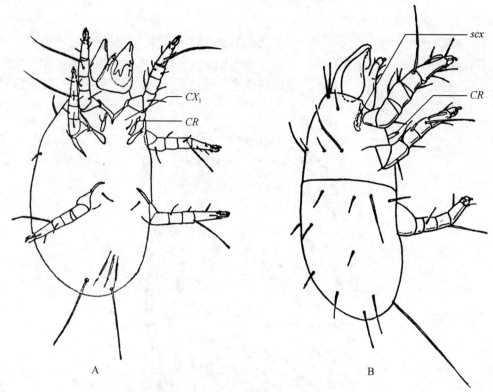

图 3-2　棉兰皱皮螨（*Suidasia medanensis*）幼螨腹面和侧面
A. 腹面；B. 侧面
CX_1：基节区；CR：基节杆；scx：基节上毛

lp。除足Ⅰ~足Ⅲ转节无转节毛和足Ⅳ有简单的刚毛外，足Ⅰ~足Ⅳ的毛序和成螨基本相同。第一若螨与第三若螨最易区别的特征是第一若螨足Ⅰ、足Ⅱ和足Ⅲ转节上无刚毛，而第三若螨则分别有 1 根刚毛，并且第一若螨足Ⅳ股节、膝节及胫节上也无刚毛，仅在跗节上有刚毛。此外，第一若螨的重要特征是腹面中央已经有生殖器的原基和椭圆形的生殖吸盘 1 对，在这两个生殖吸盘正中有一条纵沟，纵沟两侧还有生殖刚毛各 1 对，第三若螨与成螨则各有生殖吸盘 2 对、生殖刚毛 3 对。此外，躯体的后缘刚毛及肛门刚毛的数目也常较第三若螨和成螨少。

　　第三若螨（tritonymph）又称后若螨，其体长较成螨稍小，由第二若螨在外界环境条件适宜时发育而成。第三若螨除生殖器尚未完全发育成熟外，其他结构均与成螨相似。第三若螨生殖器的构造与第一若螨相似，仍然比较简单，仅有痕迹状的生殖孔，但生殖孔两侧有生殖吸盘 2 对、生殖感觉器 2 对和生殖刚毛 3 对，此与成螨相似。雄性第三若螨生殖器的位置一般在足Ⅳ基节之间，雌性第三若螨则不定。第三若螨的足毛也与成螨相同，足Ⅰ、足Ⅱ和足Ⅲ转节上各有刚毛 1 根，足Ⅳ转节上则无刚毛，足Ⅰ、足Ⅱ和足Ⅳ股节上各有刚毛 1 根，足Ⅲ股节上则无刚毛。此外，第三若螨肛毛及后缘刚毛长度比例可能与成螨不同。第三若螨多由休眠体在外界适宜环境下发育而成，也可从第一若螨直接发育而来。

　　第二若螨（deutonymph）又称休眠体（hypopus），在粉螨的生活史中，这是一个特殊

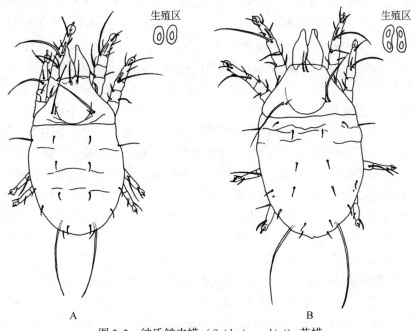

图 3-3　纳氏皱皮螨（*Suidasia nesbitti*）若螨

A. 第一若螨背面；B. 第三若螨背面

的发育期，这种类型的生活史在动物界可能是独一无二的。它是在外界环境恶劣时由第一若螨产生的，在形态上与第一若螨、第三若螨显著不同；在功能上，一种在寒冷干燥及其他对其生活不适宜的环境中发生，是保存其种族所必需的，另一种吸附在昆虫、螨类及小型哺乳动物上，以达到其能够移动到新的栖息场所的目的。休眠体不取食，它既是一种传播的手段，也是一种在不良环境下生存的方法。因此，休眠体是一种适应于传播及抵抗不良环境的特殊虫态。休眠体常附着在其他动物上，被搬运到其他场所。研究发现，有多科粉螨可形成休眠体，已记载的有粉螨科（Acaridae）、果螨科（Carpoglyphidae）、食甜螨科（Glycyphagidae）、薄口螨科（Histiostomidae）等螨类，如粗脚粉螨（*Acarus siro*），已发现有 3 种不同类型的休眠体。休眠体的体壁变硬，足和颚体大部分缩入体内，不食不动，以抵抗不良环境，可达数月之久，若再遇到适宜环境，即能蜕去硬皮壳而恢复活动。Chmielewski（1977）通过对粉螨总科 12 个种的研究，发现有些螨种不形成休眠体，如腐食酪螨（*Tyrophagus putrescentiae*）、食虫狭螨（*Thyreophagus entomophagus*）、棉兰皱皮螨（*Suidasia medanensis*）、河野脂螨（*Lardoglyphus konoi*）、害嗜鳞螨（*Lepidoglyphus destructor*）和家食甜螨（*Glycyphagus domesticus*）等，而甜果螨（*Carpoglyphus lactis*）和羽栉毛螨（*Ctenoglyphus plumiger*）则很少出现休眠体。休眠体多发生在自生生活类群，寄生螨类则很少见。

休眠体只在一些细微的地方与成螨相似，但亲缘关系相近的螨类常可有相同类型的休眠体。休眠体有两种，一种是活动休眠体（active hypopus），能自由活动，在肛门附近有吸盘，足上的爪发达，适于抱握其他节肢动物和哺乳动物，可分散到各处，如粗脚粉螨（*Acarus siro*）、奥氏嗜木螨（*Caloglyphus oudemansi*）、扎氏脂螨（*Lardoglyphus zacheri*）等螨类的休眠体；另一种是不活动休眠体（inert hypopus），足极退化，有时甚至完全消失，几乎完全不能活动，常停留在第一若螨的皮壳中，如家食甜螨、害嗜鳞螨等螨类的休眠体。这两种休眠体体壁都很厚、体扁平，颚体完全退化而不能取食，对干燥、低温及药剂等有强大的抵抗力，同时其背面一般都有奇特的花纹，差异不显著，结构上可以互相转化。

（1）休眠体的形态：活动休眠体为黄色或棕褐色，并有坚硬的表皮（图3-4），躯体呈圆形或卵圆形，背腹扁平，腹面凹而背面凸，这种形态可使休眠体紧紧地贴附在其他节肢动物上。躯体背面完全被前足体和后半体背板所蔽盖。没有口器，颚体退化为一个不成对的板状物，前缘呈双叶状，在每一叶上着生1条鞭状毛。基节板在躯体腹面很明显，其前缘和后缘分别与表皮内突和基节内突相连。后足体腹面有一块明显的吸盘板，为吸附结构的重要组成部分。活动休眠体的吸盘板多孔（图3-5），吸盘位置向前突出，以增加附着力。在这些吸盘中，位于吸盘板中央的2个吸盘最明显，称中央吸盘，在休眠体吸附寄主体表时起主要作用。在中央吸盘之间有肛门孔。中央吸盘前方还有2个小吸盘（I、K），常有辐射状的条纹，在实验室薄口螨（*Histiostoma laboratorium*）中，这两个小吸盘可向前凸出15μm，首先接触到寄主，然后大的中央吸盘再吸附上去起主要作用，使休眠体附着在寄主上。中央吸盘之后有4个小吸盘（A、B、C、D），在这4个吸盘旁边各有1个透明区（E、F、G、H），可能为退化的吸盘，称为辅助吸盘。吸盘板的前方有1个发育不完全的生殖孔，其两侧各有1对生殖吸盘和1对生殖刚毛。在表皮下有2对生殖感觉器，与第三若螨一致。在大的中央吸盘之间有肛门孔，在活螨标本中可看到肛门孔的开闭。钳爪

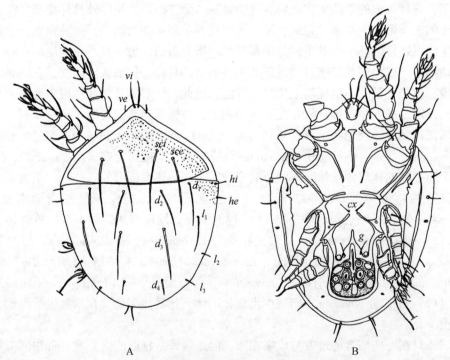

图3-4　粗脚粉螨（*Acarus siro*）休眠体

A. 背面；B. 腹面

躯体的刚毛：*vi*, *ve*, *sce*, *sci*, $d_1 \sim d_4$, *he*, *hi*, $l_1 \sim l_3$；*g*：生殖毛；*cx*：基节毛

螨亚科（Labidophorinae）的吸盘被1对内面坚硬的活动褶所替代，覆盖在2对有横纹的抱握器上，像钳子一样，可牢牢握住宿主皮毛（图3-6）。活动休眠体的前2对足较后2对足发达，后2对足几乎完全隐蔽于后半体腹面，而在薄口螨科（Histiostomidae），后2对足明显弯向颚体，所以从背面观察时只能看到末端几节。有些螨种，活螨的足Ⅰ和足Ⅱ可以在空中做出一些探寻动作，而此时躯体则由后2对足和吸盘板所支撑。休眠体足上着生的足毛、刚毛形状的变化，刚毛和感棒的膨大和萎缩与其他发育阶段不同，如嗜木螨（Caloglyphus）足Ⅰ、足Ⅱ和足Ⅲ跗节常有膨大而呈叶状的刚毛，或其顶端扩大成小吸盘（图3-7），且具有部分吸附结构的作用，足Ⅳ跗节末端有1～2条长刚毛用以抱握昆虫。

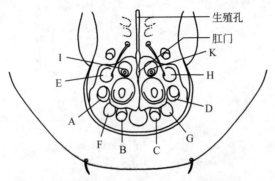

图 3-5　小粗脚粉螨（*Acarus farris*）休眠体吸盘板
A～D：吸盘；E～H：辅助吸盘；I, K：前吸盘

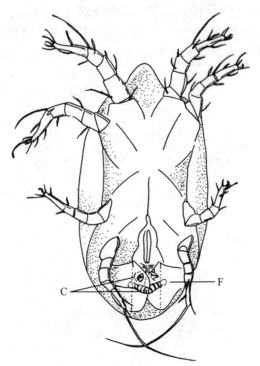

图 3-6　一种芝诺螨（*Xenoryctes* sp.）休眠体腹面
F：活动叶；C：抱握器

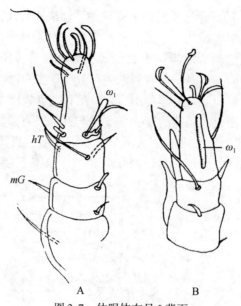

图 3-7　休眠体右足 I 背面

A. 奥氏嗜木螨（*Caloglyphus oudemansi*）；B. 食根嗜木螨（*Caloglyphus rhizoglyphoides*）

hT, *mG*：刚毛和刺；ω_1：感棒

　　大多数粉螨形成活动休眠体，只有少数粉螨形成不活动休眠体，如粉螨属（*Acarus*）、食甜螨科（Glycyphagidae）、嗜鳞螨属（*Lepidoglyphus*）等（图 3-8），其身体被包围在第一若螨的干燥皮壳中，几乎不活动。例如，家食甜螨（*Glycyphagus domesticus*）形成的不活动休眠体由一个卵圆形的白色囊状物组成，跗肢退化并包裹在第一若螨的干燥皮壳中（图 3-9），所有足均不发达，足Ⅲ和足Ⅳ完全隐藏在后半体下，从背面观察很难看见。在

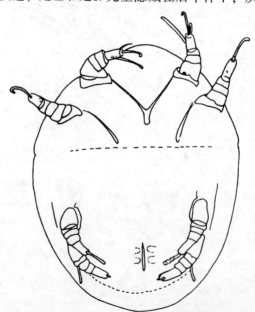

图 3-8　害嗜鳞螨（*Lepidoglyphus destructor*）不活动休眠体腹面（第一若螨的表皮已除去）

休眠体内部，仅有神经系统维持原状，而肌肉和消化系统则退化为无结构的团块，腹末体无吸盘。小粗脚粉螨（*Acarus farris*）活动休眠体的内部结构与家食甜螨的相似，由肌肉系统控制吸盘和足的活动。

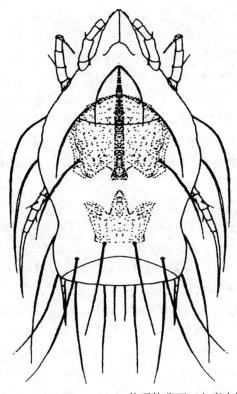

图 3-9　家食甜螨（*Glycyphagus domesticus*）休眠体背面（包裹在第一若螨的表皮中）

（2）休眠体的生物学意义：粉螨的休眠体不进食，其腹面末端有吸盘，可借吸盘附着在食物、工具、昆虫等其他动物体上以利于其传播，甚至附着在尘土颗粒上借助气流来传播。休眠体既是粉螨抵御不良环境赖以生存的一种形式，又是其传播方式之一。例如，吸腐薄口螨（*Histiostoma sapromyzarum*）休眠体多附着于鞘翅目甲虫、蝇类和多足纲动物等，伴随这些动物的活动而传播。菌食嗜菌螨（*Mycetoglyphus fungivorus*）的休眠体可借助蚂蚁的活动而传播。有些粉螨的休眠体在形成后会立刻转移到携播者身上，如扎氏脂螨（*Lardoglyphus zacheri*）饥饿后形成大量休眠体，能迅速附着在白腹皮蠹幼虫上，并经常附着在关节膜的光滑面上（Hughes，1956）。家食甜螨（*Glycyphagus domesticus*）和害嗜鳞螨（*Lepidoglyphus destructor*）可产生不活动休眠体，大多集散于房屋地板碎屑、仓库储藏物和饲料稻草中（Sinha，1968），在环境条件不适宜其生存时，活动状态的休眠体大量死亡，不活动的休眠体开始产生，其中一小部分休眠体随人为清扫、运输等而被动扩散，大部分仍停留在原地等待适宜其生存的环境，以便继续发育。有些螨类还具有特殊构造，如钳爪螨亚科（Labidophorinae）螨类休眠体由抱握器和盖在抱握器上一对坚硬的活动褶所组成的结构形成，以便牢牢握住携播者的皮毛。还有些种类的休眠体不仅附着在携播者体外，还能转移到携播者皮下和皮内寄生（Balashov，2000）。

粉螨的休眠体对粉螨的发育和繁殖起到保护作用。在有些粉螨类群中，只有休眠体而未发现成螨，不少种类是以休眠体为模式标本而建立的，因此休眠体在分类学上显得尤为重要，如薄口螨科（Histiostomidae）的螨类常以休眠体作为分属和定种的依据。

（3）休眠体的形成和解除机制：关于休眠体的生物学研究很多，但是有关其形成和解除机制的观点不一。关于休眠体形成的原因，研究揭示休眠体的产生与环境有关，其是粉螨在不利环境中孳生时形成的一个异形时期，主要的影响因素有：①外部因素：食物的性质、pH、质量、成分、种类、比例、环境的温湿度、营养、种群密度及废物的积聚等均是诱导粉螨形成休眠体的重要因素，其中食物的性质比其他因素更为重要。当遇到不良环境条件时，有些种类的粉螨即会出现休眠体期。休眠体期是粉螨生活史中一个特殊的发育阶段，对干燥、低温、饥饿及杀虫剂等有强大的抵抗力。当遇到不良环境时，在第一若螨之后即出现休眠体，以抵抗恶劣环境。待环境条件适宜时，休眠体又开始发育，而成为第三若螨。例如，粗脚粉螨（Acarus siro）在温度22℃、相对湿度82%、食料适宜的条件下，不产生休眠体；遇到低湿空气和含水量低的食物时，为适应不良环境，第一若螨蜕皮，变成休眠体。当食料中维生素B缺乏时也易形成休眠体。储粮发生霉变，营养破坏，螨种群密度增高，休眠体增多。Matsumoto（1978）在温度25℃、相对湿度85%条件下对河野脂螨（Lardoglyphus konoi）饲以不同种类的食物，在酵母中分别加入豆粉、奶酪、明胶、蛋清等均导致螨的种群密度降低，但形成的休眠体数比单独用酵母明显增多。Woording（1969）用培养管隔离饲养罗宾根螨（Rhizoglyphos robini），当该螨卵、幼螨或第一若螨少于20只时，不会形成休眠体；而在大量培养时，1%~2%的个体能形成休眠体。对于整个种群来说，过高的种群密度会造成不利的环境条件，引起种群迁移或形成休眠体；通过这种形式可以延缓种群增长，减少种内竞争，自我调解密度，以防种群崩溃。②内部因素：即内部代谢和遗传因素。有的螨类形成休眠体并不完全依赖于环境条件，个体基因的差异也会造成表现型的不同，如粗脚粉螨容易形成休眠体是由于其存在某些基因压力；害嗜鳞螨（Lepidoglyphus destructor）经过一定时期的环境选择，产生的休眠体可从20%~30%逐渐增加到80%~90%。以上两种因素相互作用，共同影响休眠体的形成。Chmielewski（1977）提出休眠体的形成以遗传基因为基础，并与生态因子密切相关。Knülle（2003）指出基因与生态因子的相互作用导致螨的三种状态（直接发育螨、活动休眠体和不活动休眠体）的比例发生变化。

同样，休眠体的解除也与环境和遗传因素有关。当环境条件适宜时，休眠体会蜕去硬壳，发育成第三若螨，进而发育为成螨。Knülle（1991）研究发现休眠体的持续时间受基因控制和诸多环境因素的影响。适宜温度、高湿度可以促进休眠体阶段的结束。Capuas等（1983）用温湿度组合实验证明，在温度24℃条件下，罗宾根螨（Rhizoglyphus robini）蜕皮需要较高的湿度，相对湿度低于93%不会蜕皮，如果条件合适，休眠体可以达到100%的解除。某些螨蜕皮时还需要特殊的饲料和营养，同时也受携播者和孳生环境的影响。

关于螨类休眠体产生和解除的具体原因尚在研究之中，相信随着科学技术的发展，其研究工作将会进一步深入，休眠体的形成和解除机制也将进一步明确。

3. 发育 蜱螨完成一代要经历卵、幼螨、若螨到成螨。蜱螨卵的卵黄丰富，发育时开始为全裂，随后才发生表面分裂，亦有一开始就进行表面分裂的。螨卵孵出的幼螨有足

3 对。幼螨蜕皮发育为若螨，有的螨有多个若螨期，若螨和成螨一样都有足 4 对，但体小，体毛少，无生殖孔。从第一若螨至第三若螨，身体逐渐长大，体毛数目也增多。蜱螨的生活史较复杂，主要可归纳如下几类：①无幼螨期的，如瘿螨从卵中孵出即为若螨，和成螨一样都只有 2 对足。瘿螨有第二若螨期，分别称为第一若螨期和第二若螨期，它们各有一个静止期，经静止期后才蜕皮进入下一发育阶段。②无若螨期的，蚴螨科（*Podapolipodidac*）和跗线螨科从幼螨直接发育为成螨，其间无若螨期，但幼螨有静止期。③有一个若螨期的，后气门亚目的硬蜱，幼螨和成螨之间仅有一个若螨期。幼螨、若螨和成螨都吸食宿主的血液，有一宿主性［从幼螨到成螨在同一宿主上，如牛蜱（*Boophilux*）］、二宿主性［幼螨、若螨在一个宿主上，落到地上成为成螨后再寄生于另一宿主，如扇头蜱（*Rhipicephalus*）］、三宿主性［幼螨、若螨、成螨在不同的宿主上，如花蜱（*Amblyomma*）和硬蜱（*Ixodes*）］。前气门亚目的赤螨科、恙螨克、绒螨科和水螨类等也只有一个若螨期，但在若螨期前有一个静止期，称为若蛹；若螨期后也有一个静止期，称为成蛹，这可以看作是相当于其他螨的第一若螨和第三若螨期。这些螨的幼螨都寄生于动物体上，而若螨和成螨是捕食性的。④有两个若螨期的，中气门亚目、前气门亚目的叶螨、无气门亚目的一部分（如腐食酪螨）有第一若螨和第二若螨期，但叶螨的雄螨，第一若螨蜕皮直接为成螨，而缺少第二若螨期。⑤有 3 个若螨期的，前气门亚目的吸螨科、镰螯螨科等和隐气门亚目的幼螨和成螨之间有 3 个若螨期。⑥有休眠体的，如薄口螨科（Histiostomidae）有两个若螨期，两个若螨期间有一休眠体，有人也把它看作是相当于第二若螨期。⑦有多若螨期的，后气门亚目的软蜱科，若重复蜕皮，有多个若螨期，如一种钝缘蜱（*Ornithodoros moutaba*）可多达 8 个若螨期。⑧卵胎生的，大多数蜱螨是卵生的，但亦有母体产生的不是卵，而是幼螨、若螨或成螨，如毒棘厉螨（*Echinolaelaps echidninus*），卵在母体内发育至幼螨才产出；蝠螨科（Spinturnicidae）产出的是第一若螨；虱状浦螨（*Pyemotes ventricosus*）产出的是成螨，雌螨体内容纳着发育中的胚胎，发生膨腹现象，身体比原来胀大几十倍甚至几百倍。在甲螨和无气门亚目中更有一种特殊的卵胎生，卵在母体死体内孵化发育，并以母体组织为食，最后咬破母体体壁而出，这称为死后胎生。

　　多数营自生活的粉螨是卵生的，其生活史可分为 6 个时期，即卵、幼螨、第一若螨（前若螨）、第二若螨（休眠体）、第三若螨（后若螨）和成螨（图 3-10）。少数螨种的卵在雌螨内可延迟至幼螨或第一若螨后产出。第二若螨在某种条件下可转化为休眠体，有时可完全消失。静息期螨类不食不动，其特征是口器退化、躯体膨大呈囊状、透明有光泽、足向躯体收缩。有些种类的雄螨可不经过第二若螨，而从第一若螨直接变为第三若螨。沈兆鹏（1988）发现纳氏皱皮螨（*Suidasia nesbitti*）的生活史分为 5 个时期：卵、幼螨（图 3-11 A、B）、第一若螨（图 3-11 D、E）、第三若螨（图 3-11G、H）和成螨（图 3-11 J），没有休眠体期。在进入第一若螨、第三若螨和成螨之前，各有一短暂的静息期，即幼螨静息期（图 3-11 C）、第一若螨静息期（图 3-11 F）和第三若螨静息期（图 3-11 I）。各静息期约 24h，经蜕皮后变为下一个发育时期。阎孝玉等（1992）研究发现椭圆食粉螨（*Aleuroglyphus ovatus*）的生活史也分为 5 个时期，未见休眠体期。沈兆鹏（1979）发现甜果螨（*Carpoglyphus lactis*）的生活史较复杂，分为 6 个时期，在对上海地区的食糖、干果、蜜饯等甜食品进行调查时，曾在古巴砂糖中发现甜果螨的休眠体。

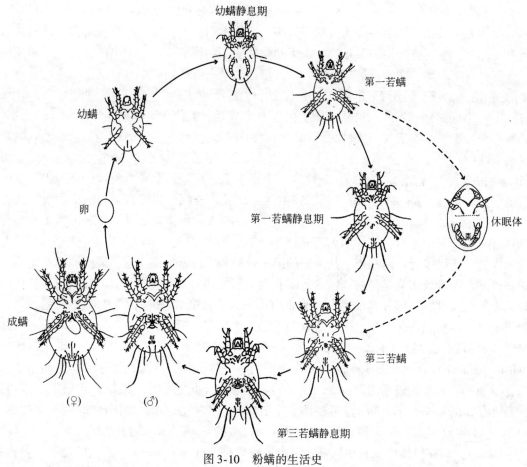

图 3-10　粉螨的生活史

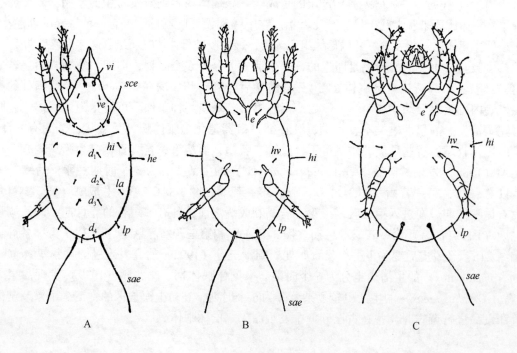

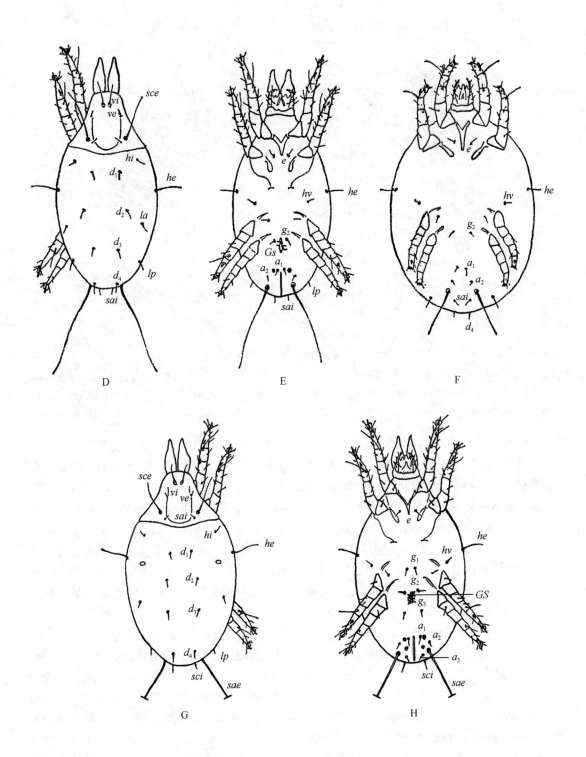

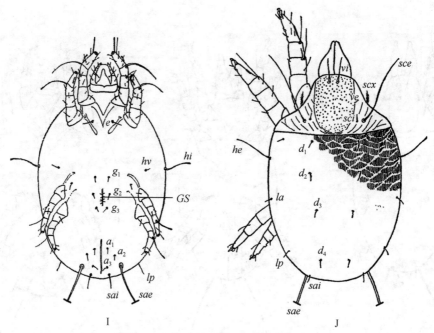

图 3-11　纳氏皱皮螨生活史各期形态

A. 纳氏皱皮螨幼螨（背面）；B. 纳氏皱皮螨幼螨（腹面）；C. 纳氏皱皮螨幼螨静息期（腹面）；D. 纳氏皱皮螨第
一若螨（背面）；E. 纳氏皱皮螨第一若螨（腹面）；F. 纳氏皱皮螨第一若螨静息期（腹面）；G. 纳氏皱皮螨第三若
螨（背面）；H. 纳氏皱皮螨第三若螨（腹面）；I. 纳氏皱皮螨第三若螨静息期（腹面）；J. 纳氏皱皮螨成螨（背面）

　　粉螨产下的卵大都聚集成堆，偶有孤立的小堆。卵产出后，因外界环境条件不同，其
发育期所需时间也不同，一般来说，粉螨卵孵化出幼螨的适宜条件为温度25℃、相对湿度
80%左右。卵孵化时，卵壳裂开，幼螨孵出。幼螨出壳后即开始取食，但活动比较迟缓。
经过一段活动时期，幼螨开始寻找隐蔽场所，进入静息期。幼螨静息期约为24小时，此
期为完全不活动时期，用解剖针拨动也没有反应，特征是躯体膨大呈囊状、半透明、晶亮
而有珍珠样的光泽，3对足向躯体紧缩，可借以与幼螨相区别。一般栖息在隐蔽处的种类
在此阶段因为没有活动能力，抵抗外界捕食等危险的能力较差，因此需要躲藏起来。幼螨
经过静息期，颜色逐渐变成暗黄色，开始蜕皮，蜕皮后成为第一若螨。蜕皮时，足Ⅱ和足
Ⅲ之间的背面表皮作横向开裂，前2对足先伸出来，然后整个螨体从裂缝处蜕出，成为具
有4对足的第一若螨。蜕皮时间一般为1~5分钟，蜕下来的透明皮壳留在原处。第一若螨
经过一段时间的活动期，又开始静息，称为第一若螨静息期。第一若螨静息期约为24小时，
与幼螨静息期一样，也是完全不活动的，4对足向躯体紧缩，躯体膨大呈囊状，蜕皮后变为
第三若螨。第一若螨和第三若螨可根据生殖感觉器的对数加以区别。第三若螨经过一段活动
时期也要静息，称为第三若螨静息期。第三若螨静息期与第一若螨静息期相似，螨类常钻入
缝隙或隐蔽场所进行静息。在第三若螨静息期后期，2对生殖感觉器已不明显，出现了雌螨
或雄螨生殖器官的雏形，此时可通过透明的皮壳来确定未来成螨的性别。第三若螨静息期约
为24小时，蜕皮后变为成螨。成螨有生殖器，易与若螨相区别。成螨有雌雄两性，即雌螨
和雄螨。从卵孵化至成螨，雄性个体的发育过程一般要比雌性个体快12~48小时。

　　粉螨各期的发育时间因螨种、外界环境不同而有差异。腐食酪螨（*Tyrophagus putrescentiae*）生活史各发育期见表3-1。在适宜的温度范围内，腐食酪螨卵发育期随温度的升高而延长，如卵在温度30℃时的发育期比25℃时长，原因可能是高温影响卵的发育，当温度25℃、相对湿度80%时，卵发育期最短，仅需60小时。阎孝玉等（1992）研究证实，椭圆食粉螨（*Aleuroglyphus ovatus*）发育最快的相对湿度和温度分别为85%和30℃，平均10天即可完成一代，其中卵期80小时、幼螨期40小时、幼螨静息期22小时、第一若螨期28小时、第一若螨静息期19小时、第三若螨期29小时、第三若螨静息期约为23小时。在同一相对湿度条件下，温度升高，发育速度加快；在同一温度下，其发育的速度也随相对湿度的升高而加快。

表3-1　腐食酪螨在不同温度下的发育历期　（d）

温度（℃）	卵	幼螨	静息期	第一若螨	静息期	第三若螨	静息期	产卵前期	全世代
12.5	15.67	9.95	3.30	5.38	3.68	14.27	5.00	8.67	65.92
15.0	12.46	6.73	2.45	4.17	2.65	5.18	3.36	4.56	37.00
20.0	3.55	2.63	0.97	1.73	1.20	1.86	1.50	1.96	15.40
25.0	2.50	2.62	0.91	1.65	0.94	2.28	1.17	2.02	14.09
30.0	2.67	2.31	0.78	1.03	0.67	1.29	0.72	1.52	10.99

资料来源：于晓，范青海.2002.腐食酪螨的发生与防治。

　　4. 繁殖　粉螨的繁殖力很强，若环境适宜，10～20天可完成一代。粗脚粉螨（*Acarus siro*）在温度25℃、相对湿度90%条件下，一年可繁殖10～15代。繁殖后代是粉螨成螨期的主要任务，成螨由第三若螨蜕皮至交配、产卵，常有一定的间隔期。由第三若螨蜕皮到第一次交配的间隔时间称为交配前期，大多数螨类的交配前期很短暂。由第三若螨蜕皮到第一次产卵的间隔时间称为产卵前期，各种螨类的产卵前期常受温度的影响，产卵前期短的为0.5天，长的为2～3天，在温度较低时可长达20天。

　　5. 生殖　大多数粉螨营两性生殖（gamogenesis），但也有孤雌生殖（parthenogenesis），有些种类还可行卵胎生（ovoviviparity）。有些种类的粉螨可有两种或两种以上的生殖方式，如粗脚粉螨的生殖方式既可为两性生殖，也能行孤雌生殖，孤雌生殖的后代为雄性。

　　（1）两性生殖：粉螨雌雄异体，主要为两性生殖。两性生殖需经雌雄交配，卵受精后才能发育。受精卵发育成的个体具有雌雄两种性别，通常雌性所占比例较大。粉螨科（Acaridae）有些种类的雄螨又可分为常型雄螨和异型雄螨两种类型，其中任何一种类型的雄螨都能与雌螨交配。

　　（2）孤雌生殖：雌螨不经交配也能产卵繁殖后代，这种生殖方式称为孤雌生殖。在雄螨很少或尚未发现雄螨的螨类中，未受精的卵发育成雌螨，称为产雌单性生殖（thelytoky）。在雄螨常见的螨类中，未受精的卵只能发育成雄螨，称为产雄单性生殖（arrbenotoky）。由产雄单性生殖发育成的雄螨，还可以与母代交配，产下受精卵，使群体恢复正常性别比。因此，孤雌生殖是螨类适应周围环境的结果，可保障其种族繁衍和大量繁殖。

　　（3）卵胎生：有些螨类的卵在其母体中已完成了胚胎发育，因此从母体产下的不是卵而是幼螨，有时甚至是若螨、休眠体或成螨，这种生殖方式称为卵胎生。螨类的卵胎生完全不同于哺乳动物的胎生，螨类胚胎发育所需的营养由卵黄供给，而后者则是通过胎盘从母体直接获得的，如燕麦穗螨（*Siteroptes oat*）的雌雄成螨均从母体的生殖孔直接产出。

6. 交配　营两性生殖的粉螨通常雄螨比雌螨提前蜕皮。当雌性第三若螨尚处于静息期时，雄螨已完成蜕皮，并在性激素的诱导下伺伏在雌螨周围，待雌螨蜕皮后，便立即进行交配。有些螨类的雄螨，如东方钝绥螨（*Amblyseius brientalis*）和尼氏钝绥螨（*Amblyseius nicholsi*）还能帮助雌螨蜕皮。赖永房等（1990）在室内对东方钝绥螨和尼氏钝绥螨的生殖行为进行了研究。结果表明，交配之前，这两种捕食螨的雄螨积极主动地寻找雌螨并能辅助雌若螨蜕皮。

粉螨亚目（Acaridida）的大多数螨种以直接方式进行交配。在同一世代中，往往雄螨比雌螨提前成熟，当雌螨发育成熟后，雄螨即开始追逐雌螨，一旦追到，即行交配。交配时，雄螨通常在雌螨体下，用足紧紧抱住雌螨，末体向上举起，雄螨阳茎直接将精子导入雌螨受精囊内与雌螨进行交配，完成受精过程。但粉螨科的水芋根螨（*Rhizoglyphus callae*）交配时雄螨不在雌螨下方，而是雌、雄排成直线，当雄螨追到雌螨时，即用足 I 先接触雌螨末端将其拖住，然后爬上雌螨体背的后半部分，再缓慢地倒转躯体与雌螨成相反方向，用吸盘或足IV紧紧地吸附或抱住雌螨的躯体末端进行交配。一般情况下，交配时雄螨不动，雌螨拖着雄螨向前爬行。在交配过程中，螨体可以活动、取食，但以雌螨活动为主，一旦遇惊扰或有外物阻拦，多立即停止交配。

多数雌雄粉螨可多次交配，交配时间长短不一，一般 10 ~ 60 分钟。沈兆鹏（1988）研究发现纳氏皱皮螨（*Suidasia nesbitti*）雄螨有发达的跗节吸盘，可顺利地用足IV跗节吸盘吸住雌螨的末体与其交配，且一生可多次交配。

7. 产卵　螨类产下的卵可呈单粒、块状或小堆状排列。在实验室内饲养，经观察，雌螨多于交配后 1 ~ 3 天开始产卵，且多将卵产于离食物近、湿度较大的地方。产卵量、产卵期及持续时间因螨种不同而异，如伯氏嗜木螨（*Caloglyphus berlesei*）昼夜均可产卵，产卵时间可持续 4 ~ 8 天，单雌产卵 6 ~ 93 粒，平均 48.1 粒。产卵方式为单产或聚产，聚产的每个卵块有 2 ~ 12 粒不等，排列整齐或呈不整齐的堆状，产卵开始后 3 ~ 6 天达高峰，最高日单雌产卵量为 27 粒，产卵持续期内偶有间隔 1 天不产卵现象。在产卵期间，仍可多次进行交配。椭圆食粉螨（*Aleuroglyphus ovatus*）一生可多次交配，于交配后 1 ~ 3 天开始产卵。以面粉作饲料，在温度 25℃、相对湿度 75% 的条件下，可持续产卵 4 ~ 6 天，1 只雌螨可以产卵 33 ~ 78 粒，平均 55.5 粒，产卵期平均为 3 天。福建嗜木螨（*Caloglyphus fujianensis*）在 25℃ 时，雌螨一次产卵可延缓 1 天至数天不等，每一卵块的卵数量可多达 100 余粒。腐食酪螨（*Tyrophagus putrescentiae*）一生可交配多次，产卵多次，在温度 25℃ 时，平均产卵时间为 19.61 天，单雌日均产卵量为 21.87 粒，多数卵聚集呈堆状，也有少数呈散产状态。纳氏皱皮螨（*Suidasia nesbitti*）一生能多次交配，交配后 1 ~ 3 天便开始产卵，每一雌螨平均产卵 30 粒，有时可达 40 余粒。害嗜鳞螨（*Lepidoglyphus destructor*）雌性成螨一生中交配多次，交配后 1 天内产卵，产卵期可持续 9 ~ 13 天，每雌产卵量通常为 58 ~ 145 粒，日产卵量为 1 ~ 12 粒。

各种粉螨产卵量的多少除因螨种而异外，还受到食物、温度、湿度、光照、雨量、灌溉、肥料等环境条件及取食饲料种类的影响。孙庆田等（2002）对粗脚粉螨的生殖进行研究，发现该螨生长发育的最适宜温度为 25～28℃。在此条件下，雌螨羽化后 1～3 天交配，交配后 2～3 天开始产卵。产卵量取决于雌螨的生活状态、温度、食料的种类和质量。例如，温度 24～26℃时，每只雌螨 24 小时产卵 10～15 粒，当温度低于 8℃或高于 30℃时产卵受到抑制，甚至停止产卵。以面粉为食的粗脚粉螨，每只雌螨产卵 45～50 粒；以碎米为食的粗脚粉螨，每只雌螨产卵量平均为 68～75 粒，最高可达 96 粒。刘婷等（2006）对腐食酪螨的生殖进行了较为详细的研究，结果表明，随着温度的升高，腐食酪螨雌成螨日均产卵量和平均产卵量呈先增后减的趋势，最高平均产卵量和最高日均产卵量均出现在 25℃，表明此温度更适宜该螨生长繁殖。研究数据显示，取食啤酒酵母粉的腐食酪螨雌成螨平均产卵数较取食玉米者多，表明温度和饲料对腐食酪螨的繁殖均有很大影响。

8. 寿命　雄螨的寿命一般比雌螨短，多数交配之后随即死亡。雄螨的寿命与其本身的生理状态密切相关，越冬雌螨在越冬场所能生存 5～7 个月，在室温条件下，雌螨寿命为 100～150 天，雄螨 60～80 天。粉螨的寿命除了与自身遗传生物特性相关外，还与温湿度及饲料的营养成分有关。刘婷等（2007）对腐食酪螨的寿命进行了研究，发现腐食酪螨各螨态发育历期与温度呈负相关，即随着温度的升高，腐食酪螨雌成螨 50% 死亡时间逐渐缩短，平均寿命变短；而随温度的降低，平均寿命延长，12.5℃ 时最长，为 126.35 天，30℃时最短，为 22.0 天。以啤酒酵母粉和玉米粉作饲料时存在明显差异。在 12.5℃、15℃、20℃、25℃和 30℃温度下，以啤酒酵母粉为饲料饲养的腐食酪螨其各个阶段的发育历期均较在相同条件下以玉米粉饲养的腐食酪螨的发育历期短，即发育速率较快。

9. 性二型和多型现象　同一种生物（有时是同一个个体）内出现两种相异性状的现象称为性二型现象。螨类通常有明显的性二型现象，雌螨一般比雄螨大。例如，粗脚粉螨雄螨足 I 股节和膝节增大，股节腹面有一距状突起，使足 I 显著膨大，而雌螨的足不膨大。

粉螨亚目（Acaridida）的某些螨类有多型现象，如嗜木螨属（*Caloglyphus*）、根螨属（*Rhizoglyphus*）和士维螨属（*Schwiebea*），有时可发现四种类型的雄螨：①同型雄螨，躯体的形状和背刚毛的长短很像未孕的雌螨；②二型雄螨，躯体和刚毛均较长；③异型雄螨，很像同型雄螨，但足 III 变形；④多型雄螨，躯体形状与二型雄螨相同，但足 III 变形。

10. 粉螨的传播　在自然环境中，粉螨的栖息地是多种多样的。某些根螨属的螨类以植物的球茎为食；土壤及土壤表面的阔食酪螨（*Tyrophagus palmarum*）以腐烂植物的残余物为食；有些粉螨可栖息在草地上，也可在谷物堆垛及草堆上发现；还有少数种类是水栖的，甚至生活于污水的表层，如薄口螨属（*Histiostoma*）螨类。

粉螨的足生有爪和爪间突，上具黏毛、刺毛或吸盘等攀附结构，尤其是休眠体更具有特殊的吸附结构，使其易于附着在其他物体上，然后被远距离携带传播。此外，粉螨的身体较轻，还可随气流传至高空，做远距离迁移。

为害储粮和食物的粉螨最初栖息在鸟类和啮齿类巢穴中，鸟类和啮齿类动物的活动把它们从自然环境带到相应的仓库中。有些螨类，如甜果螨（*Carpoglyphus lactis*）和食虫狭螨（*Thyreophagus entomophagus*），它们通过小鼠和麻雀的消化道后还有一部分可以存活，尤其是卵和休眠体，其存活率更高。因此，鼠类和麻雀起着传播这些螨类的作用。仓储物流、人工作业等也在不知不觉中为粉螨的传播提供了一定的机会。

11. 温湿度的影响和季节消长

（1）温湿度对粉螨的影响：温湿度是影响粉螨生长的一个重要因素。粉螨是变温动物，身体微小，体壁薄，保持和调节体内温度的能力较弱。因此，外界环境温度的变化会直接影响其体温，体温变化太大，则会引起粉螨发育的停顿，甚至死亡；同时因其用皮肤进行呼吸，湿度似乎比温度更为重要。因为湿度的变化不仅明显影响粉螨的生长发育，还影响粉螨的寿命和生殖，甚至影响粉螨的存活。在自然环境中，温度和湿度总是同时存在，互相影响，并且综合作用于粉螨。因此，温湿度与粉螨的生长发育有着非常密切的关系。在适宜环境温度下，环境温度升高，体温就相应升高，螨体的新陈代谢作用加快，取食量也随之增大，粉螨的生长发育速度也增快，反之则生长发育减慢。根据温度对粉螨的影响，大致可分为5个温区：致死高温区（45～60℃）、亚致死高温区（40～45℃）、适宜温区（8～40℃）、亚致死低温区（-10～8℃）、致死低温区（-40～-10℃）。在适宜温区粉螨的发育速率最快，寿命最长，繁殖力最强；而在其他温区发育速率受阻，甚至死亡。罗冬梅（2007）研究了16～32℃不同温度对椭圆食粉螨（*Aleuroglyphus ovatus*）发育历期的影响，研究结果表明各螨态和全世代的发育历期随温度升高而缩短，发育速率则随温度升高而增加，但变化的幅度随温度上升有变小的趋势。不同温度下完成一代的时间各不相同，32℃时发育历期最短（14.7天），16℃时发育历期最长（80.8天）。在同一温度下各螨态发育历期也略有差别，在24℃时，卵期6.34天，幼螨期6.48天，第一若螨期6.09天，第三若螨期4.60天。

粉螨身体的含水量占体重的46%～92%，从幼螨到成螨的发育过程中，螨体含水量逐渐降低。粉螨的营养物质运输、代谢产物输送、激素传递和废物排出等都只有在溶液状态下才能实现。当螨体内的水分不足或严重缺水时，会影响粉螨的正常生理活动、性成熟速度及寿命的长短，甚至会引起粉螨死亡。粉螨获取水分的途径主要有：①从食物中获得水分（最基本的方式）；②利用体内代谢水；③通过体壁吸收空气中的水分。粉螨在活动过程中体内会不断排出水分，其失水途径主要是通过体壁蒸发失水和随粪便排水。粉螨体内获得的水分和失去的水分如不能平衡，则其正常生理活动就会受到影响。粉螨的适宜湿度范围很大程度上受温度和自身生理状况的影响。当螨体失去水分后如不能及时得到补偿，干燥环境对其发育、生殖就会产生不利影响。因此，在防制粉螨时不仅仓库要干燥，储藏物也要干燥，这样才能使粉螨的水分得不到补充，没有适宜的孳生环境。

Cunnington 和 Solomon 对粗脚粉螨（*Acarus siro*）完全发育的物理极限进行了详细的研究，观察一系列温湿度变化对粗脚粉螨的影响，证实粗脚粉螨发生的适宜温度为25～30℃，相对湿度在62%到饱和状态之间。在高湿（80%～85%）和适宜温度条件下，其繁殖率最快，完成生活史约需13天。德国学者 Knülle 研究发现，75%～80%的相对湿度是粗脚粉螨生长的最适宜湿度，当相对湿度低于70%时，则要丢失水分；在70%相对湿度下存活的粉螨，当周围环境的相对湿度大于75%时，其会自行吸收空气中的水分。国内外学者对腐食酪螨（*Tyrophagus putrescentiae*）的生态和生活史进行了大量的研究，认为腐食酪螨发育的最低温度极限是7～10℃，最高温度极限为35～37℃；在温度32℃和相对湿度98%～100%的条件下，以啤酒酵母作饲料，腐食酪螨的最快发育期为21天，其中60%是雌螨。在温度23℃和相对湿度87%的条件下，以麦胚作饲料，腐食酪螨完成生活史需要 2~3 周。腐食酪螨与大多数粉螨一样，生境相对湿度高，甚至高达 100% 时，其发育得最快。腐食酪螨能忍受的最低相对湿度为 60%。杨燕等 (2007) 研究不同温湿度对腐食酪螨的影响，发现在 15~35℃时，高湿和低湿对卵孵化影响显著，而且随温度升高，卵发育历期变短；在 5 个温度梯度下，相对湿度低于 60% 时腐食酪螨几乎不能存活。Krzeczkowski 就温湿度对腐食酪螨各发育阶段个体大小的影响进行研究，在温度 14℃、22℃、27℃、31℃和相对湿度 66%、85%、94%、100% 条件下饲养的腐食酪螨随着相对湿度的增加，幼螨和若螨的体重增加，温度升高则体重减轻。Zdarkova 研究了相对湿度14%~89% 时，腐食酪螨对一系列湿度变化的反应，结果表明，当湿度低于 22% 时，湿度的变化对螨的影响不明显；但在 22%~78% 的相对湿度条件下，腐食酪螨选择较高的湿度，且在此湿度范围内，螨可区分出 1% 的湿度变化。吕文涛 (2008) 研究了不同湿度对家食甜螨 (*Glycyphagus domesticus*) 卵的孵化率和发育历期的影响，结果表明相对湿度为50% 时，所有卵均不孵化；相对湿度升高到 60% 时，有 32% 的卵可以成功孵化。随着湿度的升高，孵化率也随之升高，相对湿度升高到 80% 时，有 90% 以上的卵粒孵化。恒温状态下家食甜螨的发育历期总体上随湿度的升高而缩短。在相对湿度分别为 60%、70%、80% 和 90% 时，完整发育历期依次为 (28.17±1.70) 天、(22.86±1.25) 天、(12.75±0.52) 天和 (13.23±0.33) 天，说明湿度对家食甜螨各螨态发育速率的影响显著，除幼螨期外，其他各螨态的发育速率在各个湿度条件下均具有显著差异。在自然环境中温度和湿度总是同时存在的，两者同时作用于粉螨。在研究温度与湿度的交互作用对粉螨的影响时常采用温湿度比值来表示。王慧勇等 (2013) 研究温湿度对粗脚粉螨的影响，结果表明粗脚粉螨成螨在 7 月下旬达到高峰 (55 只/克)，其若螨在 6 月中旬达到高峰 (12 只/克)，认为环境中的温湿度是影响粗脚粉螨种群消长的重要生态因子。由此看出，温湿度对螨类卵的孵化和发育、螨的存活和繁殖起着重要的作用。

因为影响粉螨生长发育的温度、湿度、光照、宿主和天敌等环境因子发生巨大变化，所以粉螨表现为明显的季节消长。粉螨喜欢栖息于含水量高的谷物中，若温湿度适宜，能很快地繁殖，给储藏物带来严重损害。温湿度等自然因素在不同地区和季节差别很大，因而粉螨的生长发育情况也表现出相应差异。上海地区粉螨大发生的季节是 4~5 月，此期空气相对湿度大，气温较高，适宜粉螨的生长繁殖；7~9 月，由于气温高且空气干燥，粉螨的生长发育受到抑制；到 10 月之后，温湿度又适宜粉螨的生长发育，其又可大量繁殖。四川省的气候温和潮湿，特别是在 4~10 月，可经常保持 80% 的相对湿度，这样的温湿度为粉螨的生长发育创造了有利的条件；12 月到次年 2 月，由于天气寒冷，粉螨的生长发育受到影响，活动减弱。虽然我国东北地区的气温较低，但由于相对湿度大，粉螨的发生也是普遍的。因此，研究温湿度对粉螨生长发育的影响，不仅可以了解粉螨的生物学特性和生活史，而且对于防制储藏物中的粉螨也具有十分重要的价值。

(2) 光照对粉螨的影响：粉螨畏光 (负趋光性)、怕热，喜欢孳生在阴暗潮湿的地方。光强度和方向的改变能够影响大多数粉螨的活动。储藏物仓库一般很少有光照，在一定的温湿度条件下，粉螨可大量繁殖，这说明粉螨的生长发育不需要光照。可利用粉螨畏光这一生物学特点对其进行防制。例如，有粉螨孳生的储存粮食，可在日光下暴晒 2~3 小时；家庭生活用品，如衣物、地毯、床上用品等可采取放在外面晒一晒或勤洗勤换的措施来消灭粉螨。

(3) 越冬：多数螨类以雌成螨越冬，也有的以雄成螨、若螨或卵越冬。越冬雌螨有很强的抗寒性和抗水性，其抗寒性与湿度相关，低湿时即使温度不低，也能造成大量死亡。因为在低湿条件下，越冬雌螨体内水分不断蒸发，致其脱水而死。越冬雌螨能在水中存活100 小时左右。水体、枯枝落叶、杂草和各种植物等都是粉螨常见的越冬场所。例如，粗脚粉螨（*Acarus siro*）以雌螨在仓储物内、仓库尘埃下、缝隙及清扫工具等处越冬；刺足根螨（*Rhizoglyphus echinopus*）以成螨在储藏的鳞茎残瓣内越冬，或在土壤中越冬，但在腐烂的鳞茎残瓣中刺足根螨最多。罗宾根螨（*Rhizoglyphos robini*）在地温 10℃以下时，以休眠体在土壤中越冬，越冬深度一般为 3~7cm，但不超过 9cm。

(4) 越夏：有些螨类生活在接近地面或低矮植物上，这种环境在冬季比较温暖，但在夏季则特别炎热和干燥，螨类就在泥块或树干上产下抗热卵或越夏卵。生活在离地面较高树木中的螨则在叶片中找寻避热的场所，也产抗热卵，在夏季不孵化。在落叶树上栖息的螨类，夏季在树枝或树皮上产卵，经过夏季炎热及冬季寒冷后，在第二年春季开始孵化。

(5) 滞育：是螨类为适应不良环境，停止活动而呈静止状态的一种保存螨种延续的生存状态。粉螨的滞育一般分为专性滞育与兼性滞育两种。二者共同之处在于都是对不良环境条件的一种适应，如温度过高或过低、水分缺乏、食料恶化、氧不足及二氧化碳过多等都能引起滞育。但二者之间又有原则上的区别，专性滞育是在诱发因子长期作用下在一定的敏感期才能形成，生理上已有准备，如体内脂肪和糖等累积、含水量及呼吸强度下降、抗性增强及行为与体色改变等。一旦进入专性滞育，即使恢复对其生长发育良好的条件也不会解除，必须经过一定的低温或高温及化学作用后才能解除；而兼性滞育，也称休眠（hypopus），则是在不良因子作用下，立即停止其生长，不受龄期的限制，生理上一般缺乏准备，只要不良因子消除，滞育就会随之解除，螨类可立即恢复生长发育。

螨类的滞育可发生在多个发育阶段，有的以卵期滞育，有的以雌螨滞育。雌螨在有利条件下产不滞育卵，当受不利气候的刺激时，则全部转换为产滞育卵。因此，不滞育卵和滞育卵不会同时产出。而粉螨科的有些螨类各个发育期都能发生滞育，如粗脚粉螨、腐食酪螨和害嗜鳞螨在低温干燥的不良环境中若螨可变为休眠体。

（杜凤霞）

第二节　生　态　学

一、个体生态学

个体生态学是以个体生物为研究对象，研究个体生物与环境之间的关系，特别是关于生物体对环境适应性的研究。早期对粉螨的研究基本上都是个体生态学研究，主要是以粉螨的个体及其栖息环境为研究对象，研究有关环境因子对粉螨个体的影响，以及粉螨个体在形态、生长、发育、繁殖、滞育、越冬、食性、寿命、产卵和栖息等生理行为方面的相互关系及环境因素对这些生理行为的影响。

(一) 气候因素

气候因素通常包括温度、湿度、光照、气体、季节变化等多种因素，这些环境因素的联合作用所形成的综合效应对螨的生长发育具有重要的影响。

1. 温度 粉螨是一种变温的螯肢类动物，因此，其新陈代谢在很大程度上受外界环境温度的影响，而温度是对粉螨影响最为显著的环境因素之一。粉螨的生存需要适宜的温度条件，一般温度为 8 ~ 40℃时，螨能够维持正常的生存，而在此温度区间之外，都不适宜粉螨的生长发育，甚至导致其死亡。

杨洁等 (2013) 研究了在 15 ~ 30℃不同温度对椭圆食粉螨 (*Aleuroglyphus ovatus*) 发育历期的影响，结果表明在 15 ~ 30℃椭圆食粉螨均能正常发育，而且各螨态和全世代的发育历期随温度的升高而缩短。不同温度下完成一代的时间各不相同，30℃时发育历期 (13.67 天) 较 15℃时的相应值 (39.67 天) 缩短近 2.9 倍。张涛 (2007) 研究了 5 种恒温条件 (16℃、20℃、24℃、28℃、32℃) 对腐食酪螨 (*Tyrophagus putrescentiae*) 发育历期的影响，结果表明腐食酪螨的整个发育历期随温度升高而缩短，不同温度下完成一代的时间各不相同，16℃时发育历期最长，为 55.37 天，而 32℃时发育历期最短，为 11.46 天，缩短了 4.8 倍。此外，国内外其他学者也报道了温度对粉螨的发育历期的影响。例如，忻介六等 (1964) 报道了椭圆食粉螨在温度 25℃条件下，其生活史平均为 16 天。同样，Hughes (1976) 报道了椭圆食粉螨在 23℃条件下，其生长周期为 14 ~ 21 天。此后，阎孝玉等 (1992) 也研究发现椭圆食粉螨在 30℃时，其整个发育历期平均为 10 天。综上，尽管不同的研究者对粉螨发育历期的研究结果不尽相同，这可能与试验过程中试验条件的设置和选择有关，但由此可见特定的温度区间对粉螨的生长发育历期具有积极的作用。

2. 湿度 任何生物都有自己适宜的生存湿度，粉螨的适宜湿度为 60% ~ 80%。适宜的栖息环境湿度是粉螨获取水分的重要来源。水分是粉螨身体的主要组成部分 (占其体重的 46% ~ 92%)，也是粉螨完成多种机体运输功能活动 (如营养物质运输、代谢产物输送、废物排除和激素传递等) 必不可少的物质成分。因此，湿度是粉螨生长发育和繁殖的重要环境因素，对粉螨的生长发育起着十分重要的作用。

3. 光照 光照能够影响大多数粉螨的活动，粉螨对光具有负趋光性，因而，可以利用粉螨对光照反应的这一特性，对其采取一定的防制措施 (见本章第一节相关内容)。

4. 气体 粉螨大多生活在储藏物中，而堆放储藏物的仓库内气体成分的变化直接影响到它们的呼吸作用。特别是在密封粮堆中，粮堆内的氧气成分随粮食、害螨、微生物等生命活动的变化而改变，造成粮堆里低氧或缺氧。此外，气味等因素也会对储藏物中的粉螨起到诱杀的作用。例如，将敌敌畏与熟石膏进行充分拌匀后，粉螨被散发出的敌敌畏芳香与熟石膏辛甘气味所吸引，起到诱杀粉螨的作用。

(二) 生物因素

生物因素是指环境中任何其他生物由于其生命活动而对某种粉螨所产生的直接或间接

影响，以及该种粉螨个体间的相互影响。生物因素包括各种病原微生物、捕食性天敌和寄生性宿主等。

1. 微生物与粉螨的关系　粉螨能够携带、传播如霉菌等微生物。有关粉螨传播霉菌的研究以往报道甚少（Sinha，1966；Sinha et al.，1968），张荣波等（1998）曾就粉螨传播黄曲霉菌进行过相关报道。自然界中大量的病原微生物可使粉螨致病，其中主要有三大类群，即病原细菌、病原真菌及病毒。微生物寄生于粉螨体内可导致其死亡，可用其防制螨害虫。20 世纪 70 年代，美国开始应用真菌杀螨剂防制柑橘作物螨害。2011 年浙江大学生命科学学院首次成功创制两种高效绿色的柑橘害螨的真菌杀螨剂，在一定程度上解决了当前我国柑橘生产中突出的螨害问题，对柑橘的无公害生产具有重要意义。

2. 捕食性螨类对粉螨的作用　捕食性螨类如肉食螨（*Cheyletus*）对害螨具有控制和调节作用，国内外学者对此也开展了较多的研究（Barker，1983；张艳旋等，1996；夏斌等，2003），其中包括肉食螨对粉螨的捕食效能的研究。例如，夏斌等（2007）对鳞翅触足螨（*Cheletomorpha lepidopterorum*）雌雄成螨在 6 个恒温状态下（12℃、16℃、20℃、24℃、28℃和32℃）对腐食酪螨（*Tyrophagus putrescentiae*）的功能反应进行研究，其结果表明鳞翅触足螨雌雄成螨对腐食酪螨的功能反应均属于 Holling Ⅱ 型，其中雌成螨的捕食能力强于雄成螨。随着温度的升高，捕食能力也相应提高。在腐食酪螨密度固定时，鳞翅触足螨的平均捕食量随着其自身密度的提高而逐渐减少。此外，李朋新（2008）研究了巴氏钝绥螨（*Amblyseius barkeri*）雌雄成螨在相对湿度 85%、5 个恒温（16℃、20℃、24℃、28℃和32℃）的实验条件下对椭圆食粉螨（*Aleuroglyphus ovatus*）的捕食效能，也得到了与之相类似的研究结果。

（三）季节变化

季节变化会引起一些生物因素和环境因子（如温湿度、光照及雨量等）发生不同程度的变化，这些变化因素会使粉螨生长发育具有明显的季节消长。李朝品（1989）曾对粗脚粉螨（*Acarus siro*）的季节动态进行调查研究，发现该螨在 6 月开始快速地孳生，7～8 月达到高峰，此后开始缓慢下降。陶莉（2007）对皖北地区仓储环境孳生粉螨群落进行季节消长调查，结果表明粉螨在 5 月开始孳生，6 月下旬和 9 月中旬达到最高峰，10 月迅速下降。粉螨的季节消长与当地的温度、光照及雨量的季节变化都是密切相关的，不同螨季节消长情况可能会随着不同地区环境气候和房舍、仓库内环境条件的不同而有差异。由于季节变化引起生境中的温湿度等气候因素变化，这对房舍和储藏物粉螨的季节消长起到显著的作用。因此了解粉螨的季节消长对研究其生态及防制具有重要的意义。

（四）人为因素

粉螨的孳生场所非常广泛，其中谷物、农副产品、中药材及人们的居住场所等均是粉螨理想的栖息场所。由于这些栖息场所环境较为稳定，湿度较高，温度恒定，加之人为影响因素较少，非常有利于粉螨的生长发育。由此可见人为因素也是影响粉螨生长发育的一个不可忽视的重要因素。王晓春等（2007）通过对合肥市不同生境粉螨孳生情况及多样性调查研究，发现人为干扰是影响粉螨孳生的重要因素之一。因而，通过人为干扰来影响粉螨的栖息场所及其环境条件（如改变恒温、高湿度），使得栖息场所环境温湿度变化快，导致粉螨数量、种类减少，多样性及均匀度指数降低，进而破坏其多样性，影响粉螨的生长发育。

（五）其他因素

除上述影响因素外，杀螨剂和食物种类等也对粉螨的生长发育具有影响。例如，一些常见的杀螨剂如灭螨醌（acequinocyl）、嘧螨酯（fluacrypyrim）（Dekeyser，2005）及 METI（mitochondrial electron transfer inhibitors，线粒体电子传递抑制剂）杀螨剂（Van Pottelberge et al.，2009）通过作用于线粒体蛋白质而影响线粒体的电子传递，从而达到杀螨的作用。此外，吕文涛（2008）对家食甜螨（*Glycyphagus domesticus*）生活史影响因素的研究结果表明，不同饲料培养下的家食甜螨的全世代历期有所差异，即在相同的温度下（15℃），以玉米粉为饲料时，其全世代历期为 39.72 天，而以面包屑为饲料时，其全世代历期为 27.95 天，对比两种不同的饲料种类，可见后者比前者的生活史周期明显缩短了近 12 天，因而食物种类也是影响其发育的重要因素之一。

二、种群生态学

种群生态学（population ecology）是以种群作为研究对象的生态学分支学科。它是研究种群的数量动态、分布及种群与周围环境中生物与非生物因素之间相互关系的科学。随着研究的深入，粉螨的种群生态学研究已从种群数量特征及多样性等定性描述发展到种群生长发育和数量动态的定量模拟的运用，包括生命表、矩阵模型和多元分析等模型。

（一）种群的结构

种群是同一物种在一定空间和时间内所有个体的总和，是物种生存、繁殖和进化的基本单位。种群由许多同种个体组成，但又不仅仅是个体的简单叠加，每一个种群都有其种群性别比、年龄组成、出生率和死亡率等特征。张继祖等（1997）对福建嗜木螨（*Caloglyphus fujianensis*）种群性别比进行了研究，发现其种群会通过调节自身的性别比来适应各个季节中温度的变化。当日均温大于 15℃时，雌雄性别比为 0.8∶1；而日均温小于 12℃时，其性别比则为 3.5∶1。低温环境中的这种偏雌的性别比有利于提高螨的生殖力，这也是种群进化过程的一种适应策略。罗冬梅（2007）对椭圆食粉螨（*Aleuroglyphus ovatus*）的种群结构进行了相关的实验分析，其研究表明，椭圆食粉螨的子代雌雄性别比随温度升高而增加。不同年龄组（成螨、若螨和幼螨）对高温的耐受能力存在差异，其中成螨耐高温的能力最强，若螨次之，幼螨最弱。随着试验温度的升高，种群中各年龄期的耐受能力相差很大。在 37℃时，椭圆食粉螨 3 种年龄期都能正常生存，而在 49℃时，各年龄期的螨处理 35 分钟即全部死亡。因此，研究种群结构特征有助于了解种群的发展趋势，预测种群的兴衰，为防控粉螨对谷物和储藏物的为害提供有益的指导。

（二）种群的空间分布型

种群的空间分布型是指组成种群的个体在其生活空间中的位置状态或分布格局。研究

种群的空间分布型有助于认识它们的生态过程及其与生境的相互关系。种群的空间分布有
3 种基本类型：集群分布、随机分布和均匀分布。集群分布体现了种群内部相互有利的生
态关系；随机分布意味着种群内部没有明确的生态关系；均匀分布则反映了种群内部相互
排斥的生态关系。

　　空间分布型是种群生态学研究的重要内容之一。从目前国内螨类种群空间生态学研究
现状来看，有关农业螨类空间分布型的研究较多。而对粉螨类的空间分布型的研究主要集
中在个别螨种，如陶莉等（2006）对腐食酪螨（*Tyrophagus putrescentiae*）空间分布型的研
究表明，腐食酪螨空间格局是以个体群为基本成分呈聚集分布，且密度越高，聚集度越
大。罗冬梅（2007）对椭圆食粉螨（*Aleuroglyphus ovatus*）种群的空间分布进行了研究，
结果表明椭圆食粉螨种群也是呈聚集分布的。同样，孙恩涛（2014）对椭圆食粉螨种群的
空间布局进行了研究，也得出呈聚集分布的结论。此外，赵金红等（2012）对学生宿舍中
粉尘螨（*Dermatophagoides farinae*）种群的空间分布型进行相关研究，采用扩散型指标测
定粉尘螨在学生宿舍中的空间分布型，其结果表明粉尘螨呈现聚集分布，同时采用 Taylor
幂法则分析粉尘螨聚集度与种群密度的关系，发现粉尘螨密度越高，呈现聚集度越大的趋
势，作者进一步用 Iwao m*-$\bar{x}$ 回归分析法研究，表明粉尘螨是以个体群的方式存在的。这
些研究为有效控制以粉螨为主的人居环境害螨和选择适合的防制策略提供了一定的理论
依据。

（三）生命表与种群的生态对策

　　1. 生命表　是描述种群死亡过程及存活情况的一种有效工具，分为特定年龄生命表
与特定时间生命表。它是按种群生长的时间或种群年龄（发育阶段）的程序编制的，是系
统记述种群死亡率、存活率和生殖率的一览表。生命表的意义在于提供一个分析和对比种
群个体起作用的生态因子的函数数量基础。通过生命表的组建和分析，不仅能够直接展示
种群数量的动态特征，如存活率、出生和死亡率、死亡原因和生命期望，而且可以进一步
分析种群动态的内在机制，如分析种群存活动态、估计特定条件下种群的增长潜力及其数
量消长趋势。

　　目前国内关于螨类生命表的组建和分析研究较多，如叶螨类害螨比哈小爪螨
（*Oligonychus biharensis*）和斯氏小盲绥螨（*Typhlodromips swirskii*）等实验种群都被报道过
相关的生殖或生长发育生命表的组建分析（周玉书等，2006；季洁等，2005；陈霞等，
2013）。对于粉螨生命表的研究，国内也有相关报道，如吕文涛等（2010）对家食甜螨
（*Glycyphagus domesticus*）在不同温度下的实验种群生命表的组建分析得出 5 个不同温度条
件下的家食甜螨实验室种群发育情况。不同温度对家食甜螨的存活率及生殖力的影响较
大，适宜的温度有利于家食甜螨的生长、发育和成熟，过低或过高的温度都对其个体发育
及种群增长不利。此外，也有研究报道其他粉螨如椭圆食粉螨和腐食酪螨等实验种群生命
表的组建分析（罗冬梅，2007；张涛，2007）。种群生命表的应用对螨虫种群及群动态方
面的研究有着极其重要的意义，生命表中的参数可以清晰明了地显示螨虫在各种因素影响
下的变化趋势。

　　2. 种群生态对策　其概念最初是由 MacArthur & Wilson（1967）引入到生态学中的。

生态对策是指任何生物在某一特定的生态压力下都可能采用有利于种生存和发展的对策。在生态对策方面，生物种对生态环境总的适应对策必然表现在各个方面，主要有：①生殖对策：不同类型的生物采取不同的生殖对策。有些生物把较多的能量用于营养生长，而用于生殖的能量较少，因此这些生物的生殖能力比较低。而另一些生物则把更多的能量用于生殖，以便产生大量的后代，这些生物所占有的生境往往是不太稳定的。②生活史对策：分为 r 对策和 K 对策两种。r 对策的种群通常寿命较短，生殖率很高，产生大量的后代，但后代存活率低，发育快，成年个体小、寿命短且单次生殖出多而小的后代，一旦环境条件转好就会以高增长率 r 迅速恢复种群，使物种得以扩展。而 K 对策的种群通常寿命长，种群数量稳定，竞争能力强，生物个体大，但生殖力弱，只能产生很少的后代。粉螨一般个体较小，寿命较短，繁殖力较大，死亡率较高，食性较广，种群波动不太稳定，通常属于 r 对策者。

（四）实验种群

为了验证某种假说，在实验室内，用人工方法所给予条件（如饲养、圈养等）的种群称为实验种群（experimental population）。一般室内饲养的粉螨特定种群均为实验种群。

（五）自然种群

从生活的环境而言，自然界的种群称为自然种群（natural population），是在一定时期内占据一定空间的同种生物的集群。自然种群中的个体并不是简单的集合，而是彼此可以交配，并通过繁殖将各自的基因传给后代。选择自然种群作为研究对象已成为粉螨种群生态学研究的重要基础，通过对自然种群研究而得出的结果能更加如实地反映种群数量动态、分布及与周围环境相互作用的关系。因而，选择自然种群为研究对象已成为粉螨研究不可或缺的组成部分。

（六）种群数量动态——矩阵模型的应用

种群数量动态是指种群数量在时间和空间上的变动。研究种群数量动态的规律性，即揭示种群动态的主要原因，对种群数量进行预测和实施调控，不仅是种群研究的核心内容，也是种群生态学研究的主要任务。

种群数量动态的研究方法主要有种群数量统计、实验种群研究和数学模型。其中利用数学原理和方法来建立能概括和模拟种群变化的数学模型被广泛应用。里斯来（Leisle）矩阵模型是近年来广泛应用于研究昆虫综合治理的数学模型，该模型是在种群生命表方法上推导出来的，它以相等时间间隔划分的年龄组为基础，用于研究生物种群数量动态，可以推算各年龄组的组成及其变化趋势，但是里斯来矩阵模型是按等距间隔时间划分年龄组的，而且时间间隔也要求与年龄组的间距一致。这使大多数生物种群的应用受到一定的限制。例如，大多数粉螨在一个生活史中可以划分为若干个发育阶段，如卵—幼螨—若螨—成螨。但把一个生活史划分为等距间隔的若干个发育阶段是比较困难的，因而有研究者在等期年龄组的里斯来矩阵模型基础上建立了不等期年龄组的射影矩阵模型（Vandermeer，1975）。就粉螨而言，其各发育时期及龄期也是不相同的。因此，为了适应于研究粉螨种群，可以将上述模型与其他数学模型结合起来，如 Morris-Watt（莫里斯-瓦特）数学模型适用于推算以一个生活史为单位的数量发展趋势。通过联合模型的应用，这将更便于进行粉螨生命表的数据分析，可能有助于粉螨种群动态的研究。此外，粉螨种群的动态描述还运用了其他数学模型，如捕食者与捕食物相互作用的 Holing 模型。李朋新等（2008）报道了巴氏钝绥螨（*Amblyseius barberi*）在不同温度下对猎物椭圆食粉螨（*Aleuroglyphus ouatus*）的捕食效能，其结果表明在不同温度、一定猎物密度范围内，巴氏钝绥螨各螨态的捕食量随猎物密度的增大而增加，但当猎物增加到一定密度后，其捕食量则在一定阈值内波动，属于Holling Ⅱ型。数学模型的运用对了解天敌对粉螨的作用起着重要的作用。

三、群落生态学

群落（community），也称为生物群落，指在特定时间和空间中各种生物种群之间及其与环境之间通过相互作用而有机结合的具有一定结构和功能的生物系统。群落生态学是研究生物群落与环境相互关系的科学，是生态学中的一门重要的分支学科。

1. 群落的基本特征

（1）群落的物种组成：任何生物群落都是由一定的生物种类组成的，调查群落中的物种组成是研究群落特征的第一步。每个群落均有各自的特征，一般对一个群落中的种类性质分类时可分为以下几种：①优势种（dominant species），即对群落的结构和群落环境的形成有明显控制作用的种类。储藏物中有些粉螨对储物的污染或质地的破坏具有明显的影响，其通常成为储藏物中的优势种。②亚优势种（subdominant species），即个体数量与作用都次于优势种，但在决定群落环境方面仍起着一定作用的种类。③伴生种（companion species），为群落中常见种类，与优势种相伴存在，但不起主要作用。④偶见种（rare species），即那些在群落中出现频率很低的种类。

（2）群落的数量特征：反映群落种类多样性，判断群落数量特征有以下几个分析指标：①物种丰富度（species richness），即群落所包含的物种数目，是研究群落首先应该了解的问题；②多度和密度，前者是指群落内各物种个体数量的估测指标，而后者则是指单位面积上的生物个体数；③频度，是指某物种在样本总体中的出现频率；④优势度，是确定物种在群落中生态重要性的指标，优势度大的种就是群落中的优势种；⑤均匀度（species evenness），一个群落或生境中全部物种个体数目的分配状况，其反映的是各物种个体数目分配的均匀程度。

2. 群落的结构　在生物群落中，各个种群在空间上的配置状况即为群落的结构。群落的结构包括垂直结构、水平结构、时间结构和层片结构。

（1）群落的垂直结构：指群落在垂直方面的配置状态，其最显著的特征是成层现象，即在垂直方向分成许多层次的现象。例如，云南省境内横断山脉的恙螨科（Trombiculidae）螨类种类多样性从低海拔（<500m）到高海拔（>3500m）具有垂直梯度的特点，其中在中海拔（2000~2500m）分布的此类螨的种类多样性最高（Peng et al.，2015）。

（2）群落的水平结构：指群落的水平配置状况或水平格局，其主要表现特征是镶嵌性。镶嵌性即粉螨种类在水平方向不均匀配置，使群落在外形上表现为斑块相间的现象。具有这种特征的群落称为镶嵌群落。在镶嵌群落中，每一个斑块就是一个小群落，小群落具有一定的种类成分组成，它们是整个群落的一小部分。

（3）群落的时间结构：粉螨群落中螨种的生命活动在时间上的差异导致群落的组成和结构随时间序列发生相互配置，形成了粉螨群落的时间结构。粉螨群落除了在空间上的结构分化外，在时间上也有一定的分化。自然环境因素都有着极强的时间节律，如光照、温度和湿度的梯度周期变化等。在长期的进化过程中，粉螨群落中的物种也渐渐形成了与自然环境相适应的机能上的周期节律，随着气候季节性交替，群落呈现不同的外貌，如粉螨在春季开始大量生长发育，夏季种群数量达到高峰期，秋季则急剧下降，到了冬季基本死亡，呈现出明显的季节消长现象。

（4）群落的层片结构：层片作为群落的结构单元，是在群落产生和发展过程中逐步形成的。它的特点是具有一定的种类组成，所包含的物种具有一定的生态生物学一致性，并且具有一定的小环境，这种小环境是构成粉螨群落环境的一部分。在概念上层片的划分强调群落的生态学方面，而层次的划分则着重于群落的形态。

3. 群落的发展和演替　不论是成型的群落，还是正在发展形成过程中的群落，演替现象都是存在的，并且贯穿整个群落发展的始终。当群落中某个种群被其他种群完全替代时，便形成了一个新的生物群落，一个生物群落被另一个生物群落取代的过程称为群落的演替。粉螨种类繁多，分布广泛，多栖息繁衍于人类居室内的尘埃和储藏物中，这些孳生场所的温湿度、水分适宜，环境因素较为稳定，粉螨种群可以稳定发展。但群落之外的环境条件，如气候、雨量和光照等常可成为引起演替的重要条件。此外，人类活动也是引起演替的重要影响因素。人类对生物群落演替的影响远远超过其他自然因子，因为人类社会活动通常是有意识、有目的地进行的，可以对自然环境中的生态关系起着促进、抑制、改造和建设的作用。因此，对仓储物粉螨的管控可以采取一些有效措施，如通风干燥、改变储藏方式及以螨治螨等防制方法均可改变仓储螨类群落的发展，导致其稳定性受到破坏，甚至造成群落演替。

四、粉螨与房舍生态系统

（一）生态系统

1935 年，英国生态学家亚瑟·乔治·坦斯利（Arthur George Tansley）最早完整地提出生态系统的概念，他认为生物与其生存环境是一个不可分割的有机整体。生态系统是指在一个特定环境内的所有生物和该环境的统称。在这个特定环境中的非生物因子（如空气、水及土壤等）与其中的生物之间具有交互作用，不断地进行物质和能量的交换，并借物质流和能量流的连接形成一个整体，即称此为生态系统或生态系。生态系统是生物圈内能量和物质循环的一个功能单位，任何一个生物群落与其环境都可以组成一个生态系统，无数小生态系统组成了地球上最大的生态系统即生物圈。生态系统类型众多，一般可分为自然生态系统和人工生态系统。自然生态系统还可进一步分为水域生态系统和陆地生态系统。人工生态系统则可以分为农田生态系统和城市生态系统等。

在每一个生态系统中，构成生物群落的生物是生态系统的主体，构成其环境的非生物物质（空气、水、无机盐类和有机物等）是生命的支持系统。生态系统的生物组成成分可根据其发挥的作用和地位分为生产者、消费者和分解者。其中生产者主要指能用简单的无机物制造有机物的自养型生物，如绿色植物、光合细菌和藻类等，其是连接无机环境和生物群落的桥梁。消费者是依赖于生产者而生存的生物，根据食性可分为草食动物（初级消费者）、一级肉食动物（二级消费者）和二级肉食动物（三级消费者）。消费者在生态系统中不仅起着对初级生产者加工和再生产的作用，而且对其他生物的生存和繁衍起着积极作用。分解者属异养型生物，如细菌、真菌、放线菌和土壤原生动物，在生态系统中它们把复杂的有机物分解为简单的无机物，使死亡的生物体以无机物的形式回归到自然环境中。

一般而言，一个完整的生态系统具有能量流动、物质循环和信息传递三大功能。其中能量流动是生态系统的重要功能，在生态系统中，生物与环境、生物与生物间的密切联系可以通过能量流动来实现；物质循环由能量流动推动着各种物质在生物群落与无机环境间循环；信息传递通过物理信息、化学信息和行为信息等来维持种群的繁衍和生物体生命活动的正常进行及调节物种间关系，以维持生态系统的稳定等多种功能。

（二）房舍生态系统

房舍生态系统是城市生态系统中的一个组成部分（或子系统），由若干相互作用和相互制约的生态成分组成，包括生物系统和非生物系统两部分。前者包括昆虫、螨类、鼠类、细菌、真菌、放线菌和人类等生物有机体，后者包括温度、湿度、气体、光照、雨量、水、房舍构型、谷物、食物、衣物、药品、厨具、家具、地毯和灰尘等。这些组成部分相互联结构成具有一定结构和功能的有机整体，也就是研究房舍内生物群落与其非生物环境之间相互作用的一个系统。

粉螨是一类小型节肢动物，种类繁多，生境广泛，是房舍生态系统中分布的主要成员（Palyvos et al.，2008）。常孳生于房舍、粮食仓库、食品加工厂、饲料库、中草药库及养殖场等生产和生活环境中，每一个生境即是一个小的房舍生态系统。作为现代房舍生态系统中的重要成员，粉螨能够长期大量繁殖，这与现代房舍环境的特点密切相关。随着建筑工艺的提高，人类的居住及仓储条件得以不断改善，外界环境因子对这些房舍环境的影响逐步减弱，这样的改变不仅满足了人类的需要，同时也为粉螨孳生创造了适宜的环境条件。此外，由于粉螨孳生环境广泛，不同的房舍环境中粉螨的群落组成及多样性也存在差异。陶莉等（2006）对安徽淮南地区的仓储、人居、办公和野外环境中粉螨孳生情况进行调查，发现仓储环境中的粉螨在物种数目、丰度和多样性等生态指数排序中均高于其他环境。相较于仓储环境，人居环境和办公环境中粉螨孳生密度较低，但个体数量较大。同样，李朝品等（2007）对安徽省不同地区的仓储、人居和工作环境中粉螨多样性进行调查研究，结果表明安徽省不同环境中粉螨的孳生密度及物种多样性具有显著性的差异，其中仓储环境粉螨的平均孳生密度、物种数及丰富度指数均高于人居环境及工作环境，粉螨孳生严重。在多种房舍系统中，粉螨群落的结构及多样性与其生境条件直接相关，由于仓储环境有着温度较稳定、湿度较大、空气流通少、人为影响因素小、孳生条件优越等特点，因而更适宜粉螨孳生。

(三) 房舍生态系统内生物与环境的关系

房舍生态系统内生物个体和群体的生存和繁殖、种群分布和数量、群落结构和功能等均受环境因子的影响，而对生物有影响的各种环境因子称为生态因子（ecological factor）。生态因子通常分为生物因子和非生物因子两大类。生物因子包括同种生物个体和异种生物个体。前者之间形成种内关系，后者之间形成种间关系，如捕食、竞争、寄生和互利共生等。非生物因子包括温度、湿度、大气、风和光照等。房舍生态系统是一个多成分的极其复杂的系统，其内生物组成种类较多，下面主要介绍储藏物粉螨与生态因子之间的关系。

1. 粉螨与非生物因子的关系　在每一个房舍生态系统中，生物群落的生物构成生态系统的主体，非生物因子是生态系统的基础，其好坏直接决定生态系统的复杂程度和生物群落的丰富度，同时生物群落又反作用于非生物因子。生物群落在适应环境的同时也在改变着周围环境，各种基础物质将生物群落与非生物因子紧密联系。

储藏物螨类生活需要一定的综合环境因子，有些种类对综合环境因子的要求比较固定，如粮仓中粉螨的繁殖温度为 18 ~ 28℃、粮食水分为 14% ~ 18%，但有些嗜热的螨类如伯氏嗜木螨（*Caloglyphus berlesei*）在温度为 30 ~ 32℃ 时繁殖迅速，椭圆食粉螨（*Aleuroglyphus ovatus*）在温度 38℃、相对湿度 100% 时尚能繁殖；但温度降至 20℃、相对湿度降至 40% ~ 50% 时，在储粮中则难以发现螨类。螨类生活还要适应生活环境，不同螨类其适应性不同，因为这种适应性不仅由遗传性来决定，还决定于外界环境的影响，如使生活在不同条件下的同种或变种螨类杂交，即可发现杂交优势现象，如生活力提高、适应力增强、繁殖力增加、抗病性提高等。螨类的生活力决定于新陈代谢强度，新陈代谢强度又取决于遗传特性及环境条件的变化。例如，有些螨类在冬季低温时有越冬现象，在温度过高或过低、水分缺乏、食物匮乏、低氧和光照等不利条件时，又能引起滞育现象。

螨类种群作为统一的整体影响着周围环境，综合环境因子彼此作用的同时又作为统一的整体直接或间接作用于螨类。直接作用是直接影响新陈代谢的因子（如食物种类和数量、居住小气候等），间接作用主要是物种之间的相互关系（如种间关系和种内关系等）。有的直接因子除了影响螨类外，还能影响它们的天敌，因此对螨类来说，又起到间接作用。

2. 粉螨与生物因子的关系　不同的房舍环境如房舍、粮食仓库、食品加工厂、饲料库和中草药库等，有昆虫、螨类、鼠类和微生物等生物群体，它们之间有相互依存或相互制约的复杂关系。不同螨种种群间可形成捕食、竞争和寄生等种间关系。

（1）捕食：在粉螨孳生的房舍系统中常常孳生着以粉螨为食的捕食性生物，如肉食螨（*Cheyletus*）、蒲螨（*Pyemotes*）等。这些捕食性螨类常以粉螨为食，是粉螨的天敌。夏斌等（2003）对普通肉食螨（*Cheyletus eruditus*）、捕食腐食酪螨（*Tyrophagus putrescentiae*）的捕食效能进行分析，结果发现在 12 ~ 28℃时，普通肉食螨捕食量随温度递增而增加，在温度 24℃、28℃时普通肉食螨具有较高的捕食效能，并且雌成螨的捕食能力最强，其次是雄螨、幼若螨。当猎物密度在一定范围内时，捕食螨自身密度对捕食率有干扰作用，密度升高，捕食率下降。这为普通肉食螨的饲养及生物防制提供了参考。

（2）竞争：在一个群落中的生物总体是共同进化的，但种与种间的相互适应又是矛盾的、相对的，表现在每一种个体相对数量的变动，当生态条件转变为对某个种有利时，则该种的相对数量显著增加。种间竞争在较长的过程中使各个种形成生态专化性，因而只能在一定环境下分布，一般起主要作用的是食性，食性相同时彼此之间存在对食物的竞争。张继祖等（1997）报道福建嗜木螨（*Caloglyphus fujianensis*）在食物缺乏时有互相残杀现象，雌螨一般会吃掉雄螨，幼螨、若螨也会吃掉雌螨。

（3）寄生：有些螨类能寄生于动物体，在宿主身上取食，可引起宿主机械性损伤或作为病原媒介传播疾病而引起间接损害。例如，根螨（*Rhizoglyphus*）寄生于植物的根系周围及鳞茎表面为害其根系及鳞茎，造成其表皮组织受害，为害严重时，将导致植株死亡。根螨还可传播数种植物病害，如百合萎凋病、百合茎腐病等重要病害。此外，张继祖等（1997）报道福建嗜木螨是一种体外寄生螨，该螨附着于蛴螬颈体上，固定在胸腹部的褶皱处及胸足上，以颚体插入蛴螬体内取食寄主，轻者影响蛴螬的个体发育，重者使蛴螬体躯瓦解，直至死亡。

在房舍系统中还存在不同食性的其他生物，如皮蠹、蜚蠊、苍蝇和白蚁等，粉螨与这些生物之间无利害关系。在粉螨种群中，也常存在一些关系密切成对的螨类，相互间取食不同菌类，如粗脚粉螨（*Acarus siro*）与害嗜鳞螨（*Lepidoglyphus destructor*）常在粮堆中一起生活，二者均可取食菌类，但各食不同菌种，很少发生食物竞争现象。粉螨属（*Acarus*）和食酪螨属（*Tyrophagus*）的螨类也能同时在发霉的谷物里孳生，污染谷物。

（四）房舍生态系统的稳定性及其影响因素

生态系统具有一定的稳定性，即其具有保持或恢复自身结构和功能相对稳定的能力。生态系统稳定性的内在原因是生态系统的自我调节。生态系统处于稳定状态时即达到生态平衡。储藏物粉螨生活的每一个房舍生态系统维持其功能正常运转必须依赖外界环境提供物质、能量的输入和输出，以及信息传递处于稳定和通畅的状态，这是一种动态平衡，是生态系统内部长期适应的结果。但由于种间相互关系中所积累的矛盾和外部环境的影响，以及人类活动引起的改变都可能是长期的，因此，在仓库管理中采取一些有效措施，如清洁卫生、改变储藏方式及防制方法等，均可引起仓储昆虫和螨类群落的改变，导致稳定性受到破坏。由于人为干预程度超过房舍生态系统的阈值范围，破坏了系统内的能量流动、物质循环和信息传递相互之间的生态平衡而出现生态失衡。因此，三大生态功能的平衡对房舍生态系统稳定性的维持具有重要的意义。

1. 能量流动　仓库、食品厂等房舍生态系统是人为的生态系统，在这个生态系统中生物和非生物因子相互作用，能量沿着生产者、消费者和分解者不断流动，形成能流，逐渐消耗其中的能量，如储粮的储备能，在储藏过程中这种储备能经常被很多有机物分解，导致粮食、食品和中药材等发霉变质。

在适宜条件下，多数菌类（曲霉除外）在谷物含水量高时才活动，如真菌和放线菌在相对湿度70%、细菌在相对湿度90%时活动。尤其是在被昆虫和螨类污染的谷物中，菌类活动更为活跃，系统中的能量散失也更剧烈，加之仓库中物理环境和人为活动的频繁干扰，系统的稳定性受到影响。不同生态系统的自我调节能力是不同的，一般来说，一个生态系统的物种组成越复杂、结构越稳定、功能越健全、生产能力越高，其自我调节能力也就越强。反之，生物种类成分少、结构简单、对外界干扰反应敏感和抵御能力小的生态系统自我调节能力就相对较弱。

2. 物质循环　房舍生态系统中有多级消费者，它们相互影响和促进。一级消费者如一些昆虫和螨类取食谷物、食品、饲料和中药材等，形成各种微生物及第二级螨类和昆虫侵入的通道。此外，昆虫和螨类的排泄物和代谢物可改变仓储物资的碳水化合物和含水量，进一步促进微生物的侵染。一级消费者为二级消费者准备侵害和取食的条件。二级消费者包括食菌昆虫和螨类，如嗜木螨属（*Caloglyphus*）和跗线螨属（*Tarsonemus*）等可以取食侵入粮食的真菌。螨类、昆虫的捕食者和寄生者也是二级消费者，如肉食螨属（*Cheyletus*）和吸螨属（*Bdella*）螨类捕食粉螨。三级消费者很难与二级消费者区别，三级消费者包括伪蝎、镰螯螨科（*Tydeidae*）等，有的寄生在取食粮食的鼠类和鸟类。一级消费者的排泄物有利于微生物生长，也能被二级消费者和三级消费者（腐食生物）取食，各种动物尸体又是不少微生物的营养成分。养分从一种有机体转移到另一种有机体，完成氮素和其他成分的再循环，这种有机物的演替和营养的再循环逐渐污染仓储物资以致其全部损失。

各个生物体之间通过食物联系在一起，即食物链。链中任何一个环节改变，必将引起食物链结构的改变，从而引起群落组成的改变。房舍中粮食、饲料、中草药等是食物链中的主要成分；昆虫、螨类、鼠等可取食或寄生在这些仓储物资上获取能量；植物、细菌、真菌等又通过呼吸、排泄、分解成无机物回到生态系统中；天敌捕食或寄生的害虫和菌类获取的能量，以热能的形式回到生态系统，继续形成污染等。此外，还有多重寄生现象。在这些房舍生态系统中，从无机物到有机物再至无机物的物质循环方式回到生态系统中，往复循环，影响房舍生态系统的变化和发展。

3. 信息传递　在房舍生态系统中普遍存在信息传递，这是长期历史发展过程中形成的特殊联系。信息素是影响生物重要生理活动或行为的微量小分子化学信息物质，根据其基本性质和功能，可分为种内信息素和种间信息素，种内信息素有性信息素、报警信息素和聚集信息素等，种间信息素有利他素、利己素和互益素等。螨类信息素是螨类释放以控制和影响同种或异种行为活动的重要化学信息物质。

粉螨性信息素对螨类寻找配偶、种的繁衍具有重要作用。雌性信息素可使雄螨找到雌螨，雄性信息素则可控制交尾行为的起止。Bocek 等（1979）研究发现，在粗脚粉螨（*Acarus siro*）中，雌螨通常首先发现雄螨并追其行踪，而雄螨直到雌螨的末体接近它时才有反应。

报警信息素是粉螨在遇到危险时，释放特定的传递预警信息的化学物质。报警信息素不一定有严格的种间隔离或种的专一性，因为一种螨可以从其他种类的报警信息中获利。报警信息素有时也可以作为利己素，驱走同种的其他个体，甚至是捕食者。此外，许多信息素具有多功能作用，即一种化学物质对一种或多种螨传递不同的信息。例如，2，6-HMBD 是椭圆食粉螨（*Aleuroglyphus ovatus*）的雌性信息素和静粉螨（*Acarus immobilis*）的雄性信息素，其又可作为阔食酪螨（*Tyrophagus palmarum*）的报警信息素；β-粉螨素是长食酪螨（*Tyrophagus longior*）的报警信息素和多食嗜木螨（*Caloglyphus polyphyllae*）的性信息素等。

　　聚集信息素是在种内引起种群高密度聚集的化学物质，可吸引大量的螨类聚集在一起，有利于发现和逃避天敌、增加繁殖机会、抵御不良环境等。例如，家食甜螨（*Glycyphagus domesticus*）和害嗜鳞螨（*Lepidoglyphus destructor*）在特定生理阶段聚集，增加了成螨与配偶交配产生后代的机会。棕脊足螨（*Gohieria fusca*）的成螨和若螨若被移到新的环境中，当湿度低时，就会表现出聚集行为，以减少水分的散失来抵御不良环境。

　　螨类信息素对维持种群的正常生命活动和种的延续起着重要的作用，而有些信息素又具有专一性和独特性，今后对螨类信息素成分及其作用机制开展进一步深入的研究，将在螨类系统学、害螨防制等方面具有广阔的应用前景。

（五）房舍粉螨与人类健康的关系

　　粉螨种类多，生存力强，分布广泛，多孳生于储藏粮食，农副产品如大米、面粉、干果和中药材中。在花生根部的土壤中就有大量的粉螨孳生，最多的是嗜木螨属（*Caloglyphus*）和食酪螨属（*Tyrophagus*）的螨种。它们取食霉菌孢子，黄曲霉（*Aspergillus flavus*）是其嗜食的一种，尤其是花生壳破损后，它们侵入花生壳内取食花生仁时，其所携带的霉菌孢子便污染花生仁，使花生仁霉烂。粉螨也可为害中药材，陶宁等（2016）对芜湖地区30种储藏动物性中药材粉螨孳生情况进行研究，结果表明，其中有28种中药材样本孳生粉螨，粉螨孳生率为93.3%，并指出在储藏和加工中药材过程中应采取相关措施以防粉螨孳生。

　　粉螨不仅为害粮食及储藏物，造成经济损失，而且还能引起禽畜疾病，如螨病和禽畜中毒，因此应加强对粉螨的防制，减少粉螨对房舍的污染。粉螨喜湿怕干，因此，降低储粮、食品中的水分和仓库内的湿度，保持良好通风和干燥环境，是防制粉螨的有效方法。粉螨在0℃左右停止活动，40℃以上时死亡，因而将粮食置日光下暴晒，是简便易行的灭螨方法。谷物、食品不能使用杀虫剂，应用微波、电离辐射、微生物、激素等手段阻碍粉螨生长发育而使其死亡，具有良好的杀螨效果。另外，还应注意食品卫生，防止粉螨污染食物。

五、分子生态学

　　迄今，没有人能给分子生态学下一个明确的定义，目前较为一致的看法是，分子生态学是应用分子生物学的原理和方法来研究生命系统与环境系统相互作用机制及其分子机制的科学。它是在核酸和蛋白质等大分子水平上来研究和解释有关生态学和环境问题的一门新兴交叉学科，其探讨基因工程产物的环境适应性和投放环境后所引起的物种与环境相互作用、种间相互作用、种内竞争等生态效应，并利用分子生物学原理发展一套针对这些生物监测的规范化技术，促进遗传工程的健康发展。从分子生态学的发展历史来看，它与分子种群生物学、分子环境遗传学和进化遗传学的关系极为密切。这三个学科的研究手段均涉及DNA和同工酶等分子分析技术。由此可见，分子生态学是从分子水平上研究与生态学有关的内容，是使用现代分子生物学技术从微观角度来研究生态学的问题，是宏观与微观的有机结合，是围绕着生态现象的分子活动规律这个中心进行的，包含了在生物形态、遗传、生理生殖和进化等各个水平上协调适应的分子机制。所以，分子生态学更能从本质上说明生物在自然界中的生态变化规律。

1. 分子遗传标记　随着分子生物学的迅速发展及其在其他动物类群研究中的应用，应用各种分子标记（molecular markers）技术可以分析种群地理格局和异质种群动态，确定种群间的基因流，解决形态分类中的不确定性，确定基于遗传物质的谱系关系，还可以用来分析近缘种间杂交、近缘种的鉴定、系统发育和进化等问题，同时也为这些研究提供了新的方法和技术手段。

分子标记可以分为蛋白质水平的标记和 DNA 水平的标记。一个理想的分子标记应具有以下特点：①进化迅速，具有较高的多态性；②在不同生物类群广泛分布，便于在种群内或种群间进行同源序列的比较；③遗传结构简单，无转座子、内含子和假基因等；④不发生重组现象；⑤便于实验检测和数据分析；⑥研究类群间的系统关系能够通过合理的简约性标准加以推断。

（1）蛋白质水平的标记：同工酶（isozyme）是指催化相同的生化反应而酶分子本身的结构不相同的一组酶。同工酶虽然作用于相同的底物，但其分子量、所带电荷及构型均不相同，故电泳迁移速率快慢不等。同工酶电泳（isozyme electrophoresis）技术就是根据这一特性对一组同工酶进行电泳分离，经过特异性染色，使酶蛋白分子在凝胶介质上显示酶谱，然后应用于系统发育分析。酶电泳法主要见于早期的系统学研究，该方法可利用的遗传位点数量少、多态性低，不能充分反映 DNA 序列蕴含的丰富遗传变异，并且由于酶易失活，必须活体取得，对于珍稀濒危生物的分子遗传学研究尤其不适合。目前这种标记技术已逐渐被 DNA 标记技术所取代。

（2）DNA 水平的标记：分为间接方法和直接方法，其中间接方法包括随机扩增多态性分析（random amplified polymorphic，RAPD）、限制性片段长度多态性（restriction fragment length polymorphism，RFLP）、直接扩增片段长度多态性（direct amplification of length polymorphism，DALP）、扩增片段长度多态性（amplified fragment length polymorphism，AFLP）和微卫星 DNA（microsatellite DNA）等；直接方法是指核酸序列测定法。

近年来，随着核酸扩增和测序技术的迅速发展，利用 DNA 序列直接进行分子系统学、系统地理学、种群遗传学分析和物种分类鉴定等广泛应用。DNA 直接测序法能够准确检测个体间碱基差异，是灵敏度最高的遗传多样性检测手段。对脊椎动物而言，DNA 序列主要包括线粒体基因（mtDNA）和核基因（nDNA）。动物的线粒体 DNA 片段是整个基因组中最早应用于系统进化领域的分子遗传标记，目前仍是应用最广泛的分子标记。与线粒体基因组相比，核基因组更加庞大，蕴含的遗传信息更为丰富，因此，选择合适的核基因且联合线粒体数据进行物种研究得出的结论也会更有说服力。

2. 分子标记在螨类研究中的应用

（1）分子标记与螨类系统发育：为了对螨类进行准确分类并运用到生产和科研，应用分子标记等手段进行粉螨分子系统学研究，能够高效地进行物种区别与鉴定、发现新种和隐存种及进行系统发育分析。与传统的形态学鉴定相比，运用分子标记的分类能对处于不同发育阶段的生物进行鉴定，研究结果更客观而且可以被反复验证。因此，将传统形态学分类和分子生物学分类相结合，有助于正确鉴定生物物种及探讨物种系统分类，为今后螨类分子系统学研究提供参考依据。

近年来，随着分子生物学的发展，在螨类的物种鉴定、系统发育、种群遗传学及物种进化历史推断等相关研究中，越来越多的分子标记被广泛地运用，其中线粒体基因和核基因的运用最广泛，如动物线粒体基因标记 Cytb、COI、12S rRNA、16S rRNA 和核基因核糖体 ITS 基因等（Wooding & Ward，1997；Brown & Pestano，1998；Santucci et al.，1998；Johnson et al.，1999；Juste et al.，1999；Redenbach & Taylor，1999）。

（2）粉螨分子系统学研究中常用的基因：国内外专家对蜱螨亚纲（Acari）的种类进行了大量的分子生物学方面的研究。目前，用来进行螨类分子系统学研究的基因主要包括线粒体基因（mtDNA）和核基因（nDNA），其中 mtDNA 成为分子系统研究中应用最为广泛的分子标记之一，这与 mtDNA 的以下特点有关：①广泛存在于动物各种组织细胞中，易于分离和纯化；②具有简单的遗传结构，无转座子、假基因和内含子等复杂因素；③严格的母性遗传方式，无重组及其他遗传重排现象；④以较快的速率变化，常在一个种的存在时间内就能形成可用于系统发生的分子标记。截至 2015 年 12 月，已有 27 种螨的线粒体基因组全序列被测定，但粉螨科（Acaridae）仅有食粉螨属（Aleuroglyphus）的椭圆食粉螨（Aleuroglyphus ovatus）、嗜木螨属（Caloglyphus）的伯氏嗜木螨（Caloglyphus berlesei）及食酪螨属（Tyrophagus）的腐食酪螨（Tyrophagus putrescentiae）和长食酪螨（Tyrophagus longior）的 mtDNA 全序列被测定。这些粉螨的 mtDNA 全长 14kb 左右，包括 13 种编码蛋白质基因（ATP6、ATP8、COI～Ⅲ、ND1～6、ND4L 和 Cytb 等）、2 种 rRNA 基因（12S rRNA 和 16S rRNA）、22 种 tRNA 基因（有的种存在 tRNA 基因缺少现象）和 1 个 A+T 丰富区（也称控制区）。

线粒体基因常被应用于螨类的分子系统学、物种鉴定及其分类地位的探讨。对粉螨而言，目前涉及其鉴定或系统发生的研究甚少，主要应用线粒体细胞色素 c 氧化酶亚基 I（cytochrome c oxidase subunit I，COI）作为分子标记。COI 基因为线粒体基因组的蛋白质编码基因，由于该基因进化速率较快，常用于分析亲缘关系密切的种、亚种的分类及不同地理种群之间的系统关系。Yang 等（2010）使用 COI 基因部分序列对采自上海的 6 种无气门亚目的 20 个螨，包括粉螨科的 4 个椭圆食粉螨和 4 个腐食酪螨，进行无气门螨类的鉴定，分析表明椭圆食粉螨和腐食酪螨聚集在一起，两者形成单独一支系，由此认为粉螨科是一单独支系单元，具有较近的亲缘关系，其研究结果支持传统形态学的粉螨分类。粉螨科的粗脚粉螨是一重要的农业害虫和环境过敏原。然而，许多被描述成粗脚粉螨的粉螨，或许属于它的姐妹种小粗脚粉螨（Acarus farris）或静粉螨（Acarus immobilis）中的某一个种，因为这三个种不易从形态学上进行区分。鉴于此，Webster 等（2004）运用 COI 基因部分序列数据对粗脚粉螨与同属种小粗脚粉螨、静粉螨和薄粉螨（Acarus gracilis）进行了分子系统学研究，结果表明利用 COI 基因序列数据能将粉螨属（Acarus）内 4 个种显著地区分开，各自形成单系，且系统树的某些支系具有高的置信度。此外，研究也表明小粗脚粉螨与静粉螨关系更近，而薄粉螨处于支系拓扑结构的基部，表明与其他 3 种关系较远。但粗脚粉螨的分类地位与其他 3 个同属种关系并不明显，显示粗脚粉螨与食酪螨属（*Tyrophagus*）聚集一起，而非与其同属种。

核基因相比线粒体基因而言，具有进化速率慢、以替换为主及基因更保守等特点。因此，核基因分子标记常常应用于分析比较高级的分类阶元，如科间、属间、不同种间及分化时间较早的种间系统发生关系。常用的核基因是 18S rDNA 和 rDNA 基因的第二内转录间隔区（second internal transcribed spacer, ITS2）。Domes 等（2007）利用 18S rDNA 的部分序列研究无气门螨类的 4 个科、8 个种的系统发生关系，证实形态学定义的粉螨科的腐食酪螨、线嗜酪螨（*Tyroborus lini*）、椭圆食粉螨、粗脚粉螨和薄粉螨 5 个种聚集在一起，形成一个单系，然而有学者用 ITS2 基因序列数据对无气门螨类进行研究，发现粉螨科并未聚为一支，而是并系，椭圆食粉螨和腐食酪螨在粉螨科内的系统发生地位并没有被很好地确定。

仅使用一个线粒体基因片段或核基因片段对生物进行分类均有其局限性，因为不同基因的进化速率不同，能够在系统树上的不同深度提供重要的系统进化信息。为了更好地解决系统进化的问题，应该综合运用不同类型基因如线粒体基因与核基因，或在基因组水平上分析生物种群的系统发育、分子进化，这也将成为分子系统学领域的一种必然发展趋势，可以帮助解决粉螨种群遗传学、种群生态学及系统进化等方面的问题。孙恩涛（2014）利用线粒体基因（*rrnL-trnw-IGS-nad*1）和核内核糖体基因 ITS 序列对国内分布的 7 个椭圆食粉螨地理种群的遗传多样性和种群遗传结构进行分析，结果表明椭圆食粉螨种群间遗传分化显著，华北地区种群与华中和华南地区种群的遗传分化程度很高，遗传变异主要存在于种群内，而种群间的遗传分化相对较小。Yang 等（2010）利用线粒体 CO I 基因和核基因 ITS2 联合分析了无气门亚目的系统进化关系，结果发现利用核基因和线粒体基因 DNA 序列构建的系统进化树与传统的形态学分类是一致的。

线粒体基因组全序列作为研究动物系统发生的模型系统，是生物学家研究系统进化最有力的工具，其是唯一可以提供在基因组水平上进行系统研究的分子标记。

近来，线粒体基因组序列逐渐被用于探讨粉螨科（Acaridae）、目等阶元的系统发生关系。Yang 等（2016）用 13 个线粒体蛋白质编码基因的联合序列分析真螨目（Acariformes）的系统发生关系，其结果支持真螨目（Acariformes）是单系群，并且其中的粉螨类也是一单系群，这与形态学划分的粉螨科作为单独一类群是一致的。此外，该研究也表明粉螨科隶属的无气门亚目是单系，这与 OConnor（1994）、Mironov 等（2009）及 Gu 等（2014）得出的研究结果一致。

此外，线粒体基因组也被用于其他螯肢类物种的系统进化研究。Jeyaprakash 等（2009）用 11 个线粒体蛋白质编码基因（ND3 和 ND6 除外）的联合序列分析了蜘蛛、蝎子、蜱螨的起源和分化时间，并构建了完整的系统进化树，其结果揭示这三大类群是单系群。Dermauw 等（2009）对屋尘螨（*Dermatophagoides pteronyssinus*）线粒体全序列的系统发育分析时发现，该物种与另一个物种卷甲螨（*Steganacarus magnus*）聚为一支，并与恙螨亚目（Trombidiformes）形成一个姐妹群，而这一研究结果与传统的蜱螨亚纲（Acari）的分类观点是一致的。近来，Burger 等（2012）和 Liu 等（2013）分别用 16 个物种的线粒体基因组全序列推测蜱亚目（Ixodides）的系统发生关系。两者不同之处在于蜱亚目中主要分类单元的关系。前者的研究结果支持后气门类群（Metastriate）+ 硬蜱类群（Prostriate）组成的大类群与软蜱类的钝缘蜱亚科（Ornithodorinae）是姐妹群关系，然而，后者的结果则表明钝缘蜱亚科与硬蜱（*Ixodes*）类的关系更近，并且后气门类群与钝缘蜱亚科+硬蜱类构成的类群是姐妹群关系。此外，将分子数据与形态数据相结合进行综合分析，也将有助于系统阐明粉螨各属级分类群间的系统发生关系。

综上所述，近半个世纪以来，粉螨的研究得以较快发展，取得了一系列的成果。目前在医学节肢动物领域，随着不同学科的交叉融合，一些新兴的生态学分支如进化生态学、行为生态学、遗传生态学、景观生态学和全球生态学等不断出现，今后螨类生态学研究将不断向更深层次发展，相信借助于电子计算机技术、先进的分子生物学技术和化学分析技术等现代化的研究手段及生态模型的应用，粉螨生态学研究将会拥有更广阔的前景。

（杨邦和）

参 考 文 献

蔡黎，温廷桓 . 1989. 上海市区屋尘螨区系和季节消长的观察 . 生态学报，9（3）：225-227

陈霞，张艳璇，季洁，等 . 2013. 斯氏小盲绥螨取食 3 种花粉和椭圆食粉螨的实验种群生命表 . 植物保护，39（5）：149-152

方宗君，蔡映云 . 2000. 螨过敏性哮喘患者居室一年四季尘螨密度与发病关系 . 中华劳动卫生职业病杂志，18（6）：350-352

付仁龙，刘志刚，邢苗，等 . 2004. 屋尘螨特异性变应原的定位研究 . 中国寄生虫学与寄生虫病杂志，22（4）：243-244

季洁，张艳璇，陈霞，等 . 2005. 比哈小爪螨实验种群生命表的研究 . 蛛形学报，14（1）：37-41

赖永房，朱志民 . 1990. 两种捕食螨的生殖行为 . 江西大学学报（自然科学版），14（2）：35-41

李朝品 . 1989. 引起肺螨病的两种螨的季节动态 . 昆虫知识，26（2）：94-95

李朝品 . 2002. 腐食酪螨、粉尘螨传播霉菌的实验研究 . 蛛形学报，11（1）：58-60

李朝品 . 2006. 医学蜱螨学 . 北京：人民军医出版社

李朝品 . 2009. 医学节肢动物学 . 北京：人民卫生出版社

李朝品，李立 . 1987. 四种肺螨病病原螨的扫描电镜观察 . 皖南医学院学报，6（3）：199

李朝品，沈兆鹏 . 2016. 中国粉螨概论 . 北京：科学出版社

李朝品，陶莉，王慧勇，等 . 2005. 淮南地区粉螨群落与生境关系研究初报 . 南京医科大学学报，25（12）：955-958

李朝品，王健 . 2001. 不同药物治疗尿螨病的疗效观察 . 医学动物防制，17（11）：374-376

李朝品，武前文 . 1996. 房舍和储藏物粉螨 . 合肥：中国科学技术大学出版社

李朝品，张荣波，胡东，等 . 2007. 安徽省部分地区不同环境内粉螨多样性调查 . 动物医学进展，28（7）：32-34

李朋新，夏斌，舒畅，等 . 2008. 巴氏钝绥螨对椭圆食粉螨的捕食效能 . 植物保护，34（3）：65-68

刘婷，金道超，郭建军，等 . 2006. 腐食酪螨在不同温度和营养条件下生长发育的比较研究 . 昆虫学报，49（4）：714-718

刘婷，金道超，郭建军 . 2007. 腐食酪螨实验种群生命表 . 植物保护，33（3）：68-71

刘志刚，李盟，包莹，等 . 2005. 屋尘螨 I 类变应原 Der p1 的体内定位 . 昆虫学报，48（6）：833-836

陆联高.1994.中国仓储螨类.成都:四川科学技术出版社

吕文涛.2008.家食甜螨生活史影响因素的研究.安徽理工大学

吕文涛,褚晓杰,周立,等.2010.家食甜螨在不同温度下的实验种群生命表.医学动物防制,26(1):6-8

罗冬梅.2007.椭圆食粉螨种群生态学研究.南昌大学

马恩沛.1984.中国农业螨类.上海:上海科学技术出版社

孟阳春,李朝品,梁国光.1995.蜱螨与人类疾病.合肥:中国科学技术大学出版社

沈兆鹏.1988.纳氏皱皮螨生活史的研究.昆虫学报,31(1):60-66

沈兆鹏.1993.自然条件下纳氏皱皮螨的生活史.吉林粮专学报,1:1-7

宋红玉,孙恩涛,湛孝东,等.2015.黄粉虫养殖盒中孳生酪阳厉螨的生物学特性研究.中国病原生物学杂志,10(5):423-426

孙恩涛.2014.椭圆食粉螨线粒体基因组测序及种群遗传结构的研究.安徽师范大学

孙庆田,陈日曌,孟昭军.2002.粗足粉螨的生物学特性及综合防治的研究.吉林农业大学学报,24(3):30-32

陶莉,李朝品.2006.腐食酪螨种群消长及空间分布型研究.南京医科大学学报(自然科学版),86(10):944-947

陶莉,李朝品.2006.淮南地区粉螨群落结构及其多样性.生态学杂志,25(6):667-670

陶莉,李朝品.2007.腐食酪螨种群消长与生态因子关联分析.中国寄生虫学与寄生虫病杂志,25(5):394-396

陶宁,段彬彬,王少圣,等.2016.芜湖地区储藏动物性中药材孳生粉螨种类及其多样性研究.中国血吸虫病防治杂志,28(3):297-300

仝连信,姜蕾,鞠传余.2009.跗线螨侵染的男性尿路螨症伴血尿3例报告.中国寄生虫学与寄生虫病杂志,27(3):27

王凤葵,刘得国,张衡昌.1999.伯氏嗜木螨生物学特性初步研究.植物保护学报,26(1):91

王慧勇,李朝品.2005.粉螨系统分类研究的回顾.热带病与寄生虫学杂志,3(1):58-60

王慧勇,涂龙霞,李蓓莉,等.2013.粗脚粉螨种群与生态因子的关联分析.环境与健康杂志,30(3):239-241

王晓春,郭冬梅,吕文涛,等.2007.合肥市不同生境粉螨孳生情况及多样性调查.中国病原生物学杂志,2(4):295-297

夏斌,龚珍奇,邹志文,等.2003.普通肉食螨对腐食酪螨的捕食功能.南昌大学学报(理科版),27(4):334-337

夏斌,张涛,邹志文,等.2007.鳞翅触足螨对腐食酪螨捕食效能.南昌大学学报(理科版),31(6):579-582

忻介六.1988.农业螨类学.北京:农业出版社

忻介六,沈兆鹏.1964.椭圆食粉螨生活史的研究(蜱螨目,粉螨科).昆虫学报,13(3):428-435

阎孝玉,杨年震,袁德柱,等.1992.椭圆食粉螨生活史的研究.粮油仓储科技通讯,6:53-55

杨洁,尚素琴,张新虎.2013.温度对椭圆食粉螨发育历期的影响.甘肃农业大学学报,5:86-88

杨燕,周祖基,明华.2007.温湿度对腐食酪螨存活和繁殖的影响.四川动物,26(1):108-111

于晓,范青海,徐加利.2002.腐食酪螨有效积温的研究.华东昆虫学报,11(1):55-58

于晓,范青海.2002.腐食酪螨的发生与防治.福建农业科技,6:49-50

张继祖,刘建阳,许卫东,等.1997.福建嗜木螨生物学特性的研究.武夷科学,13(1):221-228

张曼丽,范青海.2007.螨类休眠体的发育与治理.昆虫学报,50(12):1293-1299

张荣波, 李朝品, 袁斌. 1998. 粉螨传播霉菌的实验研究. 职业医学, 25 (4): 21-22

张涛. 2007. 腐食酪螨种群生态学研究. 南昌大学

张艳旋, 林坚贞. 1996. 马六甲肉食螨对害嗜鳞螨捕食效应研究. 华东昆虫学报, 5 (1): 65-68

赵金红, 孙恩涛, 刘婷, 等. 2012. 粉尘螨种群消长及空间分布型研究. 齐齐哈尔医学院学报, 33 (11): 1403-1405

周玉书, 朴春树, 仇贵生, 等. 2006. 不同温度下 3 种害螨实验种群生命表研究. 沈阳农业大学学报, 37 (2): 173-176

Hughes AM. 1983. 贮藏食物与房舍的螨类. 忻介六, 沈兆鹏, 译. 北京: 农业出版社

Arlian LG, Morgan MS. 2003. Biology, ecology and prevalence of dust mites. Immunology and Allergy Clinics of North America, 23 (3): 443-468

Arlian LG, Neal JS, Vyszenski- moher DAL. 1999. Fluctuating hydrating and dehydrating relative humidities effects on the life cycle of *Dermatophagoides farinae* (Acari: Pyroglyphidae). Journal of Medical Entomology, 36 (4): 457-461

Arlian LG, Neal JS, Vyszenski-moher DAL. 1999. Reducing relative humidity to control the house dust mite *Dermatophagoides farinae*. Journal of Allergy and Clinical Immunology, 104 (4): 852-856

Avise JC, Arnold J, Ball RM, et al. 1987. Intraspecific phylogeography: the mitochondrial DNA bridge between-population genetics and systematics. Annual Review of Ecology and Systematics, 18: 489-522

Baker RA. 1964. The further development of the hypopus of *Histiostoma feroniarum* (Dufour, 1839) [Acari]. The Annals & Magazine of Natural History, 7 (83): 693-695

Balashov YS. 2000. Evolution of the nidicole parasitism in the Insecta and Acarina. Ẽntomologi cheskoe Obozrenie, 79 (4): 925-940

Barker PS. 1983. Bionomics of *Lepidoglyphus destructor* (Schrank) (Acarina: Glycyphagidae), a pest of stored cereals. Can J Zool, 61 (2): 355 -358

Brown RP, Pestano J. 1998. Phylogeography of skinks (Chalcides) in the Canary Islands inferred frommitochondrial DNA sequences. Mol Ecol, 7 (9): 1183-1191

Burger TD, Shao R, Beati L, et al. 2012. Phylogenetic analysis of ticks (Acari: Ixodida) using mitochondrial genomes and nuclear rRNA genes indicates that the genus *Amblyomma* is polyphyletic. Molecular Phylogenetics and Evolution, 64: 45-55

Capua S, Gerson U. 1983. The effects of humidity and temperature on hypopodial molting of Rhizoglyphus robini. Entomol Exp Appl, 34: 96-98

Chmielewski W. 1977. Formation and impertance of the hypopus stage in the life of mites belonging to the superfamily Acaroidea. Prace Nauk Inst Ochr Rosl, 19 (1): 5-94

Dekeyser MA. 2005. Acaricide mode of action. Pest Management Science, 61: 103-110

Dermauw W, Leeuwen TV, Vanholme B, et al. 2009. The complete mitochondrial genome of the house dust mite *Dermatophagoides pteronyssinus* (Trouessart): a novel gene arrangement among arthropods. BMC Genomics, 10: 107

Domes K, Althammer M, Norton RA, et al. 2007. The phylogenetic relationship between Astigmata and Oribatida (Acari) as indicated by molecular markers. Exp Appl Acarol, 42: 159-171

Gu XB, Liu GH, Song HQ, et al. 2014. The complete mitochondrial genome of the scab mite Psoroptes cuniculi (Arthropoda: Arachnida) provides insights into Acari phylogeny. Parasite Vector, 7: 340

Hughes AM. 1956. The mite genus *Lardoglyphus* Oudemans, 1927 (= Hoshikadania Sasa and Asanuma, 1951). Zool Meded, 34 (20): 271

Hughes AM, Hughes TE, Hughes AM. 1939. The internal anatomy and postembryonic development of *Glycyphagus domesticus De Geer*. Proc Zool Soc London, 108: 715-733

Jeyaprakash A, Hoy MA. 2009. First divergence time estimate of spiders, scorpions, mites and ticks (subphylum: Chelicerata) inferred from mitochondrial phylogeny. Exp Appl Acarol, 47 (1): 1-18

Johnson WE, Slattery JP, Eizirik E, et al. 1999. Disparate phylogeographic patterns of molecular geneticvariation in four closely related South American small cat species. Mol Ecol, 8 (S1): S79-S94

Juste BJ, Álvarez Y, Tabares E, et al. 1999. Phylogeography of African fruitbats (Megachiroptera). Molecular Phylogenetics and Evolution, 13 (3): 596-604

Knülle W. 1991. Genetic and environmental determinants of hypopus duration in the stored- product mite *Lepidoglyphus destructor*. Exp Appl Acarol, 10: 231-258

Knülle W. 2003. Interaction between genetic and inductive factors controlling the expression of dispersal and dormancy morphs in dimorphic astigmatic mites. Evolution, 57 (4): 828-838

Konishi E, Uehara K. 1999. Contamination of public facilities with *Dermatophagoides* mites (Acari: Phyroglyphidae) in Japan. Exp Appl Acarol, 23 (1): 41-50

Li CP, Yang QG. 2004. Cloning and subcloning of cDNA coding for group Ⅱ allergen of *Dermatophagoides Farinae*. Journal of Nanjing Medical University (English edition), 18 (5): 239-243

Li C, Jiang Y, Guo W, et al. 2015. Morphologic features of *Sancassania berlesei* (Acari: Astigmata: Acaridae), a common mite of stored products in China. Nutr Hosp, 31 (4): 1641-1646

Li C, Zhan X, Sun E, et al. 2014. The density and species of mite breeding in stored products in China. Nutr Hosp, 31 (2): 798-807

Liu GH, Chen F, Chen YZ, et al. 2013. Complete mitochondrial genome sequence data provides genetic evidence that the brown dog tick *Rhipicephalus sanguineus* (Acari: Ixodidae) represents a species complex. International Journal of Biological Sciences, 9: 361-369

MacArthur RH, Wilson EO. 1967. The Theory of Island Biogeography. Princeton: Princeton University Press

Manchenko GP. 2003. Handbook of detection of enzymes on electrophoretic gels. 2nd ed. Florida: CRC Press

Matsumoto L. 1978. Studies on the environmental factors for the breeding of grain mites. Ⅻ Jap J Sanit Zool, 29 (4): 287-294

Michael AD. 1884. The Hypopus question or the life history of certain Acarina. Journal of the Linnean Society of London Zoology, 17 (102): 371-394

Mironov SV, Bochkov AV. 2009. Modern conceptions concerning the macrophylogeny of acariform mites (Chelicerata, Acariformes). Entomological Review, 89: 975-992

Neal JS. 2002. Dust mite allergens: ecology and distribution. Current Allergy and Asthma Reports, 2 (5): 401-411

OConnor BM. 1994. Mites: ecological and evolutionary analysis of life- history patterns. New York: Chapman & Hall

Okabe K. 1999. Morphology and ecology in deutonymphs of non-psoroptid Astigmata. J Acarol Soc Jpn, 8 (2): 89

Palyvos NE, Emmanouel NG, Saitanis CJ. 2008. Mites associated with stored products in Greece. Exp Appl Acarol, 44 (3): 213-226

Peng PY, Guo XG, Song WY. 2015. Faunal analysis of chigger mites (Acari: Prostigmata) on small mammals in Yunnan province. Southwest China. Parasitol Res, 114 (8): 2815-2833

Redenbach Z, Taylor EB. 1999. Zoogeographical implications of variation in mitochondrial DNA of Arcticgrayling (*Thymallus arcticus*). Mol Ecol, 8 (1): 23-35

Saccone S, Giorgi CD, Gissi C. 1999. Evolutionary genomics in Metazoa: the mitochondrial DNA as a model system. Gene, 238: 195-209

Sinha RN. 1966. Feeding and reproduction of some stored-product mites on seed-borne fungi. J Econ Entomol, 59 (5): 1227

Sinha RN, Mills JT. 1968. Feeding and reproduction of the grain mite and the mushroom mite on some species of Penicilliun. J Econ Entomol, 61 (6): 1548

Van Pottelberge S, Van Leeuwen T, Nauen R, et al. 2009. Resistance mechanisms to mitochondrial electron transport inhibitors in a field collected strain of *Tetranychus urticae* Koch (Acari: Tetranychidae). Bulletin of Entomological Research, 99: 23-31

Vandermeer JH. 1975. On the construction of the population projection matrix for a population grouped in unequal stage. Biomatrics, 31: 239-242

Vyszenski-Moher DAL, Arlian LG, Neal JS. 2002. Effects of laundry detergents on *Dermatophagoides Farinae*, *Dermatophagoides pteronyssinus*, and *Euroglyphus maynei*. Annals of Allergy, Asthma & Immunology, 88 (6): 578-583

Webster LMI, Thomas RH, McCormack GP. 2004. Molecular systematics of *Acarus siros*. 1*at.*, a complex of stored food pests. Mol Phylogenet Evol, 32: 817-822

Wooding S, Ward R. 1997. Phylogeography and Pleistocene evolution in the North American black bear. Mol Biol Evol, 14 (11): 1096-1105 ·

Woording JP. 1969. Observations on the biology of six species of acarid mites. Ann Entomol Soc Am, 62: 102-108

Yang B, Cai JL, Cheng XJ. 2011. Identification of astigmatid mites using ITS2 and COI regions. Parasitol Res, 108: 497-503

Yang BH, Li CP. 2016. Characterization of the complete mitochondrial genome of the storage mite pest *Tyrophagus longior* (Gervais) (Acari: Acaridae) and comparative mitogenomic analysis of four acarid mites. Gene, 576: 807-819

第四章　粉螨主要类群

目前关于粉螨分类的意见尚不统一，但在粉螨亚目（Acaridida）下设粉螨科（Acaridea）、脂螨科（Lardoglyphidae）、食甜螨科（Glycyphagidae）、果螨科（Carpoglyphidae）、嗜渣螨科（Chortoglyphidae）、麦食螨科（Pyroglyphidae）和薄口螨科（Histiostomidae）的分类意见得到研究者的广泛认同。研究粉螨的国际权威 Hughes（1976）将原来属于粉螨总股（Acaridiae）的类群提升为无气门目（Astigmata），OConnor（2009）又将无气门亚目（以往列为目或亚目）降格，列于甲螨亚目（Oribatida）下的无气门股（Astigmatina）。为便于读者了解粉螨系统分类的变化，将 Zachvatikin（1941）、Baker（1958）、Hughes（1976）、Krantz（1978）和 OConnor（1982）的分类系统作简要对比（表4-1）。

表 4-1　Zachvatikin、Baker、Hughes、Krantz 和 OConnor 的粉螨分类系统比较

	Zachvatikin (1941)	Baker (1958)	Hughes (1976)	Krantz (1978)	OConnor (1982)
目	—	无气门目 (Astigmata)	无气门目 (Astigmata)	真螨目 (Acariformes)	真螨目 (Acariformes)
亚目	疥螨亚目 (Sarcoptiformes) 设2总股	疥螨亚目 (Sarcoptiformes) 设2总股	—	粉螨亚目 (Acaridida) 设2总股	无气门亚目 (Astigmata) 设7总科
总股	粉螨总股 (Acaridiae)	粉螨总股 (Acaridiae)	—	粉螨总股 (Acaridiae)	—
股	—	粉螨股 (Acaridia)	—	—	—
总科	粉螨总科 (Acaroidea) 设3科	—	—	粉螨总科 (Acaroidea) 设12科	粉螨总科 (Acaroidea) 设6科
科	粉螨科等 3科 (Acaridae)	粉螨科等 30科 (Acaridae)	粉螨科等 6科 (Acaridae)	粉螨科等 12科 (Acaridae)	粉螨科等 6科 (Acaridae)

我国学者对粉螨分类也有较为系统的研究，如忻介六（1988）、李隆术（1988）、张智强和梁来荣（1997）等。本书有关粉螨的分类，综合了国内外粉螨研究的成果，借鉴了 Evans 等（1961）、Hughes（1976）的无气门目分类系统和 Krantz（1978）粉螨亚目的分类系统，尤其是在粉螨的整体归属上，又重点参考了 Krantz 和 Walter（2009），将无气门股划分为两个主要类群，即粉螨（Acaridia）和瘩螨（Psorptidia），并结合我国学者沈兆鹏（1984）、王

孝祖（1989）、张智强和梁来荣（1997）等有关粉螨的分类意见。为便于从事粉螨教学与科研、医疗与保健、农业与畜牧业、疾病控制与国境口岸检验检疫等专业技术人员参考，本书仍沿用《房舍和储藏物粉螨》（第 1 版）曾经采用的分类系统，即把粉螨归属于蛛形纲（Arachnida）蜱螨亚纲（Acari）真螨目（Acariformes）粉螨亚目（Acaridida）（即无气门亚目），并在粉螨亚目下设 7 个科，即粉螨科（Acaridea）、脂螨科（Lardoglyphidae）、食甜螨科（Glycyphagidae）、果螨科（Carpoglyphidae）、嗜渣螨科（Chortoglyphidae）、麦食螨科（Pyroglyphidae）和薄口螨科（Histiostomidae）。应当明确的是，本书所记述的粉螨是指 Hughes（1976）、张智强和梁来荣（1997）无气门目的螨类，同时力图将其与《蜱螨学手册》（*A Manual of Acarology*）第 3 版（Krantz 和 Walter，2009）的无气门股中粉螨所涵盖的我国粉螨螨种相统一。

　　粉螨亚目的螨类体软，无气门，极少有气管，躯体多呈卵圆形，体壁薄而呈半透明，颜色各异，从乳白色至棕褐色均有，前端背面有一块背板，表皮柔软，可光滑、粗糙或有细致的皱纹。螯肢钳状，两侧扁平，内缘常具有刺或齿。须肢小，1～2 节，紧贴于颚体。足常有单爪，爪退化，由扩展的盘状爪垫衬所覆盖。足的基节同腹面愈合，跗节端部吸盘状，常有单爪，前足体近后缘处无假气门器（盅毛）。雄螨具阳茎和肛吸盘，足 IV 跗节背面具跗节吸盘 1 对。雌螨有产卵孔，无肛吸盘及跗节吸盘。粉螨躯体背面、腹面、足上着生各种刚毛，这些刚毛的长短、形状及排列方式均是粉螨分类的重要依据（图 4-1）。

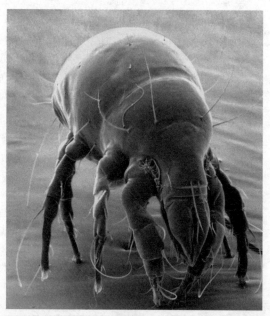

图 4-1　粗脚粉螨（♂）成螨扫描电镜图（Griffiths，1982）

　　房舍和储藏物中孳生的螨类包括粉螨亚目（Acaridida）（图 4-2）、革螨亚目（Gamasida）（图 4-3）、辐螨亚目（Actinedida）（图 4-4）和甲螨亚目（Oribatida）（图 4-5）。

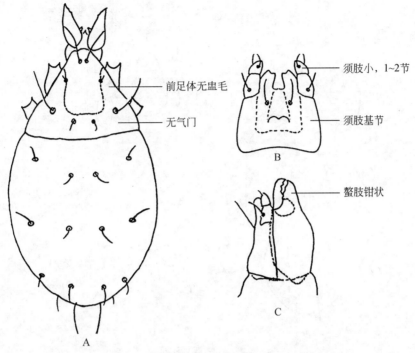

图4-2　粉螨亚目特征

A. 体躯背面；B. 须肢；C. 颚体（改编自张智强和梁来荣，1997）

体软，无气门，螯肢钳状，须肢小，1~2节，足跗节常具单爪，前足体近后缘处无假气门器（盅毛）

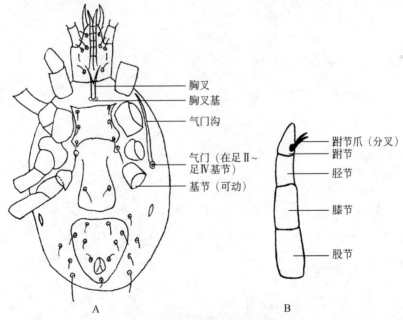

图4-3　革螨亚目特征

A. 体躯腹面；B. 须肢（改编自张智强和梁来荣，1997）

口下板刚毛最多3对，头盖覆盖颚体，颚体腹面具毛≤4对，有胸叉。气门显著，与气门沟相通，

常位于躯体两侧足Ⅲ、Ⅳ之间，跗节爪分叉

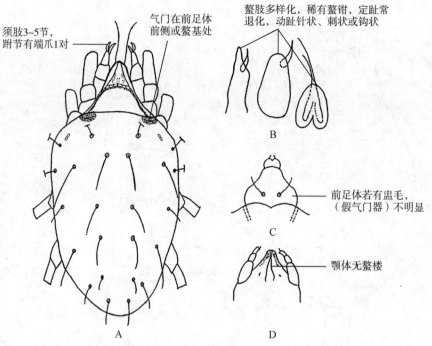

图 4-4　辐螨亚目特征

A. 体躯背面；B. 螯肢；C. 前足体；D. 颚体（改编自张智强和梁来荣，1997）

气门不明显，有时与气门沟相通，常位于颚体上或颚体基部。颚体无螯楼，螯肢多样化，稀有螯钳，定趾常退化，动趾针状、刺状或钩状

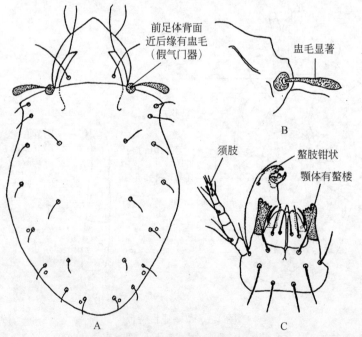

图 4-5　甲螨亚目特征

A. 体躯背面；B. 盅毛；C. 颚体（A、B 改编自张智强和梁来荣，1997；C 改编自 Krantz，2009）

体骨化，色深，气门隐蔽，颚体有螯楼，螯肢钳状，前足体背面近后缘有盅毛（假气门器）1 对

储藏物螨类（成螨）亚目检索表

1. 在足Ⅰ、Ⅱ胫节的背部末端有 1 条鞭状感棒并常超出该节的末端（薄口螨科除外）········ 2
   无鞭状感棒 ·· 3
2. 成螨骨化明显，在前足体背面靠近后缘有 1 对明显的假气门器 ······ 甲螨亚目（Oribatida）
   成螨稍微骨化，无明显的假气门器 ·· 粉螨亚目（Acaridida）
3. 气门明显，常位于躯体两侧，并与管状的气门沟相通 ·············· 革螨亚目（Gamasida）
   气门不明显，常位于颚体上或颚体的基部，有时与气门沟相通 ··· 辐螨亚目（Actinedida）

　　粉螨亚目的螨类是房舍和储藏物中的优势种群，它们在经济和人类健康方面有重要的意义，下设粉螨科（Acaridea）（图 4-6）、脂螨科（Lardoglyphidae）（图 4-7）、食甜螨科（Glycyphagidae）（图 4-8）、果螨科（Carpoglyphidae）（图 4-9）、嗜渣螨科（Chortoglyphidae）（图 4-10）、麦食螨科（Pyroglyphidae）（图 4-11）和薄口螨科（Histiostomidae）（图 4-12）。

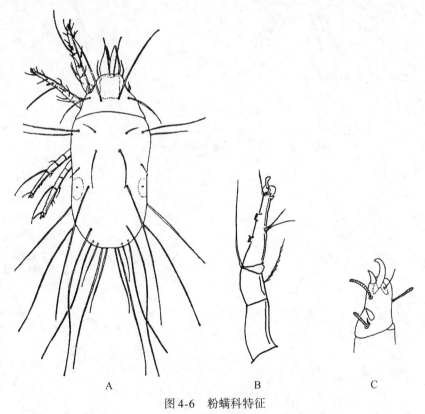

A　　　　　　　　　　　B　　　　　　　　　C

图 4-6　粉螨科特征

A. 腐食酪螨（*Tyrophagus putrescentiae*）（♂）背面；B. 雄性粉螨足Ⅳ；

C. 粉螨科足Ⅰ跗节（改编自张智强和梁来荣，1997）

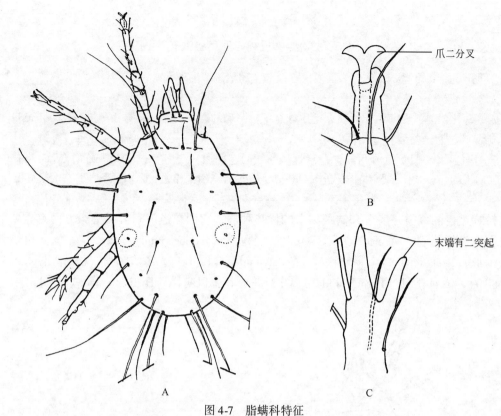

图 4-7　脂螨科特征

A. 扎氏脂螨（♂）背面（改编自 Hughes，1976）；B. 雌螨足 I 跗节；

C. 雄螨足 Ⅲ 跗节端部（改编自张智强和梁来荣，1997）

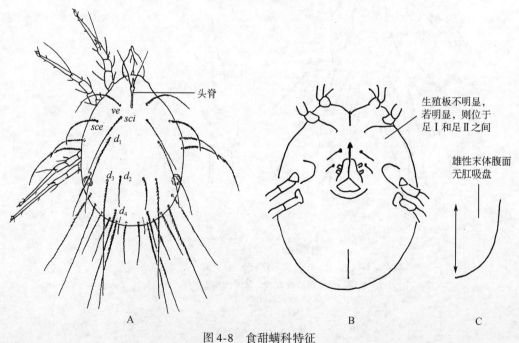

图 4-8　食甜螨科特征

A. 家食甜螨（♂）背面；B. 雌螨腹面；C. 雄螨末体腹面（改编自张智强和梁来荣，1997）

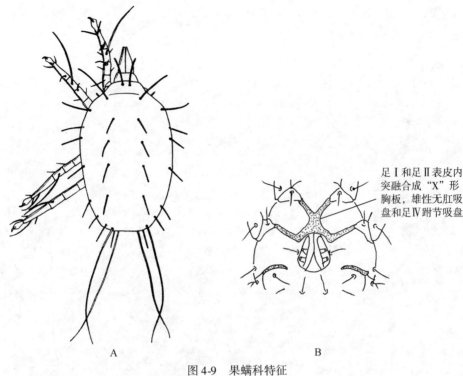

图 4-9 果螨科特征

A. 甜果螨（♀）背面；B. 前半体腹面（改编自张智强和梁来荣，1977）

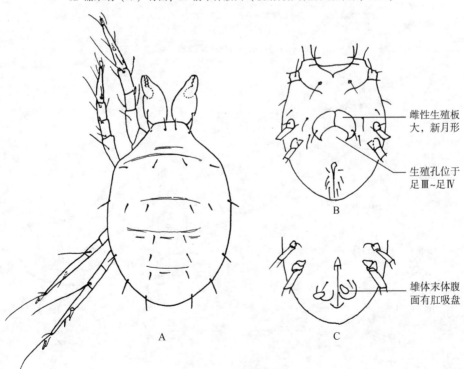

图 4-10 嗜渣螨科特征

A. 拱殖嗜渣螨（♀）背面；B. 雌螨腹面；C. 雄螨末体腹面（改编自张智强和梁来荣，1997）

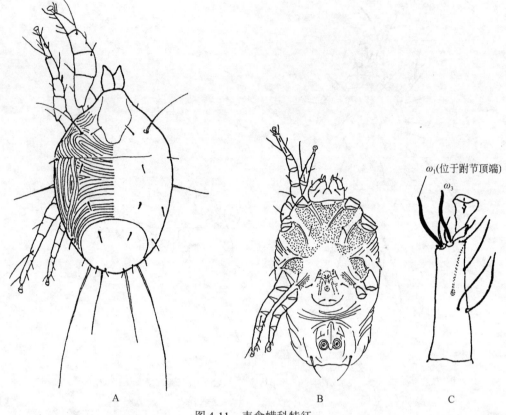

图 4-11　麦食螨科特征

A. 屋尘螨（♂）背面；B. 屋尘螨腹面；C. 足 I 跗节

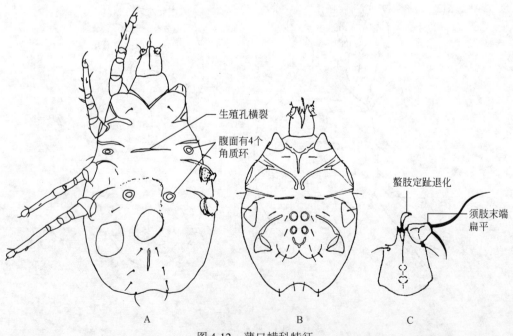

图 4-12　薄口螨科特征

A. 速生薄口螨（♀）腹面（改编自 Hughes，1976）；B. 雄螨腹面；C. 颚体

粉螨亚目（Acaridida）成螨分科检索表

1. 无顶毛，皮纹粗、肋状，第一感棒（ω_1）位于足 I 跗节顶端 … 麦食螨科（Pyroglyphidae）

   有顶毛，皮纹光滑或不为肋状，ω_1 在足 I 跗节基部 ·· 2

2. 须肢末节扁平，螯肢定趾退化，生殖孔横裂，腹面有 2 对几丁质环 ····························
   ··· 薄口螨科（Histiostomidae）

   须肢末节不扁平，螯肢钳状，生殖孔纵裂，腹面无角质环 ······························· 3

3. 雌螨足 I ～ IV 跗节爪分两叉，雄螨足 III 跗节末端有两突起 …… 脂螨科（Lardoglyphidae）

   雌螨足 I ～ IV 跗节单爪或缺如 ··· 4

4. 躯体背面有背沟，足跗节有爪，爪由两骨片与跗节相连，爪垫肉质，雄螨末体腹面有肛
   吸盘，足 IV 跗节有吸盘 ··· 粉螨科（Acaridae）

   躯体背面无背沟，足跗节无两骨片，有时有 2 个细腱，雄螨末体腹面无肛吸盘，足 IV 跗
   节无吸盘 ··· 5

5. 足 I 和 II 表皮内突愈合，呈 "X" 形 ······································· 果螨科（Carpoglyphidae）

   足 I 和 II 表皮内突分离 ··· 6

6. 雌螨生殖板大，新月形，生殖孔位于足 III ～ IV 之间，雄螨末体腹面有肛吸盘············
   ·· 嗜渣螨科（Chortoglyphidae）

   雌螨无明显生殖板，若明显，则生殖孔位于足 I ～ II 之间，雄螨末体腹面无肛吸盘······
   ··· 食甜螨科（Glycyphagidae）

房舍与储藏物粉螨完成一代的全过程包括两个阶段，第一阶段为胚胎发育，自卵受精至卵孵化出幼螨，此阶段在卵内完成；第二阶段为胚后发育，从卵孵化出幼螨开始直至螨发育成性成熟的成螨。粉螨多为卵生，其生活史可分为 6 个发育时期（图 4-13），即卵、

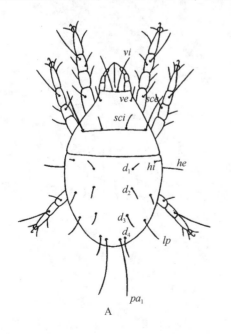
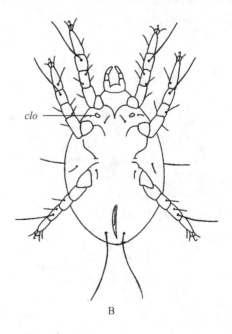

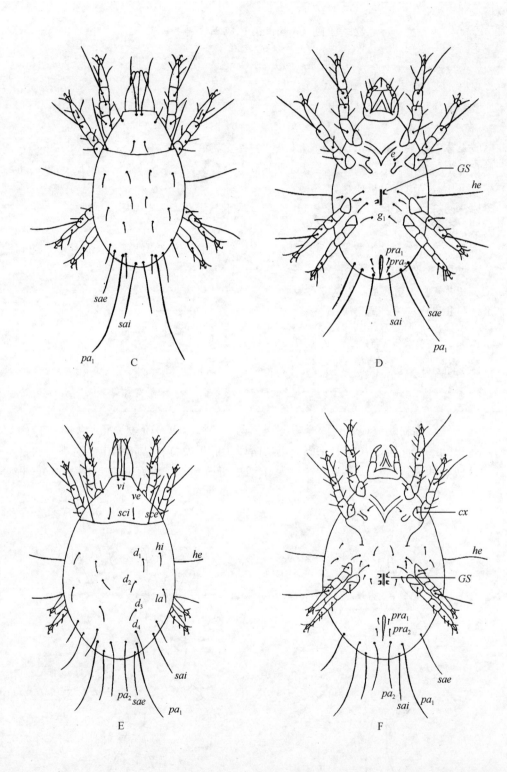

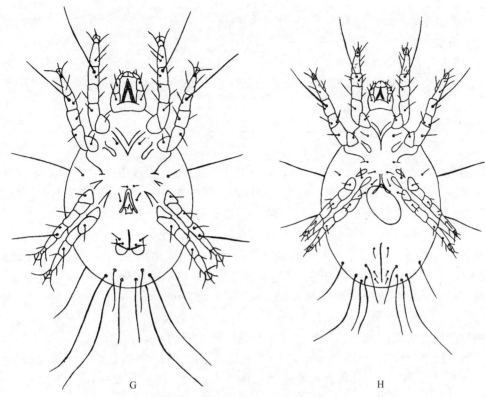

图4-13　椭圆食粉螨生活史各期的形态

A. 幼螨背面；B. 幼螨腹面；C. 第一若螨背面；D. 第一若螨腹面；E. 第三若螨背面；

F. 第三若螨腹面；G. 成螨（♂）腹面；H. 成螨（♀）腹面

clo：克氏器；GS：生殖感觉器

幼螨、第一若螨（前若螨）、第二若螨（休眠体）、第三若螨（后若螨）和成螨，在进入幼螨、第一若螨和第三若螨之前，各有 1 天的静息期，即幼螨静息期、第一若螨静息期和第三若螨静息期。

粉螨亚目（Acaridida）生活史各期检索表

1. 退化的跗肢或有或无，并常包裹在第一若螨的表皮中 ……… 不活动休眠体或第二若螨

　　有很发达的跗肢 ………………………………………………………………………… 2

2. 有 3 对足，有时有基节杆 ……………………………………………………………… 幼螨

　　有 4 对足，无基节杆 …………………………………………………………………… 3

3. 螯肢和须肢退化为叉状跗肢，无口器，在躯体腹面后端有吸盘（仅部分粉螨有休眠体）

　　…………………………………………………………………… 活动休眠体或第二若螨

　　螯肢和须肢发育正常，有口器，躯体腹面后端无吸盘 ……………………………… 4

4. 有 1 对生殖感觉器及 1 条痕迹状的生殖孔 ………………………………………… 第一若螨

　　有 2 对生殖感觉器 ……………………………………………………………………… 5

5. 生殖孔痕迹状。无生殖褶 ……………………………………………………… 第三若螨

　　有生殖褶 …………………………………………………………………………… 6

6. 生殖褶短。阳茎有一系列几丁质支架支持 ……………………………………… 雄螨

　　生殖褶常长，或生殖孔由 1 或 2 块板蔽盖。通往交配囊的孔位于体躯后端 ……… 雌螨

第一节　粉　螨　科

　　粉螨科（Acaridae Ewing & Nesbitt，1942）的螨类通常营自生生活，呈世界性分布，多与昆虫有关联，可在储藏物及小型哺乳动物的巢穴中发现。目前我国房舍和储藏物粉螨物种丰富，其中粉螨科较为常见（图 4-14）的约有 10 属。粉螨属（*Acarus*）足 I 膝节感棒 σ_1 比 σ_2 长 3 倍以上，雄螨的足 I 股节膨大，并在腹面有锥状突起（conical process）。食酪螨属（*Tyrophagus*）足 I、II 跗节背面端部有短针状的基节前毛（*e*），跗节末端腹面有 5 个腹端刺（*p*，*q*，*s*，*u*、*v*），中间的 3 个端刺增厚。嗜酪螨属（*Tyroborus*）足 I、II 跗节背面端部有粗刺状的 *e*，跗节末端腹面有 3 个腹端刺（*s*，*q+v*，*u+p*）。向酪螨属（*Tyrolichus*）前侧毛（*la*）与后侧毛（*lp*）约等长，背毛（d_1）短，*lp* 为 d_1 的 2 倍以上；足 I 跗节腹面有 5 个腹端刺，短粗，大小相仿。嗜菌螨属（*Mycetoglyphus*）顶外毛（*ve*）短于膝节，位于顶内毛（*vi*）之后，*vi* 的长度是 *ve* 的 4 倍。食粉螨属（*Aleuroglyphus*）*ve* 与 *vi* 位于同一水平，*ve* 有栉齿且长度超过 *vi* 的一半。皱皮螨属（*Suidasia*）表皮有细致的皱纹，或饰有鳞状花纹；*ve* 微小，位于前足体板侧缘中央与 *vi* 之后。根螨属（*Rhizoglyphus*）足 I 跗节的背中毛（*Ba*）为粗刺状，位于 ω_1 之前；而嗜木螨属（*Caloglyphus*）足 I 跗节的 *Ba* 为细长刚毛。狭螨属（*Thyreophagus*）第一感棒（ω_1）与第二感棒（ω_2）之间无刺状毛。士维螨属（*Schwiebea*）足 I 跗节粗短，长约等于宽。

　　粉螨科的形态特征简要概括如下：

　　1. 躯体被背沟分为前足体和后半体两部分，常有前足体背板，表皮光滑、粗糙或增厚成板，一般无细致的皱纹，但皱皮螨属例外。

　　2. 躯体刚毛多数光滑，有的略有栉齿，但无明显的分栉或呈叶状。

　　3. 爪常发达，以 1 对骨片与跗节末端相连，前跗节柔软并包围爪和骨片；若前跗节延长，则雌螨的爪分叉。足 I、II 跗节的 ω_1 着生在跗节基部。

　　4. 雌螨的生殖孔为一条长的裂缝，并为 1 对生殖褶所蔽盖，在每个生殖褶的内面有 1 对生殖感觉器；雄螨常有肛吸盘 1 对和跗节吸盘 2 对。

粉螨科（Acaridae）成螨分属和常见种检索表（Hughes，1976）

1. *ve* 位于靠近前足体背面的前缘，与 *vi* 在同一水平上或稍后（图 4-15A） ……………… 2

　ve 痕迹状或缺如，若有，则位于靠近前足体背板侧缘的中间（图 4-15B，C）………… 7

2. 在足 I 膝节，感棒 σ_1 比 σ_2 长 3 倍以上，雄螨的足 I 股节膨大，并在腹面有锥状突起…

　………………………………………………………………………………… 粉螨属（*Acarus*）

　在足 I 膝节，感棒 σ_1 不及 σ_2 的 3 倍 …………………………………………… 3

3. *sci* 较 *sce* 长，足和螯肢稍有颜色 ·································· 4

　　sci 较 *sce* 短，足和螯肢呈棕色 ············· 椭圆食粉螨（*Aleuroglyphus ovatus*）

4. *ve* 短于膝节，位于 *vi* 之后（图 4-15D）····· 菌食嗜菌螨（*Mycetoglyphus fungivorus*）

　　ve 长于或等于膝节，与 *vi* 位于同一水平 ································· 5

5. d_1 和 *la* 几乎等长，d_1 短于 d_3、d_4 ····························· 6

　　la 为 d_1 的 4~6 倍 ·························· 干向酪螨（*Tyrolichus casei*）

6. 足Ⅰ、Ⅱ跗节背面端部有短而针状的 *e*，跗节末端有 5 个腹端刺，中间的 3 个端刺增厚（图 4-16A，B）·································· 食酪螨属（*Tyrophagus*）

　　e 呈刺状，跗节末端有 3 个腹端刺（图 4-16C，D）····· 线嗜酪螨（*Tyroborus lini*）

7. 有 *sci* ·· 8

　　无 *sci*，足Ⅰ跗节 ω_1、ω_2 无刺，成螨缺 *sci*、*hi*、d_1、d_2；雄螨后半体背缘有一块突出的板 ·························· 食虫狭螨（*Thyreophagus entomophagus*）

8. 表皮有细致的皱纹，或饰有鳞状花纹 ············· 皱皮螨属（*Suidasia*）

　　表皮光滑或近乎光滑 ··································· 9

9. 在足Ⅰ跗节，*Ba* 膨大形成粗壮的锥状突起，并与 ω_1 接近（图 4-14D）·········
　　······························ 根螨属（*Rhizoglyphus*）

　　在足Ⅰ跗节，*Ba* 为细长刚毛，躯体背面、侧面的刚毛完整，雄螨后半体无突出的板
　　······························ 嗜木螨属（*Caloglyphus*）

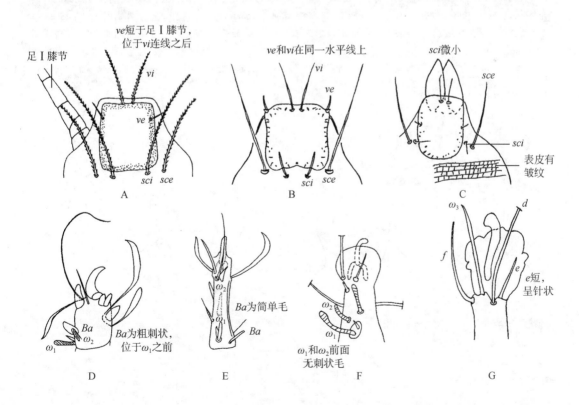

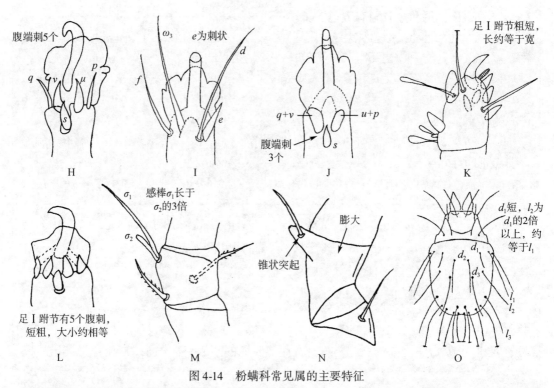

图 4-14　粉螨科常见属的主要特征

A. 嗜菌螨属（*Mycetoglyphus*）前足体背面；B. 食粉螨属（*Aleuroglyphus*）前足体背面；C. 皱皮螨属（*Suidasia*）前足体背面；D. 根螨属（*Rhizoglyphus*）足Ⅰ跗节；E. 嗜木螨属（*Caloglyphus*）足Ⅰ跗节；F. 狭螨属（*Thyreophagus*）足Ⅰ跗节；G. 食酪螨属（*Tyrophagus*）足Ⅰ、Ⅱ跗节背面；H. 食酪螨属足Ⅰ、Ⅱ跗节腹面；I. 嗜酪螨属（*Tyroborus*）足Ⅰ、Ⅱ跗节背面；J. 嗜酪螨属足Ⅰ、Ⅱ跗节腹面；K. 士维螨属（*Schwiebea*）足Ⅰ跗节；L. 向酪螨属（*Tyrolichus*）足Ⅰ跗节；M. 粉螨属（*Acarus*）足Ⅰ膝节；N. 粉螨属足Ⅰ股节（♂）；O. 向酪螨属成螨背面

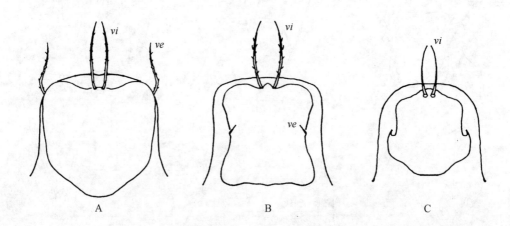

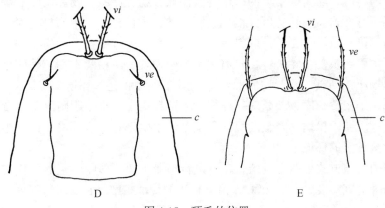

图4-15 顶毛的位置

A. 线嗜酪螨（*Tyroborus lini*）；B. 食菌嗜木螨（*Caloglyphus mycophagus*）；C. 食虫狭螨（*Thyreophagus entomophagus*）；
D. 菌食嗜菌螨（*Mycetoglyphus fungivorus*）；E. 腐食酪螨（*Tyrophagus putrescentiae*）

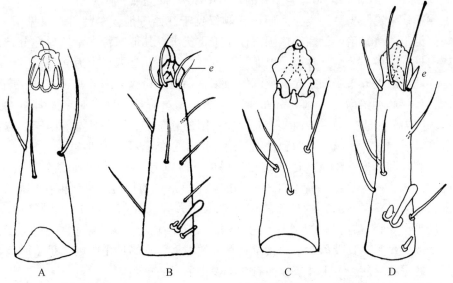

图4-16 尘食酪螨（*Tyrophagus perniciosus*）和线嗜酪螨（*Tyroborus lini*）足Ⅰ跗节

A. 尘食酪螨腹面；B. 尘食酪螨背面；C. 线嗜酪螨腹面；D. 线嗜酪螨背面

一、粉螨属（*Acarus* Linnaeus，1758）

粉螨属目前记载的常见种包括：粗脚粉螨（*Acarus siro*）、小粗脚粉螨（*Acarus farris*）、薄粉螨（*Acarus gracilis*）、静粉螨（*Acarus immobilis*）、庐山粉螨（*Acarus lushanensis*）、奉贤粉螨（*Acarus fengxinensis*）、波密粉螨（*Acarus bomiensis*）和丽粉螨（*Acarus mirabilis*），其中粗脚粉螨是世界性的最重要的储藏物螨类，孳生物种类繁多，常见的如面粉、小麦、饲料及中药材等。薄粉螨的孳生物有陈粮残屑、蘑菇培养料、动物饲料、储藏干果和中药材等。奉贤粉螨常见的孳生物有谷物、动物饲料等。波密粉螨常见的孳生物有谷物、动物饲料、储藏中药材等。丽粉螨常见的孳生物有储藏谷物、储藏食物和调味品等。粗脚粉螨常见的孳生场所有面粉厂、轧花厂、粮食仓库、动物饲料仓库、中药材仓库、草堆和蜂箱等。小粗脚粉螨可在草堆、麦子、饲料、干酪及鸟窝、鸡舍中发现。静粉螨主要发生于碎草和鸟巢中，也可在粮食仓库、谷物碎屑和干酪中发现。薄粉螨常在野外孳生繁衍，可见于蝙蝠的栖息场所、鸟巢、和鼠类的旧窝等，但在房舍和仓库环境中也能采集到薄粉螨。庐山粉螨常孳生于粮食仓库、蘑菇房等环境。奉贤粉螨常孳生于阴暗潮湿的场所，如粮食仓库、养殖场等。波密粉螨喜隐蔽潮湿的环境，常孳生于仓库、草堆、树洞等场所。丽粉螨喜孳生于隐蔽潮湿的环境中。

粗脚粉螨的繁殖方式为两性生殖，也可进行孤雌生殖，孤雌生殖的后代均为雄性。该螨生长发育的最适宜温度为 25~28℃。粗脚粉螨的传播扩散除自身爬行以外，还可借助各种动物，如黄粉虫、谷蛾、米象、谷象、家蝇、跳蚤、啮齿动物、麻雀、鸽子、家禽、马、牛等携带传播；通过工作人员的衣物、仓库的防雨布、铲、刷、运输工具等的迁移而扩散；随种子、加工食品的运输而播散；也可附载在尘土中，通过气流传播。小粗脚粉螨一般在温度25℃、相对湿度80%~90%的环境中3~4周完成一代繁殖。

在上述粉螨中，除少数种类，如庐山粉螨仅见于江西等地，奉贤粉螨仅见于上海市，波密粉螨仅见于西藏自治区，丽粉螨国内仅见于重庆市；其他螨种多呈世界性分布，如粗脚粉螨国内见于安徽、北京、甘肃、黑龙江、吉林、江苏、江西、上海、四川、台湾、西藏和云南等地，国外分布于加拿大、英国等国家；小粗脚粉螨国内分布于安徽、广东、河南、江西、辽宁和西藏等地，国外分布于波兰、德国、荷兰、肯尼亚、美国和英国等国家；静粉螨国内分布于安徽、江西和上海等地，国外分布于美国和日本等国家；薄粉螨国内分布于安徽、福建、河南、江西和台湾等地，国外分布于阿根廷和英国等。

特征：躯体椭圆形、淡色，足及螯肢带褐色。顶内毛（vi）较长而顶外毛（ve）短，ve 的长度不及 vi 的一半，第一背毛（d_1）和前侧毛（la）均较短。螯肢粗壮，有假气门1对。足Ⅰ膝节第一感棒（σ_1）的长度较第二感棒（σ_2）长5倍。足Ⅰ、Ⅱ胫节有一长鞭状刚毛，足Ⅲ、Ⅳ胫节有较短的刚毛。跗节的腹面末端均有一大刺，两侧有的还有1~2对小刺。雄螨足Ⅳ跗节具吸盘2个，其位置是分类根据。雄螨足Ⅰ粗大，足Ⅰ股节有一个由表皮形成的锯状突起，足Ⅰ膝节腹面有2个表皮形成的小刺。

粉螨属（Acarus）成螨分种检索表

1. 足Ⅰ膝节感棒 σ_1 比 σ_2 长 3 倍，躯体背面无不固定的皱纹 ················ 2
   足Ⅰ膝节感棒 σ_1 比 σ_2 长 5 倍以上，躯体背面有皱纹 5~7 条···············
   ························· 庐山粉螨（Acarus lushanensis）
2. 第二背毛（d_2）不超过第一背毛（d_1）的 2 倍 ·················· 3
   d_2 为 d_1 的 4~5 倍 ·················· 薄粉螨（Acarus gracilis）
3. 后半体刚毛肩内毛（hi）、前侧毛（la）、后侧毛（lp）和背毛 d_1~d_4 均短，特别是 d_2 或 d_3 的长度不超过该毛基部至紧邻该毛后方的刚毛基部之间的距离 ··············粗脚粉螨复合体（Acarus siro complex） ·················· 4

后半体刚毛 hi、la、lp 和背毛较长，一般而言，在一定种群的大多数个体中，d_2 或 d_3 要比该毛基部至紧邻该毛后方的刚毛基部之间的距离长 ······················· 长刚毛种群

4. 足 I、II 跗节上的腹端刺 s 大（雄螨足 I 跗节不具此特征），约与跗节爪等长，腹后缘凹入，顶端向后。足 II 跗节第一感棒（ω_1）侧面观为横斜状，顶端膨大的前方有一明显的"鹅颈" ························· 粗脚粉螨（Acarus siro）

足 I、II 跗节上的腹端刺 s 小，长度约为跗节爪的一半。腹后缘突出，顶端向前。ω_1 呈 45°，顶端膨大的前方无明显的"鹅颈" ······································ 5

5. ω_1 两边从基部开始逐渐变粗，在膨大为圆头之前变狭，从而形成明显的"颈"。圆头最阔部分与杆的最阔部分相等 ························· 小粗脚粉螨（Acarus farris）

ω_1 的两边几乎平行，末端扩大为一个明显的卵状头，头的最阔部分比杆的最阔部分宽 ··· 静粉螨（Acarus immobilis）

粉螨属（Acarus）休眠体检索表

1. 在背—腹面封片的标本中，足 I、II 的端部 3 节或更多节超出体躯边缘。颚体有 1 对长的鞭状端毛。吸盘板有 8 个明显的吸盘（活动休眠体型）······················· 2

足短，在背—腹封装的标本中，仅能看到足 I、II 跗节。颚体痕迹状，无鞭状端毛。吸盘板仅有 1 对很发达的吸盘（不活动休眠体型）······················· 3

2. 后半体第一背毛（d_1）、第二背毛（d_2）、侧毛 l_3 和 l_1 几乎与胛毛（sci 和 sce）等长，胛内毛（sci）长度约为 d_1 的 1.2 倍，为侧毛 l_1 的 1.5 倍。d_1 和侧毛 l_1 长度约为第四背毛（d_4）长的 3 倍，生殖毛基部和在它两侧的 1 对基节吸盘几乎在同一横线上，吸盘基部和刚毛基部之间的距离比刚毛之间的距离短 ························· 粗脚粉螨（Acarus siro）

后半体刚毛明显比胛毛短，sci 的长度约为 d_1 长的 2 倍，为侧毛 l_1 长的 3 倍。d_1 和侧毛 l_1 约和 d_4 等长，生殖毛基部正好位于基节吸盘之前。吸盘基部和刚毛基部之间的距离约和刚毛基部之间的距离相等 ························· 小粗脚粉螨（Acarus farris）

3. 在吸盘板上，1 对中央吸盘为痕迹状，前面 1 对周缘吸盘比较发达，足 III、IV 跗节上所有刚毛长度均比跗节短，刺状。第一感棒（ω_1）长，至少为跗节的 2 倍 ·················· 静粉螨（Acarus immobilis）

1 对中央吸盘很发达，周缘各对吸盘痕迹状。足 III、IV 跗节上所有刚毛均比跗节长，叶状或有栉齿，ω_1 至少比跗节短 3 倍 ······················· 薄粉螨（Acarus gracilis）

粗脚粉螨（*Acarus siro* Linnaeus，1758）

同种异名：*Acarus siro var farinae* Linnaeus，1758；*Tyrophagus farinae* De Geer，1778；*Aleurobius farinae var africana* Oudemans，1906。

雄螨躯体长 320～460μm，一般无色、略透明，后缘圆滑。雌螨躯体长 350～650μm，形状与雄螨相似。休眠体躯体长约 230μm，淡红色，背面拱凸并有小刻点，而腹面呈凹形，此种背拱腹凹的形态有利于其活动及吸附在物体上（图 4-17）。

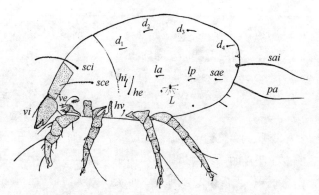

图 4-17　粗脚粉螨（*Acarus siro*）（♀）侧面

　　雄螨：颚体和足的颜色因食物和发育期的不同呈淡黄色到红棕色不等。螯肢有明显的齿，定趾基部有上颚刺，其后方为锥状（图 4-18）。躯体上的刚毛细，稍有栉齿，顶内毛（*vi*）和胛毛（*sc*）的栉齿较明显。前足体背板宽，向后延伸到胛毛，顶内毛（*vi*）延伸到螯肢顶端，顶外毛（*ve*）很短，不及 *vi* 的 1/4；*sc* 约为躯体长的 1/4，排成横列；胛内毛（*sci*）比胛外毛（*sce*）稍短；基节上毛（*scx*）基部膨大，有粗栉齿（图 4-19）。格氏器（*G*）为无色表皮皱褶，端部延伸为丝状物（图 4-20）。骶外毛（*sae*）和第三对肛后毛（pa_3）较短；骶内毛（*sai*）和第二对肛后毛（pa_2）为长刚毛（图 4-21）。腹面，足 I 的表皮内突（*Ap*）在中间愈合成胸板（*St*），而足 II、III 和 IV 表皮内突分离。肛门后缘有 1 对肛吸盘，肛吸盘前方有 1 对肛前毛（*pra*）（图 4-22）。所有足的末端有发达的前跗节和梗节状的爪。足 I 的膝节和股节增大，从而使第一对足变粗，故有粗脚粉螨之称。股节腹面有一刺状突起，突起上有股节毛（*vF*）；足 I 膝节腹面有 2 对由表皮形成的小钝刺。足 I、II 跗节的第一感棒（ω_1）斜生，形成的角度一般小于 45°，ω_1 在基部最粗，然后逐渐变细，直到顶端膨大处。芥毛（ε）着生在 ω_1 之前的一个小突起上。跗节顶端的刺 *u* 和 *v* 愈合成一大刺（图 4-23），足 III、IV 跗节上的腹端刺（*s*）增大，侧面观 *s* 的最长边与跗节等长。足 I

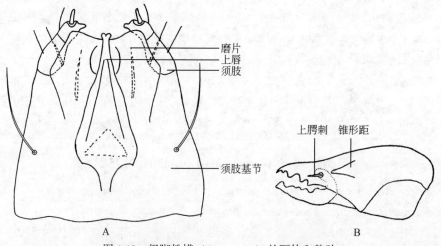

图 4-18　粗脚粉螨（*Acarus siro*）的颚体和螯肢

A. 颚体背面（去螯肢）（改编自 Hughes）　　B. 螯肢内面

膝节上的感棒 σ_1 是感棒 σ_2 长度的 3 倍以上。足Ⅳ跗节的 1 对交配吸盘靠近该节的基部，吸盘直径与间距相等（图4-24）。生殖孔位于足Ⅳ基节之间，支持阳茎（P）的侧支在后面分叉，阳茎为"弓"形管状物，末端钝。

雌螨：在交配囊着生处的躯体后缘略凹，躯体背面刚毛的栉齿较雄螨的常更少。肛门周围有肛毛 5 对，a_1、a_4 和 a_5 较短，a_2 的长度是它们的 2 倍，a_3 最长，长度是它们的 4 倍；肛后毛 pa_1 和 pa_2 较长，超出躯体后缘很多。足 Ⅰ 不比其他足粗大，股节无锥状突起；足 Ⅰ 跗节的端刺 u 和 v 是分开的，且比腹端刺（s）小；所有足的 s 都较大，且向后弯曲（图4-25）。生殖孔位于足Ⅲ和足Ⅳ基节之间，交配囊开口于易膨胀的狭长管，与骨化的球状构造相通，并与受精囊相连，受精囊有 2 个开口与输卵管相连。

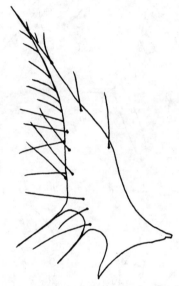

图 4-19　粗脚粉螨（*Acarus siro*）的基节上毛

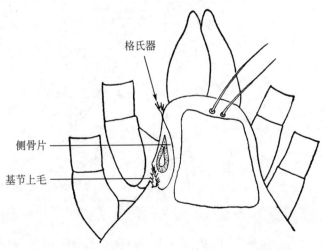

图 4-20　粗脚粉螨（*Acarus siro*）的足 Ⅰ 基部侧面

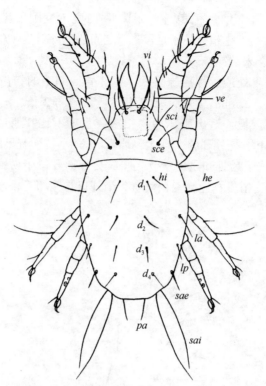

图 4-21　粗脚粉螨（*Acarus siro*）（♂）背面

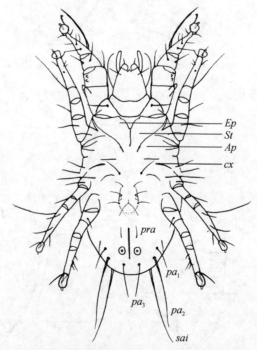

图 4-22　粗脚粉螨（*Acarus siro*）（♂）腹面

Ep：基节内突；*St*：胸板；*Ap*：表皮内突；*cx*：基节毛；*pra*：肛前毛；*pa₁~pa₃* 肛后毛；*sai*：骶内毛

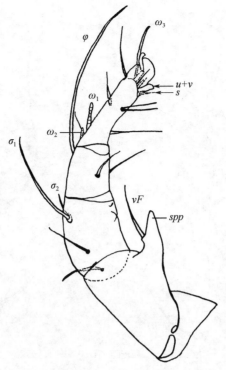

图 4-23 粗脚粉螨（*Acarus siro*）右足 I 内面（♂）

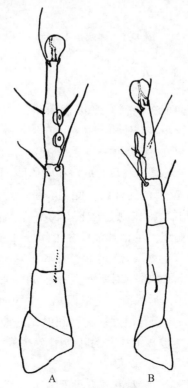

图 4-24 足 IV 侧面

A. 粗脚粉螨（*Acarus siro*）（♂）；B. 薄粉螨（*Acarus gracilis*）（♂）

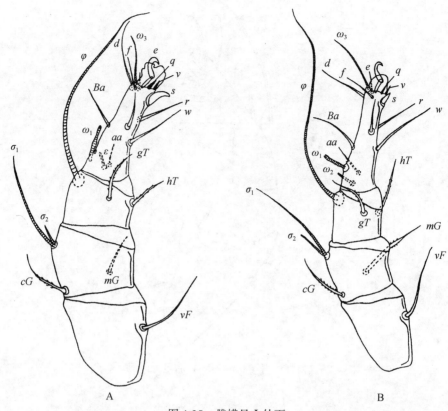

图 4-25　雌螨足 I 外面

A. 粗脚粉螨（*Acarus siro*）；B. 小粗脚粉螨（*Acarus farris*）

ω_1、ω_2、ω_3、φ: 感棒；Ba, d, e, f, m, r, w, q, v, s, ε, aa, gT, hT, cG, mG, vF: 刚毛

　　活动休眠体：前足体背板向前突出，几乎覆盖颚体，并与后半体分离。顶内毛（vi）多栉齿且明显，顶外毛（ve）较短。2 对胛毛（sc）在同一水平线上，胛内毛（sci）比胛外毛（sce）略长。第二背毛（d_2）位于第一背毛（d_1）之间，d_2、第三背毛（d_3）和第四背毛（d_4）在一条直线上；2 对肩毛（he、hi）在躯体两侧，与 d_1 和 d_2 位于同一水平线上。侧毛 3 对（l_1、l_2、l_3），l_1 位于 d_3 的外侧，侧毛 l_2 和 l_3 位于 l_1 和 d_4 间的体躯边缘处；d_2 和 d_3 与 sci、d_1 和侧毛 l_1 几乎等长，d_1 和侧毛 l_1 比 d_4 长 3 倍。腹面，足 II 基节表皮内突与胸板分离，和足 III 基节表皮内突相连，足 III 基节仅在中间处部分分离。足 IV 基节表皮内突不相连稍弯曲，其端部前方有基节毛（cx）。足 II、III 和 IV 基节的边缘明显加厚。生殖孔两侧的 1 对生殖毛（g）与吸盘板前方的一对吸盘几乎在同一直线上，吸盘基部间的距离较刚毛的短。因吸盘板较小，与躯体后缘有一定的距离；中央吸盘周围有 3 对被透明区隔开的周缘吸盘（图 4-26）。所有的足均有很发达的爪和退化的前跗节。足 I 的感棒 ω_2、σ 及足 III 的 σ 均不发达，腹刺复合体被 2 个膨大的叶状刚毛（vse）替代（图 4-27）。足 I、II 跗节的第一感棒（ω_1）较细长，顶端膨大，第三感棒（ω_3）着生在背面中央；足 I、II 跗节的第二背端毛（e）顶端膨大呈吸盘状，足 III 跗节的 e 为叶状，足 IV 跗节的 e 为躯体长的一半；各足的正中端毛（f）均为叶状，薄而透明；除足 IV 的侧中毛（r）外，其余各

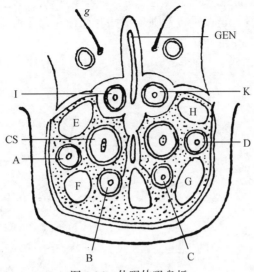

图 4-26　休眠体吸盘板

CS：中央吸盘；I，K：前吸盘；A～D：后吸盘；E～H：空白区域；GEN：生殖孔；g：生殖毛

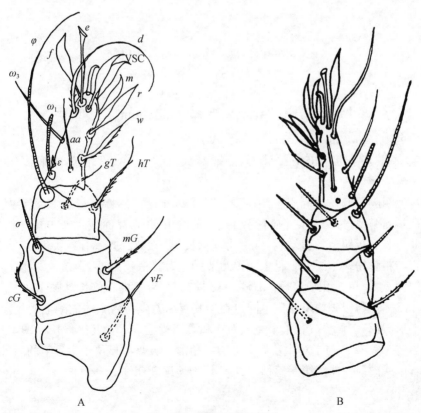

图 4-27　休眠体足 I 背面

A. 粗脚粉螨（*Acarus siro*）；B. 小粗脚粉螨（*Acarus farris*）

足的 r 均为叶状；足 I ~ III 跗节的正中毛（m）或呈长叶状，腹中毛（w）宽而扁平，栉齿粗密；足 III 跗节毛光滑，足 IV 跗节毛则扁平并有栉齿；足 I 胫节的背胫刺（φ）比足 I 跗节长，足 II 胫节的 φ 与足 II 跗节等长。

幼螨：似成螨（图4-28）。胛毛（sc）几乎等长，基节杆（CR）钝，向端部稍膨大，肛后毛不及躯体长的一半。

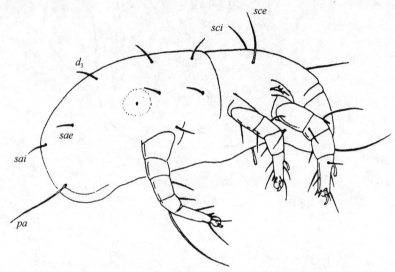

图4-28　粗脚粉螨（*Acarus siro*）幼螨侧面

sce, *sci*, d_3, *sae*, *sai*, *pa*：躯体刚毛

小粗脚粉螨（*Acarus farris* Oudemans，1905）

同种异名：*Aleurobius farris* Oudemans，1905

雄螨躯体平均长度 365μm。雌螨较雄螨大（图4-29）。活动休眠体躯体平均长度 240μm。

雄螨：似粗脚粉螨。不同点：侧面观，足 I、II 第一感棒（ω_1）的直径从基部向上稍膨大，在端部膨大为圆头之前略变细，其前缘和跗节背面成角近 90°（粗脚粉螨约 45°）。足 II、III 和 IV 跗节的腹端刺（s）为其爪长的 1/2~2/3，s 顶端尖细。

雌螨：与粗脚粉螨不同处：足 I ~ IV 跗节的 s 为其爪长的 1/2~2/3，s 顶端尖细（图4-30）；肛毛 a_1、a_4 和 a_5 几乎等长，a_2 较 a_1 长 1/3，a_3 为 a_1 的 2 倍长（图4-29）。

活动休眠体：与粗脚粉螨相比不同点在于其背面着生在后半体的刚毛明显短，很少膨大或呈扁平形，第一背毛（d_1）、侧毛（l_1）和第四背毛（d_4）几乎等长（图4-31）。腹面（图4-32），在吸盘基部与 1 对生殖毛呈等边三角形，吸盘明显位于生殖毛的后外方；表皮内突 IV 朝着中线向前弯曲。第一感棒（ω_1）均匀地逐渐变细。

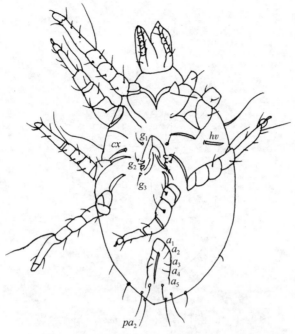

图 4-29　小粗脚粉螨（*Acarus farris*）（♀）腹面

hv，$g_1 \sim g_3$，cx，$a_1 \sim a_5$，pa_2：刚毛

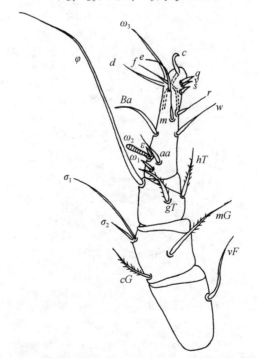

图 4-30　小粗脚粉螨（*Acarus farris*）（♀）足 I 背面

c：爪；$\omega_1 \sim \omega_3$：第一至第三感棒；d：第一背端毛；e：第二背端毛；f：正中端毛；s：腹端刺；q、v：内腹端刺；Ba：背中毛；w：腹中毛；m：正中毛；r：侧中毛；ε：芥毛；aa：亚基侧毛；gT、hT：胫节毛；σ_1：膝外毛；σ_2：膝内毛；mG、cG：膝节毛；vF：股节毛；φ：胫感毛

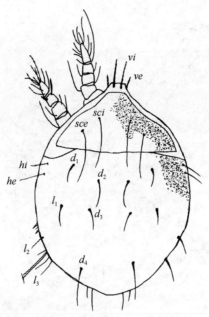

图 4-31　小粗脚粉螨（*Acarus farris*）休眠体背面
ve, *vi*, *sce*, *sci*, *hi*, *he*, $l_1 \sim l_3$, $d_1 \sim d_4$：躯体的刚毛

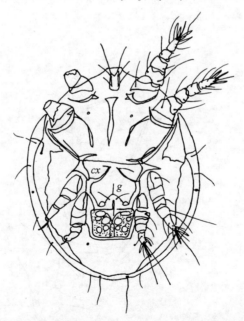

图 4-32　小粗脚粉螨（*Acarus farris*）休眠体腹面
cx：基节毛；*g*：生殖毛

静粉螨（*Acarus immobilis* Griffiths，1964）

成螨、第三若螨、第一若螨和幼螨的形态与小粗脚粉螨的相应各期非常相似，主要区别：成螨足Ⅰ跗节和足Ⅱ的第一感棒（ω_1）两边平行，顶端膨大为卵状末端。

　　不活动休眠体：躯体平均长度 210μm，卵圆形，白色，半透明（图 4-33）。颚体退化，为一对隆起取代。背面拱形有刻点而腹面凹形，前足体和后半体之间有横沟。背面毛序与小粗脚粉螨的活动休眠体相似，不同点：顶外毛（ve）及后半体后缘的 1 对刚毛缺如，所有刚毛较短，不易看出。后半体有 1 对孔隙，足IV基节水平在肩内毛（hi）之后有 1 对腺体。腹面（图 4-34），基节骨片与粗脚粉螨活动休眠体相似，足IV表皮内突直形。与粗脚粉螨和小粗脚粉螨的活动休眠体不同点：足上刚毛与感棒数目、长度减小（图 4-35），ω_1 超过足 I、II跗节长度的一半，ω_1 末端膨大呈卵形。足 I 的膝节感棒（σ）和胫节感棒（φ）均短钝，足 I 和足 II跗节腹刺复合体（s）、第二背端毛（e）、足 II跗节的正中端毛（f）、足III和足IV跗节 e 均缺如。

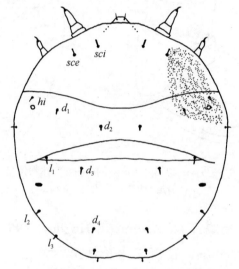

图 4-33　静粉螨（*Acarus immobilis*）休眠体背面

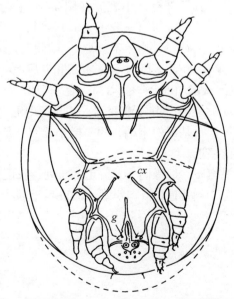

图 4-34　静粉螨（*Acarus immobilis*）休眠体腹面
cx：基节毛；g：生殖毛

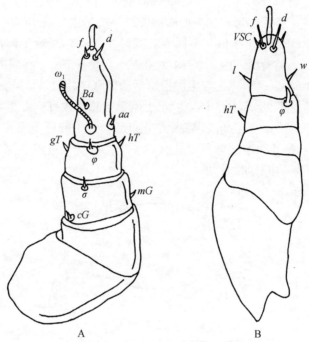

图 4-35　静粉螨（*Acarus immobilis*）休眠体足
A. 右足 I 背面，B. 右足Ⅳ背面

薄粉螨（*Acarus gracilis* Hughes，1957）

雄螨躯体长 280 ~ 360μm。雌螨躯体长 200 ~ 250μm。不活动休眠体躯体长 200 ~ 250μm。

雄螨：躯体表皮有皱纹，其后部有微小乳突（图 4-36）。与粗脚粉螨相似，不同点：躯体刚毛稍有栉齿，胛毛（sc）短，与第三背毛（d_3）等长，第一背毛（d_1）、第三背毛（d_3）、第四背毛（d_4）、肩内毛（hi）、肩外毛（he）、前侧毛（la）、后侧毛（lp）和骶外毛（sae）为短刚毛；第二背毛（d_2）、骶内毛（sai）和肛后毛（pa_1，pa_2）较长，d_2 为 d_1 长度的 4 倍以上，sai 为躯体长的 70%（图 4-37）。足 I 股节（图 4-38）上有 1 腹刺；足 I、Ⅱ跗节的第一感棒（ω_1）较长，并逐渐变细，ω_1 与背中毛（Ba）基部间的距离较 ω_1 短；芥毛（ε）较明显，位于 ω_1 基部的末端，为一微小丘突；足Ⅳ跗节（图 4-24B）的交配吸盘位于该节基部且彼此接近。

雌螨：前足体板较雄螨宽阔，后缘圆。背刚毛的排列、长度似雄螨，但 d_3 较长，较 d_1 长 2 倍以上（图 4-39）；肛门区刚毛似粗脚粉螨，但肛后毛 pa_2 较长，肛毛 a_3 的长度不及 a_1 或 a_2 长度的 2 倍。

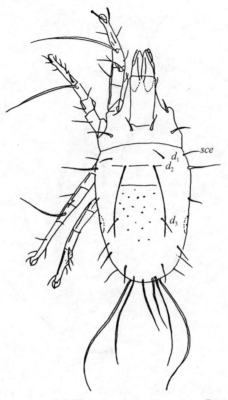

图 4-36　薄粉螨（*Acarus gracilis*）（♂）背面

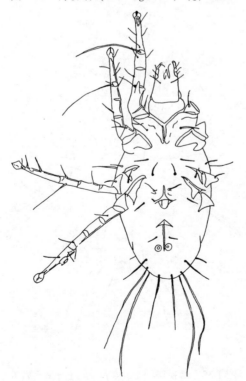

图 4-37　薄粉螨（*Acarus gracilis*）（♂）腹面

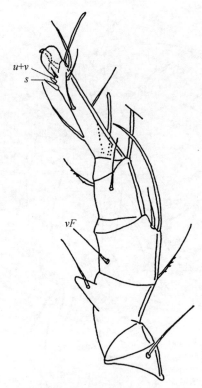

图 4-38　薄粉螨（*Acarus gracilis*）（♂）足 I 内面

vF，*s*，*u+v*：刚毛和刺

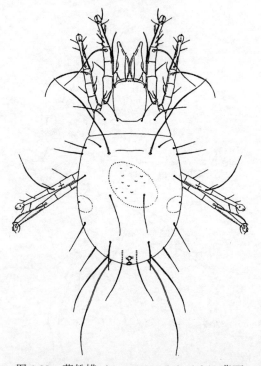

图 4-39　薄粉螨（*Acarus gracilis*）（♀）背面

　　不活动休眠体（图4-40）：似静粉螨的不活动休眠体。不同点：吸盘板的位置较靠后，中央吸盘发达，无发育不全的吸盘；基节骨片不够发达；躯体后缘1对刚毛较长，为足Ⅳ跗节、胫节的长度之和；足上有刚毛与感棒（图4-41），跗节的第一感棒（ω_1）比胫节感棒（φ）短，跗节刚毛常为叶状。

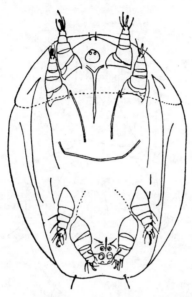

图4-40　薄粉螨（*Acarus gracilis*）休眠体腹面

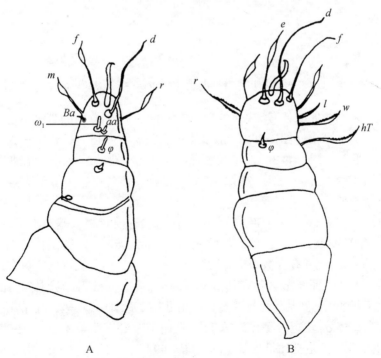

A　　　　　　　　　　　B

图4-41　薄粉螨（*Acarus gracilis*）休眠体足

A. 足Ⅰ背面；B. 足Ⅳ背面

ω_1, φ：感棒；*aa*, *Ba*, *d*, *e*, *f*, *m*, *l*, *r*, *w*, *hT*：刚毛

庐山粉螨（*Acarus lushanensis* Jiang，1992）

雄螨体长 391.4μm，体宽 226.6μm。雌螨体长 391.4 ~ 468.7μm，体宽 236.9 ~ 298.7μm，躯体背面有皱纹 5~7 条（图4-42）。

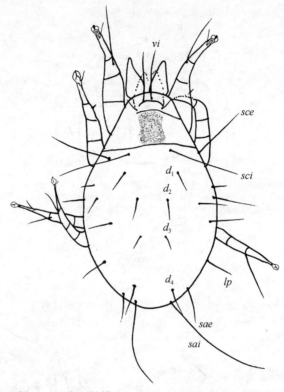

图 4-42　庐山粉螨（*Acarus lushanensis*）（♂）背面

　　雄螨：腹面末端两侧缘各有皱纹 4~5 条（图4-43），和背面的皱纹不连，不是同一纹路也不延伸到腹面。足 I（图4-44A）股节腹面有一锯状突起，其上有一刚毛 vF，跗节端部 s 较雌螨小。足 IV（图4-44B）跗节吸盘在中、基部，跗节毛 w、r 各在两吸盘的同一水平上。生殖孔有生殖毛（g）3 对（图4-45A）。肛门两侧各有一个肛门吸盘（图4-45B）。其余特征与雌螨相似。

　　雌螨：螯肢内侧面有上颚刺和锥形距。体背前端有前背板，基节上毛（scx）周缘有较多的小刺，有侧腹腺（L）1 对。背面光滑（图4-46），只有顶内毛（vi）、胛内毛（sci）、胛外毛（sce）端部有少数短毛。腹面（图4-47），足 I 表皮内突愈合成胸板，肩腹毛（hv）较小。足 I、III 基节区各有基节毛（cx）1 根。足 I 膝节感棒 σ_1 比 σ_2 长 5 倍以上，跗节芥毛 ε 极小，s 粗大，约与爪等长。足 II 膝节感棒 σ_1 较短，跗节第一感棒（ω_1）较长。足 III 膝节感棒 σ_1 较短。足 IV 跗节毛 w 在跗节中部，跗节毛（r）在跗节的近端部（图4-48）。生殖孔位于足 III 和足 IV 基节间（图4-49A），生殖毛（g）3 对，肛毛 5 对（图4-49B），受精囊开口于肛门后。

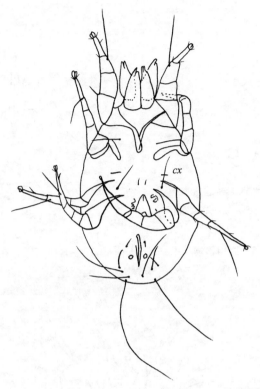

图 4-43　庐山粉螨（*Acarus lushanensis*）（♂）腹面

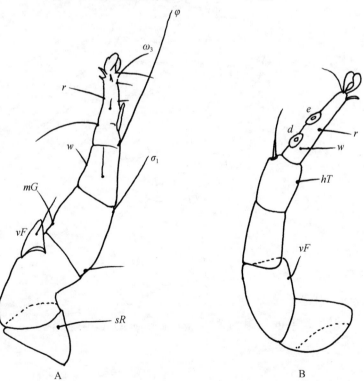

图 4-44　庐山粉螨（*Acarus lushanensis*）（♂）足

A. 右足 I；B. 右足 IV

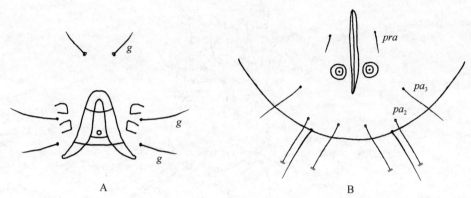

图 4-45　庐山粉螨（*Acarus lushanensis*）（♂）生殖区和肛门区

A. 生殖区；B. 肛门区

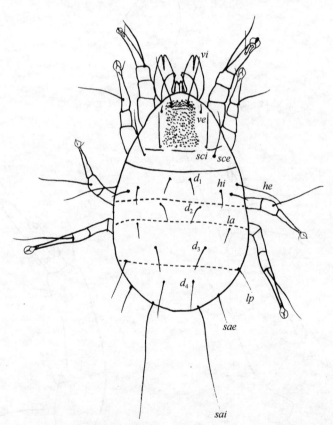

图 4-46　庐山粉螨（*Acarus lushanensis*）（♀）背面

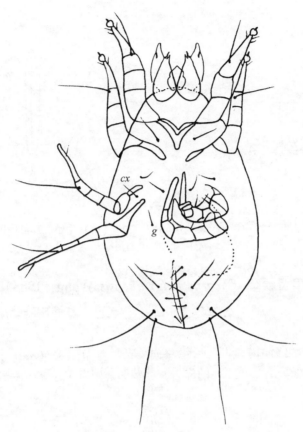

图 4-47　庐山粉螨（*Acarus lushanensis*）（♀）腹面

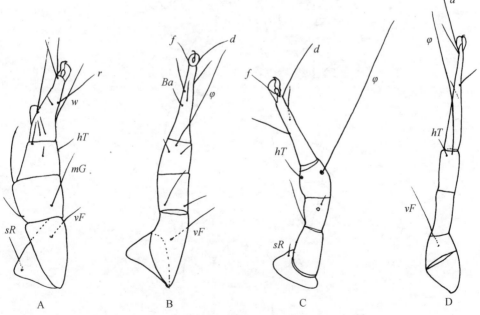

图 4-48　庐山粉螨（*Acarus lushanensis*）（♀）足
A. 右足Ⅰ；B. 左足Ⅱ；C. 左足Ⅲ；D. 左足Ⅳ

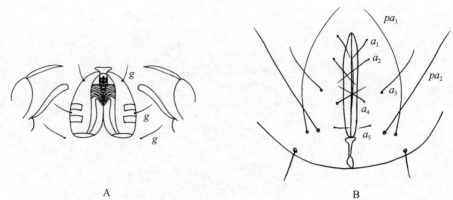

图 4-49　庐山粉螨（*Acarus lushanensis*）（♀）生殖区和肛门区
A. 生殖区；B. 肛门区

奉贤粉螨（*Acarus fengxianensis* Wang，1985）

雄螨躯体长 390～480μm，宽 225～310μm，体无色。雌螨比雄螨略大，躯体长 446～516μm，宽 270～290μm。

雄螨：前足体板侧缘向内微凹，后缘略向外凸，基节上毛（*scx*）长度为顶外毛（*ve*）的 2 倍，基部两侧 2/3 处有长短不一的栉齿，近基部处栉齿比远端栉齿稍长且粗（图 4-50）。

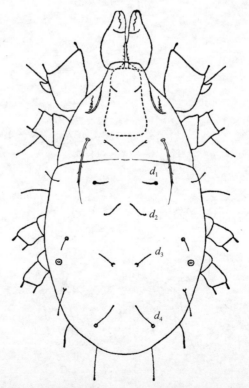

图 4-50　奉贤粉螨（*Acarus fengxianensis*）（♂）背面

顶内毛（vi）呈羽状，ve 微小，约为 vi 长的 1/4，位于 vi 稍后，胛内毛（sci）短而细，为躯体长的 6%～10%；胛外毛（sce）长约为 sci 长的 3 倍；后半体的 8 对刚毛均较短，第一背毛（d_1）和第二背毛（d_2）几乎等长，为躯体长的 4%～5%，第三背毛（d_3）、第四背毛（d_4）、前侧毛（la）、后侧毛（lp）、骶外毛（sae）、骶内毛（sai）长分别为躯体长的 5%～7%、7%～11%、4%～8%、7%～9%、6%～10%、9%～11%；躯体背部刚毛除 vi 羽状和 sce 端部 1/2 处有稀羽状外，其余刚毛均光滑。腹面，肛吸盘前有肛前毛（pra）1 对，肛吸盘后侧方有肛后毛 3 对（pa_1、pa_2、pa_3），其中以 pa_1 最短，pa_2 最长；肛孔与生殖孔非常接近，二者之间的距离约等于肛前毛长度（图 4-51）。4 对足的刚毛均光滑；足 I 比其他 3 对足明显粗大（图 4-52A）；足 I 膝节的 σ_1 比 σ_2 长 3 倍以上。足 I 跗节有 1 个大的腹刺，但比跗节略小，4 对足的跗节长度不等，与同足膝节相比，足 I 跗节短于膝节；足 II 跗节略长于膝节；足 III 跗节明显长于膝节；足 IV 跗节几乎与膝节等长，有 1 对较大的吸盘（图 4-52B），由于足 IV 跗节短，吸盘间靠得很近。生殖孔位于足 IV 基节之间，肛孔两侧有 1 对较大的肛吸盘。

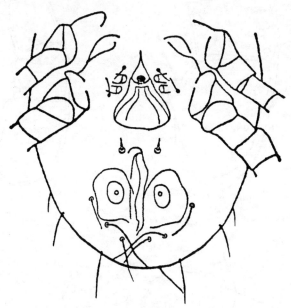

图 4-51 奉贤粉螨（*Acarus fengxianensis*）（♂）后半体腹面

雌螨：背面刚毛排列与雄螨相同。肛门孔两侧有 5 对肛毛（a_1～a_5），其中 a_3 和 a_2 较长，其余 3 对肛毛均很细小（图 4-53）。肛后毛（pa_1、pa_2）2 对，pa_2 为 pa_1 长的 2～2.9 倍。生殖孔位于足 III、IV 基节之间。

波密粉螨（*Acarus bomiensis* Wang，1982）

雄螨躯体长 329～369μm，宽 190～227μm。躯体卵圆形，半透明或乳白色，覆有刚毛状刚毛（图 4-54）。雌螨躯体长 369～426μm，宽 187～252μm。

雄螨：螯肢为躯体长度的 1/5 左右。基节上毛呈刚毛状。顶内毛（vi）明显，胛内毛（sci）短小，胛外毛（sce）长，sce 的长度是 sci 的 14～16 倍。背毛 4 对，各对背毛长度依次递增。第一背毛（d_1）和第二背毛（d_2）短小，第三背毛（d_3）和第四背毛（d_4）较长，分别为躯体长的34%和42%。前侧毛（la）短小，后侧毛（lp）较长。足 I 膝节 σ_1 是 σ_2 长的4~6倍；足 I 跗节第一感棒（ω_1）呈矛头状（图4-55）。足Ⅳ跗节长度超过其胫节的2倍（图4-55）。足Ⅳ跗节近基部1/2处着生一对交配吸盘；阳茎位于足Ⅳ基节之间（图4-56）。

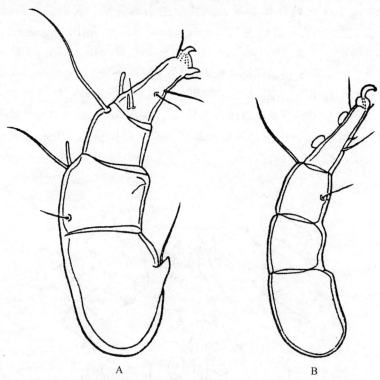

A　　　　　　　　B

图4-52　奉贤粉螨（*Acarus fengxianensis*）（♂）足 I 和足Ⅳ

A. 足 I；B. 足Ⅳ

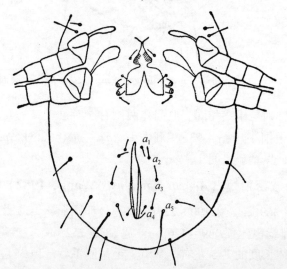

图4-53　奉贤粉螨（*Acarus fengxianensis*）（♀）后半体腹面

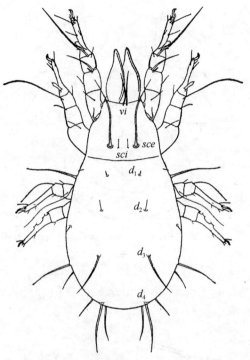

图 4-54 波密粉螨（*Acarus bomiensis*）（♂）背面

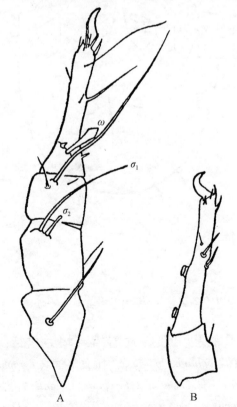

A   B

图 4-55 波密粉螨（*Acarus bomiensis*）（♂）足Ⅰ和足Ⅳ

A. 足Ⅰ；B. 足Ⅳ

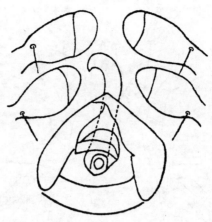

图 4-56　波密粉螨（*Acarus bomiensis*）（♂）阳茎

雌螨：形态与雄螨相似。生殖孔位于足Ⅲ、Ⅳ的基部之间（图 4-57）。

波密粉螨与丽粉螨（*Acarus mirabilis*）形态相似，但胛外毛（*sce*）长度超过胛内毛（*sci*）14～16 倍，d_3 比 d_1 和 d_2 长。

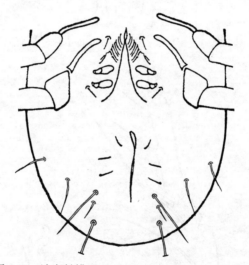

图 4-57　波密粉螨（*Acarus bomiensis*）（♀）生殖孔

（杜凤霞）

二、食酪螨属（*Tyrophagus* Oudemans，1924）

目前我国房舍与储藏物中记载的食酪螨属螨类包括：腐食酪螨（*Tyrophagus putrescentiae*）、长食酪螨（*Tyrophagus longior*）、阔食酪螨（*Tyrophagus palmarum*）、瓜食酪螨（*Tyrophagus neiswanderi*）、似食酪螨（*Tyrophagus similis*）、热带食酪螨（*Tyrophagus tropicus*）、尘食酪螨（*Tyrophagus perniciosus*）、短毛食酪螨（*Tyrophagus brevicrinatus*）、笋食酪螨（*Tyrophagus bambusae*）、垦丁食酪螨（*Tyrophagus kentinus*）、拟长食酪螨

（*Tyrophagus mimlongior*）、景德镇食酪螨（*Tyrophagus jingdezhenensis*）、赣江食酪螨（*Tyrophagus ganjiangensi*）、粉磨食酪螨（*Tyrophagus molitor*）、范张食酪螨（*Tyrophagus fanetzhangorum*）和普通食酪螨（*Tyrophagus communis*）等。

食酪螨属螨类大多数孳生于储藏粮食、食品及中药材中。腐食酪螨常大量发生于脂肪和蛋白质含量高的储藏食品中，如蛋粉、火腿、鱼干、干酪、坚果、花生等，也可在小麦、大麦等中发现。长食酪螨最常发生于储藏谷物、草堆中，在干酪、鱼干及养殖场中也常有发现。阔食酪螨能大量发生于谷物、面粉及草堆中，也可在土壤、干酪、蜂巢中被发现。似食酪螨常孳生于大米、面粉、稻谷和米糠等，也可在蒜头、菠菜、蘑菇、碎稻草、草地、旧草堆、绒鸭的巢、花蜂的洞和土壤中发现此螨，我国学者还发现此螨可孳生于败酱草、桑寄生、凤尾草、板蓝根等中药材上。热带食酪螨常孳生于核桃、山楂片、桔饼、芝麻糖、黄花、海石花、香菇干、黑木耳、棕榈仁和大米等，Roberston（1959）在烟草、棕榈仁的尘屑、椰仁干和大米上发现此螨。短毛食酪螨可孳生在椰仁干、蒜头中，也可在柴胡、丹皮、决明子、伸筋草、败酱草、茵陈、海决明、地鳖虫、菊花、蛇含草、百合等中药材中发现。瓜食酪螨常为害储藏的粮食、棉花、麻类、烟叶和中药材等，国内也有瓜食酪螨孳生于旋覆花（*Inula britannica*）等储藏中药材中的报道。尘食酪螨常栖息于储藏谷物、大米、面粉上层和碎屑、米糠中，在干酪、奶粉、小麦、燕麦、大麦及麸皮中也常发现。拟长食酪螨常孳生于马铃薯等植物的根茎上。景德镇食酪螨常孳生于茵陈等植物性中药材中。赣江食酪螨可孳生于酿造厂、酒厂的豆饼和高粱，也可孳生于混合饲料。食酪螨属螨类孳生场所多样，如储粮仓库、粮食加工厂、中药材库、酒厂、酿造厂、人及动物的房舍等。瓜食酪螨常孳生于仓库、草垛和鸡窝中。阔食酪螨是中温高湿性螨类，喜孳生于富含蛋白质的食物中，是储藏食品的重要害螨之一。瓜食酪螨最初由 Johnston 和 Bruce（1965）发现于美国俄亥俄州北部的温室黄瓜上，它们取食于作物的叶片，也孳生于夜蛾为害过的菊属植物插枝的生长点上，并且在这些瓜食酪螨的螨体肠道中还发现了真菌菌丝。尘食酪螨是粮食和食品仓库尘屑中常见的螨类，在粮仓久储面粉中为害严重。

食酪螨属螨类为中高湿性螨类，常孳生在阴暗潮湿的地方，多数种类的食性为植食性及腐食性等。腐食酪螨喜群居，并常与粗脚粉螨杂生在一起。Cunnington（1967）研究表明，腐食酪螨发育的最低温度为 7～10℃，最高温度为 35～37℃。温度29℃、相对湿度60%以下时，不适宜发育，行动减慢，食量减少，停止产卵，有的已经死亡。温度20℃、相对湿度40%～50%时，24小时即可死亡。温度−2℃、相对湿度90%以上时，可短期生存。但温度在−7℃时，经48小时会全部死亡。长食酪螨为两性生殖，雌雄交配后产卵，在适宜环境下，经4～5天孵化为白色幼螨，再经第一若螨、第三若螨期变为成螨，未发现休眠体。林文剑等（1992）对热带食酪螨的生活史及各发育阶段的形态特征进行研究，发现该螨的生活史依次经历卵、幼螨、第一若螨、第三若螨、成螨5个时期，未见休眠体，但在进入第一若螨、第三若螨及成螨前均有一短暂的静息期。热带食酪螨在30℃、相对湿度75%和80%条件下发育一代分别约需286小时和254小时。尘食酪螨为中湿性螨类，喜群居，相对湿度在70%以上，粮食水分15.5%时最适宜此螨孳生。温度对尘食酪螨也有较大的影响，0℃时多难以生存。在相对湿度80%、温度24～25℃条件下，该螨繁殖最快，由卵孵化为幼螨，再经第一若螨、第三若螨期发育为成螨需15～20天。

在上述介绍的11种食酪螨中，除景德镇食酪螨、赣江食酪螨主要分布在江西省外，腐食酪螨、阔食酪螨、长食酪螨、短毛食酪螨、尘食酪螨等多呈世界性分布。国内主要分布于安徽、北京、重庆、黑龙江、吉林、辽宁、福建、广东、广西、贵州、河北、河南、湖北、湖南、江苏、江西、山东、陕西、上海、四川、台湾、西藏、香港、云南和浙江等地。国外分布于爱尔兰、澳大利亚、巴布亚新几内亚、保加利亚、比利时、冰岛、波兰、德国、俄罗斯、韩国、荷兰、加纳、美国、尼日利亚、日本、新西兰和英国等。

　　食酪螨属特征：本属螨类躯体长椭圆形，淡色，体后刚毛较长，表皮光滑。顶内毛（vi）着生于前足体板前缘中央凹处，顶外毛（ve）着生于前足体板侧缘前角处，vi 与 ve 均呈栉状，位于同一水平上，ve 较膝节长。胛外毛（sce）较胛内毛（sci）短，前侧毛（la）约与第一背毛（d_1）等长，但较 d_3 和 d_4 短。螯肢较小，有桃形前背片，在足I基节处有 1 对假气门。足较细长，足I跗节背端毛（e）为针状，腹端刺 5 根，其中央 3 根加粗。足I膝节的膝外毛（σ_1）短于膝内毛（σ_2）。足I、II胫节刚毛较粉螨属短。雄螨足I不膨大，股节无矩状突起，足IV跗节有 2 个吸盘。体后缘有 5 对较长刚毛，即外后毛、内后毛各 1 对及肛后毛 3 对。

食酪螨属（*Tyrophagus*）成螨分种检索表

1. la 长约为 d_1 的 2 倍 ·· 热带食酪螨（*T. tropicus*）
   la 约与 d_1 等长 ··· 2
2. scx 镰状，稍有栉齿，lp 远短于 sai ···························· 短毛食酪螨（*T. brevicrinatus*）
   scx 栉齿状，lp 很长，与 sai 等长 ··· 3
3. d_2 短，最多为 la 的 2 倍 ··· 4
   d_2 常为 la 长的 2 倍以上 ··· 8
4. 在前足体板的前侧缘具有带色素的角膜，ω_1 与腐食酪螨的一样，可能更细 ··········· 5
   在前足体板的前侧缘没有带色素的角膜，scx 有短的栉齿 ·································· 6
5. scx 基部膨大，雌螨肛毛 a_5 短于 a_1、a_2、a_3，雄螨足IV跗节上 w、r 在端部吸盘同一水平上 ·· 瓜食酪螨（*T. neiswanderi*）
   scx 树枝状，雌螨肛毛 a_5 长于 a_1、a_2、a_3，雄螨足IV跗节上 w、r 在端部吸盘的后方 ······
   ··· 景德镇食酪螨（*T. jingdezhenensis*）
6. ω_1 细长，向顶端逐渐变细，末端尖圆或具有一个稍微膨大的头，阳茎细长，顶端尖细，稍弯曲 ··· 7
   ω_1 很粗，有一个明显膨大的头，阳茎短而粗，顶端截断状 ········· 似食酪螨（*T. similis*）
7. 雄螨足IV跗节上 1 对吸盘靠近该节基部，w、r 远离吸盘，scx 弯曲，具有大致等长的短侧刺，d_2 的长度为 d_1 和 la 长的 1～1.3 倍 ························· 长食酪螨（*T. longior*）
   雄螨足IV跗节上 1 对吸盘较均匀地分布于跗节上，w、r 在两吸盘间，scx 直，两侧具有 2～3 个较长的侧刺，d_2 的长度约为 d_1 和 la 长的 2 倍 ············· 拟长食酪螨（*T. mimlongior*）
8. scx 膨大，并有细长栉齿，阳茎的支架向外弯曲。阳茎 2 次弯曲，似茶壶嘴 ·········· 9
   阳茎的支架向内弯曲 ··· 10
9. d_2 的长度为 d_1 长的 2～2.5 倍 ······························· 腐食酪螨（*T. putrescentiae*）
   d_2 的长度为 d_1 长的 6～8 倍 ······························· 赣江食酪螨（*T. ganjiangensis*）

10. ω_1 细长，中部稍膨大，然后缩成一个小头，阳茎小 ·········· 阔食酪螨（*T. palmarum*）

ω_1 短而粗，两侧平行，而在顶端膨大成明显的头，阳茎长，截断状······················

······················ 尘食酪螨（*T. perniicios*）

腐食酪螨（*Tyrophagus putrescentiae* Schrank，1781）

同种异名：*Tyrophagus castellanii* Hirst，1912；*Tyrophagus noxius* Zachvatkin，1935；*Tyrophagus brauni* E. & F. Turk，1957。

螨体椭圆形，躯体较其他螨种细长，雄螨长 280～350μm，雌螨长 320～420μm，表皮光滑，跗肢的颜色因食物而异，如在面粉和大米中无色，而在干酪中有明显的颜色。刚毛长而不硬直（图 4-58，图 4-59）。

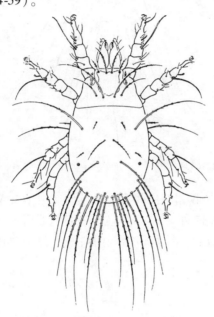

图 4-58　腐食酪螨（*Tyrophagus putrescentiae*）（♂）背面

雄螨：螯肢具齿，有一锯状突起和上颚刺。前足体板后缘几乎挺直，前侧缘有一对无色角膜。该板通常不清楚，向后伸展约达胛毛（*sc*）处，后缘几乎挺直。顶内毛（*vi*）延伸且超出螯肢顶端，与该螨的刚毛一样均有稀疏的栉齿；顶外毛（*ve*）长于足的膝节，位于 *vi* 稍后位置。*sc* 比前足体长，胛内毛（*sci*）比胛外毛（*sce*）长，两对胛毛几乎成一横列。基节上毛（*scx*）扁平且基部膨大，有侧突，膨大的基部向前延伸为细长的尖端（图 4-60A）。格氏器（图 4-60A）有 2 个分支，一枝为杆状，另一枝外形不规则。后半体背面，前侧毛（*la*）、肩腹毛（*hv*）和第一背毛（d_1）均为短毛，且几乎等长，约为躯体长度的 1/10；d_2 为 d_1 长度的 2～3.5 倍；肩内毛（*hi*）长于肩外毛（*he*），且与体侧缘成直角；其余刚毛均较长。该螨有较发达的前跗节，各足末端爪为柄状。足 I 跗节长度超过该足膝、胫节之和，其上的感棒 ω_1 顶端稍膨大并与芥毛（ε）接近，亚基侧毛（*aa*）着生于 ω_1 的前端位置；背毛（*d*）和 ω_3 长于第二背端毛（*e*），且明显超出爪的末端；*u*、*v* 及 *s* 等跗节腹端刺均为刺状，两侧为细长刚毛 *p*、*q*（图 4-60）。足 I 膝节的膝内毛（σ_2）稍短于

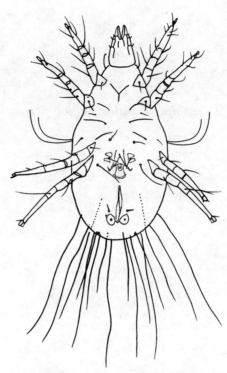

图 4-59　腐食酪螨（*Tyrophagus putrescentiae*）（♂）腹面

膝外毛（σ_1）（图 4-61A）。足Ⅳ跗节中间有 1 对吸盘（图 4-62A）。刚毛 r 接近基部，w 远离基部。支持阳茎的侧骨片向外弯曲，阳茎较短且弯曲呈"S"状（图 4-63A）。腹面（图 4-59），肛门吸盘呈圆盖状，且稍超出肛门后端，位于躯体末端的肛后毛 pa_1 较 pa_2、pa_3 短而细（图 4-64）。

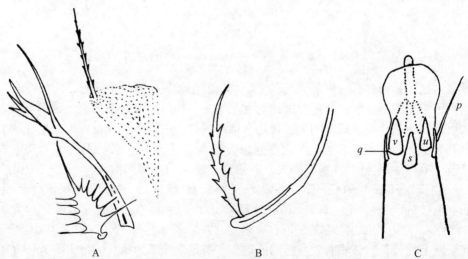

图 4-60　基节上毛和雄螨足Ⅰ跗节腹面

A. 腐食酪螨（*Tyrophagus putrescentiae*）基节上毛；B. 长食酪螨（*Tyrophagus longior*）基节上毛；
C. 腐食酪螨（♂）足Ⅰ跗节腹面（u、v、p、q、s：腹端刺）

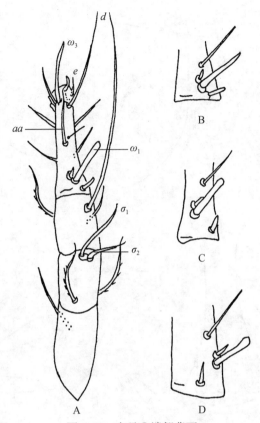

图 4-61 右足 I 端部背面

A. 腐食酪螨（*Tyrophagus putrescentiae*）；B. 长食酪螨（*Tyrophagus longior*）；

C. 阔食酪螨（*Tyrophagus palmarum*）；D. 似食酪螨（*Tyrophagus similis*）

ω_1，ω_3，σ_1，σ_2：感棒；*aa*，*d*，*e*：刚毛

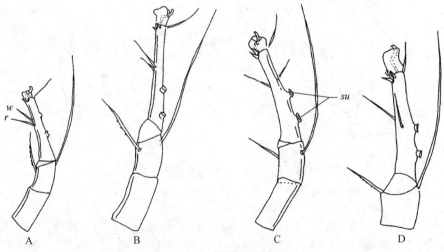

图 4-62 雄螨足 IV 侧面

A. 腐食酪螨（*Tyrophagus putrescentiae*）；B. 长食酪螨（*Tyrophagus longior*）；

C. 阔食酪螨（*Tyrophagus palmarum*）；D. 似食酪螨（*Tyrophagus similis*）

跗节毛：*r*，*w*

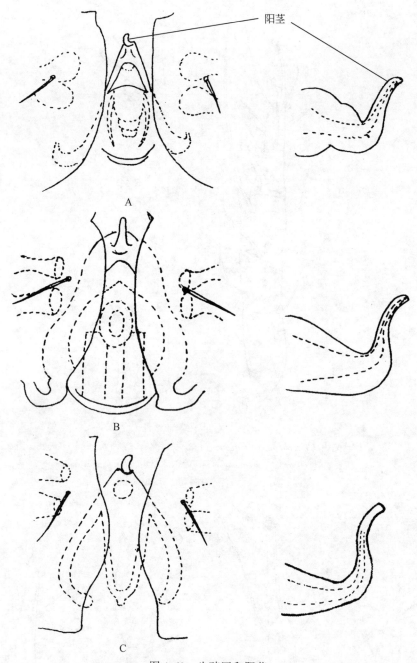

图 4-63　生殖区和阳茎

A. 腐食酪螨（*Tyrophagus putrescentiae*）；B. 长食酪螨（*Tyrophagus longior*）；C. 阔食酪螨（*Tyrophagus palmarum*）

　　雌螨：躯体形状和刚毛与雄螨相似（图 4-65）。不同点：肛门达躯体后端，周围有 5 对肛毛，其中 a_2 较 a_1 长，a_4 较 a_2 长（图 4-64B）；肛后毛 pa_1 和 pa_2 也较长。卵稍有刻点。

　　幼螨：胛内毛（*sci*）较胛外毛（*sce*）长，背毛 d_3 比 d_1 和 d_2 长，躯体后缘有 1 对长刚毛，有基节杆和基节毛（*cx*）。

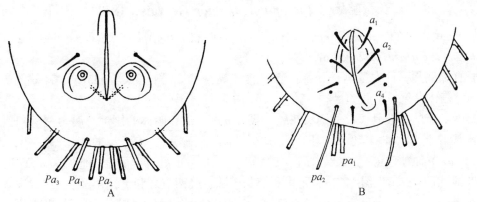

图 4-64　腐食酪螨（*Tyrophagus putrescentiae*）肛门区

A．♂；B．♀

a_1，a_2，a_4：刚毛；pa_1，pa_2，pa_3：肛后毛

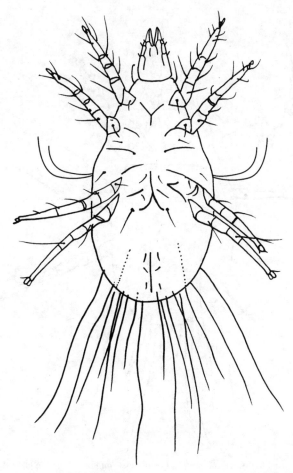

图 4-65　腐食酪螨（*Tyrophagus putrescentiae*）（♀）腹面

长食酪螨（*Tyrophagus longior* Gervais，1844）

同种异名：*Tyroglyphus longior* Gervais，1844；*Tyroglyphus infestans* Berlese，1844；*Tyrophagus tenuiclavus Zakhv*atkin，1941。

长食酪螨是一种大型螨类，躯体较腐食酪螨宽，雄螨长330～535μm，雌螨长530～670μm。螨体白色，螯肢和足颜色较深。

雄螨：有的螯肢具模糊的网状花纹（图4-66）。足和躯体的刚毛与腐食酪螨相似，不同点：基节上毛（*scx*）弯曲（图4-60B），基部不膨大，有等长的侧短刺，第二背毛（d_2）为d_1和前侧毛（*la*）长度的1～1.3倍。足Ⅰ、Ⅱ跗节上的第一感棒（ω_1）长且向顶端渐细（图4-61B，图4-67）；足Ⅳ跗节长于膝、胫两节之和（图4-68），靠近该节基部有1对跗节吸盘，其上刚毛*r*、*w*远离吸盘（图4-62B）。阳茎向前渐细呈茶壶嘴状，支持阳茎的侧骨片向内弯曲（图4-63B）。肛门吸盘位于肛门后两侧。

雌螨：除第二性征外，与雄螨基本无区别。

幼螨：与腐食酪螨幼螨相似。

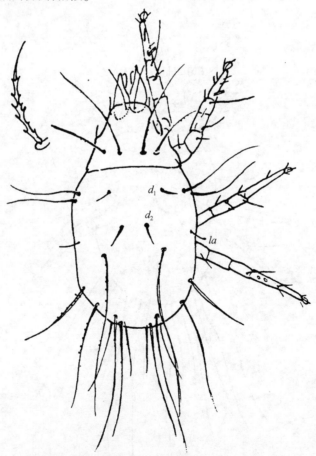

图4-66　长食酪螨（*Tyrophagus longior*）（♂）背面

d_1，d_2，*la*：背面躯体的刚毛

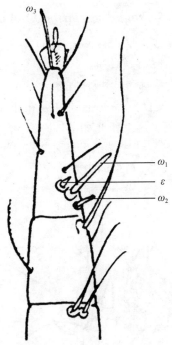

图 4-67　长食酪螨（*Tyrophagus longior*）足 I 背面

ω_1，ω_2，ω_3：感棒；ε：芥毛

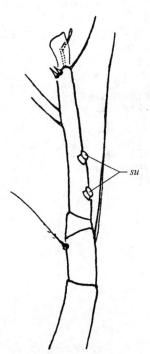

图 4-68　长食酪螨（*Tyrophagus longior*）（♂）足 IV 背面

su：吸盘

阔食酪螨（*Tyrophagus palmarum* Oudemans，1924）

同种异名：*Tyrophagus perniciosus* Zachvatkin，1941。

该螨形态与长食酪螨相似，雄螨体躯较雌螨短，雄螨体长 330 ~ 450μm，雌螨体长 350 ~ 550μm。在生境不利于其孳生时，该螨会形成休眠体。

雄螨：形态（图 4-69）与长食酪螨的不同之处在于第二背毛（d_2）长度为前侧毛（la）、第一背毛（d_1）的 3 ~ 4 倍。足 I 和 II 跗节的感棒 ω_1 为雪茄状（图 4-61C，图 4-70）。足 IV 跗节与膝、胫节之和几乎等长，一个端部吸盘居该节中间（图 4-62C）。外生殖器和阳茎与长食酪螨相似，阔食酪螨阳茎较短（图 4-63C）。

雌螨：除第二性征外，形态与雄螨十分相似。

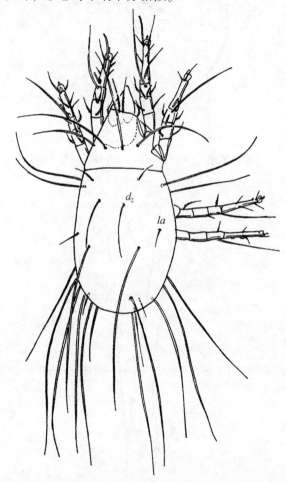

图 4-69　阔食酪螨（*Tyrophagus perniciosus*）（♂）背面
d_2，la：躯体的刚毛

似食酪螨（*Tyrophagus similis* Volgin，1949）

同种异名：*Tyrophagus oudemansi* Robertson，1959；*Tyrophagus dimidiatus*（Hermann，1804）。

该螨形态与长食酪螨相似。雄螨躯体长约 500μm，雌螨躯体长约 600μm。螯肢和足的颜色较深。第一感棒（ω_1）很粗，端部膨大。阳茎短且粗，末端截断状。

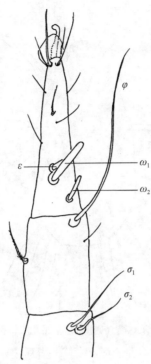

图 4-70　阔食酪螨（*Tyrophagus perniciosus*）右足 I 端部背面
ω_1，ω_2，σ_1，σ_2，φ：感棒；ε：芥毛

雄螨：与长食酪螨不同之处在于第一背毛（d_1）、第二背毛（d_2）和前侧毛（la）均短且等长。足 I 、II 跗节的 ω_1 挺直，端部膨大（图 4-61D）；足 IV 跗节的远端吸盘位于跗节毛 r 和 w 同一水平（图 4-62D），这与长食酪螨足 IV 跗节的远端吸盘靠近该节的基部明显不同。阳茎不尖细，末端截断状。

雌螨：一般构造似雄螨（图 4-71）。

热带食酪螨（*Tyrophagus tropicus* Roberston，1959）

雄螨几乎为梨形，躯体长约 430μm（图 4-72），雌螨几乎成五角形。淡红色到棕色，无肩状突起。表皮光滑，有些表皮可有微小乳突覆盖。螨体背面刚毛均为双栉状且插入体躯很深。

雄螨：似腐食酪螨，不同点为前侧毛（la）较长，为背毛 d_1 长度的 2 倍。基节上毛（scx）基部宽，顶端尖细（图 4-73C）。足 I 、II 跗节的感棒 ω_1 顶端稍膨大。阳茎短而弯曲（图 4-74）。

雌螨：雌螨形态与雄螨很相似。

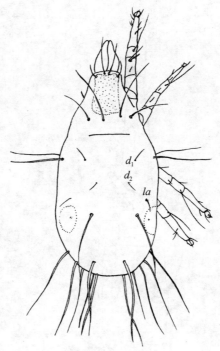

图 4-71　似食酪螨（*Tyrophagus similis*）（♀）背面

d_1, d_2, *la*：躯体的刚毛

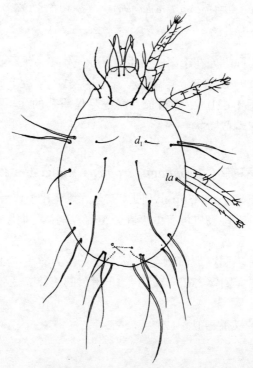

图 4-72　热带食酪螨（*Tyrophagus tropicus*）（♂）背面

d_1, *la*：躯体的刚毛

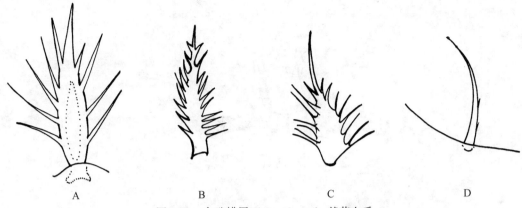

图 4-73　食酪螨属（*Tyrophagus*）基节上毛

A. 瓜食酪螨（*Tyrophagus neiswanderi*）；B. 尘食酪螨（*Tyrophagus perniciosus*）；

C. 热带食酪螨（*Tyrophagus tropicus*）；D. 短毛食酪螨（*Tyrophagus brevicrinatus*）

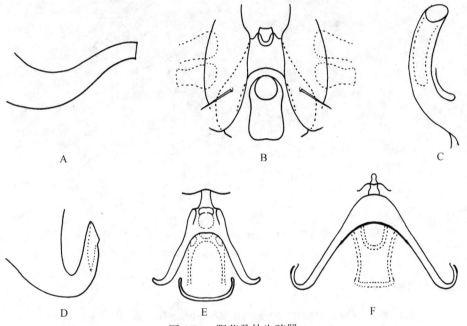

图 4-74　阳茎及外生殖器

A. 瓜食酪螨（*Tyrophagus neiswanderi*）阳茎；B. 尘食酪螨（*Tyrophagus perniciosus*）外生殖器；

C. 尘食酪螨阳茎；D. 似食酪螨（*Tyrophagus similis*）阳茎；E. 热带食酪螨（*Tyrophagus tropicus*）

外生殖器；F. 短毛食酪螨（*Tyrophagus brevicrinatus*）外生殖器

短毛食酪螨（*Tyrophagus brevicrinatus* Roberston，1959）

雄螨躯体长约 450μm。第一背毛（d_1）与前侧毛（la）约等长，基节上毛镰状，有栉齿（图 4-73B）。骶内毛（sai）远长于后侧毛（lp）。

雄螨：与腐食酪螨相似，不同点为肩毛、胛毛、d_3、d_4 和 lp 均较短；d_3、d_4 和 lp 约为 d_2 长的 2 倍。基节上毛短，几乎光滑。足 I、II 跗节的感棒 ω_1 在顶部稍膨大（图 4-75）。支持阳茎的臂向外弯曲，与腐食酪螨一样，阳茎呈"S"形。

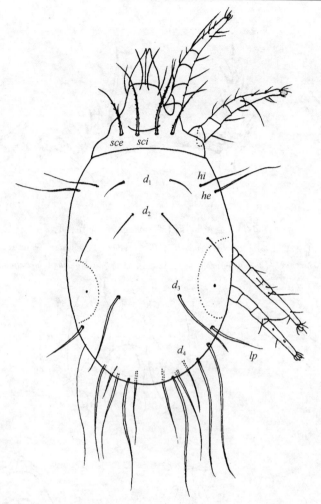

图 4-75　短毛食酪螨（*Tyrophagus brevicrinatus*）（♂）背面
sce, *sci*, *hi*, *he*, $d_1 \sim d_4$, *lp*：躯体的刚毛

雌螨：与雄螨相似。

瓜食酪螨（*Tyrophagus neiswanderi* Johnston & Bruce，1965）

雄螨躯体长约413μm。前侧毛（*la*）约与第一背毛（d_1）等长，第二背毛（d_2）长度不超过 *la* 长度的2倍。基节上毛栉齿状，基部膨大。在前足体板的前侧缘具有带色素的角膜（图 4-76）。

雄螨：基节上毛（*scx*）基部膨大，两侧各有约5个栉状物，该毛形态与腐食酪螨（*Tyrophagus putrescentiae*）的 *scx* 相似。*la* 略短于背毛 d_1，d_2 为 *la* 长度的 1.4～1.7 倍。足 I 跗节的第一感棒（ω_1）圆柱状，稍弯曲（图 4-77A）；芥毛（ε）粗短。足 IV 跗节长度小于胫节、膝节之和，远端的跗节吸盘与跗节毛 *r* 和 *w* 在同一水平，约在该节的中间位置（图 4-78A）。阳茎2次弯曲。

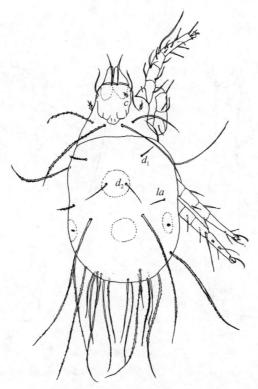

图 4-76 瓜食酪螨（*Tyrophagus neiswanderi*）（♂）背面

c：角膜；d_1，d_2，*la*：躯体的刚毛

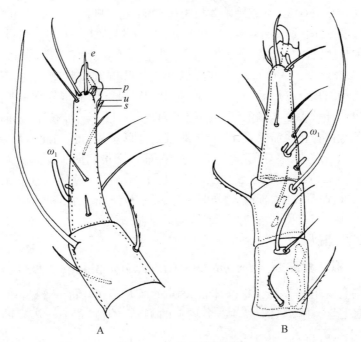

图 4-77 右足 I 端部跗节

A. 瓜食酪螨（*Tyrophagus neiswanderi*）；B. 尘食酪螨（*Tyrophagus perniciosus*）

e，*p*，*s*，*u*：刺和刚毛；ω_1：感棒

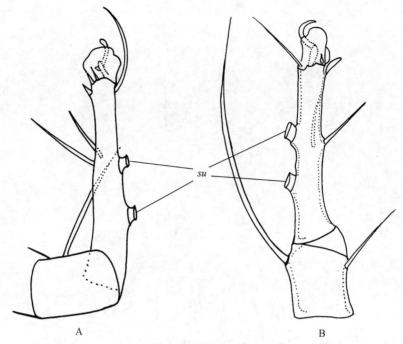

图 4-78　胫节和跗节

A. 瓜食酪螨（*Tyrophagus neiswanderi*）右足Ⅳ；B. 尘食酪螨（*Tyrophagus perniciosus*）左足Ⅳ

尘食酪螨（*Tyrophagus perniciosus* Zachvatkin，1941）

雄螨躯体长 450~500μm，雌螨躯体长 550~700μm。胛内毛（sci）、肩内毛（hi）、后侧毛（lp）的长度为体长的 1/5~1/3。背毛 d_3、d_4、骶内毛（sai）、骶外毛（sae）及肛后毛 pa_2、pa_3 的长度为体长的 2/3~3/5，第二背毛（d_2）比第一背毛（d_1）长 2.5~4.5 倍。基节上毛（scx）直，从顶端向基部逐渐膨大，两侧有梳状刺一列，每列 9~10 根，从基部到顶端逐渐缩短。肛后毛 pa_1 较 pa_3 靠近肛门吸盘。足Ⅰ跗节第一感棒（ω_1）粗短，顶端稍膨大，呈球杆状，亚基侧毛（aa）位于侧方，靠近 ε，Ba 位于 aa 前面。

雄螨：足和颚体骨化明显（图 4-79）。雌雄两性形态相似，与腐食酪螨相比较，螨体较阔。基节上毛（scx）向基部逐渐膨大，其侧面的梳状刺向顶端逐渐缩短。第二背毛（d_2）为第一背毛（d_1）长度的 2.5~4.5 倍。足Ⅰ跗节第一感棒（ω_1）较短，末端稍膨大（图 4-77B）。足Ⅳ跗节远端吸盘约与跗节毛 r、w 位于同一水平（图 4-78B）。支撑阳茎的侧骨片向内弯曲，阳茎长且弯曲成弓形，末端呈截断状。

雌螨：与雄螨相似。

拟长食酪螨（*Tyrophagus mimlongior* Jiang，1993）

该螨体乳白色，个体较小，雄螨体长 280μm，体宽 164μm，雌螨体长 350μm，体宽 211μm。基节上毛直，两侧具有 2~3 个较长的侧刺。第二背毛（d_2）的长度为前侧毛（la）和第一背毛（d_1）长的 2~2.3 倍。

雄螨：螯肢内侧面各有一上颚刺和锥形距（图 4-80）。背面（图 4-81）：体背前端有前背板，基节上毛（图 4-82A）两侧有较长的侧刺 2~3 个，有侧腹腺（L）1 对，顶内毛

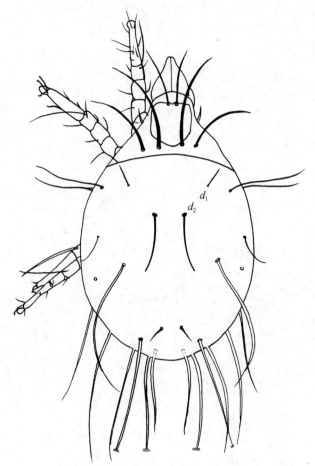

图 4-79　尘食酪螨（*Tyrophagus perniciosus*）（♀）背面

d_1，d_2：躯体的刚毛

（*vi*）较长，顶外毛（*ve*）较短，胛内毛（*sci*）长，胛外毛（*sce*）短，肩内毛（*hi*）长，肩外毛（*he*）短，背毛 d_1 和 d_2 较短，d_3 和 d_4 较长，前侧毛（*la*）短，后侧毛（*lp*）约为体长的一半，*sai*、*sae* 长度接近螨体长度。腹面（图 4-83），足Ⅰ表皮内突愈合成胸板，肩腹毛（*hv*）约与前侧毛（*la*）等长，足Ⅰ和足Ⅲ基节区各有基节毛（*cx*）1 根，足Ⅳ跗节上的

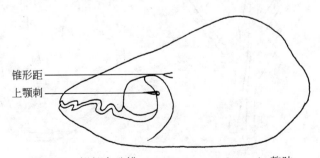

图 4-80　拟长食酪螨（*Tyrophagus mimlongior*）螯肢

1 对吸盘较均匀地分布于跗节上，r 和 w 在两吸盘间（图 4-84）。生殖孔（图 4-85A）位于足 IV 基节之间，生殖毛（g）3 对，肛门旁有肛毛 4 对，肛门吸盘 1 对，阳茎（图 4-82B）端部细而平截，中部较粗而均匀。

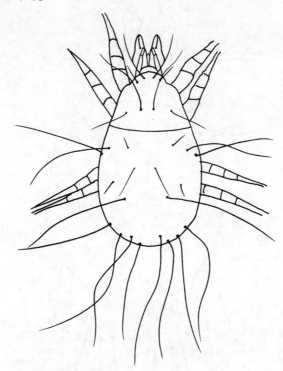

图 4-81　拟长食酪螨（*Tyrophagus mimlongior*）（♂）背面

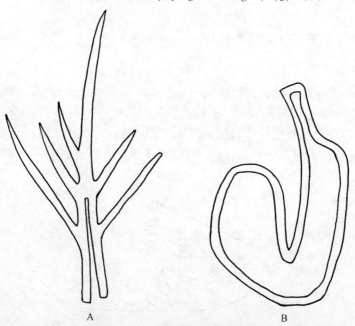

图 4-82　拟长食酪螨（*Tyrophagus mimlongior*）基节上毛及阳茎

A. 基节上毛；B. 阳茎

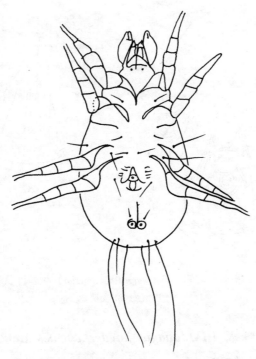

图 4-83　拟长食酪螨（*Tyrophagus mimlongior*）（♂）腹面

足 Ⅰ～Ⅳ上的刚毛和感棒数目见图 4-84。

雌螨：一般形态构造和雄螨相似，其不同点为外生殖区（图 4-85A）在足 Ⅱ、Ⅳ 基节间，肛毛 5 对。其受精囊见图 4-85B。

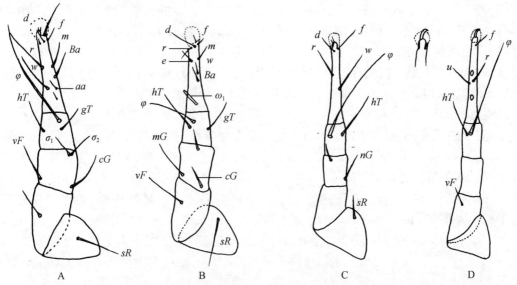

图 4-84　拟长食酪螨（*Tyrophagus mimlongior*）左足

A. 左足 Ⅰ；B. 左足 Ⅱ；C. 左足 Ⅲ；D. 左足 Ⅳ

e，u；vF，sR，mG，cG，hT，gT，Ba，aa，m，σ_1，σ_2，r，w，e：刺和刚毛；

ω_1，φ：感棒

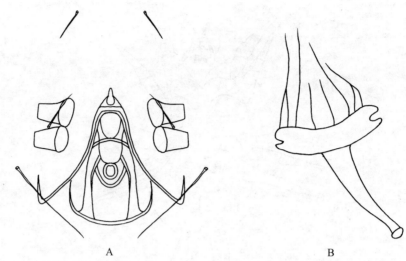

A　　　　　　　　　　　　　　B

图 4-85　拟长食酪螨（Tyrophagus mimlongior）生殖区及受精囊

A. 生殖区；B. 受精囊

景德镇食酪螨（<i>Tyrophagus jingdezhenensis</i> Jiang，1993）

该螨体乳白色，雄螨长 605μm，宽 381μm；雌螨体长 464μm，宽 288μm。基节上毛树枝状，两边有缘毛各 5 根；雌螨肛毛 a_5 65μm，较 a_1、a_2、a_3 均长；雄螨足Ⅳ跗节上侧中毛（r）和腹中毛（w）在端部吸盘的后方。

雄螨：体躯背面上的刚毛具细刺。背面（图 4-86），顶内毛（vi）长度约为螨体长度的 1/6，顶外毛（ve）长度约为 vi 的一半，胛内毛（sci）、肩内毛（hi）长，约为螨体长度的 1/3，胛外毛（sce）、肩外毛（he）长度分别为 sci、hi 的一半。背毛 d_1、d_2、前侧毛（la）短，后侧毛（lp）较长，d_3、d_4、骶内毛（sai）、骶外毛（sae）很长，约为螨体长度的 1/2，两侧有侧腹腺（L）各 1 个。基节上毛（scx）较长，树枝状，两边各有缘毛 5 根（图 4-87）。螯肢，内侧有上颚刺和锥形距各 1 个，动趾有齿 3 个，定趾有齿 8 个（在臼面的两侧）。腹面，足Ⅰ、Ⅲ基节各有基节毛（cx）1 根，肩腹毛（hv）短。足Ⅰ～Ⅳ上的刚毛、感棒的数目和毛序如下（图 4-88）：足Ⅰ基节、转节、股节分别有 cx、sR、vF 1 根，足Ⅰ膝节有 mG、cG、σ_1、σ_2 各 1 根，足Ⅰ胫节有 gT、hT、φ 各 1 根，足Ⅰ跗节有 ω_1、ω_2、ω_3、aa、Ba、m、r、w、f、e、d、s、p、q、v、u、ε 各 1 根；足Ⅱ转节、股节分别有 sR、vF 1 根，足Ⅱ膝节有 mG、cG、σ_1 各 1 根，足Ⅱ胫节有 gT、hT、φ 各 1 根，足Ⅱ跗节有 ω_1、Ba、m、r、w、f、e、d、s、p、q、v、u 各 1 根；足Ⅲ基节、转节分别有 cx、sR 1 根，足Ⅲ膝节有 nG、σ_1 各 1 根，足Ⅲ胫节有 hT、φ 各 1 根，足Ⅲ跗节有 r、w、f、e、d、s、p、q、v、u 各 1 根；足Ⅳ股节有 vF 1 根，足Ⅳ胫节有 hT、φ 各 1 根，足Ⅳ跗节有 r、w、f、s、p、q、v、u 各 1 根。生殖孔位于足Ⅳ基节间，两侧有生殖感觉器 2 对，生殖毛（g）3 对，肛门有吸盘 1 对，肛前毛 pra 短，肛后毛 pa_1、pa_2、pa_3 长度依次大幅增长，pa_3 长度约为螨体长度的 1/2。

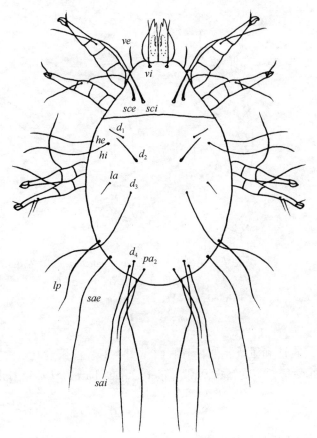

图 4-86　景德镇食酪螨（*Tyrophagus jingdezhenensis*）（♂）背面

vi，*ve*，*sce*，*sci*，*sae*，*sai*，*hi*，*he*，$d_1 \sim d_4$，*la*，*lp*，pa_2：躯体的刚毛

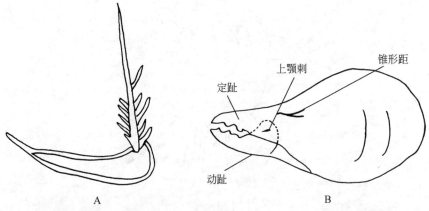

图 4-87　景德镇食酪螨（*Tyrophagus jingdezhenensis*）基节上毛和螯肢

A. 基节上毛；B. 螯肢

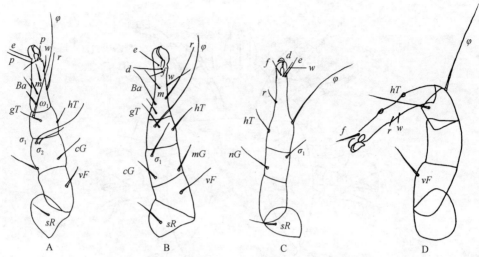

图 4-88　景德镇食酪螨（*Tyrophagus jingdezhenensis*）左足

A. 左足 I ; B. 左足 II ; C. 左足 III ; D. 左足 IV

e, *p*, *d*, *f*, *vF*, *sR*, *mG*, *nG*, *cG*, *hT*, *gT*, *Ba*, *m*, σ_1, σ_2, *r*, *w*: 刺和刚毛；

ω_1, φ: 感棒

　　雌螨：一般形态构造和雄螨相似，其腹面见图 4-89。交配囊孔（*e*）开口于肛门后方，受精囊管（*d*）直通受精囊，受精囊基部（spermatheca base, *Sb*）半月形。

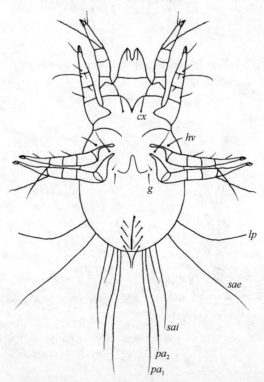

图 4-89　景德镇食酪螨（*Tyrophagus jingdezhenensis*）（♀）腹面

cx, *hv*, *sai*, *sae*, *pa*$_1$, *pa*$_2$, *g*, *lp*: 刚毛

赣江食酪螨（*Tyrophagus ganjiangensis* **Jiang，1993**）

该螨体乳白色，雄螨体长 474~407μm，宽 268~230μm；雌螨长 453~753μm，宽 309~618μm。形态特征与线嗜酪螨（*Tyroborus lini*）相似。躯体上的第一背毛（d_1）、肩腹毛（hv）、前侧毛（la）均短而较光滑，其他背刚毛上均有稀密不等的栉齿。跗节端部有 5 个腹刺，第二背毛（d_2）比第一背毛（d_1）长 6~8 倍，基节上毛由基部向端部渐变细小，边缘毛各有 16 根以上。

雄螨：顶内毛（vi）长，约为螨体长度的 1/4，顶外毛（ve）长度仅为 vi 的 1/3，背毛 d_1 短，胛内毛（sci）、胛外毛（sce）、肩内毛（hi）、肩外毛（he）、d_2 毛长均大于螨体长度的 1/3，d_3、d_4、骶外毛（sae）、骶内毛（sai）长度均大于螨体长度的 1/2，前侧毛（la）短，后侧毛（lp）约为 la 的 10 倍。足（图 4-90）Ⅰ、Ⅲ基节间各具基节毛（cx）1 根。足Ⅰ~Ⅳ上的刚毛，感棒的数目和毛序如下：足Ⅰ基节、转节、股节分别有 cx、sR、vF 1 根，足Ⅰ膝节有 mG、cG、σ_1、σ_2 各 1 根，足Ⅰ胫节有 gT、hT、φ 各 1 根，足Ⅰ跗节有 ω_1、ω_2、ω_3、aa、Ba、m、r、w、d、e、f、s、u、p、v、q、ε 各 1 根；足Ⅱ转节、股节分别有 sR、vF 1 根，足Ⅱ膝节有 mG、cG、σ_1 各 1 根，足Ⅱ胫节有 gT、hT、φ 各 1 根，足Ⅱ跗节有 ω_1、Ba、m、r、w、d、e、f、s、u、p、v、q 各 1 根；足Ⅲ基节、转节分别有 cx、sR 1 根，足Ⅲ膝节有 nG、σ_1 各 1 根，足Ⅲ胫节有 hT、φ 各 1 根，足Ⅲ跗节有 r、w、d、e、f、s、u、p、v、q 各 1 根；足Ⅳ股节有 vF 1 根，有 hT、φ 各 1 根，足Ⅳ跗节有 r、w、d、e、f、s、u、p、v、q 各 1 根。外生殖器位于足Ⅳ基节间，肛前毛（pra）短，肛后毛 pa_1 长度约为 pra 的 2 倍，pa_2、pa_3 长度依次大幅增加。阳茎呈壶嘴状，基部粗（图 4-91A）。足Ⅳ跗节吸盘（图 4-91B）均匀分布于跗节两端的 1/3 处，w、r 位于两吸盘之间。其余特征雌雄螨相似。

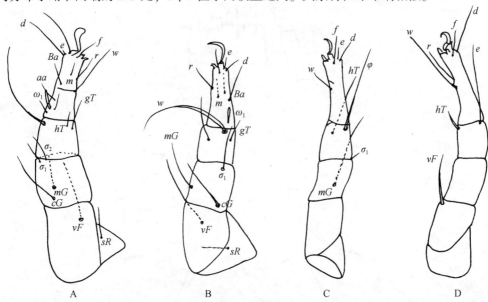

图 4-90 赣江食酪螨（*Tyrophagus ganjiangensis*）（♂）足

A. 左足Ⅰ；B. 左足Ⅱ；C. 左足Ⅲ；D. 左足Ⅳ

e，vF，sR，mG，cG，hT，gT，Ba，aa，m，σ_1，σ_2，r，w：刺和刚毛；

ω_1，φ：感棒

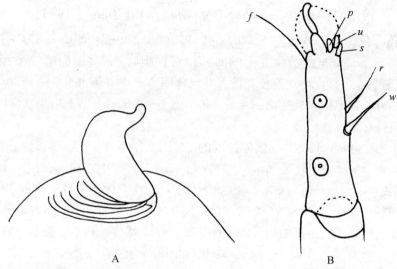

A　　　　　　　　　　　　　　B

图 4-91　赣江食酪螨（*Tyrophagus ganjiangensis*）阳茎及足Ⅳ跗节

A. 阳茎；B. 足Ⅳ跗节

f, *p*, *s*, *u*, *r*, *w*：刺和刚毛

雌螨：躯体上的刚毛除 d_1、*hv*、*la* 较短且光滑外，其他背刚毛上均有稀密不等的栉齿。螯肢动趾有齿 3 个，定趾有齿 7 个（在臼面的两侧），在螯肢内侧有上颚刺和锥形距各 1 个。背面（图 4-92），各刚毛长度均长于雄螨，d_2 比 d_1 长 6～8 倍以上，d_1 和 d_2 靠得

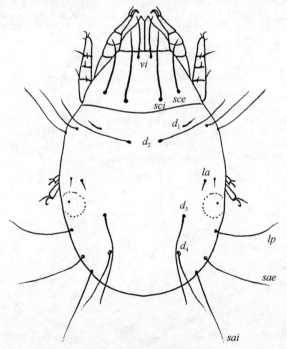

图 4-92　赣江食酪螨（*Tyrophagus ganjiangensis*）（♀）背面

vi, *sce*, *sci*, $d_1 \sim d_4$, *la*, *lp*, *sae*, *sai*：躯体的刚毛

近，d_2离d_3远，具侧腹腺1对，基节上毛（scx）较长，约为螨体长度的1/10，从基部渐向端部细小，两边各有缘毛16根以上。腹面（图4-93），足Ⅰ和Ⅲ基节各有1根基节毛（cx），肩腹毛（hv）长26～29μm，生殖孔位于足Ⅲ、Ⅳ基节之间，两侧有生殖毛（g）3对、生殖感觉器2对，肛毛（a）5对。其中a_4毛特别粗长，其基部较其他肛毛粗4倍以上，长度为螨体长度的1/5～1/3，其余4对肛毛均短。肛后毛（pa）2对，pa_1和pa_2长度约为螨体长度的1/3。受精囊管（d）直通受精囊（Rs），交配囊孔（e）位于肛孔后方，Rs至e长约60μm（图4-94）。

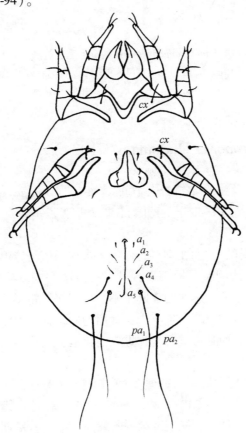

图4-93 赣江食酪螨（*Tyrophagus ganjiangensis*）（♀）腹面

cx，a_1～a_5，pa_1，pa_2：刚毛

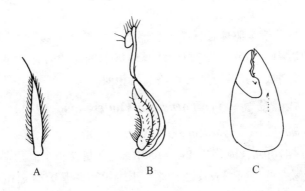

A   B   C

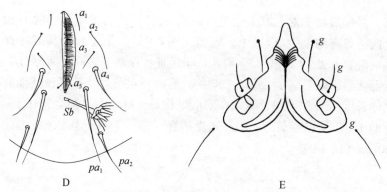

图4-94　赣江食酪螨（*Tyrophagus ganjiangensis*）基节上毛、螯肢、肛门区和受精囊与生殖区

A、B. 基节上毛；C. 螯肢；D. 肛门区和受精囊（♀）；E. 生殖区（♀）

$a_1 \sim a_5$，pa_1，pa_2，g：刚毛；Sb：受精囊

三、嗜酪螨属（*Tyroborus* Oudemans，1924）

嗜酪螨属螨类的形态及生物学特征与食酪螨属（*Tyrophagus*）相似，Hughes（1961）认为嗜酪螨属为食酪螨属的一部分。我国目前仅报道了 1 种，即线嗜酪螨（*Tyroborus lini*）。

线嗜酪螨孳生环境多样，它们在饲料仓库、大米加工厂及养鸡房草窝和孵卵箱的残屑中栖息，也常在养鸡场的落羽及草堆中发现此螨。线嗜酪螨孳生物多样，主要孳生在米糠、大米、面粉、饲料、小麦、陈旧的亚麻子中，也有在豆粉糕、黑木耳、花椒等储藏物食品中发现此螨的报道。线嗜酪螨孳生于人类食用的储藏食物中，不但降低所孳生食物的质量，进而影响人类健康，而且可随着食物进入消化道引起肠螨病或伴随呼吸进入支气管（细支气管）引起肺螨病等。

线嗜酪螨生物学特性与食酪螨属的螨类相似，行两性生殖。生活史周期为 2 ~ 3 周，属中温中湿性螨类。在温度 22 ~ 24℃、相对湿度 85% 左右时，其繁殖速度快，约半个月即可完成一代。此螨经由卵期、幼螨期及第一若螨期、第三若螨期发育为成螨，未发现休眠体。

该螨在国内主要分布于重庆、四川等地；国外主要分布于荷兰、日本、土耳其、新西兰、英国等国家。

嗜酪螨属特征：本属螨类躯体长椭圆形，跗节末端有 3 个腹刺，即外腹端刺（$p+u$）、内腹端刺（$q+v$）和腹端刺（s），此为与食酪螨属区别的主要特征。足 I 和足 II 跗节的第二背端毛（e）加粗呈刺状。其他特征与食酪螨属相似。

线嗜酪螨（*Tyroborus lini* Oudemans，1924）

同种异名：*Tyrophagus lini sensu* Hughes，1961。

雄螨躯体长 350 ~ 470μm，雌螨长 400 ~ 650μm。前足体板呈五角形，向后伸展达胛内毛（*sci*），表面有模糊刻点，周围表皮较光滑（图4-95）。基节胸板由厚骨片组成，表皮内突明显（图4-96）。躯体刚毛排列与腐食酪螨（*Tyrophagus putrescentiae*）相似，不同点包括：刚毛相对较长，顶外毛（*ve*）、顶内毛（*vi*）均有栉齿。基节上毛（*scx*）较大，基部阔，呈纺缍状，边缘有刺（图4-97A）。螨体背面的第一背毛（d_1）、肩腹毛（*hv*）和前侧毛（*la*）等长且均较短，d_2较d_1长4倍以上。其余刚毛均较长，远超出躯体的后缘。肛门距躯体后缘较远（图4-98A）。

　　雄螨：螯肢粗壮，动趾和定趾的齿明显（图4-99）。足短粗，在足Ⅰ、Ⅱ跗节（图4-100）上的感棒ω_1，顶端稍膨大呈球状，第二背端毛（*e*）可为刺状或刚毛状；跗节腹面末端有内腹端刺（*q+v*）、外腹端刺（*p+u*）和腹端刺（*s*）3个粗刺，（*q+v*）与（*p+u*）比*s*大，呈钩状；足Ⅳ跗节的长度较膝、胫节之和短，1对吸盘的位置在该节的中间（图4-101A）。支持阳茎的骨片向外弯曲，阳茎较小，呈"S"形且不拉长为尖头（图4-102A，C）。

　　雌螨：似雄螨。肛门区形态结构见图4-98B。

　　幼螨：与成螨的不同点为胛内毛（*sci*）明显短于胛外毛（*sce*），基节杆圆杆状，骶毛（*sa*）长，超过躯体一半长度（图4-103）。

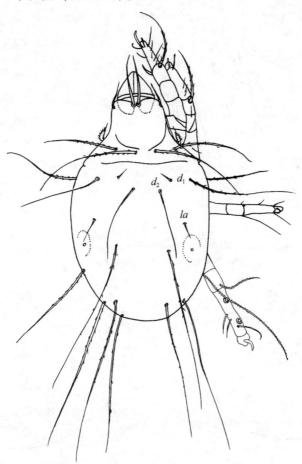

图4-95　线嗜酪螨（*Tyroborus lini*）（♂）背面

d_1，d_2，*la*：躯体刚毛

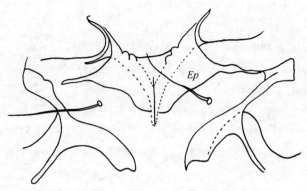

图 4-96　线嗜酪螨（*Tyroborus lini*）基节–胸板骨骼

Ep：基节内突

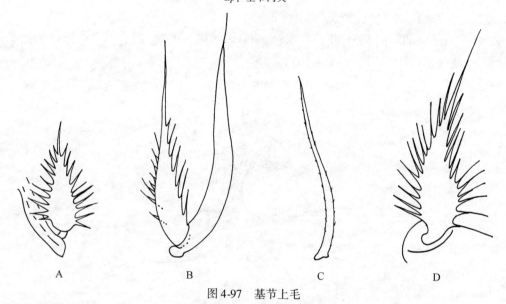

图 4-97　基节上毛

A. 线嗜酪螨（*Tyroborus lini*）；B. 干向酪螨（*Tyrolichus casei*）；C. 菌食嗜菌螨（*Mycetoglyphus fungivorus*）；

D. 椭圆食粉螨（*Aleuroglyphus ovatus*）

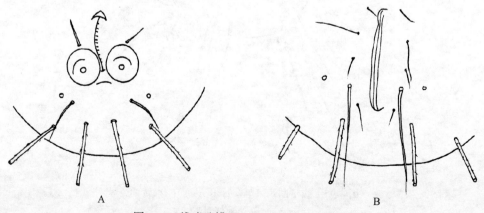

图 4-98　线嗜酪螨（*Tyroborus lini*）肛门区

A. ♂；B. ♀

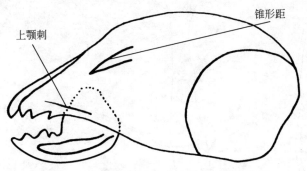

图 4-99　线嗜酪螨（*Tyroborus lini*）螯肢内面

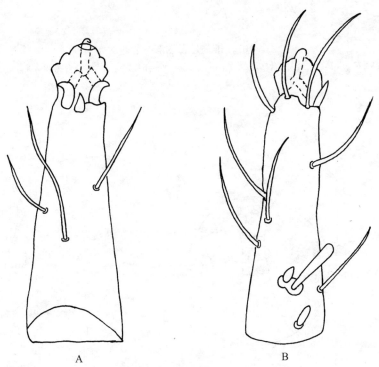

图 4-100　线嗜酪螨足Ⅰ跗节
A. 腹面；B. 背面

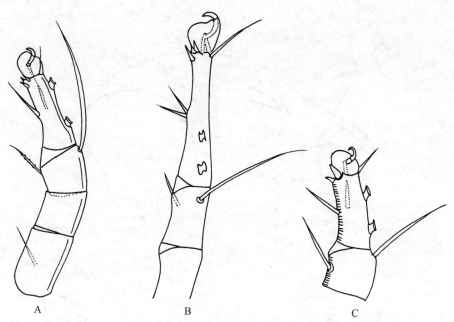

图 4-101　雄螨足Ⅳ端部跗节侧面

A. 线嗜酪螨（*Tyroborus lini*）；B. 菌食嗜菌螨（*Mycetoglyphus fungivorus*）；C. 椭圆食粉螨（*Aleuroglyphus ovatus*）

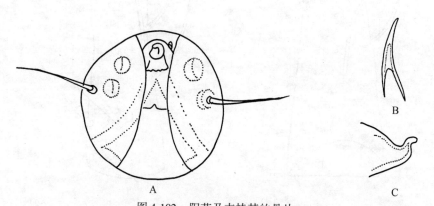

图 4-102　阳茎及支持其的骨片

A. 线嗜酪螨（*Tyroborus lini*）阳茎；B. 干向酪螨（*Tyrolichus casei*）阳茎；
C. 线嗜酪螨支持阳茎的骨片

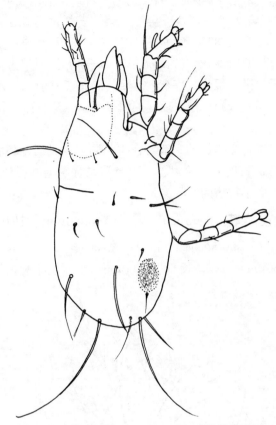

图 4-103　线嗜酪螨（*Tyroborus lini*）幼螨背侧面

四、向酪螨属（*Tyrolichus* Oudemans，1924）

　　向酪螨属螨类的形态及生物学特征与食酪螨属（*Tyrophagus*）相似。Türk & Türk（1957）和 Hughes（1961）认为向酪螨属为食酪螨属的一部分。该属目前记录的代表种为干向酪螨（*Tyrolichus casei*）。干向酪螨常在储藏食品中发生，喜孳生于脂肪、蛋白质丰富的食品中。Michael（1903）、Oudemans（1910）、Zachvatkin（1941）、Türk & Türk（1957）等记载于黑麦的麦角菌、老树桩的树皮下、鼠窝中发现干向酪螨，也曾在废蜂巢、昆虫标本上发现此螨。此螨是世界性分布的储藏食品螨类，常见于面粉、花生仁、大米、碎米、干酪、稻谷、小麦等谷物中，在动物饲料及蜂巢中也可发现，喜食干酪、麸皮及谷物种子的胚芽。蛀食粮粒呈孔状，被此螨为害严重的面粉往往产生一种臭味，从而影响人类健康。

　　干向酪螨喜孳生在温度 22 ~ 27℃、粮食水分 15.5% ~ 17%、相对湿度 85% ~ 88% 的环境中。此螨行两性生殖，雌雄交配时，雄螨附于雌螨背面，并随雌螨爬行，爬行时，末体一列扇形长毛拖在地上，与腐食酪螨（*Tyrophagus putrescentiae*）相似。整个生活史包括卵、幼螨、第一若螨、第三若螨及成螨，雌雄交配后产下的卵为淡白色，长椭圆形。卵孵化为幼螨，活动 4 天后，静息 24 小时，蜕皮为第一若螨，活动 3 ~ 4 天后，进入第一若螨静息期，静息 24 小时蜕皮为第三若螨，再经过第三若螨静息期，最后蜕皮发育为成螨。此螨在温度 23℃、相对湿度 87% 条件下，需 15 ~ 18 天完成一代，且常与粗脚粉螨（*Acarus siro*）、腐食酪螨和长食酪螨（*Tyrophagus longior*）同时孳生在某一孳生物中。

　　该螨在国内分布于安徽、福建、广东、广西、黑龙江、湖南、吉林、江苏、上海、四川、台湾和云南等地。国外分布于俄罗斯、英国等国家，是一种世界性广泛分布的储藏物害螨。

　　向酪螨属特征：具有食酪螨属的一般特征，不同点为其后半体背毛仅第一背毛（d_1）较短，前侧毛（*la*）为 d_1 长度的 2 倍以上。跗节第二背端毛（*e*）短粗呈刺状，*p*、*q*、*s*、*u*、*v* 5 个跗节腹端毛为大小相仿的刺状突起。

干向酪螨（*Tyrolichus casei* Oudemans，1910）

　　同种异名：*Tyroglyphus siro* Michael，1903；*Tyrophagus casei sensu* Hughes，1961。

　　雄螨体长 450 ~ 550μm，雌螨体长 500 ~ 700μm。较腐食酪螨粗壮，跗肢（足和螯肢）颜色较深（图 4-104）。

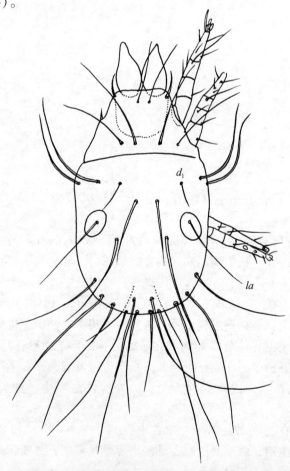

图 4-104　干向酪螨（*Tyrolichus casei*）（♂）背面
d_1，*la*：躯体的刚毛

雄螨：前足体呈方形，具模糊刻点；表皮较光滑，基节上毛（scx）基部膨大，顶端细长，边缘有刺，以锐角着生（图4-97B）。后半体刚毛的排列与腐食酪螨相似，长刚毛具有小栉齿；第一背毛（d_1）较短，第二背毛（d_2）为d_1长度的2~3倍，前侧毛（la）长度达d_1的4~6倍；其余刚毛均较长，排列成扇状。阳茎的支架向内弯曲，阳茎挺直，顶端渐细（图4-102B）。足粗短，有细致的网状花纹，基部的刚毛和感棒集中；跗节感棒ω_1近圆柱状，中部稍膨大，着生于与芥毛（ε）相同的几丁质凹陷上；各跗节顶端的第二背端毛（e）呈明显的粗刺状（图4-105A），腹面爪的基部有5个刺环绕（图4-106A）；足Ⅳ跗节中部具吸盘1对。

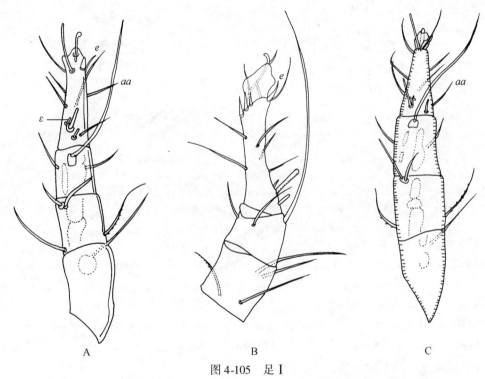

图4-105　足Ⅰ

A. 干向酪螨（*Tyrolichus casei*）右足Ⅰ背面；B. 菌食嗜菌螨（*Mycetoglyphus fungivorus*）左足Ⅰ外面；
C. 椭圆食粉螨（*Aleuroglyphus ovatus*）右足Ⅰ背面
ε：芥毛；aa，e：刚毛和刺

雌螨：与雄螨相似，不同点在于肛门孔距躯体末端较远，交配囊的孔位于末端，有1根细管与囊状的受精囊相连。

幼螨：似成螨，不同点在于背毛d_2约为d_1长度的5倍，有基节杆。

五、嗜菌螨属（*Mycetoglyphus* Oudemans，1932）

嗜菌螨属是由澳大利亚学者 Oudemans 首次记录的。Zackvatkin（1941）将此螨归于福赛螨属（*Forcellinia*）中，但在胛毛（sc）的相对长度、背毛的形状和相对长度、雄螨外生殖器等方面均和该属的华氏福赛螨（*Forcellinia wasmanni* Moniez，1892）不同。Türk &

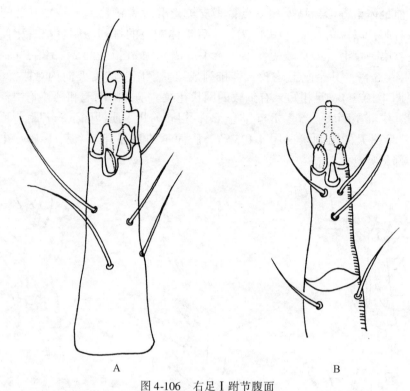

图 4-106　右足 I 跗节腹面

A. 干向酪螨 (*Tyrolichus casei*) (♀)；B. 椭圆食粉螨 (*Aleuroglyphus ovatus*) (♂)

Türk (1957) 和 Hughes (1961) 将其归在食酪螨属 (*Tyrophagus*) 中，称为菌食酪螨 (*Tyrophagus fungivorus*)，但它又与食酪螨属 (*Tyrophagus*) 存在诸多不同，如顶外毛 (*ve*) 为短刚毛，位于前足体的侧缘，在顶内毛 (*vi*) 之后；第二背端毛 (*e*) 为粗刺状，位于跗节末端。Karg (1971) 认为 *e* 的特征是把菌食嗜菌螨归入向酪螨属 (*Tyrolichus*) 的依据。Hughes 认为，短刚毛 *ve* 及其位置、刺状跗节毛和雄螨长的阳茎是恢复嗜菌螨属的有力证据。我国仅记载有菌食嗜菌螨 1 种。

菌食嗜菌螨性喜潮湿，嗜食霉菌，孳生环境多样，在自然环境 (草地、农场等)、家居及仓储环境均有存在。自然环境中的鸟巢、鼠穴、草堆、草地和稻草中均有此螨孳生。Solarz (2007) 在波兰西南部的室内灰尘中找到此螨。Kajaia (2010) 调查揭示，该螨在室内的灰尘、中草药材 (党参、麻黄、半夏曲)、各种腐烂的蔬菜 (烂萝卜、莴苣、坏芹菜等)、腐烂的蘑菇、发霉的粮食 (大米、米糠等)、干果类 (核桃仁等) 和潮湿的烂木头残屑上均有孳生。

菌食嗜菌螨的生殖方式为两性生殖，雌雄交配后产卵，经过幼螨期、第一若螨期、休眠体期 (第二若螨期)、第三若螨期发育为成螨。第二若螨期为特殊发育期，螨可在此期转化为不进食、抵抗力强的黄棕色休眠体。

菌食嗜菌螨适宜生存在温暖、潮湿的环境中，孳生于腐烂、变质的粮食及食品中。在温度 24℃、相对湿度 85% ~ 90% 的环境下，需 13 ~ 20 天完成一代。干燥环境下不利于此螨孳生，在粮食水分 12% 以下、相对湿度 60% 以下时难以生存。因此建议粮食、中药等储藏场所应尽量保持干燥，以防止此螨孳生，保证其品质。

该螨在国内分布于安徽、福建、广西、河南、黑龙江、湖南、吉林、辽宁、四川和云南等地；阿塞拜疆、波兰、朝鲜、德国、俄罗斯、格鲁吉亚、韩国、美国、非洲南部、日本、匈牙利和英国等国家和地区报道发现此螨。

嗜菌螨属特征：顶外毛（ve）较短且光滑，位于顶内毛（vi）的后方，vi 较长，超过 ve 长度的 4 倍。胛外毛（sce）较胛内毛（sci）短。跗节第二背端毛（e）和腹端毛 p、q、u、v、s 均为刺状。足 I 膝节上的膝外毛（σ_1）长度不及膝内毛（σ_2）长度的 2 倍。雄螨阳茎较长。

菌食嗜菌螨（*Mycetoglyphus fungivorus* Oudemans，1932）

同种异名：*Forcellinia fungivora sensu* Zachvatkin，1941；*Tyrophagus fungivorus sensu* Türk & Türk，1957 and Hughes，1961；*Tyrolichus fungivorus sensu* Karg，1971。

菌食嗜菌螨呈椭圆形。雄螨体长 400~600μm，雌螨体长 500~600μm，休眠体体长约 250μm，表皮无色或淡灰绿色，跗肢颜色较深，一般形态与似食酪螨（*Tyrophagus similis*）相似。基节上毛弯曲，基部不膨大，有微小梳状突起。因其形状近似于食酪螨属（*Tyrophagus*），故曾有学者把该螨划归为食酪螨属。

雄螨：躯体和足上刚毛的排列与似食酪螨相似，不同点在于顶外毛（ve）很短，位于顶内毛（vi）基部的后方，不在前足体板的侧缘中间；vi 较长，超过 ve 长度 4 倍。前侧毛（la）极短，其长度仅为体长的 6%，第一背毛（d_1）为 la 长度的 1~1.5 倍，第二背毛（d_2）为 la 长度的 1.5~2 倍。基节上毛（scx）弯曲（图 4-97C），有小的梳状突起。足 I、II 跗节上 ω_1 为感棒，足 I~III 跗节上有第二背端毛（e）（图 4-105B）和 p、q、u、v、s 5 个大小略有差异的腹端刺，足 IV 跗节上有吸盘 1 对，位于该节基部的 1/2 处，2 根跗节毛（r 和 w）离吸盘较远（图 4-101B）。雄螨阳茎着生于腹面的一块基板上，为一根前端细尖、呈弯曲状的长管（图 4-107）。

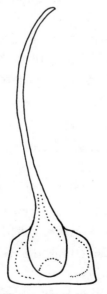

图 4-107 菌食嗜菌螨（*Mycetoglyphus fungivorus*）（♂）阳茎

雌螨：一般形状与雄螨相似（图4-108）。

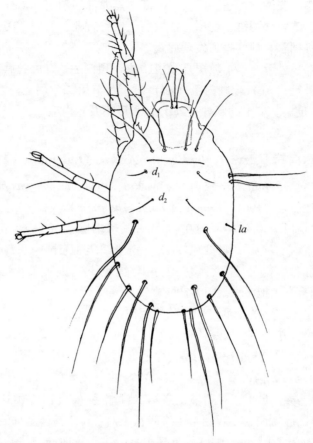

图4-108　菌食嗜菌螨（*Mycetoglyphus fungivorus*）（♀）背面
d_1，d_2，*la*：躯体的刚毛

休眠体：呈黄棕色，后缘为宽阔的弧形。前足体板的前缘挺直，无喙状痕迹。*vi* 缺如，颚基被前足体板所遮盖。腹面可见胸板、吸盘等结构，胸板向后伸展，基节板Ⅰ和Ⅱ完全分离；吸盘板近圆形，距躯体后缘较远。足Ⅰ有1根阔形长刚毛和3根披针状刚毛；足Ⅳ跗节上也有2根披针状刚毛。

六、食粉螨属（*Aleuroglyphus* Zachvatkin，1935）

食粉螨属曾被 Troupeau（1878）命名为嗜粉螨属（*Tyroglyphus*），其代表种椭圆食粉螨（*Aleuroglyphus ovatus*）也称为椭圆嗜粉螨（*Tyroglyphus ovatus*），Zachvatkin（1935）修订为现名。国内学者温廷桓（2005）将该螨称为椭圆饵嗜螨（*Aleuroglyphus ovatus*）。目前该属在我国记载的种类有椭圆食粉螨（*Aleuroglyphus ovatus*）、中国食粉螨（*Aleuroglyphus chinensis*）和台湾食粉螨（*A. formosanus*）。

椭圆食粉螨常孳生于仓储粮食及食品中，也可在鼠洞及养鸡场中被发现。赵小玉

（2009）在调查贵阳地区储藏中药材孳生螨类时发现，中国食粉螨主要孳生于谷物麸皮和中药材中。椭圆食粉螨孳生物常包括稻谷、大米、糙米、大麦、小麦、玉米、碎米、面粉、玉米粉、山芋粉、山芋片、饲料、鱼干制品、麸皮及米糠等仓储粮食及食品，当其为害粮食时，首先将谷物的胚芽吃掉，再吃其余部分，严重污染时，可使粮食产生难闻的气味。椭圆食粉螨有吃霉菌的习性，用霉菌饲养也能存活，在球黑孢霉和粉红单端孢霉上，此螨繁殖较快。从小麦、燕麦和大麦中分离出来的24种霉菌中，其嗜食其中的10种。中国食粉螨主要孳生于秦归、地骨皮、红河麻、过路黄等储藏中药材中。

椭圆食粉螨行两性生殖。每次交配时长约4分钟，雌螨一生可进行多次交配。交配后1~3天产卵，卵堆产或产在粮食蛀孔内。一个雌螨可产卵33~78粒，平均产卵55粒。卵椭圆形，长140~150μm，乳白色。在温度25℃、相对湿度75%环境下，在特殊的饲育器中，以面粉为饲料，完成生活史周期为19.4天。Hughes（1961）报道，在温度23℃、相对湿度87%时，完成生活史需4~21天。忻介六和沈兆鹏的研究表明，在温度25℃、相对湿度75%的条件下，椭圆食粉螨的生活周期为16.5天。此螨从卵发育为成螨，经过幼螨、幼螨静息期、第一若螨、第一若螨静息期、第三若螨、第三若螨静息期等阶段。

此螨喜湿热环境，在仓库中常聚集在温度33~35℃的地方。温度20℃时，行动迟缓，不能正常发育，虽能产卵，但产卵率大减，一次仅产1~2粒。在温度18℃、相对湿度40%~50%的环境下难以存活。在温度7~8℃、相对湿度90%的环境下难以发现此螨。

椭圆食粉螨国内见于北京、东北各省、河北、河南、湖南、上海、四川、台湾、云南和浙江；国外分布于法国、韩国、荷兰、加拿大、美国、俄罗斯、日本、土耳其和英国等国家。中国食粉螨目前仅见分布于我国贵州、江西等地。

食粉螨属特征：顶外毛（ve）较长且有栉齿，位于顶内毛（vi）同一水平，ve长度超过vi的一半。胛内毛（sci）比胛外毛（sce）短。基节上毛（scx）明显，有粗刺。跗节的第二背端毛（e）为毛发状，跗节有三个明显的腹端刺：$q+v$、$p+u$和s，它们着生的位置很接近。

食粉螨属（*Aleuroglyphus*）成螨分种检索表

雌螨肛毛4对；雄螨阳茎的支架挺直，为直管状，足跗节背端毛e为毛发状…………………………………………………………………………………… 椭圆食粉螨（*Aleuroglyphus ovatus*）

雌螨肛毛5对；雄螨阳茎末端弯曲，足跗节背端毛e为粗刺状…………………………………………………………………………………… 中国食粉螨（*Aleuroglyphus chinensis*）

椭圆食粉螨（*Aleuroglyphus ovatus* Troupeau，1878）

同种异名：*Tyroglyphus ovatus* Troupeau，1878。

雄螨体长480~550μm，雌螨长580~670μm。该螨大小、一般形态均与线嗜酪螨（*Tyroborus lini*）相似（图4-109），足和螯肢呈深棕色，与躯体其余白而发亮部分对比鲜明，故有褐足螨之称，也易于识别。椭圆食粉螨躯体和足上的刚毛较完全，常被作为粉螨科（Acaridea）、粉螨亚目（Acaridida），甚至整个储藏物粉螨的代表种而加以描述。

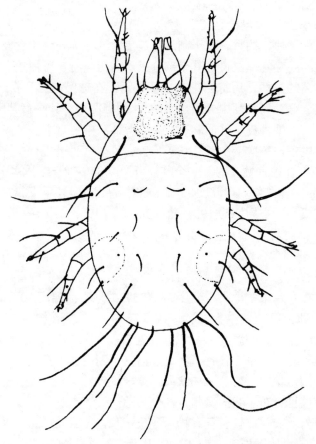

图 4-109　椭圆食粉螨（*Aleuroglyphus ovatus*）（♂）背面

雄螨：一般形态与线嗜酪螨（*Tyroborus lini*）相似。前足体板呈长方形，两侧略凹，表面具刻点；基节上毛（*scx*）呈叶状（图 4-97D），侧缘具较多长而直的梳状突起；胛内毛（*sci*）短，仅为胛外毛（*sce*）长度的 1/3。后半体背毛 d_1、d_2、d_3 及前侧毛（*la*）、肩内毛（*hi*）约与 *sci* 等长，均较短，d_4、后侧毛（*lp*）稍长；骶内毛（*sai*）、骶外毛（*sae*）及 2 对肛后毛（*pa*）为长刚毛；所有刚毛均具小栉齿，短刚毛末端常有分叉且有时尖端扭曲。足短粗，足 I、II 跗节的感棒 ω_1 较长，尖端渐细，末端钝圆（图 4-105C），且与芥毛（*ε*）着生在同一凹陷；跗节端部有 *p+u*、*q+v* 和 *s* 三个粗大的腹端刺（图 4-106B），末端 2 个腹刺顶端呈钩状；第二背端毛（*e*）为毛发状；足 IV 跗节的 1 对吸盘在其中间（图 4-101C）。生殖褶和生殖感觉器淡黄色。阳茎为直管状，其支架挺直，后端分叉。躯体腹面 3 对 *pa* 几乎排列在同一直线上（图 4-110A）。

雌螨：形态与雄螨相似，不同点为肛门孔周围有肛毛（*a*）4 对（图 4-110B），其中 a_2 较长，超过躯体后缘；2 对肛后毛（*pa*）也较长，且排列在同一直线上。

幼螨：幼螨发育不完全，与成螨相似（图 4-111），胛内毛（*sci*）明显短于 *sce*，基节杆为一钝端管状物，足 I 跗节的感棒 ω_1 从基部向顶端膨大，几乎达该节的末端。有 1 对长的 *pa*。

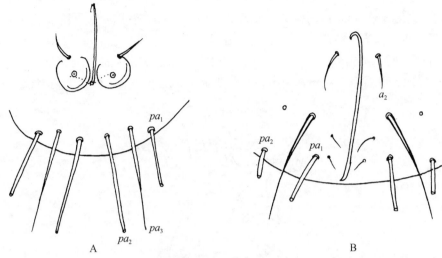

图4-110 椭圆食粉螨（*Aleuroglyphus ovatus*）肛门区

A. ♂；B. ♀

a_2，pa_1～pa_3：躯体的刚毛

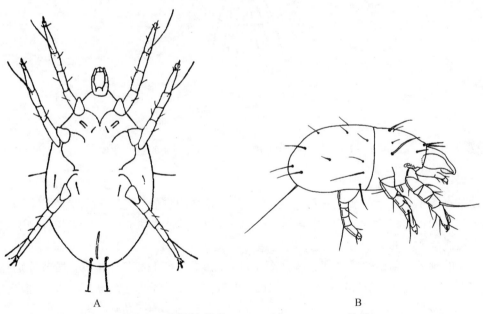

图4-111 椭圆食粉螨（*Aleuroglyphus ovatus*）幼螨

A. 腹面；B. 背侧面

中国食粉螨（*Aleuroglyphus chinensis* Jiang，1994）

螨体长397～433μm，宽约278μm。与椭圆食粉螨形态特征相近似，二者主要区别为：中国食粉螨的雌螨肛毛5对，其雄螨阳茎末端弯曲且足跗节背端毛 e 为粗刺状。

雄螨：顶内毛（vi）为螨体长度的1/6～1/4，顶外毛（ve）为 vi 长度的1/3，胛内毛

（*sci*）短，胛外毛（*sce*）为 *sci* 长度的 3 倍，背毛 $d_1 \sim d_4$、肩内毛（*hi*）、前侧毛（*la*）、后侧毛（*lp*）、骶外毛（*sae*）均较短，肩外毛（*he*）、骶内毛（*sai*）为长刚毛。腹面（图 4-112），足Ⅰ表皮内突愈合成胸板，足Ⅰ、Ⅲ基节区各有基节毛（*cx*）1 对，外生殖器位于足Ⅲ、Ⅳ基节间，生殖毛（*g*）3 对，阳茎（P）细长，尖端弯曲，肩腹毛（*hv*）及 1 对肛毛（*a*）均短，肛后毛 3 对，基部不在一直线上，pa_1、pa_2、pa_3 依次大幅增长。

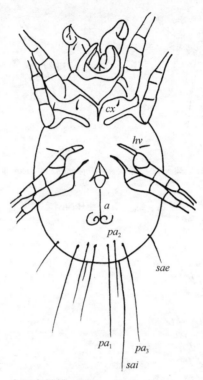

图 4-112　中国食粉螨（*Aleuroglyphus chinensis*）（♂）腹面

雌螨：螯肢内侧有锥形距和端部分叉的上颚刺各 1 个，定趾（在臼面的两侧）有齿 6 个，动趾有齿 3 个，在前侧毛（*la*）、后侧毛（*lp*）之间有侧腹腺 1 对。背面（图 4-113）各刚毛长度均较雄螨的长。基节上毛（*scx*）基部宽，渐向端部细小，两边各有缘毛 12 根左右。腹面（图 4-114），足Ⅰ表皮内突愈合成胸板，足Ⅰ、Ⅲ基节区有 *cx* 各 1 对。足Ⅰ～Ⅳ上的刚毛、感棒的数目和毛序（图 4-115）如下：足Ⅰ基节、转节、股节分别有 *cx*、*sR*、*vF* 1 根，足Ⅰ膝节有 *mG*、*cG*、σ_1、σ_2 各 1 根，足Ⅰ胫节有 *gT*、*hT*、φ 各 1 根，足Ⅰ跗节有 ω_1、ω_2、ω_3、ε、*aa*、*Ba*、*r*、*w*、*m*、*d*、*e*、*f*、*s*、*q+v*、*p+ u* 各 1 根；足Ⅱ转节、股节分别有 *sR*、*vF* 1 根，足Ⅱ膝节有 *mG*、*cG*、σ_1 各 1 根，足Ⅱ胫节有 *gT*、*hT*、φ 各 1 根，足Ⅱ跗节有 *Ba*、*r*、*w*、*m*、*d*、*e*、*f*、*s*、*q+v*、*p+ u* 各 1 根；足Ⅲ基节、转节分别有 *cx*、*sR* 1 根，足Ⅲ膝节有 *nG*、σ_1 各 1 根，足Ⅲ胫节有 *kT*、φ 各 1 根，足Ⅲ跗节有 *r*、*w*、*m*、*d*、*e*、*f*、*s*、*q+v* 各 1 根；足Ⅳ股节有 *vF* 1 根，足Ⅳ胫节有 *kT*、φ 各 1 根，足Ⅳ跗节有 *r*、*w*、*m*、*d*、*e*、*f*、*s*、*q+v* 各 1 根。外生殖器在足Ⅲ、Ⅳ基节间，g3 对，*hv* 31～34μm，肛毛 5 对，a_2、a_3 较长，其余肛毛均较短，肛后毛 pa_1、pa_2 长，分别约为螨体长度的 1/3、2/5。

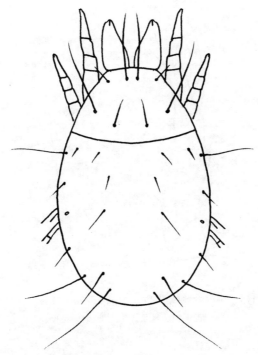

图 4-113　中国食粉螨（*Aleuroglyphus chinensis*）（♀）背面

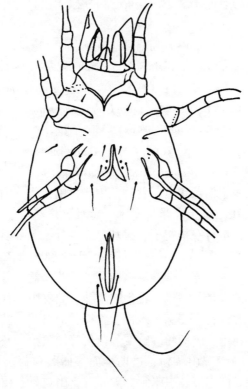

图 4-114　中国食粉螨（*Aleuroglyphus chinensis*）（♀）腹面

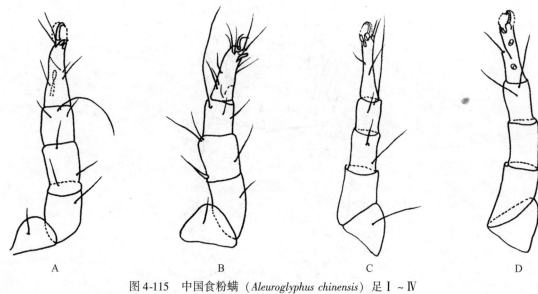

图 4-115　中国食粉螨（*Aleuroglyphus chinensis*）足 I ～ IV
A. 足 I；B. 足 II；C. 足 III；D. 足 IV

（陶　莉）

七、嗜木螨属（*Caloglyphus* Berlese，1923）

嗜木螨属属于真螨目（Acariformes）粉螨科（Acaridae）。该属在分类上也有人称为生卡螨属（*Sancassania*）。据现有研究资料，Krishna 等（1982）记录了 13 种，我国现记载 11 种，包括伯氏嗜木螨（*Caloglyphus berlesei*）、食菌嗜木螨（*Caloglyphus mycophagus*）、食根嗜木螨（*Caloglyphus rhizoglyphoides*）、奥氏嗜木螨（*Caloglyphus oudemansi*）、赫氏嗜木螨（*Caloglyphus hughesi*）、昆山嗜木螨（*Caloglyphus kunshanensis*）、奇异嗜木螨（*Caloglyphus paradoxa*）、嗜粪嗜木螨（*Caloglyphus coprophila*）、上海嗜木螨（*Caloglyphus shanghaiensis*）、卡氏嗜木螨（*Caloglyphus caroli*）、福建嗜木螨（*Caloglyphus fujianensis*）。

嗜木螨属螨类大多数孳于储藏粮食、食物及中药材中，部分螨种对食用菌也有一定的为害。伯氏嗜木螨可孳生在稻谷、大米、腐米、米糠、烂小麦、玉米粉、花生仁、亚麻籽、薏苡仁等储藏粮食中，也可在枸杞子、银耳、黑木耳、天仙藤、土牛膝、五加皮、木瓜、山楂、千里光、丁公腾、栗壳、皂荚、红枣、千年健、丹皮、麻黄根、丁香、地骨皮、美登木、藿香、紫苏、锦灯笼、金钱参、白芍、茯苓、益智等中药材中被发现。食菌嗜木螨常孳生在潮湿霉变的大米、玉米、花生、米糠、麸皮中。食根嗜木螨主要孳生在大米、小麦、玉米、薏苡仁、淀粉、麦芽、米糠、谷糠、饲料及大蓟、木通等中药材中。奥氏嗜木螨主要孳生物为湿花生、陈面粉、霉变薏苡仁等储藏粮食及地骨皮等中药材。赫氏嗜木螨主要孳生在陈面粉、潮湿山芋粉、过期挂面等储藏食物及蘑菇培养基等，在苎麻根、百合、车前草、茵陈、广赤豆、玉米须、大叶青、山慈姑、白芍、红大戟、半边莲等中药材中也发现此螨孳生。卡氏嗜木螨主要孳生于稻谷及其米糠中。昆山嗜木螨、奇异嗜木螨、嗜粪嗜木螨、上海嗜木螨主要孳生于蘑菇房中蘑菇床上。嗜木螨属螨类孳生场所多样，如储粮仓库、粮食加工厂、人及动物的房舍等。伯氏嗜木螨是重要的仓储害螨之一，主要的孳生场所为储粮仓库、粮食加工厂、中药材仓库、养殖房草堆及蚁巢等。食菌嗜木螨主要的孳生场所为储粮仓库、粮食加工厂、土壤、树枝及树根的空洞及蘑菇房等。食根嗜木螨主要孳生场所为储粮仓库、饲料厂仓库、药材仓库、潮湿草堆、鼠洞、蚁巢等。奥氏嗜木螨主要的孳生场所为湿草堆、腐烂植物、粮食加工厂潮湿墙角、蚁巢、养鸡场等。赫氏嗜木螨主要的孳生场所为储粮仓库、中药材仓库等。昆山嗜木螨、奇异嗜木螨、嗜粪嗜木螨、上海嗜木螨主要孳生场所为蘑菇房等。

嗜木螨属螨类多为陆生，常孳生在阴暗潮湿的地方，多为自生生活；大多数种类的食性为植食性及腐食性等；大多数螨类营两性生殖，雌雄螨交配后产卵，经若螨，最终发育为成螨，有些种类可形成休眠体。

伯氏嗜木螨性喜潮湿，怕高温及干燥，一般温度超过35℃难以生存；在相对湿度为55%的环境中，不到1小时即死亡。伯氏嗜木螨行有性生殖，卵在适宜温湿度下，经3~5天开始孵化出幼螨，经第一若螨期、第三若螨期，发育为成螨，常在第一若螨与第三若螨期之间发生休眠体（即第二若螨）。Rummy和Steams（1960）记载，在温度23℃、相对湿度75%的条件下，在粗糙脉孢菌上，此螨生活史只有9天。

食菌嗜木螨为中温高湿性的螨类，最喜在潮湿环境中生活，常孳生于水分较高的粮食中，特别是在发霉粮食中繁殖较快。食菌嗜木螨行两性生殖，没有孤雌生殖，无异型雄螨，也未发现休眠体。

食根嗜木螨属高湿性螨类。温度22~26℃、相对湿度95%以上为最适孳生环境，湿度越高繁殖越快。该属螨类行两性生殖。Hubert（2003）从食根嗜木螨体表和消化道分离出真菌，并指出此螨对真菌的传播有一定的选择性。

奥氏嗜木螨在温度24℃、相对湿度92%的条件下，完成生活史需10.2天。在发育中产生异型雄螨。该螨行两性生殖，卵孵化为幼螨后，经幼螨静息期、第一若螨、第一若螨静息期、第三若螨期和第三若螨静息期发育为成螨。缺少食物时，可产生大量的休眠体。

福建嗜木螨在福建莆田沿海一带可发生19~21代，有世代重叠的现象。生活史历经5个发育阶段，即卵、幼螨、第一若螨、第二若螨及成螨。此螨的生殖方式有两种，分别为两性生殖和卵胎生，在饲养的条件下，一般为卵生。产卵前期随温度的升高而明显缩短，在室温25℃以上时，平均为1.92天。产卵的地方多位于湿度较高，食物丰富处。卵呈单粒散产或呈线状排列或几粒单层排列成小堆。雌螨每次产卵可延续1天或数天，每个卵块的卵可高达100余粒。产卵后几天，雌螨才开始出现卵胎生，生出幼螨，有时为若螨。在全年各世代中，有部分雌螨随季节的不同出现不产卵或不产仔的现象。此螨寿命很长，在各代中，一般雌螨寿命为16天左右，长者达22.51天。在29℃以上，寿命为9.33天左右，而15℃温度下，寿命均在35.36天以上，多数雄螨比雌螨寿命长。此螨个体发育分为两个阶段，第一阶段为胚胎发育，即自产卵至卵孵化；第二阶段为胚后发育，即从卵孵化开始直至幼螨、若螨和成螨成熟。在室温15℃以上，产卵后，通常1~3天孵化。初产的卵呈乳白色，经0.5~1天渐变成灰白色，卵内胚胎期发育结束后，卵壳在足的蠕动下，在颚体与躯体的交接处破裂，幼螨即用前两对足将前面卵壳推开，露出颚体，从卵壳中爬出。刚孵化出的幼螨即开始觅食，但食量较小。幼螨活动取食一段时间后，进入静息期。通常半天左右后，进入蜕皮阶段，完成蜕皮后发育为第一若螨。第一若螨较为活跃，取食旺盛，多数个体经 1~3 天，又进入静息期，静息行为和蜕皮过程与幼螨相似，发育为第二若螨。第二若螨食量大增，螨体迅速增大，多数个体经 1~3 天，进入静息期，静息行为和蜕皮过程与前两次相似，经 1 天左右，羽化为成螨。此螨各虫态均具有背光性和趋湿的习性。

此螨在国内主要分布于安徽、北京、广东、广西、河北、河南、黑龙江、湖南、吉林、江苏、江西、辽宁、上海、四川、台湾、云南和重庆等地；在国外分布于澳大利亚、德国、俄罗斯、法国、韩国、荷兰、美国、南非、日本、意大利和英国等国家。

嗜木螨属特征：椭圆形，白色或浅灰色，足及螯肢淡褐色。前足体板长椭圆形，侧缘直，后缘略凹。顶外毛（ve）退化或缺如，或以微小刚毛存在，着生在前足体板侧缘中间；顶内毛（vi）伸达螯肢。足I基节处有一棒形假气门器。胛外毛（sce）较胛内毛（sci）长 2 倍以上。后半体背毛、侧毛完全，较长的毛基部膨大。雄螨的躯体后缘不形成突出的末体板。足I、II跗节的背中毛（Ba）不呈锥形刺，远离第一感棒（ω_1）；足I跗节有亚基侧毛（aa）；足I、II跗节末端背端毛（e）呈刺状；侧中毛（r）和正中端毛（f）端部可膨大呈叶状板且弯曲；各跗节有 5 个腹端刺（p、q、u、v、s），s 稍大，其余大小大体相同。

嗜木螨属（*Caloglyphus*）成螨分种检索表

1. 基节上毛（scx）明显，边缘有明显栉齿 ··········· 2
   scx 有时不明显，几乎光滑 ··········· 5
2. 雌螨肛毛 a_4、a_6 为短刚毛 ··········· 3
   雌螨肛毛 a_4、a_6 为长刚毛 ··········· 昆山嗜木螨（*Caloglyphus kunshanensis*）
3. 雄螨足I跗节的正中端毛（f）显著膨大 ··········· 奥氏嗜木螨（*Caloglyphus oudemansi*）
   雄螨足I跗节的 f 稍膨大 ··········· 4
4. 骶外毛（sae）的长不及第一背毛（d_1）的 2 倍 ··········· 赫氏嗜木螨（*Caloglyphus hughesi*）
   sae 的长为 d_1 的 2 倍以上 ··········· 卡氏嗜木螨（*Caloglyphus caroli*）
5. 足I、II跗节末端没有叶状刚毛，雄螨足IV跗节上的一对吸盘离该节两端的距离相等 ··········· 6
   足I、II跗节末端有叶状刚毛，雄螨足IV跗节上吸盘位于该节端部的 1/2 处 ··········· 7
6. 后侧毛（lp）和第四背毛（d_4）约为 d_1 的 2 倍，第三背毛（d_3）和 d_4 约等长 ··········· 食根嗜木螨（*Caloglyphus rhizoglyphoide*）
   lp 和 d_4 约为 d_1 的 3~5 倍，d_3 比 d_4 短 ··········· 奇异嗜木螨（*Caloglyphus paradoxa*）
7. scx 清楚，超过 d_1 长的一半 ··········· 伯氏嗜木螨（*Caloglyphus belesei*）
   scx 不明显，不超过 d_1 长的一半 ··········· 8
8. 雌螨 d_4 比 d_3 明显长 ··········· 9
   雌螨 d_4 比 d_3 短或等长 ··········· 10
9. 生殖孔与肛孔接触 ··········· 嗜粪嗜木螨（*Caloglyphus coprophila*）
   生殖孔与肛孔不连接 ··········· 上海嗜木螨（*Caloglyphus shanghaiensis*）

10. 雌螨 d_4 与 d_3 等长，lp 与 d_1 和第二背毛（d_2）几乎等长 ································
　　·································· 食菌嗜木螨（*Caloglyphus mycophagus*）
　　雌螨 d_4 较 d_3 明显短，lp 超过 d_1 和 d_2 的 3 倍········· 福建嗜木螨（*Caloglyphus fujianensis*）

伯氏嗜木螨（*Caloglyphus berlesei* Michael，1903）

同种异名：*Tyloglyphus mycophagus* Menin，1874；*Tyloglyphus mycophagus sensu* Berlese，1891；*Caloglyphus rodinovi* Zachvadkin，1935。

伯氏嗜木螨雌雄差异很大。同型雄螨躯体长 600 ~ 900μm，在潮湿环境中呈纺锤形且无色，表皮光滑有光泽，跗肢淡棕色；以足Ⅲ、Ⅳ间为最宽（图4-116）。异型雄螨躯体长 800 ~ 1000μm。雌螨躯体长 800 ~ 1000μm，比雄螨圆且明显膨胀。休眠体躯体长 250 ~ 350μm，深棕色，体表呈拱形，除前足体前面的表皮外，躯体部分的表皮均光滑。

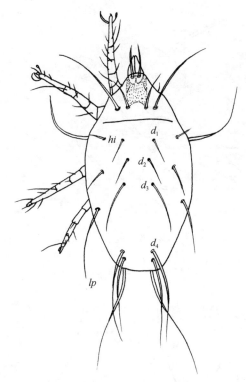

图 4-116　伯氏嗜木螨（*Caloglyphus berlesei*）（♂）背面
d_1 ~ d_4，hi，lp：躯体的刚毛

同型雄螨：颚体狭长，螯肢具齿且有一上颚刺。前足体板呈长方形，后缘稍凹或不规则。背面，顶外毛（ve）短小，位于前足体板侧缘中间，除顶内毛（vi）外，所有躯体背面刚毛几乎完全光滑并在基部加粗；胛外毛（sce）较长，为胛内毛（sci）的 3 ~ 4 倍，且 2 对胛毛彼此间距相等；基节上毛（scx）明显，几乎光滑，超过第一背毛（d_1）长度的一半。格氏器为一断刺，表面有小突起（图4-117）。第一背毛（d_1）较短，第二背毛（d_2）为 d_1 长度的 2 ~ 3 倍，第三背毛（d_3）、第四背毛（d_4）较长，且 d_4 超出躯体末端（图

4-116）；前侧毛（la）和肩内毛（hi）较 d_2 短，为 d_1 长度的 $1.5 \sim 2$ 倍。腹面，基节内突板发达，形状不规则；肛后毛 pa_2 比 pa_1 长 $3 \sim 5$ 倍，pa_3 比 pa_2 长；有明显的圆形肛门吸盘（图 4-118A）。各足较细长，末端具较为发达的前跗节及柄状的爪。足Ⅰ跗节的第一感棒（ω_1）顶端膨大，与芥毛（ε）着生在同一凹陷上；亚基侧毛（aa）的着生点远离 ω_1 和第二感棒（ω_2），顶端的第三感棒（ω_3）呈均匀圆柱体状；d_1 超出跗节的末端，第二背端毛（e）较粗且为刺状，正中端毛（f）和侧中毛（r）为镰状，且顶端膨大呈叶片状（图 4-119A）。腹中毛（w）和正中毛（m）粗刺状，趾节基部有 5 个明显的刺状突起（图 4-119B）。胫节毛（gT、hT）为刺状，且 gT 比 hT 细小。膝节腹面刚毛有小栉齿。足Ⅳ跗节的交配吸盘位于其端部的 1/2 处，r 和 w 为刺状，正 f 细长且顶端稍膨大（图 4-120A）。阳茎为一条挺直管状物，骨化明显。

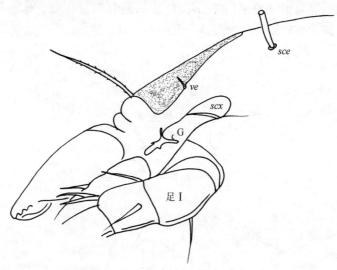

图 4-117　伯氏嗜木螨（*Caloglyphus berlesei*）第一若螨前足体侧面

sce, *ve*：刚毛；G：格氏器；*scx*：基节上毛

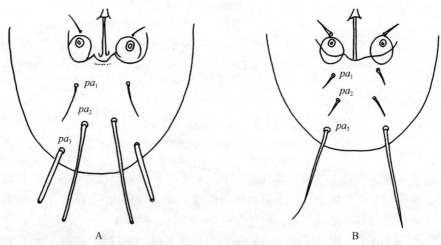

图 4-118　肛门区

A. 伯氏嗜木螨（*Caloglyphus berlesei*）（♂）；B. 食菌嗜木螨（*Caloglyphus mycophagus*）（♂）

$pa_1 \sim pa_3$：肛后毛

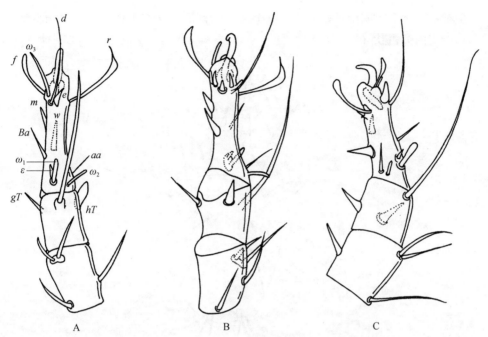

图 4-119　伯氏嗜木螨（*Caloglyphus berlesei*）和食菌嗜木螨（*Caloglyphus mycophagus*）（♂）的足

A. 伯氏嗜木螨右足Ⅰ背面；B. 伯氏嗜木螨左足Ⅰ腹面；C. 食菌嗜木螨左足Ⅰ外面

$\omega_1 \sim \omega_3$：感棒；ε：芥毛；*d, e, f, aa, Ba, m, r, w, gT, hT*：刚毛

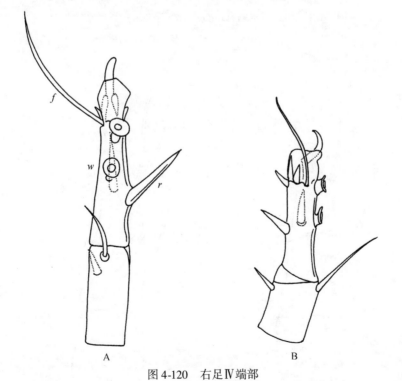

图 4-120　右足Ⅳ端部

A. 伯氏嗜木螨（*Caloglyphus berlesei*）（♂）；B. 食菌嗜木螨（*Caloglyphus mycophagus*）（♂）

f, r, w：跗节毛

　　异型雄螨：刚毛较同型雄螨的长，刚毛基部明显加粗（图 4-121）。足 Ⅲ 明显加粗，各足的末端表皮内突粗壮（图 4-122）。

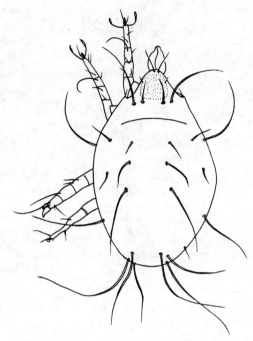

图 4-121　伯氏嗜木螨（*Caloglyphus berlesei*）异型雄螨背面

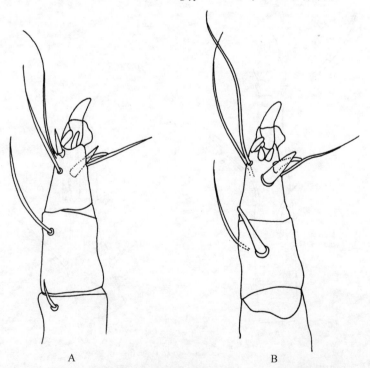

A　　　　　　　　　　　　　　　　　　B

图 4-122　伯氏嗜木螨（*Caloglyphus berlesei*）异型雄螨足 Ⅲ 末端

A. 背面；B. 腹面

雌螨：躯体背毛比同型雄螨背毛短（图4-123），且第四背毛（d_4）比第三背毛（d_3）短，有小栉齿，末端不尖。6对肛毛（a）微小（图4-124A），2对在肛门前端两侧，4对围绕在肛门后端。足各节的刚毛序列与同型雄螨相同。生殖感觉器大且明显。末端的交配囊被一小骨化板包围，通过一细管与受精囊相通（图4-125）。

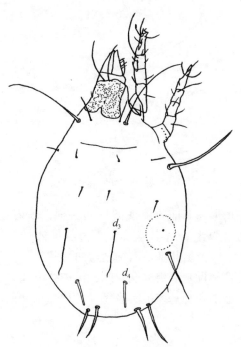

图4-123　伯氏嗜木螨（*Caloglyphus berlesei*）（♀）背面

d_3，d_4：背毛

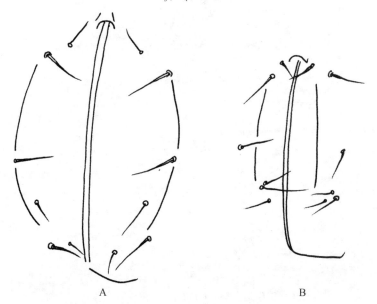

图4-124　肛门区（♀）

A. 伯氏嗜木螨（*Caloglyphus berlesei*）；B. 食菌嗜木螨（*Caloglyphus mycophagus*）

图 4-125　伯氏嗜木螨（*Caloglyphus berlesei*）（♀）生殖系统

休眠体：前足体呈三角形，向前收缩成圆形的尖顶，顶内毛（*vi*）着生在顶尖上，2 对胛毛（*sc*）较短，排列呈弧形。后半体较大，为前足体长的 4～5 倍，有细微的刚毛（图 4-126）。腹面（图 4-127），足 II 基节内突稍弯曲，胸板的侧面明显。足 II 基节板内缘较为明显，但不封闭；足 III 和 IV 基节板完全封闭，沿中线分离；各基节板的缘均加厚。生殖板和吸盘板骨化明显。足 I 和 III 基节板有吸盘。各足的爪和前跗节发达，足 I 、 II 跗节

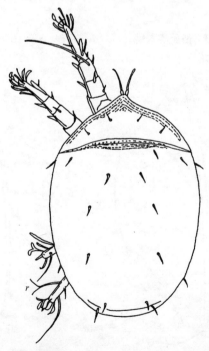

图 4-126　伯氏嗜木螨（*Caloglyphus berlesei*）休眠体背面
r：锯齿状刚毛

有 5 根弯曲的叶状毛包围着爪（图 4-128）。背端毛（e）的顶端膨大成杯状吸盘；足 I 跗节第一感棒（ω_1）比该节的基部宽，但较足 II 跗节的 ω_1 短。背中毛（Ba）光滑。足 I、II 胫节毛 hT、gT 和膝节毛 mG 均为刺状，较 ω_1 短。足 IV 跗节毛 r 长而弯曲并有栉齿，伸到跗节的末端。生殖孔两侧有刚毛 1 对和吸盘 1 对；吸盘板上具有吸盘 8 个，前吸盘与中央吸盘的直径几乎相等（图 4-129）。

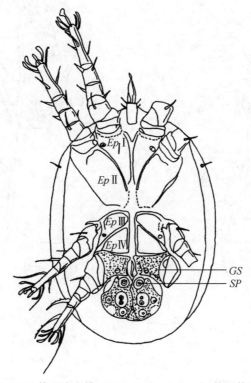

图 4-127　伯氏嗜木螨（*Caloglyphus berlesei*）休眠体腹面
I ~ IV：基节板；Ep：基节内突；GS：生殖板；SP：吸盘板

幼螨：足上无叶状刚毛，基节杆发达（图 4-130）。

食菌嗜木螨（*Caloglyphus mycophagus* Megnin，1874）

雄螨躯体长约 640μm，比伯氏嗜木螨圆（图 4-131）。雌螨躯体长约 780μm，呈球形。

雄螨：前足体板后缘较为平直，背毛与伯氏嗜木螨的相似。顶内毛（vi）和胛内毛（sci）栉齿明显，基节上毛（scx）短，不到第一背毛（d_1）长度的一半；d_1、第二背毛（d_2）和前侧毛（la）几乎等长，第三背毛（d_3）和后侧毛（lp）有变异，但其长度较伯氏嗜木螨短。腹面，肛后毛（pa）排列分散，pa_2 不到 pa_1 长度的 2 倍（图 4-118B）。跗节较短（图 4-119C），足 I 跗节的毛序与伯氏嗜木螨的相似。足 IV 跗节有吸盘 2 个，位于该节端部的 1/2 处（图 4-120B），正中端毛（f）略膨大。

雌螨：第四背毛（d_4）与 d_3 等长或比 d_3 长，并超出躯体后缘（图 4-132）；刚毛排列同伯氏嗜木螨。腹面有肛毛 6 对（图 4-124B），后面一群位于肛门后端之前。交配囊位于末端，开口于受精囊。

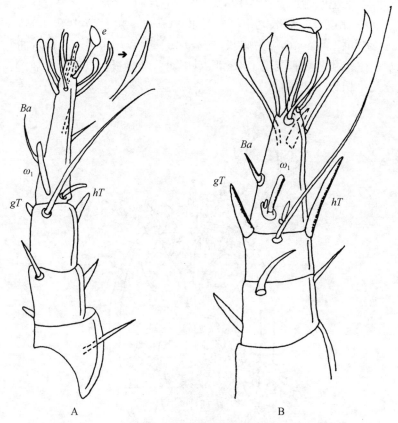

图 4-128　休眠体足 I 背面

A. 伯氏嗜木螨（*Caloglyphus berlesei*）；B. 罗宾根螨（*Rhizoglyphus robini*）

ω_1：感棒；*e*，*Ba*，*gT*，*hT*，*mG*：刚毛和刺

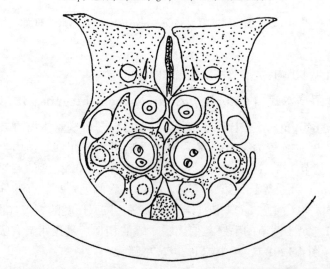

图 4-129　伯氏嗜木螨（*Caloglyphus berlesei*）休眠体吸盘板

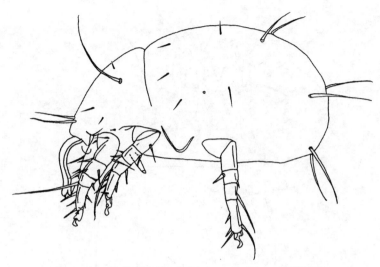

图 4-130　伯氏嗜木螨（*Caloglyphus berlesei*）幼螨侧面

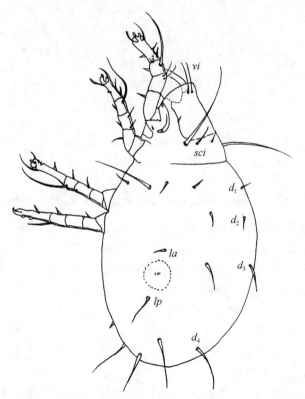

图 4-131　食菌嗜木螨（*Caloglyphus mycophagus*）（♂）背侧面
vi，*sci*，$d_1 \sim d_4$，*la*，*lp*：躯体的刚毛

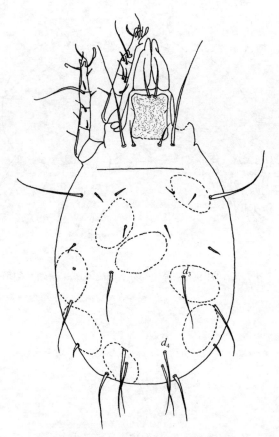

图 4-132　食菌嗜木螨（*Caloglyphus mycophagus*）（♀）背面

d_3，d_4：背毛

食根嗜木螨（*Caloglyphus rhizoglyphoides* Zachvatkin，1937）

同种异名：*Acotyledon rhizoglyphoides* Zachvatkin，1937；*Eberhardia pedispinifer* Nesbitt，1945；*Acotyledon muninoi* Hughes，1948。

雄螨躯体长 360 ~ 650μm，呈长梨形。雌螨躯体长 530 ~ 700μm。休眠体体小，颜色苍白，躯体后缘扁平，边缘向腹面弯曲。

雄螨：前足体背板后缘有缺刻，顶外毛（*ve*）短小；胛外毛（*sce*）较长，为胛内毛的（*sci*）4 倍以上，*sci* 间距（*sci-sci*）为 *sci* 与 *sce* 间距（*sci-sce*）的 2 倍以上；基节上毛（*scx*）为一弯杆物。后半体的刚毛除肩外毛（*he*）外均短小，肩内毛（*hi*）、第一背毛（d_1）、第二背毛（d_2）、骶外毛（*sae*）和前侧毛（*la*）等长，第三背毛（d_3）、第四背毛（d_4）和后侧毛（*lp*）较长，约为 d_1 的 2 倍（图 4-133）。腹面，基节内突与表皮内突相愈合。肛毛的排列如图 4-134 所示，肛后毛 pa_1 和 pa_2 几乎等长，pa_2 和 pa_3 着生在同一直线上。足 I 跗节（图 4-135D）的正中端毛（*f*）较弯曲，正中毛（*m*）和腹中毛（*w*）为细长刚毛，侧中毛（*r*）和背中毛（*Ba*）着生在同一水平。胫节毛（*hT*）细长；膝节毛（*mG*）光滑。足 IV 跗节的交配吸盘位于该节的中间（图 4-136B）。

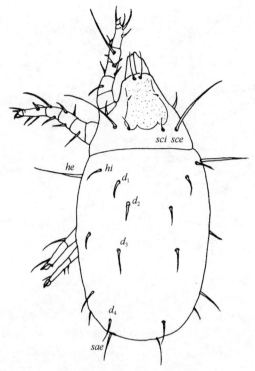

图 4-133　食根嗜木螨（*Caloglyphus rhizoglyphoides*）（♂）背面
sce，*sci*，*he*，*hi*，*d₁~d₄*，*la*，*sae*：躯体的刚毛

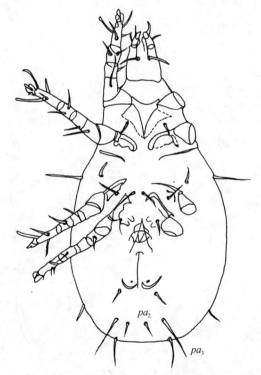

图 4-134　食根嗜木螨（*Caloglyphus rhizoglyphoides*）（♂）腹面
pa₂，*pa₃*：肛后毛

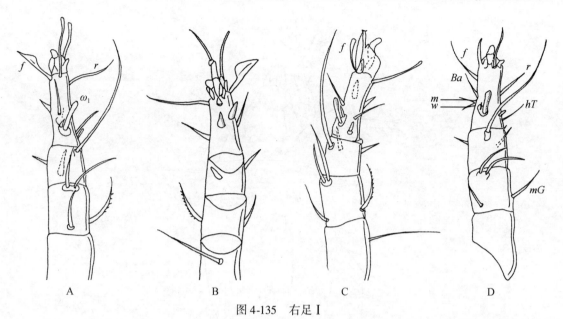

图 4-135　右足 I

A. 奥氏嗜木螨（*Caloglyphus oudemansi*）（♂）右足 I 背面；B. 奥氏嗜木螨（♂）右足 I 腹面；
C. 赫氏嗜木螨（*Caloglyphus hughesi*）（♂）右足 I 背侧面；D. 食根嗜木螨（*Caloglyphus rhizoglyphoides*）（♂）右足 I 背面

感棒：ω_1；刚毛：f, Ba, m, r, w, hT, mG

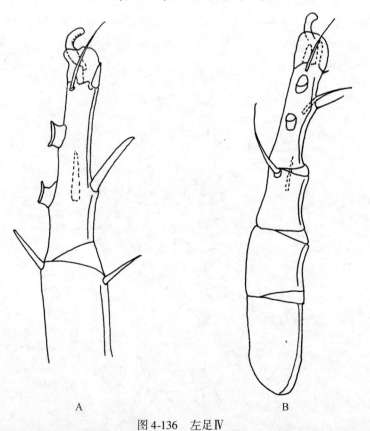

图 4-136　左足 IV

A. 奥氏嗜木螨（*Caloglyphus oudemansi*）（♂）；B. 食根嗜木螨（*Caloglyphus rhizoglyphoides*）（♂）

雌螨（图4-137）：与雄螨不同处在于肛门孔周围有肛毛6对（图4-138B）。

休眠体：前足体板呈三角形，尖顶圆钝，覆盖颚体基部。前足体与后半体间由一膜状表皮相连。颚体基节短，顶端略呈叉状。背毛排列与伯氏嗜木螨相同（图4-139）。腹面（图4-140），胸板较短，足Ⅱ基节板完全封闭，其表皮内突与基节内突有一弯曲的轮廓。胸腹板间无明显分界线。足Ⅲ、Ⅳ基节前缘轮廓明显，基节被空白区分为2个对称物。腹板后缘轮廓不清，足I、Ⅲ基节上的吸盘退化。吸盘板呈椭圆形，边缘扁平，但吸盘并未完全发育，前吸盘发育不全，中央吸盘表面稍凸，后吸盘为双折射状（图4-141）。足I跗节（图4-135D）着生的刚毛均不发达，但有一根刚毛明显超过爪的末端；爪四周着生的刚毛弯曲，顶端稍膨大；第一感棒（ω_1）细长。胫节毛（hT）和膝节毛（mG）不甚明显，尚未呈刺状。肛门孔与生殖孔明显。

奥氏嗜木螨（*Caloglyphus oudemansi* Zachvatkin，1937）

同种异名：*Caloglyphus krameri* Berlese，1881。

同型雄螨躯体长430～500μm，颜色和表皮纹理似伯氏嗜木螨（*Caloglyphus berlesei*），但躯体更长且不为鳞茎状（图4-142）。异形雄螨躯体长450μm。雌螨躯体长530～775μm。休眠体躯体长250～300μm，似球状，淡棕红色。背面呈拱形，边缘薄而透明。

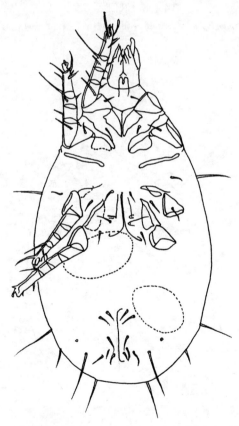

图 4-137　食根嗜木螨（*Caloglyphus rhizoglyphoides*）（♀）腹面

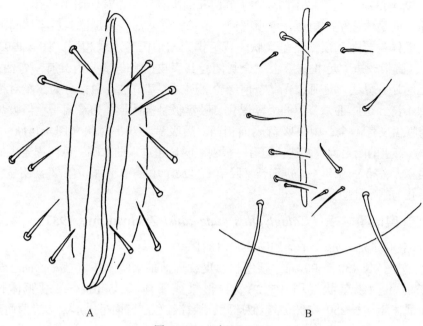

图 4-138　肛门区（♀）

A. 奥氏嗜木螨（*Caloglyphus oudemansi*）；B. 食根嗜木螨（*Caloglyphus rhizoglyphoides*）

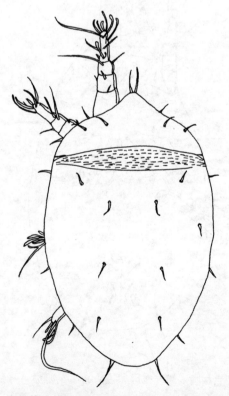

图 4-139　食根嗜木螨（*Caloglyphus rhizoglyphoides*）休眠体背面

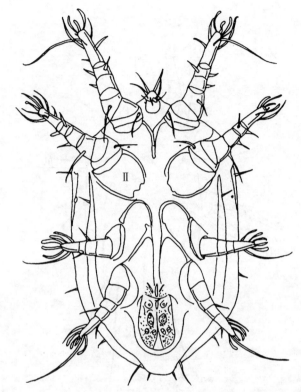

图 4-140　食根嗜木螨（*Caloglyphus rhizoglyphoides*）休眠体腹面
Ⅱ：基节板Ⅱ

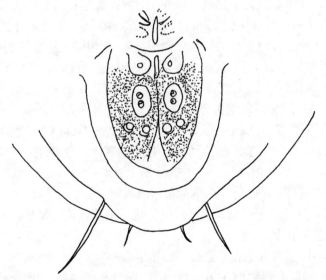

图 4-141　食根嗜木螨（*Caloglyphus rhizoglyphoides*）休眠体吸盘板

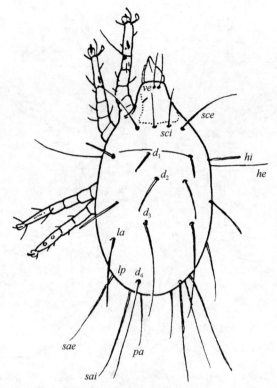

图 4-142　奥氏嗜木螨 (*Caloglyphus oudemansi*) (♂) 背面
ve, *sce*, *sci*, *he*, *hi*, $d_1 \sim d_4$, *la*, *lp*, *sae*, *sai*, *pa*: 躯体的刚毛

同型雄螨：前足体板后缘几乎挺直，顶外毛 (*ve*) 着生在前足体板的侧缘中间。胛外毛 (*sce*) 较胛内毛 (*sci*) 长 2～3 倍，*sci* 间距 (*sci-sci*) 与 *sci* 到 *sce* 的间距 (*sci-sce*) 相等。基节上毛 (*scx*)（图 4-143）弯曲扁平，侧缘具 4～8 根刺，扁平的表面可有少数倒刺。第一背毛 (d_1)、第二背毛 (d_2)、前侧毛 (*la*)、肩内毛 (*hi*) 和肩腹毛 (*hv*) 较短，光滑且硬直，有时末端较圆。第三背毛 (d_3)、第四背毛 (d_4)、后侧毛 (*lp*)、骶外毛 (*sae*) 和骶内毛 (*sai*) 较长，末端尖细，*sae* 至少较 d_1 长 3 倍。腹面，后半体肛后毛 pa_1 的间距与 pa_3 的间距几乎相等，pa_2 位于 pa_3 的前内侧（图 4-144A）。足的形状及刚毛排列与伯氏嗜木螨不同点：足Ⅰ的第一感棒 (ω_1) 顶端稍膨大；侧中毛 (*r*) 较细长，顶端不膨大；正中端毛 (*f*) 为透明的叶状，且顶端膨大（图 4-135A，B）。足Ⅳ跗节着生的吸盘离该节两端距离相等（图 4-136A）。阳茎为稍弯曲的管状物。

异型雄螨（图 4-145）：似同型雄螨，但更骨化，刚毛较长。足Ⅲ膨大，跗节末端为一弯曲的表皮突，其基部有个大刺。

雌螨：与雄螨不同点为背毛和体躯长度较雄螨短；第三背毛 (d_3) 和第四背毛 (d_4) 末端尖细。腹面，6 对肛毛较微小（图 4-138A），肛门孔距体躯后缘较远。足Ⅰ和足Ⅱ的正中端毛 (*f*) 顶端不膨大为叶状。

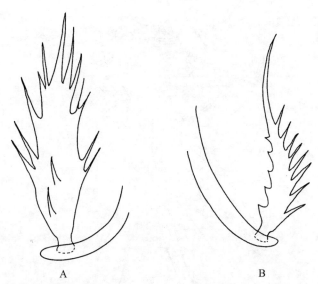

图 4-143　奥氏嗜木螨（*Caloglyphus oudemansi*）基节上毛

A. 正面观；B. 侧面观

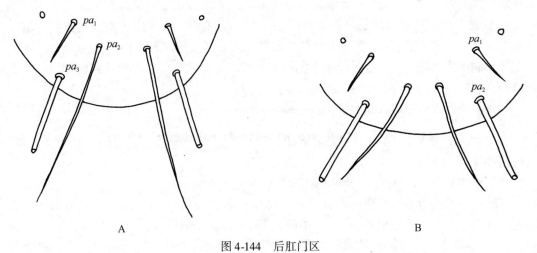

图 4-144　后肛门区

A. 奥氏嗜木螨（*Caloglyphus oudemansi*）；B. 赫氏嗜木螨（*Caloglyphus hughesi*）

$pa_1 \sim pa_3$：肛后毛

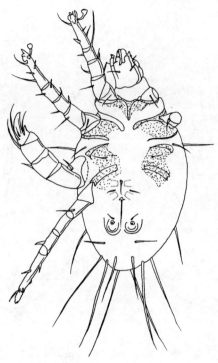

图 4-145　奥氏嗜木螨（*Caloglyphus oudemansi*）异型雄螨腹面

休眠体：颚体梨形，端部鞭状鬃刺超出前足体的前缘。躯体刚毛细小而弯曲，顶外毛（*ve*）位于躯体前缘中央的小峰突上（图 4-146）。胸板通过一条拱形横线与腹板分开，足Ⅱ表皮内突和基节内突后伸至拱形线，将其基节板包围。足Ⅲ基节板开放，在足Ⅳ表皮内突前端有刚毛 1 对。足Ⅳ基节板后缘为一条弧形线。吸盘板较小，位置较前。足Ⅰ第一感棒（ω_1）长，向前延伸达爪的基部；背中毛（*Ba*）约与跗节等长。3 根顶毛镰状；第二背端毛（*e*）长而弯曲，顶端膨大为杯状。胫节毛（*hT*）和膝节毛（*mG*）为无色的平板状刺，紧靠足的边缘。其余各足的刚毛相同，簇状围绕在爪基部。生殖孔两侧和足Ⅰ、Ⅲ基节板也有吸盘（图 4-147）。

幼螨：与伯氏嗜木螨（*Caloglyphus berlesei*）的幼螨相似。

赫氏嗜木螨（*Caloglyphus hughesi* Samsinak，1966）

同种异名：*Caloglyphus redikorzevi* Hughes，1961。

雄螨躯体长 400～500μm。雌螨躯体长度为 500～700μm。

雄螨：与奥氏嗜木螨不同点为除肩外毛（*he*）和胛外毛（*sce*）外，背刚毛末端均为圆匙形（图 4-148）。第三背毛（d_3）、第四背毛（d_4）、后侧毛（*lp*）和骶外毛（*sae*）较短，*sae* 不到第一背毛（d_1）长度的 2 倍。足Ⅰ的正中端毛（*f*）为弯曲状，顶端稍膨大（图 4-135C）。第二对肛后毛（pa_2）较细短，不到第一对肛后毛（pa_1）长度的 3 倍。躯体后缘肛后毛（*pa*）的排列见图 4-144B。

雌螨（图 4-149）：形态似奥氏嗜木螨，不同处为刚毛较短且末端呈匙形。

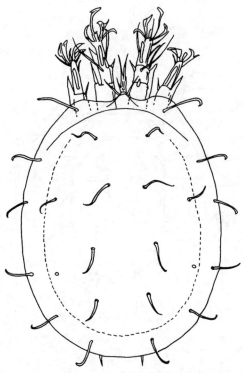

图 4-146　奥氏嗜木螨（*Caloglyphus oudemansi*）休眠体背面

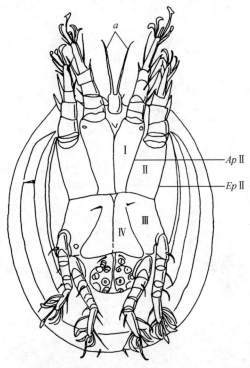

图 4-147　奥氏嗜木螨（*Caloglyphus oudemansi*）休眠体腹面

Ap Ⅱ：足Ⅱ表皮内突；*Ep* Ⅱ：足Ⅱ基节内突；*a*：颚体的鬃刺；Ⅰ～Ⅳ：基节板

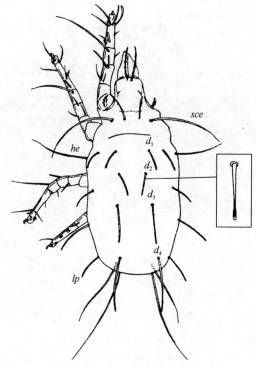

图 4-148　赫氏嗜木螨（*Caloglyphus hughesi*）（♂）背面

sce，*he*，$d_1 \sim d_4$，*lp*：躯体的刚毛

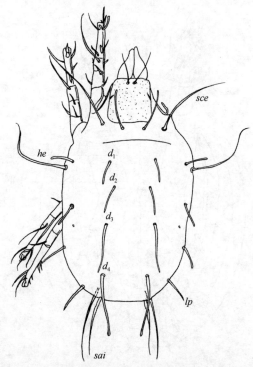

图 4-149　赫氏嗜木螨（*Caloglyphus hughesi*）（♀）背面

sce，*sci*，*he*，$d_1 \sim d_4$，*lp*：躯体的刚毛

卡氏嗜木螨（*Caloglyphus caroli* Channabasavanna & Krishna Rao，1982）

雄螨躯体长 443μm，宽 271μm。雌螨躯体略较雄螨大。

雄螨：背面（图 4-150），表皮光滑，前足体板呈长方形，两侧略凹，表面有刻点。基节上毛（scx）发达，侧缘有长而直的倒刺；除顶内毛（vi）外，躯体其他背面刚毛均光滑。顶外毛（ve）微小，位于前足体背板侧缘近中间；胛外毛（sce）长，为胛内毛（sci）的 6 倍左右，胛内毛间距（sci-sci）为胛内毛与胛外毛之间距离（sci-sce）的 3 倍左右；背毛 4 对，长度依次递增，每对背毛的末端均未到达相邻背毛的基部；肩外毛（he）较肩内毛（hi）长，后侧毛（lp）为前侧毛（la）的 2 倍，骶内毛（sai）为骶外毛（sae）的 3 倍。腹面（图 4-151），肛后毛 3 对，其中第三对肛后毛（pa_3）最长，第一对肛后毛之间的距离（pa_1-pa_1）和第三对肛后毛之间距离（pa_3-pa_3）分别为第二对肛后毛之间距离（pa_2-pa_2）的 2.10 倍和 1.96 倍。足 I 跗节毛 f 顶端膨大。足 IV 跗节有吸盘 1 对，两吸盘间的距离为各吸盘到跗节两端距离的 2 倍，跗节毛 r 和 w 位于近爪端的跗节吸盘稍低处（图 4-152）。

雌螨：刚毛排列与雄螨相同。肛毛 6 对，2 对位于肛门前端，1 对位于中间，3 对位于末端（图 4-153）。

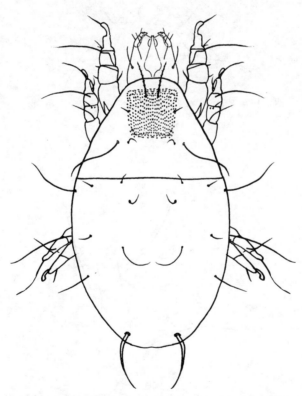

图 4-150　卡氏嗜木螨（*Caloglyphus caroli*）（♂）背面

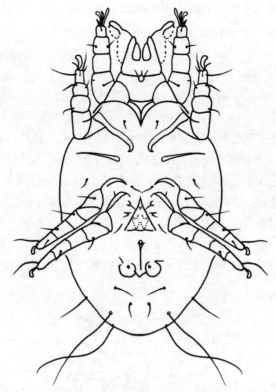

图 4-151　卡氏嗜木螨（*Caloglyphus caroli*）（♂）腹面

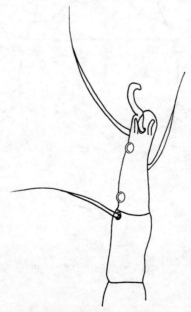

图 4-152　卡氏嗜木螨（*Caloglyphus caroli*）（♂）足Ⅳ跗节

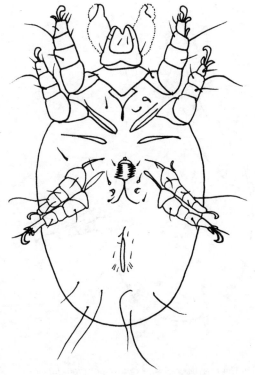

图 4-153　卡氏嗜木螨（*Caloglyphus caroli*）（♀）腹面

昆山嗜木螨（*Caloglyphus kunshanensis* Zou & Wang，1991）

成螨表皮光滑、体呈黄白色，多数螨末体两侧各有一个显著的红褐色色素斑。雄螨躯体长 450～617μm，宽 246～379μm。雌螨躯体长 644μm（555～821μm），宽 391μm（287～552μm）。休眠体长 250～300μm，宽 200～250μm，呈红褐色，骨化强。

雄螨：背面，除顶外毛（*ve*）、胛外毛（*sce*）和肩外毛（*he*）光滑外，其余背毛的端部 1/3 均有细刺（图 4-154A）。*ve* 位于前足体侧缘近中间处，微小，顶内毛（*vi*）为 *ve* 的6 倍左右。两胛内毛（*sci*）的间距（*sci-sci*）为相邻胛内毛（*sci*）与胛外毛（*sce*）距离（*sci-sce*）的 1.5 倍。基节上毛（*scx*）为小杆状（图 4-154B），基部略宽，向端部逐渐变细，略长于 d_1，其上有细刺。后半体除 *he* 较长外，其余背毛均较短，其中 d_1 最短，第二背毛（d_2）次之，肩内毛（*hi*）略长于第二背毛（d_2）。前侧毛（*la*）与第四背毛（d_4）约等长。第三背毛（d_3）、后侧毛（*lp*）、骶内毛（*sai*）与骶外毛（*sae*）几乎等长。d_4 短于d_3。腹面（图 4-155），第三对肛后毛（pa_3）最长；第二对肛后毛（pa_2）次之，超出体躯后缘；第一对肛后毛（pa_1）最短，pa_3 与 pa_1 在同一纵列。各足末端均无叶状毛。足 I 跗节第一感棒（ω_1）两侧平行（图 4-156A），端部扩大成圆头。足 I 膝节毛 *mG* 和 *cG* 均有细刺。足 IV跗节端吸盘位于该节中间（图 4-156B）。

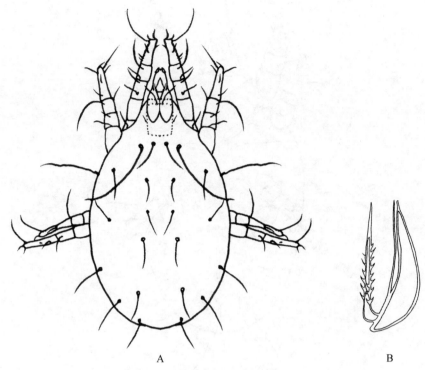

图 4-154 昆山嗜木螨 (*Caloglyphus kunshanensis*) (♂)

A. 背面；B. 基节上毛

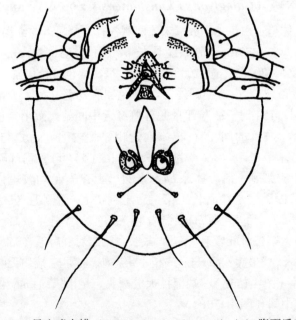

图 4-155 昆山嗜木螨 (*Caloglyphus kunshanensis*) (♂) 腹面后半部

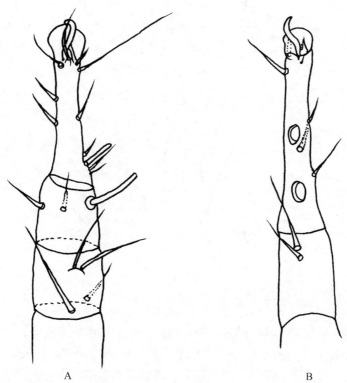

图 4-156 昆山嗜木螨 (*Caloglyphus kunshanensis*) (♂) 足
A. 足 I；B. 足 IV

雌螨：体型、背毛长度及排列与雄螨相似（图 4-157）。顶内毛（*vi*）为顶外毛（*ve*）的

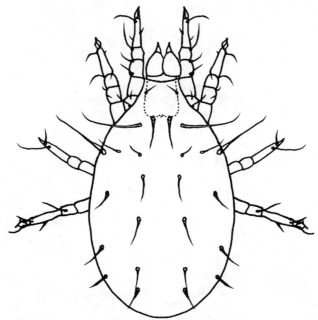

图 4-157 昆山嗜木螨 (*Caloglyphus kunshanensis*) (♀) 背面

4倍左右；肩内毛（hi）、第二背毛（d_2）、第四背毛（d_4）、骶外毛（sae）、前侧毛（la）约等长，第一背毛（d_1）略短，后侧毛（lp）较长，第三背毛（d_3）比第四背毛（d_4）长。腹面，肛毛6对（$a_1 \sim a_6$），a_1、a_2、a_3、a_5为短肛毛，长度关系为$a_2 > a_3 > a_1 \approx a_5$。$a_4$和$a_6$较长（图4-158）。肛门末端距躯体末端较近。足与雄螨相似。

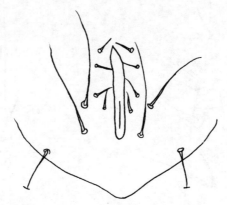

图4-158　昆山嗜木螨（*Caloglyphus kunshanensis*）（♀）肛毛

休眠体：颚体基部无分节。背面（图4-159），前足体前侧缘略突，顶端较平直。胛内毛（sci）与胛外毛（sce）基本位于同一水平或略前，顶内毛（vi）位于前足体顶部或稍后。后半体刚毛清晰可见。腹面（图4-160），腹板和胸板之间有一条拱线，足Ⅱ基节板开

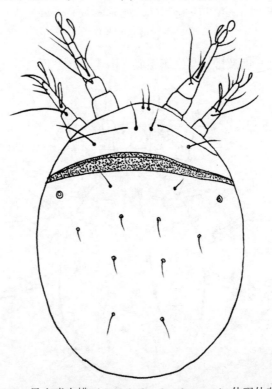

图4-159　昆山嗜木螨（*Caloglyphus kunshanensis*）休眠体背面

放。两块足Ⅳ基节板连成一块，后面有一条波纹状的沟将其与生殖板分开。各生殖板、基节板及吸盘板骨化明显。吸盘板呈圆形，其上有吸盘8个，前吸盘的中心部分易移位，留下两个透明区。足Ⅰ及足Ⅲ基节上各有吸盘一对。足细长，足Ⅰ跗节感棒约为该节长度的一半。足Ⅰ跗节末端有吸盘状毛1根及叶状毛1根（图4-161）。足Ⅳ跗节有长刚毛3根及叶状毛5根，其中一根长度为该节的2倍。生殖孔两边有吸盘1对及生殖毛1对。

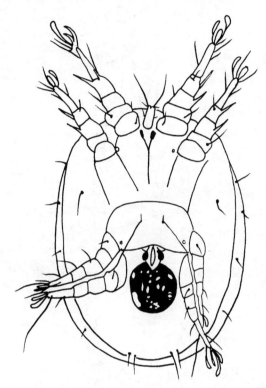

图4-160 昆山嗜木螨（*Caloglyphus kunshanensis*）休眠体腹面

奇异嗜木螨（*Caloglyphus paradoxa* Oudemans，1903）

同种异名：*Acotyledon paradoxa* Oudemans，1903。

奇异嗜木螨体无色，表皮光滑。雄螨躯体长379~510μm，宽235~314μm。休眠体无色，长226~287μm，宽164~212μm。

雄螨：背面（图4-162），背毛光滑，且胛外毛（sce）最长，肩外毛（he）次之。顶内毛（vi）为胛内毛（sci）的2倍。两sci之间距（sci-sci）是相邻胛内毛与sce的距离（sci-sce）的2.5倍。第一背毛（d_1）、第二背毛（d_2）及前侧毛（la）约等长。肩内毛（hi）与骶外毛（sae）等长。第四背毛（d_4）、后侧毛（lp）及骶内毛（sai）约等长。第三背毛（d_3）比d_4短。基节上毛（scx）光滑，呈杆状。腹面（图4-163），第一对肛后毛（pa_1）最短，第二对肛后毛（pa_2）比第一对肛后毛（pa_1）略长，不超过躯体后缘，第三对肛后毛（pa_3）最长，第二对肛后毛（pa_2）和第三对肛后毛（pa_3）在同一水平或pa_2略前。各足末端均无叶状毛。足Ⅰ跗节第一感棒（ω_1）基部宽，向上逐渐扩大，端部膨大成纺锤状（图4-164）。足Ⅳ跗节吸盘位于其中间。

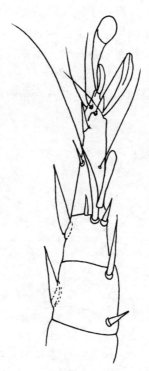

图 4-161　昆山嗜木螨（*Caloglyphus kunshanensis*）休眠体足 I

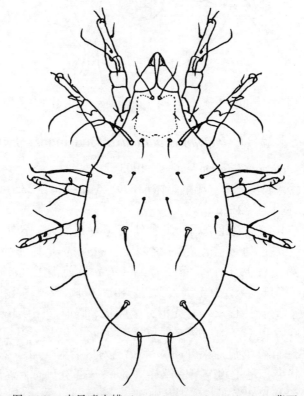

图 4-162　奇异嗜木螨（*Caloglyphus paradoxa*）（♂）背面

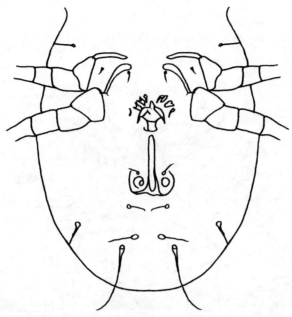

图 4-163　奇异嗜木螨（*Caloglyphus paradoxa*）（♂）腹面后半部

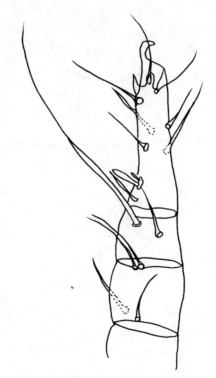

图 4-164　奇异嗜木螨（*Caloglyphus paradoxa*）（♂）足 I

　　雌螨：与雄螨基本相似（图 4-165）。肛毛 6 对（图 4-166），受精囊大且多有皱褶。生殖感觉器较细长（图 4-167）。

　　休眠体：颚体较短，呈圆形。吸盘板为柔软、膜质的垫子，后面及侧面有一条几丁质折叠的轮廓，其上有两对几乎退化的吸盘（图 4-168）。

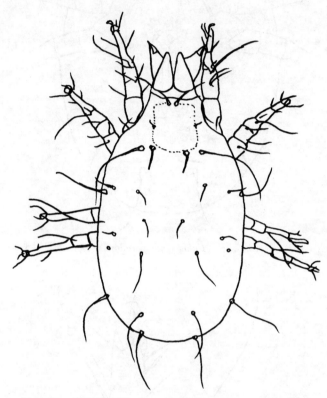

图 4-165　奇异嗜木螨（*Caloglyphus paradoxa*）（♀）背面

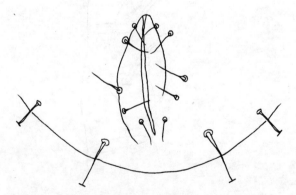

图 4-166　奇异嗜木螨（*Caloglyphus paradoxa*）（♀）肛毛

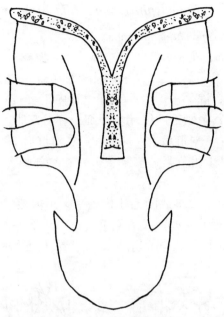

图 4-167 奇异嗜木螨（*Caloglyphus paradoxa*）（♀）生殖孔

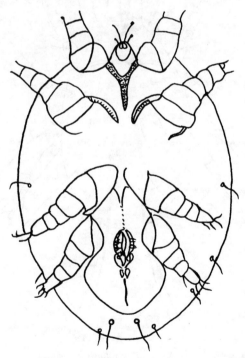

图 4-168 奇异嗜木螨（*Caloglyphus paradoxa*）休眠体腹面

嗜粪嗜木螨（*Caloglyphus coprophila* Mahunka，1968）

同种异名：*Sancassania coprophila* Mahunka，1968。

雄螨躯体长 546～566μm，宽 334～388μm。雌螨躯体长 585～650μm，宽 365～430μm。

雄螨：背面（图 4-169），顶内毛（*vi*）为胛内毛（*sci*）的 1.5 倍。肩内毛（*hi*）短，约为肩外毛（*he*）的 1/6，除第一背毛（d_1）、肩内毛（*hi*）、胛内毛（*sci*）、前侧毛（*la*）、骶外毛（*sae*）外，其余刚毛的尾端均纤细，且易弯曲。基节上毛（*scx*）呈锥形，微小。腹面（图 4-170），第一对肛后毛（pa_1）和第二对肛后毛（pa_2）均未超过躯体后缘。足Ⅰ末端有叶状毛 2 根，足Ⅰ跗节第一感棒（ω_1）在端部膨大（图 4-171）。肛孔与生殖孔接触。

雌螨：背面（图 4-172），大多数刚毛比雄螨短。顶内毛（*vi*）为胛内毛（*sci*）的 2 倍。第四背毛（d_4）、第三背毛（d_3）及后侧毛（*lp*）几乎等长。腹面，肛毛 6 对，2 对在前，4 对在后，a_1、a_4、a_6 微小，均不超过 a_2、a_3、a_5 长度的一半（图 4-173）。

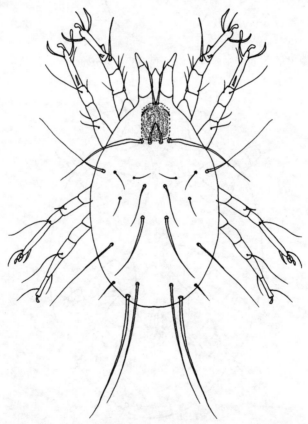

图 4-169　嗜粪嗜木螨（*Caloglyphus coprophila*）（♂）背面

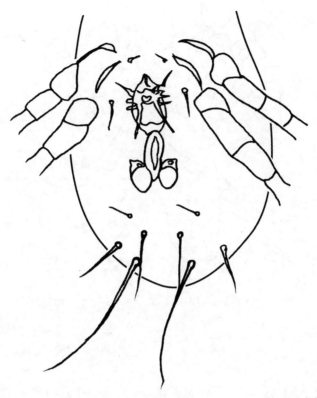

图 4-170 嗜粪嗜木螨 (*Caloglyphus coprophila*) (♂) 腹面后半部

图 4-171 嗜粪嗜木螨 (*Caloglyphus coprophila*) (♂) 足 I

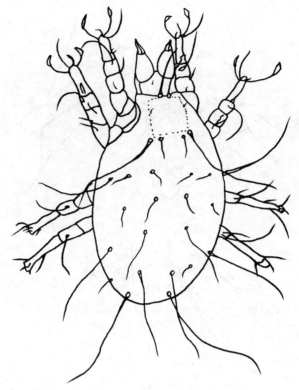

图 4-172　嗜粪嗜木螨（*Caloglyphus coprophila*）（♀）背面

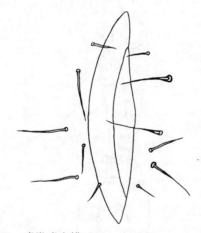

图 4-173　嗜粪嗜木螨（*Caloglyphus coprophila*）肛毛

上海嗜木螨（*Caloglyphus shanghaiensis* Zou & Wang, 1989）

雄螨躯体呈白色，椭圆形，长 523～644μm，宽 292～385μm。雌螨躯体卵圆形，呈白色，长 363～600μm，宽 311～363μm，孕螨较成螨大，长为 633～877μm，宽为 432～641μm。休眠体躯体黄白色，近似圆形，长 215～246μm，宽 157～186μm。

雄螨：背面（图 4-174），背毛光滑，顶外毛（ve）微小，位于前足体板侧缘近中间处，顶内毛（vi）比胛内毛（sci）略长；两 sci 之间距（sci-sci）为相邻 sci 与胛外毛（sce）距离（sci-sce）的2倍。基节上毛（scx）光滑、微小、呈锥状。后半体大部分背毛较长，基部加粗成鳞茎状，而第一背毛（d_1）、第二背毛（d_2）、肩内毛（h_1）、前侧毛（la）、骶外毛（sae）的长度较短；而第三背毛（d_3）、第四背毛（d_4）、肩外毛（he）、后侧毛（lp）、骶内毛（sai）较长。腹面（图4-175），第一对肛后毛（pa_1）比第二对肛后毛（pa_2）短；第二对肛后毛（pa_2）远离躯体末端；第三对肛后毛（pa_3）基部加粗，与在第一对肛后毛（pa_1）同一水平上，长为 $231 \sim 261\,\mu m$。足 I、II 跗节各有叶状毛2根（图4-176A）。跗节第一感棒（ω_1）基部窄，逐渐向上扩大，端部呈纺锤形，顶端尖。足 III、IV 跗节各有叶状毛一根。足 IV 跗节端部有吸盘一对。肛孔与生殖孔不连接。

雌螨：背面（图4-177），刚毛长度较雄螨短而略细，但排列与雄螨相似。腹面（图4-178），肛毛6对，a_2、a_3、a_5 较长，约为 a_1、a_4、a_6 的 $3 \sim 4$ 倍。足与雄螨相似，足 I、II 跗节各有叶状毛2根，足 III、IV 跗节各有叶状毛1根。

休眠体：背面（图4-179），表皮光滑，刚毛细小。前足体顶端略尖，呈三角形，覆盖颚体。腹面（图4-180），颚体基区近长方形。胸板和腹板的轮廓不明显。足 II 表皮内突前半段不明显，足 II 基节内突中间中断。足 III、IV 表皮内突不连接。腹板缺如。顶内毛（vi）着生于尖顶上，两对胛毛呈弧形。足 I 和 III 基节板上有基节吸盘，吸盘板上有吸盘8对。四对足均较短，从背面观察可见足 I、II 的大部分，足 I、II 跗节的感棒（ω）较长，达跗节的 2/3 处（图4-176B）。足 IV 跗节仅有刚毛1根（图4-176C）。

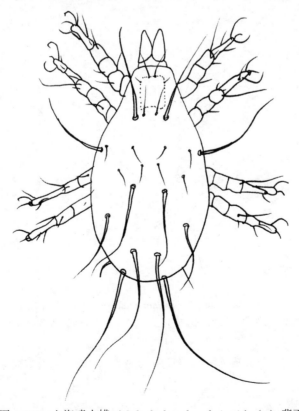

图4-174　上海嗜木螨（*Caloglyphus shanghaiensis*）（♂）背面

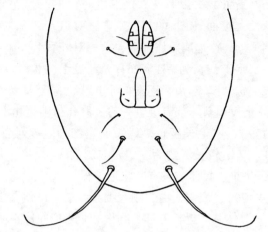

图 4-175　上海嗜木螨（*Caloglyphus shanghaiensis*）（♂）腹面

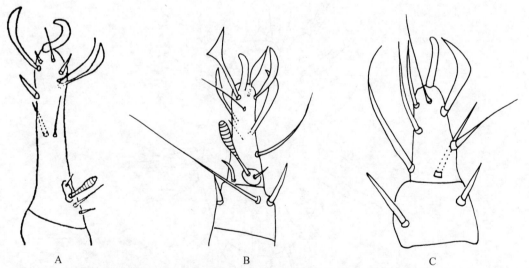

A　　　　　　　　　　　　B　　　　　　　　　　　　C

图 4-176　上海嗜木螨（*Caloglyphus shanghaiensis*）（♂）足 I 跗节和休眠体足

A. 雄螨足 I 跗节；B. 休眠体足 I 胫节和跗节；C. 休眠体足Ⅳ胫节和跗节

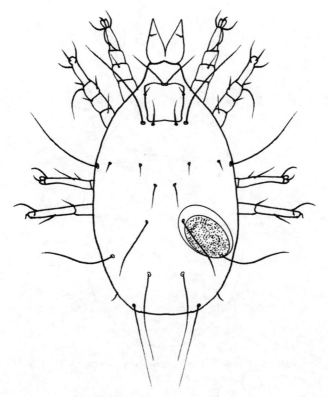

图 4-177　上海嗜木螨（*Caloglyphus shanghaiensis*）（♀）背面

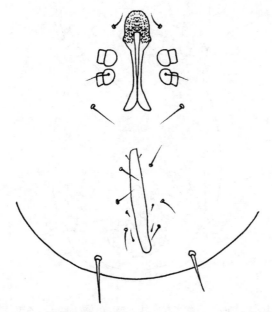

图 4-178　上海嗜木螨（*Caloglyphus shanghaiensis*）（♀）腹面

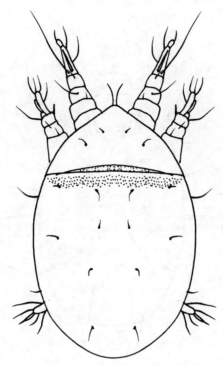

图 4-179　上海嗜木螨（*Caloglyphus shanghaiensis*）休眠体背面

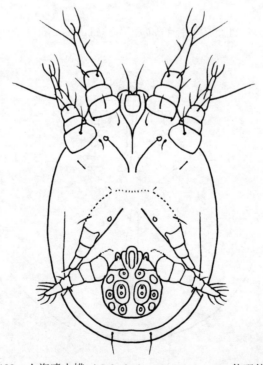

图 4-180　上海嗜木螨（*Caloglyphus shanghaiensis*）休眠体腹面

（王慧勇）

八、根螨属（*Rhizoglyphus* Claprarède，1869）

　　根螨属螨类呈世界性分布，其中大多数是毁坏农业及园艺作物的鳞茎、块茎、根茎及其储藏物的重要害螨。苏秀霞（2007）统计根螨属共记录有 75 种（含 6 个亚种），其中有效种 54 个（含 6 个亚种）。目前我国根螨共记录 13 种：罗宾根螨（*Rhizoglyphus robini*）、水芋根螨（*Rhizoglyphus callae*）、刺足根螨（*Rhizoglyphus echinopus*）、大蒜根螨（*Rhizoglyphus allii*）、淮南根螨（*Rhizoglyphus huainanensis*）、康定根螨（*Rhizoglyphus kangdingensis*）、水仙根螨（*Rhizoglyphus narcissi*）、长毛根螨（*Rhizoglyphus setosus*）、单列根螨（*Rhizoglyphus singularis*）、猕猴桃根螨（*Rhizoglyphus actinidia*）、澳登根螨（*Rhizoglyphus ogdeni*）、短毛根螨（*Rhizoglyphus brevisetosus*）、花叶芋根螨（*Rhizoglyphus caladii*）。

　　根螨属螨类常孳生于植物的根茎上。有些根螨的植物寄主较广泛，如罗宾根螨可孳生于马铃薯、大葱、韭葱、大蒜及细香葱等 16 科 5 属 46 种植物上；水芋根螨的寄主植物至少也有洋葱、百合、马铃薯、甜菜和葡萄等 14 科 28 种；刺足根螨常孳生于洋葱、大蒜、辣椒、姜黄及番薯等生长在热带或亚热带地区的植物块茎和鳞茎上；长毛根螨常孳生于苋菜、春菜、麦冬草、火葱、洋葱、大葱、韭葱、大蒜、韭菜、粉红虾脊兰、何首乌、马铃薯、白鹤芋、可可树和玉米等植物上，苏秀霞（2007）曾在福建农林大学福州金山校园内的芋头、大蒜和百合等采获长毛根螨；单列根螨多孳生于生姜、大葱、野芋、花叶芋、苏铁、薯蓣、姜花等草本植物；花叶芋根螨可孳生于海芋、匍枝银莲花和台湾山芋等植物上。有些根螨的植物寄主目前发现较单一，如大蒜根螨常孳生于大蒜和洋葱等植物根茎上；水仙根螨可孳生于水仙等石蒜科草本植物卵圆形或圆锥形的球茎上；康定根螨常孳生于冬虫夏草（*Cordyceps sinensis*）等麦角菌科真菌中；淮南根螨孳生在洋葱根茎上；猕猴桃根螨可孳生于猕猴桃肉质根上；澳登根螨主要孳生于大蒜和洋葱等植物根部的须根上；长毛根螨可孳生于蒜头和马蹄莲等植物上。根螨属螨类为重要的农业害螨，常孳生于各种植物的块茎、球茎、鳞茎等根茎上，是重要的仓储螨类。水芋根螨也曾在潮湿腐烂的小麦碎屑及脂肪碎块中被发现，大蒜根螨常孳生于温暖而潮湿的环境中。

　　罗宾根螨行严格的两性生殖，在最适温度 27℃ 下，完成发育过程约需 11 天；在 16 ~ 27℃ 时，发育速度与温度成正比；35℃ 后发育速度与温度成反比，临界致死温度为 37 ℃。Zachvatkin（1941）发现有些双翅目昆虫，如粪蝇（*Scatopsis* sp.）、麦蝇（*Phorbia* sp.）、种蝇（*Chortophila* sp.）、食蚜蝇（*Eumerus* sp.）等与该螨有相同的栖息场所，可携带此螨的休眠体。魏鸿钧（1990）报道，水芋根螨以寄主植物的组织为食，导致受害后的植株矮小、变黄以致枯萎，同时还能传播导致腐烂病的尖孢镰刀菌（*Fusarium oxysporum*）。水芋根螨完成一个世代需经历如下阶段：卵、幼螨、第一若螨、休眠体（第二若螨）、第三若螨、成螨。刺足根螨为两性生殖，每雌产卵量与温度及取食有关，在室内条件下，该螨在 1 年内可完成 16 个世代（张丽芳，2010）。水仙根螨常孳生于相对湿度较大的环境，15 ~ 30℃ 条件下可完成世代发育，在适宜的条件下生长发育快，也可在土壤中越冬；目前已发现雌螨、常型雄螨、异型雄螨、第一若螨、第二若螨、第三若螨的个体；该螨的适应力较强，在土壤中会通过垂直迁移逃离极端条件，导致其运输存活率较高。长毛根螨除发现雌成螨和同型雄螨外，还发现幼螨、第一若螨及第三若螨阶段；孵化后的幼螨在植物表面集聚取食，生长发育后，进入第一静息期（不活动）；蜕皮发育为第一若螨，再进入第二静息期；若环境条件恶劣或营养不足，则发育为第二若螨（具有特殊形态的休眠体）；若在适宜的环境条件下，蜕皮后直接发育为第三若螨；经过最后一个静息期后，发育为成螨。单列根螨从卵孵化发育至成螨的时间与取食和温度有关，当营养充足、生长环境适宜时单列根螨一年能发生多代，该螨常生长在热带或亚热带地区。

在上述介绍的 13 种根螨中，水仙根螨、康定根螨、猕猴桃根螨分别分布在我国的福建省、湖北省、四川省；大蒜根螨主要分布于北京市、重庆市和陕西省；短毛根螨国内分布于重庆市和福建省；单列根螨国内主要分布于福建和台湾，国外主要分布于斐济、印度和印度尼西亚；澳登根螨国内分布于福建省、江苏省和四川省，国外分布于新西兰；花叶芋根螨国内目前见于台湾，国外分布于巴布亚新几内亚、尼泊尔、印度。罗宾根螨、长毛根螨呈世界性分布，国内主要分布于福建、吉林、江西、山西、上海、四川、台湾、香港、云南、浙江和重庆等地。国外分布于阿尔及利亚、埃及、奥地利、澳大利亚、比利时、波兰、德国、俄罗斯、斐济、哥伦比亚、古巴、韩国、荷兰、加拿大、美国、墨西哥、南非、尼泊尔、日本、瑞士、泰国、汤加、希腊、巴布亚新几内亚、新加坡、新西兰、以色列、意大利、印度和英国等国家。

根螨属特征：螨体色淡，表面光滑，体后区球形，足及螯肢具厚几丁质。顶外毛（ve）退化为微小刚毛，位于前足体板侧缘靠近中央处，或缺如。胛外毛（sce）比胛内毛（sci）长，sci 可缺如。有基节上毛（scx）。前背板长方形，后缘不整齐。足 I 基部有假气门器 1 对。足粗短，足 I 和 II 跗节的背中毛（Ba）圆锥形，与第一感棒（ω_1）相近；足 I 跗节的亚基侧毛（aa）缺如，有些跗节端部刚毛可有末端膨大。雄螨的躯体后缘不形成突出的末体板，足 IV 跗节粗短，端部有吸盘 2 个，末端有单爪。雌螨足较细。常发生异型雄螨和休眠体。

根螨属（*Rhizoglyphus*）雄螨分种检索表

1. 肛后毛 pa_3 比 pa_2 长 3 倍以上 ·· 2
   肛后毛 pa_3 短于 pa_2 ·· 4
2. 肛吸盘板较小，无放射状纹 ··· 罗宾根螨（*R. robini*）
   肛吸盘板较大，有放射状纹 ·· 3
3. 胛内毛（sci）长；背毛 la 与腺体孔 gla 距离较近 ···················· 单列根螨（*R. singularis*）
   sci 退化；背毛 la 与腺体孔 gla 距离较远 ························· 短毛根螨（*R. brevisetosus*）
4. 背毛 d_1、hi、la、d_2 微小且等长；背毛 la 距 gla 近 ··················· 大蒜根螨（*R. allii*）
   背毛 d_1、hi、la、d_2 长且不等长；背毛 la 距 gla 远 ································· 5
5. 阳茎末端渐细；基节上毛 scx 长而尖 ·· 6
   阳茎末端整齐；基节上毛 scx 较粗壮 ·· 7
6. sci 长；d_3 较长，约为 d_3-d_3 的 2 倍 ····································· 花叶芋根螨（*R. caladii*）
   sci 微小；d_3 较短，与 d_3-d_3 几乎等长 ································· 长毛根螨（*R. setosus*）
7. scx 末端分叉；d_3 与 d_3-d_3 几乎等长 ···································· 水芋根螨（*R. callae*）

scx 末端无分叉；d_3 约为 d_3-d_3 的 1/2 ·· 8

8. 格氏器分叉明显；躯体较纤细 ······························· 水仙根螨（*R. narcissi*）

格氏器无明显分叉；躯体较肥圆 ···························· 澳登根螨（*R. ogdeni*）

根螨属（*Rhizoglyphus*） 雌螨分种检索表

1. 输卵管小骨片间距小于 20μm ·· 2

输卵管小骨片间距大于 45μm ·· 3

2. 具 3 对长肛毛；d_3 约为 d_3-d_3 的 2 倍；*sci* 较长 ··············· 花叶芋根螨（*R. caladii*）

具 6 对肛毛；d_3 与 d_3-d_3 几乎等长；*sci* 微小 ··················· 罗宾根螨（*R. robini*）

3. 具 6 对肛毛，a_1 长且粗壮 ································· 长毛根螨（*R. setosus*）

具 3~6 对肛毛，a_1 微小或退化 ·· 4

4. 背毛 d_1、*hi*、*la*、d_2 短小，各毛长度相近；*sci* 退化或微小 ····················· 5

背毛 d_1、*hi*、*la*、d_2 较长，各毛长度不等；*sci* 长 ······························ 6

5. *la*-*gla* 间距小于 15μm，*elcp* 短于 10μm ··················· 大蒜根螨（*R. allii*）

la-*gla* 间距约为 24μm，*elcp* 约为 20μm ··············· 短毛根螨（*R. brevisetosus*）

6. *la* 与 *gla* 很接近；输卵管小骨片呈狭长 "V" 形 ············· 单列根螨（*R. singularis*）

la 远离 *gla*；输卵管小骨片呈倒 "Y" 形 ·· 7

7. 格氏器分叉明显；*scx* 末端分叉；d_3 长，与 d_3-d_3 几乎等长 ··········· 水芋根螨（*R. callae*）

格氏器分叉或不分叉；*scx* 末端无分叉；d_3 短，长度为 d_3-d_3 间距的 1/2 ·········· 8

8. 格氏器分叉明显；d_3 约为 d_3-d_3 间距的 1/2；躯体纤细 ············· 水仙根螨（*R. narcissi*）

格氏器无明显分叉；d_3 小于 d_3-d_3 间距的 1/2；躯体肥圆 ··········· 澳登根螨（*R. ogdeni*）

罗宾根螨（*Rhizoglyphus robini* Claparède，1869）

同种异名：*Rhizoglyphus echinopus* Fumouze & Robin, 1868 *sensu* Hughes, 1961。

该螨躯体椭圆形。同型雄螨体长 450~720μm，螨体表面光滑无色，跗肢淡红棕色；异型雄螨体长 600~780μm，足、颚体和表皮内突的颜色明显加深；雌螨躯体长 500~1 100μm。颚体构造正常，螯肢上有明显的齿。背面前足体板长方形，后缘稍不规则；腹面表皮内突颜色深。足短粗，末端为粗壮的爪和爪柄，退化的前跗节包裹着爪柄。

同型雄螨：颚体结构正常，螯肢上的齿明显。前足体板长方形，顶外毛（*ve*）为微毛或缺如。背刚毛光滑，胛外毛（*sce*）、肩外毛（*he*）、第四背毛（d_4）和骶内毛（*sai*）较长，超过躯体长度的 1/4；其余刚毛为 d_4 长度的 1/3 左右；d_4、后侧毛（*lp*）和骶外毛（*sae*）比 d_1 长（图 4-181）。基节上毛鬃毛状，比 d_1 长。腹面，表皮内突色深，附着在板上。足粗短，各足末端的爪和爪柄粗壮；前跗节退化并包裹柄的基部（图 4-182），腹面的 *p*、*q*、*s*、*u*、*v* 为刺状，包围柄的基部。足 I 跗节的第一背端毛（*d*）、正中端毛（*f*）和侧中毛（*r*）弯曲，顶端稍膨大；第二背端毛（*e*）和腹中毛（*w*）为刺状，背中毛（*Ba*）为粗刺，位于芥毛（*ε*）之前；跗节基部的感棒 ω_1、ω_2 和 ε 相近，第三感棒（ω_3）位于正常位

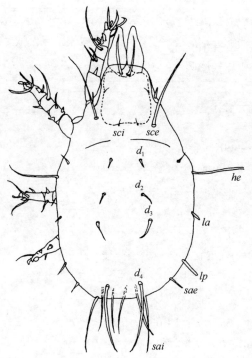

图 4-181　罗宾根螨（*Rhizoglyphus robini*）（♂）背面

sce，sci，he，$d_1 \sim d_4$，la，lp，sae，sai：躯体的刚毛

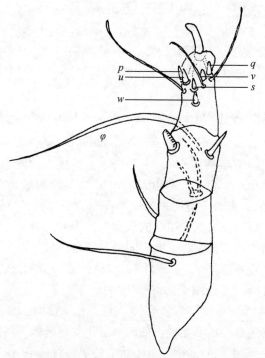

图 4-182　罗宾根螨（*Rhizoglyphus robini*）（♂）右足I腹面

w：腹中毛；φ：感棒；p，q，s，u，v：腹端刺

置，胫节感棒 φ 超出爪的末端，胫节毛（gT）加粗。膝节的膝外毛（σ_1）和膝内毛（σ_2）等长，腹面刚毛呈刺状（图4-183）。足Ⅳ跗节有 1 对吸盘，位于该节端部的1/2 处。生殖孔位于足Ⅳ基节间，有成对的生殖褶遮蔽短的阳茎，阳茎的支架接近圆锥形（图4-184A）。

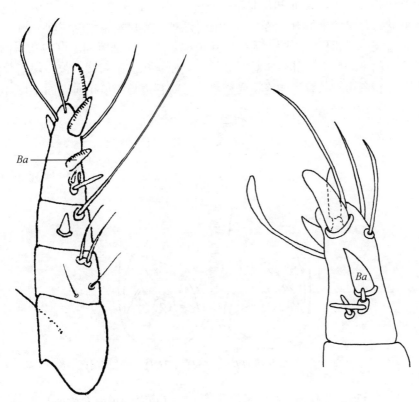

图 4-183　罗宾根螨（*Rhizoglyphus robini*）（♂）右足Ⅰ跗节背面

Ba：背中毛

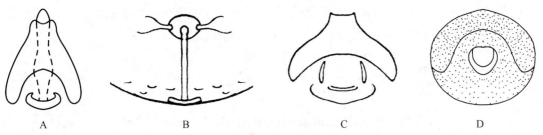

图 4-184　生殖器

A. 罗宾根螨（*Rhizoglyphus robini*）（♂）阳茎基部；B. 罗宾根螨（♀）生殖系统；
C. 水芋根螨（*Rhizoglyphus callae*）（♂）阳茎基部；D. 水芋根螨（♀）环绕交配囊的厚几丁质环

肛门孔较短，后端两侧有肛门吸盘（图 4-185），无明显骨化的环。肛后毛（pa）3 对，pa_1 较位置稍后的 pa_2 和 pa_3 短，后者超过躯体后缘很多。

异型雄螨：与同型雄螨的不同点在于体形较大，足、颚体和表皮内突的颜色明显加深。背刚毛均较长。足 I、足 II 和足 III 的侧中毛（r）、正中端毛（f）、第一背端毛（d）顶端膨大为叶状；足 III 的末端有一弯曲的突起，这种变异仅发生于躯体的一侧。

雌螨：形态与雄螨相似，不同点为生殖孔位于足 III、IV 基节间。肛门孔周围有肛毛 6 对，位于外后方的 1 对肛毛较其余 5 对明显长。交配囊孔位于末端，被一块稍骨化的板包围，交配囊与受精囊由一条管道相连，受精囊由 1 对管道与卵巢相通（图 4-184B）。

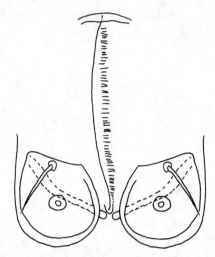

图 4-185　罗宾根螨（*Rhizoglyphus robini*）（♂）肛门区

休眠体：体长 250～350μm。外形与伯氏嗜木螨（*Caloglyphus berlesei*）的休眠体相似。不同点为颜色从苍白至深棕色，表皮有微小刻点，在顶毛周围刻点更明显。喙状突起明显，并完全遮盖颚体。背部刚毛均光滑（图 4-186）。腹面（图 4-187），胸板清楚，足 III 和足 IV 基节板轮廓明显，与生殖板分离。足 I 和足 III 基节有基节吸盘，生殖孔两侧有生殖吸盘和刚毛；吸盘板的 2 个中央吸盘较大，其余 6 个周缘吸盘大小一样。足粗短，足 I 跗节的端部具 1 根膨大的刚毛和 5 根叶状刚毛。第一感棒（ω_1）较该足的跗节短，背中毛（Ba）为刺状。足 I 膝节的腹刺 gT 和 hT 比 ω_1 长。足 IV 跗节的第一背端毛（d）稍超出爪的末端。

幼螨：相对于躯体的大小，第三背毛（d_3）和前侧毛（la）较其他发育期长；有基节杆，末端圆且光滑。

水芋根螨（*Rhizoglyphus callae* Oudemans，1924）

同种异名：*Tyrogtyphus echinopus* Fumouze & Robin，1868；*Rhizoglyphus echinopus* Fumouze & Robin，1868；路氏根螨（*Rhizoglyphus lucasii* Hughes，1984）。

形态与罗宾根螨（*Rhizoglyphus robini*）相似。躯体椭圆形，雄螨体长 650～700μm，雌螨体长 680～720μm。表皮白色，表面光滑，螯肢及足淡红色至棕色。背面前足体板长方形，后缘稍不规则。

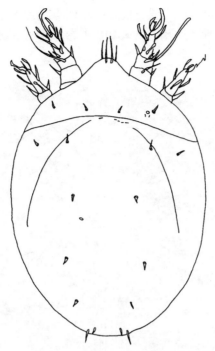

图 4-186　罗宾根螨（*Rhizoglyphus robini*）休眠体背面

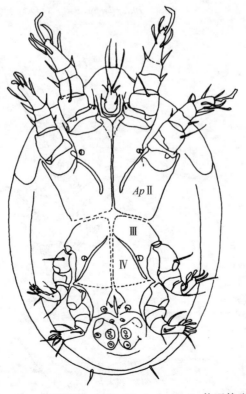

图 4-187　罗宾根螨（*Rhizoglyphus robini*）休眠体腹面

Ap Ⅱ：足Ⅱ表皮内突；Ⅲ，Ⅳ：基节板

雄螨（图4-188，图4-189）：与罗宾根螨的不同点为顶外毛（*ve*）为微小刚毛，着生在前足体板的侧缘中央。背刚毛光滑，无栉齿，长度超过体长的1/10。支持阳茎的支架叉的分开角度较大。

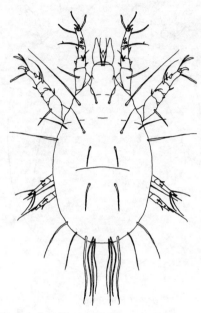

图 4-188　水芋根螨（*Rhizoglyphus callae*）（♂）背面

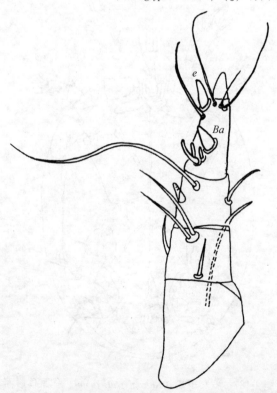

图 4-189　水芋根螨（*Rhizoglyphus callae*）右足 I 背面
e，*Ba*：跗节刺

雌螨：与雄螨相似，不同点为交配囊被一个骨化明显的环包围，且直接与较大的形状不规则的受精囊相通。

休眠体：圆形或椭圆形，长 250~370μm，黄褐色，背腹扁平，口器退化，生殖孔下方有数对肛吸盘，足Ⅰ、Ⅱ显著缩短（图4-190，图4-191）。

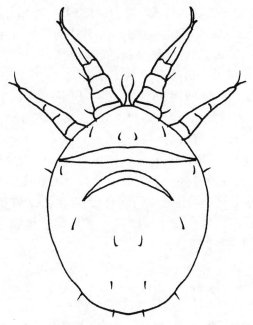

图4-190 水芋根螨（*Rhizoglyphus callae*）休眠体背面

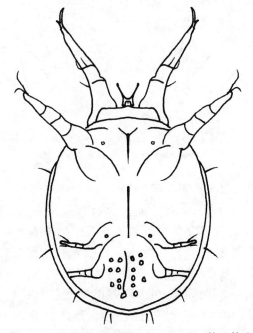

图4-191 水芋根螨（*Rhizoglyphus callae*）休眠体腹面

刺足根螨（*Tyrogtyphus echinopus* Fumouze & Robin，1868）

同种异名：*Tyroglyphus echinopus* Fumouze & Robin，1868；*Rhizoglyphus callae*（Oudemam，1924）Hughes，1961；*Rhizoglyphus lucasii*（Hughes，1948）Hughes，1961；*Rhizoglyphus echinopus*（Eyndhoven，1961）Fan & Zhang，2004。

雄螨体椭圆形，体壁较厚，乳白色或淡黄色，长595～713μm，宽368～503μm。雌螨囊状，乳白色，长780～851μm，宽503～603μm。雄螨前半体和后半体之间具一横沟。

雄螨：螯肢长119～132μm，着生螯肢腹毛和须肢基节上毛。前半体和后半体之间具一横沟。前足体背板有凹痕，后缘有缺刻。顶内毛（vi）较长，50～89μm，约为顶外毛（ve）长度的6～13倍，毛间距55～70μm；肩外毛（sce）长，超过躯体长度的1/4，肩内毛（sci）短，为肩外毛长度的1/5～1/3。格氏器分叉显著，基节毛宽厚、顶端常常分叉。第一背毛（d_1）、肩内毛（hi）、d_2、d_3、后半体第一排第四列背毛（sh）、前侧毛（la）、后侧毛（lp）较短，la 远离末体腺（gla）；骶外毛（sae）、d_4、骶内毛（sai）较长。足 I 上各毛长度及特征：基节毛圆锥状，跗节感棒有 ω_1、ω_2、e、w；胫节感棒 φ，其长度为跗节感棒的6～10倍，胫节毛 gT 刺状、hT 锥状；膝节感棒 σ_1 和 σ_2 约等长，膝节毛 cG、mG 短，股节毛 vF 长约为 mG 的4倍。生殖孔位于足Ⅲ、Ⅳ基节之间，具有1对肛吸盘（图 4-192A）。

图 4-192　刺足根螨（*Rhizoglyphus echinopus*）后半体腹面
A. 雄螨后半体腹面；B. 雌螨末体腹面

雌螨：螯肢钳状，动趾腹面基部具有一小刚毛。颚体底部有1对鞭状腹毛。须肢基节上具有一刺状毛。须肢末端分成2小节。前足体背板呈长方形，后缘稍不规则，有缺刻（图 4-193）。顶内毛（vi）位于前足体中线位置，基部在颚体上方；顶外毛（ve）位于螯肢两侧或稍后的位置；胛外毛（sce）比胛内毛（sci）长；胛毛着生于前足体背面后缘，排成横列。格氏器末端分叉明显；足 I 基节上毛（scx）宽厚，末端分叉；后半体第三背毛（d_3）较长，几乎与 d_3-lp 间距等长（图 4-192B）。足呈红棕色，粗短。足 I 基节毛圆锥状，胫节毛 gT 刺状、hT 锥状，其余各毛正常。生殖区位于足Ⅲ、Ⅳ基节之间，生殖孔具1对生殖毛。具生殖褶。肛孔周围具6对肛毛，交配囊呈横向囊状，输卵管骨片呈"Y"形（图 4-194）。

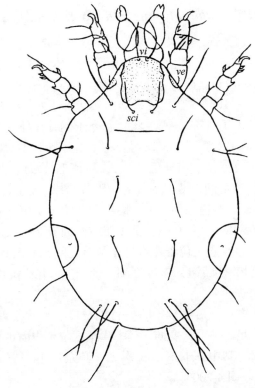

图 4-193　刺足根螨（*Rhizoglyphus echinopus*）（♀）背面

ve，*vi*，*sci*：躯体刚毛

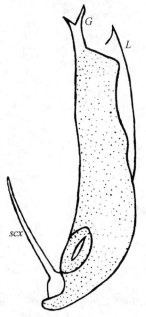

图 4-194　刺足根螨（*Rhizoglyphus echinopus*）侧骨片（*L*）、格氏器（*G*）和基节上毛（*scx*）

大蒜根螨 (*Rhizoglyphus allii* Bu & Wang, 1995)

该螨乳白色，躯体较为狭长，囊状。雄螨体长 450~462μm，宽 222~252μm；雌螨体长 414~612μm，宽 210~288μm。胛内毛 (*sci*) 退化，体毛纤细，格氏器分叉。

雄螨 (图 4-195，图 4-196)：顶内毛 (*vi*) 较长，基部相接但不相连，顶外毛 (*ve*) 短，仅为 *vi* 长度的 1/15~1/10，着生于背板的两侧前 1/3 处；胛外毛 (*sce*) 较长，胛内毛 (*sci*) 为微毛状；基节上毛 (*scx*) 刚毛状，着生于侧骨片外端下方；格氏器顶端分叉 (图 4-197)。前足体两侧有 1 对隙孔，末体两侧有 1 对体腺和 1 对隙孔。背毛 d_1、d_2、肩内毛 (*hi*)、前侧毛 (*la*) 短，d_3、肩外毛 (*he*)、后侧毛 (*lp*)、骶外毛 (*sae*) 较长，d_4 和骶内毛 (*sai*) 长。足 I 各毛的长度：基节毛、跗节感棒 ω_1、ω_2、跗节芥毛 (*ε*)、胫节毛 *gT*、*hT*、膝外毛 (σ_1)、膝内毛 (σ_2)、膝节毛 *cG*、*mG* 短，股节毛 (*vF*) 较长，胫节感棒 (*φ*) 长，为跗节感棒的 7~10 倍；足 IV 跗节腹面有 2 个大的跗节吸盘，其直径与跗节宽度相当 (图 4-198)。生殖区位于左右足 IV 基节之间，肛区具 1 对半圆形的肛吸盘，其上的 1 对肛毛 *a* 为短刺状。肛后毛 (*pa*) 3 对，pa_1 与 pa_3 几乎等长，pa_2 长度为 pa_1 或 pa_3 的 5 倍多。

雌螨：前足体背板长方形，后缘较平直。背毛长度、形状及着生位置同雄螨 (图 4-199)。格氏器顶端分叉。足 I 各毛长度同雄螨。生殖区位于腹面足 III、IV 基节中间。肛毛 (*a*) 6 对，位于肛孔周围，其中 a_2 最长，a_6 次之，其余肛毛均较 a_6 短。肛后毛 (*pa*) 1 对，长度为 a_2 的 5~9 倍 (图 4-200)。

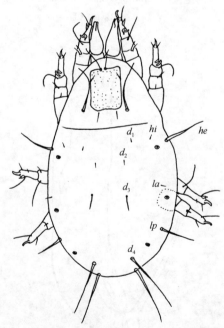

图 4-195　大蒜根螨 (*Rhizoglyphus allii*) 同型雄螨背面
he, *hi*, d_1~d_4, *la*, *lp*：躯体的刚毛

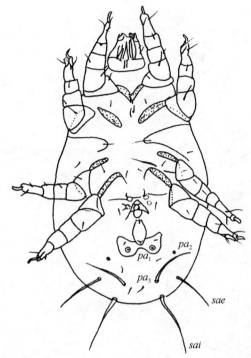

图 4-196 大蒜根螨（*Rhizoglyphus allii*）同型雄螨腹面

$pa_1 \sim pa_3$，*sae*，*sai*：躯体的刚毛

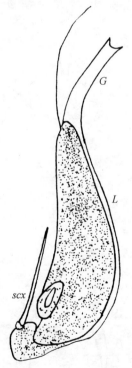

图 4-197 大蒜根螨（*Rhizoglyphus allii*）同型雄螨侧骨片、格氏器和基节上毛

G：格氏器；*L*：侧骨片；*scx*：基节上毛

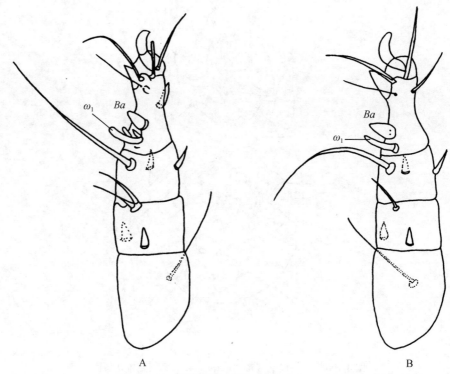

图 4-198　大蒜根螨（*Rhizoglyphus allii*）足
A. 雄螨足Ⅰ背面；B. 雄螨足Ⅱ背面
Ba：背中毛；ω_1：第一感棒

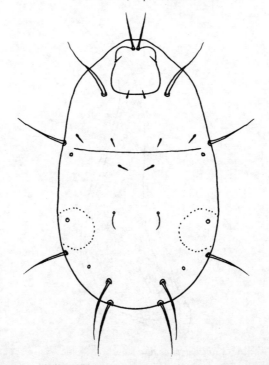

图 4-199　大蒜根螨（*Rhizoglyphus allii*）（♀）背面后半部

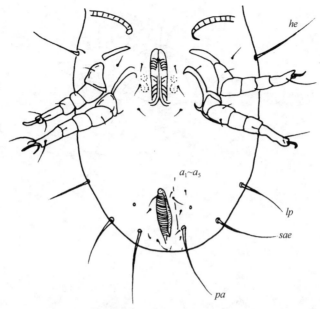

图 4-200　大蒜根螨（*Rhizoglyphus allii*）（♀）腹面

he, *lp*, *pa*, *sae*, $a_1 \sim a_5$：躯体的刚毛

未发现异型雄螨和休眠体。

淮南根螨（*Rhizoglyphus huainanensis* Zhang，2000）

雌螨呈囊状，体长 1006μm，宽 520μm。体表及跗肢为深棕色，骨化程度较高。背面表皮不光滑，躯体部有 9 ~ 14 个椭圆形蚀刻痕迹。

雌螨（图 4-201）：颚体较小，构造正常，背面不易见。螯肢分 2 节，每节有一微小刚毛，端节有一棒状感觉毛，须肢基部有 1 对较长刚毛，长 10μm。前足体板近梯形，板上密布微小刻点。顶外毛（*ve*）为微小毛，位于前足体板侧缘中部一凹陷处；顶内毛（*vi*）位于前足体板前端。胛外毛（*sce*）粗长，为前足体背部最明显的刚毛，胛内毛（*sci*）位于 *sce* 内后侧，为微小刚毛，长度近于第一背毛（d_1）。肩内毛（*hi*）粗长，距肩外毛（*he*）距离较近。*he* 短小，分颈沟后有 4 对背毛，其中 d_1 和第二背毛（d_2）微小，长度相近，第四背毛（d_4）较长，约为 d_1 和 d_2 的 3 倍，约为第三背毛（d_3）的 2 倍，延伸于体后。前侧毛（*la*）微小、不明显，后侧毛（*lp*）较长，约为 *la* 的 2 倍。骶内毛（*sai*）为长刚毛。未见基节上毛（*scx*）及骶外毛（*sae*）。足粗短，其末端均为一粗状的爪和爪柄，退化的前跗节包裹柄基部。腹面有 5 个明显刺，位于柄的基部。足 I 跗节上 *d*、*f*、*r* 均弯曲，顶端稍膨大，*e*、*w* 为刺状，背中毛（*Ba*）为粗刺，位于芥毛（*ε*）之前，ω_1、ω_2 与 *ε* 较近，ω_3 位置正常，胫节上超出爪末端，*gT* 加粗，膝节上 σ_1 与 σ_2 几乎等长（图 4-202）。生殖孔"人"字形，位于足 III、IV 间，两侧有 2 对大而明显的生殖感觉器，生殖孔周围有微小刚毛 3 对。肛门纵列状，周围有肛毛 6 对。交配囊孔位于躯体末端，被一骨化程度弱的板包围，交配囊由 1 根细管与受精囊相连（图 4-203）。

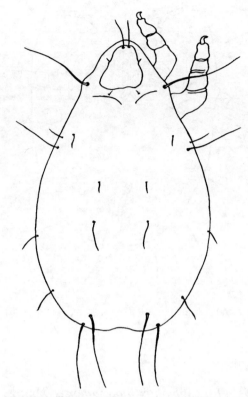

图 4-201　淮南根螨（*Rhizoglyphus huainanensis*）（♀）背面

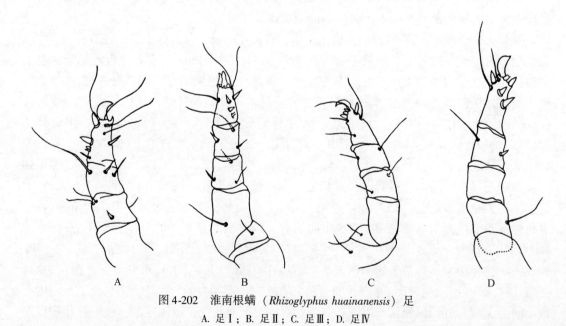

图 4-202　淮南根螨（*Rhizoglyphus huainanensis*）足

A. 足Ⅰ；B. 足Ⅱ；C. 足Ⅲ；D. 足Ⅳ

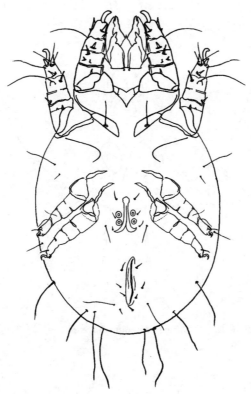

图 4-203　淮南根螨（*Rhizoglyphus huainanensis*）（♀）腹面

康定根螨（*Rhizoglyphus kangdingensis* Wang，1983）

康定根螨属较大型螨类，异型雄螨体长 708 ~ 853μm，宽 442 ~ 556μm；雌螨体长 998 ~ 1165μm，宽 565 ~ 714μm。躯体半透明，体表光滑。前足体背板长方形，后缘略凸。足 4 对，呈红棕色或棕褐色，粗细各不相同。

异型雄螨（图 4-204）：形态与雌螨相似。第三、第四背毛（d_3、d_4）和骶内、骶外毛（sai、sae）均比雌螨长。生殖孔位于足 IV 基节之间，阳茎顶端直，肛吸盘大，无放射线。肛后毛（pa）3 对，pa_1、pa_2 短，pa_3 较 pa_1 长 7 倍左右。第三对足明显变粗，其长度短于其他三对足。足 III 跗节特化，末端具很大的爪。

雌螨（图 4-205）：顶内毛（vi）长 68 ~ 96μm，与胛内毛（sci）几乎等长，顶外毛（ve）微小，位于前足体板侧缘中央，胛外毛（sce）长，约为 sci 的 3 倍。基节上毛（scx）比胛内毛短，刚毛状（图 4-206）。格氏器端部不分叉。背毛 4 对，第一背毛（d_1）和第二背毛（d_2）约等长，第三背毛（d_3）与第四背毛（d_4）几乎等长，d_3 与 d_4 长度为躯体长度的 12% ~ 15%。肩内毛（hi）短，肩外毛（he）、骶内毛（sai）、骶外毛（sae）较长。躯体腹面刚毛，除一对肛后毛（pa）较长，可达 181 ~ 216μm 外，其余刚毛均短。四对足粗细不同，第一对最粗，第四对最细，第一对足宽度可达第四对足的 2 倍。足 I 跗节的感棒 ω_1 指状，末端不膨大，基节毛呈小圆锥刺状，短于感棒 ω_1，胫节顶毛（φ）较长，伸出于跗节爪的前端。足 I 膝节顶部背面有一对感棒（σ），σ_1 稍长于 σ_2（图 4-207）。肛毛

（*a*）6对，其中肛毛 a_2、a_3、a_6 较长，其余 3 对肛毛长度不超过 10μm。生殖孔位于足Ⅲ、Ⅳ基节间，生殖褶大，体内可容纳 1～5 粒卵（图 4-206）。

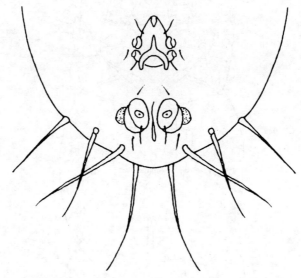

图 4-204　康定根螨（*Rhizoglyphus kangdingensis*）异型雄螨腹面后半部

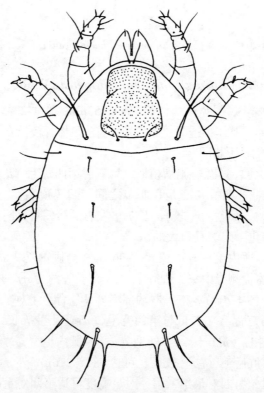

图 4-205　康定根螨（*Rhizoglyphus kangdingensis*）（♀）背面

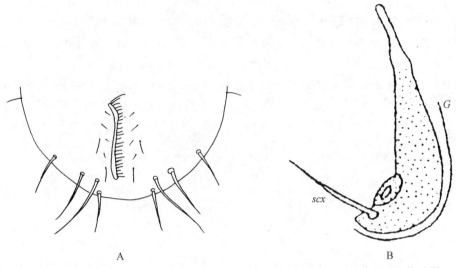

图 4-206　康定根螨（*Rhizoglyphus kangdingensis*）（♀）生殖区、基节上毛和格氏器
A. 生殖区；B. 基节上毛和格氏器

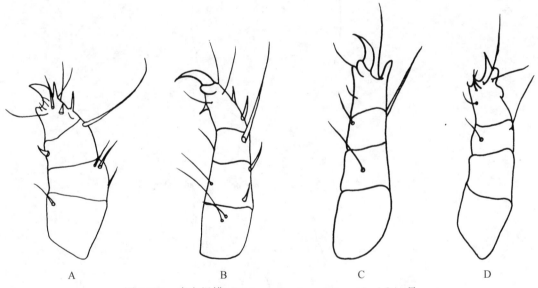

图 4-207　康定根螨（*Rhizoglyphus kangdingensis*）（♀）足
A. 足Ⅰ；B. 足Ⅱ；C. 足Ⅲ；D. 足Ⅳ

水仙根螨（*Rhizoglyphos narcissi* Lin & Ding，1990）

该螨躯体乳白色，较为细长，囊状。雄螨体长 679 ~ 786μm，宽 333 ~ 400μm；异型雄螨体长约 667μm，宽约 347μm；雌螨体长 959 ~ 1146μm，体宽 486 ~ 680μm。格氏器顶端适当分叉。颚体及足赤褐色至黑褐色，前足体背板明显。本种与水芋根螨（*Rhizoglyphos callae*）和罗宾根螨（*Rhizoglyphos robini*）相似。与水芋根螨的区别是肛内毛（*sci*）较短，为 *scx* 的 1/3 ~ 1/2；各背毛也都较短。与罗宾根螨的区别在于生殖骨片较宽。

同型雄螨（图4-208，图4-209）：顶内毛（vi）两基部距离较大，16～20μm。生殖骨片较宽（50～63）μm×（38～43）μm。胛内毛（sci）短，为基节上毛（scx）的1/3～1/2。除第四背毛（d_4）比雌螨长外，其余各背毛都比雌螨短。vi、肩外毛（he）、后侧毛（lp）、骶内毛（sai）、骶外毛（sae）较长，背毛d_1～d_3、肩内毛（hi）、前侧毛（la）短，la距侧腹腺47～50μm，lp距侧腹腺59～69μm，肛后毛pa_1、pa_2长，为pa_3长度的5～7倍。各足各节毛序：足 I （3-3-4-1-1）、足II（3-2-1-1-1）、足III（3-2-2-1-1）、足IV（2-1-1-1-0）。

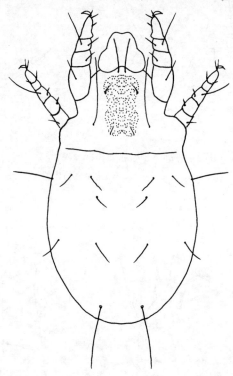

图4-208　水仙根螨（*Rhizoglyphos narcissi*）同型雄螨背面

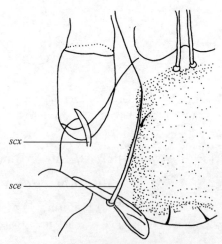

图4-209　水仙根螨（♂）刚毛

scx：基节上毛；*sce*：胛外毛

足 I 跗节背中毛（Ba）、跗节第一感棒（ω_1）、ω_2 短，芥毛（ε）约 3μm，胫节顶毛（φ）长约为胫节毛（gT）的 6 倍，膝节毛 hT、mG、cG 短，膝外毛（σ_1）、膝内毛（σ_2）、股节毛（vF）、转节毛（sR）较短。足 IV 跗节交配吸盘位于该节中部（图 4-210）。肛吸盘没有辐射状条纹（图 4-211）。

异型雄螨：胛内毛（sci）、基节上毛（scx）短，胛外毛（sce）非常长，其长度约为 sci 的 80 倍，顶内毛（vi）长度约为 sce 的一半。足 III 明显变粗，足 III 跗节特化，末端具很大的爪。

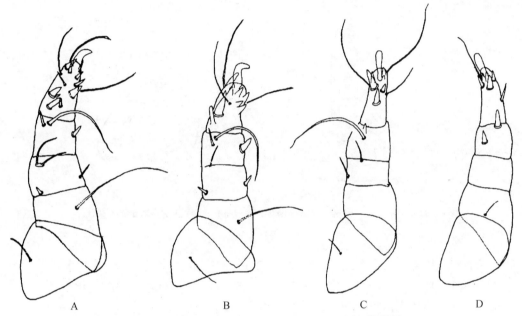

图 4-210　水仙根螨（*Rhizoglyphos narcissi*）同型雄螨足
A. 足 I；B. 足 II；C. 足 III；D. 足 IV

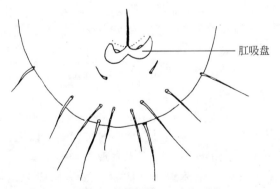

肛吸盘

图 4-211　水仙根螨（♂）肛吸盘

雌螨：前足体背板下部边缘不整齐。一对顶内毛（vi）毛基部不相连，距离较大，20μm。胛内毛（sci）短，为基节上毛（scx）长度的 1/3 ~ 1/2。scx 弧形。顶外毛（ve）

微小。其他背毛，胛外毛（sce）长，为背毛 d_1 的 4~5 倍，d_2、d_3、肩内毛（hi）、前侧毛（la）短，d_4、肩外毛（he）长，约为背毛 d_1 的 3 倍，后侧毛（lp）、骶内毛（sai）、骶外毛（sae）、肛后毛 pa 较长，la、lp 与侧腹腺等距。各足各节毛数：足 I（3-3-4-1-1）、足 II（3-3-3-1-1）、足 III（3-2-2-1-1）、足 IV（2-2-2-1-1）。足 I 跗节背中毛（Ba）、跗节感棒（ω_1、ω_2）、芥毛（ε）、胫节顶毛（φ）、胫节毛（gT、hT）、膝节毛（mG、cG）、膝外毛（σ_1）、膝内毛（σ_2）、股节毛（vF）、转节毛（sR）与雄螨相似。交合囊囊状、横向，大小为（39~43）μm×（75~112）μm。肛裂缝周围有 6 对短毛（图 4-212）。

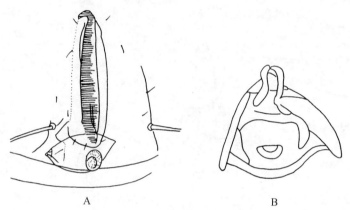

图 4-212　水仙根螨（*Rhizoglyphos narcissi*）（♀）肛裂缝和受精囊
A. 肛裂缝；B. 受精囊

第一若螨：躯体为乳白色囊状，大小为 321μm×232μm。
第二若螨：体色深、扁平，大小为 321μm×189μm，颚体微小，螯肢退化。
第三若螨：躯体乳白色、囊状，大小为 446μm×312μm。

猕猴桃根螨（*Rhizoglyphus actinidia* Zhang，1994）

该螨躯体无色，光滑，柔软。异型雄螨体长 520~650μm，宽 210~260μm；雌螨体长 590~780μm，宽 260~440μm。躯体背面由一横沟明显分为前足体和后半体，前足体板呈长方形，后缘略不规则。跗肢淡红棕色，螯肢钳状具齿，体背刚毛简单、光滑、较短。该种不具胛内毛，与水芋根螨（*R. callae*）易于区别，与罗宾根螨相近，其主要区别：①跗节端毛末端不弯曲膨大；②胫节感棒 φ 不超过爪端；③肛后毛 pa_3 位于 pa_2 后；④异型雄螨第三对足粗壮肥大。

异型雄螨（图 4-213）：末体较短；生殖孔位于足 IV 两基节间；阳茎支架近圆锥形；两对生殖盘较小；足 III 肥大粗壮，其粗度超过其他 3 对足的 2 倍以上，端部具一圆锥状稍弯曲的爪突；腹面后端有一对近圆形的肛吸盘。未发现正常雄螨。

雌螨（图 4-214，图 4-215）：末体较长，体躯后端不形成突出的末体板。具顶内毛（vi），顶外毛（ve）缺如；具胛外毛（sce），胛内毛（sci）缺如。足粗短，在足 I、II 跗节背面后端，背中毛（Ba）膨大为锥状刺并与位于该节的感棒（ω_1）接近，跗节端毛（d、f、r）末端尖锐不弯曲膨大，胫节感棒 φ 刚直，不超过爪的末端。肛后毛 3 对，pa_3 位于 pa_2 后，这两对肛毛均超出后半体末端，生殖孔位于足 III、IV 基节间，生殖缝呈倒 "Y"

形，具发达的生殖吸盘 2 对。

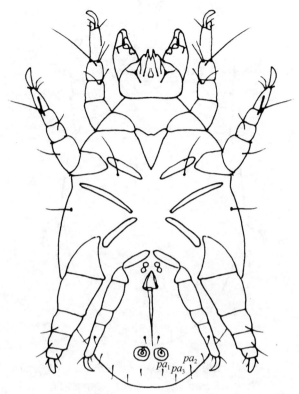

图 4-213　猕猴桃根螨（*Rhizoglyphus actinidia*）异型雄螨腹面

pa_1，pa_2，pa_3：躯体的刚毛

长毛根螨（*Rhizoglyphus setosus* Manson，1972）

该螨躯体乳白色，囊状。雄螨长 595～713μm，宽 368～503μm；雌螨长 499～683μm，宽 307～453μm。颚体具螯肢腹毛、须肢基节上毛等。

同型雄螨：前足体背板长 113～129μm，有凹痕，后缘有缺刻。顶内毛（*vi*）粗而尖，毛长接近于前足体背板，基部间距约为毛长的 1/9，顶外毛（*ve*）短，*ve-ve* 间距约为 *ve* 长度的 10 倍，胛内毛（*sci*）微小，*sci-sci* 间距约为 *ve-ve* 间距的一半，胛外毛（*sce*）长约为前足体背板长的 2 倍，*sci-sce* 间距较 *sci-sci* 间距稍宽。格氏器顶端分为两个小分叉，基节上毛（*scx*）纤细、顶端尖。第一背毛（d_1）、肩内毛（*hi*）、后半体第一排第四列背毛（*sh*）、第二背毛（d_2）、前侧毛（*la*）短，d_1-d_1 间距为 d_1 长度的 3～5 倍，d_2-d_2 间距为 d_2 长度的 2～3 倍，肩外毛（*he*）长，*la* 远离末体腺（*gla*），*la-gla* 间距与 d_2-d_2 间距约相等，第三背毛（d_3）较长，d_3-d_3 间距与 d_3 长度约相等，后侧毛（*lp*）、骶外毛（*sae*）、第四背毛（d_4）和骶内毛（*sai*）均较长。腹面，肛吸盘具放射状条纹。足 I 上各毛长度同雌螨。

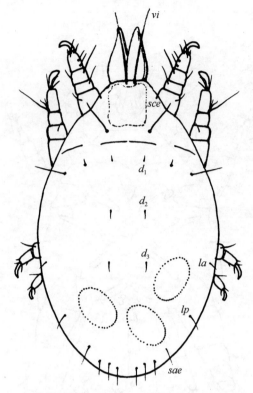

图 4-214　猕猴桃根螨（*Rhizoglyphus actinidia*）（♀）背面

vi, *sce*, d_1, d_2, d_3, *la*, *lp*, *sae*：躯体的刚毛

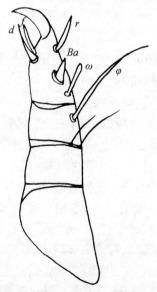

图 4-215　猕猴桃根螨（*Rhizoglyphus actinidia*）（♀）左足 I 背面

d, *f*, *r*, *ω*, *φ*, *Ba*：跗节刺

雌螨：前足体背板长 118~130μm，有凹痕，后缘有缺刻。各种背毛、格氏器均与雄螨相似，具 6 对肛毛（a_1~a_6），a_6 粗长，a_5 比 a_6 稍短些。输卵管小骨片 1 对，呈 "U" 形，横向相对。足 I 毛长：圆锥状的基节毛、跗节感棒 ω_1、ω_2、e、w 均短，胫节感棒（φ）长度为 ω_1 的 5~7 倍；刺状胫节毛 gT、锥状 hT、膝外毛（σ_1）、膝内毛（σ_2）、膝节毛 cG、mG 均短；股节毛（vF）较长，为基节毛的 3~5 倍。

第一若螨：体乳白色，囊状，大小为 301μm×202μm。

第三若螨：体乳白色，囊状，大小为 526μm×264μm。主要特征为：前足体背板长 97μm，边缘有小凹痕，后缘有缺刻。顶内毛（vi）较粗壮，肩内毛（sci）微小，肩外毛（sce）长。格氏器分叉，基节上毛（scx）细而尖，毛长 27μm。后半体第一排第一列刚毛（c_1）较长，约为第一排第二列刚毛（c_2）的 2 倍。

幼螨：乳白色，足颜色随着发育逐渐加深。后半体第四排背毛（f_2）和后半体第五排第三列背毛（h_3）缺如，腹毛 3a 和 4a 缺如。足 I 和足 II 基节间有格氏器，无生殖孔、生殖毛、生殖吸盘、肛毛。c_1 与 d_1 几乎等长，sci 退化，c_2、d_2 较短，其他各体毛也较短。

单列根螨（*Rhizoglyphus singularis* Manson，1972）

同种异名：*Rhizoglyphus tsutienensis* Ho & Chen，2000。

该螨躯体乳白色、囊状。雄螨体长 495~613μm，宽 368~453μm；雌螨体长 605~697μm，宽 413~503μm。颚体具螯肢腹毛、须肢基节上毛，格氏器顶端分为两个小分叉。

雄螨（同型）：前足体背板 124~130μm，有凹痕，后缘有缺刻。顶内毛（vi）长约为前足体背板长的 2/3，基部间距约为毛长的 1/7；顶外毛（ve）长约为 vi 的 1/10，ve-ve 间距为 ve 长的 10 倍；胛内毛（sci）短，sci-sci 间距为 sci 长的 1~1.5 倍；胛外毛（sce）长约为前足体背板长的 1.5 倍，sci-sce 间距较 sci-sci 间距稍宽。基节上毛（scx）基部宽厚、顶端尖细。第一背毛（d_1）、肩内毛（hi）、后半体第一排第四列背毛（sh）、第二背毛（d_2）、前侧毛（la）短，d_1-d_1 间距为 d_1 长度的 2~3 倍，d_2-d_2 间距为 d_2 长度的 1~1.7 倍；肩外毛（he）长；la 靠近末体腺（gla），la-gla 间距约为前侧毛（la）长的 1/2；第三背毛（d_3）较长，d_3-d_3 间距略短于 d_3；后侧毛（lp）、骶外毛（sae）、第四背毛（d_4）、骶内毛（sai）均较长。足 I 上各毛长度：基节毛呈短圆锥状；跗节感棒 ω_1、ω_2、e 均短；胫节感棒（φ）长度为 ω_1 的 5~6 倍，胫节毛（刺状 gT、锥状 hT）、膝外毛（σ_1）、膝内毛（σ_2）、膝节毛（cG、mG）均短；股节毛（vF）较长，为基节毛的 3.5~4 倍。肛吸盘具有放射状条纹，阳茎管道具 6~7 个小隆起。

雌螨：前足体背板长 124~137μm。背毛、腹面肛毛的长度、形状及着生位置同雄螨。d_2-d_2 间距为雄螨 d_2-d_2 间距的 1~2 倍。足 I 上各毛长度同雄螨。输卵管小骨片呈长 "V" 形，间距约 97μm。

第一若螨：体乳白色，囊状，平均大小为 297μm×272μm。前足体背板长约 71μm。顶内毛（vi）粗壮，长约为前足体背板长的 1/2；顶外毛（ve）微小，胛内毛（sci）微小，ve-ve、sci-sci 间距分别为 sci 长度的 5 倍和 3 倍；胛外毛（sce）约与前足体背板等长，sci-sce 间距较 sci-sci 间距稍宽。基节上毛（scx）细而尖；第一背毛（d_1）、第二背毛（d_2）、肩内毛（hi）、肩外毛（he）、后半体第一排第四列背毛（sh）、前侧毛（la）短，d_1-d_1 间

距约为 d_1 长度的 2 倍，d_2-d_2 间距约与 d_2 等长；la-gla 间距约与前侧毛（la）等长；第三背毛（d_3）较长，d_3-d_3 间距略短于 d_3；后侧毛（lp）、骶外毛（sae）、第四背毛（d_4）、骶内毛（sai）均略长于前足体背板。

第三若螨：体乳白色、囊状，大小约为 387μm×282μm。前足体背板长 85μm。顶内毛（vi）长约为前足体背板长的 1/2；顶外毛（ve）微小、胛内毛（sci）微小，ve-ve、sci-sci 间距分别为 sci 长度的 5 倍和 2 倍；胛外毛（sce）长约为前足体背板长的 1.5 倍，sci-sce 间距略宽于 sci-sci 间距。基节上毛（scx）细而尖。第一背毛（d_1）、肩内毛（hi）、sh、前侧毛（la）短；d_1-d_1 约为 d_1 长度的 1.6 倍，d_2-d_2 间距仅有 d_2 长度的 2/3；la-gla 稍长于 la；肩外毛（he）、第二背毛（d_2）、第三背毛（d_3）较长，d_3-d_3 间距约为 d_3 长的 1/2；后侧毛（lp）、骶外毛（sae）、第四背毛（d_4）、骶内毛（sai）均长于前足体背板。

澳登根螨（*Rhizoglyphus ogdeni* Fan & Zhang，2004）

澳登根螨（*Rhizoglyphus ogdeni*）是水芋根螨（*Rhizoglyphus callae*）和水仙根螨（*Rhizoglyphus narcissi*）的近似种。躯体乳白色、囊状，雌螨体长 642～692μm，宽 412～487μm。该螨主要特征是格氏器不分叉或分叉不明显；基节上毛（scx）不分叉；e_1-e_1 距离与 e_1 长度比值大于 2。颚体具螯肢腹毛（cha）和须肢基节上毛（$elcp$）。

雌螨：前足体背板长 130～141μm，有凹痕，后缘有缺刻。顶内毛（vi）长约为前足体背板的 2/3，基部间距约为毛长的 1/7；顶外毛（ve）长为 vi 的 1/10～1/9，基部间距为 ve 长的 10 倍；胛内毛（sci）短，基部间距约为 sci 长的 3 倍；胛外毛（sce）长约为前足体背板长的 1.5 倍，sci-sce 间距略宽于 sci-sci 间距。格氏器顶端不分叉，基节上毛（scx）、第一背毛（d_1）、第二背毛（d_2）、肩内毛（hi）、sh、前侧毛（la）、第三背毛（d_3）短；d_1-d_1 间距为 d_1 长度的 3～5 倍，d_2-d_2 间距为 d_2 长度的 2～4 倍；la 远离末体腺（gla），la-gla 间距约为前足体背板的 1/2；d_3-d_3 间距约与前足体背板等长；后侧毛（lp）、骶外毛（sae）、肩外毛（he）、第四背毛（d_4）、骶内毛（sai）均较长。具 6 对小肛毛。交配囊囊状横向，输卵管小骨片呈 "Y" 形。

足 I 上各毛长度：基节毛短圆锥状；跗节感棒 ω_1、ω_2、e 均短；胫节感棒（φ）长度约为 ω_1 的 5 倍，刺状胫节毛 gT、锥状 hT、膝外毛（σ_1）、膝内毛（σ_2）、膝节毛 cG、mG 均短；股节毛（vF）较长，为基节毛的 3～5 倍。

短毛根螨（*Rhizoglyphus brevisetosus* Fan & Su，2006）

该螨躯体乳白色、囊状。雄螨体长 655～695μm，宽 417～453μm；雌螨长 703～720μm，宽 412～432μm。颚体正常，具螯肢腹毛、须肢基节上毛。

雄螨：顶内毛（vi）长约为体长的 1/5，基部间距约为 vi 长的 1/20；顶外毛（ve）退化为微毛，基部间距约为体长的 1/10；胛内毛（sci）退化为微毛，基部间距约为 sci 长的 20 倍；胛外毛（sce）长，约为体长的 1/5，sci-sce 间距约与 sci-sci 间距相等。基节上毛（scx）长约为 sce 的 2/3。第一背毛（d_1）、肩内毛（hi）、sh、第二背毛（d_2）、前侧毛（la）短，d_1-d_1 间距约为 d_1 长度的 7 倍，d_2-d_2 间距为 d_2 长度的 3 倍；肩外毛（he）长；la-gla 间距约为前侧毛（la）长的 1.5 倍；第三背毛（d_3）较长，d_3-d_3 间距略长于 d_3；后侧毛（lp）细长，骶外毛（sae）纤细较长；第四背毛（d_4）、骶内毛（sai）均长于顶内毛（vi）。肛后毛

pa_2 刺状，pa_3 很长，约为 pa_2 的 5 倍，pa_1 短小。足 I 上各毛长度：基节毛呈短圆锥状；跗节感棒 ω_1、ω_2、e、w 均短；胫节感棒（φ）长度约为 ω_1 的 7 倍，刺状胫节毛 gT、锥状 hT、膝外毛（σ_1）、膝内毛（σ_2）、膝节毛 cG、mG 均短；股节毛（vF）较长，约为基节毛的 5 倍。肛吸盘大，其直径为 60μm，小圆直径为 14μm，具有放射状条纹；阳茎末端逐渐变细。

雌螨：顶内毛（vi）约为体长的 1/10，基部间距约为 vi 的 1/7；顶外毛（ve）退化为微毛，基部间距约为体长的 1/10；胛内毛（sci）退化；胛外毛（sce）长，约为体长的 1/4，sci-sce 间距为 sce 的 1/3。基节上毛有小分叉，长约为 sce 的 1/4。第一背毛（d_1）、肩内毛（hi）、sh、第二背毛（d_2）、前侧毛（la）很短，d_1-d_1 间距约为 d_1 长度的 20 倍；d_2-d_2 间距约为 d_2 长度的 13 倍；肩外毛（he）长，la-gla 间距约为前侧毛（la）长的 1.5 倍；第三背毛（d_3）较短，d_3-d_3 间距约为 d_3 长的 2 倍；后侧毛（lp）、骶外毛（sae）均纤细较长；第四背毛（d_4）、骶内毛（sai）均较长，约为体长的 1/5。腹面具 5 对肛毛。

足 I 上各毛长度：基节毛呈短圆锥状；跗节感棒 ω_1、ω_2、e、w 均短；胫节感棒（φ）长度约为 ω_1 的 5 倍，刺状胫节毛 gT、锥状 hT、膝节感棒 σ_1、σ_2、膝节毛 cG、mG 均短；股节毛（vF）较长，为基节毛的 3~4 倍。

此种由范青海（2006）采自蒜头，同型雄螨与罗宾根螨（*Rhizoglyphus robini*）相似。但是该种胛内毛（sci）退化；肛吸盘具放射状线条；pa_2 刺状，pa_3 很长，约为 pa_2 的 5 倍。雌成螨格氏器末端分成两个小叉；基节上毛（scx）纤细，末端分叉；第一背毛（d_1）、第二背毛（d_2）微小，几乎等长；肩内毛（hi）、前侧毛（la）短，长度约为 d_1、d_2 的 2 倍。d_3 纤细、较短，d_3-d_3 间距约为 d_3 的 2 倍；d_2 与 gla 靠得较近；具 5 对肛毛；输卵管小骨片呈 "Y" 形，距离适当分开。

（杨庆贵）

九、狭螨属（*Thyreophagus* Rondani，1874）

狭螨属隶属于真螨目（Acariformes）粉螨科（Acaridae）。目前记录的种类主要有 3 种：食虫狭螨（*Thyreophagus entomophagus*）、伽氏狭螨（*Thyreophagus gallegoi*）和尾须狭螨（*Thyreophagus cercus*）。

此螨为两性生殖，没有孤雌生殖。雌雄成螨交配后，2~3 天产卵，卵呈淡白色，长椭圆形。在适宜环境下，卵经 2~4 天孵化为幼螨，幼螨取食 1~2 天后进入静息期，24 小时后变为第一若螨，活动 3 天后进入第一若螨静息期，蜕皮变为第三若螨，再经第三若螨静息期变为成螨。未发现异型雄螨与休眠体。此螨在温度 24~30℃、相对湿度 98%、粮食水分 16% 的环境中完成一代需 21~28 天。温度 18℃、相对湿度 75% 时，完成一代需 28~38 天。

食虫狭螨（*Thyreophagus entomophagus*）躯体狭长，可在面粉中孳生，而在储藏过久的大米、碎米也常孳生此螨，另外在草堆、蒜头、芋头、槟榔、昆虫标本、部分中药材中也可孳生此螨。Micheal 等（1903）在黑麦麦角菌上发现食虫狭螨。Wasylik 等（1959）在麻雀窝中也发现此螨的存在。食虫狭螨多孳生于面粉加工厂、粮食仓库及啤酒厂等场所。

　　该螨在国内主要分布于安徽、北京、福建、河北、河南、黑龙江、湖南、吉林、辽宁、上海、四川和台湾等地；国外主要分布于波兰、德国、法国、美国、俄罗斯、意大利和英国等国家。

　　狭螨属特征：该属螨类呈椭圆形，体透明，体色随所食食物颜色的不同而变化。颚体宽大。无前背板，体表光滑少毛，成螨缺顶外毛（ve）、胛内毛（sci）、肩内毛（hi）、前侧毛（la）、第一背毛（d_1）和第二背毛（d_2）。雄螨体躯后缘延长为末体瓣，末端加厚呈半圆形叶状突，并位于躯体腹面同一水平。雌螨足粗短，每足末端有一爪。足 I 跗节的背中毛（Ba）和 la 缺如；跗节末端有 5 个小腹刺，即 p、q、u、v 与 s。爪中等大小，前跗节大，且很发达，覆盖爪的一半。雄螨体躯后缘延长为末体瓣（opisthosomal lobe）。尚未发现休眠体和异型雄螨。

狭螨属（*Thyreophagus*）成螨分种检索表

雄螨末体瓣较大，扁平，后缘加厚；雌螨受精囊颈铃形；雌雄躯体背面刚毛相对较长⋯⋯⋯⋯⋯⋯⋯⋯⋯⋯⋯⋯⋯⋯⋯⋯⋯⋯⋯⋯⋯⋯ 食虫狭螨（*Thyreophagus entomophagus*）

雄螨末体瓣内缩，很短，叶突不明显，雌螨受精囊颈浅漏斗形；雌雄躯体背面刚毛相对较短 ⋯⋯⋯⋯⋯⋯⋯⋯⋯⋯⋯⋯⋯⋯⋯⋯⋯⋯⋯⋯ 伽氏狭螨（*Thyreophagus gallegoi*）

食虫狭螨（*Thyreophagus entomophagus* Laboulbene，1852）

　　同种异名：食虫粉螨（*Acarus entomophagus*）。

　　成螨呈椭圆形或近似椭圆形，体长 290～610 μm，体表光滑，雌螨大于雄螨。

　　雄螨（图 4-216）：椭圆形，体狭长，体长 290～450 μm，表皮无色，光滑，螯肢、足淡红色，体色随消化道中食物颜色的不同而异。前足体板向后伸至胛毛处。螯肢定趾与动趾间有齿。体缺顶外毛（ve）、胛内毛（sci）、肩内毛（hi）、前侧毛（la）、第一背毛（d_1）、第二背毛（d_2）和第三背毛（d_3）。腹面有明显尾板—末体瓣。顶内毛（vi）着生于前足板前缘缺刻处。胛外毛（sce）最长，几乎为体长的 50%。肩外毛（he）较后侧毛（lp）长。基节上毛（scx）曲杆状。背毛（d_4）移位于末体瓣基。末体瓣腹面肛后毛 pa_1、pa_2 为微毛，肛后毛 pa_3 为长毛。骶外毛（sae）位于肛后毛（pa_2）外侧。生殖孔位于足 IV 基节之间（图 4-217）。前侧有 2 对生殖毛。末体瓣扁平（图 4-218），腹凹，肛门后侧有 1 对圆形肛门吸盘（图 4-219）。足短而粗，各足跗节末端有 1 个柄状爪，爪被发达的前跗节所包围。足 I 跗节（图 4-220）第一感棒（ω_1）顶端变细，第二感棒（ω_2）杆状，位于 ω_1 之前。端部背毛（d）超出爪末端，前生殖毛（g_1）、侧中毛（r）、腹中毛（w）为细长毛，第二背端毛（e）为小刺。腹端刺 5 根（p、u、s、v、q）位于爪基部，其中内腹端刺（p）、外腹端刺（q）较小。足 IV 跗节很短，与吸盘靠近，足 IV 胫节上的胫节感棒（φ）着生位置有 1 个刺。

　　雌螨：体比雄螨细长，455～610 μm。末体后缘尖，不形成末体瓣（图 4-221），前足体背毛中顶外毛（ve）与胛内毛（sci）缺如，顶内毛（vi）位于前足体板前缘中央，伸出螯肢末端，胛外毛（sce）长约为体长的 40%。后半体背毛中肩内毛（hi）、前侧毛（la）、第一背毛（d_1）和第二背毛（d_2）均缺如。肩外毛（he）与后侧毛（lp）几乎等长。

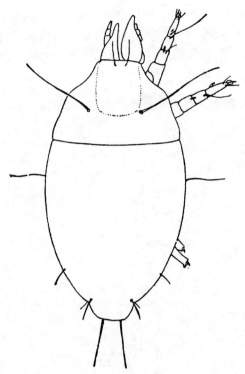

图 4-216　食虫狭螨（*Thyreophagus entomophagus*）（♂）背面

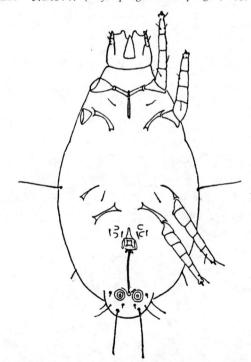

图 4-217　食虫狭螨（*Thyreophagus entomophagus*）（♂）腹面

第四背毛（d_4）为第三背毛（d_3）的 2 倍。肛后毛（pa_3）为全身最长毛，几乎为体长的 1/2。腹面生殖孔位于足Ⅲ与足Ⅳ基节之间，肛门伸展到体躯后缘。肛门两侧有 2 对长肛毛。交配囊孔位于体末端，一根环形细管与乳突状受精囊相连（图 4-222）。

未发现休眠体，也无异型雄螨。

幼螨：无基节杆。刚毛似成螨，前侧毛（la）为细短刚毛。各足前跗节发达。体后缘有 1 对长刚毛（图 4-223）。

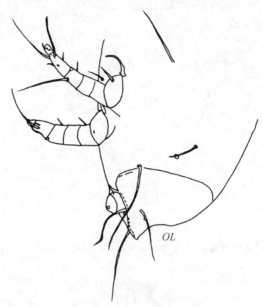

图 4-218　食虫狭螨（*Thyreophagus entomophagus*）（♂）躯体后半部侧面
OL：末体瓣

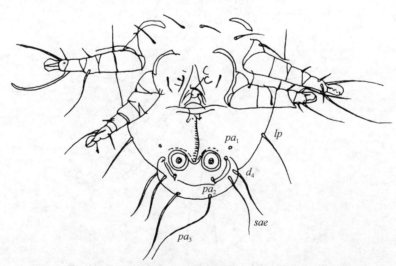

图 4-219　食虫狭螨（*Thyreophagus entomophagus*）（♂）躯体后半部腹面
$pa_1 \sim pa_3$，d_4，lp，sae：躯体刚毛

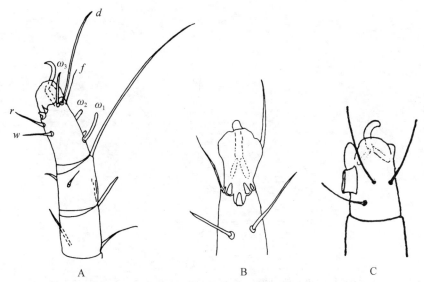

图 4-220　食虫狭螨 (*Thyreophagus entomophagus*)（♂）足

A. 足Ⅰ跗节侧面；B. 足Ⅰ跗节腹面（5 个腹刺）；C. 足Ⅳ跗节侧面

$\omega_1 \sim \omega_3$：感棒；*d*, *f*, *r*, *w*：刚毛

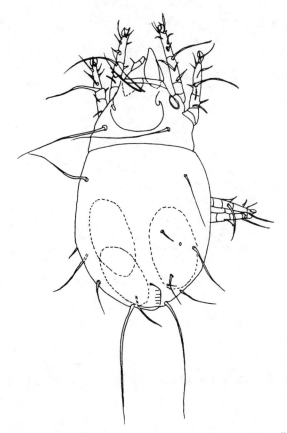

图 4-221　食虫狭螨 (*Thyreophagus entomophagus*)（♀）背面

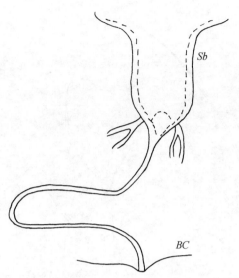

图 4-222　食虫狭螨（*Thyreophagus entomophagus*）（♀）生殖系统

BC：交配囊；*Sb*：受精囊基部

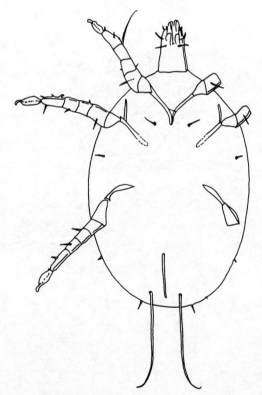

图 4-223　食虫狭螨（*Thyreophagus entomophagus*）幼螨腹面

（唐秀云）

十、尾囊螨属（*Histiogaster* Berl，1883）

目前记录的尾囊螨属主要种类仅有八宿尾囊螨（*Histiogaster bacchus*）1 种，此螨可在收获谷物时进入谷物储藏场所，喜孳生于葡萄酒的液面表层，也可在储存酒的木桶上发生，可为害葡萄酒。也曾在生产醋的工厂内发现此螨，并大量繁殖在醋厂的木板上。江镇涛（1994）在江西南昌屠宰场的残渣内也采得此螨。八宿尾囊螨孳生环境较为复杂，主要分布于亚热带和寒带。孳生于储存葡萄酒的地窖及生产醋的工厂等场所。当环境条件不利时，八宿尾囊螨可大量产生休眠体以抵御不良环境。

八宿尾囊螨在国内分布于广西、江西、四川和西藏等地。我国首次在西藏八宿发现该螨，故名八宿尾囊螨（*Histiogaster bacchus*）；在国外分布于俄罗斯。

尾囊螨属特征：此属螨类雌螨与雄螨之间形态差异显著，且该类螨躯体与颚体的比例是可变的，顶外毛（*ve*）、胛内毛（*sci*）、肩内毛（*hi*）、前侧毛（*la*）、第一背毛（d_1）、第二背毛（d_2）及骶外毛（*sae*）缺如。其他刚毛：胛外毛（*sce*）、肩外毛（*he*）、第三背毛（d_3）、第四背毛（d_4）、后侧毛（*lp*）和骶外毛（*sae*）均较长，为体长的 25% ~ 60%，足较长，跗节腹面中端毛（*e*）为大的锥形刺，爪粗大。

八宿尾囊螨（*Histiogaster bacchus* Zachvatkin，1941）

雄螨：体长 370 ~ 400μm，长椭圆形，长比宽大 1.50 ~ 1.65 倍，表皮无色或略有淡的颜色，螯肢和足淡棕色。顶外毛（*ve*）、胛内毛（*sci*）、肩内毛（*hi*）、前侧毛（*la*）、第一背毛（d_1）、第二背毛（d_2）及骶外毛（*sae*）均缺如。胛外毛（*sce*）很长，超出螯肢顶端（图 4-224）。在后半体，第三背毛（d_3）为最短的刚毛。躯体末端突出，呈四叶形板

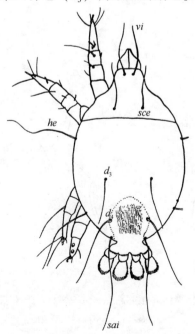

图 4-224 八宿尾囊螨（*Histiogaster bacchus*）（♂）背面
d_3, d_4, *sce*, *he*, *vi*, *sai*：躯体刚毛

状突起（图4-225），有前后背板，螯肢无基节上毛，格氏器（G）是一个粗而弯曲的刺，阳茎长，端部渐细稍弯曲（图4-226），外生殖器位于第IV对足基节之间，肛毛（a）粗刺状。腹面，有一对明显的吸盘，在吸盘之前有一对呈刺状的刚毛。足较长，在足I跗节，第一感棒（ω_1）为一细长的管状物，顶端稍膨大。在足IV跗节有一对跗节吸盘（图4-227）。

　　雌螨：体长约500μm，较雄螨细长，躯体末端无板状突起，有前背板，后半体第三背毛（d_3）不是最短的刚毛。外生殖器位于足III、IV基节之间，肛毛3对，较短，肛后毛（pa）较长（图4-228），足I～IV的特征见图4-229。

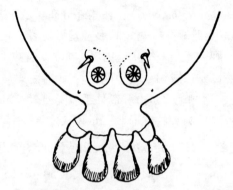

图4-225　八宿尾囊螨（*Histiogaster bacchus*）（♂）末体腹面扇形褶

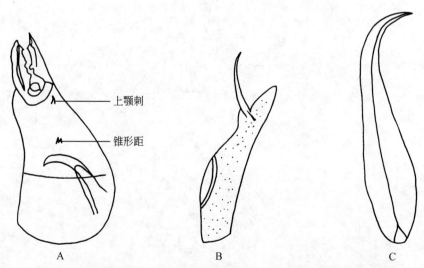

上颚刺

锥形距

A　　　　　　　B　　　　　　　C

图4-226　八宿尾囊螨（*Histiogaster bacchus*）（♂）螯肢、格氏器和阳茎

A. 螯肢；B. 格氏器；C. 阳茎

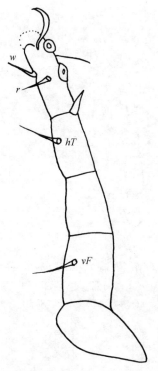

图 4-227　八宿尾囊螨（*Histiogaster bacchus*）（♂）足Ⅳ

vF，*hT*，*r*，*w*：跗节刺和刚毛

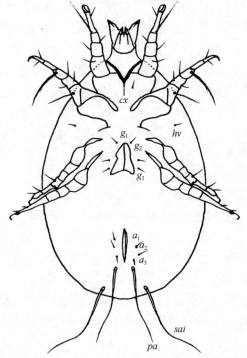

图 4-228　八宿尾囊螨（*Histiogaster bacchus*）（♀）腹面

hv，*cx*，*g₁ ~ g₃*，*pa*，*a₁ ~ a₃*，*sai*：躯体的刚毛

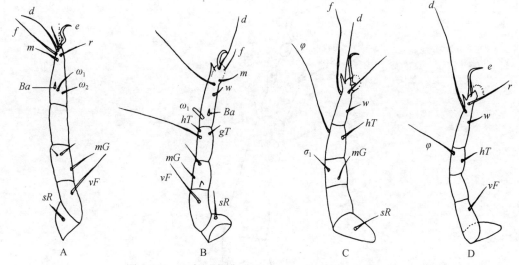

图 4-229　八宿尾囊螨（*Histiogaster bacchus*）（♀）足

A. 足 I；B. 足 II；C. 足 III；D. 足 IV

ω_1，ω_2：感棒；vF，sR，mG，hT，gT，m，σ_1，Ba，r，f，w，e，φ：刚毛和跗节刺

（宋锋林　王赛寒）

十一、皱皮螨属（*Suidasia* Oudemans，1905）

皱皮螨属隶属于粉螨科（Acaridae），目前国内仅报道 2 个种，分别为纳氏皱皮螨（*Suidasia nesbitti*）和棉兰皱皮螨（*Suidasia medanensis*）。皱皮螨属螨类主要孳生在仓储粮食或食物中。纳氏皱皮螨主要孳生物为大米、麸皮、面粉、米糠、玉米、玉米粉、山芋粉、瓜子、饲料、谷壳、油菜籽、黄花菜、肉干、果胚、鱼粉、羽毛、辣椒粉、中药材、薯干、青霉素粉剂等。棉兰皱皮螨主要的孳生物为米糠、花生、红糖、白糖、大麦、小麦、面粉、玉米、豆类、蜜饯、奶粉、肉干、饼干、豆芽、碎鱼干、酱油、火腿、干姜、百合、蘑菇、鱼粉、龙眼干、山慈姑、蜂蜜、茶叶、大蒜、豆豉、洋葱头、烂芒果、羽毛、微生物培养基等。皱皮螨属螨类孳生场所多样，主要孳生在粮仓、食品加工厂及某些动物的巢穴或体表。Oudemarls（1924）记载棉兰皱皮螨可栖息在蜂巢中；Fox（1950）记载豇豆及蚊的尸体上也发现棉兰皱皮螨。

皱皮螨属螨类是我国常见的仓储害螨，两种螨的生物学特性相似。纳氏皱皮螨喜在温度 24～29℃、粮食水分 15%～17%、相对湿度 85%～95% 的环境中生活。纳氏皱皮螨行有性生殖，整个生活史分为 5 个发育期，即卵、幼螨、第一若螨、第三若螨和成螨，没有发现休眠体。纳氏皱皮螨侵袭人体时，其代谢产物对人体有毒性作用，也可引起皮炎或皮疹。棉兰皱皮螨属中温中湿性螨类，行有性生殖，在温度为 23℃ 和相对湿度为 87% 的条件下，以麦胚作饲料，需 16～18 天完成一代。Hughes（1954）报道，此螨不能与纳氏皱皮螨进行交配繁殖。

皱皮螨呈世界性分布，国内主要分布于安徽、北京、广东、广西、河北、河南、黑龙江、湖北、吉林、江苏、内蒙古、山东、上海、四川、台湾、香港和云南等地；国外主要分布于安哥拉、北非、北美、比利时、德国、俄罗斯、芬兰、韩国、克利特岛、南非、葡萄牙、日本、苏门答腊、西印度群岛、意大利和英国等国家和地区。

皱皮螨属特征：皱皮螨属螨体呈阔卵形，表皮有细致的皱纹或饰有鳞状花纹。顶外毛（ve）细微，在顶内毛（vi）之后，位于前足体板侧缘中央。胛内毛（sci）较短小，通常可见；胛外毛（sce）为 sci 长度的 4 倍以上，与 sci 相近。后半体侧面刚毛完全，刚毛光滑且较短。足 I 跗节顶端背刺缺如，有 3 个明显的腹刺，包括 p、s、q；足 I 跗节的第一感棒（ω_1）弯曲长杆状，足 II 跗节 ω_1 短杆状，顶端膨大。雄螨躯体后缘不形成末体瓣，可能缺交配吸盘。

皱皮螨属（*Suidasia*）成螨分种检索表

1. 肩外毛（he）明显较肩内毛（hi）长，雄螨肛门吸盘缺如 ··············
··· 纳氏皱皮螨（*Suidasia nesbitti*）
2. he 约与 hi 等长，雄螨有大而扁平的肛门吸盘 ········· 棉兰皱皮螨（*Suidasia medanensis*）

纳氏皱皮螨（***Suidasia nesbitti* Hughes, 1948**）

同种异名：*Chbidania tokyoensis* Sasa, 1952。

雄螨躯体长 269~300μm，呈阔卵形，扁平，表皮有纵纹，有时有鳞状花纹，并延伸至末体腹面（图 4-230，图 4-231），活体时具珍珠样光泽。雌螨躯体长 300~340μm。幼螨躯体长约 160μm。

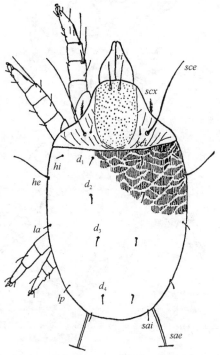

图 4-230 纳氏皱皮螨（*Suidasia nesbitti*）（♂）背面
vi, sce, sci, he, hi, $d_1 \sim d_4$, la, lp, sae, sai：躯体的刚毛；scx：基节上毛

　　雄螨：螯肢有齿，腹面有一上颚刺。前足体板光滑，向后延伸至后半体。躯体刚毛完全，顶内毛（*vi*）较长，前伸至颚体上方，顶外毛（*ve*）微小，着生在前足体板侧缘中央。基节上毛（*scx*）有针状突起且扁平，格氏器为有齿状缘的表皮皱褶（图4-232A）。胛内毛（*sci*）很短，位于前足体板后缘两侧，胛外毛（*sce*）与其相邻，为*sci*长度的4倍以上。腹面表皮内突短（图4-231）。后半体背毛光滑，肩外毛（*he*）和骶外毛（*sae*）较长，其余背毛均短，约与*sci*等长；第一背毛（d_1）、第二背毛（d_2）、第三背毛（d_3）、第四背毛（d_4）排成直线。腹面，肛门孔周围有肛毛3对。足粗短，足 I 跗节（图4-232B，图4-233）的第一背端毛（*d*）较长，超出爪的末端，第二背端毛（*e*）和正中端毛（*f*）短，第一感棒（ω_1）细长；外腹端刺（*u*）与内腹端刺（*v*）细长，外腹端刺（*p*）、内腹端刺（*q*）和中腹端刺（*s*）为弯曲的刺，*s* 着生在跗节中间。跗节基部的刚毛和感棒较集中，足 I 跗节的第一感棒（ω_1）向前延伸到背中毛（*Ba*）的基部，足 II 跗节的 ω_1 较粗短（图4-234）。跗节的芥毛（*ε*）向胫节弯曲，常被 ω_1 蔽盖；亚基侧毛（*aa*）、背中毛（*Ba*）、侧中毛（*r*）、腹中毛（*w*）和正中毛（*m*）为细小刚毛；第二感棒（ω_2）与背中毛（*Ba*）相近。足 I 膝节的膝外毛（σ_1）不及膝内毛（σ_2）长度的1/3。足IV跗节的交配吸盘彼此分离，靠近该节的基部和端部（图4-232C，图4-235）。阳茎位于足IV基节间，为一根长而弯曲的管状物（图4-236）。肛门孔达躯体后缘（图4-237A），肛门吸盘缺如。

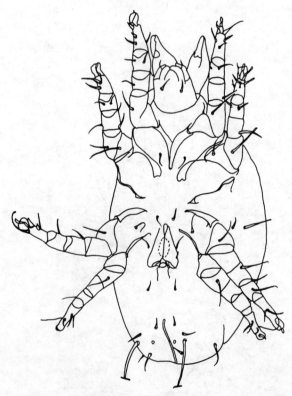

图 4-231　纳氏皱皮螨（*Suidasia nesbitti*）（♂）腹面

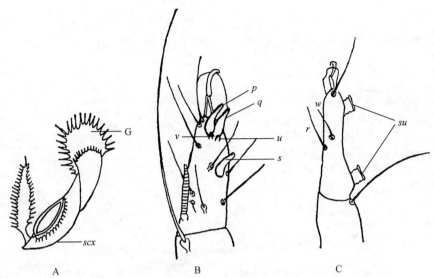

图 4-232　纳氏皱皮螨（*Suidasia nesbitti*）足、格氏器和基节上毛

A. 格氏器；B. 足Ⅰ跗节腹面；C. 足Ⅳ跗节侧面

w, *r*: 躯体刚毛；*G*: 格氏器；*scx*: 基节上毛；*q*, *v*, *s*, *p*, *u*: 腹端刺；*su*: 跗节吸盘

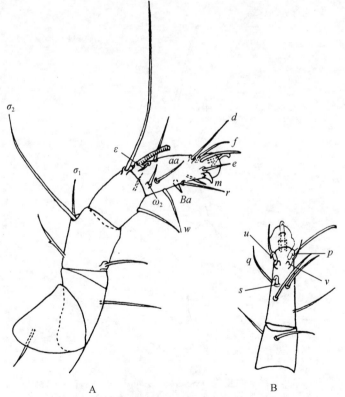

图 4-233　纳氏皱皮螨（*Suidasia nesbitti*）足Ⅰ

A. 右足Ⅰ外面；B. 左足Ⅰ胫节和跗节腹面

ω_1, ω_2: 感棒；ε: 芥毛；*d*, *e*, *f*, *aa*, *Ba*, *m*, *r*, *w*, *q*, *u*, *v*, *s*, *p*, σ_1, σ_2, φ: 刚毛和刺

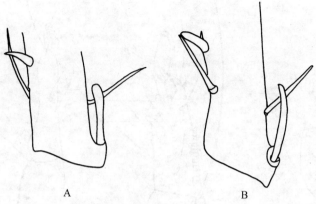

图 4-234　纳氏皱皮螨（*Suidasia nesbitti*）（♂）跗节基部
A. 足 I 跗节；B. 足 II 跗节

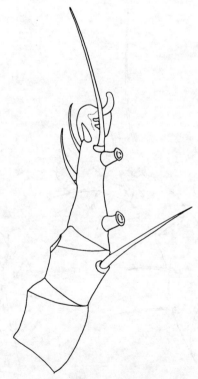

图 4-235　纳氏皱皮螨（*Suidasia nesbitti*）（♂）右足 IV 外侧

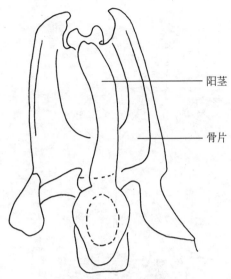

图 4-236　纳氏皱皮螨（*Suidasia nesbitti*）（♂）阳茎和骨片

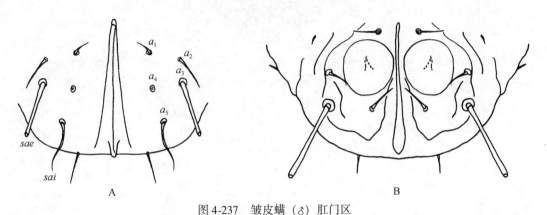

图 4-237　皱皮螨（♂）肛门区

A. 纳氏皱皮螨（*Suidasia nesbitti*）；B. 棉兰皱皮螨（*suidasia medanensis*）

雌螨：与雄螨相似（图 4-238），不同点：肛门孔周围有肛毛 5 对，第 3 对肛毛远离肛门。生殖孔位于足Ⅲ和足Ⅳ基节间。肛门孔（图 4-239A）伸达躯体末端。

卵椭圆形，118×76μm。在胚胎发育后期，可通过半透明的卵壳看到幼螨的雏形。

幼螨：体长约 100μm，足 3 对，体表皮皱纹不及成螨明显（图 4-240）。躯体腹面有后侧片间前毛（*e*）、后侧片间后毛（*g*）和肩腹毛（*hv*）各 1 对。有基节毛（*cx*）而无基节杆（*CR*）。骶外毛（*sae*）为躯体最长的刚毛。除顶内毛（*vi*）、胛外毛（*sce*）和肩外毛（*he*）稍长外，躯体背面的刚毛均为微小刚毛。足Ⅰ～Ⅲ转节上无刚毛，而第三若螨和成螨的转节Ⅰ～Ⅲ上均有转节毛。无生殖器官的任何痕迹。

幼螨静息期：在幼螨变为第一若螨之前，有一个短暂的静息阶段，称为幼螨静息期。幼螨静息期时躯体长约 189μm，3 对足向躯体收缩，躯体膨大呈囊状，有珍珠样光泽。各足跗节的爪和前跗节收缩，末端呈截断状（图 4-241）。幼螨静息期不吃不动，用解剖针轻轻拨动也没有反应，约经 25 小时后，蜕皮变为第一若螨。

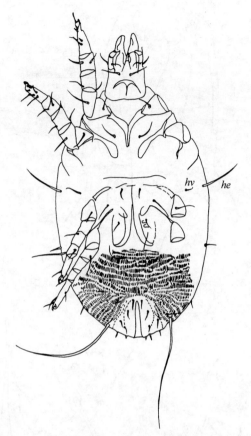

图 4-238 纳氏皱皮螨 (*Suidasia nesbitti*) (♀) 腹面

hv, *he*: 躯体刚毛

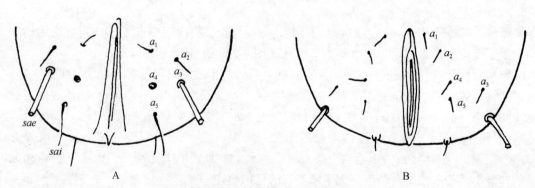

图 4-239 皱皮螨 (♀) 肛门区

A. 纳氏皱皮螨 (*Suidasia nesbitti*); B. 棉兰皱皮螨 (*suidasia medanensis*)

sae, *sai*: 躯体刚毛; 肛毛: $a_1 \sim a_5$

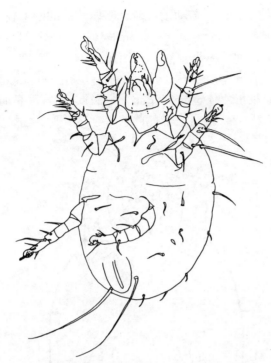

图 4-240 纳氏皱皮螨（*Suidasia nesbitti*）幼螨腹侧面

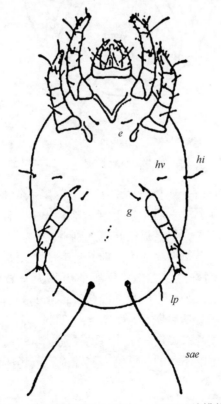

图 4-241 纳氏皱皮螨（*Suidasia nesbitti*）幼螨静息期

　　第一若螨：躯体长约 195μm。与幼螨比较，躯体背面的刚毛较长，骶内毛（sai）也发育了。腹面有生殖感觉器（Gs）1 对，中生殖毛（g_2）1 对及肛后毛（pa_1、pa_2）各 1 对。与幼螨一样，第一若螨足 I ~ III 转节上没有刚毛。

　　第一若螨静息期：在第一若螨变为第三若螨之前，也有一短暂的静息阶段，称为第一若螨静息期。第一若螨静息期的躯体长约 225μm。其特征与幼螨静息期一样，躯体膨大呈囊状，4 对足向躯体收缩（图 4-242）。第一若螨静息期约 33 小时，经蜕皮后变为第三若螨。

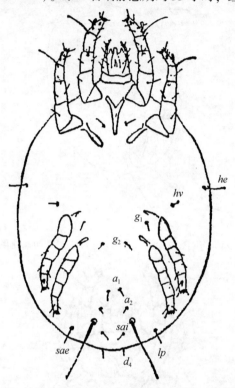

图 4-242　纳氏皱皮螨（*Suidasia nesbitti*）第一若螨静息期
he, hv, g_1, g_2, h, sai, d_4, sae, lp, a_1, a_2：躯体刚毛

　　第三若螨：躯体长约 320μm。躯体背面的刚毛已发育完全，毛序与成螨相似。腹面有生殖感觉器（Gs）2 对；有前、中、后生殖毛（g_1、g_2、g_3）各 1 对；肛门周围有肛毛 3 对。足 I ~ III 转节各有刚毛 1 条，但足 IV 的转节无刚毛。

　　第三若螨静息期：在第三若螨变为成螨之前，也有一个短暂的静息阶段，称为第三若螨静息期。其特征与第一若螨静息期相似，但躯体更膨大呈囊状，4 对足向躯体极度收缩。各足跗节的爪和前跗节也收缩，末端呈截断状（图 4-243），跗节刺（p、q、u、v）位于跗节的顶端。在第三若螨静息期后期，2 对 Gs 已不明显，而出现了雌螨或雄螨生殖器官的雏形，此时可通过透明的皮壳来确定未来成螨的性别。与幼螨静息期和第一若螨静息期一样，第三若螨静息期也是不吃不动的，常钻入缝隙或隐蔽场所进行静息。第三若螨静息期约 26 小时，蜕皮后变为成螨。

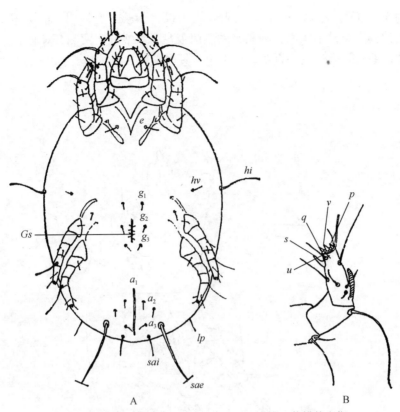

图 4-243　纳氏皱皮螨（*Suidasia nesbitti*）第三若螨静息期

A. 腹面；B 足 I 端部侧面

e, *hv*, *hi*, *g*₁, *g*₂, *g*₃, *Gs*, *sai*, *sae*, *lp*, a_1, a_2, a_3：躯体刚毛

q, *v*, *s*, *p*, *u*：腹端刺

棉兰皱皮螨（*suidasia medanensis* oudemans，1924）

同种异名：*Suidasia insectorum* Fox，1950；*Suidasia pontifica* Fain & Philips，1978。

雄螨躯体长 300～320μm（图 4-244）。雌螨躯体长 290～360μm。幼螨躯体长约 160μm。

雄螨：与纳氏皱皮螨不同点为表皮皱纹鳞片状（图 4-245），无纵沟。顶外毛（*ve*）在较前的位置，位于顶内毛（*vi*）和基节上毛（*scx*）之间；肩外毛（*he*）和肩内毛（*hi*）等长。肛门孔周围有肛毛 3 对（图 4-237B）。足 I 外腹端刺（*u*）、内腹端刺（*v*）和芥毛（*ε*）缺如。肛门孔（图 4-237B）接近躯体后端，吸盘着生在肛门孔的两侧。

雌螨：与雄螨不同点为肛门周围着生 5 对肛毛，且排列成直线，第三对肛毛远离肛门（图 4-246）。

幼螨：与纳氏皱皮螨的不同点为有基节杆和基节毛（*cx*）（图 4-247）。

纳氏皱皮螨与棉兰皱皮螨成螨的主要区别为：前者体躯表皮有纵沟并有细鳞片纹，前足体肩外毛（*he*）较肩内毛（*hi*）长，雄螨肛门吸盘缺如，雌螨肛门两侧 5 对肛毛不排列成一直线。与肛孔的距离，a_3 最远，其次为 a_5，再次为 a_4，第四位为 a_2，a_1 最近，足 I 跗节具腹端刺 5 根（u、v、s、p、q）。后者表皮无纵沟，鳞片更显明，前足体 he 较 hi 几乎等长（图 4-248），雄螨有 1 对大而扁平的肛门吸盘，雌螨肛门两侧 5 对肛毛，除 a_3 远离肛孔外，其余肛毛几乎排列成一直线。足 I 跗节具腹端刺 3 根（p、s、q），缺少 u、v 及 ε。

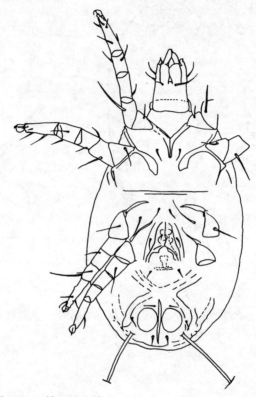

图 4-244　棉兰皱皮螨（*suidasia medanensis*）（♂）腹面

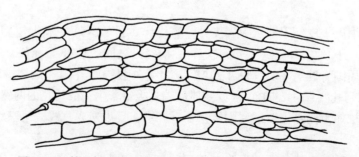

图 4-245　棉兰皱皮螨（*suidasia medanensis*）（♂）周围表皮表面

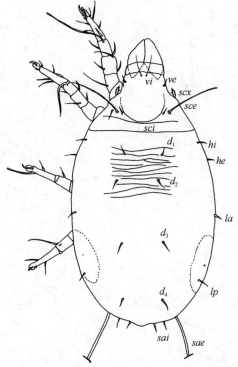

图 4-246　棉兰皱皮螨（*suidasia medanensis*）（♀）背面

ve, *vi*, *sci*, *sce*, *he*, *hi*, $d_1 \sim d_4$, *la*, *lp*, *sae*, *sai*：躯体的刚毛；*scx*：基节上毛

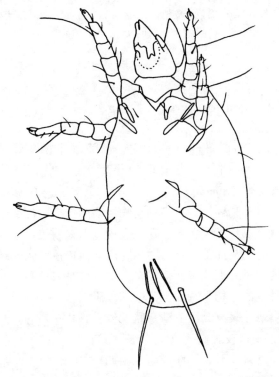

图 4-247　棉兰皱皮螨（*suidasia medanensis*）幼螨

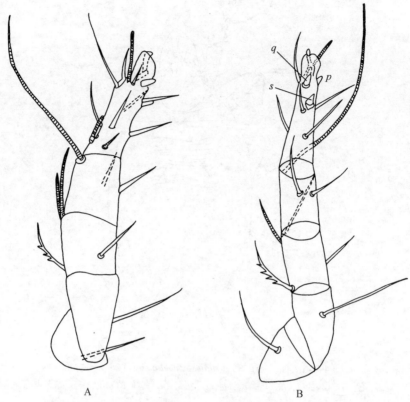

图 4-248　棉兰皱皮螨（*suidasia medanensis*）（♀）足

A. 右足 I 外面；B. 左足 I 腹面

p，*q*，*s*：腹端刺

十二、华皱皮螨属（*Sinosuidasia* Jiang，1996）

　　华皱皮螨属由我国学者江镇涛（1996）建立，隶属于粉螨科（Acaridea）。该属的特征与皱皮螨属（*Suidasia*）相似，我国现记录两种，即东方华皱皮螨（*Sinosuidasia orientates*）和缙云华皱皮螨（*Sinosuidasia jinyunensis*）。华皱皮螨多孳生在动物体表，如东方华皱皮螨多孳生在节肢动物体上，可借助动物活动而传播。江镇涛（1996）在南昌东方伏翼体上采获雌雄成螨及第三若螨多个，在花斑皮蠹上采获第一若螨 1 个。缙云华皱皮螨多孳生在花金龟科昆虫等动物体上，可借助动物活动而传播。张爱环（2002）曾在重庆白星花金龟上采获该种的雌螨。据现有文献资料，这两种螨只分布在我国江西省的部分地区和重庆市，目前这两种螨的生物学特征仍待进一步研究。

　　华皱皮螨属特征：螨体表有皱纹或鳞片状花纹，顶内毛（*vi*）与顶外毛（*ve*）处于同一水平线上。胛外毛（*sce*）较胛内毛（*sci*）长 3 倍以上，*sci* 与 *sce* 之间的长度（*sci-sce*）约等于两胛外毛之间长度（*sce-sce*）的 1/4。雄螨有肛毛 4 对，具跗节吸盘，跗节有腹端刺 3 个。受精囊管较粗。

东方华皱皮螨（*Sinosuidasia orientates* Jiang，1996）

雄螨体长 278.1～319.3μm，宽 169.9～206.0μm。雌螨体长 329.6～412.0μm，宽 206.0～278.1μm，表皮有皱纹或鳞片状花纹。

雄螨：顶内毛（*vi*）与顶外毛（*ve*）处于同一水平线上，胛外毛（*sce*）较胛内毛（*sci*）长 3 倍以上，*sci* 与 *sce* 之间的长度（*sci-sce*）约等于两胛外毛（*sce*）之间长度（*sce-sce*）的 1/4；肩内毛（*hi*）长度约为肩外毛（*he*）的 1/3，背毛（d_1、d_2、d_3、d_4）4 对，且第三背毛（d_3）最长；后侧毛（*lp*）较前侧毛（*la*）长 1.5 倍。具肛门吸盘，肛毛 4 对（图 4-249），足Ⅳ有跗节吸盘 2 个（图 4-250），靠近跗节的侧端。阳茎粗短（图 4-251），端部弯曲呈壶嘴状。其他特征与雌螨相似。

雌螨：螯肢定趾有 7 个齿（在臼面的两侧），动趾有 2 个齿，螯肢内侧面上颚刺和锥形距各 1 个。背毛除顶外毛（*ve*）、肩外毛（*he*）、胛外毛（*sce*）尖端纤细外，其余均较粗直，大部分尖端钝，刚毛光滑。顶内毛（*vi*）长 46.8～59.8μm 具侧腹腺（*L*）1 对，基节上毛中部曲折，上有小刺 3 个。腹面（图 4-252），足Ⅰ和足Ⅱ基节各有基节毛（*cx*）1 根（图 4-253）。生殖孔（图 4-254）在足Ⅲ与足Ⅳ基节之间，两侧有生殖感觉器 2 对和生殖毛（*g*）3 对，肛毛（*a*）5 对。足Ⅰ～Ⅳ的刚毛及感棒如图 4-253 所示。在油镜下，足Ⅰ跗节上第二感棒（ω_2）和芥毛（ε）缺如，亚基侧毛（*aa*）向前移至中部。第一感棒（ω_1）近端部稍缢缩，然后端部膨大。足Ⅱ跗节上 ω_1 粗细一致，端部稍尖，每个跗节上的内腹端刺（*q*、*v*）和外腹端刺（*p*、*u*）端部弯曲。肛门孔后方有一交配囊孔，受精囊管短而粗。

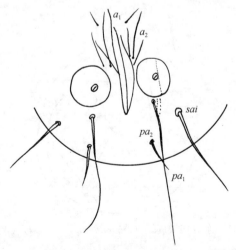

图 4-249　东方华皱皮螨（*Sinosuidasia orientates*）（♂）肛门区
a_1，a_2，pa_1，pa_2，*sai*：刚毛

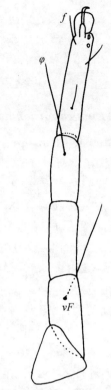

图 4-250　东方华皱皮螨右足Ⅳ

f, *vF*, *φ*：刚毛

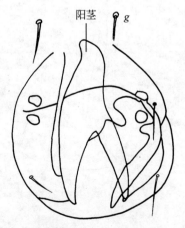

图 4-251　东方华皱皮螨（*Sinosuidasia orientates*）（♂）阳茎

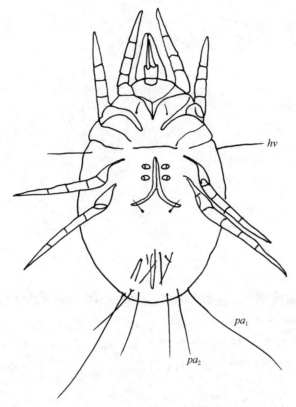

图 4-252 东方华皱皮螨（*Sinosuidasia orientates*）（♀）腹面

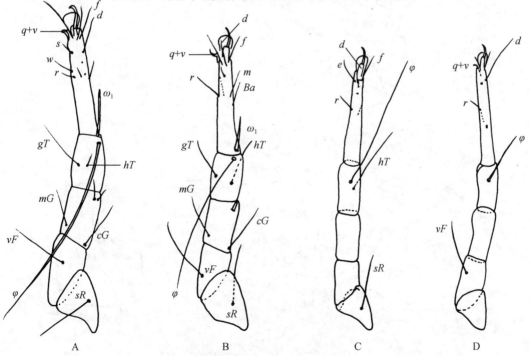

图 4-253 东方华皱皮螨（*Sinosuidasia orientates*）（♀）左足

A. 左足 I；B. 左足 II；C. 左足 III；D. 左足 IV

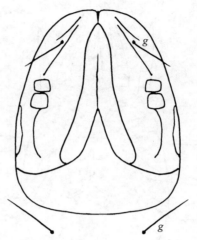

图 4-254　东方华皱皮螨生殖孔

缙云华皱皮螨（*Sinosuidasia jinyunensis* Zhang & Li，2002）

雌螨表皮有皱纹或鳞片状花纹。体长 336.4μm，体宽 282.2μm。

雌螨：螯肢定趾有齿 5 个，动趾有齿 3 个。背毛光滑。腹侧腺不明显，基节上毛（*scx*）中部弯曲，上有小刺 3 个。腹面（图 4-255），足 I、III 基节各有 1 根基节毛（*cx*）；

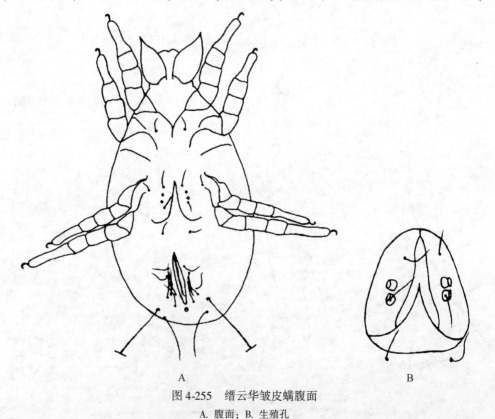

图 4-255　缙云华皱皮螨腹面

A. 腹面；B. 生殖孔

生殖孔位于足Ⅲ和足Ⅳ基节之间，两侧有生殖吸盘2对及生殖毛（g）3对；肛周有肛毛（a）6对。肛孔后方有一个交配孔。足Ⅰ～Ⅵ毛序（包括感棒、端刺毛在内）如下（图4-256）：基节1-0-1-0，转节1-1-1-0，腿节1-1-0-1，膝节4-3-4-0，胫节3-3-4-1，跗节13-11-8-8。足Ⅰ跗节的第一感棒（ω_1）近端部稍缢缩，然后端部膨大；足Ⅱ跗节的ω_1粗细一致，端部变尖，每个跗节的腹端刺端部均弯曲。

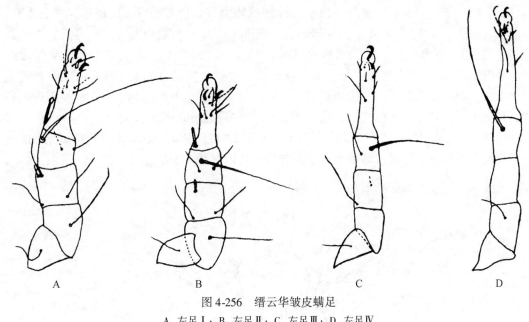

图4-256　缙云华皱皮螨足
A. 左足Ⅰ；B. 左足Ⅱ；C. 左足Ⅲ；D. 左足Ⅳ

（王慧勇）

十三、食粪螨属（*Scatoglyphus* Berlese，1913）

食粪螨属目前仅记述多孔食粪螨（*Scatoglyphus polytremetus*）1种。多孔食粪螨多孳生于粮食仓库、面粉加工厂、米厂和中药材库等场所，其孳生物为碎米、米糠、尘屑、中药材及腐烂的有机物，也孳生在干鸡粪中。

此螨行有性繁殖。雌雄交配后1～3天产卵，在适宜温湿度环境条件下，卵经3～6天孵化为幼螨。幼螨取食2～3天后，静息1天变为第一若螨，第一若螨静息期约1天，经蜕皮变为第三若螨，第三若螨静息期约1天，经蜕皮变为成螨。在温度23～28℃、相对湿度75%～98%条件下，2～3周可完成一代。

此螨在国内主要分布于安徽、广东、江苏、上海和四川等地；国外分布于意大利等国家。

食粪螨属特征：该属螨类背毛均呈棍棒状且具许多小刺。顶外毛（*ve*）常缺如。肛板显著，其上着生有肛毛。雄螨肛门吸盘常缺如。足Ⅰ、Ⅱ的背面有褶痕。雄螨足Ⅳ跗节常缺吸盘。

多孔食粪螨（*Scatoglyphus polytremetus* Berlese，1913）

雄螨：躯体长 327～388μm，卵圆形。背毛短，且不超过躯体长的 1/4，呈棍棒状且生有许多小刺。顶内毛（*vi*）显著，向前延伸到颚体上方，顶外毛（*ve*）缺如。胛毛 2 对，胛外毛（*sce*）比胛内毛（*sci*）长 3 倍以上。肩外毛（*he*）与肩内毛（*hi*）等长。第一背毛（d_1）、第二背毛（d_2）及第三背毛（d_3）等长，第四背毛（d_4）着生于后半体近后缘。骶内毛（*sai*）和骶外毛（*sae*）着生在腹面；生殖孔在足Ⅲ和足Ⅳ基节之间。具有生殖毛 2 对，第一对着生于生殖褶两侧前端，第二对着生于生殖褶两侧中央。肛板靠近生殖褶，其上有 3 对肛毛，长而光滑。肛后毛 1 对。跗节吸盘和肛吸盘缺如。

雌螨：躯体长 362～370μm，形态与雄螨（图 4-257）相似。具有 5 对等长而光滑的肛毛。交配囊周围有肛后板，肛后毛着生在肛后板两侧（图 4-258）。

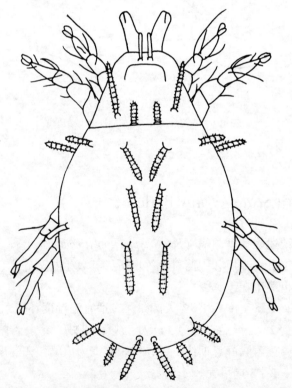

图 4-257　多孔食粪螨（*Scatoglyphus polytremetus*）（♂）背面

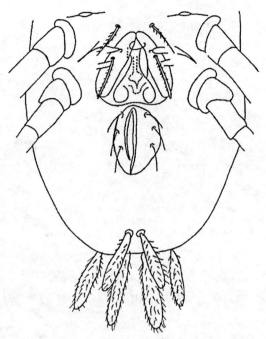

图 4-258　多孔食粪螨（*Scatoglyphus polytremetus*）（♀）后半体腹面

（武其文）

十四、士维螨属（*Schwiebea* Oudemans，1916）

士维螨属由 Oudemans 1916 年建立，此属也有学者描述为 *Megninietta*（Jacot，1936）、*Troupeauia*（Zachvatkin，1941）和 *Jacotietta*（Fain，1976）。现已记载的有 40 多种，我国自 1972 年才有相关螨种记录，主要的种类包括：漳州士维螨（*Schwiebea zhangzhouensis*）、香港士维螨（*Schwiebea xianggangensis*）、水芋士维螨（*Schwiebea callae*）、江西士维螨（*Schwiebea jiangxiensis*）、梅岭士维螨（*Schwiebea meilingensis*）、伊索士维螨（*Schwiebea isotarsis*）和类士维螨（*Schwiebea similis*）。

漳州士维螨常孳生于水仙的球茎上。香港士维螨主要孳生于百合科植物薤（*Allium chinensis*）的鳞茎上。水芋士维螨及江西士维螨常孳生于芋头等植物的地下球茎上。梅岭士维螨可孳生于百合等植物的鳞茎上。上述螨类的生物学特征尚待进一步研究。

士维螨属螨类在国内主要分布在福建、南昌等地。

士维螨属特征：该属螨类多为乳白色，体长，皮纹光滑，胛内毛（*sci*）、肩内毛（*hi*）、第一背毛（d_1）和第二背毛（d_2）缺如，有时第三背毛（d_3）和前侧毛（*la*）缺如或微小，足粗短，足Ⅰ、Ⅱ跗节内顶毛刺状，足Ⅰ膝节顶端有 1 根背毛，如有 2 根背毛，则足Ⅲ、Ⅳ基节内突末端连接。

漳州士维螨（*Schwiebea zhangzhouensis* Lin，2000）

异型雄螨：体长 440～527μm，体宽 200～260μm，略小于雌螨。肛吸盘 17μm×26μm，同心轮状，无辐射状条纹，在其外侧有一条狭细的半圆形骨质片，其上着生 4 对短刚毛。生殖骨片铃形，大小为 33μm×36μm×43μm。足 II 表皮内突与足 IV 表皮内突分离。sci、d_1、d_2、hi、hv 和 sae 缺如。其他背毛均比雌螨短。

雌螨：体细长，光滑，颚体及足无色。体长 483～587μm，体宽 219～387μm。前足体背板骨化不明显，后缘不整齐，但无切裂。两 vi 的基部很接近，相距 5～7μm。sci、d_1、d_2、scx、hv、hi 和 sae 缺如。肛后毛（pa）一对。背毛 d_4 比 d_3 长 3～4 倍。前侧毛（la）与后侧毛（lp）距侧腹腺几乎相等。受精囊形状特殊，由基部和端部两种形状不同的细胞组成截圆锥体，基部细胞 7 个；端部细胞较大、较长。受精囊有一根细的受精管与体末的交配囊（bursa copulatrix）相接。交配孔处呈微锥形突出。生殖孔位于足 IV 之间。体内有时可见螨卵，大小约为 96μm×160μm。足 III 表皮内突与足 IV 表皮内突分离。所有背毛与腹毛光滑。足 I 跗节的背中毛（Ba）呈距状，略小于感棒 ω_1，其顶部明显膨大成球状，感棒 ω_2 明显小于感棒 ω_3。

漳州士维螨形态与类士维螨相似，主要区别是后者受精囊基部细胞 6 个；足 I 跗节的感棒 ω 端部略为膨大，但不呈球形；mG 为刚毛；σ_1 与 σ_2 等长。

香港士维螨（*Schwiebea xianggangensis* Jiang，1998）

异型雄螨：体乳白色，表皮光滑，体长 473.2～515μm，体宽 296.4～319.3μm。背面，具前足体背板，侧缘有尖形突出，后缘稍凹入。有分颈沟、侧腹腺。缺顶外毛（ve）、胛内毛（sci）、肩内毛（hi）、肩腹毛（hv）、第一背毛（d_1）、第二背毛（d_2）、第三背毛（d_3）。基节上毛（scx）只有一痕迹，螯肢内侧具 1 个上颚刺及 2 个锥形距。足 I 基节的表皮内突互相愈合成胸板，足 III、IV 基节的表皮内突末端连接，外生殖区在足 IV 基节之间，第 1 对生殖毛（g_1）前移至足 III 基节间，第 2、3 对生殖毛（g_2、g_3）在生殖吸盘旁，足 I 、Ⅲ基节区各有 1 对基节毛 (cx)，肛门区有 pra、pa_1、pa_2 各 1 对。阳茎为一根扁的锥形物。足Ⅲ较为粗壮。

雌螨：体长 638.6~813.7μm，体宽 345.1~494.4μm。骶外毛 (sae) 缺如。足Ⅲ、Ⅳ与异型雄螨不同，较短而粗。受精囊呈卵圆形，表面有弯曲的不规则纵横纹，交配囊 (BC) 为一小突起，受精囊管 (d) 细长，受精囊基部 (Sb) 两边各有一小管 t 通向输卵管。外生殖区在足Ⅲ、Ⅳ基节间，其余特征与异型雄螨相似。

（孙恩涛）

水芋士维螨 (*Schwiebea callae* Jiang，1991)

异型雄螨：躯体乳白色，足褐色，体长 566.5~679.8μm，体宽 339.9~412.0μm。背面，前端有前背板，且基节上毛只是一小突起，有侧腹腺 (L) 1 对，螯肢内侧有上颚刺和锥形距各 1 个。缺顶外毛 (ve)、胛内毛 (sci)、肩内毛 (hi)、肩腹毛 (hv)、第一背毛 (d_1) 和第二背毛 (d_2)。第四背毛 (d_4) 毛间距较远，分别在背后端的两边。足 I 表皮内突愈合成胸板，足 I 、Ⅱ基节区有刚毛各 1 对，外生殖区位于足Ⅳ基节之间，有一个阳茎呈鸭嘴状，在生殖褶下圆锥形支架和弯月形骨片中间。肛毛 (a) 和肛后毛 (pa) 微小。足 I 转节有转节毛 (sR) 1 根，股节有股节毛 (vF) 1 根，膝节有 cG、mG 各 1 根，σ_1 和 σ_2 各 1 根，胫节有 gT、hT 各 1 根，感棒 (φ) 1 根，跗节有感棒 ω_1、ω_2、ω_3 各 1 根，芥毛 (ε) 1 根，Ba 圆锥形，w、m、r 各 1 根，跗端背面有 d、f 1 根，e 加粗成刺状，腹端刺 5 根 (s、p、u、q、v)，爪粗大。足 I 膝节上的 σ_2 为 σ_1 的6/7。足Ⅱ转节有 sR 1 根，股节有 vF 1 根，膝节有 cG、mG 各 1 根，σ_1 和 σ_2 各 1 根，σ_2 很微小，胫节有 hT、gT、φ 各 1 根，跗节有 Ba、w、m、r、d、e、f、s、p、v、u、q 各 1 根，而 Ba、w、e 加粗为刺状。足Ⅲ整个足加粗，爪粗壮，转节有 sR 1 根，股节无毛，膝节有 σ_1、nG 各 1 根，胫节有 φ、kT 各 1 根，跗节有 w、r、d、e、f、s、p、u、q、v 各 1 根，e 为粗刺。足Ⅳ转节无毛，股节有 vF 1 根，膝节无毛，胫节 φ、kT 各 1 根，跗节有 w、r、f、s、p、u、q、v 各 1 根，吸盘 2 个。

无同型雄螨。

雌螨：一般形态结构与雄螨相似，不同点为体长 669.5~741.6μm，体宽 422.3~484.1μm，外生殖区位于足Ⅲ、Ⅳ基节间，缺骶外毛 (sae)，有 2 对肛毛 (a、pa)；受精囊在肛门的后方，呈球形，其表面上下部各有 7 条纵纹分割，中间有一横纹，交配囊 (BC) 为一小突起，受精囊管 (d) 细小，受精囊基部 (Sb) 两边各有一小孔通向输卵管。

江西士维螨 (*Schwiebea jiangxiensis* jiang，1995)

异型雄螨：螨体乳白色，表皮光滑，体长 422.3~432.6μm，体宽 255.4~257.5μm。背面具前足体背板、分颈沟、2~3 条皱纹和侧腹腺 (L)。胛内毛 (sci)、肩内毛 (hi)、肩腹毛 (hv)、第一背毛 (d_1)、第二背毛 (d_2) 和第三背毛 (d_3) 缺如。顶外毛 (ve) 和基节上毛只是一个小突起，螯肢内侧具上颚刺和锥形距。足 I 的表皮内突互相愈合成胸板，足Ⅲ、Ⅳ表皮内突末端连接，足 I 、Ⅲ基节区有基节毛 (cx) 各 1 对，外生殖区在足Ⅳ基节之间，生殖毛 (g) 3 对，第 1 对位于足Ⅲ基节之间，肛门区有 pra、pa_1、pa_2 各一对。

雌螨：体长 607.7~638.6μm，体宽 339.9~350.2μm。外生殖器在足Ⅲ、Ⅳ基节之间，肛门区只有肛后毛 (pa)，受精囊管 (d) 细长，受精囊基部 (Sb) 膨大成圆形，两边各有一小孔（t）通向输卵管，其余结构特征与异型雄螨相似，雌雄螨足I跗节上的 ω_1 比 Ba 长。

梅岭士维螨（*Schwiebea meilingensis* Jiang，1997）

异型雄螨：躯体乳白色，表皮光滑，体长 379.6 ~ 504.7μm，体宽 228.8 ~ 329.6μm。背面具前足体背板、分颈沟、侧腹腺（*L*）。顶外毛（*ve*）、胛内毛（*sci*）、肩内毛（*hi*）、肩腹毛（*hv*）、第一背毛（d_1）、第二背毛（d_2）缺如。一个上颚刺和两个刺状锥形距位于螯肢内侧。足Ⅳ的表皮内突互相愈合成胸板，足Ⅰ、Ⅲ基节区有基节毛（*cx*）各1对，外生殖区在足Ⅳ基节间，生殖毛（*g*）3对，第1对位于足Ⅲ基节间，第2对和第3对位于足Ⅳ基节间，有生殖吸盘2对，肛门区有肛前毛（*pra*）、肛后毛（pa_1、pa_2）各1对，阳茎呈壶嘴状，近端部弯而尖。足Ⅲ较为粗壮。

雌螨：体长 374.4 ~ 525.3μm，体宽 213.2 ~ 314.2μm。胛外毛（*sce*）缺如。外生殖区在足Ⅲ、Ⅳ基节间，肛门区只有肛后毛（*pa*），受精囊（*Rs*）呈球形，表面中间有一横纹分割，靠近基部的部分，有7条纵纹分割；靠近端部的部分，有5条纵纹分割，交配囊（*BC*）为一小突起，受精囊管（d）细长，受精囊基部（*Sb*）两边各有一小管（t）通向输卵管。

类士维螨（*Schwiebea similis* Manson，1972）

此螨与水芋士维螨（*S. callae*）形态相似，缺第一背毛（d_1）、第二背毛（d_2）、顶外毛（*ve*）、胛内毛（*sci*）、肩内毛（*hi*）、肩腹毛（*hv*）、骶外毛（*sae*）。跗节感棒 ω_2 是 ω_1 的2/3，膝节 σ_2 和 σ_1 几乎等长，受精囊呈球形，中部有一条横纹将螨体分割，上下部均有6条纵纹分割。

伊索士维螨（*Schwiebea isotarsis* Fain，1977）

伊索士维螨与香港士维螨相似，不同之处是伊索士维螨前足体背板后缘凹入1/3以上，受精囊基部柄状；雌螨第3对生殖毛远离第2对生殖吸盘。

除上述士维螨外，文献记载的士维螨还有以下几种：中华士维螨（*Schwiebea chinica*）分布于广东，姜士维螨（*Schwiebea zingiberi*）分布于香港，全毛士维螨（*Schwiebea cuncta*）、台湾士维螨（*Schwiebea taiwanensis*）、*Schwiebea araujoae*（Fain，1977）和 *Schwiebea mertzis*（Woodring，1966）分布于台湾。

（湛孝东）

第二节　脂　螨　科

脂螨科（Lardoglyphidae Hughes 1976）隶属于蜱螨亚纲（Acari）真螨目（Acariformes）粉螨亚目（Acaridida）。关于脂螨科的分类地位尚有争议，我们借鉴 Hughes（1976）、Krantz（1978）和国内学者沈兆鹏（1995）的分类意见，将脂螨科归属于粉螨亚目，并根据形态特征的不同将脂螨科分为脂螨属（*Lardoglyphus*）和华脂螨属（*Sinolardoglyphus*）。

脂螨科特征：雌螨足Ⅰ ~ Ⅳ各跗节有爪且分叉；雄螨足Ⅲ跗节末端有2个突起。雌雄至少有1对顶毛；螯肢钳状，生殖孔纵裂，在足Ⅰ跗节，ω_1 位于该节基部。跗节有2个爪，末端有2个突起。

脂螨科（Lardoglyphidae）成螨分属检索表

胛外毛（*sce*）比胛内毛（*sci*）明显长，背毛 $d_1 \sim d_4$ 基部纵行排列，交配囊孔至受精囊基部呈三角形，爪分叉自基部分离 ································· 脂螨属（*Lardoglyphus*）
sce 和 *sci* 近乎等长且 *sci* 稍长，背毛 $d_1 \sim d_4$ 的基部非纵行排列，交配囊孔至受精囊基部呈漏斗形，爪分叉且仅端部分离 ························· 华脂螨属（*Sinolardoglyphus*）

一、脂螨属（*Lardoglyphus* Oudemans，1927）

国内目前记录的脂螨属主要种类有扎氏脂螨（*Lardoglyphus zacheri*）和河野脂螨（*Lardoglyphus konoi*）。扎氏脂螨常孳生于鱼干、咸鱼、皮革、肠渣、骨头和羊皮等蛋白质含量高的储藏物上。扎氏脂螨的休眠体常吸附在肉食皮蠹和白腹皮蠹体上。Iversond 等（1996）研究发现扎氏脂螨取食兽皮、绵羊毛皮、香肠肠衣、动物内脏及腐肉等动物制品，或大量寄生在皮蠹上。河野脂螨喜中温高湿，常孳生于高水分、高蛋白的食品中，如肠衣、香肠、蛋粉、火腿、咸鱼等。Pillai（1961）与 Sasa（1957）等记载河野脂螨是咸鱼和干鱼的重要害螨之一。国内文献报道扎氏脂螨在鱼干、鸭肫干和腊肉等储藏物及海星、海燕、白芨和灵芝等中药材中孳生；河野脂螨多在火腿、肉松和花生等近 20 种储藏食品及海龙、牛虻、独活、地龙等中药材中孳生。

扎氏脂螨经卵、幼螨、第一若螨和第三若螨发育为成螨。此螨为中温高湿性螨类，在温度23℃、相对湿度87% 的环境中完成生活史需 10 ~ 12 天。行两性生殖，无孤雌生殖现象。当环境条件不宜、食物缺乏时，即在第一若螨与第三若螨之间形成休眠体（即第二若螨），附着于仓库昆虫如白腹皮蠹的幼虫体上而被传播。河野脂螨经卵、幼螨和第一若螨、第三若螨发育为成螨。Hughes（1971）记载，在温度23℃、相对湿度87% 的条件下，以动物心肺、肉干作饲料，此螨9 ~ 11 天完成一代。无孤雌生殖。第一若螨与第三若螨之间常形成休眠体（即第二若螨）。休眠体多在食物缺乏或环境不宜时大量形成。由于休眠体腹面有明显的吸盘，常附着于肉食皮蠹和白腹皮蠹的幼虫虫体上传播。河野脂螨可通过呼吸道、消化道侵染人体，也可由泌尿生殖道逆行感染。国内学者曾在尿螨病患者的尿液中分离到河野脂螨。

扎氏脂螨在国内主要分布于安徽、福建、广东、黑龙江、吉林、上海、四川和香港等地；在国外主要分布于朝鲜、荷兰、美国、日本等国家。

河野脂螨在国内主要分布于安徽、福建、广东、黑龙江、吉林辽宁、上海和四川等地；国外报道见于日本和印度等国家。

脂螨属特征：本属的异型雄螨为卵圆形，表皮光滑，乳白色。螯肢色深，细长，剪刀状，齿软，无前足体板。顶外毛（*ve*）弯曲有栉齿，约为顶内毛（*vi*）长度的一半，且与 *vi* 在同一水平。基节上毛（*scx*）弯曲，有锯齿。胛外毛（*sce*）比胛内毛（*sci*）长。腹面，肛门两侧略靠中央各有 1 对圆形肛门吸盘，每个吸盘前有 1 根刚毛，肛后毛 3 对（pa_1、pa_2、pa_3）均较长，其中 pa_3 最长。所有足细长，均具前跗节，雌螨各足的爪分叉；足背面的刚毛不加粗，呈刺状。

脂螨属（*Lardoglyphus*）成螨分种检索表

背毛 d_4 比 d_3 长 3 倍以上，雄螨足 I 和足 II 有分叉的爪…… 扎氏脂螨（*Lardoglyphus zacheri*）

背毛 d_4 与 d_3 几乎等长，雄螨足 I 和足 II 的爪不分叉 ……… 河野脂螨（*Lardoglyphus konoi*）

脂螨属休眠体检索表

着生于后半体板的刚毛简单，足 IV 跗节上刚毛顶端不膨大为叶状……………………………………

……………………………………………………… 扎氏脂螨（*Lardoglyphus zacheri*）

着生于后半体板的刚毛加粗呈刺状，足 IV 跗节上有 2 根刚毛顶端膨大为叶状 ……………

……………………………………………………… 河野脂螨（*Lardoglyphus konoi*）

扎氏脂螨（*Lardoglyphus zacheri* Oudemans，1927）

雄螨：体长为 430～550μm。躯体后端圆钝（图 4-259），格氏器为不明显的三角形表皮皱褶，螯肢细长（图 4-260A），剪状齿软弱无力，足细长，各足前跗节发达，覆盖细长的胫节，与分叉的爪相关连。表皮光滑呈乳白色，表皮内突、足和螯肢颜色较深。顶内毛

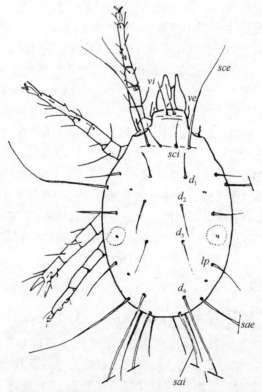

图 4-259　扎氏脂螨（♂）背面

ve，vi，sce，sci，d_1～d_4，la，lp，sae，sai：躯体刚毛

(*vi*) 前伸达颚体上方，顶外毛 (*ve*) 在颚体两侧，栉齿明显。基节上毛 (*scx*) 短小弯曲，有锯齿；胛毛 (*sc*) 相互间距离约等长；胛内毛 (*sci*) 短，不超过胛外毛 (*sce*) 长度的1/4。腹面：表皮内突和基节内突角质化程度高，基节内突界限明显。后半体肩内毛 (*hi*) 和肩腹毛 (*hv*) 短，不超过肩外毛 (*he*) 长度的 1/4；背毛 (d_1、d_2、d_3)、前侧毛 (*la*)、后侧毛 (*lp*) 与 *sci* 等长；背毛 d_4、骶内毛 (*sai*) 和骶外毛 (*sae*) 较长，比 *sci* 长 3 倍以上。

 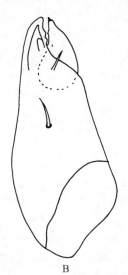

图 4-260　脂螨螯肢

A. 扎氏脂螨；B. 河野脂螨

异型雄螨：顶内毛 (*vi*) 前伸达颚体上方，顶外毛 (*ve*) 在颚体两侧，栉齿明显。基节上毛 (*scx*) 短小弯曲，有锯齿；格氏器为不明显的三角形表皮皱褶。胛毛 (*sc*) 相互间距离约等长；胛内毛 (*sci*) 短，不超过胛外毛 (*sce*) 长度的1/4。螯肢细长，剪状齿软弱无力。腹面，表皮内突和基节内突角质化程度高，基节内突界限明显。后半体肩内毛 (*hi*) 和肩腹毛 (*hv*) 短，不超过肩外毛 (*he*) 长度的 1/4；背毛 (d_1、d_2、d_3)、前侧毛 (*la*)、后侧毛 (*lp*) 与 *sci* 等长；背毛 d_4、骶内毛 (*sai*) 和骶外毛 (*sae*) 较长，比 *sci* 长 3 倍以上。肛门孔两侧有 1 对圆形吸盘 (图 4-261A)，一弯曲骨片包围吸盘后缘，各吸盘前有 1 对肛前毛 (*pra*)；3 对肛后毛 (*pa*) 较长，均超出躯体后缘很多，其中 pa_3 最长。足细长，各足前跗节发达，覆盖细长的胫节，与分叉的爪相连。足 I 的端部刚毛群 (图 4-262A) 中第一背端毛 (*d*) 最长，且超出爪的末端，第二背端毛 (*e*) 和正中端毛 (*f*) 为光滑刚毛；腹面有内腹端刺 (*q+v*)、外腹端刺 (*p+u*) 和腹端刺 (*s*) (图 4-262B)；第三感棒 (ω_3) 长，几乎达前跗节的顶端；亚基侧毛 (*aa*)、背中毛 (*Ba*)、正中毛 (*m*)、侧中毛 (*r*) 和腹中毛 (*w*) 包围在前跗节中部；跗节基部具第一感棒 (ω_1)、第二感棒 (ω_2) 和芥毛 (ε)，ω_1 稍弯曲、管状、与 ε 相近。胫节和膝节的刚毛有小栉齿，胫节感棒 (φ) 呈长鞭状；膝内毛 (σ_2) 比膝外毛 (σ_1) 长。足Ⅲ跗节末端为 2 个粗刺，*d* 着生于长齿的基部，*e*、*f*、*r* 和 *w* 位于跗节的中央 (图 4-263A)。足Ⅳ跗节末端为一不分叉的爪，交配吸盘位于中央 (图 4-264A)。

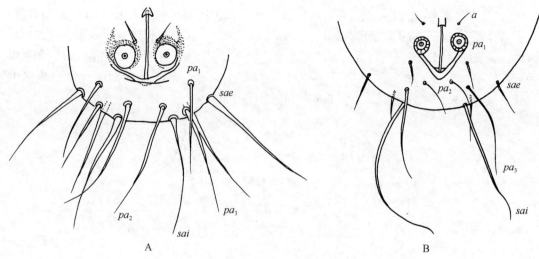

图 4-261　脂螨（♂）肛门区

A. 扎氏脂螨；B. 河野脂螨

sae, *sai*, *a*, *pa₁* ~ *pa₃*：躯体的刚毛

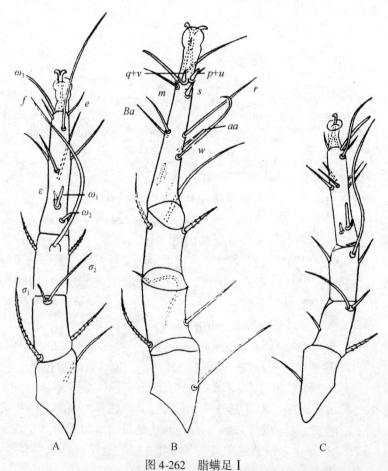

图 4-262　脂螨足 Ⅰ

A. 扎氏脂螨（♂）右足 Ⅰ 背面；B. 扎氏脂螨（♀）左足 Ⅰ 腹面；C. 河野脂螨（♂）左足 Ⅰ 背面

ω_1 ~ ω_3, σ_1, σ_2：感棒；ε：芥毛；*e*, *f*, *aa*, *Ba*, *m*, *r*, *w*, *s*, *p+u*, *q+v*：刚毛和刺

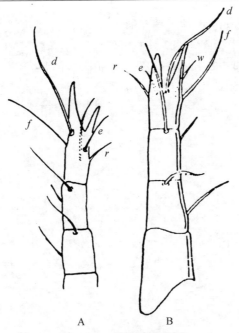

图 4-263　脂螨足Ⅲ背面

A. 扎氏脂螨（*Lardoglyphus zacheri*）（♂）右足Ⅲ背面；B. 河野脂螨（*Lardoglyphus konoi*）（♂）左足Ⅲ背面

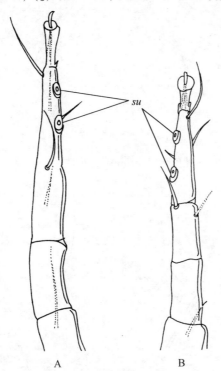

图 4-264　脂螨右足Ⅳ背侧面

A. 扎氏脂螨（*Lardoglyphus zacheri*）（♂）右足Ⅳ背侧面；B. 河野脂螨（*Lardoglyphus konoi*）（♂）左足Ⅳ背侧面

su：跗节吸盘

　　雌螨：体长 450～600μm，躯体后端渐细，后缘内凹，表皮内突和基节内突的颜色较雄螨浅。躯体毛序与雄螨基本相同（图 4-265），但其不同点在于：生殖孔为一纵向裂缝，位于足Ⅲ和足Ⅳ基节间。肛门没有达到躯体后缘，其周围有 5 对短肛毛（a），其中 a_3 较长；2 对肛后毛（pa）较长，超过躯体末端，其中 pa_2 长度超过躯体的 1/2（图 4-266A）。在躯体后端，交配囊在体后端的开口为一小缝隙。交配囊与受精囊相连通。各足均有爪且分叉，刚毛排列与雄螨相同。

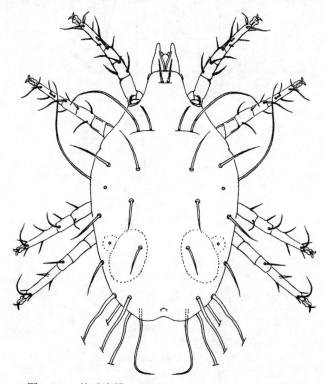

图 4-265　扎氏脂螨（*Lardoglyphus zacheri*）（♀）背面

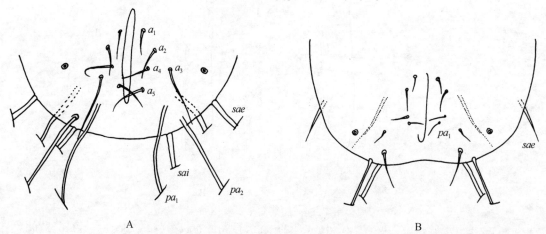

图 4-266　脂螨（♀）肛门区

A. 扎氏脂螨（*Lardoglyphus zacheri*）；B. 河野脂螨（*Lardoglyphus konoi*）

$a_1 \sim a_5$, *sae*, *sai*, pa_1, pa_2：躯体的刚毛

休眠体：体长 230 ~ 300μm，螨体呈梨形，淡红色至棕色。背面（图 4-267A），背部隆起，前足体板有细致鳞状花纹，蔽盖在躯体前部，后部被前宽后窄的后半体板蔽盖；后半体板的前缘内凹，表面有细致的网状花纹，后半体板中后部的表皮颜色加深并有增厚。顶外毛（ve）和顶内毛（vi）着生在前足体前缘，胛内毛（sci）和胛外毛（sce）呈弧形排列于前足体后缘，sci 比 sce 稍短。腹面（图 4-267B），骨化程度高，足 I 表皮内突愈合

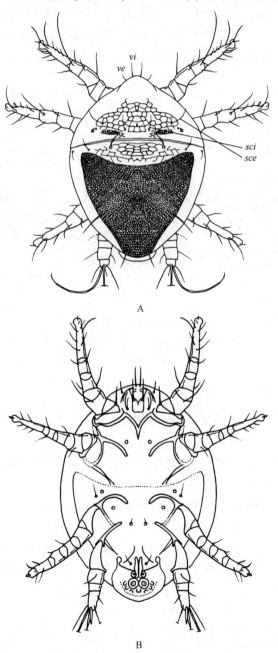

图 4-267　扎氏脂螨（*Lardoglyphus zacheri*）休眠体背面和腹面

A. 背面；B. 腹面

ve, *vi*, *sce*, *sci*：躯体刚毛

成短的胸板，足Ⅱ、Ⅲ和Ⅳ表皮内突在中线分离。基节臼的内缘加厚，足Ⅱ的基节臼向后弯曲，在内面与足Ⅳ表皮内突相连。腹毛 3 对，1 对位于足Ⅱ、Ⅲ之间，1 对位于足Ⅳ表皮内突内面，1 对位于生殖孔的两侧。吸盘板（图 4-268A）上有 2 个较大的中央吸盘，4个较小的后吸盘（A~D），2 个前吸盘（Ⅰ、K）和 4 个较模糊的辅助吸盘（E~H）。足Ⅰ、Ⅱ和Ⅲ末端的膜状前跗节有一单爪。足Ⅰ的毛序同成螨，但跗节的背中毛（Ba）缺如，膝节只有 1 感棒（σ）(图 4-269A）。足Ⅳ较短（图 4-270A），端跗节和爪被第一背端毛（d）、第三背端毛（e）和正中端毛（f）所取代，有内腹端刺（$q+v$）、外腹端刺（$p+u$）和腹端刺（s）3 个短腹刺。

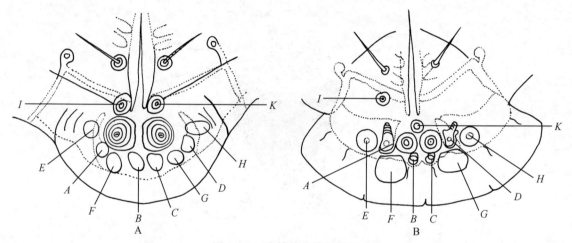

图 4-268　脂螨休眠体吸盘板

A. 扎氏脂螨（*Lardoglyphus zacheri*）；B. 河野脂螨（*Lardoglyphus konoi*）

A~K：吸盘

幼螨：在每一基节毛（cx）的侧面有基节杆。

河野脂螨（*Lardoglyphus konoi* Sasa & Asanuma，1951）

同种异名：*Hoshikadenia konoi* Sasa et Asanmua，1951。

该螨体椭圆形，白色，足及螯肢颜色较深。躯体毛序与扎氏脂螨相同，但背毛 d_4 与 d_3 几乎等长，雄螨足Ⅰ和足Ⅱ的爪不分叉。

雄螨：体长 300~450μm，无前足体背板（图 4-271），与扎氏脂螨（*Lardoglyphus zacheri*）毛序相同，但第四背毛（d_4）、骶外毛（sae）、肛后毛 pa_1、pa_2 与第三背毛（d_3）等长。螯肢的定趾和动趾具小齿（图 4-260B）。围绕肛门吸盘的骨片向躯体后缘急剧弯曲，肛毛（a）位于肛门前端两侧（图 4-261B）。足Ⅰ、Ⅲ和Ⅳ的爪不分叉（图 4-262C）；足Ⅲ跗节较短，其端部有刚毛（图 4-263B）；足Ⅳ中央有交配吸盘（图 4-264B）。

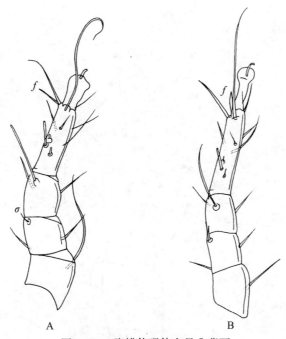

图 4-269 脂螨休眠体右足 I 背面

A. 扎氏脂螨（*Lardoglyphus zacheri*）；B. 河野脂螨（*Lardoglyphus konoi*）

σ：感棒；*f*：正中端毛

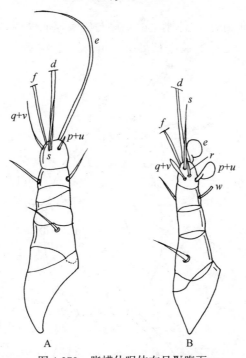

图 4-270 脂螨休眠体右足 IV 腹面

A. 扎氏脂螨（*Lardoglyphus zacheri*）；B. 河野脂螨（*Lardoglyphus konoi*）

d, *e*, *f*, *s*, *r*, *w*, *p+u*, *q+v*：跗节毛

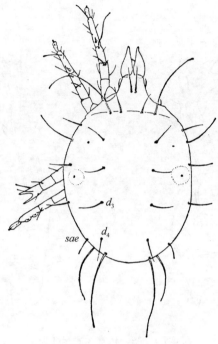

图 4-271　河野脂螨（*Lardoglyphus konoi*）（♂）背面

d_3, d_4, *sae*：躯体刚毛

雌螨：体长 400～550μm，躯体刚毛的毛序与雄螨相似（图 4-272），骶外毛（*sae*）和肛后毛（pa_1）较粗（图 4-266B），受精囊呈三角形。

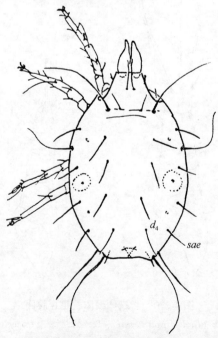

图 4-272　河野脂螨（*Lardoglyphus konoi*）（♀）背面

d_4, *sae*：躯体刚毛

休眠体：体长215～260μm，与扎氏脂螨的主要区别在于：后半体板上的刚毛呈粗刺状（图4-273）。螨体腹面（图4-274），足Ⅲ表皮内突的后突起向后延伸到足Ⅳ表皮内突间的刚毛。吸盘板的2个中央吸盘较小，周缘吸盘A和D均被角状突起替代，辅助吸盘半透明（图4-268B）。足Ⅰ～Ⅲ的跗节细长。足Ⅰ和足Ⅱ跗节的正中端毛（f）呈叶状（图4-269 B）；足Ⅲ跗节除第一背端毛（d）外，其余刚毛顶端均膨大成透明的薄片（图4-275）；足Ⅳ跗节有第二背端毛（e）、外腹端毛（$p+u$）和1根侧中毛（r），均呈形状相同的叶状构造。

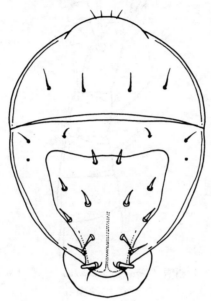

图4-273 河野脂螨（*Lardoglyphus konoi*）休眠体背面

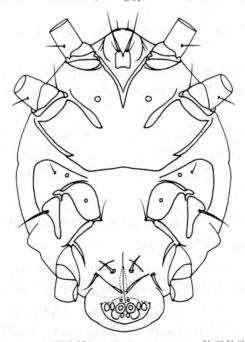

图4-274 河野脂螨（*Lardoglyphus konoi*）休眠体腹面

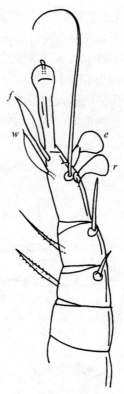

图 4-275　河野脂螨（*Lardoglyphus konoi*）休眠体右足Ⅲ背面

e, *f*, *r*, *w*：跗节毛

二、华脂螨属（*Sinolardoglyphus* Jiang，1991）

目前国内记录的华脂螨属主要种类为南昌华脂螨（*Sinolardoglyphus nanchangensis*），该螨常孳生于芝麻等油料作物的种子中，对其造成为害。江镇涛（1991）曾在江西南昌储藏芝麻中分离到此螨。

华脂螨属特征：本属螨类的形态与脂螨属的相似。顶外毛（*ve*）、顶内毛（*vi*）、胛外毛（*sce*）和胛内毛（*sci*）近端呈稀羽状，*sce* 与 *sci* 几乎等长。背毛 $d_1 \sim d_4$ 较长，均呈细刚毛状且基部不呈纵行排列。交配囊孔至受精囊基部呈漏斗状。雌螨足Ⅰ～Ⅳ的爪分叉，仅从端部分离。肛毛 a_4 较长。

南昌华脂螨（*Sinolardoglyphus nanchangensis* Jiang，1991）

有关南昌华脂螨的形态描述仅见于雌螨。

雌螨：躯体乳白色，长 463.5 ~ 465μm，宽 298.7 ~ 309μm，躯体上的顶外毛（*ve*）、顶内毛（*vi*）、胛外毛（*sce*）、胛内毛（*sci*）近端呈稀羽状，其他刚毛较光滑。背面（图 4-276），背毛 $d_1 \sim d_4$、骶外毛（*sae*）、骶内毛（*sai*）、肩内毛（*hi*）、肩外毛（*he*）、前侧毛（*la*）、后侧毛（*lp*）。足Ⅰ～Ⅳ的爪分叉，且端部分离。基节上毛（*scx*）有 8 ~ 9 支侧刺（图 4-277）。足Ⅰ（图 4-278）基节具基节毛（*cx*）1 根，转节具转节毛（*sR*）1 根，股节具股节毛（*vF*）1 根；膝节具膝节毛 *mG* 和 *cG* 各 1 根，膝节感棒 σ_1、σ_2 各 1 根；胫节具胫节毛 *gT* 和 *hT* 各 1 根，胫节感棒 φ 1 根；跗节具感棒 ω_1、ω_2、ω_3 各 1 根，具刚毛或腹刺 ε、*aa*、*Ba*、*r*、*w*、*m*、*f*、*e*、*p+u*、*q+v*、*s* 各 1 根。足 II 缺少 *cx*、膝节感棒（σ_2），跗节感棒 ω_2、ω_3，跗节毛 ε、*aa*，其他刚毛感棒同足 I。足 III 缺少股节毛（*vF*），

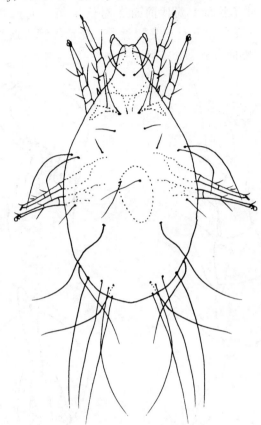

图 4-276　南昌华脂螨背面

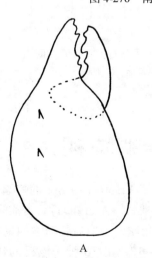 

A　　　　　　　　　　　　　　B

图 4-277　南昌华脂螨（♀）螯肢和基节上毛

A. 螯肢；B. 基节上毛

膝节毛 σ_1、σ_2，胫节毛（gT），跗节毛（感棒）ω_1、ω_2、ω_3、ε、aa、Ba、m，其他刚毛感棒同足Ⅰ。足Ⅳ与足Ⅰ比较，缺少 cx、转节毛（sR），膝节毛 mG、cG、σ_1、σ_2，胫节毛（gT），跗节毛（感棒）ω_1、ω_2、ω_3、ε、aa、Ba、m，其他刚毛和感棒同足Ⅰ。足Ⅰ和足Ⅲ基节各有 cx 1 根、肩腹毛（hv）1 根。生殖孔在足Ⅲ与足Ⅳ基节之间，两侧有生殖感觉器 2 对，生殖毛（g）3 对（后面 1 对比前面 2 对长 4 倍以上），肛毛（a）5 对（$a_1 \sim a_5$），肛后毛（pa）2 对。肛孔后方有一交配囊孔，受精囊管直通受精囊。螯肢定趾有 6 个齿，动趾有 3 个齿，内侧面有颚刺和锥形距各 1 个。

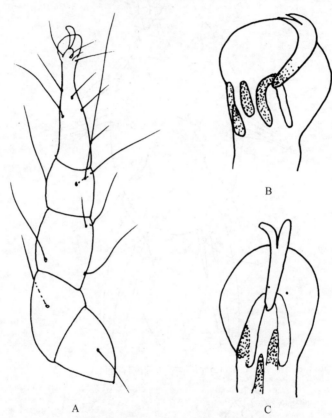

图 4-278　南昌华脂螨雌螨右足Ⅰ侧面、爪侧面和爪腹面
A. 右足Ⅰ侧面；B. 爪侧面；C. 爪腹面

（柴　强　李朝品）

第三节　食甜螨科

食甜螨科（Glycyphagidae Berlese，1887）按 Krantz（1978）的蜱螨分类系统，隶属于蜱螨亚纲（Acari）真螨目（Acariformes）粉螨亚目（Acaridida）。食甜螨科的种营自生活，呈世界性分布，常孳生于储藏粮食及中药材的仓库或小型哺乳动物的巢穴中，是一类重要的储藏物害螨。食甜螨科目前报道有 6 亚科、12 属、30 种。该科的代表种为家食甜螨（*Glycyphagus domesticus*）。

躯体呈长椭圆形，无背沟；前足体背板退化或缺如。表皮多粗糙或饰有小的突起，少有光滑。爪常插入端跗节的顶端，由 2 根细的"腱"状物与跗节末端相连接，爪可缺如。雄螨常缺跗节吸盘和肛门吸盘。

食甜螨科（Glycyphagidae）亚科检索表

1. 体表刚毛长，栉齿密，双栉状或叶状 ……………………………………………… 2
   体表刚毛短 …………………………………………………………………………… 4
2. 躯体周缘刚毛扁平有栉齿，常在躯体四周形成缘饰；跗节粗短，多有 1 条背脊；足 I 和足 II 胫节上有腹毛 1 根 ………………………………… 栉毛螨亚科（Ctenoglyphinae）
   躯体刚毛栉齿密；跗节细长，无背脊；足 I 和足 II 胫节上有腹毛 2 根 ……………… 3
3. 表皮具微小颗粒 …………………………………………… 食甜螨亚科（Glycyphaginae）
   表皮有细致的条纹 ………………………………………… 嗜湿螨亚科（Aeroglyphinae）
4. 表皮近无色；从背面可看清颚体 …………………………… 嗜蝠螨亚科（Nycteriglyphinae）
   表皮淡棕色；颚体被前足体前缘蔽盖，从背面难以看清 ………………………… 5
5. 基节—胸板骨骼常愈合成环，包围生殖孔 ………………… 钳爪螨亚科（Labidophorinae）
   生殖孔与肛孔相接，跗节无爪间突爪，具明显片状格氏器 ……… 洛美螨亚科（Lomelacarinae）

1. 食甜螨亚科（Glycyphaginae Zachvatkin，1941） 躯体刚毛长，栉齿密；表皮常有微小乳突。跗节细长，无脊条；足 I 和足 II 胫节有 1～2 根腹毛，膝节和胫节刚毛多为栉齿状。雄螨无肛门及跗节吸盘，阳茎常不明显。

食甜螨亚科成螨分属检索表

1. 无爪、无头脊，vi 和 ve 很接近 ………………………………… 无爪螨属（Blomia）
   有爪、头脊有或无，ve 远离 vi ……………………………………………………… 2
2. 有亚跗鳞片，无头脊 ………………………………………………………………… 3
   无亚跗鳞片，有头脊 ………………………………………………………………… 4
3. 足 I 膝节 σ_2 比 σ_1 长 3 倍以上 …………………… 嗜鳞螨属（Lepidoglyphus）
   足 I 膝节 σ_1 和 σ_2 几乎等长 …………………… 澳食甜螨属（Austroglycyphagus）
4. 生殖孔位于足 II 和足 III 基节之间，有顶外毛 …………………… 食甜螨属（Glycyphagus）
   生殖孔前端位于足 I 和足 II 基节间，无顶外毛 ……… 拟食甜螨属（Pseudoglycyphagus）

2. 栉毛螨亚科（Ctenoglyphinae ZachVatkin，1941） 躯体周缘刚毛为阔栉齿状、双栉齿状或叶状，形成缘饰。表皮粗糙或有很多微小疣状突。跗节不细长，常有一背脊；足I胫节、足II胫节仅有 1 根腹毛（gT）。雄螨阳茎长，无肛门吸盘和跗节吸盘。无休眠体。

栉毛螨亚科成螨分属检索表

雄螨和雌螨相似，躯体刚毛有栉齿，呈带状 ……………………… 重嗜螨属（Diamesoglyphus）
雄螨比雌螨小，躯体边缘刚毛为双栉齿状，有时为叶状 ………… 栉毛螨属（Ctenoglyphus）

3. 嗜蝠螨亚科（Nycteriglyphinae Fain, 1963）　　躯体小而扁平，前足体和后半体间无背沟。表皮具有细纹或鳞状。背毛较短，有细栉齿。足短，末端有球状的前跗节和发达的爪；足 I 跗节有 2～3 条感棒（ω_1、ω_2、ω_3）和 1 条芥毛（ε）。很少发生性二态现象。雌螨的生殖板和表皮内突 I 愈合，交配囊孔在 1 条背面管子的末端。雄螨无肛门吸盘和跗节吸盘。未发现休眠体。

该亚科仅有嗜粪螨属（Coproglyphus）1 属。

4. 钳爪螨亚科（Labidophorinae Zachvatkin, 1941）　　躯体前部突出，常蔽盖颚体。表皮色深，棕色或淡红色，可光滑或呈颗粒状或饰有网状花纹。基节—胸板骨骼发达，常愈合成环状并包围雌性生殖孔。躯体刚毛短且光滑，较少栉齿，长度大致相等。足有时变形，或饰有脊条或梳状构造；足的刚毛常有栉齿，爪小。

该亚科仅有脊足螨属（Gohieria）1 属。

5. 洛美螨亚科（Lomelacarinae Subfam, 1993）　　足体板前覆于颚体上；有背沟将前足体和后足体分开，背毛细小、光滑。格氏器圆片形，具辐射状长分支，位于足 I 基节前方；生殖孔位于足 III、IV 基节之间，被 1 对骨化的肾形生殖板覆盖；具 2 对微小的生殖吸盘，肛孔紧接生殖孔。各足跗节无爪间突爪，爪间突膜质。该亚科与钳爪螨亚科（Labidophorinae）外形相似，但其生殖孔与肛孔相接，跗节无爪间突爪，具明显片状格氏器。

该亚科仅有洛美螨属（Lomelacarus）1 属。

6. 嗜湿螨亚科（Aeroglyphinae Zachvatkin, 1941）　　躯体扁平，前足体和后半体之间无背沟。除前足体的背板外，表皮有密集的条纹，背部表皮嵌有多个三角形的刺。躯体背面的刚毛略扁平，栉齿密，尤以边缘为甚。刚毛长度不等，多为躯体长度的 1/5～1/2。

该亚科仅有嗜湿螨属（Aeroglyphus）1 属。

（张　浩）

一、食甜螨属（*Glycyphagus* Hering, 1938）

Zachvatkin 于 1936 年创立嗜鳞螨属（*Lepidoglyphus*），并将食甜螨属（*Glycyphagus*）包括其内。1941 年，Zachvatkin 将嗜鳞螨属更改为一个亚属，隶属于食甜螨属。继 1941 年后，Cooreman、Turk、Sellnick 等相继将嗜鳞螨属认定为一个属。1961 年，Hughes 也曾将嗜鳞螨属归入食甜螨属。本书采用 Cooreman、Turk、Sellnick 等的分类意见，将嗜鳞螨属独立设为一个属。目前食甜螨属包括 14 种，常见种 6 种：家食甜螨（*Glycyphagus domesticus*）、隆头食甜螨（*Glycyphagus ornatus*）、隐秘食甜螨（*Glycyphagus privatus*）、双尾食甜螨（*Glycyphagus bicaudatus*）、扎氏食甜螨（*Glycyphagus zachvatkini*）和普通食甜螨（*Glycyphagus destructor*）。家食甜螨常孳生于粮食（大米、稻谷、小麦、大麦、面粉、米糠、糯米、芝麻）、饲料（麸皮、豆饼）、干果（龙眼、红枣、桑葚、荔枝、杨梅、枸杞、黑枣、红枣、蜜枣、酸枣、沙棘、酸梅等）、各种食物（干酪、火腿、芝麻、砂糖、桂花糕、桃酥、年糕）、中药材（山楂、党参、太子参、土茯苓、干姜皮、天仙子、月季花、山茶）、陈皮、干草堆、油料种子的残屑及烟草中，也可孳生于麻类纤维上，常以霉菌尤其是生长在纤维上的霉菌为食。在动物饲料和房舍的尘埃中也能发现此螨。食甜螨属分布较广泛，常栖息于鸟窝、蜂巢、麻雀窝、粮食仓库、面粉厂、中药厂及中药房、畜棚干草堆和动物残屑中，甚至被发现孳生在蘑菇房、鼠洞、鼠窝。国内学者也曾经在空调尘网中检获食甜螨。

家食甜螨常与其他食甜螨杂居在一起。该螨行有性繁殖，在温度23~25℃、相对湿度80%~90%条件下，约22天完成一代。此螨分布在四川地区每年4月发生，经卵、幼螨、若螨阶段发育为成螨。在第一若螨与第三若螨期之间有一个休眠体，即第二若螨。常有50%的第一若螨形成休眠体。休眠体卵圆形，白色，有芽状跗肢，常包围在第一若螨网状表皮中。休眠体对干燥有很强的耐受力，可在第一若螨皮壳中长期存在，据Griffiths记载，此螨休眠体可在皮壳中留存51~150天，甚至几年，这对螨种生存及传播起很大作用。

隐秘食甜螨的发育也由卵孵化为幼螨，再经第一若螨、第三若螨期变为成螨。在发育过程中未发现休眠体。在温度22~26℃、相对湿度80%~90%的环境中3~4周完成一代。此螨常与家食甜螨孳生于一处。

隆头食甜螨行有性生殖，雌雄交配后即产卵，在温度22~25℃、相对湿度80%~90%条件下，经3~6天孵化为幼螨。幼螨取食3天，静息1天后蜕皮为第一若螨，再经第三若螨发育为成螨。在第一若螨、第三若螨阶段也各有1天的静息期，完成生活周期约需18天，尚未发现休眠体。此螨属中温、喜湿性螨类，四川地区每年4月底至5月初在储粮中发生，在温度24℃、水分15.9%时，密度为一级。在温度23~24℃、水分15.8%~17%、相对湿度90%的环境中，完成一代平均需15.6~21.5天。

食甜螨属在国内分布于安徽、北京、福建、广东、广西、贵州、河北、河南、黑龙江、湖南、吉林、江苏、江西、辽宁、上海、四川和台湾等地；国外分布于澳大利亚、波兰、德国、法国、荷兰、加拿大、捷克、俄罗斯、日本、以色列、意大利和英国等国家。

食甜螨属特征：此属螨类前足体背板或头脊狭长；体背缺横沟；足Ⅰ跗节不被亚跗鳞片(ρ)包盖，足Ⅰ膝节的膝内毛(σ_2)长度是膝外毛(σ_1)的2倍以上，足Ⅰ和足Ⅱ胫节有2根腹毛；雌螨和雄螨生殖孔均位于足Ⅱ和足Ⅲ基节之间。

食甜螨属（*Glycyphagus*）**成螨分种检索表**

1. 无亚跗鳞片，常有头脊，雄螨足Ⅰ胫节、足Ⅱ胫节上有大的梳状毛 ····················· 2

   无亚跗鳞片，常有头脊，雄螨足Ⅰ胫节、足Ⅱ胫节上的刚毛正常 ····················· 4

2. 骶内毛（*sai*）呈纺缍形，与其他背刚毛明显不同 ·········· 扎氏食甜螨（*G. zachvatkini*）

   骶内毛（*sai*）形状正常，与其他背刚毛一样 ··· 3

3. 着生顶内毛（*vi*）之前的头脊有一明显的骨化区，雌螨的骶内毛（*sai*）比d_2长 ·········

   ··· 隆头食甜螨（*G. ornatus*）

   *vi*之前的头脊无骨化区，雌螨的*sai*比d_2短，或与d_2等长 ····························

   ·· 双尾食甜螨（*G. bicaudatus*）

4. vi 几乎位于头脊的前端，d_2 位于 d_3 之前 ············· 隐秘食甜螨（*G. privatus*）

　vi 几乎位于头脊的中央，d_2 与 d_3 几乎位于同一水平上 ············· 家食甜螨（*G. domesticus*）

家食甜螨（*Glycyphagus domesticus* De Geer，1778）

同种异名：*Acarus domesticus* De Geer，1778。

雌螨体型大于雄螨（图4-279），表皮具微小乳突，正面观模糊。圆形，乳白色，螯肢和足颜色较深。无前足体背盾，但有一狭长的头脊，从螯肢基部伸展到顶外毛（ve）的水平上。顶内毛（vi）着生在头脊中部的最宽处。体毛细栉齿状，硬直而呈辐射状排列于躯体背面。基节上毛（scx）（图4-280A）分叉大，分支长而细；2 对胛毛在一条线上，胛内毛（sci）较长。d_2 不及 d_1 长度的 1/2，位于 d_3 内侧。d_3 基部有一内突起，可作为肌肉的附着点进行活动。有侧毛 3 对（l_1、l_2、l_3）。躯体后缘有肛后毛 3 对（pa_1、pa_2、pa_3）及骶毛 2 对（sai 和 sae）。足 I 表皮内突相连成短胸板，足 I、足 II 表皮内突均较发达，足 III、足 IV 表皮内突细长。足细长，末端为前跗节和爪。各足的亚跗鳞片（subtarsal scale，ρ）被位于跗节中央的栉状刚毛腹中毛（w）所代替（图4-281A），m、Ba 和 r 在 w 基部和跗节顶端间，足 I 跗节的 ω_1 细杆状，为足 II 跗节的 ω_1 长度的 2 倍；ε 较短小。足 I 膝节的膝外毛 σ_1 与 ω_1 等长，膝外毛 σ_2 为 σ_1 长度的 2 倍。足 III、IV 胫节的胫节毛 kT 远离该节端部。

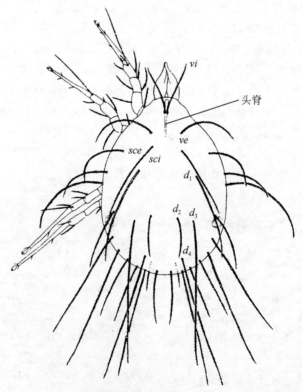

图 4-279　家食甜螨（♂）背面

$d_1 \sim d_4$：背毛

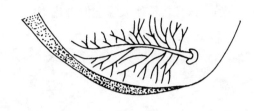

图 4-280　基节上毛

A. 家食甜螨，B. 害嗜鳞螨

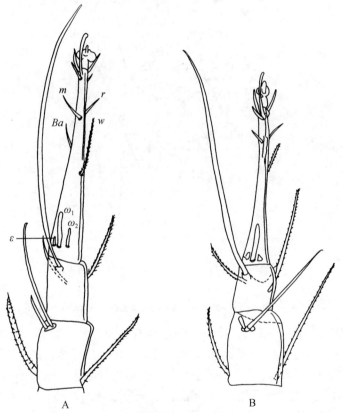

图 4-281　右 I 足背面

A. 家食甜螨（♂）；B. 隐秘食甜螨（♂）

ω_1, ω_2：感棒；ε：芥毛；Ba, m, r, w：刚毛

　　雄螨：躯体长 320～400μm，生殖孔位于足 II 、III基节间。

　　雌螨：躯体长 400～750μm。与雄螨相似，不同点：生殖孔伸展到足III基节的后缘，长度较肛门孔前端至生殖孔后端的距离短，一小新月形生殖板覆盖在生殖褶的前端。生殖毛 3 对，后 1 对生殖毛在生殖孔的后缘水平外侧。交配囊呈管状且边缘光滑，在躯体后缘突出。肛门孔的前端有肛毛 2 对。

休眠体：躯体和皮壳长约330μm，白色，卵圆形囊状。有芽状跗肢，由网状花纹的第一若螨表皮包围休眠体（图4-282）。

幼螨：头脊构造似成螨，但骨化不完全。基节杆明显。

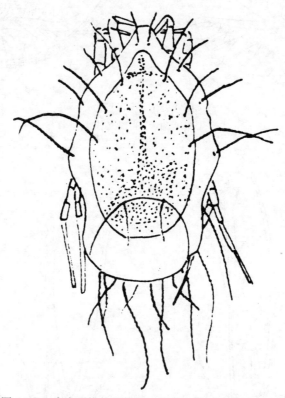

图4-282　家食甜螨休眠体背面包裹在第一若螨的表皮中

隆头食甜螨（*Glycyphagus ornatus* Kramer，1881）

雌螨体型略大于雄螨，虫体呈卵圆形，表皮覆有小颗粒但不清晰，颜色呈灰白色或浅黄色。背面，躯体逐渐变宽，足Ⅱ、Ⅲ间达最宽，第四对足以后逐渐收缩变窄（图4-283）。头脊形状与家食甜螨相似，顶内毛（*vi*）着生在头脊中央宽阔处。躯体刚毛长且栉齿密，刚毛着生处的基部出现明显的角质化。背毛 d_2 较短，位于 d_3 之前或之后；d_3 较长，超过躯体且基部有一小的内突起连接肌肉，可活动。其余体后刚毛也极长。基节上毛（*scx*）呈叉状且具有分支（图4-284A），与家食甜螨不同，该螨的分叉小，分支短而密。足Ⅰ、Ⅱ跗节均弯曲（图4-285），其中足Ⅱ跗节弯曲更大，胫膝节端部呈膨大状，其边缘膨大成脊状。在足Ⅰ、Ⅱ胫节上，胫节毛（*hT*）变形为三角形梳状，内缘有9~10齿，足Ⅱ胫节的 *hT* 内缘有4~5齿。各足刚毛均较长并有栉齿。足Ⅰ膝节（图4-286）的膝外毛（σ_1）短于膝内毛（σ_2）。

雄螨：躯体长430~500μm，腹面阳茎直管形。

雌螨：躯体长540~600μm（图4-287）。与雄螨不同处为生殖孔的后缘与足Ⅲ表皮内突同一水平，比从肛门孔前缘到生殖孔后缘之间的距离短。交配囊在突出于体后端的丘突状顶端开口。足 I 跗节的 m、r、Ba 和 w 集中（图 4-286A），而家食甜螨的是分散的。与雄螨不同，其足 I 跗节、足 II 跗节不弯曲，且足 I 胫节、足 II 胫节的 hT 正常。

　　幼螨：似成螨。不同点：头脊为板状，表皮光滑。有小基节杆。

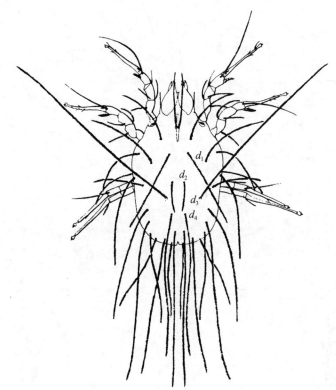

图 4-283　隆头食甜螨（♂）背面

$d_1 \sim d_4$：背毛

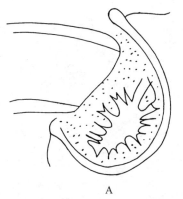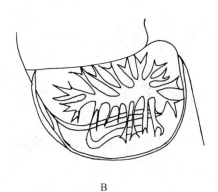

A　　　　　　　　　　　　　　　　　　　　B

图 4-284　食甜螨基节上毛

A. 隆头食甜螨；B. 双尾食甜螨

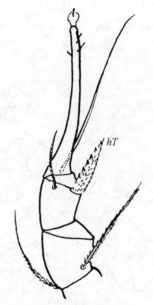

图 4-285　隆头食甜螨（♂）右足Ⅱ腹面
hT：胫节毛

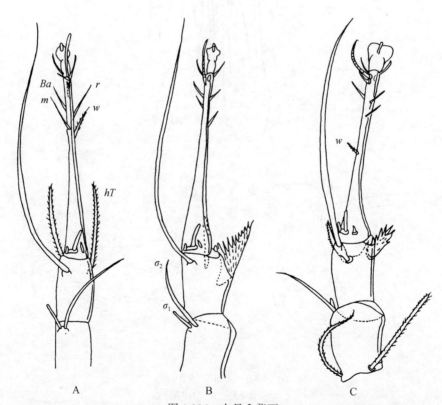

图 4-286　右足Ⅰ背面
A. 隆头食甜螨（♀）右足Ⅰ背面；B. 隐秘食甜螨（♂）右足Ⅰ背面；C. 双尾食甜螨右足Ⅰ背面
σ_1, σ_2：膝外毛和膝内毛；Ba：背中毛；r：侧中毛；m：正中毛；w：腹中毛；hT：胫节毛

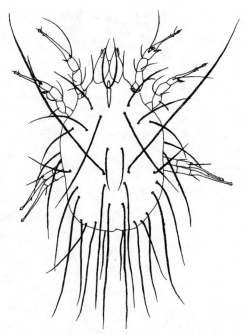

图 4-287　隆头食甜螨（♀）背面

隐秘食甜螨（*Glycyphagus privatus* Oudemans，1903）

同种异名：*Glycyphagus cadaverum* Schrank，1781；*sensu* zachvatkin，1941。

雌雄两性形态相似。似家食甜螨（*Glycyphagus domesticus*），不同点：头脊向后伸展到胛毛（sc），头脊的前端骨化程度较轻，有顶内毛（vi）着生于前缘。背毛 d_2 位于 d_3 之前，与侧毛 l_1 处在同一水平。足 I 和足 II 胫节的顶端边缘形成薄框。足 I 跗节的第二感棒（ω_2）短，与芥毛（ε）等长。足 I 膝节的膝外毛（σ_1）短于跗节感棒 ω_1 长度的 1/2（图 4-286B）。

雄螨：躯体长 280～360μm。

雌螨：躯体长 370～450μm。似家食甜螨，不同点：生殖孔长于从肛门孔到生殖孔间的距离，并向后伸展到足 IV 基节臼的后缘。

幼螨：头脊与成螨的相似，并具有瓶状的基节杆。在足 I 膝节上，膝外毛（σ_1）和膝外毛（σ_2）的比例与成螨相似。

双尾食甜螨（*Glycyphagus bicaudatus* Hughes，1961）

似隆头食甜螨（*Glycyphagus ornatus*），不同处：头脊较狭（图 4-288），不发达；顶内毛（vi）前面的区域发达。基节上毛（scx）（图 4-284B）有一主干且分支很多。躯体背刚毛栉齿密，排列似隆头食甜螨。背毛 d_3 和 d_4 扁平，基部膨大。足 I、II 跗节弯曲，腹中毛（w）靠近跗节中央（图 4-286C）。足 I 和足 II 胫节的胫节毛（hT）变形为三角形鳞片，足 I 胫节的鳞片前缘有 7～8 个齿，足 II 胫节上有 5～6 个齿。

雄螨：躯体长 390～430μm（图 4-289）。

雌螨：躯体长 433～635μm。顶内毛（vi）前的头脊区是一条模糊的线条（图 4-288A）。体躯刚毛似雄螨，但骶内毛（sai）短，与 d_2 长度相近，其中央稍膨大（图 4-290）。足似隆头食甜螨。躯体后端无管状交配囊，交配囊孔与受精囊相通，为一圆形小孔，并有一对弯曲的骨片支撑受精囊基部。

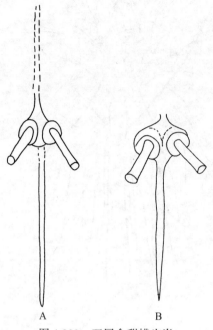

图 4-288　双尾食甜螨头脊

A. ♀；B. ♂

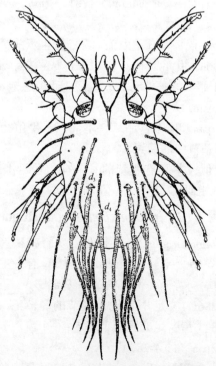

图 4-289　双尾食甜螨（♂）背面

d_3, d_4：背毛

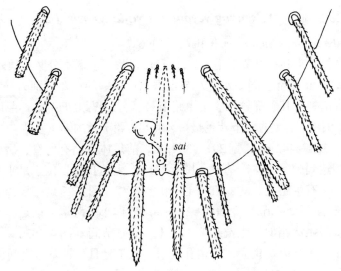

图 4-290　双尾食甜螨（♀）体躯后端腹面
sai：骶内毛

（赵　丹　张　浩）

二、拟食甜螨属（*Pseudoglycyphagus* Wang，1981）

我国学者王孝祖（1981）建立了拟食甜螨属。该属种类主要有余江拟食甜螨（*Pseudoglycyphagus yujiangensis*）和金秀拟食甜螨（*Pseudoglycyphagus jinxiuensis*）。拟食甜螨常孳生于动物饲料和鼠类洞穴中。余江拟食甜螨由江镇涛（1996）在江西省余江县的混合饲料中采获，目前仅在饲料仓库中发现。金秀拟食甜螨常孳生于鼠类的洞穴内，王孝祖（1981）在广西的白腹巨鼠鼠洞内发现此螨。

余江食甜螨因孳生物主要为动物饲料，故其可造成饲料的营养成分损失、饲料品质下降。金秀拟食甜螨常孳生于鼠类的洞穴中。

余江拟食甜螨目前见于江西，金秀拟食甜螨目前见于广西。

拟食甜螨属特征：表皮有颗粒状突起，前足体背面有明显的背脊，后半部分较宽，末端达到胛毛（*sc*）基部；基节上毛顶端不分叉；无顶外毛，顶内毛着生位置与基节上毛基部在同一水平；背部刚毛多为密的栉齿状。足Ⅰ背胫毛（刺）长。生殖孔前端位于足Ⅰ、Ⅱ基节之间。

拟食甜螨属（*Pseudoglycyphagus*）成螨分种检索表

背部刚毛均为密的栉齿状，除 d_2 外，其余较长 …………… 余江拟食甜螨（*P. yujiangensis*）

背部刚毛除胛内毛（*sci*）、d_2 外，其余均为长而密的栉齿状，*sci* 为短而稀疏的羽状毛
…………………………………………………… 金秀拟食甜螨（*P. jinxiuensis*）

余江拟食甜螨（*Pseudoglycyphagus yujiangensis* **Jiang，1996**）

同种异名：*Glycyphagus yujiangensis* Jiang，1996。

该螨表皮具颗粒状突起；基节上毛（*scx*）呈树根状，顶端不分叉；顶外毛（*ve*）、顶内毛（*vi*）着生位置与 *scx* 基部在同一水平。与金秀拟食甜螨的重要区别为其背部刚毛皆为密的栉齿状，背毛除 d_2 外，其余都较长。足 I 跗节最短，足 IV 跗节最长；足 I 胫节背毛最长，为足 I 跗节长的 2 倍以上，足 IV 胫节背毛最短，为足 IV 跗节长的 1/4 左右。

雌螨：躯体长 364 ~ 442μm，宽 291 ~ 364μm。前足体背面有背脊，后半部分较宽，略呈倒三角形，末端达到胛毛（*sc*）基部（图 4-291）；生殖孔长，位于足 I ~ III 基节间，前端有明显的生殖片，有生殖毛 3 对；肛后毛（*pa*）3 对（图 4-292）。

雄螨：躯体长 249 ~ 286μm，宽 208 ~ 239μm。躯体小于雌螨。前足体背脊不明显；背部刚毛长度、形状与雌螨相似；生殖孔位于足 I、II 基节间（图 4-293）。

第三若螨：体型比雄成螨稍大。生殖孔较短，位于足 III、IV 基节之间，肛毛 1 对。

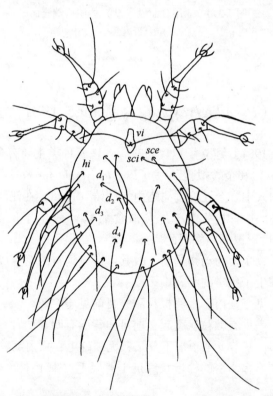

图 4-291　余江拟食甜螨（*Pseudoglycyphagus yujiangensis*）（♀）背面

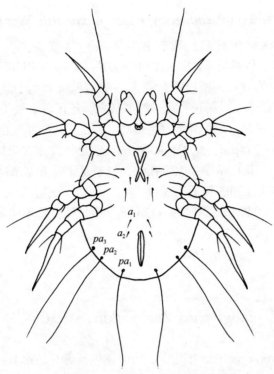

图 4-292　余江拟食甜螨（*Pseudoglycyphagus yujiangensis*）（♀）腹面

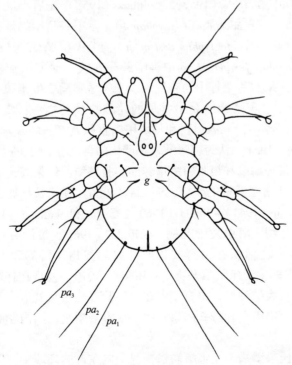

图 4-293　余江拟食甜螨（*Pseudoglycyphagus yujiangensis*）（♂）腹面

金秀拟食甜螨（*Pseudoglycyphagus jinxiuensis* Wang，1981）

躯体背面有细的颗粒状突起；基节上毛（*scx*）树枝状，顶端不分叉；无顶外毛（*ve*），顶内毛（*vi*）着生位置与 *scx* 基部在同一水平；背部刚毛除胛内毛（*sci*）和第二背毛（*d₂*）外，其余背毛均具长而密的栉状刺，*sci* 为短而稀疏的羽状毛；肩毛 *hi* 比 *he* 长；骶外毛（*sae*）比骶内毛（*sai*）稍长；足Ⅰ跗节最短，足Ⅳ跗节最长；足Ⅰ胫节背毛最长，为足Ⅰ跗节长度的 3 倍左右，足Ⅳ胫节背毛最短，为足Ⅳ跗节长度的 1/3。

雌螨：躯体长 328~374μm，宽 238~306μm。前足体背面有明显的背脊，后半部分较宽而长，末端达到胛毛（*sc*）基部；生殖孔长，位于足Ⅰ、Ⅱ基节间，前端有明显的生殖片，有生殖毛 3 对，肛毛 1 对，肛后毛 3 对。

雄螨：躯体长 185~249μm，宽 139~173μm。前足体背脊不明显或无；生殖孔位于足Ⅰ、Ⅱ基节间。

（许　佳　岳巧云）

三、嗜鳞螨属（*Lepidoglyphus* Zachvatkin，1936）

嗜鳞螨属由 Zachvatkin 于 1936 年建立，当时还包括所有足跗节有 1 个栉齿状亚跗鳞片（subtarsal scale，*ρ*）及前足体背面无头脊的螨类。1941 年 Zachvatkin 将该属变更为亚属。Cooreman（1942）、Türk 和 Türk（1957）、Sellnick（1958）先后再次将其认定为属。1961 年 Hughes 将嗜鳞螨属归入食甜螨属（*Glycyphagus*）。本书将嗜鳞螨属单独列叙，目前记录的主要种类有害嗜鳞螨（*Lepidoglyphus destructor*）、米氏嗜鳞螨（*Lepidoglyphus michaeli*）和棍嗜鳞螨（*Lepidoglyphus fustifer*）。其中害嗜鳞螨在波兰储藏的燕麦、黑麦、小麦、大麦、亚麻子、大米、干果和甜菜籽中均有发现。米氏嗜鳞螨孳生于脱水蔬菜、饲料、谷物等储藏食品和储藏物中。害嗜鳞螨是最常见的储藏物螨类之一，常与粗脚粉螨（*Acarus siro*）、普通肉食螨（*Cheyletus eruditus*）和马六甲肉食螨（*Cheyletus malaccensis*）孳生在一起。Bollaerts 和 Breny（1951）认为害嗜鳞螨是严格的食菌者。Sinha（1968）把 25 种生长于储藏物的真菌作为害嗜鳞螨和粗脚粉螨培养的实验环境，结果发现害嗜鳞螨能在其中的12 种真菌上成活。关于害嗜鳞螨的生境，Sheals（1956）在格拉斯哥公园草地的土壤样品中发现此螨；Zachvatkin（1941）、Sinha（1963）、Sinha 和 Wallace（1966）也分别在加拿大、日本和苏联的农作物土壤中发现此螨。Griffiths（1960）虽没有在英国中部草地上发现此螨，但发现该螨广泛活跃在田野或长期堆放的谷物、稻草和干草的堆垛中。Rack（1968）发现该螨还可孳生于床垫填塞物中；Brady（1970）发现在仔鸡养殖房的家禽落羽中害嗜鳞螨可发展成很大的种群。也有学者在干牛肚（由 J. S. Burton 采集）、已死的昆虫、晒干的哺乳动物毛皮及啮齿类和野蜂的巢穴中发现害嗜鳞螨。国内学者也曾在空调隔尘网中检获此螨。

在储藏物中，米氏嗜鳞螨不及害嗜鳞螨普遍，但在自然环境中，其分布广泛，常在脱水蔬菜、饲料和牲畜棚的草堆中发现此螨（Michael，1901），也曾在储藏谷物、干菜、啤酒酵母和啮齿类及食虫动物的巢穴中发现（Vysot Zkaya，1961）。

　　害嗜鳞螨爬行快而无规律。雌雄交配后 2 ~ 3 天产卵，卵白色、长梨形、散产，产卵之处分布广泛，一个雌螨产卵 3 ~ 10 粒，在温度 20 ~ 29℃、相对湿度 80% 条件下，卵经 7 ~ 9 天孵化为幼螨。幼螨经 7 ~ 9 天变为第一若螨，再经第三若螨期即发育为成螨，在环境不适宜时，常在第一若螨后形成不活动的休眠体（即第二若螨），包裹在第一若螨的网状皮壳中，可耐受−18℃的低温。由于休眠体对低温的忍耐力比成螨、若螨和幼螨大得多（Ushatinskaya，1954），在曼尼托巴和萨斯喀彻温的谷仓内温度下降至−18℃，害嗜鳞螨和其他一些储藏物螨类经历了如此低温后依旧可以存活。1903 年 Michael 还未曾提及害嗜鳞螨，故此螨可能是 20 世纪初才开始引起人们的关注。1936 年 Smirnov 和 Polejaec 认为此螨对杀螨剂有很大的抗性。因其对杀虫剂有抗性，所以用常规 PH_3 熏蒸不能消灭它们。防制此螨可采用 PH_3 连续两次低剂量熏蒸，PH_3+CO_2 混合熏蒸，4ppm 虫螨磷，10ppm 马拉硫磷。

　　米氏嗜鳞螨的生殖发育与害嗜磷螨相同，均进行有性生殖，也是经卵期、幼螨期、若螨期，再发育为成螨。在温度 23℃ 和谷物含水量为 15.5% 时，完成其生活周期约需 20 天。第一若螨期后往往形成稍活动的休眠体。休眠体梨形，跗肢退化，无吸盘板，常包裹于第一若螨的网状干缩表皮中。对于干燥环境，休眠体比其他发育阶段敏感。据 Zachvatkin（1941）报道在苏联的谷物仓库中，此螨可能是优势种。国内学者曾在四川观察，在储藏大米的仓库中，此螨危害仅次于害嗜鳞螨。观察发现该螨于 5 月出现，密度一级。23℃ 左右、湿度 15.5% 条件下，该螨完成生活周期仅需 15 ~ 20 天，繁殖速度较快。

　　嗜鳞螨属在国内分布于安徽、广东、广西、贵州、黑龙江、湖北、湖南、吉林、江苏、辽宁、山东、陕西、上海和四川等地；国外分布于保加利亚、波兰、德国、法国、荷兰、加拿大、俄罗斯、日本、瑞典、匈牙利和英国等国家，是世界性广泛分布的储藏物害螨。

　　嗜鳞螨属特征：前足体背面无头脊。各足的跗节均被一有栉齿的亚跗鳞片包裹；足 I 膝节的膝内毛（σ_2）比膝外毛（σ_1）长 4 倍以上；足 I、II 胫节上有腹毛 2 根。生殖孔位于足 II、III 基节间。足 I 跗节上的正中毛（m）、背中毛（Ba）、侧中毛（r）位于该节顶端的 1/3 处。

嗜鳞螨属（*Lepidoglyphus*）成螨分种检索表

1. 足 III 膝节上腹面刚毛 nG 膨大成栉状鳞片 ·················· 米氏嗜鳞螨（*L. michaeli*）
　足 III 膝节上腹面刚毛 nG 不膨大为栉状鳞片 ··· 2
2. 雄螨足 I 膝节上的 σ 加粗成刺状，而雌螨后面一对生殖毛位于生殖孔后缘的同一水平上
　·· 棍嗜鳞螨（*L. fustifer*）
　雌雄两性足 I 膝节上的 σ 不加粗，雌螨后面一对生殖毛位于生殖孔后缘之后
　·· 害嗜鳞螨（*L. destructor*）

害嗜鳞螨（*Lepidoglyphusdestructor* Schrank，1781）

　　同种异名：*Acarus destructor* Schrank，1781；*Lepidoglyphus destructor* Schrank，1781；*Glycyphayus anglicus* Hull，1931；*Acarus spinipes* Koch，1841；*Lepidoglyphus cadaveum* Schrank，1781；*Glycyphayus destructor*（Schrank）*sensu* Hughes，1961。

　　该螨表皮灰白色，不清晰，覆有微小乳突。背刚毛硬直，栉齿密，直立在体躯表面（图4-294）。顶内毛（*vi*）长度超出螯肢顶端，顶外毛（*ve*）位于 *vi* 靠后的部位，两者间距与胛内毛的距离相等。胛毛（*sc*）2 对在足Ⅱ后方并列分布，胛内毛（*sci*）与 *vi* 等长。基节上毛（*scx*）分支多且呈二叉杆状。肩毛（*h*）2 对。背毛 d_2 勉强及躯体后缘，d_1 长于 d_2，d_3 位于 d_2 后外侧；d_2、d_1 和 d_4 位于一直线上。3 对侧毛（*l*）较长，$l_1 \sim l_3$ 逐渐加长。骶内毛（*sai*）、骶外毛（*sae*）和 3 对肛后毛（*pa*）突出在躯体后缘，其中 1 对肛后毛短而光滑。背毛 d_3、d_4，侧毛 l_3 和骶内毛（*sai*）为躯体最长的刚毛。腹面，足Ⅰ表皮内突相接，形成短胸板，足Ⅱ表皮内突较发达；足Ⅲ、Ⅳ表皮内突退化，它们附着肌肉的作用由足Ⅱ基节内突来承担；足Ⅱ基节内突有一粗壮的前突起。肛门位于躯体后缘，前端有 1 对肛毛。螯肢细长，动趾有 4 个大齿，定趾有 5 个齿；须肢末端有 3 个小突起。各足均细长，尤其是第三和第四对足更为细长，末端为前跗节和小爪。胫节、膝节、股节无膨大，在端部形成薄框。各跗节被一有栉齿的位于跗节基部的亚跗鳞片（ρ）包裹（图 4-295A、B）。在自然状况下，这个亚跗鳞片使跗节呈纤毛样，但在玻片标本中，亚跗鳞片倾向于转移到跗节的一侧。跗节顶端的第一背端毛（*d*）、第二背端毛（*e*）、正中端毛（*f*）、3 个端刺和第三感棒（ω_3）把前跗节包绕；其后是正中毛（*m*）、背中毛（*Ba*）、侧中毛（*r*）；

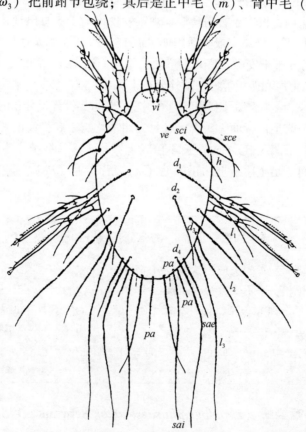

图 4-294　害嗜鳞螨（*Lepidoglyphus destructor*）（♂）背面
ve，*vi*，*sce*，*h*，$d_1 \sim d_4$，$l_1 \sim l_3$，*sae*，*sai*，*pa*：躯体的刚毛

跗节基部的感棒 ω_1、ω_2 和芥毛（ε）相近，感棒 ω_1 弯杆状，长度为感棒 ω_2 的 2 倍，f 短小。足 I 膝节的膝内毛（σ_2）比膝外毛（σ_1）长 4 倍以上，σ_1 的顶端膨大（图 4-295A）。膝节、胫节腹面刚毛有栉齿。足 III 胫节、足 IV 胫节的腹毛 kT 不着生在关节膜的边缘（图 4-296）。

雄螨：躯体长 350 ~ 500μm。生殖孔位于足 III 基节间，前面有三角形骨板，两侧有生殖毛（g_1、g_2）2 对，后缘有生殖毛（g_3）1 对。肛门孔前端有肛毛 1 对，并向后至躯体后缘。

雌螨：躯体长 400 ~ 560μm（图 4-297）。刚毛与雄螨相似，不同点：生殖褶大部分相连，一块新月形的生殖板覆盖在生殖褶的前端；第 3 对生殖毛（g_3）在生殖孔后缘水平，在足 III、IV 表皮内突间。交配囊是一条短管，管子的部分边缘为叶状（图 4-298）。肛门伸展到躯体后缘，前端两侧有肛毛 2 对。

不活动休眠体：躯体和皮壳长约 350μm，休眠体为卵圆形，无色，足退化。休眠体包裹在第一若螨的表皮中（图 4-299）。一条横缝贯穿背面把躯体分为前足体和后半体两部分。足 I、II 表皮内突轻度骨化，足 IV 间有生殖孔痕迹。足 I、II、III 的爪和跗节等长，足 IV 的爪较短。足 I 跗节基部有一相当于感棒 ω_1 的长感棒，足 II 跗节的感棒较短。

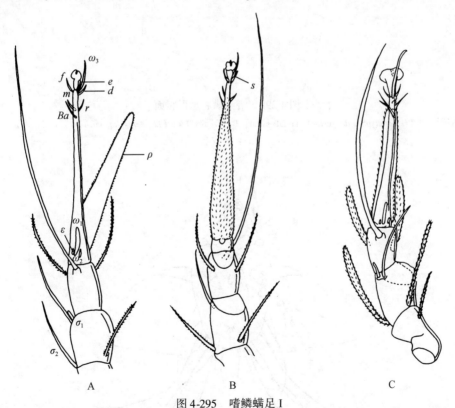

图 4-295　嗜鳞螨足 I

A. 害嗜鳞螨（*Lepidoglyphus destructor*）（♂）右足 I 背面；B. 害嗜鳞螨（*Lepidoglyphus destructor*）（♂）左足 I 腹面；

C. 米氏嗜鳞螨（*Lepidoglyphus michaeli*）（♂）右足 I 背面

$\omega_1 \sim \omega_3$，σ_1，σ_2：感棒；ε：芥毛；d，e，s，Ba，m，r：刚毛；跗节鳞片：ρ

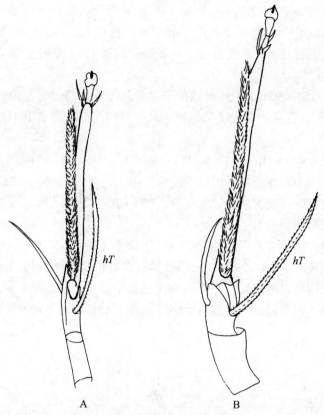

图 4-296　嗜鳞螨右足Ⅳ腹面

A. 害嗜鳞螨（*Lepidoglyphus destructor*）右足Ⅳ腹面；B. 米氏嗜鳞螨（*Lepidoglyphus michaeli*）（♀）右足Ⅳ腹面

hT：胫节毛

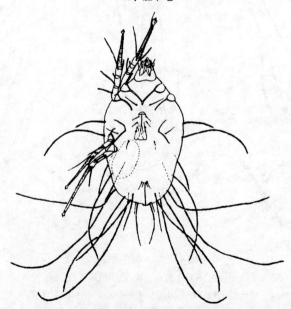

图 4-297　害嗜鳞螨（♀）腹面

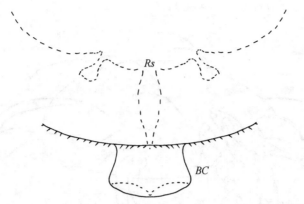

图 4-298　害嗜鳞螨（*Lepidoglyphus destructor*）（♀）外生殖器

Rs：受精囊；*BC*：交配囊

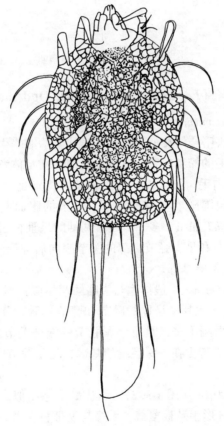

图 4-299　害嗜鳞螨休眠体腹面，包裹在第一若螨的表皮中

幼螨：似成螨，基节杆小（图 4-300）。

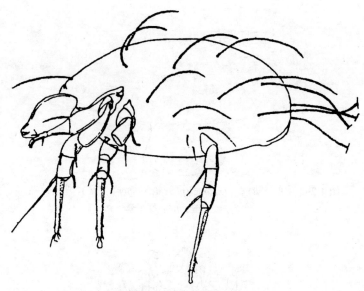

图 4-300　害嗜鳞螨幼螨侧面

米氏嗜鳞螨（*Lepidoglyphus michaeli* Oudemans，1903）

同种异名：*Glycyphagus michaeli* Oudemans，1903。

米氏嗜鳞螨的形态与害嗜鳞螨相似，但其体型比害嗜鳞螨大。躯体上的毛序也与害嗜鳞螨相似，所不同的是刚毛的栉齿较密。其刚毛长度在前足体背毛毛序区别最明显，米氏嗜鳞螨胛内毛（*sci*）比顶内毛（*vi*）长。足的各节，特别是足Ⅳ的胫节和膝节，顶端膨大，形成薄而透明的缘，包围随后一节的基部。胫节的腹面刚毛比害嗜鳞螨更"多毛"（图 4-295C），足Ⅳ胫节毛 *hT* 加粗、多毛，雌雄两性的足Ⅲ腹面刚毛 *nG* 膨大成"毛皮状"鳞片（图 4-301）。足Ⅲ胫节和足Ⅳ胫节端部的关节膜向后伸展到 *hT* 基部，其两边的表皮形成薄板，因此 *hT* 着生于深缝基部。

雄螨：躯体长 450~550μm。一般体型与害嗜鳞螨相似，不同点：躯体刚毛栉齿较密，*sci* 比 *vi* 明显长。足的各节（尤其是足Ⅳ的胫节和膝节）顶端膨大为薄而透明的缘，包围后一节的基部。胫节的腹面刚毛多，足Ⅲ、Ⅳ胫节的端部关节膜后伸至胫节毛（*hT*）基部，两边表皮形成薄板，*hT* 着生在一深裂缝的基部，足Ⅲ膝节的腹面刚毛 *nG* 膨大成毛皮状鳞片。

雌螨：躯体长 700~900μm（图 4-302），与雄螨形态相似。与害嗜鳞螨不同点：生殖孔位置较前，前端被一新月形生殖板覆盖，后缘与足Ⅲ表皮内突前端在同一水平，后 1 对生殖毛远离生殖孔。交配囊为管状，短且不明显。

休眠体：躯体长约 260μm，休眠体为梨形，包裹在第一若螨的表皮中，表皮可干缩并饰有网状花纹。跗肢退化，无吸盘板，稍能活动。

图 4-301 米氏嗜鳞螨（*Lepidoglyphus michaeli*）（♀）右足Ⅲ基部区侧面

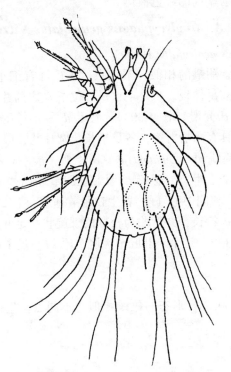

图 4-302 米氏嗜鳞螨（*Lepidoglyphus michaeli*）（♀）背面

（石 泉 李朝品）

四、澳食甜螨属 (*Austroglycyphagus* Fain & Lowry，1974)

1961 年 Hughes 从食甜螨属 (*Glycyphagus*) 中将澳食甜螨属分出。当前文献记录的仅膝澳食甜螨 (*Austroglycyphagus geniculatus*) 1 种。膝澳食甜螨常孳生于屋舍、鸟窝和蜂房等有机质丰富的场所。G. E. Woodroffe (1954) 在英国靠近伯克郡斯劳的鸟窝中发现此螨。Cooreman (1942) 在咖啡实蝇身上也发现此螨。国内报道此螨孳生于玉米、红枣、花生饼、马勃、儿茶、五味子、山奈、红参、杜仲、柴胡、甘草和虫草等。

此螨可在储藏粮食、菜种和中药中大量孳生，活跃于有机质丰富的鸟窝、蜂巢和屋舍内。可用 PH_3 连续 2 次低剂量熏蒸进行防制。

此螨在国内报道见于安徽、福建、广西、河南、江西和云南等地；国外分布于非洲东部、英国及刚果等国家和地区。

澳食甜螨属特征：无头脊，躯体背面无背沟，表皮有细小颗粒。各跗节被一有栉齿的亚跗鳞片包裹，在跗节基部的 1/2 处着生正中毛 (*m*)、背中毛 (*Ba*) 和侧中毛 (*r*)。足 I 膝节的膝外毛 (σ_1) 和膝内毛 (σ_2) 等长。胫节短，为膝节长度的 1/2；足 I、II 胫节上有 1 根腹毛。在前侧毛 (*la*) 和后侧毛 (*lp*) 之间的躯体边缘有存在于每个发育阶段的侧腹腺，侧腹腺中含有折射率高的红色液体。

膝澳食甜螨 (*Austroglycyphagus geniculatus* Vitzthum，1919)

同种异名：*Glycyphagus geniculatus* Hughes，1961。

膝澳食甜螨形态与家食甜螨的相似，不同点：表皮饰有细小颗粒，围绕顶内毛 (*vi*) 基部的表皮光滑，并形成前足体板。顶外毛 (*ve*) 位于 *vi* 之前并包围颚体两侧。躯体背面刚毛均为细栉齿状（背毛 d_1 光滑）（图 4-303）；背毛 d_2 和 d_3 长度相等，排列成一直线。侧腹腺大，其内的红色液体具有高折射率。各足细长，圆柱状；胫节常较短，不足相邻膝节长度的 1/2。各跗节与嗜鳞螨属 (*Lepidoglyphus*) 相似，被一有栉齿的亚跗鳞片包裹；足 I、II 跗节的毛序不同，足 I 跗节的感棒 ω_1 紧贴在跗节表面并呈长弯状（图 4-304）；背中毛 (*Ba*)、正中毛 (*m*) 和侧中毛 (*r*) 着生在跗节基部的 1/2 处，*m* 有栉齿，长达前跗节的基部。足 I 胫节感棒 φ 特长，并弯曲为松散的螺旋状；足 II 胫节的 φ 短直；足 III、IV 胫节的 φ 不到跗节长度的 1/2，足 I、II 胫节无胫节毛 *kT*。足 I 膝节的膝外毛 (σ_1) 与膝内毛 (σ_2) 等长。

雄螨：躯体长约 433μm。

雌螨：躯体长 430 ~ 500μm。形态与雄螨相似，不同点：生殖毛位于生殖孔之后，交配囊为短粗的管状。

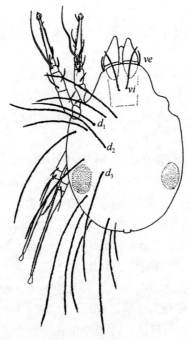

图 4-303　膝澳食甜螨（*Austroglycyphagus geniculatus*）（♀）背面
ve, *vi*, $d_1 \sim d_3$：躯体的刚毛

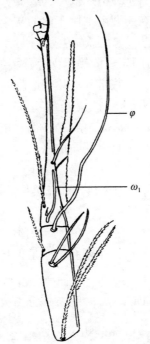

图 4-304　膝澳食甜螨（*Austroglycyphagus geniculatus*）（♀）右足 I 背面
ω_1, φ：感棒

（叶向光　李朝品）

五、无爪螨属 （*Blomia* Oudemans，1928）

目前记录的无爪螨属螨类有弗氏无爪螨（*Blomia freemani*）和热带无爪螨（*Blomia tropicalis*）。无爪螨属螨类常孳生于房舍、谷物仓库、面粉厂、中药材仓库、饲料加工厂、空调隔尘网及床垫等场所，其孳生物为谷物、面粉、中药材、地脚粉、小麦、大麦、麸皮、饲料及灰尘等。

弗氏无爪螨多孳生于房舍、谷物仓库、面粉厂及中药材仓库等阴蔽、有机质丰富的环境中。在储藏粮食、地脚粉、小麦及麸皮中常可发现此螨。对储藏粮食、面粉及饲料等储藏物为害严重。Butler（1948）记载，该螨在面粉厂中有永久群落。国内学者在四川江油、剑阁的小麦和麸皮中发现该螨。该螨雌雄交配时，雄螨覆于雌螨背上，用足Ⅳ跗节紧抱雌螨，并随雌螨爬行。如遇外物触动，即停止交配。雄螨可以与雌螨进行多次交配。交配后1~2天产卵，卵为白色，椭圆形。在适宜环境中，卵期4~5天，孵化为幼螨，取食2~3天静息1天后，蜕皮为第一若螨，第一若螨活动数天，静息约1天，蜕皮变为第三若螨期。第三若螨活动数天，静息约1天，蜕皮变为成螨。完成一代需时3~4周。未发现休眠体。

热带无爪螨孳生在房舍等人居环境，还可孳生在中药材仓库或粮库中，为害小麦、大米及大麦等储藏谷物，并可孳生在空调隔尘网中。吴松泉（2013）报道热带无爪螨是浙江丽水家栖螨类的主要种类。刘晓宇（2010）报道，热带无爪螨在我国南部的床尘中具有较高的种群密度。湛孝东（2013）在芜湖市乘用车内的灰尘中采集到该螨。兰清秀（2013）在食用菌中亦发现此螨。该螨卵生，未见孤雌生殖，生活史包括卵、幼螨、第一若螨（前若螨）、第三若螨和成螨。发育时间长短依赖于生存环境的温湿度，最适温度为26℃，相对湿度为80%。该螨分布较广泛，是热带和亚热带地区的一类常见过敏原，其致敏性已证实与过敏性鼻炎、过敏性哮喘及过敏性皮炎等有关，且与粉尘螨（*Dermatophagoides farinae*）、屋尘螨（*Dermatophagoides pteronyssinus*）、腐食酪螨（*Tyrophagus putrescentiae*）及棉兰皱皮螨（*Suidasia medanensis*）等具有共同抗原。

无爪螨属在国内分布于安徽、广东、海南、河南、湖南、江苏、内蒙古、上海、四川、台湾、香港及浙江等地；国外分布于热带和亚热带地区，如北爱尔兰、马来西亚、南美、新加坡、印度尼西亚及英国等国家。

无爪螨属特征：无背板或头脊；顶外毛（*ve*）和顶内毛（*vi*）相近；无栉齿状亚跗鳞片和爪；足Ⅰ膝节仅有1根感棒（*σ*）；生殖孔位于足Ⅳ基节间。

无爪螨属（*Blomia*）成螨分种检索表

雄螨足Ⅲ、Ⅳ具感棒，雌螨交配囊末端开裂······················ 弗氏无爪螨（*Blomia freemani*）
雄螨足Ⅲ、Ⅳ无感棒，雌螨交配囊末端逐渐变细 ············· 热带无爪螨（*Blomia tropicalis*）

弗氏无爪螨（*Blomia freemani* Hughes，1948）

雄螨：躯体近球形，长320~350μm。足Ⅱ和足Ⅲ之间最阔（图4-305）。表皮无色、粗糙，有很多微小突起；外形似家食甜螨（*Glycyphagus domesticus*）的第一若螨。无前足体背板或头脊，表皮内突为斜生的细长骨片，足Ⅰ表皮内突相连。躯体刚毛栉齿密，顶内毛（*vi*）和顶外毛（*ve*）相近，向前伸展近螯肢顶端。基节上毛（*scx*）分支密集。胛内毛（*sci*）、胛外毛（*sce*）和肩内毛（*hi*）着生在同一水平线；肩外毛（*he*）和第一背毛（d_1）着生在同一横线上且几乎等长。第二背毛（d_2）栉齿少，相距较近，较其余刚毛短，其与d_1和第三背毛（d_3）的间距相等。d_3、第四背毛（d_4）、第一侧毛（l_1）、第二侧毛（l_2）、第三侧毛（l_3）、骶内毛（*sai*）、骶外毛（*sae*）均为长刚毛，后面的刚毛比躯体长。螯肢骨化完全，具2个动趾；定趾具2个大齿和2个小齿。各跗节细长，超过胫膝节长度之和，顶端前跗节呈叶状，爪缺如。足Ⅰ跗节（图4-306A）的第三感棒（ω_3）比前跗节长，呈弯曲钝头杆状，跗节端部的第一背端毛（*d*）、第二背端毛（*e*）和正中端毛（*f*）较短，腹面有3个小刺；背中毛（*Ba*）、正中毛（*m*）和侧中毛（*r*）有栉齿，且在同一水平，距跗节端部较近；第一感棒（ω_1）头部稍膨大，第二感棒（ω_2）较短，且与ω_1在同一水平；芥毛（ε）不明显。足Ⅱ跗节的ω_1较短，*Ba*基部与ω_1靠近。足Ⅰ、Ⅱ膝节和胫节腹面的刚毛均有栉齿。各足的胫节感棒（φ）特长，超出前跗节的末端；足Ⅳ胫节的φ着生在胫节中间（图4-306B）。足Ⅰ膝节仅有1根感棒（σ），足Ⅱ、Ⅲ膝节无感棒。足Ⅳ跗节狭窄，由较大的关节膜与胫节相连成角。

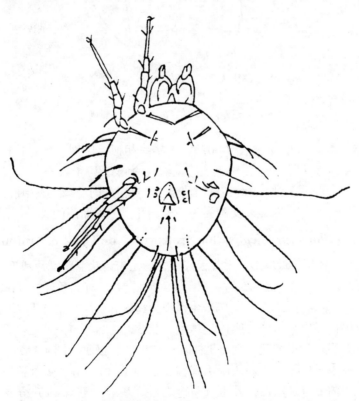

图4-305　弗氏无爪螨（*Blomia freemani*）（♂）腹面

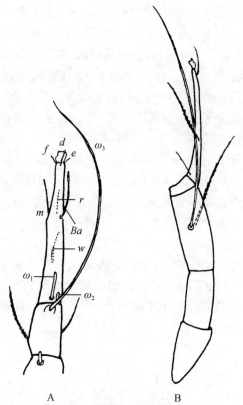

图 4-306　弗氏无爪螨（*Blomia freemani*）（♂）足

A. 足 I 背面；B. 足 IV 背面

$\omega_1 \sim \omega_3$：感棒；*d*, *e*, *f*, *Ba*, *m*, *r*, *w*：刚毛

雌螨：躯体长 440~520μm（图 4-307）。与雄螨相似，区别：生殖孔被斜生的生殖褶蔽盖（图 4-308），生殖褶下侧有 2 对生殖感觉器，两侧有生殖毛（g_1、g_2、g_3）3 对。肛门靠近躯体后缘，有肛毛 6 对，2 对在肛门前缘，4 对在肛门后缘，其中肛门后缘外侧的 2 对肛后毛（*pa*）较长且栉齿明显。交配囊为一末端开裂的长而薄的管子（图 4-309）。

热带无爪螨（*Blomia tropicalis* van Bronswijk，de Cock & Oshima，1973）

该螨躯体微小，体型接近球形。无背板或头脊。无栉齿状亚跗鳞片和爪，背部有顶毛 2 对，肩胛毛 2 对，背毛 5 对，侧毛 5 对，肩毛 1 对。膝节 I 仅有一条杆棒（σ），生殖孔位于足 III、IV 基节之间。雌螨有交配管，雄螨缺生殖吸盘和跗节吸盘。肛门开口于腹部末端。

雄螨：外形酷似弗氏无爪螨，躯体呈球形，长 320~350μm，足 II、III 之间最宽。表皮无色、粗糙、有很多微小突起。无前足体背板或头脊，腹面（图 4-310），表皮内突为斜生的细长骨片，在中线处相连。躯体刚毛栉齿密，顶毛（*vi*、*ve*）2 对相近，向前伸展几乎达螯肢顶端，顶内毛（*vi*）在顶外毛（*ve*）之后。基节上毛（*scx*）分支密集。胛内毛（*sci*）和胛外毛（*sce*）着生在同一水平线；肩外毛（*he*）和背毛（d_1）着生在同一水平线上，几乎等长。背毛（d_2）栉齿少，相距较近，较其余刚毛短，其与 d_1 和 d_3 的间距相等。背毛 d_1、d_4、d_5，侧毛 l_2、l_3、l_4、l_5 等均为长刚毛，后面的刚毛比躯体长。生殖孔位于足

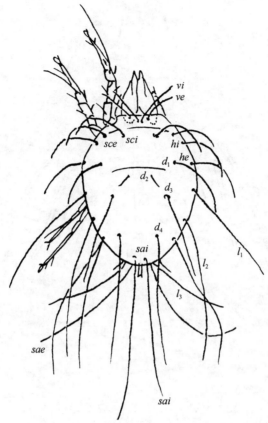

图 4-307　弗氏无爪螨（*Blomia freemani*）（♀）背面

ve，*vi*，*sce*，*sci*，*he*，*hi*，$d_1 \sim d_4$，$l_1 \sim l_3$，*sae*，*sai*：躯体的刚毛

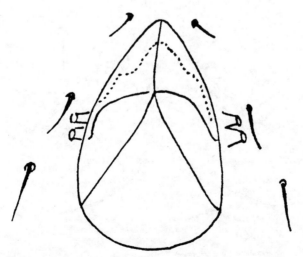

图 4-308　弗氏无爪螨（*Blomia freemani*）（♀）生殖孔

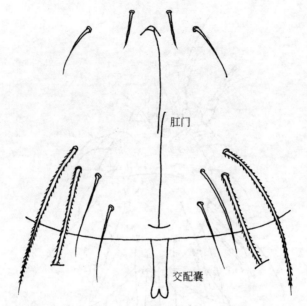

肛门

交配囊

图 4-309　弗氏无爪螨（*Blomia freemani*）（♀）肛门和交配囊

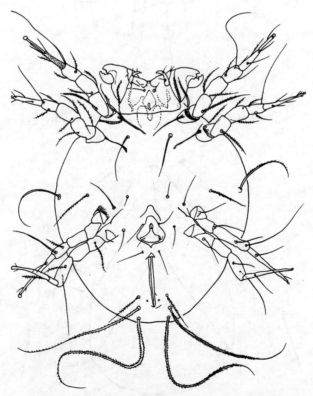

图 4-310　热带无爪螨（*Blomia tropicalis*）（♂）腹面

Ⅲ、Ⅳ基节间，隐藏在生殖褶下，生殖褶内有生殖感觉器。生殖孔周围有生殖毛（g_1、g_2、g_3）3 对，第 2 对生殖毛（g_2）间距近。阳茎为一根短的弯管，有 2 块基骨片支持。肛门伸达体躯后缘，在肛门前端和后端两侧各有一对光滑肛毛（a_1、a_2）。1 对有栉齿很长的肛后毛（pa_3）突出在体躯末端。螯肢较大，骨化完全，动趾 2 个，定趾有 2 个大齿和 2 个小齿。各足跗节细长，超过胫节和膝节长度之和。顶端前跗节叶状，爪缺如。足Ⅰ跗节的第三感棒（ω_3）较前跗节长，为一弯曲钝头杆状物，跗节端部的第一背端毛（d）、第二背端毛（e）和正中端毛（f）较短，腹面有 3 个小刺；背中毛（Ba）、正中毛（m）和侧中毛（r）有栉齿，且在同一水平，距跗节端部较近；第一感棒（ω_1）为头部稍膨大的杆状物，第二感棒（ω_2）较短；芥毛（ε）不明显。足Ⅰ、Ⅱ膝节和胫节腹面的刚毛均有栉齿。足Ⅲ、Ⅳ无感棒，足Ⅳ的跗节通常弯曲，刚毛退化。

　　雌螨：躯体长度为 440～520μm。刚毛排列和雄螨相似（图 4-311）。不同点：生殖孔被斜生的生殖褶所蔽盖，在生殖褶下侧有 2 对生殖感觉器，在生殖孔两侧有 3 对生殖毛（图 4-312），其中第 1 对生殖毛相互靠拢。有 6 对肛毛，其中 2 对在前缘，4 对在后缘，外面的 2 对肛后毛比其余的长，栉齿也明显。交配囊为 1 条长而稍微弯曲的管子，越往末端逐渐变细。

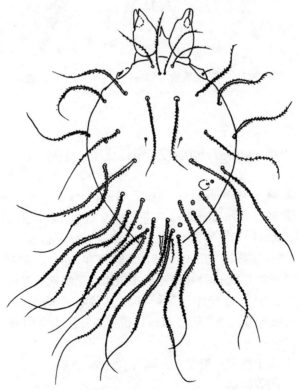

图 4-311　热带无爪螨（*Blomia tropicalis*）（♀）背面

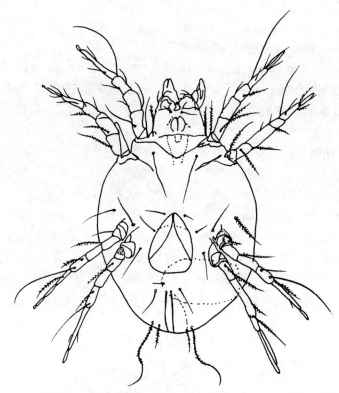

图 4-312　热带无爪螨（*Blomia tropicalis*）（♀）腹面

（唐小牛）

六、重嗜螨属（*Diamesoglyphus* Zachvatkin，1941）

重嗜螨属属食甜螨科（Glycyphagidae）栉毛螨亚科（Ctenoglyphinae），该属由 Hughes 于 1961 年从栉毛螨属（*Ctenoglyphus*）中分出。目前国内报道的有媒介重嗜螨（*Diamesoglyphus intermedius*）和中华重嗜螨（*Diamesoglyphus chinensis*）。媒介重嗜螨主要孳生在面粉中，为害谷物等储藏物。Canestrini（1888）和 Türk（1957）曾分别报道在干草堆和枯叶中发现媒介重嗜螨。沈兆鹏（1996）报道媒介重嗜螨是我国储藏粮食中的常见种类。媒介重嗜螨常孳生于粮食仓库、草堆和鸟巢等有机质丰富的环境中。Woodroffe（1956）在鸽子窝中发现此螨。李孝达（1988）曾报道在河南省的啤酒和皮革加工厂中发现该螨。

重嗜螨属在国内分布于河南、黑龙江、湖南、吉林、江苏、辽宁和四川等地；国外分布于德国、意大利和英国等国家。

重嗜螨属特征：雄螨和雌螨相似。躯体刚毛有栉齿，呈带状。不发生性二态现象，两性的躯体均为圆形，表皮粗糙，颗粒很细。躯体背面的刚毛完全相同：狭长、扁平、边缘有栉齿，宽度有变异。足Ⅰ膝节仅有 1 根感棒（σ）。雄螨阳茎很短。无休眠体。

媒介重嗜螨 （*Diamesoglyphus intermedius* Canestrini，1888）

该螨种外形无性别差异，躯体为圆形，表皮粗糙，躯体背部的刚毛均相似：狭长、扁平，宽度有变异。

雄螨：躯体长约400μm，淡棕色，形状似食酪螨，从背面观察，可清楚地看到螯肢，在足Ⅱ之后，躯体背面有一横（背）沟（图4-313）。背面表皮粗糙，有微小突起；而腹面表皮光滑。足Ⅰ表皮内突相连成短胸板，足Ⅱ、足Ⅲ和足Ⅳ的表皮内突分离。阳茎短管状，位于足Ⅳ基节之间，看不见生殖褶和生殖感觉器。躯体后缘较为钝圆。躯体背面的刚毛扁平、双栉状，靠近基部的主干可有刺（图4-314A）；周缘刚毛似花环包围躯体，中间刚毛与体表垂直排列成直线，前面的刚毛较后面的刚毛稍宽。足上的足毛与雄螨相似，刚毛比雄螨长。足较细长，各足末端的端跗节有一痕迹状的爪；足Ⅰ和足Ⅱ跗节和胫节的背面有一纵脊（图4-315A）。足Ⅰ跗节的第一感棒（ω_1）为长直杆状，与第二感棒（ω_2）相近，第三感棒（ω_3）超出跗节末端。足Ⅰ胫节的感棒φ很长，足Ⅱ、足Ⅲ和足Ⅳ胫节的感棒依次缩短；足Ⅰ和足Ⅱ胫节仅有1根腹毛（gT）。足Ⅰ膝节有1根感棒（σ），着生在该节中间；足Ⅱ膝节的σ为棒状。

雌螨：躯体长约600μm（图4-316）。与雄螨很相似，不同之处在于雌螨躯体后缘更尖细。交配囊为窄管状。腹面，足Ⅲ和足Ⅳ的表皮内突几乎与骨化的围生殖环相连接，围生殖环包围生殖孔。生殖孔的前缘有三角形的生殖板覆盖。生殖褶和生殖感觉器明显。足上的足毛与雄螨相似，刚毛比雄螨长。

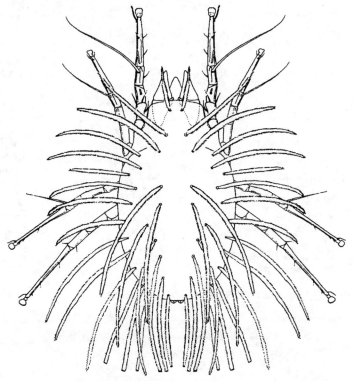

图4-313　媒介重嗜螨（*Diamesoglyphus intermedius*）（♂）背面

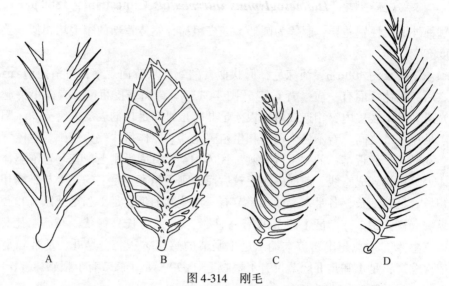

图 4-314　刚毛

A. 媒介重嗜螨（*Diamesoglyphus intermedius*）；B. 羽栉毛螨（*Ctenoglyphus plumiger*）；
C. 棕栉毛螨（*Ctenoglyphus palmifer*）；D. 卡氏栉毛螨（*Ctenoglyphus canestrinii*）

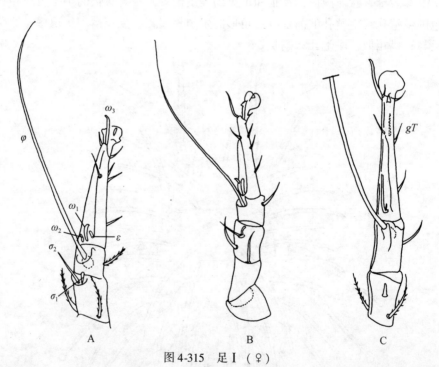

图 4-315　足 I （♀）

A. 媒介重嗜螨（*Diamesoglyphus intermedius*）右足 I 背面；B. 羽栉毛螨（*Ctenoglyphus plumiger*）右足 I 背面；
C. 卡氏栉毛螨（*Ctenoglyphus canestrinii*）左足 I 外面

ω_1, ω_2, ω_3, σ_1, σ_2, φ: 感棒；ε: 芥毛；gT: 胫节毛

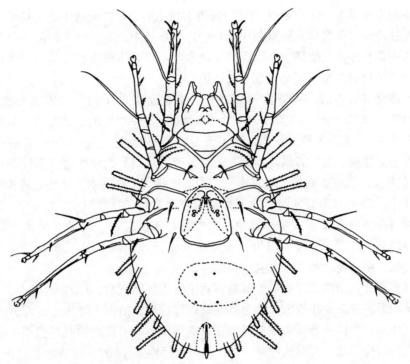

图 4-316　媒介重嗜螨（*Diamesoglyphus intermedius*）（♀）腹面

七、栉毛螨属（*Ctenoglyphus* Berlese，1884）

栉毛螨属与重嗜螨属（*Diamesoglyphus*）同属于食甜螨科（Glycyphagidae）栉毛螨亚科（Ctenoglyphinae）。目前记录的种类主要有羽栉毛螨（*Ctenoglyphus plumiger*）、棕栉毛螨（*Ctenoglyphus palmifer*）、卡氏栉毛螨（*Ctenoglyphus canestrinii*）和鼠栉毛螨（*Ctenoglyphus myospalacis*）。

栉毛螨属螨类可孳生在木料碎屑、潮湿的墙角灰尘、谷壳、大麦残屑、小麦残屑、燕麦残屑、牲畜棚的尘屑、草屑、干牛粪、鱼粉、中药材、动物饲料和米糠中。Griffiths 报道，羽栉毛螨可在燕麦、小麦、大麦和禾本植物的种子上孳生。Farrell（1948）报道在鱼粉中发现羽栉毛螨。张荣波（2001）在川贝母、夏枯草、小蓟、马齿苋等中药材中发现羽栉毛螨。唐秀云（2008）在夏枯草、榆树皮等中药材中发现了羽栉毛螨。Farrell（1948）在谷糠、牲畜棚的饲料屑和燕麦残屑中发现棕栉毛螨。国外有在地窖的墙角尘土和锯屑中发现棕栉毛螨的报道。唐秀云（2008）在亳州的中药材凤眼草中发现了棕栉毛螨。Farrell（1948）在燕麦加工厂的残屑中发现卡氏栉毛螨。Mahunka（1961）在牲畜棚的土壤和肥料堆中也发现了卡氏栉毛螨。国外学者也有在鱼粉和草屑中检获卡氏栉毛螨的报道。赵小玉（2008）报道，在蕲艾、大腹叶、大风子和玉米须等中药材中有卡氏栉毛螨的孳生。羽栉毛螨常孳生于粮食仓库、饲料仓库、中药材仓库、草堆、蜂巢等有机质丰富的环境中。Michael（1901）报道在蜜蜂巢中有羽栉毛螨大量孳生。刘晓东（2000）报道羽栉毛螨为仓储环境中的常见螨类。沈兆鹏（2005）报道羽栉毛螨为粮食流通中的常见螨种。棕栉毛螨常孳生在牲畜棚、草料房、居室和中药材仓库等场所中。王慧勇（2014）报道在皖北地区仓储环境中常有棕栉毛螨孳生。卡氏栉毛螨常与羽栉毛螨孳生在一起，孳生场所较为广泛，牲畜棚和草料房都是它们适宜孳生的环境。

　　羽栉毛螨喜群居生活，在温度 24~25℃、相对湿度 85% 的环境中螨的密度为一级。雌雄交配后，1~2 天产卵，在温度 22℃、相对湿度 75% 以上时，卵经 3~5 天孵化为幼螨。幼螨取食 3~4 天进入静息状态，约 1 天变为第一若螨。在进入第一若螨和第三若螨之前，各有一静息期。第一若螨再经第三若螨发育为成螨。此螨在适宜条件下完成一代需 3~4 周。未发现休眠体。羽栉毛螨属中温、中湿性螨类。据观察，羽栉毛螨在每年 5 月上旬、中旬发生，6~9 月为盛发期，11 月以后为衰退期。

　　栉毛螨属在国内分布于安徽、北京、福建、广东、广西、河北、河南、黑龙江、湖南、吉林、江苏、辽宁、上海、四川、天津和云南等地；国外见于澳大利亚、德国、法国、荷兰、俄罗斯、匈牙利、意大利和英国等国家。

　　栉毛螨属特征：两性二态明显。雌螨体背上有不规则突起，体背常无背沟。雄螨小于雌螨，躯体圆形，并缺少栉齿密的刚毛。雌螨躯体扁平，前突于颚体上。部分种类有一条横沟把前足体和后半体分开。表皮粗糙，在雌螨体躯上有不规则的突起覆盖。着生在躯体边缘的刚毛为双栉齿状，有时为叶状。足 I 膝节有感棒 σ_1 和 σ_2。雄螨阳茎较长。

栉毛螨属（*Ctenoglyphus*）成螨分种检索表

1. 躯体刚毛为明显的双栉齿，雄螨阳茎长 ……… 栉毛螨属（*Ctenoglyphus*）……………… 2
2. 躯体刚毛叶状，分支由透明的膜连在一起，膜边缘加厚 ……… 棕栉毛螨（*C. palmifer*）
   躯体刚毛较狭，刚毛的分支自由 …………………………………………………………… 3
3. 雌螨躯体刚毛的分支直，每个分支与主干成锐角，雄螨的 d_1 和 d_2 几乎等长 …………
   ……………………………………………………………………… 羽栉毛螨（*C. plumiger*）
   雌螨躯体刚毛的分支弯曲，与主干成直角，雄螨 d_1 的长度为 d_2 的 2 倍…………………
   ……………………………………………………………… 卡氏栉毛螨（*C. canestrinii*）

羽栉毛螨（*Ctenoglyphus plumiger* Koch，1835）

　　同种异名：*Acarus plumiger* Koch，1835。

　　该螨呈淡红色至棕色，无肩状突起。有些表皮光滑，有些表皮有微小的乳突覆盖。背面的刚毛均为双栉状；背毛 d_3 和 d_4 特别长，d_1 和 d_2 等长（图 4-314B）。

　　雄螨：躯体长 190~200μm，近梨形。腹面（图 4-317），骨化较完全，足 I、足 II、足 III 和足 IV 的表皮内突围成一个三角形区域，将长而弯曲的阳茎围住。阳茎由一个位于足 IV 表皮内突之间的三角形基片支持。背面的刚毛均为双栉状，很长，在躯体背面插入很深，同时在每一根刚毛的主干上有微小的突起覆盖。着生在躯体中央区域的刚毛，第一背毛（d_1）与第二背毛（d_2）等长，第三背毛（d_3）和第四背毛（d_4）均特别长并有栉齿。活螨的刚毛呈辐射状排列。足长而粗，足 I 和足 II 跗节略弯曲，其背面有明显的脊（图 4-315B）。足的末端有前跗节和爪，前跗节位于跗节末端的腹部凹陷上。跗节的第一感棒（ω_1）着生在脊基部的细沟上，其两侧为第二感棒（ω_2）和小的芥毛（ε）；第三感棒（ω_3）位于前跗节基部，其他跗节刚毛均细短。足 I 胫节的感棒（φ）长而粗，着生在胫节一侧的深裂缝上；足 II 和足 III 胫节的 φ 渐次缩短，足 IV 胫节的 φ 变为 1 个小的杆状构造。足 I 膝节的膝内毛（σ_2）比膝外毛（σ_1）长得多，σ_1 的顶端膨大成头状。足 I 和足 II 胫节仅有 1 根腹毛，足 I 和足 II 膝节有 2 根腹毛。

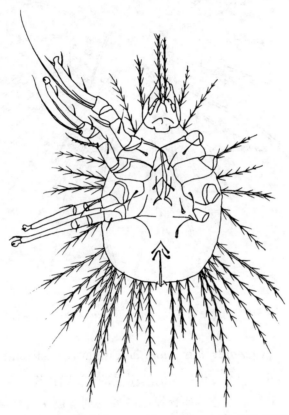

图 4-317　羽栉毛螨（*Ctenoglyphus plumiger*）（♂）腹面

雌螨：较雄螨大，躯体长 280～300μm，近似五角形，边缘扁平，中间凸出。背面有形状不规则的粗糙疣状突覆盖（图 4-318），腹面有细微颗粒。腹面，足 I 表皮内突发达，并相连成短胸板，足 II、足 III 和足 IV 表皮内突末端彼此分离、相互横向不融合；足 II 基节内突短，与足 III 表皮内突相愈合。生殖孔长而大，向后伸至足 III 基节臼的后缘，有一块发达的生殖板。交配囊基部较宽，并有微小疣状突覆盖。肛门孔前端两侧有肛毛 2 对，延伸至躯体后缘。躯体刚毛较雄螨长，周缘刚毛为双栉齿状，呈辐射状排列，其主干有明显的直刺，且与主干不垂直。活螨的刚毛稍微弯曲，因此整个躯体的外形好似一个羽状的花托。躯体背面中央的刚毛，即背毛 d_1、d_2、d_3、d_4 和胛内毛（*sci*）均较窄，但栉齿密集，几乎与躯体背面成直角。顶内毛（*vi*）和顶外毛（*ve*）均向前伸至颚体外，顶外毛（*ve*）较顶内毛（*vi*）长一倍。足较雄螨的足细，胫节的感棒（φ）不发达。

幼螨：躯体刚毛栉齿少，但每经一次蜕皮，刚毛都会变得越来越复杂。

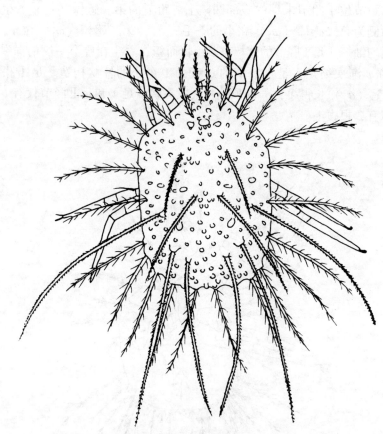

图 4-318　羽栉毛螨 (*Ctenoglyphus plumiger*) (♀) 背面

棕栉毛螨 (*Ctenoglyphus palmifer* Fumouze & Robin，1868)

该螨躯体刚毛多为叶状，分支由透明的膜连在一起，膜边缘加厚。在足 II 之后有一明显横沟；表皮淡黄，有颗粒状纹理。躯体刚毛主要为周缘刚毛 (图 4-314C)。足上无脊；足 I 膝节的膝外毛 (σ_1) 与膝内毛 (σ_2) 等长。

雄螨：躯体长 180～200μm，方形，两侧几乎平行。第三背毛 (d_3) 和侧毛 l_3、l_4、l_5 均狭长且有栉齿；d_3 与躯体等长。第四背毛 (d_4)、骶内毛 (*sai*) 和骶外毛 (*sae*) 均大，为叶状，每一刚毛由中央粗糙的主干及着生在主干上的毛刺构成；毛刺可有分支或相接，有时薄而透明的膜可以把毛刺联结在一起；叶状刚毛可不对称，边缘加厚，或可形成小突起。较前面的刚毛狭长，呈矛形。

雌螨：躯体长约 260μm，形状及颜色与雄螨相似 (图 4-319)，不同之处在于雌螨后半体表皮加厚，形成一系列不规则的低隆起。周缘有刚毛 13 对，使躯体像一个花环，除最前面的 1 对刚毛为双栉齿状外，其余均为叶状。叶状刚毛的构造与雄螨相似，但细微结构有区别：位于骶区的 1 对刚毛较其他刚毛尖，也较其他刚毛窄得多；第三背毛 (d_3) 比背毛 d_1、d_2 和 d_4 长很多；足 I、足 II 胫节和足 I、足 II 跗节无脊。

幼螨：有双栉齿状刚毛。

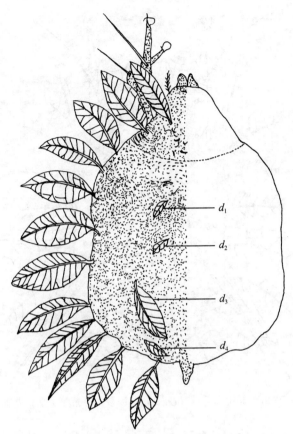

图 4-319 棕栉毛螨（*Ctenoglyphus palmifer*）（♀）背面

$d_1 \sim d_4$：背毛

卡氏栉毛螨（*Ctenoglyphus canestrinii* Armanelli，1887）

该螨躯体近似方形，形状与羽栉毛螨相似，表皮有细微的颗粒状花纹。躯体淡黄色，足和螯肢淡红色。借横沟区分为前足体和后半体。躯体刚毛较狭，刚毛的分支自如（图 4-314D）。

雄螨：躯体长 180 ~ 200μm，躯体上刚毛除第三背毛（d_3）外，均为双栉齿状，刚毛上的刺挺直，彼此间几乎平行，并向基部逐渐缩短。每一根刚毛主干的表面稍粗糙，所有刚毛的构造与羽栉毛螨雌螨的刚毛相似。d_3 狭长，几乎与躯体等长且有细栉齿，第一背毛（d_1）的长度为第二背毛（d_2）的 2 倍。从足和躯体的比例来看，雄螨的足比雌螨长，其构造与羽栉毛螨的足相似（图 4-315C）。

雌螨：躯体长度为 300 ~ 320μm，几乎成方形（图 4-320）。表皮有许多大而规则的疣状突起覆盖，这些疣状突起凸出在躯体上，使躯体有一高低不平的叶状末端。一条明显的横沟把前足体和后半体分开。交配囊长，突出在躯体末端（图 4-321）。雌螨躯体刚毛的分支弯曲，与主干成直角。足的构造与羽栉毛螨的足相似。

幼螨：幼螨的构造与雄螨相似，而不像雌螨。

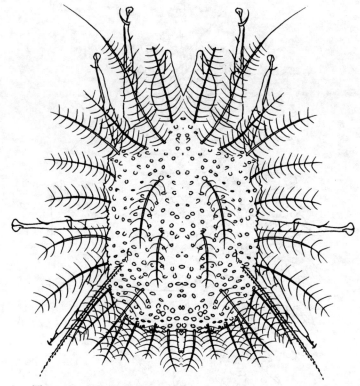

图4-320　卡氏栉毛螨（*Ctenoglyphus canestrinii*）（♀）背面

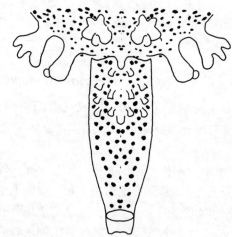

图4-321　卡氏栉毛螨（*Ctenoglyphus canestrinii*）（♀）交配囊

八、革染螨属（*Gremmolichus* Fain，1982）

目前仅我国记录爱革染螨（*Gremmolichus eliomys*）一种。爱革染螨常孳生于粮食中，造成其品质及营养下降，危害人畜健康。江镇涛（1991）在江西省赣州市酱油厂的糯米中采获爱革染螨的雌螨。

革染螨属在国内目前见于江西省。

革染螨属特征：前足体向前延伸，突出在颚体之上。刚毛粗且具支刺。足Ⅰ和足Ⅱ的股节、膝节和胫节端部均膨大，并具有脊条。

爱革染螨（*Gremmolichus eliomys* Fain，1982）

雌螨：刚毛粗且具支刺，足Ⅰ和足Ⅱ的股节、膝节和胫节端部均膨大，并具有脊条，外生殖孔在足Ⅲ和足Ⅳ基节之间，雌螨肛毛5对，前2对光滑，雄螨肛毛4对，前1对光滑，受精囊呈灯泡状。

（杜凤霞　李朝品）

九、脊足螨属（*Gohieria* Oudemans，1939）

脊足螨属隶属于食甜螨科（Glycyphagidae）钳爪螨亚科（Labidophorinae），目前我国仅记录棕脊足螨（*Gohieria fuscus*）一种。棕脊足螨在我国普遍存在，是一种家栖性螨类，在储藏物中较为常见，可孳生在谷物、面粉、大米、大麦、小麦、玉米、碎米、稻谷、麸皮、细糠、饲料、食糖、中药材等储藏物中，在床垫表面的积尘中也时有发现。该螨在储藏面粉中特别易于孳生，使面粉变色。O'Farnell和Butler（1948）发现在北爱尔兰面粉厂的谷物尘屑混合物中棕脊足螨很多，并从这里传播到储藏面粉和饲料的仓库里。Butler（1954）记载，该螨在面粉厂谷物尘屑中大量孳生。Hosaya和Kugoh（1954）报道在包装的面粉和食糖中分离出棕脊足螨。Zdarkova（1967）在捷克发现，该螨能在家禽的蛋白质混合饲料中大量繁殖，在所有被螨为害的样品中，该螨占10.1%，在面粉中最多，由于其体色为棕色，所以容易鉴别。陆联高（1985）在四川调查发现该螨在面粉中大量发生，密度为一级。此螨是储藏物中广泛分布的一种为害严重的螨类，仅次于食酪螨属（*Ttyrophagus*）的螨类。Hughes（1976）在很潮湿房间里的床垫表面飞尘中发现了此螨的各个发育期。沈兆鹏（1996）在面条加工厂地坪缝隙中发现大量的棕脊足螨。该螨也可在包装的食糖和面粉中分离出来。

棕脊足螨行有性生殖。雌雄交配时，雄螨负于雌螨背上，并随雌螨爬行。如遇到触动，停止交配。根据Boulanova（1937）记载，雌螨可分散产卵11~29粒，在24~25℃条件下，完成生活周需11~23天。交配后3~5天产卵，卵散产，白色，椭圆形，一端较细。在25℃左右、相对湿度85~90%的环境中，卵经3~5天孵化为幼螨。幼螨活动3~4天即进入静息期1天，蜕化为第一若螨，再经第三若螨变成成螨。第一若螨与第三若螨均有一天的静息期。当环境条件适宜时，完成一代需2~4周。在观察中未发现休眠体和异型雄螨。棕脊足螨有时还引起人体皮炎症，若侵染人体，可引起人类肺螨病等。该螨的防制可采用PH_3连续两次低剂量熏蒸或PH_3+CO_2混合熏蒸。

脊足螨属螨类在国内分布于安徽、北京、福建、河南、黑龙江、吉林、辽宁、山西、上海、四川和台湾等地；国外主要分布于埃及、北爱尔兰、比利时、德国、法国、荷兰、捷克、日本、俄罗斯、土耳其、新西兰和英国等国家。

脊足螨属特征：前足体前伸，突出在颚体之上，无前足体板或头脊。表皮稍骨化，棕色，饰有短小而光滑的刚毛。足表皮内突细长并连结成环状围绕生殖孔。足膝节和胫节有明显脊条，足股节和膝节端部膨大。雌螨有气管（trachea）。本属螨类性二态现象不明显。

棕脊足螨（*Gohieria fuscus* Oudemans，1902）

同种异名：*Ferminia fusca* Oudemans，1902；*Glycyphagus fuscus* Oudemans，1902。

该螨躯体椭圆，略呈方形，表皮棕色，小颗粒状，有光滑短毛。腹面扁平，足膝节和胫节有明显脊条，足股节和膝节端部膨大。

雄螨：体长 300～320μm，躯体背面前端向前凸出成帽形，遮盖在颚体之上。顶内毛（*vi*）具栉齿，躯体的其他刚毛也均稍带锯齿。基节上毛稍有栉齿，顶外毛（*ve*）与具栉齿的基节上毛几乎位于同一水平上。4 对背毛（d_1、d_2、d_3、d_4）几乎呈直线排列。胛内毛（*sci*）、胛外毛（*sce*）和肩内毛（*hi*）几乎位于同一水平上。前足体刚毛向前伸展，后半体刚毛向后或向侧面伸展。体色比雌螨深，表皮饰有红棕色小颗粒。后半体前缘有一横褶（transverse pleat），因此活螨后半体背面好似被一块独立的板所覆盖。各足的表皮内突为细长的杆状物。足 I 的表皮内突相连形成短胸板（short sternum），胸板与足 II～IV 表皮内突愈合成一块无色的表皮区域，位于生殖孔之前。躯体腹面比背面具有更多的棕色小颗粒，但在背面、腹面的连接处是无色的（图 4-322）。足短粗，膝节与胫节背面有明显的脊条，故称之为脊足螨。足跗节的前跗节着生在跗节的腹端。足 I 胫节有腹毛 2 根。足 III、IV 明显弯曲，端跗节较长。由于足 I 跗节前半部缩短，原来位于该节中部的前侧毛（*la*）、侧中毛（*r*）和腹中毛（*w*）移于较前位置，与端跗节基部的腹端刺（*s*）接近；但第一感

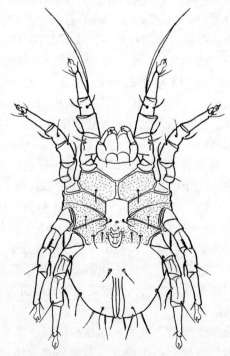

图 4-322　棕脊足螨（*Gohieria fuscus*）（♂）腹面

棒（ω_1）、第二感棒（ω_2）、芥毛（ε）和背中毛（Ba）的位置正常，足Ⅰ胫节的鞭状感棒（φ）很长。足Ⅱ、Ⅲ、Ⅳ胫节的鞭状 φ 渐次缩短。足Ⅰ膝节上的膝节感棒（σ_1）显著比（σ_2）长（图4-323）。生殖孔位于足Ⅳ基节之间，阳茎为一直的管状物。肛门孔伸达躯体末端，前端有刚毛1对。

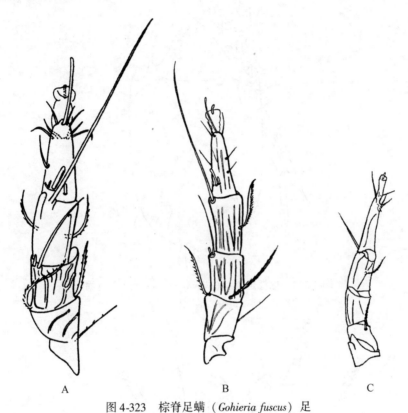

图 4-323　棕脊足螨（*Gohieria fuscus*）足

A. 棕脊足螨（*Gohieria fuscus*）（♂）右足Ⅰ背面；B. 棕脊足螨（*Gohieria fuscus*）（♀）右足Ⅰ背面；

C. 棕脊足螨（*Gohieria fuscus*）（♂）左足Ⅳ侧面

雌螨：体长为 380～420μm。体较大，比雄螨更接近方形。足深棕色，更细长，足脊更明显。雌螨活螨有一对发达的充满空气的气管，分支前面部分扩大成囊状，后面部分长弯状，可相互交叉但不连接。雌螨背面刚毛的排列与雄螨相似（图4-324），足比雄螨细长，纵脊较发达。4 对足向躯体前面靠近，足Ⅰ表皮内突与生殖孔前的一横生殖板愈合；足Ⅱ表皮内突接近围生殖环，足Ⅲ、Ⅳ表皮内突内面相连。由于雌螨的足跗节比雄螨的细长，因此足Ⅰ跗节的正中毛（m）、侧中毛（r）和腹中毛（w）排列分散，不像雄螨集中在跗节顶端。生殖孔位于足Ⅰ～Ⅲ基节之间。大而显著的生殖褶位于足Ⅰ～Ⅳ基节之间，生殖褶下面有 2 对生殖吸盘，与足Ⅲ基节位于同一水平；很小的生殖感觉器位于生殖褶的后缘。交配囊被一小突起蔽盖，由一管子与受精囊相通（图4-325）。肛门孔两边的褶皱超出躯体后缘。肛门前缘前端有肛毛 2 对。

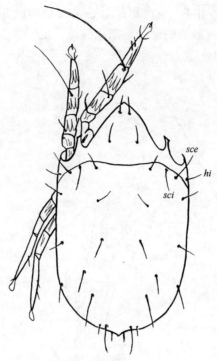

图 4-324　棕脊足螨 (*Gohieria fuscus*)（♀）背面

sci，*sce*，*hi*：刚毛

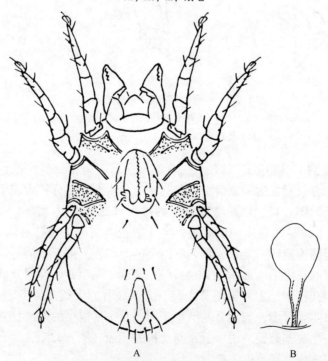

图 4-325　棕脊足螨 (*Gohieria fuscus*)（♀）

A. 腹面；B. 外生殖器

若螨：表皮无色，柔软，加厚成鳞状花纹。躯体刚毛稍有栉齿。

幼螨：表皮有微小疣状突起，基节杆为一薄的突起。

（柴　强　李朝品）

十、洛美螨属（*Lomelacarus* Fain，1978）

洛美螨属隶属于食甜螨科（Glycyphagidae）洛美螨亚科（Lomelacarinae）。此亚科由范青海和李隆术（1993）以费氏洛美螨为模式种而建立。目前国内仅记录1种，即费氏洛美螨。费氏洛美螨一般孳生在黑木耳、八角、三奈等储藏食品及调味品中。范青海于1989年在重庆市的八角中采获此雌螨，1990年又在重庆市的黑木耳中采获此雌螨。费氏洛美螨一般常孳生于房舍、食材及调料仓库等场所。

该属雄螨尚未见报道。

洛美螨属在国内报道仅见于重庆市。

洛美螨属特征：足体板前伸覆盖于颚体基部之上，前后足体之间有明显的背沟，背毛细小、光滑；在足Ⅰ基节前着生有格氏器（Grandjean's organ），呈片状，其外缘有辐射状长分支；生殖孔被一对肾形生殖板所覆盖，位于足Ⅲ、Ⅳ基节之间；生殖吸盘微小，共2对；生殖孔与肛孔相接；各足跗节爪间突呈膜质，无爪间突爪。

费氏洛美螨（*Lomelacarus faini* Fan & Li，1993）

雌螨：囊状，棕色，行动迟缓；体长364μm，宽244μm。背面，表皮密布皱褶，足体板前伸呈锐三角状覆盖于颚体之上。前足体具一扇形板，顶内毛（*vi*）位于板前端，顶外毛（*ve*）位于其中部外侧，胛内毛（*sci*）和胛外毛（*sce*）位于其后缘；各刚毛均光滑、

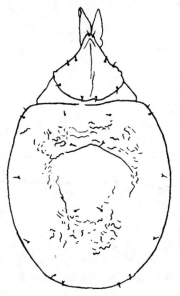

图4-326　费氏洛美螨（♀）背面

细小，长7.5~8μm；后半体自背沟处明显膨大（图4-326）。腹面，足Ⅰ基节内突呈"Y"形，格氏器位于足Ⅰ基节前方，呈片状且外缘具辐射状分支；生殖孔位于足Ⅲ、Ⅳ基节之间，其上有1对肾形生殖板，有2对生殖吸盘，极其微小；肛孔紧接生殖孔，有3对肛毛和3对肛侧毛；肛孔后有一棒状交配器，通过交配囊管与体内受精囊相连（图4-327）。足Ⅰ、Ⅱ、Ⅲ基节板和生殖板密布发达的瘤状突，足Ⅳ基节内突不明显致退化，其外侧方有一小骨化孔，呈椭圆形，骨化孔后方有末体腺。从足Ⅰ到足Ⅳ，其长度逐渐增加。各足跗节爪间突呈垫状膜质，但无爪间突爪；足Ⅰ第一感棒（ω_1）细长，端部膨大，第二感棒（ω_2）远离ω_1，位于该节上半部，第三感棒（ω_3）位于该节端部；胫节感棒（φ）长，约为其基部到足端距离的2倍（图4-328）。

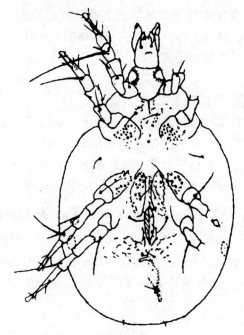

图4-327　费氏洛美螨（♀）腹面

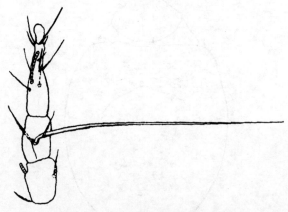

图4-328　费氏洛美螨（♀）足Ⅰ

（郭　家）

十一、嗜粪螨属（*Coproglyphus* Türk & Türk，1957）

嗜粪螨属隶属于食甜螨科（Glycyphagidae）嗜蝠螨亚科（Nycteriglyphinae，Fain，1963）。目前国内记录的主要种类有斯氏嗜粪螨（*Coproglyphus stammeri*）斯氏嗜粪螨可孳生在大米、面粉、麸皮、干粪、米糠、地脚粉和尘埃中，常孳生在蝙蝠粪便和一些中药材中。Woodroffe（1956）在英国的伯克郡斯劳附近的蝙蝠粪便中采获此螨，国内报道在天南星、紫苑、蜣螂、地蚕和天龙等中药材中发现此螨。斯氏嗜粪螨可孳生在蝙蝠窝、鸽子等鸟窝和鸡窝等环境中。

斯氏嗜粪螨在温度25℃、相对湿度85%条件下，完成其生活史约需25天。在自然环境下，此螨栖息于蝙蝠窝中，也可在蝙蝠的粪便中发现，其可能以蝙蝠的粪便为食。

嗜粪螨属国内报道见于安徽；国外分布于德国和英国。

嗜粪螨属特征：具有嗜蝠螨亚科（Nycteriglyphinae）的特征。足Ⅰ和足Ⅱ跗节上的第一背端毛（d）与第三感棒（ω_3）等长，足Ⅰ膝节背面仅有1根感棒（σ_1），而嗜蝠螨属（*Nycteriglypus*）螨类有2根感棒着生于相同位置。

斯氏嗜粪螨（*Coproglyphus stammeri* Türk&Türk，1957）

该螨长梨形，淡黄色或灰白色。后半体背面被鳞状褶纹覆盖而腹面较光滑。背面的刚毛扁平，边缘有栉齿；顶外毛（ve）包围住颚体两侧，胛外毛（sce）位于胛内毛（sci）的前方，肩内毛（hi）与sci在同一水平；骶内毛（sai）为长而光滑的刚毛，仅在基部加粗之处有少许栉齿。基节上毛（scx）弯曲且光滑，与第一感棒（ω_1）等长。各足细长，末端的前跗节扩大为球状爪垫，爪垫上为发达的小爪，前跗节基部腹面有3个粗壮的腹端刺。足Ⅰ跗节的第一感棒（ω_1）弯杆状，与端部的第三感棒（ω_3）等长；第二感棒（ω_2）位于ω_3之后。足Ⅰ和足Ⅱ胫节的感棒（φ）超过跗节的长度，有胫节毛gT 1根；足Ⅲ胫节的φ与足Ⅳ胫节的φ等长。足Ⅰ膝节仅有1根σ。足Ⅳ无跗节吸盘。

雄螨：躯体长约230μm（图4-329）。腹面，足Ⅰ表皮内突愈合为短胸板，其余各足的表皮内突是分开的；足Ⅱ的基节内突发达。生殖孔位于足Ⅲ基节之间，几乎完全为生殖环所包围。阳茎细长，由一系列复杂的支架支持（图4-330）。除前足体的背板外，表皮有稠密的条纹，有许多三角形的刺嵌入背面的表皮中。躯体背面的刚毛稍扁平，栉齿密布，特别在边缘更密。刚毛长度有变异，为躯体长度的20%～50%。

雌螨：躯体长约230μm。与雄螨相似，不同点在于雌螨足Ⅰ表皮内突相连接，但未形成胸板，其内端与横的生殖板相接（图4-331，图4-332）。交配囊为管状，着生在躯体的末端（图4-333）。

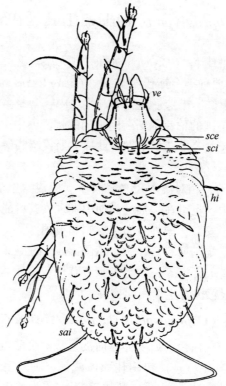

图 4-329　斯氏嗜粪螨（*Coproglyphus stammeri*）（♂）背面

ve, *sce*, *sci*, *hi*, *sai*：躯体刚毛

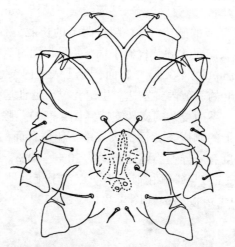

图 4-330　斯氏嗜粪螨（*Coproglyphus stammeri*）（♂）生殖区

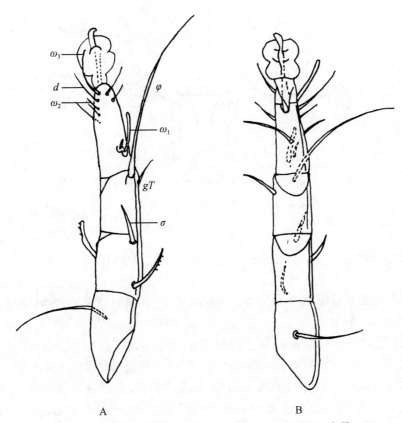

图 4-331　斯氏嗜粪螨（*Coproglyphus stammeri*）（♀）左足 I

A. 背面；B. 腹面

$\omega_1 \sim \omega_3$：感棒；φ，σ，d，gT：刚毛

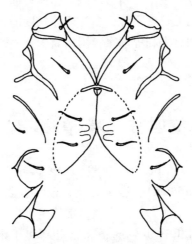

图 4-332　斯氏嗜粪螨（*Coproglyphus stammeri*）（♀）生殖区

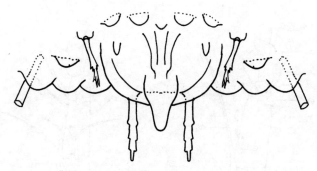

图 4-333　斯氏嗜粪螨（*Coproglyphus stammeri*）（♀）交配囊

（黄　勇　杜凤霞）

十二、嗜湿螨属（*Aeroglyphus* Zachvatkin，1941）

嗜湿螨属隶属于嗜湿螨亚科（Aeroglyphinae）。该属包括粗壮嗜湿螨（*Aeroglyphus peregrinans* Berlese，1892）和 *Aeroglyphus robustus* 两种。*Aeroglyphus robustus* 最早由 Banks（1906）命名为 *Glycyphagus robustus*，并将其归于食甜螨属（*Glycyphagus*）。Zachvatkin（1941）描述并命名了嗜湿螨亚科和嗜湿螨属。他认为来自加拿大的 *Aeroglyphus robustus* 与来自欧洲的 *A. peregrinans* 是同一种，而嗜湿螨亚科应提升到"科"这一分类阶元。Cooreman（1959）曾详细描述过 *A. robustus* 和粗壮嗜湿螨二者之间的形态学差异。有研究显示，粗壮嗜湿螨对低温有较强抵抗力，休眠体能在−39℃条件下越冬，湿度和温度对其生物学行为有一定影响。

该属的特征：躯体扁平，前足体和后半体之间无背沟。除前足体的背板外，躯体表面有密集的条纹，背部表皮中嵌有多个三角形的刺。躯体背面的刚毛略扁平，栉齿较密，尤其是刚毛边缘更为明显。各刚毛长度不等，多为躯体长度的20%～50%。

嗜湿螨国外见于加拿大和意大利等国家，国内尚未见报道。

（张　浩）

第四节　嗜渣螨科

嗜渣螨科（Chortoglyphidae Berlese，1897）隶属于蜱螨亚纲（Acari）真螨目（Acariformes）粉螨亚目（Acaridida）。迄今为止，该科仅发现嗜渣螨属（*Chortoglyphus*）一个属。嗜渣螨属螨类营自由生活，分布广泛，常孳生于房舍、仓库和制药厂等场所，主要孳生物包括谷物、动物饲料和中药材等储藏物，也孳生于床铺、地毯和空调尘埃中。该类螨不仅为害储藏物，还可引起过敏性鼻炎和哮喘等过敏性疾病。

嗜渣螨科特征：躯体卵圆形，体壁坚实，表皮光亮，背部隆起。刚毛短，多光滑。躯体不分为前足体和后半体两部分，无前足体背板。各跗节细而长，爪小，常自柔软前跗节的末端伸出。足Ⅰ膝节前缘仅有感棒1条。雌螨生殖孔为弧形横裂纹状，位于足Ⅲ、Ⅳ基节之间，生殖板由2块角化板组成，呈新月形，较大。雄螨阳茎长，位于足Ⅰ、Ⅱ基节之间，有跗节吸盘和明显的肛吸盘。

嗜渣螨属（*Chortoglyphus* Berlese，1884）

拱殖嗜渣螨（*Chortoglyphus arcuatus*）为世界性分布的储藏物螨类，主要孳生物为大米、面粉、玉米、碎米、米糠、小麦、麸皮及苜蓿种子等。Zachvatkin（1941）在黑麦、小麦、燕麦等和草本科植物种子中发现拱殖嗜渣螨。Robertson（1946）记载了该螨对红苜蓿种子的严重为害。Breny 和 Bollaets（1951）发现该螨经常与棕脊足螨（*Gohieria fuscus*）和粗脚粉螨（*Acarus siro*）孳生在一起。Wasylik（1959）在麻雀窝里采集到拱殖嗜渣螨，Zdarkova（1967）在谷物储藏的家禽混合饲料中发现此螨。Attiah（1969）等从大米中分离出拱殖嗜渣螨。Bardy（1970）在鸡养殖场的草堆里发现该螨。李孝达（1988）调查了河南省储藏物螨类，发现拱殖嗜渣螨常孳生于储藏粮食中，致使粮食品质严重下降。陆云华（1999）发现拱殖嗜渣螨对食用菌为害严重。拱殖嗜渣螨常孳生于房屋、谷物仓库、牲畜棚及磨坊等场所。王慧勇（2013）报道，在安徽省皖北地区的房舍、仓库等环境中检获拱殖嗜渣螨。

拱殖嗜渣螨属于嗜热性螨类，在温度32~35℃繁殖迅速，温度降至20℃时，活动减弱，停止繁殖。同时此螨喜欢在相对湿度75%以上的环境中孳生，对水分含量为14.5%~16%的粮食为害较重。温度25℃、相对湿度80%的条件下，24天完成生活史。刘婷（2014）以啤酒酵母粉为饲料，对拱殖嗜渣螨进行纯化饲养。选取不同发育阶段个体分别利用光学显微镜、解剖显微镜及扫描电子显微镜对螨的体色、形态特征、外部结构及超微结构进行了观察。该研究补充了先前文献未记载的一些特征，如拱殖嗜渣螨不同发育阶段的体色、成螨螯肢背面和颚体腹面的刻纹等，有助于该螨与其近缘种的快速鉴定和分类研究。

拱殖嗜渣螨是一种生境广泛的小型节肢动物，与人类健康关系密切。该属目前仅记述的仅有拱殖嗜渣螨1种。拱殖嗜渣螨及其分泌代谢物均是强烈的过敏原，与呼吸道过敏性疾病的发生有一定的关系。Boquete（2006）对138名过敏性哮喘或鼻炎患者进行拱殖嗜渣螨过敏原皮肤点刺实验，发现58%的患者皮肤点刺显示阳性，同时发现螨的数量与疾病进展时间显著相关。Sánchez-Borges（2012）对229例过敏性鼻炎或鼻窦炎患者进行过敏原皮肤点刺实验，发现175例患者皮肤点刺呈阳性，其中拱殖嗜渣螨过敏原皮肤点刺阳性者为58.2%。

拱殖嗜渣螨在国内主要分布于安徽、北京、福建、广东、广西、河南、湖南、吉林、江西、辽宁、上海、四川、台湾和云南等地；在国外分布于阿拉伯联合酋长国、巴巴多斯、比利时、波兰、德国、法国、荷兰、俄罗斯、新西兰、意大利和英国等国家。

嗜渣螨属特征：躯体坚硬，表皮光亮，卵圆形，前足体与后半体间无分界的背沟，无前足体背板。体毛短，多光滑。爪常插入柔软的前跗节末端，足Ⅰ膝节仅有1根感棒（σ）。雄螨阳茎长，位于足Ⅰ、Ⅱ基节之间，有跗节吸盘和明显的肛门吸盘。雌螨的生殖孔被 2 块位于足Ⅲ、Ⅳ基节间的骨化板覆盖，板后缘形成一光滑的弓形弯曲物。

拱殖嗜渣螨（*Chortoglyphus arcuatus* Troupeau，1879）

同种异名：*Chortoglyphus nudus* Berlese，1884；*Tyrophagus arcuatus* Troupeau，1879。

雄螨：体长为 250～300μm，卵圆形，背部隆起，颜色为淡红色、淡棕红色和淡绿色，表皮光滑，明亮，质地坚硬。无前足体背板。躯体刚毛细而短。爪插入柔软的前跗节末端，足Ⅰ膝节仅有 1 根感棒（σ）。螯肢巨大（图 4-334），趾节呈剪状，齿明显。螯肢背面分布细的纵纹。颚体腹面基部有明显的横纹。躯体前缘前伸至颚体之上，顶外毛（ve）稍长，具明显栉齿，几乎与顶内毛（vi）在同一水平。胛内毛（sci）和胛外毛（sce）位于同一水平，排成横列，二者之间的距离几乎相等。具 3 对肩毛，即肩内毛（hi）、肩外毛（he）和腹肩毛（hv）。背毛 4 对（$d_1 \sim d_4$）几乎纵列成 2 条直线；有前侧毛（la）和后侧毛（lp）。基节上毛（scx）呈杆状，细小而稍有栉齿。腹面（图 4-335），足细长，末端为前跗节，端部具小爪。足Ⅰ跗节的第一感棒（ω_1）杆状且弯曲，与较小的感棒（ω_2）形态相近；腹中毛（w）呈粗刺状，背中毛（Ba）细小。各足的胫节感棒 φ 较长，超过跗节末端。足Ⅰ膝节前缘具感棒（σ）1 根；膝节腹面刚毛（cG、mG）和胫节腹面刚毛（gT、hT）有明显栉齿。足Ⅳ跗节基部膨大，两吸盘位于跗节中央附近（图 4-336）。阳茎大，为一弯曲管状物，基部明显分叉。生殖孔位于足Ⅰ和足Ⅱ基节间；足Ⅰ和足Ⅱ表皮内突分离，并形成透明生殖褶的一部分。无胸板。肛门孔距躯体后缘有一段距离，肛门吸盘明显，分布在肛门孔的两侧；吸盘前着生肛前毛（pra）1 对，吸盘后有肛后毛（pa）1 对（图 4-337）。

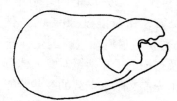

图 4-334 拱殖嗜渣螨（*Chortoglyphus arcuatus*）螯肢

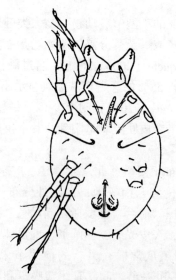

图 4-335 拱殖嗜渣螨（*Chortoglyphus arcuatus*）（♂）腹面

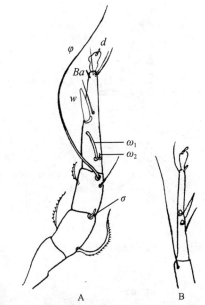

图 4-336　拱殖嗜渣螨（*Chortoglyphus arcuatus*）足

A.（♀）右足 I 内面；B.（♂）右足 IV 背侧面

ω_1、ω_2、φ、σ：感棒；d、Ba、w：刚毛和刺

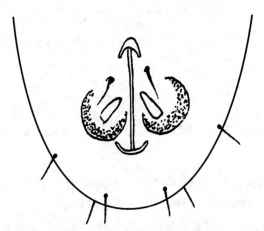

图 4-337　拱殖嗜渣螨（♂）后半体腹面（肛门吸盘）

　　雌螨：体长 350～400μm。体色、形状，背面刚毛的数量、长度及排列方式与雄螨相似（图 4-338）。足 I 表皮内突愈合成短的胸板；足 II 表皮内突横贯躯体，同位于足 III 与足 IV 基节间的长骨片平行，而足 III 与足 IV 表皮内突不发达（图 4-339）。足 I 和足 II 长度较雄螨短，但足 IV 比雄螨的长；足 IV 跗节长度超过前两节之和。生殖褶为一宽板，其后缘弯曲，骨化明显，生殖褶内未见生殖感觉器。肛门孔近躯体后缘，周围着生有 5 对肛毛。交配囊为小圆孔状，位于躯体后端的背面。

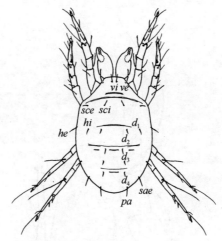

图 4-338 拱殖嗜渣螨（*Chortoglyphus arcuatus*）（♀）背面

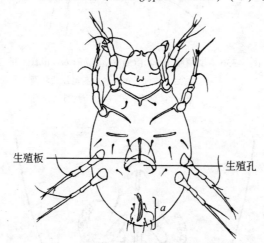

图 4-339 拱殖嗜渣螨（*Chortoglyphus arcuatus*）（♀）腹面
a：肛毛

若螨：体卵圆形，乳白色。虫体半透明，表皮光滑，明亮。第一若螨躯体长 210 ~ 230μm。未见第二若螨（休眠体）阶段。第三若螨躯体长 270 ~ 300μm。若螨足 4 对，后侧毛 lp 及背毛 d_4 已经发育。具骶毛 2 对，肛毛 2 对。仍缺少转节毛（sR）。在表皮之下出现痕迹状的生殖感觉器，即生殖感觉器雏形。

幼螨：躯体长度为 150 ~ 170μm。卵圆形，乳白色，背面仅有 3 对背毛（$d_1 \sim d_3$），无背毛 d_4。有前侧毛 la，无后侧毛 lp。腹面缺少生殖毛及肛毛。2 对骶毛明显。有基节毛，未见基节杆，外生殖器尚未发育。足Ⅰ跗节基部背面着生有长弯杆状的第一感棒（ω_1），与第二感棒（ω_2）紧邻，着生在同一凹陷上，ω_1 长度为 ω_2 的 4 ~ 5 倍。无 sR。

卵：长 103 ~ 120μm，呈长椭圆形，乳白色，半透明，有光泽。表面光滑，无明显刻点和条纹。

（刘　婷）

第五节　果 螨 科

果螨科（Carpoglyphidae Oudemans, 1923）隶属于粉螨亚目（Acaridida），包括果螨属（*Carpoglyphus*）和赫利螨属（*Hericia*）两个属，其中果螨属较为常见，而赫利螨属在我国尚未见报道。果螨孳生物十分广泛，几乎可在所有糖类和含糖食物中生存繁殖，如白砂糖、红砂糖、蔗糖、红枣、黑枣、蜜桃片、柿饼、龙眼肉、杏干、桔饼、山楂、果酱、果汁饮料、甘草、桃脯、干果、甜豆、含糖糕点及中药材等，也可在酸牛奶、干酪、蜂巢、蜜蜂箱里的花粉及果汁饮料残渣、番泻叶合剂、漂浮在果子酒上面的软木片、腐烂马铃薯、干酪、陈旧的面粉、发酵面团、可可豆和花生上发现（Vitzthum, 1967）。此外，在糖果厂用作着色的焦糖、储藏的圣诞布丁也常有果螨生存。因此，果螨是一类在房舍和储藏物中广泛分布的害螨。Boussier（1939）报道，甜果螨（*Carpoglyphus lactis*）的螯肢能刺破无花果的果皮，以摄食无花果的糖。甜果螨的唾腺很大，其分泌物能够阻止霉菌的生长。Woodroffe（1956）在伯克郡的斯劳附近的蝙蝠窝中也采到芒氏果螨（*Carpoglyphus munroi*）。最初有人在英国伦敦萨里附近的古老钟楼内一大堆蜘蛛网上的昆虫尸体里发现了芒氏果螨，推测它们可能以这些昆虫为食。Davies（1962）记载，甜果螨在家兔疥癣上繁殖。江镇涛（1991）在房舍的灰尘、制糖厂的红糖和屠宰场的残渣中均发现了赣州果螨（*Carpoglyphus ganzhouensis*）。据文献记载，在我国，20世纪60年代前未发现甜果螨，推测这种螨是自20世纪60年代初随古巴砂糖进口而进入我国的。王元秀（1999）在对山东省储粮螨类的分布调查中发现甜果螨是储藏粮食中的常见害螨。张荣波（2002）在储藏的花叶类中药材中发现该螨。该螨不仅会使含糖食物污染变质，还能对人体造成危害，可引起皮炎、肠螨病、肺螨病，还能导致过敏性疾病。沈兆鹏（2005）在进行中国储藏物螨类调查时报道了芒氏果螨。陈琪（2014）报道，在储藏的干果上常可发现甜果螨。Taboda（1954）把西班牙的肺螨病归因于果螨属螨类。果螨常孳生于房舍、仓库、糖厂和屠宰场等环境中，可在室内的灰尘、红糖和屠宰场的残渣内发现该螨。甜果螨属嗜湿性螨类，几乎在所有的干果上都可以繁殖，沈兆鹏曾在四川成都贮糖仓库中调查，在已潮解的白砂糖中发现甜果螨。

甜果螨嗜好食糖、蜜饯和干果等含糖量高的食品，若这些食品储藏保管不妥，在环境条件适宜时该螨就会大量繁殖。由于细菌的活动可在这些干果或甜食上产生乳酸、乙酸及丁二酸等物质，常吸引甜果螨迁移到高水分或发酵的甜食上。甜果螨喜低温、潮湿的环境，甚至整个身体浸泡在食糖溶液中也能生长繁殖。甜果螨生活史分为：卵、幼螨、第一若螨、第三若螨和成螨。在进入第一若螨、第三若螨和成螨之前，各有一短暂的静息期，经蜕皮后进入下一个发育时期。在甜果螨的生活史中，还可以有第二若螨，即休眠体，其位于第一若螨和第三若螨之间。甜果螨的休眠体是活动休眠体，通常很难发现。该螨平均寿命为40~50天，行有性生殖，雌雄交配后2~3天即产卵，一只雌甜果螨在一周内能产卵25~30粒，多者可达72粒，并能迅速硬化卵柄将卵附着于物体上。据研究，在（25±1）℃、相对湿度75%的砂糖中培养，其生活周期平均为15天。卵发育期84小时，幼螨84小时，幼螨静息期24小时，第一若螨期60小时，第一若螨静息期24小时，第三若螨

60 小时，第三若螨静息期 24 小时。在第一若螨与第三若螨之间，有时形成休眠体。在温度 25～29℃、相对湿度 90% 以上时，繁殖密度二级。休眠体一般不易形成。形成的休眠体为活动休眠体，体长 270μm，椭圆形，黄色或棕黄色，背有条纹。背毛短，短杆状。sci 与 $d_1 \sim d_4$ 和成螨一样，在躯体中央排列为两纵行。足基节 IV 之间有一吸盘板，由 4 对吸盘组成。吸盘板之前为发育不完全的生殖孔，有生殖毛 1 对。此螨形成休眠体与食物营养有密切关系。据观察，在含丁二酸与乳酸少的食品中易形成活动休眠体。完成生活周期需 362 小时。

　　果螨科的螨类在国内分布于北京、福建、广东、广西、河北、黑龙江、吉林、江苏、江西、辽宁、山东、上海、四川、台湾和浙江等地；在国外主要分布于北美、南美和欧洲等地。

　　果螨科特征：躯体扁椭圆形，表皮光滑，雌雄两性的足 I 和足 II 表皮内突愈合成 "X" 形胸板（果螨属）；或有许多骨化的板覆盖，仅雄性的足 I 和足 II 表皮内突愈合成胸板（赫利螨属）。爪大，由一个很发达的前跗节把爪连在跗节末端，除后方的刚毛外，躯体上大多数刚毛均光滑。

果螨属 （*Carpoglyphus* Robin，1869）

　　果螨属的螨类有甜果螨、芒氏果螨和赣州果螨。

　　果螨属的螨类呈圆形，表皮光滑发亮。颚体圆锥形，螯肢剪刀状。无前足体板。前足体与后半体之间无背沟。雌雄螨足表 I、II 皮内突愈合成 "X" 形胸板。体表刚毛光滑，顶外毛 （ve） 位于足 II 基节的同一横线上。有 3 对侧毛 （$l_1 \sim l_3$）。足 I 胫节感棒 （φ） 着生在胫节中间。幼螨无基节杆。有时可形成休眠体。

果螨属成螨分种检索表

1. 背毛 （$d_1 \sim d_4$） 较短，末端圆钝 ·· 2

　背毛 （$d_1 \sim d_4$） 较长，末端尖 ···················· 芒氏果螨 （*C. munroi*）

2. 背毛 （$d_1 \sim d_4$） 在基部成直线排列。顶内毛 （vi） 在前足体背面前部······················

　·· 甜果螨 （*C. lactis*）

　背毛 （$d_1 \sim d_4$） 在基部不成直线排列。顶内毛 （vi） 在前足体背面后部···············

　·· 赣州果螨 （*C. ganzhouensis*）

甜果螨 （*Carpoglyphus lactis* Linnaeus，1758）

　　同种异名：*Acarus lactis* Linnaeus，1758；*Charpoglyphus passularum* Robin，1869；*Glycyphagus anonymus* Haller，1882。

　　甜果螨躯体椭圆形，背腹稍扁平，表皮半透明或略有颜色，足和螯肢淡红色。肩区明显，躯体末端截断状或略向内凹。无前足体背板。足 I 和足 II 表皮内突愈合为 "X" 形（图 4-340A）。第一至第四背毛 （$d_1 \sim d_4$） 在背部呈直线排列。顶内毛 （vi） 在前足体背面前部，顶外毛（ve）位于 vi 后外侧，ve 几乎位于足 Ⅱ 基节的同一水平上。除 ve 和体躯后缘的 2 对长刚毛（pa_1、sae）外，所有的刚毛均较短（占躯体长的 7%~12%），呈杆状且末端钝圆。雌雄两性毛序相同。基节上毛（scx）为一粗短的杆状物。侧毛（$l_1 \sim l_3$）3 对（图 4-341）。

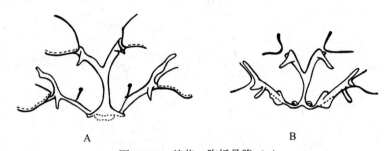

图 4-340 基节—胸板骨胳（♂）

A. 甜果螨（*Carpoglyphus lactis*）；B. 芒氏果螨（*Carpoglyphus munroi*）

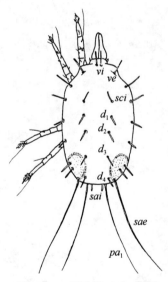

图 4-341 甜果螨（♂）背面

雄螨：体长为 380~400μm，颚体呈圆锥形，运动灵活，螯肢呈剪刀状（图 4-342）。在颚体基部两侧有角质膜 1 对，此角质膜是无色素的网膜。顶内毛（vi）位于前足体前缘中央，未伸出颚体。顶外毛（ve）位于较后的位置，在 vi 和胛内毛（sci）之间，第一至第四对背毛（$d_1 \sim d_4$）和 sci 在躯体背面中央排列成两纵列。背毛除 vi、肛后毛（pa_1）和骶外毛（sae）较长外，其余毛均短，末端圆。腹面（图 4-343A）表皮内突骨化明显，足 Ⅰ 表皮内突在中线处愈合成短胸板，胸板的后端成两叉状，与足 Ⅱ 表皮内突相连接（图 4-340A）。侧腹腺移位到躯体的后角，里面含无色液体。每足跗节末端均具发达的梨形跗节和爪。前跗节的 2 条细"腱"从跗节末端伸展到镰状爪的附近。足 Ⅰ 跗节的一些中部群和端部群刚毛均为刺状（图 4-344A）。第一感棒（ω_1）杆状，常向外弯曲，覆盖在第二感棒（ω_2）的基部。足 Ⅰ 膝节感棒 σ_1 较 σ_2 长 2 倍多。足 Ⅰ 和足 Ⅱ 的胫节毛（φ）着生在胫节中部，伸出镰状爪外，为长鞭状感棒，并有 2 条腹毛（*gT*、*hT*）。生殖孔位于足 III 和足 IV 基节之间，生殖毛 3 对。阳茎为一弯管，顶端挺直向前，生殖感觉器长。肛门位于躯体后缘，有肛毛 1 对，体躯后缘有肛后毛（*pa₁*）和骶外毛（*sae*）2 对长刚毛。

图 4-342　甜果螨（♂）螯肢

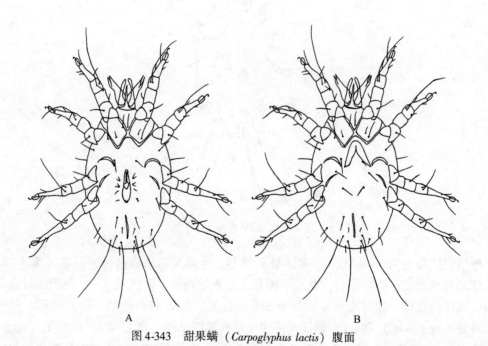

A　　　　　　　　　　　B

图 4-343　甜果螨（*Carpoglyphus lactis*）腹面
A. ♂；B. ♀

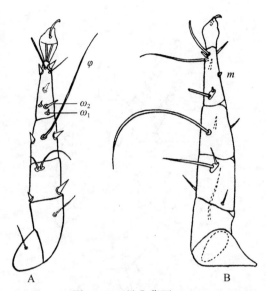

图 4-344 足 I 背面（♂）

A. 甜果螨（*Carpoglyphus lactis*）；B. 芒氏果螨（*Carpoglyphus munroi*）

ω_1，ω_2，φ：感棒；m：正中毛

雌螨：体长为 380～420μm，形态与雄螨相似（图 4-343）。颚体细长，螯肢动趾 3 齿，定趾 2 齿。顶外毛（*ve*）位于顶内毛（*vi*）之后，肩毛 3 对（*hi*、*he*、*hv*）。在躯体腹面，胸板和足 II 表皮内突愈合成生殖板，覆盖在生殖孔的前端。生殖褶骨化不完全，位于足 II 和足 III 基节之间（图 4-343B）。雌螨的足比雄螨的细长，前跗节不甚发达。交配囊为一圆孔，位于躯体后端背面。肛门孔几乎伸达体躯后缘，仅有肛毛 1 对（图 4-345A）。

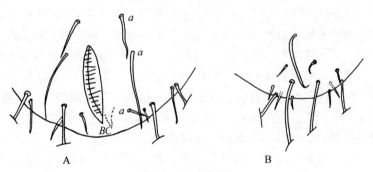

图 4-345 肛门区

A. 甜果螨；B. 芒氏果螨

a：肛门刚毛；*BC*：交配囊

卵：椭圆形，乳白色，卵壳半透明，在胚胎发育后期可通过卵壳看到幼螨的雏形。

幼螨：躯体长约 180μm。足 3 对。肛后毛 pa_1 为躯体最长的刚毛。躯体背面刚毛与成螨一样均为短杆状。骶内毛（*sai*）和骶外毛（*sae*）缺如。腹面，无基节杆。没有生殖器官的任何痕迹。生殖毛和肛前毛缺如（图 4-346）。静息的幼螨躯体背面隆起，3 对足向躯体极度收缩。幼螨静息期约 24 小时，后期可通过透明的皮壳看到第 4 对足，蜕皮后变为第一若螨。

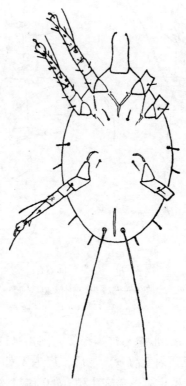

图 4-346　甜果螨（*Carpoglyphus lactis*）幼螨

　　若螨：第一若螨（图 4-347）躯体长约 210μm。足 4 对。骶外毛（*sae*）和肛后毛（*pa₁*）为躯体最长的刚毛。腹面，有生殖感觉器（*Gs*）1 对，生殖毛（*g₂*）和肛前毛（*pa₁*）各 1 对。第一若螨静息期特征是 4 对足向躯体收缩，躯体背面隆起呈半球状，发亮而呈玻璃样。第一若螨静息期约 24 小时，后期可通过透明的皮壳看到第 2 对 *Gs*，蜕皮后变为第三若螨。第三若螨（图 4-348）躯体长约 250μm。除 *sae* 和肛后毛（*pa₁*）为长刚毛外，其余躯体背面的刚毛均为短杆状，其数目和排列位置与成螨相似。腹面，有 Gs 2 对。有生殖毛（*f*、*h*、*i*）和肛前毛（*pra*）各 1 对。第三若螨静息期约 24 小时，静息期前段有 *Gs* 2 对，到后段可看到生殖器官的雏形，而后脱皮变为成螨。

　　休眠体：为活动休眠体（图 4-349），休眠体很难被发现。Chmielewski（1967）曾在实验室里培养过休眠体。据文献报道在古巴砂糖中发现活动休眠体。休眠体躯体长约 272μm，椭圆形，黄色，背面有颜色较深的条纹。颚体小，部分被躯体所蔽盖。背毛短杆状。顶内毛（*vi*）位于较后的位置，顶外毛（*ve*）位于 *vi* 与骶外毛（*sae*）之间。胛内毛（*sci*）与第一至第四对背毛（*d₁*~*d₄*）在躯体后半部中间成两纵行排列。第四对背毛（*d₄*）几乎着生在躯体末端。腹面，在足Ⅳ基节之间有一明显的吸盘板。足 4 对，细长，足上的刚毛也很长。

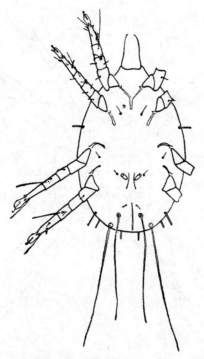

图 4-347 甜果螨（*Carpoglyphus lactis*）第一若螨腹面

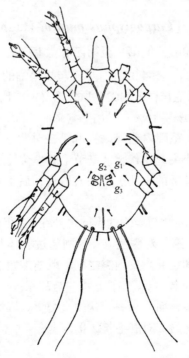

图 4-348 甜果螨（*Carpoglyphus lactis*）第三若螨腹面

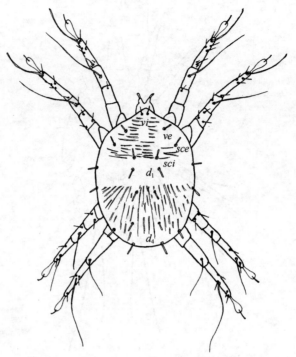

图 4-349　甜果螨（*Carpoglyphus lactis*）活动休眠体
ve, *vi*, d_1, d_4, *sci*, *sce*：躯体刚毛

芒氏果螨（*Carpoglyphus munroi* Hughes，1952）

芒氏果螨形态与甜果螨相似，但第一至第四对背毛（$d_1 \sim d_4$）较长，末端尖。

雄螨：体长为 320 ~ 500μm（图 4-350），形态与甜果螨的不同之处在于背部更圆，后缘稍尖。背刚毛比甜果螨的背刚毛长，末端尖；顶外毛（*ve*）比顶内毛（*vi*）长 2 倍以上，其余背刚毛长度为躯体长度的 10% ~ 16%；胛内毛（*sci*）与第一至第四对背毛（$d_1 \sim d_4$）不成直线排列，第一对背毛（d_1）距胛内毛（*sci*）和第二对背毛（d_2）较远。各足跗节缺感棒 ω_2，可为一个向表皮凹下的小突起所代替。基节毛着生位置在躯体腹面足Ⅰ和足Ⅱ表皮内突之间，其被一个形如刚毛基部的小几丁质环所取代；后 1 对生殖毛比前 1 对生殖毛长 2 倍以上。

雌螨：体长为 450 ~ 600μm，与雄螨的不同之处在于背面刚毛很长，第一对背毛（d_1）的长度接近躯体长度的 1/3，第一对侧毛（l_1）则超过躯体长度的 1/3（图 4-351）。躯体腹面，基节毛（*cx*）在足Ⅰ和足Ⅱ表皮内突之间；雌螨端跗节和爪不及雄螨的发达。足Ⅰ端部的刺比雄螨的长，第二感棒（ω_2）刚毛状。与甜果螨一样，生殖孔伸到足Ⅱ和足Ⅲ基节之间。生殖毛等长。躯体背面，有一管状的交配囊。肛门孔伸展到体躯末端附近，周围有肛毛 3 对，其中 1 对要比另 2 对肛毛长 2 倍以上。

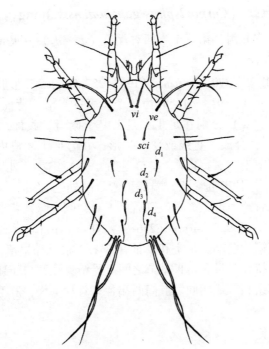

图 4-350　芒氏果螨（*Carpoglyphus munroi*）（♂）背面

vi，*ve*，*sci*，$d_1 \sim d_4$：躯体刚毛

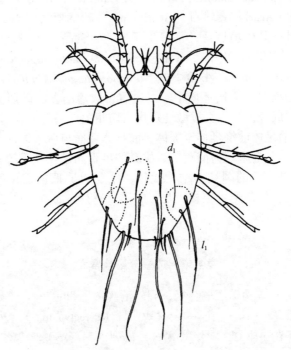

图 4-351　芒氏果螨（*Carpoglyphus munroi*）（♀）背面

d_1，l_1：躯体刚毛

赣州果螨（*Carpoglyphus ganzhouensis* Jiang，1991）

该螨体乳白色，表皮光滑。第一至第四对背毛（$d_1 \sim d_4$）在基部不成直线排列。顶内毛（*vi*）在前足体背面后部。

雄螨：大小为（247.2 ~ 370.8）μm×（195 ~ 257.5）μm。螯肢内侧有上颚刺、锥形距各1个，定趾两侧各有4个齿，动趾有齿3个。表皮光滑。背面，刚毛较粗短，光滑，末端圆钝。*vi* 和顶外毛（*ve*）分别在足Ⅰ和足Ⅱ基节附近。腹面，足Ⅰ表皮内突愈合成"V"形，足Ⅱ表皮内突愈合成一直线或"W"形，并与足Ⅰ表皮内突连接形成胸板。足Ⅰ和足Ⅲ基节区各有基节毛（*cx*）1根，基节上毛（*scx*）细小。外生殖器在足Ⅲ和足Ⅳ基节之间，有生殖毛3对。阳茎粗管状，端部稍弯。骶外毛（*sae*）和肛后毛（*pa*）较长。肛门开口两端各有1长骨片，肛毛2对，肛后毛1对，侧腹腺在背末端两侧。

雌螨：大小为（412 ~ 359.9）μm×（236.9 ~ 278.1）μm。背面，*vi* 和 *ve* 比雄螨的靠近前方。胸板盖住生殖褶的前端。足Ⅰ和足Ⅲ有 *cx* 各1根。外生殖器向前移至足Ⅱ与足Ⅲ基节之间，生殖毛仍保持在足Ⅲ和足Ⅳ基节之间。受精囊孔开口于躯体末端，通过受精囊管直通受精囊基部，其余和雄螨相同。肛门两端各有骨片1块，肛毛3对，肛后毛1对。

（李朝品　贺　骥）

第六节　麦食螨科

麦食螨科（Pyroglyphidae Cunliffe，1958）由 Cunliffe 于1958年建立。Krantz（1978）将其划归于蜱螨亚纲（Acari）真螨目（Acariformes）粉螨亚目（Acaridida）。目前，麦食螨科已报道的有46种，其生境广泛，常孳生于面粉、食品、床垫、枕头、地毯、沙发及禽类和啮齿类动物的巢穴中。而粉尘螨（*Dermatophagoides farinae*）、屋尘螨（*Dermatophagoides pteronyssinus*）、小角尘螨（*Dermatophagoides microceras*）和梅氏嗜霉螨（*Euroglyphus maynei*）常见于人居环境中，以皮屑、散落的食品碎屑为食，其体壳和排泄物含有20多种过敏原成分，与人类过敏性疾病密切相关。

麦食螨科特征：前足体前缘延伸至颚体，前足体背面与后半体间有一明显的横沟。无顶毛，有前足体背板。各足末端为前跗节。雄螨的足Ⅲ和足Ⅳ几乎等长，肛门吸盘被骨化的环包围；跗节吸盘被一短的圆柱形结构代替。雌螨的足Ⅲ较足Ⅳ稍长，生殖孔内翻呈"U"形；生殖板骨化，并有侧生殖板。足Ⅰ的第一感棒（ω_1）、第三感棒（ω_3）及芥毛（ε）着生在跗节的顶端。

麦食螨科成螨分属检索表

1. 前足体前缘向前伸展并覆盖在颚体上，胛外毛（*sce*）和胛内毛（*sci*）短且几乎等长，体躯后缘无长刚毛……………………………麦食螨亚科（Pyroglyphinae）…………………… 2
　　前足体前缘不覆盖在颚体上，胛外毛（*sce*）比胛内毛（*sci*）明显增长，体躯后缘着生长刚毛2对……………尘螨亚科（Dermatophagoidinae）尘螨属（*Dermatophagoides*）
2. 足Ⅰ膝节背面着生2条感棒，雄螨肛门两侧无肛吸盘……………麦食螨属（*Pyroglyphus*）

足 I 膝节背面仅有 1 条感棒，雄螨肛门两侧有肛吸盘，吸盘周围有骨化环……………
……………………………………………………………… 嗜霉螨属（*Euroglyphus*）

一、麦食螨属（*Pyroglyphus* Cunliffe，1958）

麦食螨属隶属于麦食螨科（Pyroglyphidae）麦食螨亚科（Pyroglyphinae），目前记述的仅有非洲麦食螨（*Pyroglyphus africanus*）1 种。该属螨种在仓储农作物、纺织品及中草药中均有发现，孳生环境多样，可孳生于仓库、家居环境。

麦食螨属的螨种生活史包括卵、幼螨、若螨（前若螨和后若螨）和成螨等阶段，发育的时间依赖于孳生环境的温度、湿度，最适宜的生长发育温度为（25±2）℃，相对湿度约为 80%。

麦食螨属在国内见于安徽等地；国外主要分布于西非及英国等地。

麦食螨属特征：本属皮纹较粗，有一背沟将躯体分为前半体和后半体两部分，其中前足体的前缘覆盖颚体，雌雄螨均无顶毛，胛外毛（*sce*）和胛内毛（*sci*）约等长。足 I 膝节背面有感棒（σ_1、σ_2）2 根，足 I 跗节 ω_1 移位于该节顶端。雄螨肛门两侧的吸盘缺如。体躯后缘无长刚毛。

非洲麦食螨（*Pyroglyphus africanus* Hughes，1954）

雄螨：躯体长 250～300μm，椭圆形，较扁平，末端圆润（图 4-352，图 4-353）。颚体的螯钳发达，大部分被前足体覆盖，须肢扁平。前足体和后半体间有一明显的沟。背侧皮粗糙有皱纹，左右两侧为纵纹，前足体区则为横纹。躯体刚毛短且光滑，顶毛缺如；胛外毛（*sce*）较胛内毛（*sci*）略长；背毛（*d*）3 对，侧毛（*la*）2 对。足 4 对，很发达（图 4-354），端部为球状的端跗节和小爪，跗节 I 短，与膝节等长，其上的第一感棒（ω_1）近

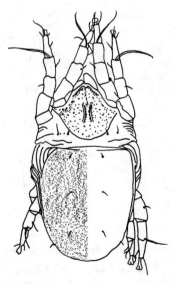

图 4-352　非洲麦食螨（*Pyroglyphus africanus*）（♂）背面

顶端，与端跗节基部的感棒（ω_2）和芥毛（ε）相近。足 II 跗节较长，ω_1 着生于该节中央。足 II 胫节的感棒（φ）较足 I 胫节的 φ 长，足 III 胫节、足 IV 胫节的 φ 几乎等长；足 I 胫节、足 II 胫节腹面均有 1 根刚毛。足 I 膝节的膝内毛（σ_2）比膝外毛（σ_1）长。足 III 跗节腹端有 2 个角状突起；足 IV 跗节的背端有 2 个短柱状突起，相当于退化的跗节吸盘。生殖区位于后足体间腹面（图 4-353），阳茎管状，有小弯，生殖孔后有生殖毛 2 对，前面的 1 对着生在生殖孔的后缘，另 1 对生殖毛在其后外侧足 IV 基节水平。肛区位于末体中央，成纵行裂隙状，周围有 3 对肛毛，其中肛门前缘 1 对，后缘 2 对。

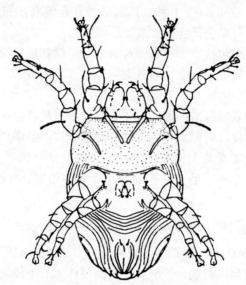

图 4-353　非洲麦食螨（*Pyroglyphus africanus*）（♂）腹面

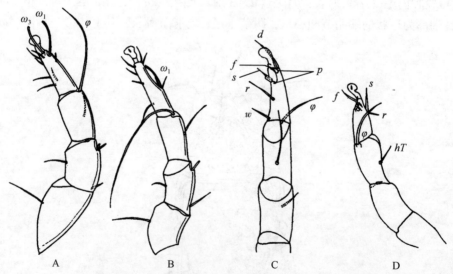

图 4-354　非洲麦食螨（*Pyroglyphus africanus*）（♂）足
A. 左足 I 侧面；B. 左足 II 侧面；C. 左足 III 腹面；D. 左足 IV 背面
ω_1, ω_3, φ: 感棒；d, f, r, s, w, hT: 刚毛；P: 角状突起

雌螨：躯体较雄螨大，长350~450μm，前足体背板覆盖躯体的一半（图4-355）。雌螨颚体同雄螨相似（图4-356），螯钳发达，须肢扁平，但表皮皱褶加厚、范围较雄螨明显增大。躯体刚毛似雄螨，有骶外毛（sae）1对（图4-355）。足Ⅰ、Ⅱ似雄螨，足Ⅲ、Ⅳ较雄螨细长（图4-357），足Ⅲ、Ⅳ跗节的基部无突起和痕迹状的吸盘，但有第二背端毛（e）。足Ⅳ胫节的感棒（φ）较雄螨短。生殖孔位于腹面足Ⅲ、Ⅳ基节之间（图4-358），内翻呈"U"形，生殖孔侧壁由生殖板支持，生殖板上可见生殖感觉器的痕迹。交配囊孔位于小囊基部。

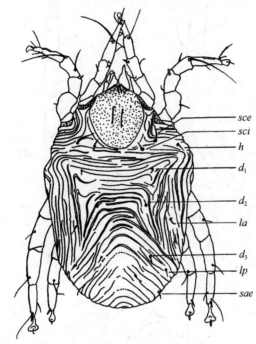

图4-355　非洲麦食螨（*Pyroglyphus africanus*）（♀）背面

sce, sci, d_1~d_3, la, lp, sae, h：躯体刚毛

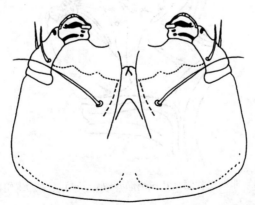

图4-356　非洲麦食螨（*Pyroglyphus africanus*）（♀）颚体腹面

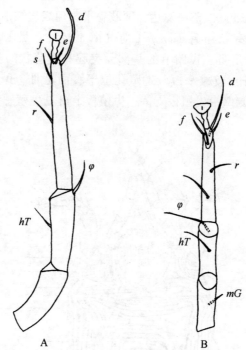

图 4-357 非洲麦食螨 (*Pyroglyphus africanus*) (♀) 足

A. 足Ⅲ; B. 足Ⅳ

φ: 感棒; d, e, f, r, s, hT, mG: 刚毛

图 4-358 非洲麦食螨 (*Pyroglyphus africanus*) (♀) 生殖区侧面

若螨：形态与成螨相似，足Ⅰ跗节的第一感棒（ω_1）位于顶端。

幼螨：形态与若螨相似（图4-359），但足Ⅰ跗节的ω_1位于顶端，无基节杆。

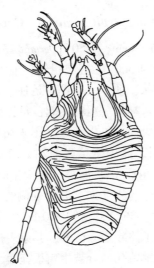

图4-359 非洲麦食螨（*Pyroglyphus africanus*）幼螨背侧面

二、嗜霉螨属（*Euroglyphus* Fain，1965）

嗜霉螨属隶属于麦食螨科（Pyroglyphidae）麦食螨亚科（Pyroglyphinae）。目前，我国记录的该属螨种有梅氏嗜霉螨（*Euroglyphus maynei*）和长嗜霉螨（*Euroglyphus longior*）。梅氏嗜霉螨主要孳生于谷物、面粉、棉籽饼、地毯、沙发和农副产品中，也可在房舍灰尘中被发现，该螨常孳生于阴暗潮湿、发霉的环境中，常见于粮食加工厂、棉籽加工厂或人居环境、动物的巢穴，也可在有较多尘屑的仓库里孳生。

梅氏嗜霉螨的生活史包括卵、第一若螨、第三若螨和成螨。其生长发育最适宜的温度为24℃、相对湿度为75%~80%。该螨多孳生在潮湿的环境中，螨体主要是通过吸收环境中的水蒸气来维持体内水分平衡。长嗜霉螨孳生最适宜的相对湿度为65%~70%，呈世界性分布。

嗜霉螨属在国内主要见于安徽、江苏及上海；国外见于法国、美国、瑞典和英国等国家。

嗜霉螨属特征：表皮皱褶明显，前足体的前缘常有2个突起。足Ⅰ膝节仅有1条感棒（σ）。雌螨的肛后毛短且不明显；足Ⅲ比足Ⅳ短；受精囊骨化明显，呈淡红色。雄螨有明显的肛门吸盘。

嗜霉螨属成螨分种检索表

雄螨后半体后缘明显分为二叶。足Ⅰ~Ⅲ转节有转节毛（*sR*）…………………………………………………………………………………… 长嗜霉螨（*Euroglyphus longior*）

> 雄螨后半体稍凹。足 I ～ Ⅲ 转节无 *sR* ⋯⋯⋯⋯⋯⋯⋯ 梅氏嗜霉螨（*Euroglyphus maynei*）

梅氏嗜霉螨（*Euroglyphus maynei* Cooreman，1950）

同种异名：*Mealia maynei* Cooreman，1950；*Dermatophagaides maynei* Cooreman，1950。

雄螨：躯体长约 200μm（图 4-360），螯肢粗短，前足体背板较小，呈梨形，背部各刚毛均短小。各足的前跗节为球状，缺爪；足Ⅳ较足Ⅲ略短窄。足Ⅳ胫节和足 I ～Ⅲ转节缺刚毛；足Ⅲ跗节有刚毛 5 条，末端有一粗壮突起；足Ⅳ跗节有刚毛 3 条，其中位于跗节末端有一短钉状结构。后足体间腹面可见生殖区（图 4-361），阳茎短且呈直管状，有一个小生殖感觉器，生殖毛（*g*）3 对，其中生殖区前端 2 对、后端 1 对，左右对称；肛区位于末体后端，肛门吸盘（anal sucker，*as*）明显，被骨化的环包围，肛前毛（preanal seta，*pra*）1 对，肛后毛（postanal seta，*pa*）2 对，其中外侧的 1 对 *pa* 较长。

雌成螨：躯体较雄螨大（图 4-362），长约 280μm，螯肢短小，前足体背板前缘呈弧形，光滑，向后延伸至胛毛；后半体除边缘区外，其余表皮无皱褶，有刻点。躯体刚毛似雄螨，足细长，足Ⅳ较足Ⅲ长。生殖孔部分被生殖板掩盖（图 4-363），生殖板前缘尖。受精囊球形，由 1 对导管与卵巢相通，1 条细管与交配囊相通；交配囊靠近肛门后端；2 对肛后毛（*pa*）等长。

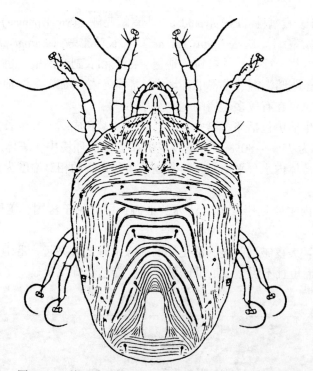

图 4-360　梅氏嗜霉螨（*Euroglyphus maynei*）（♂）背面

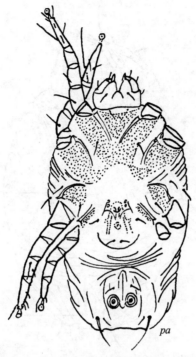

图 4-361 梅氏嗜霉螨（*Euroglyphus maynei*）（♂）腹面
pa：肛后毛

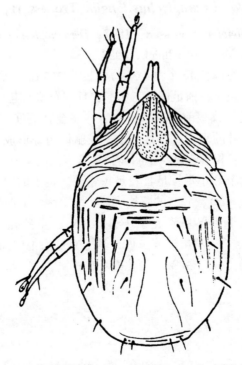

图 4-362 梅氏嗜霉螨（*Euroglyphus maynei*）（♀）背面

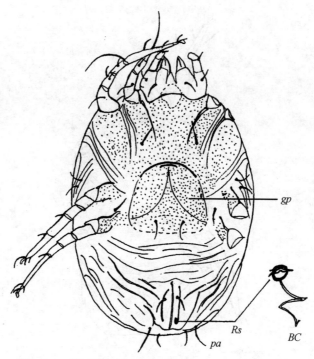

图 4-363　梅氏嗜霉螨（*Euroglyphus maynei*）（♀）腹面
BC：交配囊；*Rs*：受精囊；*pa*：肛后毛；*gp*：后生殖板

长嗜霉螨（*Euroglyphus longior* Trouessart，1897）

同种异名：*Mealia longior* Trouessart，1897；*Dermatophagaides longiori sensu* Hughes，1954；*Dermatophagaides delarnaesis* Sellnick，1958。

雄螨：躯体较梅氏嗜霉螨细长（图 4-364），长约 265μm，纺锤状。长嗜霉螨螯肢较梅氏嗜霉螨欠发达，须肢短小，前足体呈三角形，且有脊状凸起，并延伸至颚体，脊末端有齿，脊可不对称，前足体背板前部狭窄，向后伸展至胛毛（*sci*、*sce*）处；后半体背板覆盖大部分背区。除背板外的表皮有细致条纹，在躯体边缘形成少数不规则粗糙的褶纹。各足的表皮内突均分离，足 IV 表皮内突不明显，足 III 表皮内突有一直接向前的突起。各足的粗细相同，末端为前跗节和小爪；足 III 较足 IV 略长。足 I 的跗节感棒 ω_1 和 ω_2 在跗节顶端；足 I 膝节有 1 条感棒（σ），胫节的感棒（φ）均发达。足 IV 跗节有 3 条刚毛，并有 2 个短钉状结构。生殖区位于足 IV 基节下缘（图 4-365），生殖孔周围有 3 对生殖毛（g_1、g_2、g_3）；末体腹面后缘延长，超出末体少许，其上有肛后毛（*pa*）着生，肛门孔远离躯体后缘，两侧有肛门吸盘（*as*），并被一骨化的环包围。

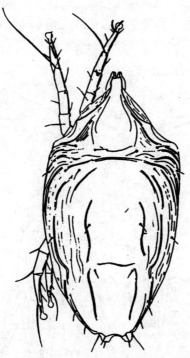

图 4-364 长嗜霉螨（*Euroglyphus longior*）（♂）背面

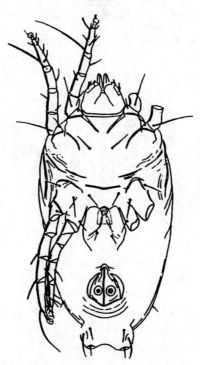

图 4-365 长嗜霉螨（*Euroglyphus longior*）（♂）腹面

　　雌螨：体长280～320μm，形状与雄螨相似，但其表皮皱褶较雄螨更加明显（图4-366）。

　　雌成螨躯体后缘略凹；生殖孔完全被骨化的三角形生殖板遮盖，生殖感觉器周围有3对生殖毛，交配囊孔靠近肛门后端，与卵形的受精囊相通（图4-367）。

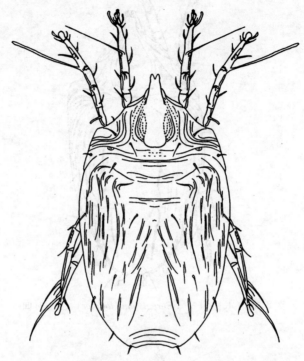

图4-366　长嗜霉螨（*Euroglyphus longior*）（♀）背面

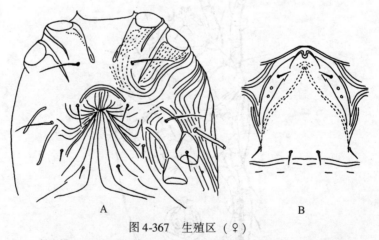

图4-367　生殖区（♀）

A. 粉尘螨（*Dermatophagoides farinae*）；B. 长嗜霉螨（*Euroglyphus longior*）

三、尘螨属 (*Dermatophagoides* Bogdanov, 1864)

尘螨属呈世界性分布，生境广泛，常在动物饲料、农作物谷类、仓库、房舍等环境中孳生，我国记录尘螨属的螨种有粉尘螨 (*Dermatophayoides farinae*)、屋尘螨 (*Dermatophayoides pteronyssinus*) 和小角尘螨 (*Dermatophagoides microceras*) 3 种，其中前两者常见，其排泄物及体壳含有大量过敏原成分，是引起人类 I 型过敏性疾病的重要过敏原。尘螨可孳生于地脚粉、麸类、动物饲料、谷物及居室灰尘等。尘螨的生境广泛，常孳生于食品加工厂、面粉厂、谷物仓库、居室等场所。

尘螨属的生活史包括卵、幼螨、第一若螨、第三若螨和成螨；发育过程受温湿度影响较大，最适宜的孳生温度为 (25±2)℃、相对湿度为 80%。在我国，尘螨孳生密度自 5 月份开始升高，7、8 月份达到高峰，10 月份开始下降。

尘螨属呈世界性分布，国内常见于安徽、福建、广东、河南和江苏等地；国外常见于荷兰、美国、意大利和英国等国家。

尘螨属特征：体表骨化程度不及麦食螨亚科 (Pyroglyphinae) 的螨类明显，表皮有细致的花纹；前足体前缘未覆盖在颚体之上。躯体后缘有 2 对长刚毛。雌螨的后生殖板中等大小，不骨化，前缘不分为两叉，无后半体背板，足IV较足III细短。雄螨的足IV跗节有 2 个圆盘状的跗节吸盘。雌螨的后生殖板中等大小，不骨化，前缘不分为二叉。无后半体背板。

尘螨属成螨分种检索表

1. 雄螨体背有横沟但不明显；后半体背板小，前缘前伸至第二背毛 (d_2) 和第三背毛 (d_3) 之间；足 I 明显粗大。雌螨 d_2 与 d_3 区域的表皮条纹是横纹 ································· 2
   雄螨体背无横沟；后半体背板大，向前伸至第一背毛 (d_1) 与 d_2 中央；足 I 不粗大，与足 II 长宽相同。雌螨 d_2 与 d_3 区域的表皮条纹是纵纹 ································· ·············· 屋尘螨 (*Dermatophayoides pteronyssinus*)
2. 雄螨足 I 跗节爪状突起的外侧有一个小而钝的突起 S，足 II 跗节的 S 为指状。雌螨足 I、II 跗节的 S 大而尖 ··············· 粉尘螨 (*Dermatophayoides farinae*)
   雄螨足 I 跗节末端爪状突起的外侧缺少突起 S，足 II 跗节的 S 也缺如。雌螨足 I 跗节上有 1 个小突起 S，足 II 跗节的 S 缺如 ·········· 小角尘螨 (*Dermatophagoides microceras*)

粉尘螨 (*Dermatophagoides farinae* Hughes, 1961)

同种异名：*Dermatophagoides culine* Deleon, 1963。

雄螨：体长 260~360μm，椭圆形 (图 4-368)。颚体较小，螯肢发达，须肢扁平；前足体背板的形状不定，后缘可向侧面伸展并包围胛毛，后半体背板较小，圆形，位于体末；背沟不明显；躯体刚毛光滑，胛外毛 (*sce*) 比胛内毛 (*sci*) 长许多，肩外毛 (*he*) 和肩内毛 (*hi*) 2 对；纵行排列的 4 对背毛 (d_1、d_2、d_3、d_4) 等长，前侧毛 (*la*)、后侧毛 (*lp*) 及骶外毛 (*sae*) 等长；各足末端前跗节发达 (图 4-369)，有小爪；足 I 明显加粗且股节腹面有一粗钝突起，跗节的第一感棒在前跗节的基部，与第三感棒（ω_3）在同一水平；芥毛（ε）很小，接近顶端；足Ⅰ跗节的侧面顶端有一粗大突起；足Ⅲ跗节末端分叉，相对位置有一小突起；足Ⅱ跗节的感棒（ω_1）在该节基部。足Ⅰ、Ⅱ胫节腹面着生有刚毛1根。足Ⅰ膝节有感棒（σ_1、σ_2）2条，足Ⅲ较足Ⅳ粗长，足Ⅳ跗节末端有小吸盘1对。足Ⅲ、Ⅳ基节间可见生殖孔（图4-370），生殖孔周围有生殖毛（g_1、g_2、g_3）3对，后生殖毛（g_3）较靠前、中生殖毛（g_1、g_2）短，阳茎细长；着生于末体腹面的肛门被一圆形肛环包围，环内有明显的肛吸盘（as）和肛前毛（pra）各1对。

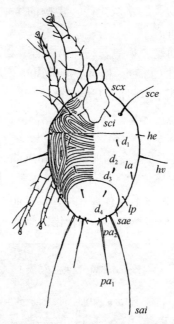

图 4-368 粉尘螨（*Dermatophagoides farinae*）（♂）背面

sce, *sci*, *he*, *hv*, $d_1 \sim d_4$, *sae*, *sai*, pa_1, pa_2：躯体刚毛；*scx*：基节上毛

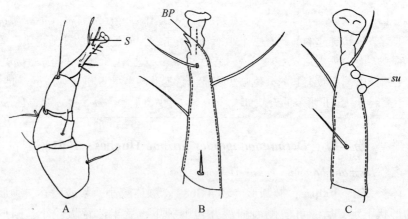

图 4-369 粉尘螨（*Dermatophagoides farinae*）（♂）足

A. 右足Ⅰ内面和跗节端部侧面；B. 足Ⅲ跗节顶端；C. 足Ⅳ跗节顶端

S：粗突起；*BP*：二叉状突起；*su*：吸盘

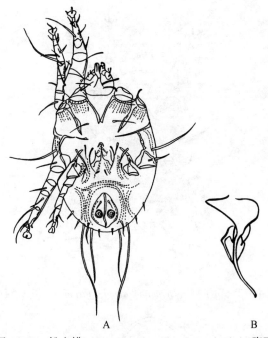

图 4-370　粉尘螨（*Dermatophagoides farinae*）（♂）腹面

A. 腹面；B. 阳茎

　　雌螨：躯体较雄螨大，长 360～400μm，形状与雄螨相似（图 4-371），不同点在于无后半体背板，背面表皮有横纹。足Ⅰ与足Ⅱ的长短、粗细相同，较雄螨细；足Ⅳ较足Ⅲ长；足Ⅳ跗节上有 2 条短刚毛。生殖孔呈"人"形，前端有一新月形的生殖板，后生殖板侧缘骨化（图 4-372）；交配囊孔在肛门区背面，由一细管与受精囊相通（图 4-373）。

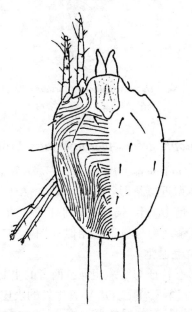

图 4-371　粉尘螨（*Dermatophagoides farinae*）（♀）背面

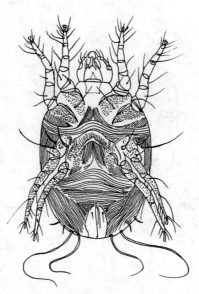

图 4-372　粉尘螨（*Dermatophagoides farinae*）（♀）腹面

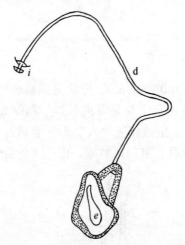

图 4-373　粉尘螨（*Dermatophagoides farinae*）交合囊和受精囊

e：交配囊孔；*d*：细管；*i*：内孔

屋尘螨（*Dermatophagoides pteronyssinus* Trouessart，1897）

同种异名：*Mealia toxopei* Oudemans，1928；*Visceroptes saitoi* Sasa，1984。

雄螨：体长约 285μm，体型近似梨形（图 4-374）。颚体与粉尘螨相似，体背无横沟，后半体背板较大，呈长方形；足Ⅰ、Ⅱ长与宽几乎相等，足Ⅰ股节无指状突起，跗节顶端粗大，且表皮内突分离，其余结构与粉尘螨相似（图 4-375）。生殖区着生于后足体Ⅲ、Ⅳ基节间（图 4-376），后生殖毛退化。

雌螨：体长约 350μm，形态特征与雄螨相似，两者的主要区别在于雌螨无后半体背板（图 4-377），第二背毛（d_2）和第三背毛（d_3）着生处的表皮有纵条纹（图 4-378）；交配囊孔在肛门后缘一侧，由一条细长管与受精囊连接（图 4-379）。

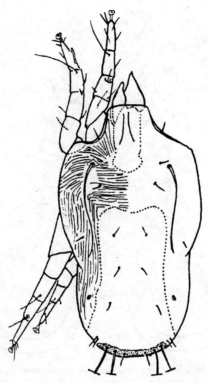

图 4-374 屋尘螨 (*Dermatophagoides pteronyssinus*) (♂) 背面

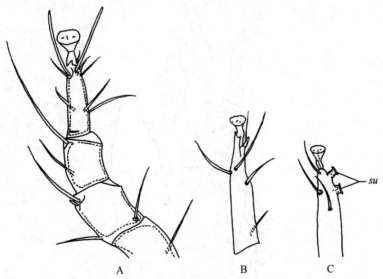

图 4-375 屋尘螨 (*Dermatophagoides pteronyssinus*) (♂) 足

A. 右足 I 背面；B. 右足 III 跗节；C. 右足 IV 跗节

su：跗节吸盘

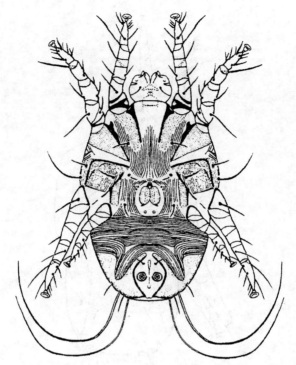

图 4-376　屋尘螨（*Dermatophagoides pteronyssinus*）（♂）腹面

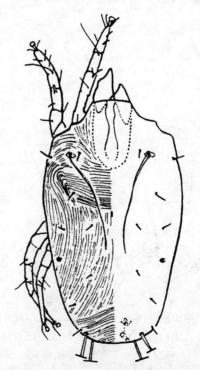

图 4-377　屋尘螨（*Dermatophagoides pteronyssinus*）（♀）背面

图 4-378　屋尘螨（*Dermatophagoides pteronyssinus*）（♀）腹面

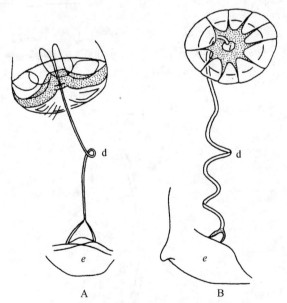

图 4-379　屋尘螨（*Dermatophagoides pteronyssinus*）交合囊与受精囊

A. 侧面观；B. 正面观

e：交配囊孔；d：细管；*i*：内孔

小角尘螨（*Dematophagoidef microceras* Griffiths & Cunnington, 1971）

雄螨：体长 260~400μm，螨体呈椭圆形，淡黄色，表皮有细致的花纹。前足体前缘未覆盖颚体；足Ⅰ跗节的末端有一个很大的爪状突起，但在大的爪状结构外侧缺少1个小而钝的突起 S（图4-380）；足Ⅱ跗节的 S 亦缺如。交配囊仅是狭窄的颈骨化（图4-381）；其余结构与粉尘螨相似。

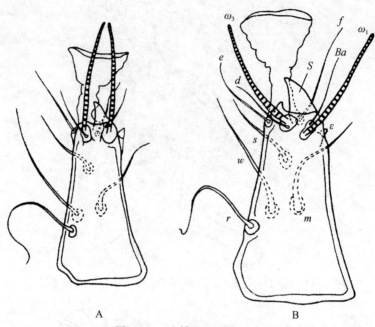

A　　　　　　　　　　B

图4-380　尘螨足Ⅰ跗节（♂）

A. 小角尘螨（*Dermatophagoides microceras*）；B. 粉尘螨（*Dermatophagoides farinae*）

ω_1，ω_3：感棒；d，f，s，Ba，m，r，w：刚毛；ε：芥毛；S：几丁质突起

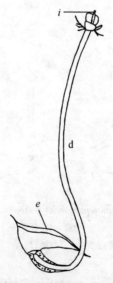

图4-381　小角尘螨（*Dermatophagoides microceras*）交合囊与受精囊

e：交配囊孔；d：细管；i：内孔

雌螨：与雄螨形态相似，除肛区及生殖区的区别外，雌螨足Ⅰ跗节上有1个小突起 S（图4-382），足Ⅱ跗节的 S 缺如。

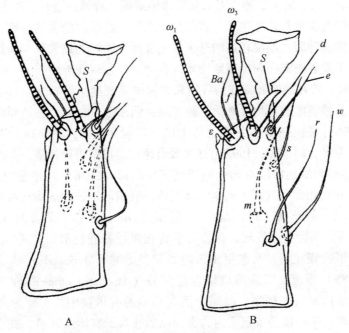

图 4-382 尘螨足Ⅰ跗节（♀）

A. 小角尘螨（*Dermatophagoides microceras*）；B. 粉尘螨（*Dermatophagoides farinae*）

ω_1，ω_3：感棒；d，e，f，Ba，m，s，r，w：刚毛；ε：芥毛；S：几丁质突起

（郭 伟 李朝品）

第七节 薄口螨科

薄口螨科（*Histiostomidae* Berlese，1957）曾被称为食菌螨科（Anoetidae），后经 Scheucher（1957）修订为薄口螨科（Histiostomidae）。目前该科记述约57属，我国记述了2属，即薄口螨属（*Histiostoma*）和棒菌螨属（*Rhopalanoetus*）。薄口螨科的螨类为高潮湿性螨类，多孳生于潮湿的植物性腐殖质或液体、半液体的环境中，营自由生活。

薄口螨科特征：成螨形态近似长椭圆形，白色稍透明。颚体小，高度特化，适于从悬浮液中取食微小颗粒。螯肢锯齿状，定趾退化。须肢有一自由活动的扁平端节。体背有一明显的横沟，躯体腹面有2对几丁质环，体后缘略凹。该科螨常有活动休眠体，其足Ⅲ甚至足Ⅳ向前伸展。

薄口螨属（*Histiostoma* Kramer，1876）

薄口螨属曾被称为食菌螨属（*Anoetus*）等。目前记录的薄口螨（*Histiostoma*）有速生薄口螨（*Histiostoma feroniarum*）、吸腐薄口螨（*Histiostoma sapromyzarum*）、实验室薄口螨

（*Histiostoma laboratorium*）、美丽薄口螨（*Histiostoma pulchrum*）和圆孔薄口螨（*Histiostoma formosani*）等；棒菌螨属（*Rhopalanoetus*）有中华棒菌螨（*Rhopalanoetus chinensis*）和简棒菌螨（*Rhopalanoetus simplex*）2种。因未获得棒菌螨属2种螨的资料，故本书暂未能收录。

薄口螨属的螨类主要营腐生生活，多孳生于潮湿、腐烂、隐蔽的环境，在菌丝老化和培养料湿度较高的菌种瓶、湿度较高的菇床覆土表面、腐烂的培养料、腐烂的植物、潮湿的谷物、腐烂菌类及谷物或面粉类腐败变质的食物上常发现此类螨。

Dufour（1839）曾在腐败和霉变的谷物和面粉中发现速生薄口螨。John（1951）报道速生薄口螨可在各种腐败的植物性物质上被发现，偶尔也可在潮湿谷物和腐烂的蘑菇上被发现。Baker（1964）报道在污水细菌滤床上也可发现速生薄口螨，该螨以生长在缸砖表面的菌胶团菌丝为食。刘雅杰（1993）首次报道速生薄口螨可以传播人参坏死病。张建萍（1997）发现速生薄口螨还可以对枸杞造成危害。洪勇（2016）在洋葱中也发现了该螨。段彬彬（2015）在食用菌中发现了此螨的休眠体。吸腐薄口螨的成螨常可在腐败真菌，如乳菇属（*Lactarius*）、红菇属（*Russula*）、口蘑属（*Tricholoma*）、鹅膏属（*Amantia*）和马勃属（*Scleroderma*）菌类上被发现，也曾有学者在腐烂的五色水仙（*Hyacinthus orientalis*）球茎和潮湿木料里发现此螨。某些甲虫、蝇类和多足纲（Myriapoda）动物可携带其休眠体。李云瑞（1985）报道，吸腐薄口螨为害芦笋（*Asparagus officinalis*）的地下部嫩茎，也可在垃圾及蘑菇培养料上孳生。此螨生活在高湿的有机物中，主要为害食用菌的子实体。初期，成螨和若螨在菌盖或菌褶内为害，以后蛀入子实体内繁殖，被吸腐薄口螨蛀食的子实体常腐烂发臭，严重影响食用菌生产。此螨还可转株为害，通过爬行扩散，也可附着于畜禽或老鼠、昆虫等躯体上传播，也可在垃圾及蘑菇培养料上孳生。陆云华（2002）在江西南昌、九江、宜春、新余、丰城等地的菇房均发现其为害，并对其传播途径进行了研究，主要有三种方式：菇房残留、播种带入和昆虫媒介带入。吴连举（2008）发现吸腐薄口螨的孳生可导致人参连作障碍。柴强（2016）在中药材白及中也发现了吸腐薄口螨。

实验室薄口螨营自由生活，罕见寄生，栖息在半液体的环境里。赵晓平和刘晓光（2011）用玉米粉培养基、BY（牛肉膏+酵母膏）软琼脂培养基、BY培养液3种培养基筛选适宜实验室薄口螨繁殖的培养基，结果表明玉米粉培养基最适宜培养此螨。在BY软琼脂培养基上此螨也能生长，但生长速度比较缓慢，经过BY软琼脂培养基的培养，能够收集到大量干净的个体；在BY培养液中，实验室薄口螨不能进行继代生长，但能够产生大量的卵。休眠体是此螨生活史中的重要阶段，是借助携播者进行传播的特殊形式。对孳生于培养有果蝇的玻璃指管中的实验室薄口螨产生的休眠体及其在果蝇体表的吸附状况进行观察，利用较高温度（30~35℃）培养基逐步干燥、较低温度（10~15℃）、BY液体培养3种方法可诱导此螨休眠体集中大量形成。为了解实验室薄口螨和椭圆食粉螨（*Aleuroglyphus ouatus*）对果蝇（*Drosophila melanogaster*）生长和繁殖的影响，赵晓平和刘晓光（2013）在用玉米粉培养基对两种螨类及果蝇进行单独培养的基础上，将两种螨类分别接种到果蝇生长旺盛的培养管中，用体视显微镜观察了两种螨对果蝇生长及繁殖状况的影响，结果表明两种螨都能明显降低果蝇的生活力和繁殖力。实验室薄口螨的休眠体还可吸附在果蝇体表而广泛传播。

薄口螨属除了以上三种薄口螨外，Wang 等（2002）在广西的家白蚁（*Coptotermes formosanus*）上发现了圆孔薄口螨（*Histiostoma formosanus*）；李隆术（1992）在重庆的花生上发现了美丽薄口螨（*Histiostoma pulchrum*）；广东省还报道了中华棒菌螨（*Rhopalanoetus chinensis*）和简棒菌螨（*Rhopalanoetus simplex*）等。

薄口螨属螨类的生活史经过卵、幼螨，再经第一若螨至第三若螨后发育为成螨，第一若螨与第三若螨期之间有一个休眠体期（即第二若螨期）。此属螨类营孤雌生殖。Scheucher（1957）研究发现，速生薄口螨能在 3 ~ 3.5 天很快完成其生活史，最适温度为 25 ~ 30℃。根据 Hughes 和 Jackson（1958）的观点，此螨可产生两种类型的卵：一种形成雄螨，另一种形成雌螨。但 Scheucher 认为，未受精的卵形成雄螨。Cooreman（1944）也曾研究速生薄口螨的生活史，在20 ~ 25℃的条件下，此螨完成其发育需 2 ~ 4 天。陆云华（2002）对孳生在食用菌上的速生薄口螨的生态学进行了初步研究。在适宜的条件下，其完成一代生活史需 8 ~ 10 天；当第一若螨遇到不良的生态条件，如温度过高或过低、湿度太低或杀螨剂未达到致死剂量等因素时，其就形成具有很强抵抗能力的休眠体。当条件适宜时休眠体蜕皮后就成为第二若螨。雌雄螨交配后第 2 ~ 3 天便开始产卵，雌螨一生可产卵 50 ~ 240 粒，多产在食用菌栽培料中。薄口螨属螨类休眠体能附着在各种节肢动物身上，借此迁移到其他适宜的场所。由于滤床的菌丝能使空气干燥，所以这些地方的休眠体特别多。休眠体与含水分的菌丝体接触 2 ~ 3 天后即可蜕化。速生薄口螨的成螨或休眠体常隐藏于栽培料堆底层越冬。成螨有群栖性，喜阴暗、潮湿、温暖的环境，常在食用菌栽培场所群集为害，其一方面取食菌丝、子实体，蛀蚀栽培料，另一方面又携带并传播病原杂菌，对食用菌生产具有双重威胁。黄国城（1995）对实验室薄口螨的生活史进行了研究。在23 ~ 25℃、相对湿度78% ~ 89%条件下，平均历时（3.58 ± 0.52）天，完成一代需3.0 ~ 4.5 天。其中卵至幼螨、幼螨至第一若螨、第一若螨至第三若螨、第三若螨至成螨的发育历期平均分别为（0.69 ± 0.30）天、（1.06 ± 0.34）天、（0.78 ± 0.39）天及（1.06 ± 0.42）天。以上饲养过程中持续观察，7 天后即第二代几乎陆续出现较多休眠体。

薄口螨属在国内分布于安徽、福建、河南、江西、内蒙古、上海、新疆、浙江和重庆等地；国外分布于澳大利亚、巴西、玻利维亚、德国、法国、菲律宾、荷兰、美国、新西兰、意大利和英国等国家。

薄口螨属特征：成螨躯体近长椭圆形，白色较透明。颚体小而高度特化，适于从悬浮液中取食微小颗粒。腹面表皮内突较发达，足Ⅰ表皮内突愈合成胸板，足Ⅱ表皮内突伸达中央，未连接，向后弯曲。躯体腹面有几丁质环 2 对，雄螨位于足Ⅱ ~ Ⅳ基节，4 个几丁质环相距较近；雌螨前 1 对几丁质环位于足Ⅱ ~ Ⅲ，后 1 对几丁质环相距较近，位于足Ⅳ基节水平。足Ⅰ跗节所有刚毛除背毛 d 外，均加粗成刺；足Ⅰ、Ⅱ胫节上的感棒 φ 短，不明显。体背有一明显的横沟。足Ⅰ ~ Ⅳ基节有基节上毛。每个足末端为粗爪。雌螨足较雄螨为细，足毛序雌雄相似。足Ⅰ、Ⅱ跗节 Ba 位于 ω_1 之前。足Ⅰ跗节 ω_1 位于该跗节末端。各足跗节末端腹刺均发达。足Ⅰ、Ⅱ胫节毛较短。膝节 σ_1 与 σ_2 等长。雌螨生殖孔为一横缝，位于前 1 对几丁质环之间，雄螨阳茎稍突出，生殖感觉器缺如。休眠体常有吸盘板，其上有吸盘 4 对；足Ⅲ、Ⅳ常向前伸展。

薄口螨属常见种检索表

1. 所有背毛均短，足Ⅰ、Ⅲ基节上有杯或微毛，颚体背面与侧面有 1 个被盖，第一乳突与中央乳突全被覆盖 ·· 美丽薄口螨（*H. pulchrum*）

　所有背毛均短，足Ⅰ、Ⅲ基节有乳突 ··· 2

2. 背腹板有孔，且相距较近，细线条状的深凹排列较集中 ···································
　··· 实验室薄口螨（*H. laboratorium*）

　背腹板无孔，胸板不与足Ⅲ基节内突相连接，背毛微小，体长超过 150μm ············· 3

3. 跗节丛由 2 根棒与 2 根毛构成，跗节内侧感棒较胫节感棒短 ·······························
　··· 吸腐薄口螨（*H. sapromyzarum*）

　跗节丛由 2 根棒与 1 根毛构成，跗节内侧感棒直且显著短于胫节感棒 ····················
　··· 速生薄口螨（*H. feroniarum*）

速生薄口螨（*Histiostoma feroniarum* Dufour，1839）

同种异名：*Hypopus dugesi* Claparede，1868；*Hypopus feroniarum* Dufour，1839；*Histiostoma pectineum* Kramer，1876；*Tyroglyphus rostro-serratum* Megnin，1873；*Histiostoma sapromyzarum*（Dufour，1839）*sensu* Cooreman，1944；*Acarus mannilaris* Canestrini，1878；*Hypopus dugesi* Claparede，1868。

雄螨体长 250~500μm，雌螨体长 400~700μm。躯体近长椭圆形，体后缘略凹，苍白色（图 4-383~图 4-385）。颚体小且高度特化，须肢端节为一块带有 1 对刺的扁平的二叶状几丁质板（图 4-386A）。躯体腹面有 2 对圆形或近圆形的几丁质环（图 4-383，图 4-385）。

雄螨：螯肢长，有锯齿，每一螯肢由延长的边缘有锯齿的活动趾组成，并能在宽广的前口槽内前后活动。前口槽侧壁为须肢基节，须肢端节为一块扁平的二叶状几丁质板，板上有刺 1 对，其中一个刺直接伸向侧面，另一个伸向后侧面；几丁质板能自由活动。躯体表面有微小突起，体背有一明显的横沟将前足体和后半体分开，体后缘略凹。躯体大小及足的粗细变化较大，足Ⅱ较粗大，足Ⅱ跗节的刺较发达（图 4-387）。背毛较短，约与足Ⅰ胫节等长；顶内毛（vi）彼此分离较远，顶外毛（ve）在 vi 后方；胛毛（sc）远离 ve 且分散，而肩外毛（he）和肩内毛（hi）靠得很近；背毛 d_2 间的距离较 d_1、d_3 和 d_4 间的距离明显短，d_4 靠近躯体后缘；2 对侧毛（l_1、l_2）位于侧腹腺之前。腹面，足的表皮内突较雌螨发达，足Ⅰ表皮内突愈合成胸板，足Ⅱ表皮内突几乎达中线，未连接，向后弯曲。有 2 对圆形或近圆形的几丁质环（图 4-383），2 对几丁质环距离很近，位于生殖孔之前；生殖褶不明显，位于足Ⅳ基节之间，在生殖褶后有 2 块叶状瓣，可能有交配吸盘的作用。肛门较小，且远离躯体后缘，肛门周围有刚毛 4 对。足粗短，各足末端均有一粗壮的爪，并有成对的杆状物支持，柔软的前跗节将其包围。足上的刚毛加粗成刺。足Ⅰ、Ⅱ跗节的背中毛（Ba）位于第一感棒（ω_1）之前；足Ⅰ跗节的 ω_1 着生在基部，并向后弯曲覆盖在足Ⅰ胫节的前端，芥毛（ε）与 ω_1 着生在同一深凹中不易看清；足Ⅱ跗节的感棒 ω_1 位置正常，稍弯曲；各跗节末端的腹刺都很发达。足Ⅰ、Ⅱ胫节的感棒 φ 较短（图 4-388，图 4-389A、B）。足Ⅰ膝节的膝外毛（σ_1）和膝内毛（σ_2）等长。足Ⅲ膝节无感棒（σ），足Ⅰ、Ⅲ基节上有基节毛。

　　雌螨：背毛和足毛的数量及排列方式与雄螨相似（图4-384）。腹面，有圆形或近圆形的几丁质环2对（图4-385），前1对环位于足Ⅱ、Ⅲ基节之间，在生殖孔两侧；后1对环相近，在足Ⅳ基节水平，后面的几丁质环前后各有2对生殖毛。足Ⅰ表皮内突在中线处愈合；足Ⅱ、Ⅲ、Ⅳ表皮内突短，相距较远（图4-385）。肛门小且远离躯体后缘。

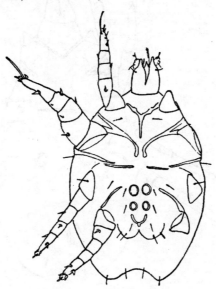

图 4-383　速生薄口螨（*Histiostoma feroniarum*）（♂）腹面

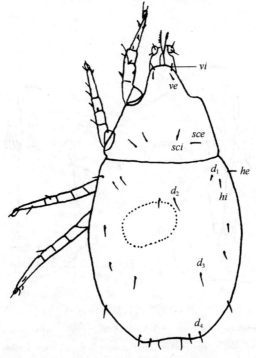

图 4-384　速生薄口螨（*Histiostoma feroniarum*）（♀）背面
ve, *vi*, *sce*, *sci*, *he*, *hi*, $d_1 \sim d_4$：躯体刚毛

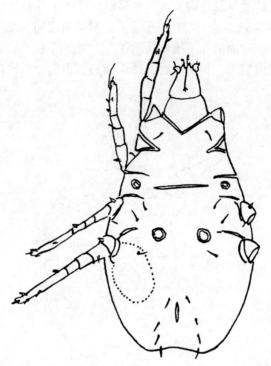

图 4-385　速生薄口螨（*Histiostoma feroniarum*）（♀）腹面

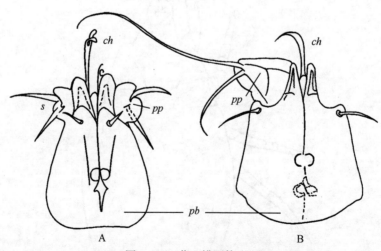

图 4-386　薄口螨颚体腹面

A. 速生薄口螨（*Histiostoma feroniarum*）（♀）；B. 吸腐薄口螨（*Histiostoma sapromyzarum*）（♀）

ch：螯肢；*pp*：须肢端节；*pb*：须肢基节；*s*：须肢上的刺

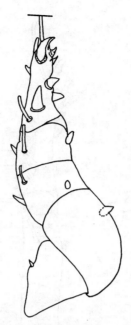

图 4-387 速生薄口螨（*Histiostoma feroniarum*）（♂）右足Ⅱ背侧面

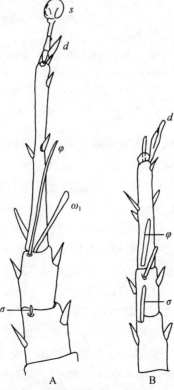

图 4-388 速生薄口螨（*Histiostoma feroniarum*）（♂）足

A：右足Ⅰ背面；B：右足Ⅱ背面

ω_1, φ, σ：感棒；d, s：跗节毛

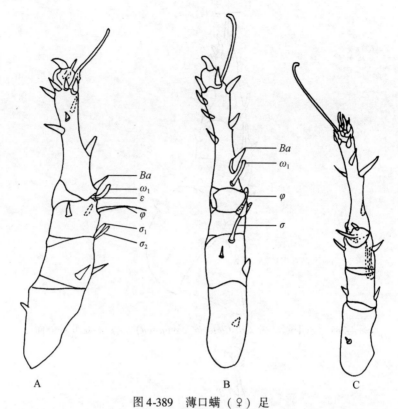

图 4-389　薄口螨（♀）足

A. 速生薄口螨（*Histiostoma feroniarum*）右足 I 侧面；B. 速生薄口螨右足 II 侧面；

C. 吸腐薄口螨（*Histiostoma sapromyzarum*）右足 I 腹面

ω_1，σ，σ_1，σ_2，φ：感棒；ε：芥毛；Ba：背中毛

　　若螨：第一若螨、第三若螨与雌螨相似，但第一若螨有几丁质环 1 对，第三若螨有 2 对。

　　休眠体：躯体长 120~190μm，很扁平，于后缘逐渐变窄，表皮骨化明显。颚体特化，顶内毛（*vi*）向前伸长，顶外毛（*ve*）短小（图 4-390）。前足体几乎为三角形，躯体背面有刚毛 6 对，较细小（图 4-391）。腹面（图 4-392），足 III 表皮内突在中线处相连，因此，胸板和腹板被一拱形线分开。足 I、II 基节板明显，足 III 基节板几乎封闭；在足 I、III 基节板上各有 1 对小吸盘，躯体末端有一发达的吸盘板，其上有 8 个吸盘，以 2、4、2 的形式排列。各足细长，有爪，后 2 对足直接向前伸展，有利于抓附寄主。足 I 的末端有一膨大的刚毛，此刚毛基部有一透明的叶状背端毛 *d*；足 II 的末端也有叶状背端毛 *d*。足 I 的第一感棒（ω_1）直且顶端膨大，较同足的胫节感棒 φ 略短，膝节感棒 σ 较膝节的刺状刚毛短。足 II 的感棒 ω_1 较同足的胫节感棒 φ 和膝节感棒 σ 略长。

　　幼螨：足 I、II 基节水平间有几丁质环 1 对；躯体背面有许多叶状突起，突起上着生有背刚毛（图 4-393）。

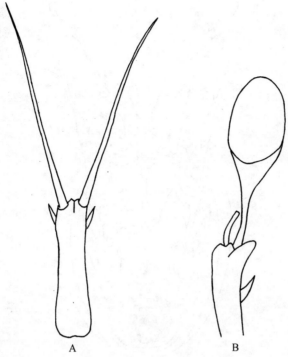

图 4-390　速生薄口螨（*Histiostoma feroniarum*）休眠体颚体与跗节
A. 颚体；B. 足 I 跗节

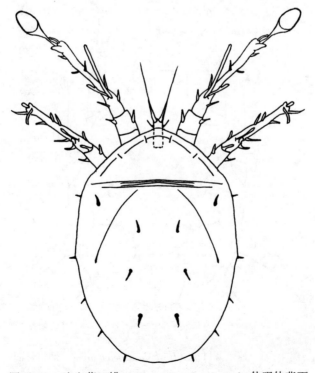

图 4-391　速生薄口螨（*Histiostoma feroniarum*）休眠体背面

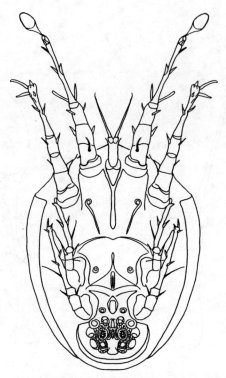

图 4-392　速生薄口螨（*Histiostoma feroniarum*）休眠体腹面

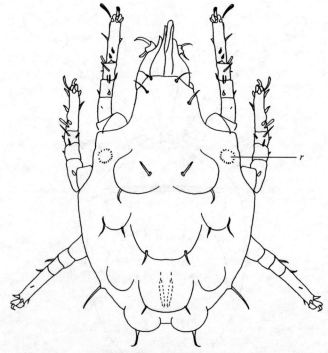

图 4-393　速生薄口螨（*Histiostoma feroniarum*）幼螨背面

r：几丁质环

吸腐薄口螨（*Histiostoma sapromyzarum* Dufour，1839）

同种异名：*Hypopus sapromyzarum* Dufour，1839；*Anoetus sapromyzarum* Oudemans，1914；
Anoetus humididatus Vitzthum，1927 *sensu* Scheucher，1957。

雄螨体长 400～620μm，雌螨体长 300～650μm。雌螨螨体近似卵圆形，后半体后缘略
凹。无色或淡白色，颚体高度特化，背缘具锯齿。须肢端节扁平且完整，叶突上着生两根
刺状长毛，其中一根的长度超过另一根的 2 倍（图 4-386B）。躯体腹面的 2 对几丁质环呈
长椭圆形，并在中间收缩，形如鞋底。足较速生薄口螨更细长，但足 I 毛序十分相似。

雄螨：颚体高度特化，背缘具锯齿，螯肢从须肢基节形成的凹槽内伸出，可自由活
动。须肢端节扁平且完整，不为二叶状，着生在其上的两根刺状长毛其中一根的长度为另
一根的 2 倍多。前后半体间具有横缝，后半体后缘略凹。腹面具肾形几丁质环 2 对，几丁
质环内凹部分向外，但 Scheucher（1957）报道，凸出的一侧向外。第一对几丁质环位于
足 II、III 之间，第二对位于足 IV 同一水平上。生殖孔横向开孔，位于第一对几丁质环之
间。足 I 两基节内突在体中线处相接。足 II 和足 IV 的基节内突短，内端相互远离。肛孔
小，距后缘远。生殖毛 2 对，分别位于第二对几丁质环的前后方。足短、细、具爪。

雌螨：形态与雄螨相似，但腹面的几丁质环似卵圆形，中间收缩，形似鞋底（图
4-394）。足 I 膝节除 σ 外皆强化如刺状。足 I、II 胫节感棒（φ）短而不明显（图 4-389C）。

休眠体：与速生薄口螨休眠体相似。休眠体形态扁平，后缘尖狭，表面强骨化。腹面
具一吸盘板，其上着生吸盘 8 对。足长，具爪，四足皆前伸。

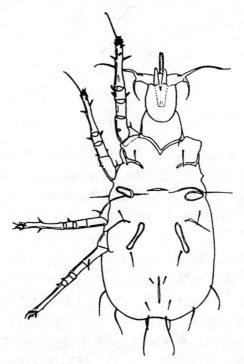

图 4-394　吸腐薄口螨（*Histiostoma sapromyzarum*）（♀）腹面

实验室薄口螨（*Histiostoma laboratorium* Hughes，1950）

同种异名：实验室食菌螨（*Anoetus laboratorium* Hughes，1950）。

雄螨长约380μm，宽约230μm；雌螨长约460μm，宽约310μm。躯体近梨状，白色半透明。须肢端节完整，其上着生有2根近等长的刚毛。背板上有小孔，且相距较近，线条状的深凹排列在集中的区域。躯体腹面的2对几丁质环近卵圆形。

雄螨：颚体向前生出，螯肢尖细，上具8～10个端部钝圆的齿（图4-395），口器上无花纹，螯肢侧具一鞭毛，与螯肢齿部近等长，此鞭毛为螨在吸食时扫进食物之用。须肢端部具2根近等长的毛。躯体背面具12对较长的毛，其中3对位于前足体。躯体腹面具2对几丁质环状构造，前1对位于足Ⅲ和足Ⅳ基节之间，两孔之间相距较近；后1对位于足Ⅳ基节之后，两孔之间相距较远。生殖孔纵向开口，位于第2对几丁质环状构造中部略下方。腹面尚具小毛6对（图4-396）。

图 4-395　实验室薄口螨（*Histiostoma laboratorium*）定趾

雌螨：颚体同雄螨，躯体比雄螨大，体内常有结晶体。体表除口器外均光滑或略带花纹。躯体背面具12对较长的毛，但较雄螨略短。躯体腹面足Ⅱ基节间具一横向的生殖孔，其外侧具2对几丁质环状构造，前1对位于足Ⅱ和足Ⅲ基节之间，两孔之间相距较远；后1对位于足Ⅲ和足Ⅳ基节之间，两孔之间相距略近。末体上半部具一纵向的肛孔。体腹面具小毛6对（图4-397）。

休眠体：体长约180μm，宽约140μm。体形与其他各期螨明显不同，呈粉棕色。体表高度角质化，体近盾形。颚体与成螨相比退化，口器及其附属构造均缺如。两个须肢融合在一起，上具长鞭毛1对，基部尚具小毛1对，足Ⅰ和足Ⅲ基节上具1根非常细小的毛，位于近表皮内突（Ap）Ⅱ与ApⅤ的近中部处，有时会被表皮内突所遮盖，极难见到。足Ⅳ基节毛也很小，位于d_3之间。胸板St_1与ApⅣ不相连。ApⅡ与ApⅣ相连，ApⅣ在体中线处继续伸延。胸板St_2前部略呈"Y"形，与ApⅣ不相连（图4-398）。吸盘板似矩形，其边缘无放射状条纹，板上具1对吸盘su和3对盘状构造pd_1～pd_3（图4-399）。体背面具刺状小毛12对。足Ⅳ通常向后伸出。

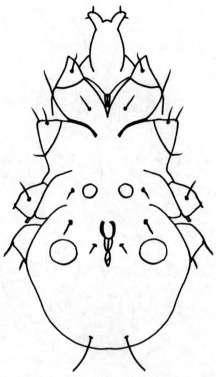

图 4-396　实验室薄口螨（*Histiostoma laboratorium*）（♂）腹面

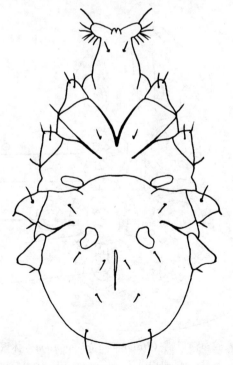

图 4-397　实验室薄口螨（*Histiostoma laboratorium*）（♀）腹面

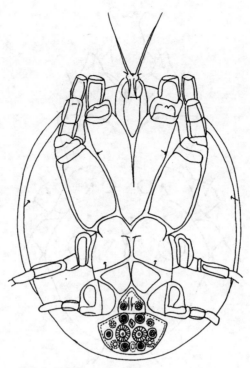

图 4-398　实验室薄口螨（*Histiostoma laboratorium*）休眠体腹面

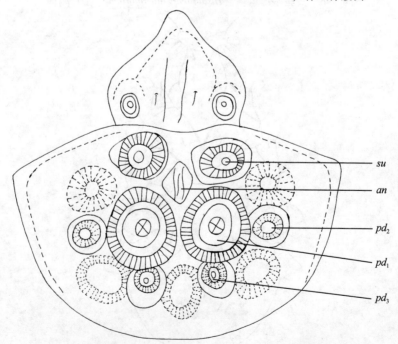

图 4-399　实验室薄口螨（*Histiostoma laboratorium*）休眠体吸盘板

su：吸盘；*an*：肛门吸盘；*pd₁*，*pd₂*，*pd₃*：盘状结构

（陶　宁　李朝品）

参 考 文 献

蔡黎, 温廷桓. 1989. 上海市区屋尘螨区系和季节消长的观察. 生态学报, 9 (3)：225-229

柴强, 陶宁, 湛孝东, 等. 2016. 中药材白及孳生吸腐薄口螨的研究. 中国血吸虫病防治杂志, 8：1-3

陈可毅, 单柏周, 刘荣一. 1985. 家畜肠道螨病初报. 中国兽医杂志, 4：3-5

陈琪, 赵金红, 湛孝东, 等. 2015. 粉螨污染储藏干果的调查研究. 中国微生态学杂志, 12：1386-1391

陈文华, 刘玉章, 何琦琛. 2002. 长毛根螨 (*Rhizoglyphus setosus*) 的生活史、分布及其寄主植物. 植物
　　保护学会会刊, 44：341-352

陈小宁, 于永芳, 王峰, 等. 1999. 储藏中药材粉螨污染的研究. 承德医学院学报, 16 (1)：15-18

崔玉宝, 王克霞. 2003. 空调隔尘网表面粉螨孳生情况的调查. 中国寄生虫病防杂志, 16 (6)：
　　374-376

邓国藩, 王慧芙, 忻介六, 等. 1989. 中国蜱螨概要. 北京：科学出版社

段彬彬, 湛孝东, 宋红玉, 等. 2015. 食用菌速生薄口螨休眠体光镜下形态观. 中国血吸虫病防治杂
　　志, 4：414-415, 418

范青海, 李隆术. 1993. 中国食甜螨科 1 新亚科 1 新种的建立 (蜱螨亚纲：粉螨亚目). 蛛形学报,
　　2 (1)：1-3

戈建军, 沈京培. 1990. 腐食酪螨感染 1 例报告. 江苏医药, 2：75

何琦琛, 王振澜, 吴金村, 等. 1998. 六种木材对美洲室尘螨的抑制力探讨. 中华昆虫, 18：247-257

贺骥, 李朝品, 2005. 居室环境中尘螨调查. 环境与健康杂志, 22 (4)：270

洪勇, 陶宁, 湛孝东, 等. 2016. 洋葱害螨速生薄口螨的形态观察. 中国血吸虫病防治杂志, 28 (3)：
　　301-303

黄国城, 郑强, 王敦清. 1995. 实验室食菌螨的生活史及对果蝇繁殖的危害. 昆虫知识, 32 (5)：
　　287-289

江吉富. 1995. 罕见的粉螨泌尿系感染一例报告. 中华泌尿外科杂志, 2：91

江佳佳, 贺骥, 王慧勇. 2005. 46 例肺部感染的旧房拆迁农民工患肺螨病情况的调查. 中国职业医学,
　　32 (5)：65-66

江镇涛. 1991. 果螨科 (Carpoglyphidae) 一新种记述 (蜱螨目：粉螨总科). 南昌大学学报 (理科
　　版), 15 (1)：84-86

江镇涛. 1991. 中国粉螨一新记录属三新记录种及一新种记述 (真螨目：粉螨总科). 江西科学,
　　9 (4)：240-244

江镇涛. 1991. 贮藏食物粉螨等螨类受精囊形态的研究. 南昌大学学报 (理科版), 15 (4)：35-39, 44

江镇涛. 1994. 中国粉螨科一新种和一新记录属一新记录种 (蜱螨亚纲：粉螨总科). 江西科学,
　　12 (3)：240-244

江镇涛. 1995. 中国粉螨科的一个新种 (蜱螨亚纲：粉螨科). 南昌大学学报 (自然科学), 19 (1)：
　　30-42

江镇涛. 1996. 中国食甜螨属一新种记述 (蜱螨亚纲：食甜螨科). 动物分类学报, 04：449-453

江镇涛. 1997. 江西贮藏食物及房舍的粉螨亚目检索. 江西植保, 20 (2)：31-36

江镇涛. 1997. 中国士维螨属一新种记述 (蜱螨亚纲：真螨目). 南昌大学学报 (理科版), 21 (4)：
　　299-301

江镇涛. 1998. 士维螨属一新种：香港士维螨 (蜱螨亚纲：真螨目). 南昌大学学报 (理科版),
　　22 (2)：120-123

匡海源．1986．农螨学．北京：农业出版社

赖乃揆，于陆，邹泽红，等．2001．屋尘螨的人工饲养与临床测试的研究．中华微生物学和免疫学杂志，21（S）：26-28

李安萍．2000．螨类与人体肺螨病的关系．医学动物防制，16（1）：55-56

李朝品．1999．储藏中药材孳生粉螨的初步研究．中国寄生虫病防治杂志，12（1）：72

李朝品．2000．储藏植物性中药材孳生粉螨的调查．医学动物防制，16（5）：248-250

李朝品．2000．肺螨病在不同职业人群中流行情况的研究．中国职业医学，27（3）：23-25

李朝品．2006．医学蜱螨学．北京：人民军医出版社

李朝品．2009．医学节肢动物学．北京：人民卫生出版社

李朝品，陈兴保，李立．1985．安徽省肺螨病的首次研究初报．蚌埠医学院学报，10（4）：284

李朝品，陈兴保，李立．1986．肺螨类生境研究．蚌埠医学院学报，11（2）：86-87

李朝品，崔玉宝，杨庆贵，等．2007．腹泻患者粉螨感染调查．中国病原生物学杂志，2（4）：298-301

李朝品，贺骥，王慧勇，等．2007．淮南地区仓储环境孳生粉螨调查．中国媒介生物学及控制杂志，18（1）：37-39

李朝品，江佳佳，贺骥，等．2005．淮南地区储藏中药材孳生粉螨的群落组成及多样性．蛛形学报，14（2）：100-103

李朝品，吕友梅．1995．粉螨性腹泻 5 例报告．泰山医学院学报，2：146-148

李朝品，沈兆鹏．2016．中国粉螨概论．北京：科学出版社

李朝品，唐秀云，吕文涛，等．2007．安徽省城市居民储藏物中孳生粉螨群落组成及多样性研究．蛛形学报，16（2）：108-111

李朝品，陶莉，王慧勇，等．2005．淮南地区粉螨群落与生境关系研究初报．南京医科大学学报，25（12）：955-958

李朝品，陶莉，杨庆贵，等．2008．安徽省房舍和储藏物孳生粉螨物种多样性研究．中国病原生物学杂志，3（3）：206-208

李朝品，王健．2001．尿螨病的病原学研究．蛛形学报，10（2）：55-57

李朝品，王克霞，徐广绪，等．1996．肠螨病的流行病学调查．中国寄生虫学与寄生虫病杂志，1：63-67

李朝品，王晓春，郭冬梅，等．2008．安徽省农村居民储藏物中孳生粉螨调查．中国媒介生物学及控制杂志，19（2）：134-134

李朝品，武前文，朱玉霞．1996．中药材中孳生粉螨的初步调查．淮南矿业学院学报，16（3）：82-87

李朝品，武前文．1996．房舍和储藏物粉螨．合肥：中国科学技术大学出版社

李隆术，李云瑞．1988．蜱螨学．重庆：重庆出版社

李隆术，轩静渊，范青海．1992．四川省食品螨类名录．西南农业大学学报，14（1）：23-34

李隆术，张肖薇，郭依泉．1992．不同温度下低氧高二氧化碳对腐食酪螨的急性致死作用．粮食储藏，21（5）：3-6

李全文，代立群，李绍鹏．2002．介绍一种变应原粉尘螨的培养方法．中国生化药物杂志，2：61-63

李生吉，赵金红，湛孝东，等．2008．高校图书馆孳生螨类的初步调查．图书馆学刊，30（162）：67-69

李孝达，李国长，郝令军．1988．河南省储藏物螨类的调查研究．郑州粮食学院学报，4：64-69

李兴武，潘珩，赖泽仁．2001．粪便中检出粉螨的意义．临床检验杂志，4：233

李颜，吕佳乐，王恩东，等．2016．酵母粗蛋白及氨基酸含量对甜果螨及以其饲喂的加州新小绥螨繁育

的影响．中国生物防治学报，32（1）：25-32

李云瑞．1987．蔬菜新害螨——吸腐薄口螨 Histiostoma sapromyzarum（Dufour）记述．西南农业大学学报，9（1）：46-47

李云瑞，卜根生．1997．农业螨类学．兰州：西南农业大学

梁伟超，孙杨青，刘学文，等．2005．深圳市储藏物孳生粉螨的研究．中国基层医药，12：1674-1676

林萱，阮启错，林进福，等．2000．福建省储藏物螨类调查．粮食储藏，6：13-17

林仲华，林宝顺．2000．中国福建士维螨的一个新种（蜱螨亚纲，粉螨科）．华东昆虫学报，9（1）：14

刘婷，金道超．2004．拱殖嗜渣螨各发育阶段的体表形态观察．昆虫学报，57（6）：738-744

刘小燕，李朝品，陶莉，等．2009．宣城地区储藏物粉螨的群落结构研究．中国媒介生物学及控制杂志，20（6）：556-557

刘晓东，杜山．2000．中国常见仓贮螨类分类综述．植物检疫，14（5）：301-304

刘学文，孙杨青，梁伟超，等．2005．深圳市储藏中药材孳生粉螨的研究．中国基层医药，8：1105-1106

柳忠婉．1989．几种与人疾病有关的仓贮螨类．医学动物防制，3：42，50-54

陆联高．1994．中国仓储螨类．成都：四川科学技术出版社

陆云华．2002．食用菌害螨——吸腐薄口螨．食用菌，4：35-36

吕文涛，李朝品，武前文．2007．滁州市家庭起居室孳生粉螨的初步调查．皖南医学院学报，26（2）：89-90

马恩沛，沈兆鹏，陈熙雯，等．1984．中国农业螨类．上海：上海科学技术出版社

马新华，陈国杰，李业林，等．2009．进口原糖中甜果螨和粗脚粉螨的分离与鉴定．植物检疫，1：14-15

孟阳春，李朝品，梁国光．1995．蜱螨与人类疾病．合肥：中国科学技术大学出版社

裴莉，孙立立，李朝品．2014．大连地区储粮孳生粉螨的研究．热带病与寄生虫学，12（2）：92-93

裴莉，武前文．2007．粉螨的危害及其防治．医学动物防制，23（2）：109-111

裴伟，海凌超，廖桂福，等．2009．粉尘螨和屋尘螨饲养及分离技术研究进展．中国病原生物学杂志，4（8）：633-635

沈定荣，胡清锡，潘元厚．1980．肠螨病调查报告．贵州医药，1：16-18

沈静，王慧勇，李朝品．2007．淮北地区不同生境中粉螨的生物多样性研究．热带病与寄生虫学，5（1）：35-37

沈莲，孙劲旅，陈军．2010．家庭致敏螨类概述．昆虫知识，47（6）：1264-1269

沈祥林，赵英杰，王殿轩．1992．河南省近期储藏物螨类调查研究．郑州粮食学院学报，13（3）：81-88

沈兆鹏．1979．甜果螨生活史的研究（无气门目：果螨科）．昆虫学报，22（4）：443-447

沈兆鹏．1980．贮藏物螨类与人体螨病．粮食贮藏，3：1-7

沈兆鹏．1982．台湾省贮藏物螨类名录及其为害情况．粮食储藏，6：16-20

沈兆鹏．1996．海峡两岸储藏物螨类种类及其危害．粮食储藏，25（1）：7-13

沈兆鹏．1996．我国粉螨分科及其代表种．植物检疫，10（6）：7-13

沈兆鹏．1996．中国储粮螨类种类及其危害．武汉食品工业学院学报，（1）：44-51

沈兆鹏．1997．中国储粮螨类研究四十年．粮食储藏，26（6）：19-28

沈兆鹏．2005．中国储藏物螨类名录．黑龙江粮食，5：25-31

沈兆鹏．2006．中国重要储粮螨类的识别与防治（二）粉螨亚目．黑龙江粮食，3：27-31

沈兆鹏．2006．中国重要储粮螨类的识别与防治（一）基础知识．黑龙江粮食，（2）：32-34

沈兆鹏．2007．中国储粮螨类研究 50 年．粮食科技与经济，32（3）：38-40

沈兆鹏．2009．房舍螨类或储粮螨类是现代居室的隐患．黑龙江粮食，2：47-49

盛福敬, 王恩东, 徐学农, 等.2014. 以甜果螨为食的东方钝绥螨的种群生命表. 中国生物防治学报, 30 (2): 194-198

宋乃国, 徐井高, 庞金华, 等.1987. 粉螨引起肠螨症1例. 河北医药, 1: 10

孙庆田, 陈日空, 孟昭军.2002. 粗足粉螨的生物学特性及综合防治的研究. 吉林农业大学学报, 24 (3): 30-32

唐秀云, 李朝品, 沈静, 等.2008. 亳州地区储藏中药材粉螨孳生情况调查. 热带病与寄生虫学, 6 (2): 84-83, 116

陶莉, 李朝品.2006. 淮南地区粉螨群落结构及其多样性. 生态学杂志, 25 (6): 667-670

陶宁, 湛孝东, 孙恩涛, 等.2015. 储藏干果粉螨污染调查. 中国血吸虫病防治杂志, 6: 634-637

涂丹, 朱志民, 夏斌, 等.2001. 中国食甜螨属记述. 南昌大学学报 (理科版), 25 (4): 356-357, 364

王伯明, 王梓清, 吴子毅, 等.2008. 甜果螨的发生与防治概述. 华东昆虫学报, 17 (2): 156-160

王敦清, 黄国城, 郑强.1994. 果蝇饲养中的一种害螨——实验室食菌螨 (蜱螨亚纲: 食菌螨科). 福建农业大学学报 (自然科学版), 23 (3): 324-326

王慧勇, 李朝品.2005. 粉螨危害及防制措施. 中国媒介生物学及控制杂志, 16 (5): 403-405

王克霞, 崔玉宝, 杨庆贵, 等.2003. 从十二指肠溃疡患者引流液中检出粉螨一例. 中华流行病学杂志, 24 (9): 793

王克霞, 杨庆贵, 田晔.2005. 粉螨致结肠溃疡一例. 中华内科杂志, 44 (9): 642

王晓春, 郭冬梅, 吕文涛, 等.2007. 合肥市不同生境粉螨孳生情况及多样性调查. 中国病原生物学杂志, 2 (4): 295-297

温廷桓.2005. 螨非特异性侵染. 中国寄生虫学与寄生虫病杂志, S1: 374-378

温廷桓.2009. 尘螨的起源. 国际医学寄生虫病杂志, (5): 307-314

温廷桓, 蔡映云, 陈秀娟, 等.1999. 尘螨变应原诊断和免疫治疗哮喘与鼻炎安全性分析. 中国寄生虫学与寄生虫病杂志, 17 (5): 274-276

翁志铿, 张艳璇, 叶树珠, 等.1995. 利用捕食螨控制饲料中害螨研究. 福建省农科院学报, 2: 44-47

吴梅松.1996. 储藏物螨类的危害与防治方法研究综述. 粮食储藏, 25 (5): 16-22

吴子毅, 罗佳, 徐霞, 等.2008. 福建地区房舍螨类调查. 中国媒介生物学及控制杂志, 19 (5): 446-449

夏惠, 胡守锋, 陈兴保, 等.2005. 中药材工作者肺部螨感染调查和治疗. 中国寄生虫学与寄生虫病杂志, 2: 114-116

夏立照, 陈灿义, 许从明, 等.1996. 肺螨病临床误诊分析. 安徽医科大学学报, 2: 111-112

忻介六.1984. 蜱螨学纲要. 北京: 高等教育出版社

忻介六.1988. 农业螨类学. 北京: 农业出版社

忻介六.1988. 应用蜱螨学. 上海: 复旦大学出版社

邢新国.1990. 粪检粉螨三例报告. 寄生虫学与寄生虫病杂志, 1: 9

徐朋飞, 李娜, 徐海丰, 等.2015. 淮南地区食用菌粉螨孳生研究 (粉螨亚目). 安徽医科大学学报, 50 (12): 1721-1725

徐学农, 王恩东.2007. 国外昆虫天敌商品化现状及分析. 中国生物防治, 23 (4): 373-382

许礼发, 湛孝东, 李朝品.2012. 安徽淮南地区居室空调粉螨污染情况的研究. 第二军医大学学报, 33 (10): 1154-1155

薛永武, 齐雅轩, 毛国良, 等.1989. 中药蜜丸染螨情况调查与分析. 中国中药杂志, 6: 36

杨庆贵, 陶莉, 朱志强, 等.2015. 出入境货物滋生螨类硫酰氟熏蒸抗性初步调查. 中国国境卫生检疫杂

志，3：205-207

湛孝东，陈琪，郭伟.2013.芜湖地区居室空调粉螨污染研究.中国媒介生物学及控制杂志，24（4）：301-303

湛孝东，郭伟，陈琪，等.2013.芜湖市乘用车内孳生粉螨群落结构及其多样性研究.环境与健康杂志，30（4）：334

湛孝东，陶宁，赵金红，等.2016.中药材木耳中粉螨及害嗜鳞螨孳生情况调查.中国媒介生物学及控制杂志，27（3）：276-279

张宝鑫，李敦松，冯莉，等.2007.捕食螨的大量繁殖及其应用技术的研究进展.中国生物防治，23（3）：279-283

张朝云，李春成，彭洁，等.2003.螨虫致食物中毒一例报告.中国卫生检验杂志，6：776

张曼丽，范青海.2007.螨类休眠体的发育与治理.昆虫学报，50（12）：1293-1299

张荣波，李朝品.1998.储藏物孳生粉螨的研究.安徽农业技术师范学院学报，12（3）：26-29

张荣波，李朝品.2001.全草类中药材中的粉螨孳生情况调查.锦州医学院学报，22（5）：24-27

张荣波，李朝品.2002.40种花类和叶类中药材孳生粉螨的研究.基层中药杂，16（1）：9-10

张伟，鲁波，孙宗科，等.2010.抗螨织物的效果评价.中国卫生检验杂志，1：103-104

张歆逢，金道超，郭建军.2010.自然条件下昆虫染螨类群的初步调查.山地农业生物学报，2：124-129

张宇，辛天蓉，邹志文，等.2011.我国储粮螨类研究概述.江西植保，34（4）：139-144

张智强，梁来荣，洪晓月，等.1997.农业螨类图解检索.上海：同济大学出版社

张宗福.1994.粉螨科二新种（蜱螨亚纲）.昆虫学报，37（3）：374-377

章士美.1994.江西昆虫名录.南昌：江西科技出版社

赵金红，陶莉，刘小燕，等.2009.安徽省房舍孳生粉螨种类调查.中国病原生物学杂志，4（9）：679-681

赵金红，王少圣，湛孝东，等.2013.安徽省烟仓孳生螨类的群落结构及多样性研究.中国媒介生物学及控制杂志，3：218-221

赵小玉，郭建军.2008.中国中药材储藏螨类名录.西南大学学报（自然科学版），30（9）：101-107

赵小玉，郭建军.2008.中药材储藏螨类研究进展.贵州农业科学，4：106-109

赵晓平，刘晓光.2011.实验室薄口螨的大量培养及休眠体的诱导.动物学杂志，46（4）：44-46

赵晓平，刘晓光.2013.两种螨类对实验室饲养果蝇生长与繁殖的影响.内蒙古农业大学学报，34（3）：6-10

赵玉强，邓绪礼，甄天民，等.2009.山东省肺螨病病原及流行状况调查.中国病原生物学杂志，4（1）：43-45

钟自力，叶靖.1999.痰液中检出粉螨一例.检验医学，14（2）：101

周洪福，孟阳春，王正兴，等.1986.甜果螨及肠螨症.江苏医药，8：444-464

周淑君，周佳，向俊，等.2005.上海市场新床席螨类污染情况调查.中国寄生虫病防治杂志，4：254

朱万春，诸葛洪祥.2007.居室内粉螨孳生及分布情况.环境与健康杂志，24（4）：210-212

朱玉霞，杨庆贵.2003.储藏食物粉螨污染情况初步调查.医学动物防制，19（7）：425-426

朱志民，涂丹，夏斌，等.2001.中国拟食甜螨属记述.蛛形学报，10（2）：25-27

朱志民.2000.中国狭螨属种类记述（真螨目：粉螨科）.江西植保，23（3）：74-75

Baker EW，Camin JH，Cunliffe F，et al.1975.蜱螨分科检索.上海：上海人民出版社

Gerson U，Smiley RL.1996.生物防治中的螨类—图示检索手册.梁来荣，钟江，胡成业，等译.上海：复旦大学出版社

Hughes AM. 1983. 贮藏食物与房舍的螨类. 忻介六，沈兆鹏，译. 北京：农业出版社

Baker RA. 1964. The further development of the hypopus of Histiostoma feroniarum （Dufour，1839）（Acari）. Ann Mag Nat Hist，7（13）：693

Boczek J，Griffiths D. 1979. Spermatophore production and mating behavior in the stored product mites Acarus siro and Lardoglyphus konoi. Recent Advances in Acarology，169（4312）：279-284

Boquete M，Carballás C，Carballada F，et al. 2006. In vivo and in vitro allergenicity of the domestic mite *Chortoglyphus arcuatus*. Annals of Allerg Asthma & Immunology，97（2）：203-208

Ciftci IH，Cetinkaya Z，Atambay M，et al. 2006. House dust mite fauna in western Anatolia，Turkey. The Korean Journal of Parasitology，44（3）：259-264

Dini LA，Frean JA. 2005. Clinical significance of mites in urine. Journal of clinical microbiology，43（12）：6200-6201

Domrow R. 1992. Acari Astigmata （excluding feather mites）parasitic on Australian vertebrates：an annotated checklist，keys and bibliography. Invertebrate Systematics，6（6）：1459-1606

Fain A. 1965. Les acariens nidicoles et detriticoles de la famille Pyroglyphidae Cunliffe. （Sarcoptiformes）. Revue Zool Bot Arr，72：257-288

Fan QH，Chen Y，Wang ZQ. 2010. Acaridia （Acari：Astigmatina）of China：a review of research progress. Zoosymposia，4：1-345

Fan QH，Zhang ZQ. 2007. Fauna of New Zealand，No 56：*Tyrophagus* （Acari：Astigmata：Acaridae）. New Zealand：Manaaki Whenua Press

Hall CC. 1959. A dispersal mechanism in mites. Fourn Kansas Ent Soc，32：45-46

Hughes AM. 1956. The mite genus *Lardoglyphus* Oudemans，1927 （Hoshikadania Sasa and Asanuma，1951）. Zool Meded，34（20）：271

Hughes RD，Jackson CG. 1958. A review of the anoetidae （Acari）. Virginia J Sci，9：1-198

Iverson K，OConnor BM，Ochoa R，et al. 1996. Lardoglyphus zacheri （Acari：Lardoglyphidae），a pest of museum dermestid colonies with observations on its natural ecology and distribution. Annals of the Entomological Society of America，89（4）：544-549

Joyeux C，Baer G. 1945. Morphologie，evolution et position systematique de Catenotaenia. Revue Suisse De Zoologie，52：13-51

Krantz GW，Walter DE. 2009. A Manual of Acarology. 3rd ed. Lubbock：Texas Tech University Press

Kucerova Z，Stejskal V. 2009. Morphological diagnosis of the eggs of stored-products mites. Experimental and Applied Acarology，49（3）：173-183

Kuo IC，Cheong N，Trakultivakorn M，et al. 2003. An extensive study of human IgE cross-reactivity of Blo t 5 and Der p 5. Journal of Allergy and Clinical Immunology，111（3）：603-609

Kuwahara Y，Matsumoto K，Wada Y. 1980. Pheromone study on acarid mites IV. Citral：composition and function as an alarm pheromone and its secretory gland in four species of acarid mites. Japanese Journal of Sanitary Zoology，31（2）：73-80

Kuwahara Y，Yen LT，Tominaga Y，et al. 1982. 1，3，5，7-Tetramethyldecyl formate，lardolure：aggregation pheromone of the acarid mite，Lardoglyphus konoi （Sasa et Asanuma）（Acarina：Acaridae）. Agricultural and Biological Chemistry，46（9）：2283-2291

Lee WK，Choi WY. 1980. Studies on the mites （Order Acarina）in Korea I. Suborder Sarcoptiformes. The Korean Journal of Parasitology，18（2）：119-144

Li CP, Cui YB, Wang J, et al. 2003. Acaroid mite, intestinal and urinary acariasis. World Journal of Gastroenterology, 9 (4): 874-877

Li CP, Cui YB, Wang J, et al. 2003. Diarrhea and acaroid mites: a clinical study. World J Gastroenterol, 9 (7): 1621

Li CP, Wang J. 2000. Intestinal acariasis in Anhui Province. World J Gasteroentero, 6 (4): 597

Li CP, Yang QG. 2004. Cloning and subcloning of cDNA coding for group II alergen of *Dermatophagoides farinae*. Journal of Nanjing Medical University, 18 (5): 239-243

Manson DCM. 1972. Three new species, and a redescription of mites of the genus Schwiebia (Acarina: Tyroglyphidae). Acarologia, (1): 71-80

Montealegre F, Sepulveda A, Bayona M, et al. 1997. Identification of the domestic mite fauna of Puerto Rico. PR Health Sci J, 16 (2): 109-116

Mori K, Kuwahara S. 1986. Synthesis of both the enantiomers of lardolure, the aggregation pheromone of the acarid mite. Tetrahedron, 42 (20): 5539-5544

My Yen L, Wada Y, Matsumoto K, et al. 1980. Pheromone study on acarid mites VI. Demonstration and isolation of an aggregation pheromone in *Lardoglyphus konoi* Sasa et Asanuma. Japanese Journal of Sanitary Zoology, 31 (4): 249-254

Perron R. 1954. Untersuchungen über bau, entwicklung und physiologie der milbe Histiostoma laboratorium Hughes. Acta Zool, 35: 71-176

Pike AJ, Wickens K. 2008. The house dust mite and storage mite fauna of New Zealand dwellings. New Zealand Entomologist, 31 (1): 17-22

Portus M, Gomez MS. 1979. Thy reo phag us Galleg oi a new mite from flour a nd house dust in Spain (Acaridae: Sarcoptiformes). Acarologia, 21 (3-4): 477-481

Puerta L, Fernández-Caldas E, Lockey RF, et al. 1993. Sensitization to *Chortoglyphus arcuatus* and *Aleuroglyphus ovatus* in *Dermatophagoides* spp. allergic individuals. Clinical and Experimental Allergy, 23 (2): 117-123

Sellnick M. 1958. Milben aus landwirtschaftlichen Betrieben Nordschwedens. Medd Vaxtskyddsanst Stockh, 11 (71): 9-59

Swanson MC, Agarwal MK, Reed CE. 1985. An immunochmical approach to indoor aeroallergen quantitation with a new volumetric air sampler: studies with mite, roach, cat, mouse and guinea pig antigens. J Allergy Clin Immunol, 76: 724-729

Terra SA, Silva DAO, Sopelete MC, et al. 2004. Mite allergen levels and acarologic analysis in house dust samples in Uberaba, Brazil. J Invest Allergol Clin Immunol, 14 (3): 234-237

Van Bronswijk JE, Schober G, Kniest FM. 1990. The management of house dust mite allergies. Clin Ther, 12 (3): 221

Vijayambika V, John P. 1973. Internal morphology of the hypopus of Lardoglyphus konoi, a tyroglyphid pest on dried stored fish. Acarologia, 15 (2): 342

Vijayambika V, John P. 1974. Observations on the environmental regulation of hypopial formation in the fish-mite Lardoglyphus konoi. Acarologia, 16 (1): 160

Vijayambika V, John P. 1976. Internal morphology and histology of the post-embryonic stages of the fish mite Lardoglyphus konoi (Sasa and Asanuma). Acarina: Acaridae 2. Protonymph. Acarologia, 28 (1): 133

Wang CL, Powell JE, O'Connor BM. 2002. Subterranean termite species (Isoptera: Rhinotermitidae). Florida Entomologist, 85 (3): 499-506

Wang HY, Li CP. 2005. Composition and diversity of acaroid mites (Acari Astigmata) corn munity in stored food. Journal of Tropical Disease and Parasitology, 3 (3): 139-142

Wang XZ. 1982. Acaridae—Acarus. In: Integrated Scientific Expedition Team to the Qinghai-Xizang Plateau (ed.), Insects of Xizang. Volume 2. Beijing: Science Press

Wharton GW. 1970. Mites and commercial extracts of house dust. Science, 167: 1382

Wirth S. 2009. Necromenic life style of Histiostoma polypore (Acari: Histiostomatidae). Exp Appl Acaro, 49: 317-327

Zachvatkin AA. 1941. Tyroglyphoidea (Acari). Fauna of the U. S. S. R, Arachnoidea, 5 (1): 1-573

Zhang ZQ, Hong XY, Fan QH, et al, 2010. Centenary: progress in Chinese acarology. Zoosymposia, 4: 1-345

第五章　粉螨为害

粉螨（Acraoid mites）为一类小型节肢动物，广泛分布于世界各地，生存环境广泛，多数营自生生活，可对人畜及农作物产生不同程度的危害。粉螨主要孳生在粮食仓库、粮食加工厂、家居环境、饲料库、中草药库、纺织厂和家畜家禽养殖场等环境，造成粮食、食品、干果、中药材、食用菌、动物饲料、调味品、纺织品及其他储藏物等品质下降或变质。粉螨主要是以植物或动物有机残屑为食的植食、菌食、腐食性螨类。粉螨的排泄物、分泌物、代谢物和蜕下的皮屑，死螨的螨体、碎片和裂解产物，以及由粉螨传播的真菌及其他病原微生物等，均可严重污染粮食、食物等储藏物，危害人体健康。

第一节　储藏粮食

储藏粮食包括小麦、大米、玉米、稻谷等。储藏粮食中含有丰富的粉螨食物，因此，粉螨可严重为害储藏粮食。就谷物来说，在谷物的收获、包装、运输、储藏及加工过程中，粉螨均可侵入其中，也可通过自然迁移或人为携带而播散。粉螨侵入储藏谷物，当条件适宜时，便在其中大量繁殖，为害储藏物。粉螨的孳生往往伴随着霉菌的出现，加重储藏粮食的污染，使储藏粮食的经济价值和营养价值遭到破坏。粉螨对大米、面粉等可造成严重污染，它们孳生其中，造成大米、面粉等的质量下降。密闭保存期间的大米不会有粉螨孳生，但把塑料薄膜启封后 1 个月左右，大米内就会有大量粉螨孳生，其数目之多可以千克为单位计算。李朝品（1995）报道每克被粉螨污染的大米中螨数可达 10.37 只，地脚粉中的粉螨可达 400.14 只。李朝品（2008）报道了安徽省粮仓粉螨群落组成及多样性研究，从中分离鉴定了 28 种粉螨，隶属于 6 科 17 属。林萱等（2000）调查福建省储藏物螨类发现，粮食中螨类多达 52 种，且粮食仓库稻谷中螨类的检出率为 46.41%。

粉螨可取食、传播霉菌，而粮库为许多霉菌提供了适宜的繁殖场所，这就加重了粉螨对储藏粮食的污染。霉菌可产生各种毒素危害人体健康，如黄曲霉毒素（aflatoxin）可致癌，且霉菌的孢子也是强烈的过敏原。粉螨在谷物上孳生、繁殖和迁移，可造成真菌携带传播。Sinha 和 Mills（1968）报道，在螨类为害的食物上存在真菌，这些螨类以真菌为食，可以加快螨类的繁殖速度。Griffiths（1959）报道，螨类喜食某些灰绿散囊菌（*Eurotium glaucus*）种群的菌类，如赤散囊菌（*Eurotium rubrum*）。有学者描述粗脚粉螨（*Acarus siro*）和腐食酪螨（*Tyrophagus putrescentiae*）能在消化道内和体外携带真菌孢子，这些真菌孢子随粉螨的迁移而迁移，最后随粉螨的粪便排出，就这样粉螨把真菌从一个粮堆传播到另一个粮堆。李朝品（2002）报道了腐食酪螨、粉尘螨（*Dermatophagoides farinae*）传播霉菌的实验研究，对其传播的 5 种霉菌进行了实验观察，并对自然环境中分离出来的腐食酪螨、粉尘螨进行霉菌培养。结果表明，无论在实验条件还是自然条件下，两种螨均可携带、传播霉菌，证实粉螨是传播霉菌的媒介之一。

某些粉螨喜食粮种软嫩且营养丰富的胚芽，造成粮种的发芽率和营养价值严重下降。Solomon（1946）描述了受害谷物含水量与螨孳生率的关系，发现受害谷物含水量约为14%或更高时易受为害，一旦满足此要求，谷物的胚芽将被螨类吃光；当谷物含水量为13%或更低时，谷物则不受为害。当谷物的胚芽被耗尽后，由于食物短缺和粉螨大量繁殖造成的虫口密度过高，粉螨离开被为害的谷物，迁移至没有被为害的谷物，造成更大范围的粉螨污染。陆联高（1994）在《中国仓储螨类》一书中记载粉螨科（Acaridae）的椭圆食粉螨（*Aleuroglyphus ovatus*）、腐食酪螨侵害种子时，先食其胚部，在种子胚部聚集，然后咀一小孔，进入胚内进行为害；粗脚粉螨为害玉米时先咬穿玉米胚部膜皮，进入蛀食。胚完好是种子发芽率的保障，若胚被蛀食，则种子的发芽率下降。

总之，粉螨的排泄物、分泌物、代谢物和蜕下的皮屑，死螨的螨体、碎片和裂解产物，以及由粉螨传播的真菌及其他微生物等，均可严重污染粮食，具体包括以下几个方面的污染。

（1）变色、变味：粮食及食品变色、变味的原因很多，情况也很复杂，其中原因之一是粉螨的严重孳生。粉螨的排泄物、分泌物及死亡螨体等可严重污染粮食和干果。粉螨大量迁移的同时，多种真菌及其他微生物也随之广泛播散，加速了粮食和干果的变质。

粉螨在储粮及其他食品中大量繁殖时，霉菌及储粮昆虫也随之猖獗繁殖，粮食的营养价值被破坏，用粉螨污染严重的面粉制作的食品，不仅外观色泽不佳，而且严重影响其口感、味道。不同种类的粉螨对粮食的为害差异较大，如粗脚粉螨多为害粮食的胚部，使其形成沟状或蛀孔状斑点，外观无光泽，色变苍白发暗，食之有甜腥味或苦辣味。椭圆食粉螨的粪便、蜕皮及螨体污染粮食后，可产生一种难闻的恶臭味。

（2）霉变：储粮霉菌的生长繁殖与螨类有密切关系。储藏物粉螨不仅是霉菌的取食者，也是霉菌的传播者。储藏物粉螨的体内常有大量的曲霉与青霉菌孢子。粉螨可以传播霉菌如黄曲霉（*Aspergillus flavus*）、黄绿青霉（*Penicillium citreoviride*）和桔青霉（*Penicillium citrinum*）等。张荣波（1998）对粉螨传播黄曲霉、黑曲霉（*Aspergillus niger*）、赤曲霉（*Aspergillus rubrum*）、赭曲霉（*Aspergillus ochraceus*）和青霉菌（*Penicillium*）进行了研究，结果表明粉螨是霉菌的传播媒介之一。

储粮与食品中由于大量螨类活动、繁殖，引起储粮发热，水分增高，从而促使一些产毒霉菌繁殖，造成危害。例如，黄曲霉生长繁殖后，产生的黄曲霉毒素可致肝癌；黄绿青霉生长繁殖后，产生的黄绿青霉毒素（citreoviridin，CIT）可引起动物中枢神经中毒和贫血；桔青霉生长繁殖后，产生的桔霉素可使动物肝中毒或致其死亡。因此，仓储粉螨的繁殖，引起霉菌大量增殖，反过来霉菌的大量增殖，反过来又促使仓储粉螨大量繁殖，这种生物之间的相互促进和相互影响，使储粮及食品遭受严重损失。

（3）影响种子发芽率：在储藏良好的情况下，粮食种子可保持8～10年之久，有些种子甚至还能保持较高的发芽率。影响种子发芽率的因素很多，其中仓储粉螨的为害是重要因素之一。粉螨为害谷物，常取食谷物的胚芽，使受害谷物的营养价值和发芽率明显下降。粗脚粉螨为害玉米时，先食穿玉米胚部膜皮，再进入蛀食。种子胚部易遭受仓储粉螨侵害，主要是因为胚部组织软嫩，含水量较其他部位高，同时富含营养物质及可溶性糖。胚是种子的生命中心，遭受危害后，种子即失去发芽力。郭兵等（1986）报道为害红麻种子的主要害螨为腐食酪螨、粗脚粉螨等，这些螨咬食红麻种子皮、胚及子叶，使种子丧失发芽力。陈裕泽（2014）报道种子入库前及储藏前应先检查仓库是否被腐食酪螨污染。因此种子干燥及储藏环境的通风洁净可减少粉螨的为害，有利于保护种子，是提高种子发芽率的重要措施。

第二节　储藏食品

粉螨对储藏食品同样会造成严重危害。这些食品包括糕点、肉干、鱼干、奶粉、食糖、干菜、火腿、肉脯、苔干、麦曲、蚕豆、月饼等。粉螨在食品中孳生时，取食其成分，导致食品的品质下降。粉螨对食品的污染不但会造成经济上的损失，而且也是粉螨侵染人体引起人体螨病的一个重要途径。螨体的裂解物、排泄物也是重要的过敏原，引起过敏反应性疾病。食品中携带的螨类若被人类误食，还可引起消化系统的螨病。可见粉螨在食品中孳生的为害极大，需引起关注和重视。

沈兆鹏（1962）在上海地区的砂糖中再次发现甜果螨（*Carpoglyphus lactis*），之后又在蜜饯、干果等甜食品上大量发现此螨，这些螨类很有可能是随进口砂糖带入的。随着国际贸易的增加，螨类伴随商品同步进入我国的可能性也随之增加。王酉之等（1979）报道了从四川省4市11县的红糖中分离出的螨，大都属于粉螨亚目（Acardida）的粉螨科（Acaridae）、果螨科（Carpoglyphidae）和食甜螨科（Glycyphagidae）。糖类食品易受果螨科和食甜螨科螨类的为害。沈兆鹏（1995）记述腐食酪螨（*Tyrophagus putrescentiae*）严重为害火腿，从火腿表面上看好似重霜一层，粗看误认为是盐；也有文献报道，每克红糖中检出粉螨3500只。甜果螨污染白砂糖、蜜饯、干果和糕点等食品后，使这些食品的营养下降，甚至不能食用。陆联高于20世纪60年代初在成都食糖仓库发现甜果螨，经查该糖为进口的古巴白砂糖，该螨孳生密度为每千克白砂糖约有甜果螨150只，严重影响了白砂糖的质量。2006年山东日照出入境检验检疫局的工作人员从古巴进口的原糖中检出粗脚粉螨；2007年广东湛江出入境检验检疫局的工作人员从古巴进口的原糖中检出甜果螨。因此，为了防止有害螨类从国外传入我国，必须做好进口商品的检验检疫工作。

食品在储藏过程中可大量孳生螨类，主要是由于储藏食品中含有丰富的蛋白质、脂肪和糖类，这既给粉螨孳生提供了孳生物，也为真菌等微生物提供了营养。食品仓储环境中若有鼠类、节肢动物寄生，通过这些媒介的机械性携带和人为运输都将为粉螨的播散提供很好的条件。以上因素将最终导致储藏食品中粉螨的孳生与播散。

第三节　储藏饲料

动物饲料是维持动物生长、发育和繁殖的营养基础和能量提供者，主要包括稻谷、小麦麸、大豆秸粉、米糠、花生藤、花生饼、骨粉、鱼粉、小麦、碎米、大豆、蚕豆、豌豆、玉米糠等。粉螨不仅以各种饲料中营养成分为食，而且其分泌物、代谢产物及死亡螨体的裂解物等均可污染饲料。如果动物饲料被螨类污染，将会导致严重的后果，如动物发育迟缓、产仔及产奶量减少等。饲料中最常见的螨种包括粗脚粉螨（*Acarus siro*）、椭圆食粉螨（*Aleuroglyphus ovatus*）、粉尘螨（*Dermatophagoides farinae*）、腐食酪螨（*Tyrophagus putrescentiae*）、害嗜鳞螨（*Lepidoglyphus destructor*）和棕脊足螨（*Gohieria fusca*）等。

螨类对饲料的为害包括养分破坏、水分增加、饲料损失。Mlodecki（1960）对被粉螨污染的面粉和黑麦粉进行测定，发现其中的化学成分有所改变，而且变化最明显的是蛋白质，导致饲料适口性降低、易于霉变，危及动物的生长、生产和健康。Zdarkova 和 Reska（1976）发现，花生被腐食酪螨污染后，可造成44%的质量损失。陈可毅等（1985）报道了一农场家畜肠道螨病的流行情况，发现该农场饲料中有螨类孳生，并且在家畜粪便中检出螨体，肠道内螨的感染强度与饲料中螨体数量呈正相关。沈兆鹏（1996）报道了饲料中的螨类及其危害，饲料中的螨类包括椭圆食粉螨、粗脚粉螨、腐食酪螨、纳氏皱皮螨、家食甜螨、害嗜鳞螨、棕脊足螨等。

动物饲料中严重的螨类危害给饲料工业和家畜养殖业带来一系列问题，如饲料的营养成分降低、饲料利用率降低、出现中毒、造成奶牛产奶量减少、动物生长速度减慢和产仔率降低等。用被粉螨污染的饲料饲养家畜，家畜表现出食量增加但生长发育欠佳，还可导致家畜出现呕吐、腹泻、过敏湿疹和肠道疾病等。英国学者用有粉螨污染的饲料饲养妊娠小鼠，其结果是虽然小鼠食量增加，但胎鼠的死亡率增高、体重减轻。这一实验说明粉螨污染的饲料会对动物繁殖力产生影响。英国 Wilkin 等进行了喂养实验，用含有粉螨的饲料饲养同胎仔猪，将18头仔猪（体重约20kg）分成两组，A组喂有粉螨污染的饲料，B组喂无粉螨污染的饲料。结果A组仔猪每天食饲料3.16kg，体重每天增长467g；B组仔猪每天食饲料2.76kg，体重每天增长556g。此结果表明用有螨污染的饲料喂猪，猪虽然吃得多，但是长得慢。此外粉螨代谢产生的 H_2O 和 CO_2 使饲料的含水量增加，导致饲料霉变、营养下降、短期内使饲料变质、结块，甚至产生恶臭；用被粉螨污染的饲料喂养动物，其食欲不佳，发育不良，生长缓慢。我国学者沈兆鹏（1996）报道用粉螨污染的饲料喂养禽畜，减少了其产蛋量及产奶量，并表现出维生素缺乏症及腹泻症，同时发现用被粗脚粉螨污染的饲料喂养小鼠，小鼠食量增加但体重减轻，肝、肾、肾上腺和睾丸功能衰退，且胎鼠死亡率增加。被粉螨和霉菌污染的饲料，霉菌毒素还可进一步引起畜禽肝脏及中枢神经毒性，影响肉质，造成肉食品中螨类毒素残留和霉菌污染。

动物饲料中螨类的为害已成为世界各国养殖业的一个潜在问题。因此，改善动物饲料的储藏环境，尽量缩短饲料的储藏时间，新旧饲料分地放置等措施，将大大减少粉螨对动物饲料的污染，对动物的生长、发育和健康及养殖业的繁荣具有积极的意义。

第四节　食　用　菌

我国是世界上最大的食用菌生产国，每年都会消耗大量的食用菌，与此同时，食用菌粉螨污染呈逐年加重的趋势，业已成为制约食用菌产业发展的主要因素之一。食用菌常见种类包括蘑菇、滑菇、秀珍菇、平菇、金针菇、白菇、茶树菇、猴头菇、香菇、草菇、白木耳、灵芝、黑木耳、羊肚菇、凤尾菇、双孢菇、竹荪、鸡枞、香杏丽菇、丁香菇、松茸菇、牛肚菇和小黄菇等。

粉螨常孳生于食用菌及其培养料中，可为害食用菌的制种和栽培，也是导致食用菌产量和质量下降的主要因素之一。粉螨孳生是食用菌生产中的突出问题，轻则延缓发菌和出菇，重则使食用菌产量大幅度下降甚至绝收。食用菌螨类的侵染可能是由于菌种及蝇类等昆虫带螨侵入菇床，或者是菇房、架料消毒不彻底而引起的，尤其是一些接近谷物仓库、鸡舍、碾米厂等的菇房。食用菌的堆料不新鲜、发酵建堆窄且矮、堆底温度低、堆料进房后未经"二次发酵"等也是螨类侵染的原因。此外，生产人员及其携带的劳动工具出入菇房也可能是造成螨传播的另一因素。

人工栽培食用菌过程中，菇房内常需要较为恒定的温度、湿度、弱光照和一些培养料，一般温度设置为25℃左右、湿度75%左右，而此种环境也非常适宜各种螨类的生长繁殖。徐鹏飞（2015）调查了淮南地区4个食用菌种植基地，从食用菌（香菇、金针菇、平菇、鸡腿菇、双孢菇）中分离出5种粉螨，隶属于3科4属，包括粉螨科（Acaridae）3种、食甜螨科（Glycyphagidae）1种、薄口螨科（Histiostomidae）1种（表5-1）。

表5-1　食用菌孳生粉螨种类

食用菌	螨种
双孢菇	害嗜鳞螨、食菌嗜木螨
平菇	腐食酪螨、食菌嗜木螨、害嗜鳞螨、伯氏嗜木螨
鸡腿菇	腐食酪螨、害嗜鳞螨、伯氏嗜木螨
香菇	腐食酪螨、伯氏嗜木螨、食菌嗜木螨、速生薄口螨、害嗜鳞螨
金针菇	腐食酪螨、害嗜鳞螨、速生薄口螨、伯氏嗜木螨

江佳佳（2005）调查了淮南市食用菌螨类的孳生情况，在12份样本中发现11种螨，且染螨率高达75%。陶宁等（2016）报道了金针菇孳生粉螨情况，调查发现金针菇培养于隐蔽、潮湿的环境中，有机质丰富，为螨类的孳生繁殖提供了适宜条件。粉螨的孳生环境中往往伴有其他杂菌的污染，粉螨在活动的过程中会将这些杂菌污染的范围扩大，从而使金针菇子实体受到污染而发霉腐烂；同时，金针菇的菌丝体可作为螨自身的食料而使金针菇产量下降，给养殖户带来经济损失。此外，金针菇养殖户在采摘金针菇时，可将静粉螨（Acarus immobilis）休眠体带离原来不利于其生长发育的场所，使其进入适宜繁殖的环境并促使其蜕皮后继续发育，从而引发更广泛的为害。

由于螨类个体较小，繁殖能力强，易于躲藏栖息在菌褶中，不但影响鲜菇品质，而且还会给人类健康带来潜在危害。在食用菌播种初期，螨类直接取食菌丝，菌丝常不能萌发，或在菌丝萌发后引起菇蕾萎缩死亡，造成接种后不发菌或发菌后出现退菌现象，严重者螨可将菌丝吃光，造成绝收，甚至还会导致培养料变黑腐烂。若在出菇阶段即子实体生长阶段发生螨害，则大量的螨类会爬上子实体，取食菌槽中的单孢子，被害部位变色或出现孔洞，严重影响产量与质量。若是成熟菇体受螨害，则失去其商品价值。

近年来，食用菌螨的种类和数量及其所造成的损失逐年上升，此外，螨自身及其分泌产物和代谢产物等是常见的致敏原，可对人体产生各种螨性疾病或过敏性疾病。虽然相关部门对害螨每年都采取一定的防控措施，但随着螨类抗药性的增强，食用菌螨类感染的防控不容忽视。

第五节　蔬菜和干果

蔬菜是人们日常生活的主要食物之一，是维生素、膳食纤维的重要来源。蔬菜对人体健康至关重要，多吃蔬菜有利于降低血脂、血糖，但蔬菜中粉螨的污染不容小觑。

螨类的为害不仅在蔬菜的种植期间，在其储藏及加工时也有螨类侵入，使蔬菜种植业遭受重大经济损失，也危害着食用者的身体健康。

江镇涛（1994）报道水芋根螨（*Rhizoglyphus callae*）是马铃薯等块茎块根作物田间及储藏期的重要害螨。李云端（1987）报道了一种孳生在石刁柏中的害螨——吸腐薄口螨（*Histiostoma sapromyzarum*），由于石刁柏是蔬菜罐头加工的重要原料，故其间接污染了蔬菜罐头。张志轩（2009）报道刺足根螨（*Rhizoglyphus echinopus*）为害大蒜、大葱、洋葱、韭菜，严重时在大蒜、大葱、洋葱、韭菜的集中种植区每株有 200~400 只螨，一般经济损失可达 15%~20%，严重时甚至达到 40%。该螨主要取食茎秆基部，导致植株根系不发达，长势弱。

储藏干果普遍有粉螨污染，由于干果的品质及储藏条件和时间不同，所以造成储藏干果孳生粉螨的种类及数量差异较大。

李朝品（1995）报道每只桂圆子中可检出腐食酪螨（*Tyrophagus putrescentiae*）64~289 只，平均 163 只。陶宁（2015）报道了储藏干果中粉螨孳生情况，在 49 种干果样本中共发现 12 种粉螨，隶属于 6 科 10 属，其中以甜果螨（*Carpoglyphus lactis*）、腐食酪螨、粗脚粉螨（*Acarus siro*）、伯氏嗜木螨（*Caloglyphus berlesei*）为优势螨种，并且在桂圆、平榛子、话梅中孳生密度较高。陈琪（2015）报道储藏干果中孳生的粉螨种类主要为甜果螨、家食甜螨（*Glycyphagus domesticus*）、害嗜鳞螨（*Lepidoglyphus destructor*）和腐食酪螨。甜果螨孳生的储藏干果种类最多，其次为家食甜螨、害嗜鳞螨和腐食酪螨。

蔬菜和干果中螨类的孳生原因：①蔬菜和干果中的水分蒸发，致使空气中水分增加，从而导致仓库环境中的湿度增加，为螨类的孳生创造了条件。②干果中含有丰富的蛋白质、淀粉和糖类，既给粉螨孳生提供了食物，也为真菌等微生物生长提供了营养，而霉菌的存在又为粉螨的繁殖增添了适宜的食料。③蔬菜和干果仓储环境中若有鼠类、节肢动物寄生，则通过这些媒介的机械性携带和人为运输为粉螨的播散提供了很好的条件。以上多种因素最终导致储藏物蔬菜和干果中粉螨孳生与播散。

第六节　药物和药材

在过去较长的一个时期内，粉螨对药物及药材的污染并没有引起人们足够的重视。近年来，有些学者在做肺螨病的流行病学调查研究时发现，中药材粉螨的污染与肺螨病的发病有关联，这才引起人们对药物和药材螨类污染问题的关注。李朝品（1988）报道从中药加工厂随机选取 58 种中草药进行螨类的分离，其中 53 种分离到螨，分离出的螨经鉴定有 10 科 19 属 28 种。其中每克益母草中有螨 488 只，每克红花草中有螨 508 只。薛永武（1989）报道在中成药蜜丸（通宣理肺丸）中发现活螨，这些活螨大多在加工不良、蜡壳损坏、储存时间较久的蜜丸中发现。这些中药材中螨类的孳生无论对储藏药材的经济价值，还是对防病治病的药用价值都有严重影响。沈兆鹏（1995）记述了有关部门对中成药进行调查的结果，在 1132 批次中成药和中药蜜丸中发现 110 批次，共计 51 个品种有粉螨污染，染螨率为 10% 左右。对 1456 个中成药品种的调查发现 59 个品种有粉螨污染，染螨率平均为 4.1%，严重时可达 10%。

受粉螨污染的中药材主要是淀粉（如植物根茎）和蛋白质（如小动物壳）等含量较高的植物性和动物性中药材，如川芎、葛根、天冬、人参、桔梗、黄芪、银花、茶叶、桑叶、党参、山楂、桑葚、罗汉果、赤小豆、薏苡仁、桃仁、牡丹皮、地鳖虫、海龙、大麻仁、僵蚕、蟋蟀、全蝎、蝉蜕、海蛆、地龙、蜂蜜、蜂房、蜈蚣、水蛭、海马、刺猬皮等。李朝品（2000）报道了有关储藏植物性中药材孳生粉螨的调查，共调查了 146 种中药材，并从中分离出粉螨 48 种，且近一半的中药材孳生两种及以上粉螨，严重影响了其药用价值和经济价值。朱玉霞（2000）对动物性中药材的调查发现其中粉螨孳生严重，分离出粉螨 21 种，隶属于 5 科 15 属。柴强等（2015）报道在中药材刺猬皮中发现 5 种粉螨，隶属于 2 科 4 属。洪勇（2016）从 500g 中药材海龙中分离出 254 只粉螨，隶属于 4 个螨种，其中河野脂螨（*Lardoglyphus konoi*）的孳生密度达到每克 0.438 只。

粉螨污染中药材可发生于储藏的各个环节。当温湿度条件适宜时，大部分中药材均有不同程度的螨类孳生。新鲜中草药中粉螨的孳生密度低，随着储藏时间的延长，如从 6 个月至 2 年时间内，粉螨孳生密度会逐渐增高。中药材中粉螨孳生密度过大，可造成粉螨的迁移，粉螨迁移及其所携带的多种霉菌均会加速中药材变质。螨类在中药材中孳生和繁殖，其直接结果造成储藏中药材质量和药用价值下降，间接为害因粉螨能携带霉菌加重对中药材的污染和为害程度而加速了其霉变。此外，还可以与其他孳生物共同作用使中药材变质，导致中药材的防病治病作用消失。

如果人类在生产加工中药材或因治疗疾病而接触此类中药材时，螨类就有机会侵入人体，从而引起人体呼吸系统、消化系统和泌尿系统的螨病，危及人类健康甚至生命。近年来我国陆续发现从事中药材工作的保管员和工作人员患有螨病。有学者报道在运送柴胡途中，搬运者在转车卸货后出现皮疹、全身发痒，调查发现是因柴胡被粉螨污染所致。

可见，粉螨在中草药材的运输、储藏等环节中均可孳生繁殖，造成为害。我国的药品卫生标准规定口服和外用药品中不得检出活螨。螨污染中药材可大大降低药材质量，其药用价值和经济价值都有很大损失，因此，控制中药材中粉螨的孳生对于保证药材质量和发挥其治病作用及预防人体螨病和过敏性疾病都有积极的意义，应引起足够的重视。

第七节 纺 织 品

粉螨是纺织品的大敌，每年都造成这些物品质量严重下降。受粉螨为害的纺织品很多，如衣料、地毯、裘皮、床垫等。这些物品放置在库房或人们居住的房舍里，在特定的空间内，如下水道、水龙头、饮具及盥洗设备等，为粉螨的孳生维系了温湿度适宜的房舍生态环境，因此在房舍的灰尘中、物件上孳生有大量的螨类，其中主要是粉螨，尤以粉尘螨（*Dermatophagoides farinae*）、屋尘螨（*Dermatophagoides pteronyssinus*）和梅氏嗜霉螨（*Euroglyphus maynei*）最为常见，也包括腐食酪螨（*Tyrophagus putrescentiae*）、粗脚粉螨（*Acarus siro*）、拱殖嗜渣螨（*Chortoglyphus arcuatus*）、纳氏皱皮螨（*Suidasia nesbitti*）、水芋根螨（*Rhizoglyphus callae*）、家食甜螨（*Glycyphagus domesticus*）、害嗜鳞螨（*Lepidoglyphus destructor*）及无爪螨属（*Blomia*）和薄口螨属（*Histiostoma*）的螨类等，而这些粉螨如粉尘螨等是强烈的过敏原，可引起过敏性哮喘等螨病。

沈兆鹏（1995）比较了铺有地毯的房屋灰尘和不铺地毯的房屋灰尘的粉螨孳生情况，其中的粉螨（主要为尘螨）数目大不相同，即铺有地毯的房屋灰尘中的尘螨数要远远高于不铺地毯房屋灰尘中的尘螨数。有学者在韩国首尔进行了为期一年的房屋灰尘采集用以螨类分离的调查研究，结果发现，在8月份（25℃，相对湿度66%）检出的螨最多，铺地毯和不铺地毯的房屋灰尘中尘螨的数目相差甚大。特别是在环境温度较高而长期使用空调的房间里铺设羊毛地毯，尘螨的数目会更多，因为地毯下面是尘螨理想的孳生场地。此外床垫也是屋尘螨理想的栖息和繁殖场所。在床垫、羊毛毯和地板的灰尘中，也隐藏着许多尘螨。广州市对居民家庭进行尘螨定点、定量调查，选择长期居住的床位13张、枕头12个、室内桌面或蚊帐顶面9处，共34个固定点。每月对固定点进行检查并收集灰尘样品2次，共收集灰尘样品572份。结果发现572份样品中检出尘螨的有531份，检出率高达92.8%；1份床上的灰尘（1g）含螨量高达11 849只；1份枕头灰尘（1g）含螨量达11 471只。广州居民家庭中的优势螨种为屋尘螨、粉尘螨和弗氏无爪螨（*Blomia freemani*）等。随着社会和经济的迅猛发展，汽车数量迅速增加，汽车坐垫中常用内饰布进行装饰，其空隙往往成为螨类孳生繁衍的场所。湛孝东等（2013）调查发现汽车内饰环境中的螨类以粉螨科（Acaridae）最多（54.20%），以腐食酪螨（26.21%）和粗脚粉螨（10.56%）为主；出租车内粉螨的孳生率和孳生密度均大于私家车。

纺织品和我们的生活息息相关，并且多数可直接接触人体皮肤，对人体健康影响很大，为了减少纺织品螨类的为害，需采取一定措施。

第八节　家具和家用电器

空调系统在维持室内温度和湿度的同时，极有可能在收集室内空气时将房间内的灰尘等污染物迅速扩散到房间内的其他空间，从而成为传播和扩散污染物的媒介，其中通过空调传播灰尘中的粉螨就是一个重要的途径。由于不直接与自然环境通风、换气，加之温度和湿度适宜，在长期使用空调的房间里，会有较多的螨类隐藏其中。过敏性哮喘病的发病率在欧洲、美洲一些发达国家较高，家庭普遍装置空调、铺有羊毛地毯是其中重要的原因。人们生活在长期使用空调、铺有羊毛地毯的房间里，确实感到很舒服，但是，此环境也很适宜隐藏在房间里的尘螨孳生繁殖，影响人类的健康。在家庭居室中，人体脱落的皮屑及棉花短纤维成为粉螨的食料。家庭螨类的主要成员是储粮螨类，粉螨也不例外。而活螨的排泄物和代谢产物及死亡尘螨的尸体、蜕下的皮壳等均是过敏原，对居室内的人员特别是儿童可引起过敏性哮喘。

许礼发等（2008）报道空调隔尘网表面积尘样本中粉螨孳生情况严重，孳生率和孳生密度均高于居室灰尘中的粉螨，其原因可能与粉螨的生活习性如怕光、畏热、喜潮湿、喜阴暗等有关。王克霞等（2013）对芜湖市居民空调隔尘网螨过敏原进行基因检测，在20份样本中发现17份含有螨过敏原，同时含有ProDer f1、ProDer p1、Der f2、Der p2的过敏原基因的有6份，其余阳性样品均含有粉尘螨和（或）屋尘螨1、2类过敏原基因中的一种或多种。这些过敏原可引起人类螨性哮喘。湛孝东等（2013）调查了芜湖市居室空调粉螨的污染情况，共收集202份空调隔尘网积尘样本，检出螨类3265只，共18种，隶属于6科14属。

空调室内自然采光低，且光照不足，适宜粉螨孳生和繁殖。此外，空调机内的生物膜、腐蚀物等也可为粉螨的生存提供必要条件。

第九节　环境污染

随着生活水平的提高，人们越来越重视环境与健康的关系。环境污染包括很多方面，但粉螨对环境的污染不容小觑。大到南北方温湿度的差异，小到家庭内部环境，粉螨孳生情况都有所不同。

粉螨广泛孳生于各种环境中，可引起皮肤瘙痒等过敏性症状，严重者可引起过敏性哮喘、过敏性鼻炎等。螨若侵入人体内则会引起呼吸、消化及泌尿系统的螨病（详见第六章粉螨与疾病）。

方宗君（2000）调查了螨过敏性哮喘患者居室内尘螨的密度季节消长与发病关系，结果显示居室内一年四季尘螨密度差异具有显著性，秋季尘螨密度最高。李朝品等（2002）采用空气粉尘采样器和自制空气悬浮螨采样器对中药厂、面粉厂、纺织厂、粮库和某校教学楼工作环境内的悬浮螨进行了分离，共获得粉螨8种，即粗脚粉螨（*Acarus siro*）、小粗脚粉螨（*Acarus farris*）、腐食酪螨（*Tyrophagus putrescentiae*）、椭圆食粉螨（*Aleuroglyphus ovatus*）、纳氏皱皮螨（*Suidasia nesbitti*）、害嗜鳞螨（*Lepidoglyphus destructor*）、粉尘螨（*Dermatophagoides farinae*）和屋尘螨（*Dermatophagoides pteronyssinus*），隶属于3科6属。由此可见，特定生境空气中粉螨的污染严重，应引起注意。Arlian和Morgan（2003）报道居室和交通工具是重要的尘螨、花粉等常见过敏原暴露场所，易引起哮喘等过敏性疾病。吴子毅（2006）调查发现不同房间粉尘中螨的检出率如下：客厅为27.83%、卧室为36.78%、厨房为27.42%。张伟等（2009）报道了南北方不同城市冬季室内螨类孳生情况的调查，调查结果表明在冬季寒冷干燥的环境下，南方城市的室内仍有螨类活动，而同时期北方城市的室内没有螨类活动。赵金红等（2009）对安徽省房舍孳生粉螨种类的调查发现，粉螨总体孳生率为54.39%，孳生螨种26种，隶属于6科16属。Takahashi（2010）报道发现汽车等交通工具内部易孳生尘螨并造成污染，与过敏性疾病密切相关。而目前过敏反应疾病的发病率逐年升高，因此由交通工具中螨类引发的过敏反应应从公共卫生的角度加以重视。李生吉（2008）调查了图书馆内流通图书、过期书刊、古籍善本表面灰尘中螨孳生情况，发现过期书刊中螨类孳生率最高，为81.43%。调查共检获螨类23种，隶属于7科19属。

第十节　其　　他

食堂作为人们集中用餐的场所，食品使用量大、种类繁多、温湿度适宜，是重要的粉螨孳生场所，且一旦存在粉螨污染，为害广泛且严重。在食堂必备的储存食料中，调味品最易于遭受粉螨的侵染。宋红玉等（2015）报道高校食堂已经成为粉螨孳生的重要场所，食堂现用或已经打开的调味品容易孳生粉螨。在采集的13种调味品中检出9种孳生粉螨，检出率为72.73%，隶属于4科9属11种。在29种储藏调味品中，检出18种孳生粉螨，检出率为62.07%，隶属于5科10属13种。食堂调味品中孳生的粉螨种类都是两种或两种以上，尤以腐食酪螨（*Tyrophagus putrescentiae*）最多，为优势螨种。调味品中螨类孳生不仅降低调味品的食用价值，同时还会对用餐人员的健康构成严重危害。

粉螨还会孳生在某些昆虫养殖环境中，尤其是具有经济价值和药用价值的昆虫，如黄粉虫、地鳖等。粉螨的孳生使昆虫难以养殖，造成经济损失，同时降低了其药用疗效。

湛孝东等（2016）报道黄粉虫养殖饲料中发现阔食酪螨（*Tyrophagus palmarum*）及其休眠体，而黄粉虫可作为食品及保健品，且阔食酪螨的分泌物、排泄物、螨体壳均具有强烈的过敏原性，可引起人体螨性疾病，危害人体健康。王克霞等（2013）报道地鳖养殖环境中粉螨群落的生态调查，在地鳖养殖场多处采样，在样本中发现螨类的孳生，共检出8种螨，隶属于3科6属，优势螨种为伯氏嗜木螨（*Caloglyphus berlesei*）。地鳖为一种中药，粉螨的孳生降低了其药用及经济价值。王敦清等（1994）报道在实验室饲养果蝇时，在饲养管中发现有食菌螨孳生。赵金红等（2013）报道了安徽省烟仓孳生螨类的群落结构与多样性研究，共获得螨类1656只，隶属于5科16属23种，烟仓中的粉螨优势种为腐食酪螨（*Tyrophagus putrescentiae*）、粉尘螨（*Dermatophagoidae farinae*）、屋尘螨（*Dermatophagoides pteronyssinus*）。可见粉螨在烟草中也有孳生。

（刘继鑫　柴　强）

参 考 文 献

柴强, 陶宁, 段彬彬, 等. 2015. 中药材刺猬皮孳生粉螨种类调查及薄粉螨休眠体形态观察. 中国热带医学, (11): 1319-1321

陈可毅, 单柏周, 刘荣一. 1985. 家畜肠道螨病初报. 中国兽医杂志, (4): 3-5

陈琪, 赵金红, 湛孝东, 等. 2015. 粉螨污染储藏干果的调查研究. 中国微生态学杂志, 27 (12): 1386-1396

陈裕泽. 2014. 储备种仓库腐食酪螨防治技术. 福建农业, (5): 77

方宗君, 蔡映云, 王丽华, 等. 2000. 螨过敏性哮喘患者居室一年四季尘螨密度与发病关系. 中华劳动卫生职业病杂志, (6): 35-37

郭兵, 杨义坤. 1986. 红麻种子仓贮螨类的防治. 中国麻作, (2): 21

洪勇, 赵金红, 李朝品. 2016. 中药材海龙孳生河野脂螨的调查研究. 中国血吸虫病防治杂志, (2): 202-204

江佳佳 . 2006. 淮南地区食用菌孳生粉螨研究 . 淮南：安徽理工大学

江佳佳，王慧勇，贺骥，等 . 2005. 淮南市某居民小区住宅中粉螨调查 . 环境与健康杂志，22（5）：392

李朝品 . 1992. 两种粉蟎传播黄曲真菌的实验研究 . 华东煤炭医专学报，3（12）：39-42

李朝品 . 2000. 储藏植物性中药材孳生粉螨的调查 . 医学动物防制，（5）：248-254

李朝品 . 2002. 腐食酪螨、粉尘螨传播霉菌的实验研究 . 蛛形学报，（1）：58-60

李朝品 . 2006. 医学蜱螨学 . 北京：人民军医出版社

李朝品 . 2009. 医学节肢动物学 . 北京：人民卫生出版社

李朝品，陈兴保，李立 . 1985. 安徽省肺螨病的首次研究初报 . 蚌埠医学院学报，10（4）：284

李朝品，吕文涛，裴莉，等 . 2008. 安徽省动物饲料孳生粉螨种类调查 . 四川动物，27（3）：403-406

李朝品，裴莉，赵丹，等 . 2008. 安徽省粮仓粉螨群落组成及多样性研究 . 蛛形学报，（1）：25-28

李朝品，武前文 . 1996. 房舍和储藏物粉螨 . 合肥：中国科学技术大学出版社

李云瑞 . 1988. 一种蔬菜新害螨吸腐薄口螨 . 昆虫知识，（1）：22

林萱，阮启错，林进福，等 . 2000. 福建省储藏物螨类调查 . 粮食储藏，（6）：13-17

陆联高 . 1994. 中国仓储螨类 . 成都：四川科学技术出版社

李吉生，赵金红，湛孝东 . 2008. 高校图书馆孳生螨类的初步调查 . 图书馆学刊，3（28）：67-72

宋红玉，段彬彬，李朝品 . 2015. 某地高校食堂调味品粉螨孳生情况调查 . 中国血吸虫病防治杂志，27（6）：638-640

陶宁，湛孝东，李朝品 . 2016. 金针菇粉螨孳生调查及静粉螨休眠体形态观察 . 中国热带医学，16（1）：31-33

陶宁，湛孝东，孙恩涛，等 . 2015. 储藏干果粉螨污染调查 . 中国血吸虫病防治杂志，（6）：634-637

王敦清，黄国城，郑强 . 1994. 果蝇饲养中的一种害螨——实验室食菌螨（蜱螨亚纲：食菌螨科）. 福建农业大学学报，23（3）：324-326

王克霞，郭伟，王少圣，等 . 2013. 地鳖养殖环境中孳生粉螨群落生态调查 . 中国媒介生物学及控制杂志，24（1）：62-63

王克霞，郭伟，湛孝东，等 . 2013. 空调隔尘网尘螨变应原基因检测 . 中国病原生物学杂志，（5）：429-431

吴子毅 . 2006. 福建房屋螨类调查及百里酚对刺足根螨的毒力实验 . 福州：福建农林大学

徐朋飞，李娜，徐海丰，等 . 2015. 淮南地区食用菌粉螨孳生研究（粉螨亚目）. 安徽医科大学学报，（12）：1721-1725

许礼发，王克霞，赵军，等 . 2008. 空调隔尘网粉螨、真菌、细菌污染状况调查 . 环境与职业医学，25（1）：79-81

薛永武，齐雅轩，毛国良，等 . 1989. 中药蜜丸染螨情况调查与分析 . 中国中药杂志，（6）：36

湛孝东，陈琪，郭伟，等 . 2013. 芜湖地区居室空调粉螨污染研究 . 中国媒介生物学及控制杂志，（4）：301-303

湛孝东，段彬彬，吴华，等 . 2016. 黄粉虫养殖饲料中发现阔食酪螨及其休眠体 . 中国血吸虫病防治杂志，（3）：304-305，330

湛孝东，郭伟，陈琪，等 . 2013. 芜湖市乘用车内孳生粉螨群落结构及其多样性研究 . 环境与健康杂志，30（4）：332-334

张荣波，李朝品，袁斌 . 1998. 粉螨传播霉菌的实验研究 . 职业医学，（4）：23-24

张伟，鲁波，孙宗科，等 . 2009. 南北方不同城市冬季室内螨类孳生情况调查 . 中国卫生检验杂志，（12）：2961-2962

张志轩 . 2009. 葱蒜类蔬菜刺足根螨的为害及防治 . 长江蔬菜，（1）：19

赵金红，陶莉，刘小燕，等．2009. 安徽省房舍孳生粉螨种类调查．中国病原生物学杂志，（9）：679-681

赵金红，王少圣，湛孝东，等．2013. 安徽省烟仓孳生螨类的群落结构及多样性研究．中国媒介生物学及控制杂志，（3）：218-221

朱玉霞，李朝品．2000. 动物性中药材中孳生粉螨的调查．医学动物防制，（4）：173-176

Arlian LG, Morgan MS. 2003. Biology, ecology, and prevalence of dust mites. Immunology and Allergy Clinics of North America, 23 (3): 443-468

Arlian LG, Neal JS, Vyszenski-Moher DAL. 1999. Reducing relative humidity to control the house dust mite *Dermatophagoides farinae*. Journal of Allergy and Clinical Immunology, 104 (4): 852-856

Baker RA. 1964. The further development of the hypopus of *Histiostoma feroniarum* (Dufour, 1839) [Acari]. The Annals & Magazine of Natural History, 7 (83): 693-695

Binotti RS, Oliveira CH, Santos JC, et al. 2005. Survey of acarine fauna in dust samplings of curtains in the city of Campinas, Brazil. Brazilian Journal of Biology, 65 (1): 25-28

Capua S, Gerson UT, 1983. The effects of humidity and temperature on hypopodial molting of *Rhizoglyphus robini*. Entomol Exp Appl, 34: 96-98

Hughes AM. 1956. The mite genus *Lardoglyphus* Oudemans, 1927 (Hoshikadania Sasa and Asanuma, 1951). Zool Meded, 34 (20): 271

Hughes AM, Hughes TE. 1939. The internal anatomy and postembryonic development of *Glycyphagus domesticus* De Geer. Proc Zool Soc London, 108: 715-733

Li C, Jiang Y, Guo W. 2015. Morphologic features of *Sancassania berlesei* (Acari: Astigmata: Acaridae), a common mite of stored products in China. Nutr Hosp, 31 (4): 1641-1646

Li C, Zhan X, Sun E. 2014. The density and species of mite breeding in stored products in China. Nutr Hosp, 31 (2): 798-807

Li C, Zhan X, Zhao J. 2014. *Gohieria fusca* (Acari: Astigmata) found in the filter dusts of air conditioners in China. Nutr Hosp, 31 (2): 808-812

Li CP, Guo W, Zhan XD, et al. 2014. Acaroid mite allergens from the filters of air-conditioning system in China. Int J Clin Exp Med, 7 (6): 1500-1506

Li CP, Yang QG. 2004. Cloning and subcloning of cDNA coding for group II allergen of *Dermatophagoides farinae*. Journal of Nanjing Medical University (English edition), 18 (5): 239-243

Newman HN, Poole DF. 1974. Structural and ecological aspects of dental plaque. Society for Applied Bacteriology Symposium Series, 3: 111

Vyszenski-Moher DAL, Arlian LG, Neal JS. 2002. Effects of laundry detergents on *Dermatophagoides farinae*, *Dermatophagoides pteronyssinus*, and *Euroglyphus maynei*. Annals of Allergy, Asthma & Immunology, 88 (6): 578-583

第六章　粉螨与疾病

　　粉螨是生境广泛的小型节肢动物，主要孳生于房舍、粮仓、粮食加工厂、饲料库、中草药库及养殖场等场所。它们不仅可以污染和破坏储藏物，对某些农作物及中药材造成损害，并且有些种类还能引起粉螨性疾病而危害人类健康。粉螨引起的人类疾病主要包括粉螨过敏性疾病和肠螨病等粉螨源性疾病。有些螨种的代谢产物对人畜具有毒性作用，可污染食物或动物饲料，造成人畜急性中毒。此外，部分粉螨在迁徙过程中还可传播黄曲霉菌等有害菌种。因此，粉螨不仅是重要的储藏物害螨，而且还是重要的医学螨类。

第一节　粉螨过敏性疾病

　　Kern（1921）提出过敏性哮喘与屋尘有关。Voorhort 等（1964）报道屋尘中的主要过敏原来自于粉螨的分泌物、排泄物及其尸体的降解产物，其过敏原活性与粉螨数量呈正相关。Tovey 等（1981）报道，99% 的粉螨过敏原来自其排泄物，其余为发育过程中蜕下的皮或壳等。过敏反应的过敏原主要是尘螨，有 60% ~ 80% 的过敏性疾病患者对粉尘螨过敏。随着城市化进程及人们生活方式的改变，过敏性疾病的发病率与病死率呈现逐年上升趋势，已经成为影响人类健康的重大公共卫生问题之一。

一、致敏粉螨的主要种类

　　粉螨常孳生在粮食、食品和中草药材中，某些房舍储藏物粉螨是人类过敏性疾病的主要过敏原。引起过敏反应的粉螨主要包括腐食酪螨（*Tyrophagus putrescentiae*）、屋尘螨（*Dermatophagoides pteronyssinus*）、粉尘螨（*Dermatophagoides farinae*）、梅氏嗜霉螨（*Euroglyphus maynei*）、丝泊尘螨（*Dermatophagoides siboney*）、热带无爪螨（*Blomia tropicalis*）和腐食酪螨（*Tyrophagus putrescentiae*）等。其中隶属于尘螨亚科（Dermatophagoidinae）尘螨属（Dermatophagoides）的屋尘螨、粉尘螨、丝泊尘螨及隶属于麦食螨亚科（Pyroglyphinae）嗜霉螨属（Euroglyphus）的梅氏嗜霉螨是现代房舍生态系统中的主要成员，其过敏原是引发临床过敏性疾病的主要原因。而粉螨科（Acaridae）食酪螨属（Tyrophagus）的腐食酪螨、食甜螨科（Glycyphagidae）无爪螨属（Blomia）的热带无爪螨也是引发螨性过敏性疾病的重要螨类。Fernández-Caldas（2007）报道将近 20 种螨可导致人体过敏反应。沈莲（2010）报道可以导致人体过敏反应的常见仓储螨类包括甜果螨（*Carpoglyphus lactis*）、家食甜螨（*Glycyphagus domesticus*）、隐秘食甜螨（*Glycyphagus privatus*）、害嗜鳞螨（*Lepidoglyphus destructor*）、棕脊足螨（*Gohieria fusca*）、热带无爪螨（*Blomia tropicalis*）、弗氏无爪螨（*Blomia freemani*）、拱殖嗜渣螨（*Chortoglyphus arcuatus*）、粗脚粉螨（*Acarus siro*）、小粗脚粉螨（*Acarus farris*）、

腐食酪螨（*Tyrophagus putrescentiae*）、长食酪螨（*Tyrophagus longior*）、椭圆食粉螨（*Aleuroglyphus ovatus*）、纳氏皱皮螨（*Suidasia nesbitti*）。

二、粉螨过敏原种类及其主要成分

　　粉螨种类多，过敏原成分复杂，有种的特异性过敏原，也有种间共同过敏原，其中尘螨过敏原研究较早，对该过敏原的了解比其他螨种更为清楚。尘螨过敏原的组成含有 30 种以上的过敏原成分，其中尘螨第一组过敏原（Der p1/Der f1）为尘螨的最主要过敏原组分。30 多种过敏原具有不同的氨基酸序列、分子量、酶活性及与患者特异性 IgE 结合等特性。Arlian（2009）通过交叉免疫电泳和交叉放射免疫电泳等体外试验证实不同螨种过敏原的结构和抗原性都具有其特异性，不同螨种之间也存在交叉抗原。现公认粉螨所致过敏反应的主要过敏原为尘螨属（*Dermatophagoides*）的屋尘螨（*Dermatophagoides pteronyssinus*，Der p）和粉尘螨（*Dermatophagoides farinae*，Der f）。由于尘螨种内和种间的微观不均一性，这些过敏原称为组（groups）；而研究较多、较为透彻的为第一组和第二组（70% ~ 80% 螨过敏反应患者均对此两组过敏原过敏）（表 6-1）。

表 6-1　尘螨过敏原特征

过敏原		分子量（kDa）	同源性（%）	功能
Der p1	Der f1	25	80	半胱氨酸蛋白酶
Der p2	Der f2	14	88	类似附睾蛋白
Der p3	Der f3	25	81	胰蛋白酶
Der p4	Der f4	57	—	淀粉酶
Der p5	Der f5	15	—	—
Der p6	Der f6	25	75	胰凝乳蛋白酶
Der p7	Der f7	26 ~ 31	86	
Der p8	Der f8	26	—	谷胱甘肽-*S*-转移酶
Der p9	Der f9	24 ~ 68	—	胶原溶丝氨酸蛋白酶
Der p10	Der f10	37	98	原肌球蛋白
Der p11	Der f11	92, 98	—	副肌球蛋白
Der p12	Der f12	14	—	
Der p13	Der f13	15	—	脂肪酸结合蛋白
Der p14	Der f14	190	—	载脂蛋白
	Der f15	98	—	几丁质酶
	Der f16	53	—	凝溶胶蛋白（肌动蛋白）
	Der f17	30	—	钙结合蛋白
	Der f18	60	—	几丁质酶
Der p20		40	—	精氨酸激酶

　　第一组过敏原（Der p1/Der f1），其过敏原性最强，在螨总提取物中可产生超过 50% 的特异性 IgE 抗体。Der p1/Der f1 是热易变性糖蛋白，分子量为 25kDa，等电聚焦呈异质

性，等电点（PI）为 4.5 ~ 7.2，物理化学性质相似，Der p1 和 Der f1 的氨基酸序列有 80% 是一致的，主要差异在 N 端 120 个氨基酸残基（45%），C 端 201 ~ 222 个氨基酸残基（31%），中间区域 90 ~ 130 个氨基酸残基（30%）。第 21 ~ 90、131 ~ 200 氨基酸残基构成的两个序列形成两个球状结构域，分别显示出 6% 和 14% 的差异。通过 cDNA 分析还发现 Der p1 和 Der f1 是半胱氨酸蛋白酶，与木瓜蛋白酶和肌动蛋白属同一家族，有 222 个或 223 个氨基酸残基。第二组过敏原（Der p2/Der f2），主要由雄螨生殖系统分泌，分子量为 14 ~ 15kDa，等电聚焦也是异质的，PI 为 7.6 ~ 8.5，为热稳定性糖蛋白，Der p2 和 Der f2 的 cDNA 序列均有 129 个氨基酸，没有 N 端糖基化作用位点，它们相互有 12% 的氨基酸差异，而这种差异显著高于其他过敏原组分，在序列、大小、半胱氨酸残基的分布上与附睾蛋白质的一个家族类似。其他组过敏原的研究也在不断深入，如第三组过敏原（Der f3/Der p3），其 N 端序列均与丝氨酸蛋白酶相似，两者有类似胰蛋白酶活性；第五组过敏原（Der f5/Der p5）是比较重要的过敏原，是含有 132 个氨基酸残基的多肽，成熟蛋白分子量为 13 ~ 14kDa，与 Der p7 有明显的交叉反应，在体外已克隆表达出该类重组过敏原且其已显示重要的临床意义，50% ~ 70% 的螨过敏患者血清检测为阳性，占总特异性 IgE 的 25%；Der f10 和 Der p10 的 cDNA 克隆分析发现，它们与动物原肌球蛋白同源，与患者血清 IgE 结合较高，也是尘螨的主要过敏原之一；Der f14 对蛋白酶比较敏感，易降解，产物具有更强的致敏性，而 Der p14 主要存在于血液和淋巴的脂质转运颗粒中，这种过敏原疏水亲脂，但可以诱导高的 IgE 反应性并具有高的 T 细胞刺激性。

　　丝泊尘螨（*Dermatophagoides siboney*）和热带无爪螨（*Blomia tropicalis*）是热带和亚热带地区重要的过敏原。丝泊尘螨 I 类抗原（Der s1）的单克隆抗体已经成功制备，ELISA 试验测定其结合性，发现与粉尘螨（*Dermatophagoides farinae*）具有交叉反应性。热带无爪螨 V 类抗原（Blo t5）为其主要过敏原，Sidenius（2001）报道屋尘螨（*Dermatophagoides pteronyssinus*）V 类抗原（Der p5）与热带无爪螨 V 类抗原（Blo t5）之间的序列同源性为 43%；Yi（2002）报道屋尘螨 X 类抗原（Der p10）与热带无爪螨 X 类抗原（Blo t10）之间的序列同源性为 95%。梅氏嗜霉螨（*Euroglyphus maynei*）也较为常见，其发生具有地域特点，交叉免疫电泳表明梅氏嗜霉螨有 4 ~ 6 种过敏原与尘螨是共同的。其第一组过敏原梅氏嗜霉螨 I 类抗原（Eur m1）与屋尘螨 I 类抗原（Der p1）有 85% 的序列是同源的，而屋尘螨 IV 类抗原（Der p4）与梅氏嗜霉螨 IV 类抗原（Eur m4）有 90% 的氨基酸序列一致。腐食酪螨的过敏原也是粉螨过敏原中的重要成分，Sidenius（2001）报道腐食酪螨 II 类抗原（Tyr p2）与粉尘螨 II 类抗原（Der f2）、屋尘螨 II 类抗原（Der p2）之间的同源性分别为 43% 和 41%。

三、常见的粉螨过敏性疾病

　　常见的粉螨过敏性疾病包括粉螨过敏性哮喘、粉螨过敏性鼻炎、粉螨过敏性皮炎、粉螨过敏性咳嗽、粉螨过敏性咽炎，严重者还可引起过敏性紫癜和慢性荨麻疹。

（一）粉螨过敏性哮喘

　　哮喘为一种世界性的慢性常见病，全球约有 3 亿哮喘患者，而我国超过 1000 万，其中成人发病率约为1%，儿童可达3%，且发病率及死亡率均呈上升均势。世界卫生组织（WHO）将其列入21世纪急需防治的重大疾病之一。哮喘是气道的慢性过敏性炎症反应，在致敏原诱发的迟发性过敏反应，是由多种细胞和炎症介质、细胞因子参与的慢性气道炎症，以尘螨［主要为麦食螨科（Pyoglyphidae）尘螨属（Dermatophagoides）的屋尘螨（Dermatophagoides pteronyssinus）、粉尘螨（Dermatophagoides farinae）、梅氏嗜霉螨（Euroglyphus maynei）等］所致的哮喘称为尘螨过敏性哮喘（dust mite sensitive asthma，DMSA）。

粉螨呈世界性分布，流行病学显示尘螨分布与螨性哮喘的发生、发展和症状的持续密切相关。约有80%的婴幼儿哮喘和40%~50%的成人哮喘由尘螨引起，对尘螨过敏的患者其哮喘的严重程度与尘螨暴露呈正相关。螨的各部分包括活螨、死螨、分泌物、排泄物、虫卵、蜕下的皮等均具过敏原性。引发螨性哮喘的常见螨种主要是粗脚粉螨（Acarus siro）、小粗脚粉螨（Acarus farris）、腐食酪螨（Tyrophagus putrescentiae）、长食酪螨（Tyrophagus longior）、椭圆食粉螨（Aleuroglyphus ovatus）、食菌嗜木螨（Caloglyphus mycophagus）、伯氏嗜木螨（Caloglyphus berlesei）、纳氏皱皮螨（Suidasia nesbitti）、家食甜螨（Glycyphagus domesticus）、隆头食甜螨（Glycyphagus ornatus）、隐秘食甜螨（Glycyphagus privatus）、害嗜鳞螨（Lepidoglyphus destructor）、热带无爪螨（Blomia tropicalis）、弗氏无爪螨（Blomia freemani）、拱殖嗜渣螨（Chortoglyphus arcuatus）、粉尘螨（Dermatophagoides farinae）、屋尘螨（Dermatophagoides pteronyssinus）、梅氏嗜霉螨（Euroglyphus maynei）。德国学者Musken（2000）等分别用热带无爪螨、粉尘螨、屋尘螨、腐食酪螨、粗脚粉螨等14种螨浸液对哮喘农民进行皮肤点刺试验（skin prick test，SPT），总阳性率高达59%。

在粉螨过敏性疾病中，哮喘危害性最大且呈世界性分布，最早于1958年在荷兰发现，接着在英国和日本被证实，之后相继在美洲、大洋洲、亚洲的其他国家也被证实。我国自20世纪70年代起对尘螨过敏开始进行研究。Morgan（2004）对美国7个主要城市937名哮喘儿童家庭居住环境的调查显示：84.1%的哮喘患儿卧室存在尘螨过敏原。陈实（2011）对海南2361例哮喘儿童进行常见吸入性过敏原皮肤点刺试验，结果显示屋尘螨及粉尘螨阳性率分别为91.2%和89.3%，热带无爪螨为86.3%。蔡枫（2013）对上海地区342例哮喘患者过敏原检测结果分析，发现哮喘患者特异性过敏原以吸入性过敏原为主，屋尘螨和粉尘螨为主要过敏原，分别占68.53%和70.63%。

粉螨性哮喘是以肺内嗜酸性粒细胞聚集、黏液过度分泌、气道高反应性为特点的IgE介导的I型过敏反应。现在一般认为，螨性哮喘的发生和发展是遗传因素、环境因素及免疫反应共同作用的结果。

螨性哮喘是一种遗传易感性疾病，具有家族倾向，目前大多数学者认为其是由不同染色体上成对致病基因共同作用引起的。人类白细胞抗原（human leukocyte antigen，HLA）II类基因是哮喘的候选基因之一，HLA II类基因包括-DR、-DP、-DQ，具有高度多态性，不同的HLA II类基因亚型可能是哮喘发病的危险因素或保护性因素。HLA II类基因多态性与哮喘的关系已广为研究，但多集中在-DRB基因。高金明（2002）报道HLA-DQA1*0104等位基因和HLA-DQB1*0201等位基因是我国北方汉族哮喘患者的危险因素，HLA-DQA1*0104等位基因是哮喘发病的独立危险因素，而HLA-DQA1*0301等位基因和 HLA-DQB1＊0301 等位基因则与哮喘的抗性相关。李朝品（2005）等采用序列特异性引物–聚合酶链反应（PCR-SSP）法进一步研究发现，螨性哮喘患者组 HLA-DRB1＊07 等位基因频率较非螨性哮喘患者组及正常对照者组均显著增高，证实 HLA-DRB1＊07 可能是螨性哮喘的遗传等位易感基因，而 HLA-DRB1＊04 和 HLA-DRB1＊14 等位基因频率较正常对照组显著降低，提示 DRB1＊04 和 DRB1＊14 基因可能在螨性哮喘的发生过程中具有保护作用。Srivastava（2003）报道第 5 号、11 号、14 号染色体上存在哮喘的易感基因，尤其是 5q31-32 区域上有大量调节基因群，参与过敏反应和哮喘炎症过程。染色体 14q32 上存在 T 细胞抗原受体基因位点和特异性 IgE 重链基因的连锁区域，也与哮喘存在一定关联。

环境因素也是诱发螨性哮喘的重要致病因素。对螨性哮喘患者而言，哮喘症状的严重程度多与暴露于过敏原的级别程度相关。1988 年尘螨与哮喘相关性研究国际研讨会指出，室内环境 Der p1 浓度高于 $2\mu g/g$ 是产生 IgE 抗体与引发哮喘的危险因素，Der p1 浓度高于 $10\mu g/g$ 可诱发哮喘急性发作。尘螨过敏原分布和暴露水平具有较大的地区差异，澳大利亚是尘螨过敏原暴露水平较高的国家之一。Mihrshahi（2002）调查悉尼居民室内床垫、卧室地板及客厅地板的 Der p1 平均含量，依次为 $14.30\mu g/g$、$12.5\mu g/g$、$9.37\ \mu g/g$。Zock（2006）报道西班牙 Der p1 和 Der f1 平均含量均高于 $10\mu g/g$。Wu（2009）报道台湾哮喘患儿室内 Der p1、Der f1 平均含量分别为 $1.025\mu g/g$、$0.38\mu g/g$，且枕头和床垫中螨过敏原含量较高。孙劲旅（2010）对北京地区 38 个尘螨过敏患者家庭进行螨类调查，结果显示枕头的平均螨密度最高（281.90 只/克），其次为床垫（119.71 只/克）和沙发（114.67 只/克）。

螨性哮喘的发病机制除了与遗传、环境因素相关外，还与免疫反应关系密切。Th1/Th2 细胞平衡失调，机体正常的免疫耐受功能受损，从而导致免疫细胞及其成分对机体自身组织结构和功能的破坏，这是哮喘发病的重要基础。Th1 细胞分泌 IFN-γ、IL-2、IL-3、TNF-β 等细胞因子，促进吞噬细胞活化及调理素、补体的产生，对细胞内病原体的清除发挥防御作用。IFN-γ 作为 Th1 细胞的代表性细胞因子，能促进天然 T 细胞向 Th1 分化，抑制 Th2 细胞分化，调节嗜酸性粒细胞的募集和活化，减少局部炎症细胞的浸润，从而维持 Th1/Th2 细胞的平衡，对哮喘的发病起保护作用。Th2 细胞分泌的细胞因子 IL-4、IL-5、IL-6、IL-9、IL-10 及 IL-13 可促进 B 细胞增殖、分化和抗体生成，增强 B 细胞介导的体液免疫应答。IL-5 与 IL-4 协同作用促进 B 细胞产生 IgE，可特异性地作用于嗜酸性粒细胞释放主要碱性蛋白（MEP）和嗜酸性粒细胞阳离子蛋白（ECP），导致气道上皮损伤和气道高反应性。

新近研究发现，调节性 T（CD4$^+$CD25$^+$Treg）细胞和 Th17 细胞的免疫应答在支气管哮喘发病机制中也起着重要作用。Sakaguchi（1995）等首次提出调节性 T 细胞是一种 CD4$^+$T 细胞新亚群，能积极有效地控制其他免疫细胞功能，控制免疫反应，从而对机体免疫系统产生重要的调节作用。Foxp3 是调控 CD4$^+$CD25$^+$Treg 细胞分化的关键转录因子。CD4$^+$CD25$^+$Treg 细胞可通过分泌细胞因子 IL-10、TGF-β 或细胞间的直接接触来抑制抗原特异性免疫应答。Harrington（2005）首次提出了 Th17 细胞的概念，Th17 细胞是近来发现的不同于 Th1 和 Th2 的另一种 CD4$^+$T 细胞的新亚型。分化成熟的 Th17 细胞可以分泌 IL-17、IL-

17F、IL-21、IL-22 等多种细胞因子，参与多种免疫反应及炎症反应，其中 IL-17 是 Th17 分泌的最主要的效应细胞因子，与哮喘密切相关。在哮喘患者肺组织、痰液、BALF 和血清中 IL-17 mRNA 和蛋白水平均明显增高，并且与气道高反应程度呈正相关。在哮喘急性发作时，CD4$^+$T 细胞激活后分泌 IL-17，IL-17 进一步刺激气道上皮细胞产生强效中性粒细胞趋化因子 IL-8，从而使中性粒细胞在气道大量募集并激活，因而 IL-17 被认为是 T 细胞调节中性粒细胞参与哮喘炎症反应的中介。

（二）粉螨过敏性鼻炎

过敏性鼻炎（allergic rhinitis，AR）是发生在鼻黏膜的 I 型过敏反应。研究表明，粉尘螨是过敏性鼻炎最主要的过敏原。鼻腔受到粉螨刺激后会出现急性反应和迟发反应。与没有迟发反应的 AR 患者比较，有迟发反应的患者在早期有白三烯生成增加及鼻腔对组胺高反应。这也反映了粉螨与 AR 之间的因果关系。Aresro 等研究发现，粉螨作为过敏性鼻炎最主要的过敏原之一，可通过长期诱导鼻黏膜炎症，进一步在发展为鼻息肉的过程中起作用。

引起粉螨过敏性鼻炎的粉螨种类很多，如屋尘螨（*Dermatophagoides pteronyssinus*）、粉尘螨（*Dermatophagoides farinae*）、腐食酪螨（*Tyrophagus putrescentiae*）、热带无爪螨（*Blomia tropicalis*）、甜果螨（*Carpoglyphus lactis*）、家食甜螨（*Glycyphagus domesticus*）、长食酪螨（*Tyrophagus longior*）、椭圆食粉螨（*Aleuroglyphus ovatus*）、粗脚粉螨（*Acarus siro*）、梅氏嗜霉螨（*Euroglyphus maynei*）等都可引起过敏性鼻炎。

过敏性鼻炎为 IgE 所介导的 I 型过敏反应，与粉螨过敏性哮喘有相似的免疫功能异常和过敏反应，可发生于任何年龄，男女均可发生，易见于青少年，主要过敏原包括吸入性过敏原（如室内外尘埃、尘螨、真菌、动物皮毛、羽毛、棉絮、植物花粉等）和食物性过敏原（如鱼虾、鸡蛋、牛奶、面粉、花生、大豆等），其中尘螨的排泄物是极强的过敏原。引发过敏性鼻炎的过敏原主要为吸入性过敏原。任华丽（2010）对北京地区成人过敏性鼻炎吸入过敏原谱的分析显示，尘螨在北京地区过敏性鼻炎主要过敏原中排第一位。梁国祥（2011）对 400 例过敏性鼻炎患者吸入性过敏原进行检测，其中检出屋尘螨、尘螨、粉螨 314 例（占 78.5%）。丁海明（2012）对广州地区吸入过敏原引起过敏性鼻炎的过敏原谱分析发现，广州地区过敏性鼻炎的过敏原以屋尘螨为主（60.9%）。

（三）粉螨过敏性皮炎

粉螨过敏性皮炎、皮疹是具有遗传倾向的一种过敏反应性皮肤病，主要症状为湿疹样皮疹伴瘙痒，70% 的患者家族中有过敏性哮喘或过敏性鼻炎等遗传过敏史，因过敏原（吸入、食入或接触）及环境因素等诱发或加重，也被称为特应性皮炎（atopic dermatitis，AD）、异位性皮炎等，主要表现为皮肤干燥、血清 IgE 等免疫指标升高、皮肤感染倾向等，是一种具有慢性、复发性、瘙痒性、炎症性特点的皮肤病。

引起粉螨过敏性皮炎的粉螨种类很多，包括腐食酪螨（*Tyrophagus putrescentiae*）、食菌嗜木螨（*Caloglyphus mycophagus*）、家食甜螨（*Glycyphagus domesticus*）、害嗜鳞螨（*Lepidoglyphus destructor*）、伯氏嗜木螨（*Caloglyphus berlesei*）、速生薄口螨（*Histiostoma* feroniarum）、椭圆食粉螨（*Aleuroglyphus ovatus*）、梅氏嗜霉螨（*Euroglyphus maynei*）、粉尘螨（*Dermatophagoides farinae*）、屋尘螨（*Dermatophagoides pteronyssinus*）等数十种。人体接触到这些螨类并受到其侵袭时，可引起过敏性皮炎或瘙痒性皮疹。

大多数粉螨过敏性皮炎患者血清 IgE 升高，特别是伴有呼吸道过敏者尤为明显，升高的程度大致与皮损的严重程度、范围相平行。自 20 世纪 60 年代中期以来，世界各国众多学者通过临床观察、尘螨浸液皮试、皮肤斑贴试验、嗜碱性粒细胞脱颗粒试验、尘螨特异性 IgE 与 IgG 测定及特异性 T 淋巴细胞测定，证实尘螨为诱发过敏性皮炎的重要过敏原。Tan（1996）对 48 例过敏性皮炎患者进行了为期 6 个月的尘螨控制效果研究，结果表明，通过有效控制尘螨，可大大减轻特应性皮炎的严重程度。Scalabrin（1999）和 Darsow（1999）用 RAST 方法检测异位性皮炎患者血清吸入性过敏原 sIgE 的阳性率为 75% ~ 95%，吸入性过敏原主要为粉尘螨。Novak（2012）等为评价尘螨浸液脱敏治疗过敏性皮炎中的临床疗效和安全性，对德国 168 名尘螨过敏的过敏性皮炎患者进行临床研究，结果显示尘螨浸液脱敏治疗能够减轻部分过敏性皮炎患者的病情。

过敏性紫癜（Henoch-Schonlein purpura）是常见的毛细血管过敏反应，该病病因复杂，近来有学者认为吸入性、食入性过敏原等多种因素可刺激机体产生 IgE 抗体，通过 IgE 介导的 I 型过敏反应参与过敏性紫癜的发病。慢性荨麻疹（chronic urticaria，CU）是一种反复发作的过敏反应，其过敏原复杂多样，粉尘螨是其吸入性过敏原之一。华丕海（2013）对 116 例小儿过敏性紫癜血清过敏原检测结果分析显示，吸入性过敏原中因屋尘螨、粉尘螨过敏者占 25.8%。黎雅婷（2014）对广州地区过敏性紫癜患儿特异性 IgE 检测分析结果显示，吸入性过敏原特异性 IgE 阳性率最高的为屋尘螨（23.60%）。周海林（2012）对安徽省 1062 例慢性荨麻疹过敏原检测结果分析显示，吸入性过敏原以粉尘螨多见（34.56%）。曾维英（2015）对 2050 例慢性荨麻疹患者过敏原检测结果分析显示，吸入性过敏原中以屋尘螨和粉尘螨（14.9%）阳性率最高。

四、粉螨过敏性疾病的治疗

过敏原特异性免疫治疗（specific immunotherapy，SIT）又称脱敏疗法（desensitization，treatment），是指通过不同途径逐渐增加过敏原的剂量，诱导患者产生免疫耐受，从而减轻患者的过敏症状。它是变应性疾病唯一针对病因和病原学的治疗方法，也是目前唯一有可能通过免疫调节机制改变变应性疾病自然进程的治疗方式。SIT 不仅能缓解临床症状、减少药物用量，而且具有长期临床效应，可防止过敏反应进一步发展。SIT 的脱敏方法包括皮下注射（SCIT）、舌下特异性免疫治疗（SLIT）、雾化吸入、口服及最新研究的浅表淋巴结注射。

（一）尘螨过敏原 SIT 的机制

过敏患者体内 Th2 水平较健康人高，其主要分泌 IL-4 等细胞因子诱导 IgE，导致 IgE 介导的速发型过敏反应发生。SIT 促使 Th2 反应向 Th1 反应转换，生成 IFN-γ 以促进 B 淋巴细胞分泌阻断性抗体 IgG_1，从而抑制 IgE 介导的过敏反应，以干扰 I 型过敏反应病程的发展。过敏患者体内的 $CD4^+CD25^+$ Treg 免疫抑制能力相对较弱，呼吸道黏膜 Foxp3 mRNA 表达水平降低。SIT 治疗能有效提高哮喘患者外周血中 $CD4^+CD25^+$ Treg 细胞计数和 IL-10 水平，以此来重建正常的免疫调节及校正过敏反应。在接受 SIT 的患者体内检测到 IgG 升高，尤其是 IgG_4 的升高与临床症状的改善呈正相关，提出 IgG 作为阻断抗体，可有效捕获抗原，阻止其与肥大细胞、嗜碱性粒细胞表面的 IgE 受体结合，从而阻断 IgE 介导的 I 型超敏反应发生。肖晓雄（2009）等对 32 例变应性鼻炎和支气管哮喘患者在 SIT 前后的血清特异性 sIgG 水平进行检测，SIT 治疗 14 个月后，所有患者的 $sIgG_4$ 水平均显著升高。

（二）尘螨 SIT 疫苗

1. DNA 疫苗（DNA vaccine） 又称核酸疫苗或基因疫苗，是编码免疫原或与免疫原相关的真核表达质粒 DNA，其可经一定途径进入动物体内，被宿主细胞摄取后，转录和翻译表达出抗原蛋白，此抗原蛋白能刺激机体产生非特异性和特异性两种免疫应答反应，从而起到免疫保护作用。SUN（2014）报道我国研究者开发了一种基于 1 组过敏原基因的嵌合 DNA 疫苗。1 组过敏原被认为是引起过敏反应的主要过敏原。该嵌合基因被命名为 R8，是基于屋尘螨 Der p1 基因和粉尘螨 Der f1 基因整合的编码基因。将该基因的真核表达重组质粒注射于哮喘模型鼠，实验结果表明，R8 基因表达产物引起的免疫反应可调节哮喘鼠体内因过敏引起的 Th1/Th2 不平衡，促进 Treg 细胞的增殖，同时降低鼠体内过敏原特异性 IgE 抗体的含量。

2. T 细胞表位肽疫苗（T-cell epitope peptide vaccine） 是过敏原在主要组织相容性复合物（MHC）参与下经抗原呈递细胞（APC）加工后呈递给 T 细胞的一种短的线性氨基酸序列。由于其无 IgE 结合表位，导致 IgE 不能与肥大细胞和嗜碱性粒细胞表面的高亲和力受体 FcεRI 结合，从而使速发型超敏反应的发生风险大大减低。同时 T 细胞表位肽疫苗保留了过敏原调节 T 细胞反应性的能力，可使 T 细胞免疫性丧失（即 T 细胞无反应性）或改变细胞因子含量，诱导 T 细胞免疫耐受，因而可代替过敏原蛋白用于螨性哮喘等过敏性疾病的 SIT。目前大量的科研人员致力于研究表位疫苗，表位疫苗相比于传统疫苗来说降低了疫苗的毒副作用，提高了疫苗的安全性，增强了免疫针对性。Matsuoka（1997）等通过实验鉴定出了 Der f1 的 8 段 T 细胞表位，重组起来即 T1-T2-T3-T4-T5-T6-T7-T8。将 T 细胞表位直接线性重组既能提高抗原表位的免疫原性，又能对抗原表位准确定量。马玉成（2012）构建了尘螨 II 类过敏原 Der f2 和 Der p2 嵌合基因文库，并进行生物信息学分析，为后期筛选和制备高免疫原性和低过敏原性的高效尘螨哮喘疫苗奠定了基础。赵蓓蓓（2014）成功构建了可表达经 MHC 通路的编码 Der p1 的 3 段 T 细胞表位的重组 pET-28a-TAT-IhC-Der p1-3T 载体，纯化的 TAT-IhC-Der p1-3T 具有较强的 IgE 结合能力，经 MHC 通路的特异性免疫治疗对哮喘小鼠有治疗作用。徐海峰（2015）将 Der f1 已报道的编码 B 细胞表位（6 个 B 细胞表位，B1～B6）与 T 细胞表位（5 个 T 细胞表位，T1～T5）肽的基因片段以 B1-T1-B2-T2-B3-T3-B4-T4-B5-T5-B6 或 B1-B2-B3-B4-B5-B6-T1-T2-T3-T4-T5 的连接方式直接进行串联，合成表位嵌合基因。将合成的嵌合基因导入原核表达载体中，并表达出嵌合蛋白 Der f1A 与 Der f1B。通过评价其对哮喘小鼠模型的免疫治疗效果，并经研究证实，其能够有效发挥免疫治疗作用。祝海滨（2016）将 Der f1 的 8 段 T 细胞表位按照 T1-T2-T3-T4-T5-T6-T7-T8 连接方式合成融合肽，命名为 Der fIT，可成功表达 Der fl 的 T 细胞表位重组蛋白，且该蛋白可有效缓解哮喘小鼠的炎症反应并纠正 Th1/Th2 失衡。段彬彬（2015）制备了 Der p2 T 细胞表位融合肽。与 Der p2 相比，重组 Der p2 T 细胞表位融合肽对屋尘螨过敏患者血清 IgE 抗体的结合能力明显降低。

第二节　粉螨非特异性侵染

粉螨耐饥饿，生存力强，多孳生在储藏物和人类的居室中，有较多机会与人接触，有些粉螨还可侵染人体的呼吸系统、消化系统、泌尿系统等，引起粉螨源性疾病等，分别称为肺螨病（pulmonary acariasis）、肠螨病（intestinal acariasis）、尿螨病（urinary acariasis）。

一、肺螨病

肺螨病是螨类经呼吸道侵入人体并寄生在肺部所引起的一种疾病。对肺螨病的研究至今已有近一个世纪的历史。在 20 世纪 30 年代之前，对肺螨病的研究多限于动物的发病，平山柴（1935）在以血痰为特征的两名患者的咳痰中发现了螨，野平（1936）也在 4 名患者的痰液中查见螨，此后井藤（1940）按预想的途径进行了动物实验，证实那些原来生活在体外的螨是通过一定途径进入呼吸道偶然寄生于人体的。此后，Carter（1944）、Soysa（1945）、van der Sar（1946）、佐佐学（1947）、田中茂等（1949）及高桥圭尔等（1949）、Sasa M（1951）等相继做了许多研究。我国对肺螨病的报道最早见于高景铭（1956）、魏庆云（1983）等，他们在患者痰液中发现螨类。之后，我国学者对肺螨病的病原学、流行病学、病理学、致病机制、临床特征、实验诊断和治疗等进行了系统的研究。

赵玉强（2004）报道了一例肺螨病感染病例，收集患者 24 小时痰液并进行病原体检查，在痰液中发现螨虫，鉴定为尘螨感染，确诊为肺螨病。程鹏（2006）报道了一例肺螨病合并肺结核的病例，该患者持续胸痛、咳嗽、痰多、胸闷、乏力，化验红细胞沉降率加快，结核菌素试验阳性，X 线胸片示结核性肺炎，并于痰液中检出螨虫，确诊为肺螨病合并结核病。陈为静（2012）报道了一例 2 型糖尿病合并肺螨病案例，该糖尿病患者为粮食搬运工，在工作中吸入螨虫，螨虫寄生在肺部，引起支气管炎及肺部损害。秦瀚霄（2016）报道了一例肺螨病误诊病例，患者反复咳嗽多痰，多次诊治未愈，后至四川大学华西校区寄生虫学教研室进行痰液检查，发现是螨虫感染，诊断为肺螨病。

Carter（1944）检查呼吸系统疾病患者痰液时发现 5 属 10 种螨。Soysa（1945）在患者痰液中发现粉螨（Acarus）、蒲螨（Pyemotes）、跗线螨（Tarsonemus）及肉食螨（Cheyletidae）。佐佐学（1951）记载了引起肺螨病的 14 种螨。魏庆云（1983）从 41 例患者痰液中记述了 7 属 8 种螨。目前，引起肺螨病的螨种主要是粉螨和跗线螨，粉螨主要包括粗脚粉螨（Acarus siro）、腐食酪螨（Tyrophagus putrescentiae）、椭圆食粉螨（Aleuroglyphus ovatus）、伯氏嗜木螨（Caloglyphus berlesei）、食菌嗜木螨（Caloglyphus mycophagus）、家食甜螨（Glycyphagus domesticus）、害嗜鳞螨（Lepidoglyphus destructor）、粉尘

螨（*Dermatophagoides farinae*）、屋尘螨（*Dermatophagoides pteronyssinus*）、梅氏嗜霉螨（*Euroglyphus maynei*）、甜果螨（*Carpoglyphus lactis*）、纳氏皱皮螨（*Suidasia nesbitti*）、河野脂螨（*Lardoglyphus konoi*）等 10 余种。江佳佳（2005）对淮南市 46 例肺部感染的旧房拆迁农民工患肺螨病情况进行了调查，发现 46 名受检对象中有 4 名痰液中发现螨虫，检出率为 8.17%。本次调查获得螨类 7 种，其中粉螨 5 种，分别为粗脚粉螨、腐食酪螨、家食甜螨、拱殖嗜渣螨和屋尘螨；此外还有谷跗线螨（*Tarsonemus*）和普通肉食螨（*Cheyletidae*）。赵玉强（2009）对山东省肺螨病病原及流行状况的调查结果显示，检出的螨虫经鉴定隶属 4 科 7 属 8 种，其中粗脚粉螨占 75.26%（143 例）、腐食酪螨占 3.68%（7 例）、椭圆食粉螨占 3.16%（6 例）、纳氏皱皮螨占 1.58%（3 例）、粉尘螨占 14.21%（27 例）、屋尘螨占 1.05%（2 例）、家食甜螨占 0.53%（1 例）、马六甲肉食螨（*Cheyletus malaccensis*）占 0.53%（1 例），以粗脚粉螨和粉尘螨在痰液中检出率较高，从而确定其为肺螨病的常见致病螨。

　　肺螨病好发于春秋两季，因为春秋季节温湿度有利于粉螨生长及繁殖。据资料记载，日本、委内瑞拉、西班牙、朝鲜等均有肺螨病的报道。国内报道见于黑龙江、广东、广西、安徽、海南、四川、江苏、山东、江西等地。肺螨病的发生与患者的职业、工作环境、性别、年龄等有一定关系。环境中如粮库、粮站、面粉厂、药材库、中药店和中药厂等螨的密度越高，患病率也越高。从事中草药和粮食储藏加工的人员其工作环境中孳生有大量的螨，若在此环境中工作不习惯戴口罩，粉螨很有可能通过呼吸道而造成人体感染。魏庆云（1983）做了比较分析，发现 16～45 岁年龄组该病的发病率较高，可达各年龄组发病率的 82.9%，可能是因该人群多在一线工作，直接接触中草药、粮食的机会多，因此受螨侵袭的机会增多。男性和女性肺螨病的发病率是否有差异尚需进一步调查。赵玉强（2009）对山东省肺螨病病原及流行状况的调查结果显示粮食加工人员感染率最高，为 13.80%，粮食搬运工感染率为 10.78%。肺螨感染主要与接触螨类孳生环境的时间长短有关，且随年龄增大感染率升高（$P<0.05$），但性别感染率差异无统计学意义（$P>0.05$）。

　　关于螨侵入肺部的途径，很多学者提出了自己的见解。Helwig（1925）与 Gay（1927）分别提出螨是由呼吸道侵入宿主肺的，首先到达支气管末端的肺泡囊，然后进入肺部。Landois 和 Hoepke 等则认为螨侵入肺部的途径，或从呼吸道，或是随食物进入淋巴管、血流，然后达到肺叶。Innes（1954）则认为是吞食了螨卵而感染，由卵孵出的幼虫经淋巴系统进入血流，随血流到达肺部。大岛（1970）和 Allexander（1972）指出，屋尘螨常孳生于室内灰尘、衣服、被褥、床或炕面上，人们接触这些物件时易吸入屋尘螨而导致感染。李朝品等（1990）根据研究结果认同螨系由呼吸道侵入肺部的观点，因为调查结果表明多数患者均在空间粉尘含量大的环境中工作，又无良好的除尘设备，因此环境中存在的大量螨可能随粉尘一起悬浮于空气中，被人们吸入呼吸道而感染。

　　关于肺螨病的致病机制，综合国内学者的研究结果，具体描述如下：螨在移行过程中机械性破坏肺组织引起急性炎症反应，环境中的螨在经各级气管、支气管到达寄生部位的过程中，常以其足体、颚体活动，破坏肺组织而致明显的机械性损伤，继而引起局部细胞浸润和纤维结缔组织增生。另外，螨的分泌物、代谢产物、螨体及死螨的分解物等也能刺激机体产生免疫反应。

国内学者用粉尘螨接种豚鼠进行肺组织病理学研究，豚鼠接种后 5 天即可发现肺组织病变，其病变描述如下：

1. 大体病变 豚鼠两肺病灶散在分布，且病灶数量不等，呈圆锥形结节状，淡黄色，直径 1~2mm，有的可达 4~5mm，切面病灶多位于胸膜下，有些病灶散在位于深部肺组织。解剖镜下观察，病灶显示为白色或微黄色凝胶物。较大的病灶有不规则裂隙，较小的病灶表面光滑。镜下病灶常孤立而散在分布，也有些病灶彼此接近或相互融合。病灶内常见金黄色物质，并可见螨类寄生，一般一个病灶内可见 1~5 只螨，有的更多。有些肺组织可见广泛的肺实变和局部胸膜粘连。

2. 镜下病变 肺脏病灶主要表现为细支气管及其周围肺实质病变，尤以胸膜下最明显。增生的炎性肉芽组织及纤维组织代替了坏死的大部分细支气管黏膜上皮，从而导致管腔狭窄或闭塞；其余小部分细支气管黏膜上皮呈腺样增生。部分细支气管腔内充满着变性的脱落上皮细胞、异物巨细胞和螨体残骸等。增生的结缔组织取代支气管平滑肌，且分布不均匀。少数支气管完全被破坏，仅有软骨残留。细支气管周围的肺实质内有散在异物性肉芽肿形成，其内含有 PAS 阳性物质和多核异形巨细胞。部分肺泡毛细血管扩张充血，并有淋巴细胞、巨噬细胞等炎性细胞浸润。近胸膜下大部分肺泡呈明显的萎陷状态，并有大小不等、相对集中的淋巴滤泡形成。肺结节性病灶切片内有粉螨存在，螨体切片的形状各异，有一层黄色折光的体壁，其周围出现细胞浸润和纤维组织增生（图6-1）。

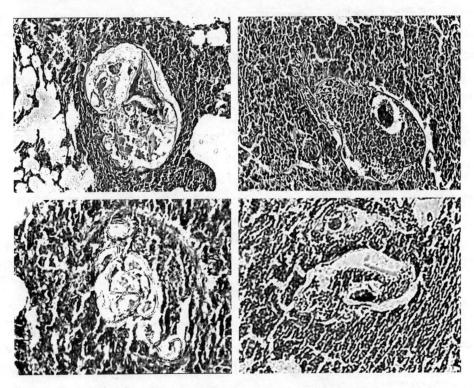

图 6-1 豚鼠肺结节中的粉尘螨（肺组织病理切片）

二、肠螨病

肠螨病（intestinal acariasis）为某些粉螨随污染的食物进入人体肠腔或侵入肠壁引起的以腹痛、腹泻等一系列胃肠道症状为特征的消化系统疾病。Hinman 和 Kammeier（1934）首次报道了长食酪螨（*Tyrophagus longior*）可引起肠螨病。随后日本学者细谷英夫（1954）从小学生的粪便中分离出粉螨。Robertson（1959）调查发现食酪螨属（*Tyrophagus*）中的部分粉螨寄生在人体肠道，引起肠螨病。我国有关肠螨病的报道较晚，沈兆鹏（1962）在上海发现饮用被甜果螨（*Carpoglyphus lactis*）污染的古巴砂糖水后发生腹泻流行；周洪福（1986）报道了两起污染的食糖中甜果螨所致的螨性肠胃病；李朝品（1996）对肠螨病做了流行病学调查；王克霞（2005）报道了一例粉螨致结肠溃疡病例，结肠镜检查结果：肠壁苍白，有点状溃疡，在活检组织中，尤其在溃疡边缘可取得活螨及其卵，检获螨虫卵数枚、活螨 1 只。成虫制片后，鉴定为雌腐食酪螨（*Tyrophagus putrescentiae*）。张荣波（2006）对 ABC-ELISA 法诊断肠螨病进行了研究，结果显示用 ABC-ELISA 法和 SPA-ELISA 法检测 48 例肠螨病患者血清螨特异性抗体 IgG 阳性率分别为 89.58%（43/48）和 56.25%（27/48）。

能引起人体肠螨病的螨种主要包括粗脚粉螨（*Acarus siro*）、腐食酪螨、长食酪螨、甜果螨、家食甜螨（*Glycyphagus domesticus*）、河野脂螨（*Lardoglyphus konoi*）、害嗜鳞螨（*Lepidoglyphus destructor*）、隐秘食甜螨（*Glycyphagus privatus*）、粉尘螨（*Dermatophagoides farinae*）、屋尘螨（*Dermatophagoides pteronyssinus*）等 10 余种，其中以腐食酪螨、甜果螨及家食甜螨最为常见。王克霞（2003）从 1 例十二指肠溃疡患者引流液中检出粉螨，经鉴定为甜果螨。孙杨青（2005）对深圳市肠螨病流行情况进行了调查，在患者粪便内检出 8 种螨：腐食酪螨、粗脚粉螨、甜果螨、家食甜螨、隐秘食甜螨、粉尘螨、屋尘螨和谷跗线螨（*Tarsonemus granaries*）。张荣波（2006）对 ABC-ELISA 法诊断肠螨病进行研究，获粪检螨阳性肠螨病患者 48 例，检出螨鉴定有 8 种：粗脚粉螨、腐食酪螨、粉尘螨、屋尘螨、隆头食甜螨、甜果螨、谷跗线螨和家食甜螨。

肠螨病无明显的季节性，但该病好发于春秋两季，因为春秋季节的温度和湿度有利于粉螨的生长及繁殖。我国有关肠螨病的报道主要见于河南、安徽、山东、江苏等地。肠螨病的发生与职业和饮食习惯有关，与年龄及性别无明显关系。工作环境中粉螨孳生数量越多，感染肠螨病的概率越大，长期食用被粉螨污染的干果或中药材等食物也容易感染肠螨病。刘萃红（2002）对 6 例肠螨病患者家庭粉螨孳生情况进行调查，发现家庭可疑孳生物中红糖、中药材等粉螨含量最高。

粉螨进入人体肠道或侵入肠壁后，其螯肢及足爪均对肠壁组织造成机械性刺激，引起相应部位损伤。螨在肠腔内侵入肠黏膜或更深的肠组织，引起炎症、溃疡等。同时粉螨的螨体、分泌物、排泄物均为强烈的过敏原，可引起过敏反应。粉螨代谢产物的毒性可能对人体也有一定危害。受损的肠壁苍白，肠黏膜呈颗粒状，有少量点状瘀斑及溃疡等，严重者肠壁组织脱落。

三、尿螨病

尿螨病（urinary acariasis）又称泌尿系统螨病，是某些螨类侵入并寄生于人体泌尿系统引起的一种疾病。尿检发现螨类常与痰螨或粪螨同时出现。Miyaka 和 Scariba（1893）从一名患血尿和乳糜尿的日本患者尿液中分离出跗线螨（*Tarsonemus*）。赤星能夫和渊上弘（1894）从患者尿液中分离出粉螨。Trouessart（1900）从患者睾丸囊肿液中分离出大量螨。随后 Blane（1910）、Castellani（1919）、Dickson（1921）、Mackenzie（1923）等相继做了有关尿螨病的很多研究。早在 1962 年国内就有有关患儿尿螨阳性的报道，随后徐秉锟和黎家灿（1985）、张恩铎（1984～1991）等从患者尿液中发现粉螨。李朝品（2003）对粮食和中药材储存职业人群中尿螨病的患病情况进行了调查研究，结果显示尿螨病在某省从事粮食和中草药储藏、加工的人群中并非罕见，其患病率与患者的职业、工作环境密切相关。郑勇（2007）对尿螨病进行了实验室诊断，以尿螨分离为诊断尿螨病的金标准，皮肤挑刺试验、血清总 IgE 和粉螨特异性 IgE 的检测可作为辅助诊断指标。

Castellani 和 Chalmers（1919）从患者的粪便、尿液及脓液中发现长食酪螨（*Tyrophagus longior*）。Dickson（1921）在一名女性患者的尿液中发现粗脚粉螨（*Acarus siro*）的成虫及卵。Mackenzie（1923）报道从 7 名泌尿系统疾病患者的尿液中检出家食甜螨（*Glycyphagus domesticus*）和跗线螨。李朝品（2001）对尿螨病的病原学进行了研究，从 69 例尿螨病患者的尿液中共分离出 17 种病原螨，即 粗脚粉螨、腐食酪螨（*Tyrophagus putrescentiae*）、长食酪螨、椭圆食粉螨（*Aleuroglyphus ovatus*）、伯氏嗜木螨（*Caloglyphus berlesei*）、食菌嗜木螨（*Caloglyphus mycophagus*）、纳氏皱皮螨（*Suidasia nesbitti*）、河野脂螨（*Lardoglyphus konoi*）、家食甜螨、甜果螨（*Carpoglyphus lactis*）、害嗜鳞螨（*Lepidoglyphus destructor*）、粉尘螨（*Dermatophagoides farinae*）、屋尘螨（*Dermatophagoides pteronyssinus*）、梅氏嗜霉螨（*Euroglyphus maynei*）、赫氏蒲螨（*C. hughesi*）、谷跗线螨（*Tarsonemus granaries*）、人跗线螨（*Tarsonemus hominis*），说明尿螨病的病原螨种类较多，其中粉螨是主要的病原螨。

粉螨分布广泛，但其感染人体引起尿螨病的报道并不多见，国外仅见于日本等少数国家，在我国安徽、黑龙江及广东等地也有报道。该病的发生与职业有一定关系，若人们长期在螨密度较高的环境中工作，受螨侵染的概率可能增大，病原螨可通过外阴、皮肤、呼吸系统及消化系统侵入人体引起尿螨病。当螨类侵入并寄生在人体泌尿道时，其螯肢和足爪对尿道上皮造成机械性刺激，并破坏上皮组织，侵犯尿道疏松结缔组织，引起局部炎症及溃疡。同时螨的代谢产物及死亡螨体裂解物可引起人体过敏反应，如受损的膀胱三角区黏膜上皮增生、肥厚，膀胱内壁轻度小梁性改变，侧壁局部充血等。

四、粉螨性皮炎、皮疹

粉螨侵染皮肤引起的皮炎、皮疹分别称为粉螨性皮炎（acarodermatitis）、粉螨性皮疹（acarian eruption）。路步炎（1965）报道，内蒙古药材站向兖州运输数千斤柴胡，运至河北承德站卸货转车时，搬运者便出现皮疹、全身发痒等表现，调查发现这是柴胡被粉螨污染所致。

沈兆鹏（1979）报道，四川省射洪县产棉区发生大规模棉花接触性皮炎，凡是与棉花接触的人，如采花、运花、轧花等人员均发生皮炎，经调查发现，这种接触性皮炎是多种螨类引起的，其中最主要的是腐食酪螨（*Tyrophagus putrescentiae*）。近年来城市居民夏季因睡凉席引起的粉螨性皮炎在全国多地时有发生，如上海、南京等，调查结果显示这与粉螨暴露有关。周淑君（2004）对上海市大学生螨性皮炎进行调查并对危险因素进行分析，结果发现螨性皮炎丘疹主要局限在人体手臂、大腿、腰部等与床席接触的部位。洪勇（2016）报道了芜湖市一例腐食酪螨致皮炎患者，是由于该患者夏季接触凉席导致皮肤被腐食酪螨叮咬而出现皮疹。引起这种皮炎的螨类，除有跗线螨科（Tarsonemidae）的谷蒲螨（*T. granarius*）及蒲螨科（Pyemotidae）的赫氏蒲螨（*Pyemotes herfsi*）外，还有粉螨科（Aearidae）的粗脚粉螨（*Acarus siro*）、干向酪螨（*Tyrolichus casei*）、长食酪螨（*Tyrophagus longior*）、奥氏嗜木螨（*Caloglyphus oudemansi*）、纳氏皱皮螨（*Suidasin nesbitti*），食甜螨科（Glycyphagidae）的家食甜螨（*Glycyphagus domesticus*）、害嗜鳞螨（*Lepidoglyphus destructor*），果螨科（Carpoglyphidae）的甜果螨（*Carpoglyphus lactis*）和麦食螨科（Pyroglyphidae）的施氏尘螨（*Dermatopnagoides scheremetewski*）。

　　粉螨引起皮炎、皮疹可能是由其分泌物、排泄物、皮壳和死亡螨体的裂解产物所致，人体接触到上述强烈的过敏原后，引起以红斑、丘疹、水疱为主要表现的变应性皮肤病；粉螨侵袭人体时，其代谢产物对人体有毒性作用，也可引起皮炎或皮疹。皮疹的发生与粉螨的接触方式有关，以手、前臂、面、颈、胸和背多见，重者可遍及全身。发疹的同时可伴有发热、不适，甚至出现背痛及胃肠症状，并可出现表皮剥脱、局部淋巴结肿大、嗜酸性粒细胞增多等。各种螨所引起的皮炎、皮疹表现有所差异，如食甜螨科和果螨科引起的皮疹部位先出现红色斑点，每个斑点上有 3～4 个咬迹，几个小斑点混合成 3～10mm 大小的丘疹或疱疹；抓破后可继发感染，出现脓疱，继而湿疹化，表皮脱落，甚至出现脓皮症（pyoderma）。房舍中最常见的种类——屋尘螨（*Dermatophagoides pteronyssinus*）、粉尘螨（*Dermatophagoides farinae*）、梅氏嗜霉螨（*Euroglyphus maynei*）引起的皮疹属过敏性皮疹，发疹往往局限于某一部位或呈对称性，甚至泛发全身，随即出现大小不等的风团，呈鲜红色或苍白色；边界清楚，可融合为环状、片状、地图状，皮疹常于数分钟或数小时内消退，不留痕迹，抓破后可引起糜烂、溢液、结痂和脱屑等。

五、其他

　　刘安强（1985）发现 1 例外耳道及乳突根治腔内感染并孳生粉螨科（Aearidae）螨类患者。常东平（1988）报道阴道螨病 2 例，患者的典型症状为阴道奇痒、白带增多、腰腹疼痛并有下坠感，取阴道分泌物镜检见螨体。李朝品（1992）报道粉螨可以携带、传播黄曲霉，而黄曲霉毒素（aflatoxin）是强烈的致癌物质，对人类健康危害极大。李朝品、王健（1994）报道了尘螨过敏性紫癜 1 例。何琦琛（2002）在人耳道内发现皱皮螨属（*Suidasia*）。张朝云（2003）报道了一起由粉螨引起的食物中毒案例，案例中一名 11 岁儿童因食用被粉螨污染的沙嗲牛肉而引起急性中毒。

（洪　勇　李朝品）

参 考 文 献

蔡枫, 樊蔚, 闫岩 . 2013. 上海地区 342 例哮喘患者过敏原检测结果分析 . 放射免疫学杂志, 26 (1): 98-99

陈实, 王灵 . 2011. 海南儿童哮喘常见吸入性变应原的调查 . 临床儿科杂志, 29 (6): 552-555

陈实, 郑轶武 . 2012. 热带无爪螨致敏蛋白组分及其临床研究 . 中华临床免疫 和变态反应杂志, 6 (2): 158-162

陈为静, 周明书 . 2012. 2 型糖尿病合并肺螨病 1 例报告 . 中国病原生物学杂志, 7 (2): 1

陈兴保, 温廷恒 . 2011. 粉螨与疾病关系的研究进展 . 中华全科医学, 9 (3): 437-440

成争艳, 陈庄 . 2008. TH1/ TH2 平衡调节与哮喘的免疫治疗 . 现代预防医学, 35 (19): 3888-3890

程鹏, 赵玉强 . 2006. 肺螨病合并肺结核 1 例报告 . 中国热带医学, 6 (11): 2038

丁海明, 陈曲波 . 2012. 广州地区吸入过敏原引起过敏性鼻炎过敏原谱分析 . 广东医学, 33 (14): 2157-2159

段彬彬, 宋红玉, 李朝品 . 2015. 户尘螨 II 类变应原 Der p2 T 细胞表位融合基因的克隆和原核表达 . 中国寄生虫学与寄生虫病学杂志, 33 (4): 264-268

方宗君, 蔡映云, 王丽华, 等 . 2000. 螨过敏性哮喘患者居室一年四季尘螨密度与发病关系 . 中华劳动卫生职业病杂志, 18 (6): 350-352

高金明 . 2001. 支气管哮喘分子遗传学的研究 . 北京: 中国协和医科大学

郝敏麒, 徐军, 钟南山 . 2003. 华南地区粉尘螨主要变应原 Derf2 的 cDNA 克隆及序列分析 . 中国寄生虫学与寄生虫病杂志, 21 (3): 160-163

洪勇, 柴强, 陶宁 . 2017. 腐食酪螨致皮炎 1 例 . 中国血吸虫病防治杂志, 29 (3): 395-396

华丕海, 陈海生 . 2013. 116 例小儿过敏性紫癜血清过敏原检测结果分析 . 吉林医学, 34 (23): 4773-4774

江佳佳, 贺骥, 王慧勇 . 2005. 46 例肺部感染的旧房拆迁农民工患肺螨病情况的调查 . 中国职业医学, 32 (5): 65-66

姜小丽, 杨婷 . 2013. 哮喘小鼠中 Foxp3$^+$Treg/Th17 的失衡及意义 . 免疫学杂志, 29 (4): 286-289

姜玉新, 郭伟, 马玉成, 等 . 2014. 粉尘螨主要变应原基因 Der f1 和 Der f3 改组的研究 . 皖南医学院学报, 32 (2): 87-91

金伯泉 . 2008. 医学免疫学 . 5 版 . 北京: 人民卫生出版社

黎雅婷, 张萍萍 . 2014. 广州地区儿童过敏性紫癜血清变应原特异性 IgE 检测分析 . 中国实验诊断学, 18 (6): 942-944.

李朝品, 陈兴保, 李立 . 1985. 安徽省肺螨病的首次研究初报 . 蚌埠医学院学报, 10 (4): 284

李朝品, 沈兆鹏 . 2016. 中国粉螨概论 . 北京: 科学出版社

李朝品, 王健 . 2002. 尿螨病的临床症状分析 . 中国寄生虫病防治杂志, 15 (3): 183-185

李朝品, 王克霞, 徐广绪 . 1996. 肠螨病的流行病学调查 . 中国寄生虫学与寄生虫病杂志, 14 (1): 63-65

李朝品, 武前文 . 1996. 房舍和储藏物粉螨 . 合肥: 中国科学技术大学出版社

李朝品, 杨庆贵, 陶莉 . 2005. HLA-DRB1 基因与螨性哮喘的相关性研究 . 安徽医科大学学报, 40 (3): 244-246

李朝品, 杨庆贵 . 2004. 粉尘螨 II 类抗原 cDNA 原核表达质粒的构建与表达 . 中国病原生物学杂志, 17 (6): 369-371

李国平, 刘志刚, 钟南山 . 2005. 重组 Derp2 变应原诱导小鼠变态反应气道炎症动物模型的建立 . 中华微

生物学和免疫学杂志, 25 (7)：564-569

李明华, 殷凯生, 蔡映云. 2005. 哮喘病学. 2 版. 北京：人民卫生出版社

李娜, 姜玉新, 刁吉东, 等. 2014. 粉尘螨Ⅲ类重组变应原对哮喘小鼠免疫治疗的效果. 中国寄生虫学与寄生虫病杂志, 32 (4)：280-284

李娜, 李朝品, 刁吉东, 等. 2014. 粉尘螨Ⅲ类变应原的 B 细胞线性表位预测及鉴定. 中国血吸虫病防治杂志, 26 (3)：296-307

李娜, 李朝品, 刁吉东, 等. 2014. 粉尘螨Ⅲ类变应原的 T 细胞表位预测及鉴定. 中国血吸虫病防治杂志, 26 (4)：415-419

李兴武, 潘清, 赖泽仁. 2001. 粪便中检出粉螨的意义. 临床检验杂志, 19 (4)：233

梁国祥, 蔡海燕. 2011. 400 例过敏性鼻炎患者吸入性过敏原检测结果分析. 广州医药, 42 (3)：32-33

梁海珊, 崔玉宝, 李瑛强, 等. 2007. 尘螨变应原 Der p1 浓度与哮喘患者血清螨特异性抗体的季节消长. 现代生物医学进展, 7 (12)：1865-1867

刘安强, 靖卫德, 李芳. 1985. 粉螨科螨类在外耳道及乳突根治腔内孳生一例报告. 白求恩医科大学学报, 11 (1)：97-98

刘萃红. 2002. 肠螨症患者家庭粉螨孳生情况调查. 郑州大学学报 (医学版), 37 (5)：711-712

刘志刚, 杨慧, 付颖媛, 等. 2006. 屋尘螨变应原 Der p1 基因原核表达产物的纯化及特性鉴定. 热带医学杂志, 6 (6)：656-659

马玉成, 朱涛, 姜玉新. 2012. 尘螨Ⅱ类变应原 Der f2 和 Der p2 的 DNA 改组及生物信息学分析. 基础医学与临床, 32 (6)：634-638

孟阳春, 李朝品, 梁国光. 1995. 蜱螨与人类疾病. 合肥：中国科学技术大学出版社

秦瀚霄, 袁冬梅, 廖琳, 等, 2016. 肺螨病误诊一例. 中国寄生虫学与寄生虫病杂志, 34 (2)

任华丽, 王学艳. 2010. 北京地区成人过敏性鼻炎吸入过敏原谱分析. 山东医药, 50 (22)：102-103

沈莲, 孙劲旅, 陈军. 2010. 家庭致敏螨类概述. 昆虫知识, 47 (6)：1264-1269

宋红玉, 段彬彬, 李朝品. 2015. ProDer f1 多肽疫苗免疫治疗粉螨性哮喘小鼠的效果. 中国血吸虫病防治杂志, 27 (5)：490-496

孙劲旅. 2010. 北京地区尘螨过敏患者家庭螨类调查. 中华医学会 2010 年全国变态反应学术会议暨中欧变态反应高峰论坛

孙劲旅, 陈军, 张宏誉. 2006. 尘螨过敏原的交叉反应性. 昆虫学报, 49 (4)：695-699

孙劲旅, 张宏誉, 陈军, 等. 2004. 尘螨与过敏性疾病的研究进展. 北京医学, 26 (3)：199-201

孙善才, 李朝品, 张荣波. 2001. 粉螨在仓贮环境中传播霉菌的逻辑质的研究. 中国职业医学, 28 (6)：31-32

孙善才, 武前文, 李朝品. 2003. SPA—ELISA 法和皮肤挑刺试验检测粉螨感染者的逻辑质研究. 中国卫生检验杂志, 13 (1)：40-41

孙杨青, 梁伟超. 2005. 深圳市肠螨病流行情况的调查. 现代预防医学, 32 (8)：916-917

王慧勇, 李朝品. 2005. 粉螨危害及防制措施. 中国媒介生物学及控制杂志, 16 (5)：403-405

王克霞, 崔玉宝, 杨庆贵. 2003. 从十二指肠溃疡患者引流液中检出粉螨一例. 中华流行病学杂志, 24 (9)：793

王克霞, 杨庆贵, 田晔. 2005. 粉螨致结肠溃疡一例. 中华内科杂志, 44 (9)：642

吴观陵. 2005. 人体寄生虫学. 3 版. 北京：人民卫生出版社

向莉, 付亚南. 2013. 哮喘患儿家庭内尘螨变应原含量分布特征及其影响因素. 中华临床免疫和变态反应杂志, 7 (4)：314-321

肖晓雄, 黄东明. 2009. 屋尘螨脱敏治疗对变应性鼻炎及哮喘患者血清粉尘螨特异性 IgG_4 抗体的影响. 中

华临床免疫和变态反应杂志，3（1）：34-38

徐海丰，祝海滨，徐朋飞，等 . 2015. 粉尘螨1类变应原重组融合表位免疫治疗小鼠哮喘的效果分析 . 中国血吸虫病防治杂志，27（1）：49-52

徐朋飞 . 2015. 屋尘螨Ⅰ、Ⅱ类变应原T细胞表位融合肽疫苗的初步研究 . 淮南：安徽理工大学

杨庆贵，李朝品 . 2004. 粉尘螨Ⅰ类变应原（Der f1）的cDNA克隆测序及亚克隆 . 中国寄生虫学与寄生虫病杂志，22（3）：173-175

杨庆贵，李朝品 . 2004. 粉尘螨Ⅰ类抗原cDNA的克隆表达和初步鉴定 . 免疫学杂志，20（6）：472-474

杨庆贵，李朝品 . 2005. 尘螨变应原的分子生物学研究进展 . 中国寄生虫学与寄生虫病杂志，23（6）：467-469

于广新，张铁楠，张理涛，等 . 2010. 粉尘螨Ⅰ类变应原（Der f1）的cDNA克隆和序列分析 . 中国中西医结合皮肤性病学杂志，9（5）：286-288

袁新彦，李朝品，许礼发 . 2004. 粉尘螨变应原明胶微球口服免疫动物的脱敏效果 . 中国寄生虫病防治杂志，17（2）：78-79

曾维英，蓝银苑 . 2015. 2050例慢性荨麻疹患者过敏原检测结果分析 . 皮肤性病诊疗学杂志，22（1）：43-45

翟锦明，赖荷，陈蕴光 . 2012. 关于粉尘螨和屋尘螨变应原的交叉反应的研究 . 现代医院，12（11）：30-31

张朝云，李春成 . 2003. 螨虫致食物中毒一例报告 . 中国卫生检验杂志，13（6）：776

张荣波，黄勇，李朝品 . 2006. ABC-ELISA法诊断肠螨病的研究 . 中国卫生检验杂志，16（10）：1254-1258

赵蓓蓓，姜玉新，刁吉东，等 . 2015. 经MHCⅡ通路的屋尘螨Ⅰ类变应原T细胞表位融合肽疫苗载体的构建与表达 . 南方医科大学学报，35（2）：174-178

赵玉强，邓绪礼，甄天民 . 2009. 山东省肺螨病病原及流行状况调查 . 中国病原生物学杂志，4（1）：43-45

郑勇，蔡娟，彭江龙 . 2007. 尿螨病的实验室诊断 . 中国医疗前沿，2（14）：109-110

周海林，胡白 . 2012. 安徽省1062例慢性荨麻疹过敏原检测结果分析 . 安徽医药，16（11）：1615-1616

周淑君，张敏 . 2004. 上海市大学生螨性皮炎的调查及危险因素分析 . 中国寄生虫病防治杂志，17（2）：85-86

朱洪，崔玉宝，饶朗毓 . 2007. 哮喘患者居室内尘螨孳生种类、密度及其与抗原浓度的相关性研究 . 中国媒介生物学及控制杂志，18（5）：381-383

祝海滨，段彬彬，徐海丰 . 2015. 粉尘螨1类变应原T细胞表位重组蛋白的构建及鉴定 . 中国微生态学杂志，27（7）：766-773

Alexander C, Kay AB, Larché M. 2002. Peptide-based vaccines in the treatment of specific allergy. Current Drug Targets-Inflammation & Allergy, 1（4）：353-361

Arlian LG, Platts-Mills TAE. 2001. The biology of dust mites and the remediation of mite allergens in allergic disease. Journal of Allergy and Clinical Immunology, 107（3）：S406-S413

Babu KS, Holgate ST, Arshad SH. 2001. Omalizumab, a novel anti-IgE therapy in allergic disorders. Expert Opinion on Biological Therapy, 1（6）：1049-1058

Beltrani VS. 2003. The role of house dust mites and other aeroallergens in atopic dermatitis. Clinics in Dermatology, 21（3）：177-182

Best EA, Stedman KE, Bozic CM, et al. 2000. A recombinant group 1 house dust mite allergen, r Der f 1, with biological activities similar to those of the native allergen. Protein Expr Purif, 20（3）：462-471

Chapoval S, Dasgupta P, Dorsey NJ, et al. 2010. Regulation of the T helper cell type 2 (Th2) /T regulatory cell (Treg) balance by IL-4 and STAT6. J Leukoc Biol, 87 (6): 1011-1018

Chua KY, Cheong N, Kuo IC, et al. 2007. The Blomia tropicalis allergens. Protein Pept Lett, 14 (4): 325-333

Fujita H, Soyka MB, Akdis M, et al. 2012. Mechanisms of allergen-specific immunotherapy. Clin Transl Allergy, 2 (1): 1-8

Kalinski P, Lebre MC, Kramer D, et al. 2003. Analysis of the CD4 +T cell responses to house dust mite allergoid. Allergy, 58 (7): 648-656

Kim SH, Shin SY, Lee KH, et al. 2014. Long-term effects of specific allergen immunotherapy against house dust mites in polysensitized patients with allergic rhinitis. Allergy Asthma Immunol Res, 6 (6): 535-540

Kuo IC, Cheong N, Trakultivakorn M, et al. 2003. An extensive study of human IgE Cross-reactivity of Blot5 and Derp5. Allergy Clin Immunol, 111: 603-609

Li C, Chen Q, Jiang Y, et al. 2015. Single nucleotide polymorphisms of cathepsin S and the risks of asthma attack induced by acaroid mites. Int J Clin Exp Med, 8 (1): 1178-1187

Li C, Jiang Y, Guo W, et al. 2013. Production of a chimeric allergen derived from the major allergen group 1 of house dust mite species in nicotiana benthamiana. Hum Immunol, 74 (5): 531-537

Li C, Li Q, Jiang Y. 2015. Efficacies of immunotherapy with polypeptide vaccine from proDer f1 in asthmatic mice. Int J Clin Exp Med, 8 (2): 2009-2016

Li CP, Cui YB, Wang J, et al. 2003. Acaroid mite, intestinal and urinary acariasis. World Journal of Gastroenterology, 9 (4): 874-877

Li CP, Cui YB, Wang J, et al. 2003. Diarrhea and acaroid mites: a clinical study. World Journal of Gastroenterology, 9 (7): 1621-1624

Li CP, Wang J. 2000. Intestinal acariasis in Anhui province. World Journal of Gastroenterology, 6 (4): 597-600

Li J, Sun B, Huang Y, et al. 2009. A multicenter study assessing the prevalence of sensitizations in patients with asthma and/or rhinitis in China. Allergy, 64 (7): 1083-1092

Li N, Xu H, Song H, et al. 2015. Analysis of T-cell epitopes of Derf3 in dermatophagoides farina. Int J Clin Exp Pathol, 8 (1): 137-145

Littman DR, Rudensky AY. 2010. Th17 and regulatory T cells inmediating and restraining inflammation. Cell, 140 (6): 845-858

Liu Z, Jiang Y, Li C. 2014. Design of a proDerf 1 vaccine delivered by the MHC class II pathway of antigen presentation and analysis of the effectiveness for specific immunotherapy. Int J Clin Exp Pathol, 7 (8): 4636-4644

Mackenzie KJ, Fitch PM, Leech MD, et al. 2013. Combination peptide immunotherapy based on T-cell epitope mapping reduces allergen-specific IgE and eosinophilia in allergic airway inflammation. Immunology, 138 (3): 258-268

Matsuoka T, Kohrogi H, Ando M, et al. 1997. Dermatophagoides farinae-1-derived peptides and HLA molecules recognized by T cells from atopic individuals. Int Arch Allergy Immunol, 112 (4): 365-370

Mihrshahi S, Marks G, Vanlaar C, et al. 2002. Predictors of high house dust mite allergen concentrations in residential homes in Sydney. Allergy, 57: 137-142

Morgan WJ, Crain EF, Gruchalla RS, et al. 2004. Results of a home-based environmental intervention among urban children with asthma. N Engl J Med, 351: 1068-1080

Musken H, Franz JT, Wahl R, et al. 2000. Sensitization to different mite species in German farmers: clinical aspects. J Investig Allergol Clin Immunol, 10: 346-351

Novak N, Bieber T, Hoffman M, et al. 2012. Efficacy and safety of subcutaneous allergen-specific immunotherapy with depigmented polymerized mite extract in atopic dermatitis. The Journal of Allergy and Clinical Immunology, 130 (4): 925-931

Pinto LA, Stein RT, Kabesch M. 2008. Impact of genetics in childhood asthma. J Pediatr (Rio J), 84 (4 Suppl): S68-S75

Rolland-Debord C, Lair D, Roussey-Bihouee T, et al. 2014. Block copolymer/DNA vaccination induces a strong Allergen-Specific local response in a mouse model of house dust mite asthma. PLoS One, 9 (1): e85976

Sidenius KE, Hallas TE, Poulsen LK, 2001. Allergen cross-reactivity between house-dust mites and other invertebrates. Allergy, 56: 723-733

Sopelete MC, Silva DA, Arruda LK, et al. 2000. Dermatophagoides farinae (Der f1) and Dermatophagoides pteronyssinus (Derp1) allergen exposure among subjects living in Uberlandia, Brazil. International Archives of Allergy and Immunology, 122 (4): 257-263

Stingeni L, Bianchi L, Tramontana M, et al. 2016. Indoor dermatitis due to Aeroglyphus robustus. Br J Dermatol, 174 (2): 454-456

Sun T, Yin K, Wu LY, et al. 2014. A DNA vaccine encoding achimeric allergen derived from major group 1 allergens of dustmite can be used for specific immunotherapy. Int J Clin Exp Pathol, 7 (9): 5473-5483

Tan BB, Weald D, Strickland I, et al. 1996. Double-blind controlled trial of ffect of house dust-mite allergen avoidance on atopic dermatitis. Lancet, 347: 15-18

Tsai JJ, Yi FC, Chua KY, et al. 2003. Identification of the major allergenic components in Blomia tropicalis and the relevance of the specific IgE In asthmatic patients. Ann Allergy Asthma Immunol, 91: 485-489

Wambre E, Delong JH, James EA, et al. 2014. Specific immunotherapy modifies allergen-specific CD4 (+) T-cell responses in an epitope-dependent manner. Allergy Clin Immunol, 133 (3): 872

Wu FF, SiebersR, Chang CF, et al. 2009. Indoor allergens and microbial bio-contaminants in homes of asthmatic childrenin central Taiwan. J Asthma, 46: 745-749

Yi FC, Cheong N, Shek PC, 2002. Identification of shared and unique immunoglobulin E epitopes of the highly conserved tropomyosins in Blomia tropicalis and Dermatophagoides pteronyssinus. Clin Exp Allergy, 32 (8): 1203-1210

Zhang J, Xiang Y. 2011. Detection and analysis of serum specific IgE and total IgE in 204 patients with chronic urticaria. Chin J Demato Venerol Integ Trad W Med, 10 (1): 113-114

Zhao BB, Diao JD, Liu ZM, et al. 2014. Generation of a chimeric dust mite hypoallergen using DNA shuffling for application in allergen-specific immunotherapy. Int J Clin Exp Pathol, 7 (7): 3608-3619

Zock JP, Heinrich J, Jarvis D, et al. 2006. Distribution and determinants of house dust mite allergens in Europe: the European Community Respiratory Health Survey II. J Allergy Clin Immunol, 118: 682-690

第七章　粉螨的防制

粉螨呈世界性分布，是房舍生态系统中的重要成员，其食性广泛，可严重为害储藏粮食、中药材、干果及其他储藏物的质量，还可引起人体螨病，危害人类健康。随着科学技术的不断发展和进步，粉螨引起的危害经过治理得以缓解。但是，若想长期控制或彻底消除是非常困难的。因为人类既不能完全消除粉螨孳生、繁殖的环境，也不能将其彻底消灭；虽然活动期的螨类对杀螨剂较为敏感，但其卵和休眠体对杀螨剂却有很强的耐受力，当杀螨剂效力逐渐消失后它们会再次孳生繁殖；现有的杀螨剂多为高效高毒化合物，不可作为谷物及其他储藏食物的粉螨防制剂；药物防制螨的同时也对螨进行了选择性淘汰，导致其产生抗药性、适应性、活动规律的改变等，更增加了防制粉螨的难度。因此如何控制环境中粉螨孳生，已成为亟待解决的问题之一，也是粉螨学的主要研究内容之一。要想有效控制粉螨，应从粉螨与生态环境和社会条件的整体观点出发，采取综合治理的方法。粉螨的综合防制方法主要包括环境防制、药物防制、生物防制等。

第一节　环 境 防 制

环境防制是指根据粉螨的孳生、栖息、行为等生物学特性及生态学特点，通过合理地改造、处理或消灭粉螨的孳生环境，制造不利于粉螨孳生、繁殖的条件，减少或清除粉螨的孳生，从而达到预防和控制的目的。这是防制粉螨的根本办法，也是应用较早的粉螨防制方法之一，同时也要注意对人类生存环境的保护。

一、环境洁净

保持环境洁净是防制粉螨最有效、最简便的措施。粉螨孳生需要适宜的温湿度条件及丰富的食物，在房舍和储藏物环境中，若环境潮湿且食物丰富，螨类易于孳生，反之，若环境中食物较少且较干燥，则螨类难以孳生，因而在房舍的尘埃里总是能发现较多的螨类。因此清除房舍环境中的积尘，保持室内环境清洁，是控制房舍内粉螨孳生的一个有效措施。在空气粉尘含量较大的场所安装除尘过滤等设备，可以对降低室内灰尘浓度起到一定作用。仓储环境中应保证储物器具、运输工具及仓库内外环境清洁卫生，入仓储存的粮食等谷物应用溜筛、风车或电动净粮机进行清理。仓库门、窗应装纱门、纱窗，设挡鼠板、布防虫线，以阻止鼠、麻雀、昆虫及其他小型动物入侵。同时，可以对人类生存环境实施无不良影响的各种永久或长期改变，从而减少或清除粉螨的孳生场所，如居室装修时选用磷灰石抗菌除臭过滤网，其对各种微小颗粒，如灰尘、粉螨、花粉和霉菌等的吸附能力是普通过滤网的 3 倍，可有效避免利于粉螨孳生条件的产生。

二、干燥、通风

粉螨亚目（Acaridida）的螨类无气门，它们用薄而柔软的表皮进行呼吸，因而对孳生环境的湿度变化非常敏感。Zdarkova 研究在相对湿度 14% ~ 89% 时，腐食酪螨（Tyrophagus putrescentiae）对湿度变化的反应情况，发现当相对湿度低于 22% 时，湿度的变化对螨的影响不明显；但在 22% ~ 78% 的相对湿度条件下，腐食酪螨选择较高的湿度，且在此湿度范围内，螨可区分出 1% 的湿度变化。根据粉螨的这一特点，可利用干燥和通风的方法防制粉螨。在粮食和储藏物仓库中，螨类生长繁殖需要依靠粮食水分，粗脚粉螨（Acarus siro）在粮食水分为 14% ~ 18% 时可发育繁殖，腐食酪螨为 15% ~ 18%，水芋根螨（Rhizoglyphus callae）为 16% ~ 18%。当粮食水分为 12% ~ 12.5% 时螨类难于生活。许多仓储螨类在相对湿度 60% 以下的干燥环境中即难以生殖。家食甜螨（Glycyphagus domesticus）在相对湿度 70% 以上时才能生存，在相对湿度 60% 以下时很快死亡。休眠体是比较耐干燥的，但相对湿度在 10% 时，也仅生活 1 周。将储藏粮食的含水量保持在 12% 以下，或保持大气的相对湿度在 60% 以下，大多数粉螨将不能存活。但在大型仓库或大堆储粮中，尤其是在一些湿度较大的季节或地区，如在 7 ~ 10 月粉螨大量繁殖的季节，达到上述干燥程度非常困难，可配合使用某些高效低毒的杀虫剂来防制粉螨。在人们的家居环境中，将衣物、床单、被褥、枕芯等进行定期日晒，保持环境干燥，也可有效减少房屋粉螨的孳生。对于粮仓等储物间可使用去湿剂或去湿机来降低储物间的相对湿度。因此，通过干燥和通风来控制环境的湿度是防制粉螨孳生的一项重要措施。

三、温度

粉螨属变温动物，对自身体温调节能力较差，可随着外界环境温度的变化而改变体温，若温度超过个体耐受程度，可能会死亡；若在适宜的温度中，则会不断生长、繁殖。在通过温度防制螨类时，可采取致死高温、不活动高温、不活动低温和致死低温，这是一项环保且经济的防制储藏螨类的方法。具体方法有：①高温杀螨：粉螨对高温敏感，一般来说，温度升高到 37 ~ 40℃时，螨类开始热麻痹，不活动；温度为 40℃时，24 小时死亡；在 45 ~ 50℃时，12 小时死亡；当温度为 52 ℃时，8 小时即可死亡；而当温度为 55 ℃时，10 分钟便死亡。因此，过敏性疾病患儿或有过敏反应危险患儿的衣物最好用 55℃的热水浸泡 10 分钟，织物玩具最好经过 60℃水洗涤，不仅可以杀螨，而且可以使尘螨抗原变性。房舍螨类的防制也可采用高温杀螨的方法，可把被褥、枕头、地毯、沙发和靠垫等置于阳光下暴晒。即使阳光照不到或照度不够，此方法也有消灭或驱走一部分粉螨的效果。利用烘干设备除螨也是一种高温杀螨的有效方法，热风烘干杀螨的时间和温度要根据具体情况（烘干机类型、粮食品种）而定。塔式烘干机，热风温度 85 ~ 100℃，保持 63 分钟；滚筒式烘干机，热风温度 95 ~ 100℃，保持 33 分钟。对于种粮的烘干，为保持种芽力，温度要相对低一些。面粉厂或食品加工厂可采用红外线加热器升高室温，将温度升高至 60 ~ 70℃，处理 12 小时左右，可防制机器内部螨的孳生。②低温杀螨：不同螨种对低温的忍耐力不同，温度降到 0℃ 左右时，粉螨处于冷麻痹状态，50 天死亡，粗脚粉螨（*Acarus siro*）和普通肉食螨（*Cheyletus eruditus*）可存活 5 个月，粗脚粉螨的卵可以保持 360 天的生命力，腐食酪螨可存活 26 天，家食甜螨可存活 50 天；在 -5℃ 时，腐食酪螨可以存活 12 天，粗脚粉螨、家食甜螨可存活 18 天；在 -10℃ 时，粗脚粉螨可以存活 7～8 天，家食甜螨可存活 3 天；在 -15℃ 时，粗脚粉螨可存活 1 天，家食甜螨仅可存活 3 天。因而低温能够较好地抑制粉螨的生长和繁殖。因此，对于过敏性疾病患儿或有过敏反应危险患儿所搂抱的毛绒玩具可定期在超低温冷藏箱中放置过夜，若再控制粉螨孳生物品的含水量，则会取得更好的效果。粮堆或储物间可安装通风管道，使用鼓风机等设备将外界冷空气压入粮堆或储物间，或者将粮堆或储物间的湿热空气吸出，从而降低室温，防止螨的孳生，也可使用制冷机降低仓库温度。

四、光照

粉螨种类繁多，生境广泛，除通过改变环境的温度、湿度等条件来进行防制外，还可利用粉螨的负趋光性，即喜孳生于阴暗的环境中这一特性进行防制。对于已经被粉螨污染的储粮，可将其放置在太阳下暴晒 2～3 小时，对未被污染的储粮也可定期进行日晒，用以预防；对于棉被、毛毯、衣物等日常生活用品也可定期进行太阳下暴晒，以防止粉螨的孳生；同时灯光也可用于驱螨。

虽然粉螨生境广泛，适应性强，但其孳生需要适宜温湿度及丰富的食物种类。因此，对粉螨的防制应首先考虑环境治理，使其没有适宜的生存条件，从而直接影响粉螨的发生和传播。环境防制是提高和巩固化学防制、防止粉螨孳生的根本措施，应将环境防制放在综合防制的首要地位。

第二节　药物防制

药物防制即化学防制，指使用天然或合成的各种化学物质及其加工产品，以不同的剂型，通过不同的途径，毒杀、诱杀或驱避粉螨而达到防制目的。化学防制虽然存在环境污染和抗药性等问题，但其具有方便、速效、成本低等特点，既可大规模应用，也可小范围喷洒，因此化学防制仍是目前粉螨综合防制中的主要措施。但是由于杀虫剂的特殊性及螨对杀虫剂的选择性，在使用药物防制螨类时需先鉴定孳生其中的螨种，以便选择最佳杀螨剂，"对螨下药"才能达到有效防制粉螨的目的。

一、谷物保护剂

谷物保护剂是专门防制储粮害虫的高效低毒的化学农药。使用具有残效的触杀（或同时具有空间触杀）制剂，喷洒于室内或厩舍的板壁、墙面及室内的大型家具背面、底面等，当侵入室内的粉螨栖息时可因接触杀螨剂而中毒死亡。也可将杀螨剂喷洒在粉螨喜食植物的茎、叶、果实、食饵的表面，或者混合在食饵内，当粉螨取食时，将药物一同食入消化道，药物在其消化道内分解吸收，从而使粉螨中毒死亡。做滞留喷洒时，药剂的浓度可根据喷洒的对象及吸湿程度适当调整。因谷物保护剂直接与粮食接触，所以谷物保护剂（主要是化学杀虫剂，其次是微生物农药、昆虫生长调节剂、植物性杀虫剂、惰性粉、具有杀虫效果的某些植物及其提取物等）一定要对人和哺乳动物低毒或无毒（不但谷物保护剂本身低毒，并且分解产物也必须低毒或无毒），并且要具有使用方便、经济、安全、有效、保护期长、对种子发芽力无影响等特点，经一系列急慢性毒性试验，达到国家制定的允许残留标准后才能使用。例如，优质杀螟硫磷（含1%）和溴氰菊酯（含0.01%）的复配制剂保粮磷，其杀螨效果好，作用持续时间长，用药量少，对人畜安全，不影响种子发芽力等，不仅能防制多种储粮甲虫，对谷蠹也有杀灭作用，同时能有效地防制腐食酪螨（Tyrophagus putrescentiae）和害嗜鳞螨（Lepidoglyphus destructor）等储粮螨类，其毒性低，大鼠急性口服 LD_{50} 为2710mg/kg，急性经皮 LD_{50} 为4640mg/kg；对大鼠皮肤、眼无刺激，对人畜低毒。常用的保粮磷剂量为4ppm，而国家规定的允许残留量为杀螟硫磷5ppm、溴氰菊酯0.5ppm。其使用剂量明显低于国家允许残留量，因而使用是安全的。虫螨磷对人和哺乳动物的毒性均很低，经毒力测试对大鼠急性口服 LD_{50} 为2050mg/kg，兔子经皮急性毒性 LD_{50} 大于2000mg/kg，对鸟类的毒性要大一些。慢性毒性研究表明，虫螨磷除了影响胆碱酯酶的活性外，无其他明显的影响。虫螨磷剂量为4ppm 时即能有效防制粗脚粉螨、腐食酪螨和害嗜鳞螨，并且在国家允许残留标准内。

目前常用的谷物保护剂有保粮磷（杀螟硫磷和溴氰菊酯复配而成）、马拉硫磷、虫螨磷、杀螟硫磷、毒死蜱、除虫菊酯、灭螨猛等10余种。其中前3种为我国常用的谷物保护剂，对储藏谷物防螨均有较强作用。

有学者将常用的21种杀虫剂水稀液对3种常见粉螨（粗脚粉螨、腐食酪螨和害嗜鳞螨）的防制效果进行了评估，见表7-1。

表7-1　21种常用杀虫剂水稀释液对3种粉螨的防制效果（Wilikn & Hope, 1973）

杀虫剂	剂量（ppm）	死亡率等级					
		粗脚粉螨接触时间		腐食酪螨接触时间		害嗜鳞螨接触时间	
		7d	14d	7d	14d	7d	14d
林丹/马拉硫磷	2.5/7.5	4	4	3	4	4	4
毒死蜱	2	4	4	4	4	4	4
辛硫磷	2	4	4	4	4	4	4
稻丰散	10	3	4	4	4	4	4
虫螨磷	4	3	4	3	4	3	4
右旋反灭虫菊酯	2	2	4	1	3	3	4
右旋反灭虫菊酯/增效醚	2/20	3	4	1	3	3	3
除虫菊酯/增效醚	2/20	3	4	2	2	1	3
林丹	2.5	3	4	0	0	3	4
C_{23763}	10	1	3	4	4	4	4
马拉硫磷	10	0	2	3	4	3	4

续表

杀虫剂	剂量（ppm）	死亡率等级					
		粗脚粉螨接触时间		腐食酪螨接触时间		害嗜鳞螨接触时间	
		7d	14d	7d	14d	7d	14d
杀螟硫磷	9	0	0	3	4	3	4
碘硫磷	10	0	1	3	4	3	4
杀虫畏	20	0	1	3	4	4	4
溴硫磷	12	0	2	3	3	3	4
敌敌畏	2	1	1	2	3	4	4
灭螨猛	10	2	2	1	1	2	3
除虫菊素	9	1	2	2	1	0	0
异丙烯除虫菊/增效醚	2/20	2	2	1	2	1	2
异丙烯除虫菊	9	1	0	0	0	1	1
增效醚	20			0	0	0	1

资料来源：沈兆鹏.1994.螨类防制技术.粮食储藏，23（Z1）：91-99。

注：死亡率<10%为0级；死亡率10%～25%为1级；死亡率26%～50%为2级；死亡率51%～75%为3级；死亡率76%～100%为4级。

　　从表7-1可看出，混合使用杀虫剂其杀螨效果显著提高，如林丹与马拉硫磷混用（常用剂量2.5ppm：7.5ppm）能有效防制上述3种世界性粉螨。毒死蜱、辛硫磷、稻丰散和虫螨磷也能有效防制这三种粉螨。在进行粉螨防制时，要强调正确分类鉴定的重要性，只有在正确识别粉螨的种类之后，才能"对螨下药"，达到有效防制粉螨的目的，否则效果不佳，如粗脚粉螨造成的储粮危害，使用杀虫畏进行防制就无效。

　　根据螨种来确定使用何种杀虫剂，这样既能提高防制效果，又能降低防制费用。虽然林丹和马拉硫磷1：3的混合物能有效防制粉螨，但由于有些粉螨已对其产生抗药性，且其是有面氯化合物，已禁用，因此，需要选用新的杀虫剂来防制粉螨。英国学者Stables应用10种杀虫剂［乙氧嘧啶硫磷、Profenofos、克螨特、丁烯硫磷、庚烯磷、U2662、Cycloprate、稻瘟灵、苯丁锡和噻螨胺（Cymiazole）］来防制粉螨，结果是乙氧嘧啶硫磷的杀螨效果最好，Profenofos的效果与其相比几乎相同。居室粉螨的防制除采取清洁除尘、干燥低温和冬冻夏晒衣被等措施外，还可应用化学杀螨剂杀螨。Oshima等（1972）将硅胶涂于席上，5月和7月各涂一次，以降低湿度，阻止粉螨（主要是尘螨）的生长。也有用尼帕净（Nipagin），即对羟基苯甲酸甲酯（methyl-4-phydraxybenzoae）尝试杀螨，其毒性很小但杀螨效果却很好。还有人试用人工合成保幼激素类似物蒙五一五（altosid）和蒙五一二（altozar）杀螨，以0.0322ppm和0.0326ppm混入粉尘螨食料中就可发挥很强的抑螨作用。同时也要注意谷物保护剂的使用剂量，我国曾对使用谷物保护剂来防制储粮害螨进行实仓试验，结果表明，谷物的含水量在安全标准下，虫螨磷和防虫磷（高纯度的马拉硫磷）的有效剂量分别为5ppm、15ppm，采用喷雾与谷物混合的方法能完全控制储粮在一年内不发生螨类孳生。

二、应用熏蒸剂

　　熏蒸剂是防制粉螨的一种有效方法。由于粉螨利用薄而柔软的皮肤进行呼吸，熏蒸剂产生的毒气可通过体壁进入体内而产生毒杀作用，从而达到杀螨目的。一般当储藏物中已发生螨害，但其孳生位置不易被发现或不宜用其他药剂防制时，可用熏蒸剂进行防制。粉螨的卵对熏蒸剂有很强的耐受力，到目前为止，还没有一种熏蒸剂进行一次熏蒸就可根除储藏物中的粉螨。英国学者 Bowley 和 Bell（1981）应用 12 种熏蒸剂（丙烯腈、四氯化碳、溴乙烷、甲酸乙酯、二溴化乙烯、二氯化乙烯、环氧乙烷、甲代烯丙基氯、溴甲烷、三氯甲烷、甲酸甲酯和磷化氢）对 3 种世界性粉螨——长食酪螨（*Tyrophagus longior*）、害嗜鳞螨（*Lepidoglyphus destructor*）、粗脚粉螨（*Acarus siro*）进行毒力测定，结果见表 7-2。

表 7-2　10℃条件下，12 种熏蒸剂对 3 种粉螨的毒力测定结果（CT 值）

熏蒸剂	试验浓度范围（mg/L）	长食酪螨（mg·h/L）		害嗜鳞螨（mg·h/L）		粗脚粉螨（mg·h/L）	
		存活最大值	防制最小值	存活最大值	防制最小值	存活最大值	防制最小值
丙烯腈	5~11	160	180	45	80	80	120
四氯化碳	100~150	41000	51500	35000	41000	35000	41000
溴乙烷	45~50	7700△	—	6700	7700	6700	7700
甲酸乙酯	40~45	9100△	—	4600	6300▲	3000	4600▲
二溴化乙烯	9~15	460	660	—	240	460	660
二氯化乙烯	90~105	9460	11850	4750	9460	9460	11850
环氧乙烷	13~14	980△	—	650	980	980△	—
甲代烯丙基氯	45~50	10000△	—	7000	9000	7000	9000
溴甲烷	9~14	620△	—	430	620▲	430	620
三氯甲烷	95~200	34100	58200	34100	58200	34100	58200
甲酸甲酯	43~47	6100	7600	2900	4500	4500	6100
磷化氢	0.1~0.4	190	—	150	190▲	130△	—

　　资料来源：沈兆鹏.1994.螨类防制技术.粮食储藏，23（Z1）：91-99。

　　注：试验的最低浓度时间（CT）值；△：试验的最高 CT 值；▲：受霉菌影响。

　　在10℃条件下，经每种熏蒸剂熏蒸后立即进行检查，未发现活螨。但在之后的不同时期可见到幼螨，说明有螨卵存活。在应用熏蒸剂防制仓储害螨方面，上述 12 种熏蒸剂有些效果欠佳、有些有致癌的可能性等，目前能大规模应用于粮食，防制粉螨的熏蒸剂只有磷化氢一种。它不对被熏蒸物的品质产生影响；散毒时，在空气中很快被氧化为磷酸，环境相容性好；对非靶标生物无累积毒性；便于在各种场合下使用；使用成本低，利于在诸多发展中国家推广应用。

　　由于单独一种熏蒸剂一次熏蒸很难根除储藏物中的粉螨，且粉螨的卵对磷化氢和溴甲烷等熏蒸剂有很强的耐受力，为达到完全防制粉螨的目的，近几年采用磷化氢连续二次低剂量熏蒸、磷化氢和 CO_2 混合熏蒸、磷化氢环流熏蒸等方法，以提高对螨类的致死率。Bowley 和 Bell（1981）用溴甲烷和磷化氢进行连续二次低剂量熏蒸试验来防制长食酪螨、害嗜鳞螨和粗脚粉螨，结果见表7-3。

表7-3　溴甲烷和磷化氢彻底防制 3 种粉螨，二次低剂量熏蒸所需的间隔（d）

熏蒸剂	温度（℃）	螨种	间隔时间，在这以后的死亡率达100%（d）	杀死 100% 所需 CT 值（mg·h/L）		
				二次熏蒸		单独熏蒸
				第一次熏蒸	第二次熏蒸	
溴甲烷	10	长食酪螨	49	180	200	620
		害嗜鳞螨	35，49，63	190	200	920
		粗脚粉螨	35，49，63	180	200	620
	15	长食酪螨	21	153	144	650
		害嗜鳞螨	21	153	158	430
		粗脚粉螨	21	153	158	430
	20	长食酪螨	14	99	108	350
磷化氢	20	长食酪螨	10	96	81	450
		害嗜鳞螨	10，14	96	81	310
		粗脚粉螨	10，14	96	81	310

资料来源：沈兆鹏. 1994. 螨类防制技术. 粮食储藏，23（Z1）：91-99。

在20℃条件下，二次熏蒸之间的时间间隔为 10～14 天；10℃条件下完全防制害嗜鳞螨和粗脚粉螨所需间隔为 5～9 周，防制长食酪螨所需间隔以 7 周为宜。采用连续二次低剂量熏蒸剂防制为害储粮的粉螨，磷化铝用量小于 $2g/m^3$。施用方法：使用塑料薄膜密封，第一次投药（0.8～0.9）g/m^3，第二次投药 $1.0g/m^3$，间隔时长根据当时的气温、螨种及仓库的密闭性等因素决定。一般情况下，温度20℃左右时，间隔不超过 15 天；温度25℃左右时，间隔以 9～11 天为宜。掌握好连续二次低剂量熏蒸的时间间隔是取得良好的粉螨防制效果的关键。

在使用熏蒸剂进行储粮害螨防制时，除了需注意熏蒸剂的浓度、作用时间、温度等因素外，还需注意如粮堆密闭情况、大气成分、储粮害螨各期对熏蒸剂的忍耐力、粮食的吸附、粮堆中的热气流等因素。

三、杀螨剂室内毒力测定技术

杀螨剂毒力测定是为了研究某一种杀螨剂对某一种害螨的毒性程度，或比较几种杀螨剂对某一种螨的毒性程度的差别，因此它是衡量一种杀螨剂（对某种螨）毒力的指标。杀螨剂毒力是指杀螨剂本身对螨直接作用的性质和程度。一般在相对严格的控制条件下，用精密的测试方法，采用标准化饲养的螨进行测定，从而给予一种或多种杀螨剂一个量度作为评价或比较的标准。

杀螨剂毒力测定主要包括初步毒力试验和精密毒力试验。初步毒力试验主要是为了从大量化合物中筛选出杀螨活性高的化合物，以便做进一步的毒力测试。精密毒力测定即毒力测定，是在特定条件下衡量某种杀螨剂对某种螨毒力程度的一种方法，可用来了解某一杀螨剂对某一害螨的毒力程度，也可用来比较几种杀螨剂对某一种螨的毒力差别。精密毒力测定要求在特定的温湿度条件下，每次处理螨 20~50 只，设置 5~7 个不同的浓度（或剂量）组成浓度（剂量）梯度，每个浓度处理重复 3~5 次，将测定浓度和对应的死亡率或螨口密度减退率进行统计分析，求出毒力回归式和半数致死剂量 LD_{50} 或半数致死浓度 LC_{50}。

目前测定杀螨剂触杀毒力常用的方法为喷雾（粉）法 [spray（powder）method]、浸液法（immersion method）和药膜法（residual films）。

1. 喷雾（粉）法　将杀螨剂直接附着于螨体体表，通过体表侵入螨体内使其发挥毒性作用。具体方法是将盛有目标螨的容器置于喷雾器底部，将一定量的药物液剂或粉剂均匀直接地喷撒到目标螨体上，待液体稍干或螨体沾粉较稳定后，把喷过药的目标螨移入干净的容器或培养皿，用通气盖盖好，置于适合目标螨生育的温湿度及通气良好的环境中，1~2 小时后放入无药的新鲜饲料，于规定时间内（24 小时、48 小时）观察记载目标螨中毒及死亡情况。喷雾（粉）法的优点是简便易行，因此是目前最常用的触杀毒力测定技术。

2. 浸液法　是一种测定杀螨剂触杀毒力的室内测试技术。因此方法简便快速、不需要特殊仪器设备，常用此法进行大量化合物的初筛，或用来进行杀螨剂残留量的生物分析。其基本步骤是将供试杀螨剂均匀地分散在水中制成药液，再将供试螨直接浸渍或连同寄主物一起浸渍其中一定时间后取出晾干或吸去多余药液，再移入干净的培养器皿中正常饲养，每隔一段时间观察记录死亡情况。

3. 药膜法　采用喷雾、喷粉等方法，将杀螨剂定量地分布在一定接触面上，形成一个药膜，然后让供试螨和这种有药膜的表面接触一定时间（一般为 1~2 小时）后转入正常环境条件下，饲喂 24 小时或更长时间，观察试螨中毒死亡反应，计算死亡率，求出致死中浓度；也可让供试螨和药膜长时间接触而观察供试螨的击倒时间，直到全部供试螨被击倒，从而求出击倒中时，以比较毒力；还可将形成的药膜放置不同时间，经光照、雨淋等处理，再让供试螨接触，这样可测得杀螨剂是否有残留。

第三节　生物防制

生物防制是指利用某种生物（天敌）或其代谢物来消灭另一种有害生物的防制方法，其特点是对人、畜安全，不污染环境。生物防制时，既要充分考虑粉螨生态学和种群动态的变化情况，也应考虑所要释放或放养天敌的生物学特性，天敌对目标生物与非目标生物产生的影响，天敌自身数量变化、存活情况等。在自然界中，粉螨和其天敌或捕食者之间是相互制约、相互影响的，并且保持一定的动态平衡。而生物防制就是要打破这种相对平衡，通过增加天敌的种类和（或）数量，遏制粉螨的数量，以达到防制粉螨的目的。

目前用于粉螨生物防制的生物主要是捕食性生物，即粉螨的天敌，利用天敌捕食或吞食粉螨来达到有效防制目的。一般情况下，储粮环境支持生物防制，因储藏设施可防止螨类天敌离开，这就为在储粮环境中采用生物防制技术提供了有利条件。例如，马六甲肉食螨（*Cheyletus malaccensis*）是腐食酪螨（*Tyrophagus putrescentiae*）的天敌，1只马六甲肉食螨每天可捕食约10只腐食酪螨；而普通肉食螨（*Cheyletus eruditus*）是粗脚粉螨（*Acarus siro*）的天敌，1只普通肉食螨每天可捕食粗脚粉螨12~15只。捕食螨和粉螨的推荐比例为1∶100~1∶10，这取决于粮食水分，若是高水分粮，粉螨的发育较快，应以较高的比例释放。通过昆虫的功能反应实验发现，一定时间内捕食者的捕食量与猎物密度之间的关系一般可用霍林圆盘方程（Ⅱ型）来描述。例如，夏斌等（2003，2007）研究了普通肉食螨对腐食酪螨和椭圆食粉螨（*Aleuroglyphus ovatus*）的捕食效能，结果发现普通肉食螨不同螨态对这两种螨的功能反应均属于Holling Ⅱ型，其中雌成螨的捕食能力最强，在28℃时具有较高的捕食功能，其次是雄螨、若螨、幼螨。

除了利用捕食性天敌来杀螨外，也有利用寄生性天敌、细菌、真菌、病毒和原生动物来杀螨的，主要集中在农业害螨。活体微生物杀螨剂主要是通过接触螨体，在螨体内定植、生长而造成害螨死亡。苏联曾用白僵菌防制二斑叶螨。包建红等（2016）用苏云金杆菌及其两种毒蛋白（Cry1Ac活化毒素/原毒素、Cry2Ab活化毒素/原毒素）对土耳其斯坦叶螨（*Tertranychus turkestani*）的不同螨态进行毒力测定发现，两种活化毒素对若螨和雌成螨有较高毒力，可用于对该螨的防制工作。对于储粮仓库中的螨，还可用激素农药进行防制，激素农药是利用生物体内的生理活性化学物质或人工合成的类似化学物质作用于仓螨抑制或破坏其正常生长发育过程，使其个体生活能力降低、死亡，进而使种群灭绝，从而达到防制的目的。如使用剂量为20ppm的灭幼脲1号保幼激素即可有效防制粉螨属（*Acarus*）和向酪螨属（*Tyrolichus*）的螨类；使用剂量为10~500ppm的ZR-856保幼激素处理高水分的小麦、饲料后，腐食酪螨的繁殖率大大降低，种群密度也明显下降。

近年来，由于滥用杀虫剂，导致杀虫剂的污染越来越重，同时随着粉螨抗药性的逐渐增强，生物防制的研究越来越受到人们的青睐。生物防制符合现阶段人们控制储藏物粉螨的要求，具有广阔的发展前景。

第四节　其　　他

1. 微波、高频加热、电离辐射　微波防制主要是应用波长介于普通无线电波和可见光之间的电磁波，对粮油等物质进行微波加热处理，从而达到杀螨的目的。高频加热与微波防制螨的原理相同，均是利用电磁电场电介质加热，螨由于发生热效应而使体内结构受到破坏，从而导致死亡。电离辐射是用放射性同位素^{60}Co γ线照射谷物，使孳生其中的螨死亡或不育，从而达到防制粉螨的目的，如腐食酪螨（*Tyrophagus putrescentiae*）雌成螨在高剂量γ线的辐射下死亡率很高。这些方法污染少，在防制粮油、饲料等螨类时应用广泛。

2. 气调方法　是指利用自然或人工方式来改变粮仓中气体成分的含量，造成不利于螨类生长发育的环境而达到控制储粮害螨的目的，如自然缺氧法、微生物辅助缺氧法、抽氧补充 CO_2 法等。在密闭状态下，使粮堆内 O_2 消耗，CO_2 逐渐积累，达到螨死亡的目的，同时该方法还能控制霉菌的生长，从而保障储粮的品质。当粮堆中 O_2 浓度下降到 0.2%，CO_2 增至 10% 时，螨类则难于生长繁殖。低浓度的 CO_2 对于螨类而言是一种麻痹剂，高浓度的 CO_2 对螨类则有毒杀作用，其杀螨机制是抑制螨类体内的脱氢酶，从而破坏生物氧化作用而导致螨类最终死亡，CO_2 浓度要达到 70%~75%，保持 10~15 天，即可防制螨类。有些国家把 CO_2 作为一种熏蒸剂使用。

3. 硅藻土　硅藻土及其他惰性粉是一种天然的储粮杀螨剂，具有广阔的应用前景。硅藻土颗粒很细，对酯和蜡有很强的吸收能力，当硅藻土与粉螨接触后，能够破坏粉螨表皮的"水屏障"，使粉螨体内失水，重量减轻，最终死亡。英国科学家发现，在温度 15℃、相对湿度 75% 的条件下，每 1kg 粮食用 0.5~5.0g 硅藻土粉处理后，能完全杀死孳生其中的粗脚粉螨 (*Acarus siro*)，并且其对人及哺乳动物等的毒性低，对小鼠急性口服 LD_{50} 为 3160mg/kg，资源丰富，防螨效果好，因此，可在粮食输送过程中将硅藻土与粮食搅拌混匀，或用喷粉机将硅藻土覆盖在建筑物表面，以此来防制粉螨。但长期高剂量使用硅藻土会使螨产生抗性的问题，以及如何将其均匀地搅拌到大堆粮食中、粮食中粉尘的增加是否会给工作人员带来健康问题等仍需要研究、解决。

4. 芳香油　其不但可以抗螨，而且具有杀灭真菌、细菌和其他微生物的作用，是一种天然的高效、低毒、环境友好型防螨剂。鄢建等（1989）用 9 种天然植物芳香油进行防制腐食酪螨 (*Tyrophagus putrescentiae*) 的实验发现，柠檬油、香茅油和香樟油在 10ppm 的剂量下即可杀死全部腐食酪螨，且天然植物性芳香油无污染、无残留、来源广、作用于螨不产生抗药性或抗药性产生延迟，在经济昆虫的饲养中用来防制螨类既可以提高收益，又能避免化学药物对产品的污染。

5. 脱氧剂　是一种参与氧发生反应从而除去环境中氧的物质。最近，国外有学者发现某些脱氧剂可以有效杀灭尘螨的成螨和螨卵，这种方法可以作为控制尘螨的新措施。这些脱氧剂主要包括铁离子型和抗坏血酸型。铁离子型脱氧剂对粉尘螨 (*Dermatophagoides farinae*)、屋尘螨 (*Dermatophagoides pteronyssinus*) 的杀灭作用极佳，而对腐食酪螨的杀灭作用较差。抗坏血酸型脱氧剂对粉尘螨、屋尘螨及腐食酪螨的杀灭作用均未达到 100%，可能是生成的 CO_2 对 3 种粉螨的影响有限、螨的耐缺氧能力增强的缘故。此外，Colloff（1991）介绍了运用液氮杀灭床垫与地毯中尘螨的方法，有效率可达 90%~100%。

6. 驱避剂或诱螨剂　驱避剂挥发产生的蒸气具有特殊气味，能刺激粉螨的嗅觉神经，使粉螨避开，从而防止粉螨的叮咬或侵袭。主要是将其制成液体、膏剂或霜直接涂于皮肤上，也可制成浸染剂，浸染衣服、纺织品等，当人的衣物上浸有趋避药物或人畜身体上涂有这种药物时，可以避免粉螨的侵袭，从而免受其害。有些药物作用与驱避剂相反，能引诱粉螨靠近，当粉螨聚集时，可以将其捕杀或毒杀。

7. 遗传防制　是一种新兴的害虫防制方法。应用昆虫遗传学的基本原理，通过一定手段改变或移换其遗传物质，从而培育出有遗传缺陷的品系，将其与自然群体一起生产繁殖，使之在 3~5 代内完全灭绝，降低其繁殖势能或生存竞争力，从而达到控制或消灭粉螨的目的。主要方法有：①杂交绝育：通过强迫两种近缘种团和复合种杂交，使其染色体配对发生异常，导致后代中雌螨正常而雄螨绝育。例如，在牛蜱防制过程中，有学者将环形牛蜱和微小牛蜱进行杂交，其杂交后代中雄蜱不育，雌蜱可育；将产生的不育雄蜱与雌蜱进行交配后，雌蜱产生的卵几乎均不能孵育。②化学绝育：采用能使螨丧失生殖能力的药剂处理幼螨和成螨，使粉螨的能育性降低或丧失。如保幼激素可明显减少腐食酪螨（*Tyrophagus putrescentiae*）的产卵量；从脱叶链霉菌变种中分离出的抗生素 MYC8005，可显著抑制朱砂叶螨（*Tetranychus Cinnabarinus*）幼螨的生长及减少其雌成螨的产卵量；推荐剂量的四螨嗪和噻螨酮对一些叶螨的卵有很强的杀卵活性，但对成螨的影响较小，若用这两种药剂处理棉红蜘蛛（即朱砂叶螨）雌螨，则在处理后的两天内能产生不能孵化的卵。③照射绝育：经射线照射破坏粉螨染色体而使其绝育，但不影响粉螨的存活。若用50Gy 的电离辐射照射害螨 24 小时，可降低螨类的产卵能力及卵的生活力，若用超过250Gy 的电离辐射照射螨类，则可使之绝育。④胞质不育：精子进入卵细胞的原生质内时受到不亲和细胞质的破坏，精子核不能与卵核结合而成为不育卵。例如，感染了沃尔巴克菌（Wolbachia）的桑全爪螨（*Panonychus mori*）能够产生生殖不亲和性，降低卵的孵化率和雌性后代数。⑤染色体易位：通过两个非同源染色体的断裂，断片重新相互交换连接，使正常的基因排列发生改变。

目前的遗传防制主要集中在昆虫类，螨类的遗传防制相对匮乏，储藏物粉螨的遗传防制则更少。

8. 法规防制　　是利用法律、法规或条例，保证各种预防性措施能够及时、顺利地得到贯彻和实施，而避免粉螨的侵入或传到其他地区。随着国际交往的增加，特别是贸易的发展，储藏物粉螨可以通过人员、交通运输工具和进出口货物及包装等传入或传出。因此有效的法规防制必须加强对海港及口岸的检疫、卫生监督和强制防制三方面的工作，必要时采取消毒、杀螨等具体措施，使除螨灭病工作走向法制化。

9. 个人与集体防护　　人体螨病的防治除采取以上措施灭螨外，还应注意环境卫生和饮食卫生，避免人—媒介—病原体三者之间的接触机会，防止虫媒病传播。例如，在空气粉尘含量较大的工作场所，应安装除尘设备，个人应戴口罩或采取相应的措施；经常打扫室内卫生，勤洗床上用品，清除床垫及床下积尘；勤换内衣，常洗澡，尽可能减少居室中人体皮屑等来自人体的污染物。人体粉螨性皮炎、皮疹的治疗可采用激素类或杀螨止痒类软膏、霜剂等，严重者可口服阿司咪唑、氯苯那敏必要时可注射葡萄糖酸钙等。人体螨病的治疗曾用药物为氯喹、甲硝咪唑等，也有人试用伊维菌素。粉螨引起的变态反应性疾病临床上曾采用螨浸液脱敏注射及应用色甘酸钠和 BRI108 控制临床症状的发作。此外，临床上也用葡萄糖酸钙、阿司咪唑、激素类及抗组胺类等药物。总之，人体螨病的治疗一是要针对性灭螨或采用其他针对性对抗措施，二是要根据临床症状对症处理。

10. 防螨产品的使用　　人们除了采用以上措施灭螨外，还采用防螨产品来防止螨的孳生。例如，防螨纤维及其织物的使用，即通过喷淋、浸轧、涂层等方法将防螨整理剂加入到织物上；或在成纤聚合物中添加防螨整理剂，再纺丝成防螨纤维；或对纤维进行化学改性，使其具备防螨效果。随着科技的发展，绿色无污染的纳米技术也应用到了防螨产品中。另外，还有将高密度织物套在易孳生螨类的物品上，以阻断与人体的直接接触，从而保护自身。随着科技的发展，电子类的防螨产品也陆续出现，如防螨空调、除螨吸尘器、除螨仪等。

（陶　宁　李朝品）

参 考 文 献

包建红，王小军，张燕娜，等.2016.苏云金杆菌及其毒蛋白对土耳其斯坦叶螨不同螨态的毒力测定.农药，55（11）：847-850

丁伟.2011.螨类控制剂.北京：化学工业出版社

高志华，刘敬泽.2003.蜱类防制研究进展.寄生虫与医学昆虫学报，10（4）：251-256

洪晓月.2002.沃尔巴克氏体（Wolbachia）在神泽叶螨和桑全爪螨中的垂直传播.昆虫学创新与发展——中国昆虫学会2002年学术年会论文集

洪晓月.2012.农业螨类学.北京：中国农业出版社

黄国诚，郑强.1994.药物杀灭腐食酪螨的实验研究.中国预防医学杂志，28（3）：177

黄素青，徐汉虹，曾东强，等.2005.农田害螨的几种生物测定方法.植物保护，31（1）：79-81

贾家祥.2005.螨的危害及其防制.中华卫生杀虫药械，11（3）：145-147

姜生，金永安.2014.超细纤维非织造织物物理防螨性能研究.棉纺织技术，42（8）：13-16

姜在阶.1991.第八届国际蜱螨学会议.昆虫知识，（2）：125-127

李朝品.1989.引起肺螨病的两种螨的季节动态.昆虫知识，26（2）：94

李朝品.2006.医学蜱螨学.北京：人民军医出版社

李朝品.2007.医学昆虫学.北京：人民军医出版社

李朝品，江佳佳，贺骥，等.2005.淮南地区储藏中药材孳生粉螨的群落组成及多样性.蛛形学报，14（2）：100-103

李朝品，王慧勇，贺骥，等.2005.储藏干果中腐食酪螨孳生情况调查.中国寄生虫病防制杂志，18（5）：382-383

李朝品，武前文.1996.房舍和储藏物粉螨.合肥：中国科学技术大学出版社

刘伟，刘彩明，张元明.2006.防螨功能纺织品的防螨技术.山东纺织科技，3：49-51

刘学文，孙杨青，梁伟超，等.2005.深圳市储藏中药材孳生粉螨的研究.中国基层医药，12（8）：1105-1106

娄国强，吕文彦.2006.昆虫研究技术.成都：西南交通大学出版社

陆云华.2002.食用菌大害螨——腐食酪螨的生物学特性及防制对策.安徽农业科学，30（1）：100

马正升，黄斌斌，金辉，等.2002.防螨纤维及织物的研究进展.金山油化纤，4：29-32

孟阳春，李朝品，梁国光.1995.蜱螨与人类疾病.合肥：中国科学技术大学出版社

裴莉，武前文.2007.粉螨的危害及其防制.医学动物防制，23（2）：109-111

裴伟，林贤荣，松冈裕之.2012.防制尘螨危害方法研究概述.中国病原生物学杂志，7（8）：632-636

任学祥，王开运，左一鸣，等.2011.哒螨灵对三种害虫的毒力比较及其应用潜力评价.植物保护学报，38（1）：65-69

商成杰，刘红丹.2012.织物防螨整理研究.针织工业，3：53-55

沈兆鹏.1994.螨类防制技术.粮食储藏，23（Z1）：91-99

沈兆鹏.2005.谷物保护剂——现状和前景.黑龙江粮食，1：20-22

沈兆鹏.2005.绿色储粮——用硅藻土和其他惰性粉防制储粮害虫.粮食科技与经济，3：7-10

盛许生．2012. 郑州市尘螨生物学特征与防制方法的初步研究．郑州：河南农业大学

师超，涂锡茂，冯雪春，等．2012. 6 种杀螨剂对朱砂叶螨不同生测方法的毒力比较．农药，51（3）：222-224

孙庆田，陈日翊，孟昭军．2002. 粗足粉螨的生物学特性及综合防制的研究．吉林农业大学学报，24（3）：30-32

孙善才，李朝品，张荣波．2001. 粉螨在仓贮环境中传播霉菌的逻辑质的研究．中国职业医学，28（6）：31

汪诚信．2002. 有害生物防制（PCO）手册．武汉：武汉出版社

王伯明，王梓清，吴子毅，等．2008. 甜果螨的发生与防制概述．华东昆虫学报，17（2）：156-160

王慧勇，李朝品．2005. 储藏食物孳生粉螨群落结构及多样性分析（英文）．热带病与寄生虫学，3（3）：139-142

王慧勇，李朝品．2005. 粉螨危害及防制措施．中国媒介生物学及控制杂志，16（5）：403-405

王来力．2009. 纺织品防螨技术现状及其检测标准分析．中国纤检，11：76-77

王宁，薛振祥．2005. 杀螨剂的进展与展望．现代农药，4（2）：1-8

王伟，吴彤宇，罗生茂，等．2014. 天津市居民尘螨防制知识和行为及其影响因素调查．中华卫生杀虫药械，20（4）：312-314

吴观陵．2004. 人体寄生虫学．3 版．北京：人民卫生出版社

吴坤君，盛承发，龚佩瑜．2004. 捕食性昆虫的功能反应方程及其参数的估算．昆虫知识，41（3）：267-269

夏斌，龚珍奇，邹志文，等．2003. 普通肉食螨对腐食酪螨捕食效能．南昌大学学报（理科版），27（4）：334

夏斌，罗冬梅，邹志文，等．2007. 普通肉食螨对椭圆食粉螨的捕食功能．昆虫知识，44（4）：549-552

夏斌，张涛，邹志文，等．2007. 鳞翅触足螨对腐食酪螨捕食效能．南昌大学学报（理科版），31（6）：579-582

薛涛．2005. 纳米防螨抗菌真丝针织服装的研究．西安：西安工程科技学院

鄢建，秦宗林，李光灿．1989. 用天然植物芳香油防制腐食酪螨的试验报告．粮油仓储科技通讯，（3）：23-24

杨培志，张红．2001. 饲料的螨害及防制．饲料博览，8：35-36

杨庆贵，李朝品．2006. 室内粉螨污染及控制对策．环境与健康杂志，23（1）：81-82

姚永政，许先典．1982. 实用医学昆虫学．北京：人民卫生出版社

于晓，范青海．2002. 腐食酪螨的发生与防制．福建农业科技，6：49-50

周淑君，周佳，向俊，等．2005. 上海市场床席螨类污染情况调查．中国寄生虫病防制杂志，18：254

周卫平．1994. 杀螨剂的生化及生理靶标（下）．世界农药，16（6）：1-6，22

Arlian LG, Platts-Mills TA. 2001. The biology of dust mites and the remediation of mite allergens in allergic disease. J Allergy Clin Immunol, 107（3）：S406-S413

Burst GE, House GJ. 1988. A study of *Tyrophagus putrescentiae*（Acari：Acaridae）as a facultative predator of southern corn rootworm eggs. Experimental Applied Acarology, 4（4）：335-344

Cloosterman SG, Hofland ID, Lukassen HG, et al. 1997. House dust mite avoidance measures improve peak flow and symptoms in patients with allergy but without asthma：a possible delay in the manifestation of clinical asthma. J Allergy Clin Immunol, 100（3）：313-319

Colloff MJ. 1991. A review of the biology and allergenicity of the house-dust mite Euroglyphus maynei（Acari：Pyroglyphidae）［corrected］. Exp Appl Acarol, 11（2-3）：177-198

Dorn S. 1998. Integrated stored product protection as a puzzle of mutually compatible elements. IOBC WPRS Bulletin, 21: 9-12

Fan QH, Zhang ZQ. 2007. Fauna of New Zealand, No 56: Tyrophagus (Acari: Astigmata: Acaridae). New Zealand: Manaaki Whenua Press

Hayden ML, Perzanowski M, Matheson L, et al. 1997. Dust mite allergen avoidance in the treatment of hospitalized children with asthma. Ann Allergy Asthma Immunol, 79 (5): 437-442

Krantz GW. 1961. The biology and ecology of granary mites of the Pacific northwest I. Ecological Consideration. Ann Ent Soc Am, 54 (2): 169

Li CP, Cui YB, Wang J, et al. 2003. Acaroid mite, intestinal and urinary acariasis. World J Gastroenterol, 9 (4): 874-877

Li CP, Cui YB, Wang J, et al. 2003. Diarrhea and acaroid mites: a clinical study. World J Gastroenterol, 9 (7): 1621-1624

Li CP, Wang J. 2000. Intestinal acariasis in Anhui Province. World J Gastroenterol, 6 (4): 597-600

van Bronswijk JE, Schober G, Kniest FM. 1990. The management of house dust mite allergies. Clin Ther, 12 (3): 221-226

第八章　粉螨采集与标本制作

粉螨种类繁多，分布广泛，可孳生在房舍的各个角落，为害储藏物并污染环境，与人们的生活和健康息息相关。要了解粉螨、控制粉螨，就要对粉螨开展研究工作。研究粉螨常常需要用到大量粉螨标本，而要想获得这些标本就需要我们熟练掌握有关粉螨的采集、分离、保存和标本制作技术。由于粉螨的孳生场所广泛多样，孳生物种类不胜枚举，标本采集方法不尽相同，因此为了更有效地收集到所需要的标本，必须了解粉螨的孳生场所和孳生物。

第一节　生　　境

粉螨生活史复杂、栖息场所多种多样。有些粉螨孳生在家居环境，有些孳生在工作环境，有些孳生在储藏场所，有些孳生在畜禽圈舍，有些孳生在动物巢穴，有些甚至孳生在交通工具里。

储藏物螨类（stored product mites）孳生物种类繁多，食性复杂，可孳生于各类储藏物中，包括储藏谷物、储藏中药材和储藏食品等。包括植食性螨类（phytophagous mites）、菌食性螨类（mycetophagous mites, mycophagous mites）、腐食性螨类（saprophagous mites）、杂植食性螨类（panphytophagous mites）、尸食性螨类（necrophagous mites），此外，还有碎粒食性、螨食性（同类相残）、血液或体液食性螨类等。为了能针对性地采集粉螨标本，现根据粉螨对食物的嗜好将粉螨的食性粗略地分为植食性、腐食性和菌食性三类：①植食性粉螨，是以谷物、饲料、中药材、干果和蔬菜等为食，常为害稻谷、小麦、粮种胚芽和各种储藏食物等。在我国台湾，各种储藏的粮食受到粉螨的为害率高达61% ~ 100%，害螨种类包括：粗脚粉螨（*Acaras siro*）、腐食酪螨（*Tyrophagus putrescentiae*）、椭圆食粉螨（*Aleuroglyphus ovatus*）、伯氏嗜木螨（*Caloglyphus berlesei*）、罗宾根螨（*Rhizoglyphus robini*）、纳氏皱皮螨（*Suidasia nesbitti*）、家食甜螨（*Glycyphagus domesticus*）、害嗜鳞螨（*Lepidoglyphus destructor*）、热带无爪螨（*Blomia tropicalis*）、弗氏无爪螨（*Blomia freemani*）、隆头食甜螨（*Glycyphagus ornatus*）、隐秘食甜螨（*Glycyphagus privatus*）、棕脊足螨（*Gohieria fusca*）、甜果螨（*Carpoglyphus lactis*）和粉尘螨（*Dermatophagoides farinae*）等。它们隶属于粉螨科（Acaridde）、食甜螨科（Glycyphagidae）、果螨科（Carpoglyphidae）和麦食螨科（Pyroglyphidae）。②腐食性粉螨，以腐烂的谷物、腐烂的干果、蔬菜、甘薯片、调味料、饲料、中药材和朽木霉菌等腐烂的有机物质为食，常为害大米、燕麦、小麦、朽桃木、蜜桃干、蜜藕干、果脯、桂圆、荔枝、洋葱、百合、冬竹笋、萝卜干、酵母粉、辣椒粉、花椒粉、茴香粉、食糖等。害螨种类包括：腐食酪螨、速生薄口螨（*Histiostoma feroniarum*）、罗宾根螨（*Rhizoglyphus robini*）

等。它们隶属于粉螨科（Acaridae）和薄口螨科（Histiostomidae）。③菌食性粉螨，以储藏物上的霉菌及栽培食用菌和野生菇类为食，常为害发霉的谷物和菇类，如滑菇、平菇、金针菇、猴头菇、茶树菇、香菇、蘑菇、白木耳、黑木耳、灵芝和竹荪等。害螨种类包括：腐食酪螨、食菌嗜木螨、家食甜螨、害嗜鳞螨、伯氏嗜木螨、速生薄口螨等。它们隶属于粉螨科、食甜螨科和薄口螨科。

多数粉螨食性复杂，很难将某种螨归类于某种食性。如腐食酪螨常孳生于富含脂肪和蛋白质的储藏食物中，如蛋粉、火腿、鱼干、干酪、坚果、花生等，也可在小麦、大麦、烟草等中被发现。于晓和范青海（2002）对腐食酪螨的食性研究发现，腐食酪螨的孳生物有禾谷类、菌菇类、干果类、中药材和中成药蜜丸等，还兼食霉菌和腐败物。

一、家居环境

家居环境的各个角落几乎都有粉螨孳生，这些粉螨也称为家栖螨或住家螨。这些螨类主要孳生在厨房、卧室和储藏间，其次是居室、空调和地板积聚的灰尘颗粒、人体皮屑和霉菌孢子等尘埃中。家居环境孳生粉螨的常见种类为腐食酪螨（*Tyrophagus putrescentiae*）、长食酪螨（*Tyrophagus longior*）、罗宾根螨（*Rhizoglyphus robini*）、甜果螨（*Carpoglyphus lactis*）、家食甜螨（*Glycyphagus domesticus*）、河野脂螨（*Lardoglyphus konoi*）、害嗜鳞螨（*Lepidoglyphus destructor*）、纳氏皱皮螨（*Suidasia nesbitti*）、粗脚粉螨（*Acarus siro*）、椭圆食粉螨（*Aleuroglyphus ovatus*）、屋尘螨（*Dermatophagoides pteronyssinus*）、粉尘螨（*Dermatophagoides farinae*）、梅氏嗜霉螨（*Euroglyphus maynei*）和速生薄口螨（*Histiostoma feroniarum*）等。此外，还有少数捕食性螨类，如普通肉食螨（*Cheyletus eruditus*）、马六甲肉食螨（*Cheyletus malaccensis*）和鳞翅触足螨（*Cheletomorpha lepidopterorum*）等，这些肉食螨科（Cheyletidae）螨类与粉螨栖息在同一环境中，以捕食粉螨为生。韩玉信等（2006）调查不同居住和工作环境中粉螨的孳生情况，分离到粉螨3科、5属、6种，即粗脚粉螨、椭圆食粉螨、腐食酪螨、粉尘螨、屋尘螨和家食甜螨。吴子毅等（2008）对福建地区房舍螨类调查，经鉴定属于粉螨的有13种，以弗氏无爪螨、热带无爪螨（*Blomia tropicalis*）最为常见。螨的密度与栖息微环境及房舍大环境密切相关，地毯、地板灰尘中螨类较多，吸尘器螨量最大，草席和沙发较少。赵金红等（2009）对安徽省房舍孳生粉螨种类调查发现，粉螨总体孳生率为54.39%，孳生螨种有粗脚粉螨、小粗脚粉螨（*Acarus farris*）、静粉螨（*Acarus immobilis*）、食菌嗜木螨（*Caloglyphus mycophagus*）、伯氏嗜木螨（*Caloglyphus berlesei*）、奥氏嗜木螨（*Caloglyphus oudemansi*）、腐食酪螨（*Tyrophagus putrescentiae*）、长食酪螨（*Tyrophagus longior*）、干向酪螨（*Tyrolichus casei*）、菌食嗜菌螨（*Mycetoglyphus fungivorus*）、椭圆食粉螨、食虫狭螨（*Thyreophagus entomophagus*）、纳氏皱皮螨（*Suidasia nesbitti*）、家食甜螨（*Glycyphagus domesticus*）、隐秘食甜螨（*Glycyphagus privatus*）、隆头食甜螨（*Glycyphagus ornatus*）、害嗜鳞螨（*Lepidoglyphus destructor*）、米氏嗜鳞螨（*Lepidoglyphus michaeli*）、弗氏无爪螨（*Blomia freemani*）、粉尘螨（*Dermatophagoides farinae*）、屋尘螨（*Dermatophagoides pteronyssinus*）、小角尘螨（*Derma-*

tophagoides microceras)、梅氏嗜霉螨（*Euroglyphus maynei*）、扎氏脂螨（*Lardoglyphus zacheri*）、拱殖嗜渣螨（*Chortoglyphus arcuatus*）和甜果螨（*Carpoglyphus lactis*）共26种，隶属于6科16属。朱玉霞（2005）报道了空调粉螨的污染情况，许礼发（2008）报道了学校、饭店、娱乐场所、医院病房的空调粉螨污染情况，发现均有粉螨孳生。据沈兆鹏（2009）记述，现代居室环境更适宜粉螨孳生。居室空调运转时都习惯性地紧闭门窗，这就阻断了室内与外界直接通风换气；居室里的床垫由棕、棉、麻等植物纤维填充，用织物包装而成，构成了居室粉螨孳生的生态环境。沙发、靠椅、软椅、坐垫、窗帘、枕芯、床铺、沙发、衣柜等积聚的灰尘、人体脱落的皮屑、一些霉菌孢子和食糖、干果、蜜饯、桂圆肉等储藏物为粉螨孳生提供了丰富的食物。许礼发（2012）对安徽淮南地区居室171台空调隔尘网的粉螨孳生情况进行了调查，结果发现粉螨的孳生率为89.5%，孳生密度为20.1只/克。此次调查共获得粉螨23种，即粗脚粉螨、小粗脚粉螨、腐食酪螨、菌食嗜菌螨、椭圆食粉螨、纳氏皱皮螨、刺足根螨（*Rhizoglyphus echinopus*）、伯氏嗜木螨（*Caloglyphus berlesei*）、河野脂螨（*Lardoglyphus konoi*）、隆头食甜螨、隐秘食甜螨（*Glycyphagus privatus*）、家食甜螨、膝澳食甜螨（*Austroglyphagus geniculatus*）、弗氏无爪螨、热带无爪螨（*Blomia troicalis*）、害嗜鳞螨、拱殖嗜渣螨、甜果螨、速生薄口螨（*Histiostoma feroniarum*）、粉尘螨、屋尘螨、小角尘螨和梅氏嗜霉螨，隶属于7科17属。

二、工作环境

工作环境孳生的粉螨主要分布在面粉厂、碾米厂、食品厂、制药厂、制糖厂、轧花厂、纺织厂、食用菌养殖场和果品厂等。粉螨可直接以谷物碎屑、地脚粉、碎米屑、药材、丝物纤维、干果和菇类等为食，也可孳生在厂区的储物间和食堂中，以及厂区的灰尘颗粒等尘埃中。粉螨孳生密度在食品、药品加工厂和食用菌培殖房中较高，其次是轧花厂、纺织厂和造纸厂等（李朝品，2016）。工作环境孳生粉螨的常见种类为伯氏嗜木螨（*Caloglyphus berlesei*）、拱殖嗜渣螨（*Chortoglyphus arcuatus*）、腐食酪螨（*Tyrophagus putrescentiae*）、长食酪螨（*Tyrophagus longior*）、家食甜螨（*Glycyphagus domesticus*）、甜果螨（*Carpoglyphus lactis*）、河野脂螨（*Lardoglyphus konoi*）、罗宾根螨（*Rhizoglyphus robini*）、害嗜鳞螨（*Lepidoglyphus destructor*）、屋尘螨（*Dermatophagoides pteronyssinus*）、粉尘螨（*Dermatophagoides farinae*）、梅氏嗜霉螨（*Euroglyphus maynei*）和速生薄口螨（*Histiostoma feroniarum*）等。粉螨对工作环境的污染不容小觑，多数粉螨体小而轻，可悬浮于空气中，随风飘移而播散。李朝品等（2002）对中药厂、面粉厂、纺织厂、粮库等工作场所内和本校教学楼的工作环境采用空气粉尘采样器和自制空气悬浮螨采样器进行悬浮螨的分离，获得粉螨8种，即粗脚粉螨（*Acarus siro*）、小粗脚粉螨（*Acarus farris*）、腐食酪螨、椭圆食粉螨（*Aleuroglyphus ovatus*）、纳氏皱皮螨（*Suidasia nesbitti*）、害嗜鳞螨、粉尘螨和屋尘螨，隶属于3科6属（表8-1）。

表 8-1　工作环境空气中分离出的粉螨

科（family）	属（genus）	种（species）	采样场所（habitats）
粉螨科	粉螨属	粗脚粉螨	中药厂、面粉厂、粮库、教学楼
		小粗脚粉螨	面粉厂
	食酪螨属	腐食酪螨	中药厂、面粉厂、纺织厂、粮库、教学楼
	食粉螨属	椭圆食粉螨	面粉厂、粮库、教学楼
	皱皮螨属	纳氏皱皮螨	粮库
食甜螨科	嗜鳞螨属	害嗜鳞螨	纺织厂、粮库
麦食螨科	尘螨属	粉尘螨	中药厂、面粉厂、纺织厂、粮库、教学楼
		屋尘螨	教学楼

资料来源：李朝品 . 2002. 粉螨污染空气的研究。

中成药制药厂和中药材仓库常有大量的粉螨孳生，尤其是富含营养的植物性和动物性中药材，当温湿度条件适宜时，粉螨便在其中迅速繁衍，如党参、全蝎、僵蚕、川芎、黄芪、桔梗、地鳖虫等受粉螨污染严重（李朝品，2016）。沈兆鹏（1995）对某地部分中草药和中药蜜丸的调查发现，粉螨污染率达 45%。其中有些中药蜜丸虽蜡壳完好，但剥开蜡壳可见粉螨在中药蜜丸上孳生，显然是蜜丸在加工过程中就已经被粉螨污染。王晓春等（2007）在蚌埠面粉厂观察了 4 种常见粉螨，即腐食酪螨、粗脚粉螨、害嗜鳞螨、粉尘螨，它们在 20 种不同孳生物中的季节消长结果表明，一般在 4 ~ 5 月开始大量繁殖，7 ~ 8 月达到最高峰，9 ~ 10 月繁殖速度下降，不同螨种季节消长有所差异。张伟（2009）报道，我国南方宾馆、写字楼和商场中螨类孳生率分别为 10%、5% 和 12.5%。赵金红等（2013）调查安徽某烟厂烟叶螨类孳生情况，共检获不同生境的螨类 1656 只，隶属 5 科 16 属 23 种。其中粉螨科 11 种、食甜螨科 6 种：麦食螨科 3 种、嗜渣螨科 1 种和肉食螨科 2 种，分别为粗脚粉螨（*Acarus siro*）、小粗脚粉螨（*Acarus farris*）、腐食酪螨（*Tyrophagus putrescentiae*）、长食酪螨（*Tyrophagus longior*）、热带食酪螨（*Tyrophagus tropicus*）、菌食嗜菌螨（*Mycetoglyphus fungivorus*）、椭圆食粉螨（*Aleuroglyphus ovatus*）、食菌嗜木螨（*Caloglyphus mycophagus*）、伯氏嗜木螨（*Caloglyphus berlesei*）、食虫狭螨（*Thyreophagus entomophagus*）、纳氏皱皮螨（*Suidasia nesbitti*）、家食甜螨（*Glycyphagus domesticus*）、隆头食甜螨（*Glycyphagus ornatus*）、隐秘食甜螨（*Glycyphagus privatus*）、害嗜鳞螨（*Lepidoglyphus destructor*）、弗氏无爪螨（*Blomia freemani*）、羽栉毛螨（*Ctenoglyphus plumiger*）、拱殖嗜渣螨（*Chortoglyphus arcuatus*）、粉尘螨（*Dermatophagoides farinae*）、屋尘螨（*Dermatophagoides pteronyssinus*）、梅氏嗜霉螨（*Euroglyphus maynei*）、普通肉食螨（*Cheyletus eruditus*）和网真扇毛螨（*Eucheyletia reticulala*）。以上表明安徽省烟厂孳生粉螨种类丰富且螨种的分布与其生境条件密切相关。

食用菌螨类的为害已成为制约食用菌产业进一步发展的因素之一。我国是世界上最大的食用菌生产国。在食用菌人工栽培过程中，菇房内常需要较为恒定的温度、湿度、弱光照和足量培养料，一般温度为 25℃ 左右、湿度为 75% 左右，而此种环境也非常适宜各种螨类繁殖。培养料谷壳、棉籽壳、甘蔗及各种作物秸秆、木材表面的残屑、苔藓、腐烂植物及土壤表层和菇房周围的垃圾、废弃物上均可孳生粉螨。粉螨可随蝇类等昆虫侵入菇床，或因菇房、架料消毒不彻底，尤其是一些临近谷物仓库、碾米厂、养鸡场等处的菇房；食用菌的堆料不新鲜、发酵建堆窄且矮、堆底温度低、堆料进房后未经"二次发酵"等也是原因之一；此外，生产人员及其劳动工具出入菇房也是造成传播的另一因素。陆云华等（1998）通过对食用菌（如凤尾菇、金针菇、草菇、银耳、木耳、蛹虫草、双孢蘑菇、鸡腿菇、竹荪等）及其培养料孳生螨类的调查，发现螨类共 16 科 43 种，其中包括粉螨亚目（Acaridida）的粉螨科（Acaridae）12 种、食甜螨科（Glycyphagidae）2 种、嗜渣螨科（Chortoglyphidae）1 种、薄口螨科（Histiostomidae）2 种。由于螨类个体较小，繁殖能力强，分布广泛，易于在菌褶中孳生，因此菇房中粉螨普遍发生，且密度较高，可直接影响鲜菇生长，导致蘑菇减产甚至绝收。

三、仓储环境

粉螨栖息于粮食仓库、食品仓库、中药材仓库和其他储藏物品的仓库中，蛀食粮食、棉花、蚕丝、食糖、干果、药材和皮毛等储藏物。

1. 仓储谷物　在谷物的收获、包装、运输、储藏及加工过程中，粉螨均可侵入其中，也可通过自然迁移和人为携带而播散，如借以鼠、雀、昆虫、包装器材、运输工具、工作人员的衣服等携带而传播，侵入储藏谷物和其他储藏物，当环境条件适宜时，便在其中大量繁殖。粉螨嗜食禾谷类粮食，如稻谷、小麦、玉米和大米等（表 8-2）。由于禾谷类有较松软的胚，易于粉螨取食，所以禾谷类中孳生的粉螨较多；而豆类表皮光滑坚硬，粉螨难于取食，所以豆类中孳生的粉螨较少。粮库中大量发生的粉螨种类主要有：腐食酪螨（*Tyrophagus putrescentiae*）、纳氏皱皮螨（*Suidasia nesbitti*）、椭圆食粉螨（*Aleuroglyphus ovatus*）、家食甜螨（*Glycyphagus domesticus*）、害嗜鳞螨（*Lepidoglyphus destructor*）、棕脊足螨（*Goieria fusca*）、甜果螨（*Carpoglyphus lactis*）、拱殖嗜渣螨（*Chortoglyphus arcuatus*）和粉尘螨（*Dermatophagoides farinae*）等。李孝达等（1988）对河南省储藏物螨类进行了调查，分离出储藏螨 46 种。林萱（2000）对福建省 27 个县、市、区的 110 个单位的储藏物进行螨类的种类、分布、为害及检出率抽样调查，获得储藏物螨类 57 种。梁伟超等（2005）对深圳市储藏物孳生粉螨进行了研究，结果从 51 种储藏物中分离出 25 种粉螨，隶属于 7 科 19 属，分别为粉螨科（Acaridae）的粉螨属（*Acarus*）、食酪螨属（*Tyrophagus*）、向酪螨属（*Tyrolichus*）、嗜菌螨属（*Mycetoglyphus*）、食粉螨属（*Aleuroglyphus*）、嗜木螨属（*Caloglyphus*）、狭螨属（*Thyreophagus*）、皱皮螨属（*Suidasia*），脂螨科（Lardoglyphidae）的脂螨属（*Lardoglyphus*），食甜螨科（Glycyphagidae）的食甜螨属（*Glycyphagus*）、嗜鳞螨属（*Lepidoglyphus*）、澳食甜螨属（*Austroglyphagus*）、无爪螨属（*Blomia*）、脊足螨属（*Gohieria*），嗜渣螨科（Chortoglyphidae）的嗜渣螨属（*Chortoglyphus*），果螨科（Carpoglyphidae）的果螨属（*Carpoglyphus*），薄口螨科（Histiostomidae）的薄口螨属（*Histiostoma*），麦食螨科（Pyoglyphidae）的尘螨属（*Dermatophagoidae*）、嗜霉螨属（*Euroglyphus*）。李朝品（2007）从

安徽省 15 个城市居民储藏物中采集了 48 种样本，检获粉螨 27 种，平均孳生密度为
（28.65±7.6）只/克，物种丰富度指数为 2.70，物种多样性指数为 2.62，物种均匀度指数
为 0.89。粉螨对孳生环境的选择性不同，有的选择谷物仓库，有的选择人、畜房舍，有的
选择米面加工厂等。粉螨喜孳生于大米及其碎屑中，以大米碎屑和胚为食。据报道，我国
台湾地区各种储粮中有粉螨孳生的高达 61% ~ 100%，而密闭储藏的大米启封后 1 个月左
右便有大量的粉螨孳生。

表 8-2　储藏谷物孳生粉螨的种类和密度

样本	孳生密度（只/克）	孳生螨种
大米	10.37	粗脚粉螨、腐食酪螨、干向酪螨、小粗脚粉螨、长食酪螨、纳氏皱皮螨、家食甜螨
面粉	400.14	拱殖嗜渣螨、弗氏无爪螨、家食甜螨、伯氏嗜木螨、食虫狭螨、腐食酪螨
糯米	20.31	腐食酪螨、粗脚粉螨、粉尘螨
米糠	45.13	粗脚粉螨、腐食酪螨、静粉螨、菌食嗜菌螨、屋尘螨、梅氏嗜霉螨、椭圆食粉螨
碎米	169.31	腐食酪螨、弗氏无爪螨、米氏嗜鳞螨、纳氏皱皮螨、梅氏嗜霉螨
稻谷	12.18	腐食酪螨、伯氏嗜木螨、食菌嗜木螨、害嗜鳞螨
小麦	18.14	粗脚粉螨、长食酪螨、害嗜鳞螨、拱殖嗜渣螨、椭圆食粉螨
玉米	217.69	膝澳食甜螨、腐食酪螨、米氏嗜鳞螨
豆饼	48.38	腐食酪螨
菜籽饼	72.56	隆头食甜螨、腐食酪螨
地脚米	124.19	粉尘螨、腐食酪螨、弗氏无爪螨

资料来源：李朝品.2006.医学蜱螨学。

　　Solomon（1966）证实粗脚粉螨孳生的适宜相对湿度为 62% 至饱和状态，适宜温度为
25~30℃。国内外学者对腐食酪螨的研究结果表明，仓储室环境温度、湿度适宜粉螨孳
生，腐食酪螨发育的最低温度极限是 7~10℃，最高温度极限为 35~37℃。

　　2. 中药材和中成药　粉螨对中西成药和中药材的污染是一个严重的问题，不但影响
药品质量，而且直接危及人体健康和生命。中西成药及中药材的螨污染问题逐渐引起有关
部门的注意和重视，我国的药品卫生标准规定口服和外用药品中不得检出活螨。

　　中药材和中西成药中也常有粉螨孳生，尤其是营养丰富的植物性和动物性中药材，当
温湿度条件适宜时，粉螨便在其中大量孳生。新鲜中草药中粉螨的孳生密度低，随着储藏
时间的延长，如 6 个月到 2 年的时间，粉螨孳生密度也会逐渐增高。中药材党参、全蝎、
僵蚕、川芎、黄芪、桔梗、地鳖虫等蛋白质和淀粉含量丰富，粉螨孳生密度较高。李朝品
等（2005）对安徽省 400 多种中药材进行螨类调查发现，约有 70% 的中药材有粉螨孳生
（表 8-3）。赵小玉等（2008）记录 1986~2008 年从中药材上发现螨类 66 种，其中粉螨亚
目（Acaridida）的螨类 50 种。由此可见在中药材采集、加工、储藏甚至生产、销售和应
用的多个环节中，粉螨均可孳生、繁殖。据陆联高（1994）在书中记述，中成药螨类污染
普遍，1986 年杭州中药材螨类孳生率为 4%~10%，有的蜜丸（通宣理肺丸）剥开蜡壳药
丸上即可查见活螨；1985 年重庆市储运公司贮存土霉素、合霉素、健胃片等成药堆垛仓地
面上发现大量的粗脚粉螨（*Acarus siro*）和粉尘螨（*Dermatophagoides farinae*）。

表 8-3　中药材粉螨的孳生情况

样品名称	孳生密度（只/克）	螨种
干姜	115.13	甜果螨、粗脚粉螨
陈皮	80.96	食虫狭螨、腐食酪螨
五加皮	145.13	腐食酪螨、粗脚粉螨
羌活	169.31	腐食酪螨
秦艽	118.30	长食酪螨、害嗜鳞螨
益母草	487.75	腐食酪螨、粗脚粉螨、干向酪螨
独活	120.94	腐食酪螨
川断	48.16	粗脚粉螨、伯氏嗜木螨
党参	148.30	腐食酪螨、菌食嗜菌螨
合香	317.69	椭圆食粉螨、粗脚粉螨、河野脂螨、干向酪螨、腐食酪螨、食菌嗜木螨
柴胡	266.09	粗脚粉螨
旱莲草	99.37	食菌嗜木螨、粗脚粉螨、河野脂螨
山奈	387.00	椭圆食粉螨、干向酪螨
远志	110.58	食菌嗜木螨、腐食酪螨
紫菀	362.81	粗脚粉螨
桂枝	24.10	粗脚粉螨
白头翁	120.94	害嗜鳞螨
龙虎草	28.44	静粉螨
桔梗	96.75	粗脚粉螨、奥氏嗜木螨
川芎	217.69	粗脚粉螨
徐长卿	66.94	腐食酪螨、粗脚粉螨
炒白芍	18.14	腐食酪螨、伯氏嗜木螨
防风	266.06	粗脚粉螨
枇杷叶	266.06	腐食酪螨
金钱草	169.31	腐食酪螨
地丁	48.38	粗脚粉螨
薄荷	120.94	水芋根螨
红花	120.94	粗脚粉螨、腐食酪螨
泽兰	48.56	粗脚粉螨
海风藤	48.38	粗脚粉螨
扁蓄	72.56	干向酪螨
麻黄	48.37	粗脚粉螨、菌食嗜菌螨、长食酪螨
黄芪	24.19	纳氏皱皮螨、腐食酪螨
大黄	24.19	腐食酪螨
刘寄奴	114.09	伯氏嗜木螨、河野脂螨、粗脚粉螨

续表

样品名称	孳生密度（只/克）	螨种
半支莲	96.75	腐食酪螨、干向酪螨、粗脚粉螨、伯氏嗜木螨
金牛草	118.94	害嗜鳞螨、腐食酪螨、屋尘螨
老鹳草	248.66	粗脚粉螨、腐食酪螨、小粗脚粉螨
红枣	146.02	膝澳食甜螨、腐食酪螨、害嗜鳞螨
凤仙草	38.26	椭圆食粉螨
祁术	196.14	腐食酪螨
祁艾	104.36	卡氏栉毛螨、椭圆食粉螨
白茅根	102.46	害嗜鳞螨、隆头食甜螨
白芷	75.38	腐食酪螨、水芋根螨
浮萍	28.47	家食甜螨
白参须	68.86	静粉螨
白干参	147.13	阔食酪螨、梅氏嗜霉螨
巴戟天	83.20	食菌嗜木螨、速生薄口螨
丹皮	115.30	水芋根螨、短毛食酪螨
香茹草	59.25	椭圆食粉螨
垂盆草	37.23	非洲麦食螨
败酱草	69.34	似食酪螨
金银花	163.21	热带食酪螨、奥氏嗜木螨
小青草	34.13	腐食酪螨
板蓝根	153.69	小粗脚粉螨、水芋根螨、似食酪螨
仙桃草	18.26	隆头食甜螨
大青叶	101.18	纳氏皱皮螨、弗氏无爪螨
伸筋草	22.84	棕脊足螨
筋骨草	75.69	奥氏嗜木螨
马齿苋	68.86	粗脚粉螨、羽栉毛螨
鸡尾草	17.69	小粗脚粉螨
枸杞	102.48	棕脊足螨、食虫狭螨
知母	96.22	弗氏无爪螨
茵陈	58.12	粗脚粉螨
木莲果	83.00	河野脂螨、甜果螨
赤小豆	251.06	腐食酪螨、纳氏皱皮螨、干向酪螨、棉兰皱皮螨
马鞭草	44.13	干向酪螨
西红花	112.64	拱殖嗜渣螨、腐食酪螨
翻白草	96.35	害嗜鳞螨
红参	146.02	膝澳食甜螨、腐食酪螨、害嗜鳞螨

样品名称	孳生密度（只/克）	螨种
丝瓜子	15.30	羽栉毛螨
半夏曲	69.53	菌食嗜菌螨、屋尘螨
生姜皮	20.64	害嗜鳞螨
生晒术	125.21	米氏嗜鳞螨、腐食酪螨
冬瓜子	50.77	速生薄口螨、腐食酪螨
蛇含草	24.50	短毛食酪螨
紫珠草	88.15	粉尘螨、害嗜鳞螨
玉珠	57.38	热带食酪螨
旋覆草	25.17	瓜食酪螨
鹿含草	19.26	扎氏脂螨
白蘝藜	67.45	害嗜鳞螨、隆头食甜螨、隐秘食甜螨
鸭舌草	44.16	食虫狭螨
夏枯草	24.19	羽栉毛螨
苍术	91.25	干向酪螨、静粉螨
良姜	58.34	河野脂螨
五味子	78.06	腐食酪螨、河野脂螨
对坐草	47.34	弗氏无爪螨
伏耳草	96.92	屋尘螨
灯心草	113.86	腐食酪螨
银耳	689.84	腐食酪螨、羽栉毛螨、纳氏皱皮螨、线嗜酪螨、害嗜酪螨、热带食酪螨
白蛇草	76.94	纳氏皱皮螨
仙鹤草	68.16	静粉螨
太子参	406.92	家食甜螨、隐秘食甜螨
凤眼草	31.54	棕栉毛螨
榆树皮	82.17	羽栉毛螨、热带食酪螨
车前草	68.09	赫氏嗜木螨
蝉蜕	98.76	腐食酪螨、线嗜酪螨
龙须草	24.98	阔食酪螨
瞿麦	125.48	棕脊足螨、扎氏脂螨、家食甜螨
鹅不食草	37.90	腐食酪螨
桑葚	218.44	家食甜螨、甜果螨
莲子	206.94	纳氏皱皮螨、腐食酪螨
黄柏	84.38	棉兰皱皮螨
野菊花	63.13	食虫狭螨、粗脚粉螨
绿梅花	126.83	梅氏嗜霉螨、食菌嗜木螨
百合	181.56	害嗜鳞螨、家食甜螨、腐食酪螨

资料来源：李朝品，武前文 . 1996. 房舍和储藏物粉螨。

3. 储藏干果　　粉螨对储藏干果污染很严重，各种储藏的干果孳生粉螨的种类和数量差异较大，这与粉螨的食性、干果储藏场所的温湿度及其储藏时间有关，故一般在密封条件好且人为控温控湿的仓库中，粉螨孳生密度明显高于普通仓库。储藏干果本身的生物积温效应也会升高仓库的温度，在干果储藏过程中，干果内的水分会挥发到空气中，产生"出汗"现象，增加了仓库环境中的湿度，从而构成了有利于粉螨孳生的环境。多数干果同时有几种粉螨孳生，其中甜果螨（*Carpoglyphus lactis*）、腐食酪螨（*Tyrophagus putrescentiae*）和伯氏嗜木螨（*Caloglyphus berlesei*）孳生的储藏干果种类最多。干果孳生粉螨种类见表8-4。

表8-4　干果孳生粉螨的种类和密度

样本	孳生密度（只/克）	螨种
枸杞子	24.10	腐食酪螨、隆头食甜螨
桂圆	79.78	腐食酪螨、伯氏嗜木螨
核桃仁	12.67	干向酪螨、伯氏嗜木螨
黑枣	4.90	甜果螨、家食甜螨、粗脚粉螨
红枣	6.72	家食甜螨、甜果螨
金丝枣	9.76	家食甜螨、隆头食甜螨、甜果螨
胡桃	18.06	河野脂螨、水芋根螨
泡核桃	21.97	家食甜螨、隆头食甜螨
平榛子	48.91	腐食酪螨、纳氏皱皮螨、伯氏嗜木螨
华核桃	2.85	家食甜螨、甜果螨
日本栗	8.48	腐食酪螨、粗脚粉螨、伯氏嗜木螨
锥栗	9.54	长食酪螨、腐食酪螨、粗脚粉螨
茅栗	4.97	热带食酪螨、粗脚粉螨、伯氏嗜木螨
蜜枣	11.08	家食甜螨、甜果螨
扁桃	12.30	甜果螨、腐食酪螨、隆头食甜螨
蜜桃干	14.93	甜果螨、隆头食甜螨
腰果	8.97	伯氏嗜木螨、粗脚粉螨、河野脂螨
碧根果	5.92	家食甜螨、热带食酪螨
红松子	4.46	河野脂螨、腐食酪螨、梅氏嗜霉螨
葡萄干	9.72	家食甜螨、甜果螨、伯氏嗜木螨
板栗	4.84	甜果螨、家食甜螨、腐食酪螨
柿饼	7.08	腐食酪螨、粗脚粉螨
黑松子	3.09	河野脂螨、腐食酪螨、粗脚粉螨
香榧	11.37	家食甜螨、腐食酪螨
酸枣	3.22	甜果螨、粗脚粉螨
杏干	9.51	甜果螨、伯氏嗜木螨、粗脚粉螨、纳氏皱皮螨
苦杏仁	10.08	家食甜螨、粗脚粉螨、甜果螨

样本	孳生密度（只/克）	螨种
罗汉果	8.32	腐食酪螨、拱殖嗜渣螨
巴旦杏	4.71	伯氏嗜木螨、梅氏嗜霉螨
山杏	8.56	干向酪螨、甜果螨、梅氏嗜霉螨
包仁杏	4.33	水芋根螨、甜果螨、伯氏嗜木螨
银杏果	2.89	粗脚粉螨、粉尘螨
长山核桃	23.18	热带无爪螨、伯氏嗜木螨、粗脚粉螨
无花果	4.43	腐食酪螨、长食酪螨
开心果	8.31	伯氏嗜木螨、粗脚粉螨
话梅	35.73	伯氏嗜木螨、腐食酪螨
橄榄	5.68	粉尘螨
海棠干	4.58	甜果螨、家食甜螨、粗脚粉螨
荔枝干	14.22	甜果螨、伯氏嗜木螨
椰肉干	16.54	腐食酪螨、拱殖嗜渣螨
山楂干	11.25	家食甜螨、粗脚粉螨、甜果螨
杨梅干	16.43	甜果螨、伯氏嗜木螨
腰果仁	18.22	粗脚粉螨、纳氏皱皮螨
芒果干	6.75	粉尘螨、长食酪螨
半梅	7.83	伯氏嗜木螨、粗脚粉螨、河野脂螨
柠檬干	6.89	甜果螨、腐食酪螨、隆头食甜螨
圣女果干	9.11	腐食酪螨、拱殖嗜渣螨
猕猴桃片	6.35	甜果螨、家食甜螨
沙棘果干	8.16	干向酪螨、甜果螨、梅氏嗜霉螨

资料来源：陶宁. 2015. 储藏干果粉螨污染调查。

四、畜禽圈舍

畜禽饲料的原料主要有大麦、麦麸、米糠、玉米、豆饼、菜籽饼、棉籽仁、棉籽饼、米糠饼、麻油渣、花生饼、红薯粉、红薯藤粉、稻草粉、骨粉、鱼粉、肉骨粉、蚕蛹粉、酵母粉、维生素、生长素、赖氨酸、甲硫氨酸、石粉、磷酸氢钙和食盐等。禽畜饲料残渣和禽畜脱落的皮屑，以及圈舍的温湿度构成了粉螨孳生的条件，如牛棚、羊舍、猪圈和宠物窝巢等。畜禽饲料中常见粉螨有粗脚粉螨（*Acarus siro*）、腐食酪螨（*Tyrophagus putrescentiae*）和椭圆食粉螨（*Aleuroglyphus ovatus*）等。陆联高等（1979）在重庆调查时发现每千克仓储米糠、麸皮饲料中有腐食酪螨（*Tyrophagus putrescentiae*）孳生 2000 余只。粉螨严重污染的饲料重量损失可达 4%～10%，营养损失达 70%～80%。李朝品等（2008）调查安徽省养殖业较发达地区各养殖户所用饲料和饲料生产厂的原料及成品中粉螨孳生情况，结果发现孳生粉螨20种，隶属于4科13属，总孳生率为45.2%（表8-5）。

表8-5　饲料中粉螨的孳生情况

样品名称		螨种
油饼类	菜子饼	粗脚粉螨、小粗脚粉螨、腐食酪螨、罗宾根螨、家食甜螨、隐秘食甜螨、隆头食甜螨、害嗜鳞螨、弗氏无爪螨、棕脊足螨、粉尘螨
	豆饼	腐食酪螨、水芋根螨、家食甜螨、隆头食甜螨、害嗜鳞螨、弗氏无爪螨、粉尘螨
	花生饼	粗脚粉螨、小粗脚粉螨、长食酪螨、阔食酪螨、水芋根螨、罗宾根螨、家食甜螨
	芝麻饼	长食酪螨、椭圆食粉螨、家食甜螨、隆头食甜螨
糟渣类	豆粕	腐食酪螨、家食甜螨、害嗜鳞螨、弗氏无爪螨、粉尘螨
	醋糟	粗脚粉螨、干向酪螨、家食甜螨、害嗜鳞螨、弗氏无爪螨
	豆腐渣	隆头食甜螨
	酒糟	腐食酪螨、隆头食甜螨、害嗜鳞螨
豆类	蚕豆	纳氏皱皮螨、家食甜螨、米氏嗜鳞螨、粉尘螨
	大豆	粗脚粉螨、罗宾根螨、害嗜鳞螨、弗氏无爪螨、粉尘螨
	豌豆	长食酪螨、纳氏皱皮螨、害嗜鳞螨、米氏嗜鳞螨
糠麸类	米糠	粗脚粉螨、腐食酪螨、椭圆食粉螨、水芋根螨、家食甜螨、隐秘食甜螨、隆头食甜螨、米氏嗜鳞螨、弗氏无爪螨、拱殖嗜渣螨、粉尘螨
	小麦麸	粗脚粉螨、椭圆食粉螨、家食甜螨、害嗜鳞螨、拱殖嗜渣螨、粉尘螨
	玉米糠	粗脚粉螨、小粗脚粉螨、腐食酪螨、椭圆食粉螨、水芋根螨、隆头食甜螨
农副产品类	大豆秸粉	粗脚粉螨、小粗脚粉螨、长食酪螨、纳氏皱皮螨、家食甜螨、害嗜鳞螨、米氏嗜鳞螨、弗氏无爪螨、粉尘螨
	谷糠	粗脚粉螨、腐食酪螨、椭圆食粉螨、家食甜螨、害嗜鳞螨、弗氏无爪螨、拱殖嗜渣螨、粉尘螨
	花生藤	粗脚粉螨、干向酪螨、隆头食甜螨、害嗜鳞螨
	玉米秸粉	粗脚粉螨、腐食酪螨、长食酪螨、纳氏皱皮螨、米氏嗜鳞螨、粉尘螨
谷物类	稻谷	腐食酪螨、长食酪螨、阔食酪螨、干向酪螨、椭圆食粉螨、纳氏皱皮螨、家食甜螨、隐秘食甜螨、害嗜鳞螨、弗氏无爪螨、羽栉毛螨、粉尘螨
	碎米	腐食酪螨、干向酪螨、椭圆食粉螨、纳氏皱皮螨、家食甜螨、隆头食甜螨、害嗜鳞螨、米氏嗜鳞螨、弗氏无爪螨、棕脊足螨、拱殖嗜渣螨、粉尘螨
	小麦	粗脚粉螨、长食酪螨、阔食酪螨、干向酪螨、椭圆食粉螨、纳氏皱皮螨、家食甜螨、隆头食甜螨、害嗜鳞螨、弗氏无爪螨、羽栉毛螨、拱殖嗜渣螨、粉尘螨
	玉米	粗脚粉螨、小粗脚粉螨、腐食酪螨、干向酪螨、家食甜螨、粉尘螨

资料来源：李朝品 . 2008. 安徽省动物饲料孳生粉螨种类调查。

五、动物巢穴

在野外自然环境中，粉螨可孳生在蝙蝠窝或鸟巢内，也可孳生在小型哺乳动物（啮齿类）的皮毛及其巢穴中。栖息在巢穴中的粉螨类群多以动物的食物碎片或有机物碎屑为食。Wasylik（1959）在鸟窝中发现粉螨 11 种，其中 10 种为储藏物中的常见种类。粉螨可借助啮齿类、鸟类和蝙蝠等动物的活动及人类生产、生活方式（如收获谷物等农作物、货物运输等）在房舍、仓库、动物巢穴等不同场所之间相互传播。粉螨的适应性强，对低温、高温、干燥等环境均有一定的抵抗力，库存的所有植物性或动物性储藏物几乎都是其孳生物。随着对粉螨生物学研究的深入，研究人员在植物、树皮、土壤中都能找到粉螨。Chiba（1975）在一年中按月定期采集 1m² 表层土壤样品，用电热集螨法（Tullgren）收集其中的螨，共得到 20 多万只螨，其中粉螨约占 73%，表明粉螨不仅孳生于储藏物中，而且还能孳生于室外栖息场所及农田的农作物中。

六、交通工具

　　现代交通工具，如火车、汽车、飞机和轮船等大都有空调系统，可以为其提供稳定的温度和湿度，这为粉螨的孳生提供了适宜的生存环境。而在长途旅行中，食物的残渣、人体的皮屑、霉菌等又为粉螨的孳生提供了充足的养分，这些条件都有利于粉螨的孳生。此外，全球经济一体化带来了国际贸易与旅游业的快速发展，客运和货运业务不断攀升，人口交流、货物运输的过程极其有利于粉螨在不同地区播散。交通运输将媒介生物带到世界各地引起各种疾病的例子屡见不鲜。目前，口岸及出入境交通工具螨类的检查是出入境检验检疫的常规项目。此外，日常生活中所使用的交通工具如火车、汽车等的粉螨污染状况也越来越受到学者的重视。崔世全（1997）于 1989 ~ 1996 年对中朝边境口岸交通工具携带病媒节肢动物的情况做了调查，发现革螨 5 科 14 种。何耀明（2005）对新塘口岸媒介生物本底进行了调查，发现鼠形动物体上染螨率为 34.78%。周勇等（2008）报道，在合肥机场口岸采集到革螨 19 只，隶属于 1 目 2 科 4 属 4 种。王晓春等（2012）报道，在合肥等 10 个城市中选取私家车、出租车和公交车共采集 600 份样本，检出孳生粉螨的有 313 份，阳性率为 52.2%，共检获螨 21 种，隶属于 6 科 16 属，分别为粗脚粉螨（*Acarus siro*）、静粉螨（*Acarus immobilis*）、腐食酪螨（*Tyrophagus putrescentiae*）、尘食酪螨（*Tyrophagus perniciosus*）、干向酪螨（*Tyrolichus casei*）、椭圆食粉螨（*Aleuroglyphus ovatus*）、伯氏嗜木螨（*Caloglyphus berlesei*）、棉兰皱皮螨（*Suidasia medanensis*）、水芋根螨（*Rhizoglyphus callae*）、隐秘食甜螨（*Glycyphagus privatus*）、隆头食甜螨（*Glycyphagus ornatus*）、米氏嗜鳞螨（*Lepidoglyphus michaeli*）、害嗜鳞螨（*Lepidoglyphus destructor*）、膝澳食甜螨（*Austroglycyphagus geniculatus*）、热带无爪螨（*Blomia tropicalis*）、拱殖嗜渣螨（*Chortoglyphus arcuatus*）、甜果螨（*Carpoglyphus lactis*）、速生薄口螨（*Histiostoma feroniarum*）、梅氏嗜霉螨（*Euroglyphus maynei*）、粉尘螨（*Dermatophagoides farinae*）、屋尘螨（*Dermatophagoides pteronyssinus*）。在以上螨种中腐食酪螨、害嗜鳞螨和屋尘螨为汽车生境的优势种。湛孝东（2013）在芜湖市乘用车上采集了 120 份样本，其中阳性标本 79 份，粉螨孳生率为 65.83%；共检出螨类 786 只，隶属于 5 科 15 属 23 种，分别为粗脚粉螨（*Acarus siro*）、小粗脚粉螨（*Acarus farris*）、腐食酪螨、长食酪螨（*Tyrophagus longior*）、阔食酪螨（*Tyrophagus palmarum*）、菌食嗜菌螨（*Mycetoglyphus fungivorus*）、椭圆食粉螨、纳氏皱皮螨（*Suidasia nesbitti*）、食虫狭螨（*Thyreophagus entomophphagus*）、伯氏嗜木螨、食菌嗜木螨（*Caloglyphus mycophagus*）、隆头食甜螨、隐秘食甜螨、家食甜螨（*Glycyphagus domesticus*）、膝澳食甜螨（*Glycyphagus geniculatus*）、热带无爪螨、害嗜鳞螨、米氏嗜鳞螨（*Lepidoglyphus michaeli*）、拱殖嗜渣螨、甜果螨、粉尘螨、屋尘螨、梅氏嗜霉螨。调查发现，乘用车内粉螨孳生率较高（65.83%），可能是因为乘用车中人类活动频繁，粉螨随人的活动播散而加重污染的机会增多，此外乘客携带的宠物和饲料也为粉螨的传播提供可能。有研究指出，屋尘螨、粉尘螨、梅氏嗜霉螨和热带无爪螨在公共建筑和交通工具中孳生较多，是公认的呈世界性分布引发变态反应性疾病的重要螨种。

随着经济的发展，国际贸易和人口流动必然增加，交通工具的使用会更加频繁，这为粉螨的孳生和广泛播散提供了很好的机会，而引起的疾病可能会不断增多，因此有必要加强边境口岸的卫生检验检疫和交通工具中螨类孳生情况的调查研究，提高公民的防螨意识，从而减少这类疾病的发生，提高人民的健康水平。

由于环境条件的变化，螨类在行为、生理，甚至形态上都有可能发生相应的变化，食性也随之发生改变。有的粉螨食性专化（简单化），有的粉螨食性多样化（复杂化）。为了方便粉螨采集，现将常见粉螨的生境与孳生物列于表8-6中。

表8-6　常见粉螨生境与孳生物

属（genus）	种（species）	生境（habits）	孳生物（habitats）
粉螨属	粗脚粉螨、小粗脚粉螨、静粉螨、薄粉螨	农场、面粉厂、粮仓、中药材仓库、烤房、轧花厂、住宅、禽舍、畜舍、奶酪店、磨坊、面包房、住宅、畜舍、鼠窝、鸟窝、菇房等	各种米、麦、面粉、杂粮地脚粉、碎米、饲料、中药材、干酪、干果、饼干、面包、大豆、蓖麻、棉籽、干菜、蘑菇、马铃薯粉、虾干等
食酪螨属	腐食酪螨、长食酪螨、阔食酪螨、瓜食酪螨、似食酪螨、热带食酪螨	住宅、粮仓、米、面加工厂、奶酪店、饲料库、食品加工厂、食品储藏室、农场、真菌培养室、禽舍、鸟巢、屠宰场、蜂窝等	各种储藏食品、干蔬菜、米面、杂粮、饲料、菌类培养基、中药材、亚麻籽、烟草、霉木屑等
嗜酪螨属	线嗜酪螨	粮仓、米厂、食品储藏室、鸡舍、饲料库、面粉厂、烤房、草堆等	大米、饲料、面粉、干酪、干鱼、亚麻籽、豆粉糕、黑木耳、花椒、调料、干果、干菜、蘑菇、小麦、小麦粉、米糠、家禽落羽
向酪螨属	干向酪螨	粮食仓库、饲料库、面粉厂、鼠窝、废蜂巢、动物巢穴、农场	大米、面粉、油料、奶粉、蛋品、腌肉、羊毛、毛织品、饲料、麦角菌、昆虫标本、微生物培养基、干果、杂粮、储藏食品、中药材、调料等
嗜菌螨属	菌食嗜菌螨	粮仓、居室、农场、鼠穴、蚁巢、鸟巢、菜市场等	小麦、大麦、玉米、鱼干、饲料、蘑菇、面粉、大米、微生物培养基、烂木材、中药材、腐烂蔬菜等
食粉螨属	椭圆食粉螨	住宅、粮食仓库、食品储藏室、饲料库、鼠洞、鸡舍、烤房、农场	各种米面、杂粮、山芋粉、鱼干、饲料、大豆、蜜饯、奶酪、调料、香菜、水产品等

属（genus）	种（species）	生境（habits）	孳生物（habitats）
嗜木螨属	伯氏嗜木螨、食菌嗜木螨、食根嗜木螨、奥氏嗜木螨、赫氏嗜木螨	住宅、仓库、饲养房、养殖场、动物巢穴、草堆、面粉厂、饲料库、烤房、蚁巢、农场等	各种米、面粉、杂粮、坚果、中药材、亚麻、葡萄酒、霉变谷物、盆栽文竹孔隙等
根螨属	罗宾根螨、水芋根螨	农场、食品储藏室、药材库、新鲜的植物土壤	洋葱、小麦粉、球茎、马铃薯、腐烂植物、水芋球茎、水仙球茎、唐菖蒲、郁金香、百合、小苍兰属植物球茎、面粉、碎米、潮湿烂小麦、中药材、脂肪残渣、油料作物等
狭螨属	食虫狭螨	粮食仓库、面粉厂、饲料库、稻谷草堆、鸟窝、农场、饲料加工厂	面粉、昆虫尸体、大米、玉米、饲料、稻谷、米屑、腐米、麦角菌、槟榔、蛋糕、谷物、中药材、黑麦、干鱼、大蒜、姜、干虫、洋葱、啤酒曲
皱皮螨属	纳氏皱皮螨、棉兰皱皮螨	住宅、粮食仓库、面粉厂、饲料库、储藏间、蜂巢	稻谷、杂粮、肉干、苔干、地脚粉、干果、干菜、调料、奶粉、碎鱼干、火腿、豆芽、蘑菇、茶叶、大蒜、百合、慈姑、洋葱、豆豉、糖、蜜饯、酱油等
食粪螨属	多孔食粪螨	粮食仓库、面粉加工厂、米厂、中药厂	大米、腐米、尘屑、米糠、中药材、麦粉、鸡粪
脂螨属	扎氏脂螨、河野脂螨	住宅、毛皮库、屠宰场、皮革厂、食品加工厂	米面、干肉、兽皮、鱼干、鱼粉、皮革、肠衣、火腿、香肠、骨制品、中药材、鱼翅干等
食甜螨属	家食甜螨、隆头食甜螨、隐秘食甜螨、双尾食甜螨	住宅、农场、商店、畜舍、米仓、动物巢穴、鸟窝、蜂巢、中药材加工厂等	谷物、杂粮、苜蓿、中药材、水产品、调料、干果、干菜、亚麻籽、蘑菇
嗜鳞螨属	害嗜鳞螨、米氏嗜鳞螨、棍嗜鳞螨	粮食仓库、饲料仓库、面粉加工厂、饲料加工厂、啮齿动物巢穴、蜂巢、禽类养殖场、房舍、磨坊等	谷物、杂粮、芝麻、饲料、花生、山芋粉、肠衣、干草、亚麻子、干果、羽毛、昆虫尸体、晒干的哺乳动物毛皮、水产品、饼干、面包、奶酪、调料、杜松子酒渣、蜜饯等
无爪螨属	弗氏无爪螨、热带无爪螨	粮库、中药材仓库、房舍、烟草工厂、草堆、鸟窝、农场等	谷物、杂粮、地脚粉、饲料、中药材、薯片、亚麻子、大麦等
重嗜螨属	媒介重嗜螨	粮食仓库、草堆、鸟窝、农场、鸽子窝	面粉、草料、豆料、粮食残渣
栉毛螨属	羽栉毛螨、棕栉毛螨、卡氏栉毛螨	粮食仓库、饲料库、中药材仓库、草堆、蜂巢、面粉厂、磨坊、食品仓库等	稻谷、杂粮、鱼粉残屑、中药材、饲料、调料、干果、干菜、蘑菇等
嗜粪螨属	斯氏嗜粪螨	蝙蝠窝、中药材仓库等	蝙蝠粪、中药材
脊足螨属	棕脊足螨	粮食仓库、面粉厂、饲料库、床垫等	米、面粉、杂粮、细糠、罂粟、干酪、干果、干菜、饲料等

属（genus）	种（species）	生境（habits）	孳生物（habitats）
嗜渣螨属	拱殖嗜渣螨	住宅、粮仓、农场、面粉厂、饲料加工厂、畜舍、鸟窝、磨坊、草堆等	米、面粉、杂粮、饲料、中药、干果、干菜、罂粟籽、马铃薯粉、干虾、黄豆渣、鱿鱼干、甜菜种子等
果螨属	甜果螨、芒氏果螨	住宅、糖果厂、蜂巢、蜂箱等	砂糖、果脯、干果、甜豆、糕点、布丁、豆腐、饼干、荞麦、鱼干、谷物、香草、蜂蜜、果酱、花生、马铃薯（腐烂）、虾干、酱油、豆酱等
麦食螨属	非洲麦食螨	仓库	鱼粉、蛋粉、干肉、骨制品、兽皮、鱼干
嗜霉螨属	梅氏嗜霉螨、长嗜霉螨	粮食仓库、面粉厂、饲料库、食品加工厂、棉花加工厂、农场、房舍	干果、干酪、谷物、面粉、碎屑、棉粉饼、房舍灰尘、豆腐、中药材、棉籽油、蛋糕、干虾、尘屑等
尘螨属	粉尘螨、屋尘螨、小角尘螨	房舍、动物巢穴、谷物仓库、农场、面粉厂、商店、中药材厂、床垫等	豆酱、中药材、杂粮、饲料、饼干、酵母、家禽羽毛、饼干、荞麦及其制品、蛋糕、谷物、中药材、鱼干、菠萝蜜（腌制）、虾酱、干虾、动物皮屑、褥垫表面灰屑、房屋尘埃等
薄口螨属	速生薄口螨、吸腐薄口螨	住宅、农场、谷物仓库、菇房、菌种厂等	蘑菇、谷物或腐败的小麦粉，潮湿谷物和腐烂的蘑菇、干果、干菜等

资料来源：根据 Hughes（1976）、陆联高（1994）、李朝品和武前文（1996）、李隆术和朱文炳（2009）、李朝品和沈兆鹏（2016）等有关资料汇编。

第二节　采　集

粉螨是孳生于房舍和储藏物中的小型节肢动物，在分类系统中属于粉螨亚目（Acaridida）。由于粉螨个体较小，用肉眼一般难于分辨，必须借助放大镜和显微镜才能观察清楚。因此，对粉螨的研究技术，如采集、保存、制片及显微镜观察等，均应熟练掌握才能在实际工作中发挥作用。

一、采集方法

常用的采集工具有铲子、毛刷、空气粉尘采样器、吸尘器、温度计、湿度计、生态仪、一次性采样盒（袋）等。粉螨采集应选择温度在 10～30℃、荫蔽潮湿和有机质（营养）丰富的环境，若为干果和蔬菜应选择腐烂的部位，若为有机质颗粒状（碎屑）应选择生霉处，若为谷物（或饲料）应选择紧靠谷堆表层下 2～3cm 处。

1. 人居环境的样本采集　采集屋尘或床尘时，可以使用带有过滤装置的真空吸尘器采集。屋尘的采集按吸尘器吸 1m² 的地面灰尘 2 分钟为标准；床尘的采集按每张床铺用吸尘器抽吸 0.25m² 的床单 2 分钟为标准；如果是纤维织物可以先拍打再用吸尘器吸取灰尘。将所采集的灰尘用 60 目的分样筛过滤，留取尘渣。

2. 工作环境的样本采集　对于纺织厂或制药厂工作车间中的地尘，可以用一次性洁净塑料袋收集，用 60 目的分样筛过滤，留取尘渣；对于工作环境中悬浮螨的采集，可以利用空气粉尘采样器，一般设置为高度 150cm、流量 20L/min，采集 2 分钟，然后收集采样盒中的样本。

3. 仓储环境的样本采集　用一次性洁净塑料袋从仓库、粮库、储藏室收集储藏物，用 60 目的分样筛过滤，将标本分为实物和灰尘两部分。储藏物包装袋、包装箱等可将其置于搪瓷盘上拍打后用吸尘器吸取。

为了采集到较为理想的标本，采集标本时应注意下列事项：

（1）采集粮仓等空间较大的库房时，一般采取平行跳跃法选取采样点，每个采样点再分为上、中、下三层采样，即取样时将储藏物分上、中、下三层，间距相等，在均匀分布的层数中，每隔若干层取样一次。

（2）像谷物、面粉、饲料等堆积体积较小的样本，一般在其表层下 2～3cm 处采样。

（3）关于面粉厂、米厂地脚粉（米）的采集，一般选取背光、避风处采样。

（4）当用吸尘器采集卧室内床尘、地尘或沙发尘时，要注意根据研究目的避免样本间的交叉污染，最好在吸尘器集尘袋内装上一次性采样袋，一次一换。

（5）采集的粉螨标本应编号登记，用标签清楚标记采集环境的温度、湿度，采集日期、时间、地点，样本名称和采集人等信息。同时，还要记录粉螨的孳生密度、栖息活动部位，同时孳生的其他螨种、仓库害虫、微生物和在当地的发生期、盛期、衰退期，以及螨的感染传播途径、危害损失状况、有效防治方法等基本资料，提供整理材料的基本根据。如为已鉴定的粉螨，应标注属、种、雌（雄）及鉴定人。

（6）冬季采集粉螨时，应把筛下物带回实验室，放入广口瓶中，然后在瓶口涂一层胶水，用微孔滤纸或宣纸做盖密封，置于 25℃、相对湿度 75% 的保温箱中 2～3 天后，再行检查。这样不仅收集到成螨，还可获得幼螨。

二、分离方法

由于粉螨的生境不同，因此采集到的样本也多种多样，如灰尘、床尘、地尘及各种储藏物等。对所采集来的样本，根据形状、性质及研究目的等可采用下列方法进行分离，以便获得所需要的粉螨标本。

1. 颗粒物样本　采集颗粒物样本通常在粮食、药材仓库和米厂、面粉厂、食品加工厂进行，采集粉螨时将有粉螨污染的样品放入孔径为 60 目的单层圆筛过筛（分样筛的孔径视螨而定），将筛下来的部分装入一次性采样袋，带回实验室倒在白色搪瓷盘内，用零号毛笔笔尖挑取，或就地直接在筛子下铺一张大于筛子面积的蓝色或黑色纸，筛在纸上的螨也用湿的零号毛笔笔尖或用发针尖黏附放入装有奥氏保存液（Oudeman's fluid）的指形管或小瓶内。也可以把采集到的样本称重，取适量放在玻璃平皿内，然后把平皿放在连续变倍显微镜下直接检螨，用零号毛笔将样本按顺序从平皿一侧移至另一侧，直至所有样本检查完毕，当发现螨时，用解剖针或另一支零号毛笔将其挑出，带回实验室鉴定。这是一种最常用的简便方法，在采样地就可以直接镜检粉螨。

秦剑、郭永和（1993）用饱和盐水漂浮法分离颗粒物样本孳生的粉螨。先将培养料用70目铜筛过筛以除去粗大的面粉颗粒或麸皮，再用120目铜筛过筛，以除去细小的面粉颗粒，剩余的螨粉混合物收集在一起。将饱和盐水加入烧杯内，然后缓慢加入适量螨粉混合物，当螨粉混合物入水后，面粉颗粒即刻下沉，此时可轻轻震荡烧杯，以加快其下沉速度，待无颗粒下沉时，静置 10~15 分钟，此时螨体均漂浮在水面上。经过漂浮后收集到的螨仍混有少量面粉颗粒，需进一步用饱和盐水离心分离（2500~3000rpm，10~15 分钟）。

2. 粉末状样本 粉状粮食与食品用筛子一般不易分离，或采回的筛下物较多，为采集更多的粉螨，及时使粉螨与灰屑分离，根据粉螨喜湿、畏热、怕干的习性，可采用电热集螨法（Tullgren）。此法是利用螨对热敏感的习性而达到将其分离的目的。把采集到的样本放入适宜孔径的标准分样筛内，使之均匀平铺且厚度不超过 2cm，然后将分样筛放进电热集螨器中，一般以白炽灯作为热源，打开电源开关，经过数小时至十几个小时后，下口用黑布袋罩着的收集瓶中便可获得分离出的螨。电热集螨器的构造由器盖、器身和脚三部分组成（图 8-1）。器盖是截锥体形，上底直径 21mm，内安置电灯泡一个，用电线连接电源。下底 45mm，盖高 1.9mm，器身呈漏斗形，漏斗上口直径 45mm，与器盖底衔接。漏斗下口直径 2mm，口下接一个广口瓶，漏斗中部直径 25mm 处放小孔筛格。分离时，将采回的筛下物先放在纸上，再将纸放在筛格上，打开电灯，缓缓升温（温度不宜升得太快）。温度不得超过 40℃，以免螨体死亡，当分离器上部的电灯产生辐射热时，放在筛格上的纸内筛下物中的粉螨即往漏斗下湿凉处爬行，最后收集于漏斗口下盛水的广口瓶中。每隔 12~24 小时分离一次。

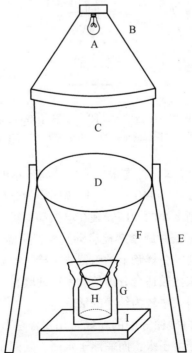

图 8-1 电热集螨器结构简图

A. 电灯泡；B. 顶盖；C. 箱室；D. 钢丝网；E. 支架；F. 漏斗；G. 黑布袋；H. 集螨瓶；I. 木块

　　粉末状样本螨类采集也可采用 Krantz 和 Walter（2009）的螨类采集和集中器（图 8-2）。比较细的灰尘中粉螨分离可采用水膜镜检法。取合适容量的烧杯，在烧杯内加入一定量的0.65% NaCl 水溶液，然后把采集到的样本放入水中用玻璃棒搅匀，待样本沉淀、水面平静后，将铂金环吊水膜置载玻片上，在连续变倍显微镜下查螨，发现螨后用解剖针或零号毛笔分离螨。

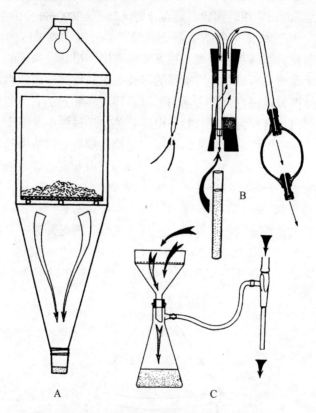

图 8-2　螨类采集和集中器结构简图（改编自 Krantz 和 Walter，2009）
A. 改进的图氏漏斗；B. 辛格吸气器；C. 布氏漏斗

　　3. 粒状和粉末状混合物样本　首先根据所要分离样本的形状和性质及要分离粉螨的大小选择分样筛，一般用孔径 40～160 目不等的筛网作为分样筛即阻螨筛，然后将选好的分样筛按照从上到下孔径逐渐变小的顺序安装在电振动筛机上，之后把需要检测的样本放入最上面的分样筛内，盖好筛盖并旋紧螺栓启动筛机，机器工作 20 分钟后取各层阻留物镜检，或者根据需要取某一孔径分样筛上的阻留物镜检。如果没有电振动筛机，也可人工手执标准分样筛分离螨。此法比较适合分离地脚米、地脚粉、饲料、中药材等样本中的粉螨，省时省力，可以一次获得大量较为纯净的活螨。

　　4. 水溶性样本　红糖、白砂糖等中的粉螨可用水浮法收集。把所采集的样品放入盛有清水的烧杯中，搅拌，食糖溶于水，而螨浮于水面，随即挑取进行检视，或黏入盛有标本液的指形管中，再进行分类鉴定。如为进行饲育的螨，则只需放入瓶中携带回室内进行分离饲育即可。

5. 形状和大小不规则的样本　此类样本可采用光照驱螨法分离粉螨。利用粉螨对光敏感、见光逃逸的习性而达到分离螨的目的。取一玻璃板，将待检样本均匀平铺在玻璃板上，使其厚度不超过1cm，然后取一张黑纸，大小视样本平铺面积而定，将黑纸对折，使折线与待检样本一侧对齐，使一半黑纸平展在玻璃板上，在距样本1cm处平行架一玻璃棒，把另一半黑纸架于其上，保持高度5cm左右，与样本平行放一日光灯，打开电源开关，数小时后即可在黑纸及玻璃板上发现螨，再用毛笔收集到瓶中。此类样本也可采用避光爬附法收集粉螨，因为粉螨对光敏感且其足跗节端部多有爪垫，爬行时多能附着在物体表面。对于小样本一般多采用平皿收集，在平皿内垫一黑纸，将样本均匀平铺其上，留出爬附区，在光照射下每隔15~20分钟观察一次，并轻轻把样本拍转到下一爬附区，如果只是收集粉螨并不需要计数，则可放置4~6小时任其爬附，然后用毛笔收集螨。如果样本较大，可以选择平底搪瓷盘垫黑纸板，并在爬附区周围涂抹一圈黏性物质以防止粉螨逃脱。此类样本还可采用背光钻孔法收集粉螨。此法利用粉螨背光移动的习性，在加料室下连接带有褶皱的黑纸，黑纸上打孔，其下连接收集瓶并用黑布袋罩上，即为集螨室，设计好"粉螨分离装置"后把待检样本放入料室，打开其上的日光灯照射，粉螨就背光移动钻过筛网爬向有孔黑纸，并钻过小孔落入避光的集螨室中，此法收集到的活螨较为纯净。

6. 样本中粉螨数量较少，粉螨难以分离的样本　可采用食料诱捕法收集粉螨。将待检样本用标准分样筛（40目和80目）连续过筛除渣，然后取一玻璃板，将过筛后的样本平铺在玻璃板上，样本长宽视玻璃板大小而定，厚度一般在2cm；取适宜大小的滤纸条将其浸上药物，常用的药物有邻苯二甲酸二甲酯、邻苯二甲酸二丁酯、二乙基间甲基苯甲酰胺和苯甲酸苄酯等，可单用或2~3种混合使用，再取另一滤纸条浸上红糖水等诱饵；将样本的一侧用浸过药的滤纸条覆盖，另一侧外露，并在外露侧附近放置经过反复折皱的浸有红糖水的滤纸条，而后在其上覆盖黑纸，2小时后用毛笔在含糖滤纸条和黑纸板上收集活螨。

7. 其他　分离棉花纤维中的粉螨则可将样本置于培养皿中，用玻璃棒或竹签挑动纤维，使附在纤维上的螨落下，然后进行检视。在粉螨孳生场所的空气中也可能悬浮着粉螨，用空气粉尘采样器收集空气中悬浮的粉尘，对其中粉螨的分离可以直接取出采样盒中的滤膜放到镜下检查、分离；或者在载玻片中央滴加70%的甘油数滴，载玻片周围涂抹一圈凡士林，将玻片放置在桌面、窗台、柜子等处，放置一段时间后把载玻片取回置于解剖显微镜下，用解剖针分离螨。总之，分离粉螨首先要了解样本的形态、性质，选取适合的分离方法，力求做到简单、高效，当然在某些情况下几种方法联合使用会达到更好的效果。

三、粉螨的保存

标本观察是教学和科研的一个重要手段，因此标本的保存是一项很重要的工作。若分离获得大量粉螨标本，可以将其放入保存液中暂时或永久保存待以后制作标本时使用，也可以用于其他研究。保存时应根据用途选取不同的保存液，而且要注意定期加液或换液。

分离出的粉螨如果不能马上制作成标本则需放入保存液中保存，最常用的保存方法是将粉螨浸泡在奥氏保存液中，也可临时放入70%～80%的乙醇溶液中保存。

（一）常用的保存液

1. 乙醇（ethanol） 采用70%～80%乙醇保存粉螨标本的方法比较简便，但乙醇中保存的标本组织容易变硬，从保存质量来看不适用于长期保存。

2. 奥氏保存液（Oudeman's fluid） 不会使螨体硬化，可使螨体保持柔软不皱缩。配方：70%乙醇87ml、冰醋酸8ml、甘油5ml。

3. 凯氏液（Koenike's fluid） 为良好的永久或半永久保存液，可保持标本的组织和跗肢柔软或可弯曲的状态，不会使螨在封固或解剖时有破裂的情况出现。配方：冰醋酸10ml、甘油50ml、蒸馏水40ml。

4. MA80液 适合标本的短期保存。配方：乙酸40ml、甲醇40ml、蒸馏水20ml。

（二）保存方法

一般用双重溶液浸渍法保存粉螨。在保存之前，先把粉螨放入70～80℃的乙醇（浓度70%）中固定，使其肢体伸展，姿态良好，注意粉螨较小，为了保持各部位完整，挑取时用零号毛笔或自制毛发针，手法要轻柔；取一盛有奥氏保存液的指形管（指形管直径6mm、长25mm），然后将固定好的粉螨放入其中，用脱脂棉塞紧管口（切勿用软木塞），并在指形管中放入标签。标签上用铅笔注明种名、寄主、日期、地点和采集人，最后将指形管倒放入盛有同样标本液的广口瓶内，用软木塞塞紧瓶口，广口瓶外也用标签注明（图8-3）。

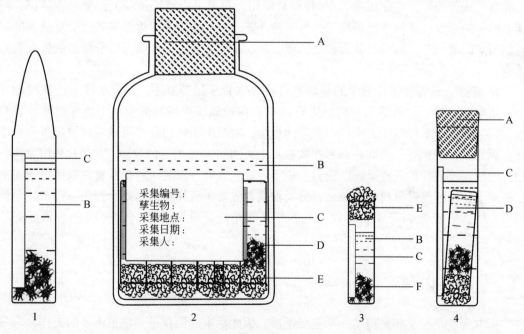

图8-3 保存瓶
1. 安瓿瓶；2. 广口瓶；3. 小指形管；4. 大指形管
A：软木塞；B：保存液；C：标签；D：指形管；E：棉塞；F：粉螨

如果标本较少，可采用青霉素玻璃小瓶盛放粉螨标本，在青霉素玻璃小瓶中加入奥氏保存液，用棉球塞紧瓶口，同时记录好采集时间、地点、环境条件、采集人姓名和孳生物名称等信息，再放入广口瓶中保存。也可采用医用安瓿瓶盛放粉螨标本，将螨放入盛有奥氏保存液的锥形玻璃安瓿瓶内，用火焰封管口，用脱脂棉球塞紧，成一捆，平放入盛有标本液的广口瓶内，这样即可长期保存。此法保存液不易干涸，指形管不易破碎，方便携带。已经制成的显微镜玻片标本应该放入标本盒中保存，并应注意避光、防潮和防震。

第三节　标　本　制　作

粉螨体型微小，在进行鉴定时，必须将粉螨标本进行制片，借助于显微镜才能观察清楚。粉螨的分类鉴定主要是根据螨体外部形态特征与内部结构，如螯肢、须肢、毛、足、背、腹及生殖、呼吸器官等作为鉴定的依据。制作的标本应形态特征清晰、易于观察、便于保存和造型美观。因此，粉螨的制片技术是研究粉螨的一项重要工作。

一、封固剂

封固剂一般具有两种作用：①可以将标本封固在载玻片和盖玻片之间，防止标本与空气接触，避免标本被氧化脱色，同时还可防止标本受潮或干裂；②在封固剂下标本的折光率和载玻片折光率相近，从而在镜下可以清晰地观察标本。封固剂分为临时封固剂和永久封固剂。

1. 临时封固剂

（1）乳酸（lactic acid）：50%～100%乳酸。

（2）乳酸苯酚（lactophenol）

1）配方：苯酚20g、乳酸16.5ml（20g）、甘油32ml（40g）、蒸馏水20ml。

2）配法：将20g苯酚加入20ml蒸馏水中，加热使其溶解，然后加入乳酸16.5ml、甘油32ml，用玻璃棒搅拌均匀即可。

（3）乳酸木桃红（lactic acid and lignin pink）

1）配方：乳酸60份、甘油40份、木桃红微量。

2）配法：将60份乳酸与40份甘油混合，加入微量木桃红搅拌均匀。螨类的标本不需要染色，但为了观察其微细结构，对于那些表皮骨化程度很低的螨类，往往采用乳酸木桃红染色。

2. 永久封固剂

（1）水合氯醛封固剂（chloral hydrate arabic gum）

1）第一种配方配制的封固剂，也称为福氏（Faures）封固剂。

A. 配方：水合氯醛50g、阿拉伯树胶粉30g、甘油20ml、蒸馏水50ml。

B. 配法：将30g阿拉伯树胶粉加入到50ml蒸馏水中，加热并搅拌使之充分溶解，然后加入水合氯醛50g、甘油20ml混匀，配好的封固剂经绢筛过滤或负压抽滤去除杂质，装入棕色瓶中备用。改良的福氏封固剂除以上成分外，需再加入碘化钠1g、碘2g。

2）第二种配方配制的封固剂，也称为贝氏（Berlese）封固剂。

A. 配方：水合氯醛 16g、冰醋酸 5g、葡萄糖 10g、阿拉伯树胶粉 15g、蒸馏水 20ml。

B. 配法：将 15g 阿拉伯树胶粉加入到 20ml 蒸馏水中，加热并搅拌使之充分溶解，然后加入水合氯醛 16g、冰醋酸 5g 和葡萄糖 10g，搅拌使之充分混匀，配好的封固剂经绢筛过滤或负压抽滤去除杂质，装入棕色瓶中备用。

3）第三种配方配制的封固剂，也称为普里斯氏（Puris）封固剂。

A. 配方：水合氯醛 70g、阿拉伯树胶粉 8g、冰醋酸 3g、甘油 5ml、蒸馏水 8ml。

B. 配法：将 8g 阿拉伯树胶粉加入到 8ml 蒸馏水中，加热并搅拌使之充分溶解，然后加入水合氯醛 70g、冰醋酸 3g、甘油 5ml，搅拌使之充分混匀，装瓶备用。

4）第四种配方配制的封固剂，也称为霍氏（Hoyer）封固剂。

A. 配方：水合氯醛 100g、甘油 10ml、阿拉伯树胶粉 15g、蒸馏水 25ml。

B. 配法：将 15g 阿拉伯树胶粉加入到 25ml 蒸馏水中，加热并搅拌使之充分溶解，然后加入水合氯醛 100g、甘油 10ml 混匀，配好的封固剂经绢筛过滤或负压抽滤去除杂质，装入棕色瓶中备用。

水合氯醛封固剂经过较长一段时间之后，往往易产生结晶现象，这种晶体常会遮盖螨体上的一些微细结构，导致螨体结构在镜检时不易分辨，而采用多乙烯乳酸酚封固可避免这种现象发生。

（2）多乙烯乳酸酚封固剂

1）配方：多乙烯醇母液 56%、乳酸 22%、酚 22%。

2）配法：先配制多乙烯醇母液，再配制成多乙烯乳酸酚封固剂。

A. 多乙烯醇母液配方：多乙烯醇粉 7.5g、无水乙醇 15ml、蒸馏水 100ml。

B. 多乙烯醇母液配法：将 7.5g 多乙烯醇粉加入无水乙醇 15ml 中，摇匀，再加入 100ml 蒸馏水，水浴加热，充分溶解后再摇匀，即成多乙烯醇母液。

C. 多乙烯乳酸酚封固剂配法：取多乙烯醇母液 56 份，加入苯酚 22 份，加热使苯酚溶解，再加入乳酸 22 份，充分摇匀装入棕色瓶备用。

（3）聚乙醇氯醛乳酸酚封固剂［又名埃氏（Heize）封固剂］

1）配方：多聚乙醇 10g、1.5% 酚溶液 25ml、水合氯醛 20g、95% 乳酸 35ml、甘油 10ml、蒸馏水 40~60ml。

2）配法：先将多聚乙醇加入到烧杯中，加蒸馏水，加热至沸腾，加乳酸搅匀，再加入甘油，冷却至微温，再在此液中加入水合氯醛和酚，成为水合氯醛酚混合液，将这些混合液加入上述微温的混合液中，搅拌均匀，用抽气漏斗缓缓过滤，将滤下的封固液保存在棕色瓶内备用。

（4）C-M（Clark and Morishita）封固剂

1）配方：甲基纤维素（methylcellulose）5g、多乙烯二醇［碳蜡（carbowax）］2g、一缩二乙二醇（diethylene glycol）1ml、95% 乙醇 25ml、乳酸 100ml、蒸馏水 75ml。

2）配法：将甲基纤维素 5g 加入到 25ml 95% 乙醇中，溶解后依次加入多乙烯二醇 2g、一缩二乙二醇 1ml、乳酸 100m 和蒸馏水 75ml，混合后经玻璃丝过滤，然后放入温箱（40~45℃），3~5 天后达到所希望的稠度时取出，如果发现其过于黏稠，可加入 95% 乙醇稀释，以降低黏稠度。

二、标本制作方法

在标本制作的各个环节一定要注意保持粉螨的完整性，尤其是粉螨的背毛、腹毛及足上刚毛等都是鉴定的重要依据。一个不完整的标本不仅给虫种的鉴定带来一定的困难，甚至会失去原有的价值。

1. 活螨观察　把收集到的样本（如灰尘、面粉等）放在平皿中铺一薄层后置于解剖显微镜下观察，然后检获粉螨，用零号毛笔（较小的粉螨可用毛发针，毛发针是由解剖针的针尖上粘 1~2 根毛发制作而成的）取粉螨。取一载玻片，在其中央滴一滴50%的甘油，把挑取的粉螨放入甘油中，然后盖上盖玻片。将制成的玻片放在显微镜下放大 100 倍，可清楚地观察到粉螨颚体、足体、末体及其上的相关结构。

2. 临时标本　在载玻片中央滴 2~3 滴临时封固剂，用解剖针挑取粉螨放入封固剂中，取盖玻片从封固剂的一端成45°角缓缓放下，然后将载玻片放在酒精灯上适当加热使标本透明，冷却后置于显微镜下观察。临时封固剂乳酸苯酚容易使体软的粉螨皱缩，而对于骨化不明显的粉螨常用乳酸木桃红封片，木桃红可将粉螨表皮染色，以便观察。此临时标本适合在实验研究中现场观察所用，为了观察粉螨各部位的细微结构，可以轻轻推动盖玻片，使标本在封固剂中滚动，从而暴露背面、侧面和腹面以利于观察。临时标本主要用于粉螨的分类鉴定，鉴定后还可将螨体标本重新放回原标本液中保存。另外也可将螨体标本放到盛有50%~100%的乳酸液指形管中，加温使之透明，再将其透明肢体伸展后的标本放在滴有奥氏保存液的载玻片上，盖上盖玻片进行镜检，或直接将螨标本放到滴有50%~60%乳酸液的载玻片上，盖上盖玻片，微加热，使之透明后进行镜检。乳酸的浓度随螨体骨化程度而异，骨化程度强的粉螨用高浓度乳酸液，骨化程度低的粉螨用低浓度乳酸液。

一般情况下，镜检时是不需要对粉螨标本进行染色的，但对那些骨化程度很低的粉螨，观察薄几丁质上的微小结构有时是需要染色的。染色的方法是将螨标本放入乳酸（lactic acid）、木桃红（zignin pink）或酸性复红（acid fuchsin）溶液中，微微加热使之透明染色。

3. 永久标本　永久是相对保存时间而言，永久标本的保存时间一般为 1~2 年，如保存时间过长，标本会模糊不清，往往易压碎。

制作永久标本的粉螨来源可以是刚分离出的活螨，也可以是保存液中保存的粉螨，如果是保存的粉螨，取出后要放置到滤纸上吸干保存液后再制作标本。在载玻片的中央滴 1~2 滴永久封固剂，用解剖针或自制毛发针挑取 2~3 只或更多粉螨置于封固剂中，轻轻搅动封固剂中的粉螨，将粉螨躯体，特别是足上的各种杂质清除干净，此过程被形象地称为"洗浴"，也可在盛有清水的平皿中洗涤，但要注意取出后要用滤纸吸干水分；取一新的洁净载玻片，中央滴加 1~2 滴永久封固剂，将"洗浴"后的粉螨放入其中，取盖玻片使其一端与封固剂的一侧成45°角缓缓放下，封固剂的量以铺满盖玻片而不外溢为准。如果粉螨的背面隆起，为了防止粉螨被压碎或变形，可在封固剂中放入 3~4 块碎盖片作为"脚"，而后再加盖玻片覆盖（图8-4）。

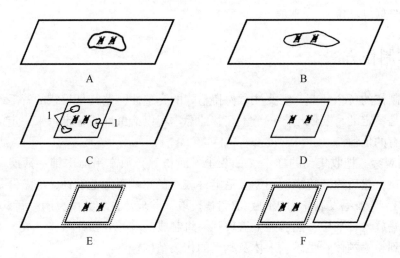

图 8-4　螨类玻片标本制作步骤

A. 标本在固封剂中洗浴；B. 将"洗浴"后的粉螨用毛发针移到固封剂中；C. 加盖玻片；D. 加热干燥；
E. 干燥后涂指甲油；F. 贴标签；1. 碎盖片做的"脚"

具体操作步骤如下：

（1）在载玻片中央滴一滴封固液，挑取粉螨 2 只放在滴有封固液的载玻片上，在双筒显微镜下整姿，使螨标本腹、背均有朝上的，盖上盖玻片后，置保温箱内，在 45℃ 下加温 4~5 天后取出，再在盖玻片四周用透明的加拿大胶或白色指甲油、金漆涂上薄而均匀的一层。

（2）用玻璃棒蘸取封固液，滴 1~2 滴于载玻片中央，然后挑取 2 只螨标本，置于封固液中，用发针搅动，使螨在封固液中浴洗，清除螨体上的杂质，然后再把浴洗清洁的螨移于另一载玻片中央的封固液中，用盖玻片小心盖上，加热至透明伸肢，标记、分类鉴定保存。

上述粉螨标本片只能在一个标本中观察背面或腹面，不能在同一个标本中既观察背面又观察腹面。采用一种特制的标本套可随意观察一个标本的腹面和背面。

制作方法：将 32 号的薄铝片（薄铝片可用白卡片纸代替）剪成 75mm×32mm 的长方形铝片，用空心铳子在薄铝片中央冲一个直径为 15mm 的圆孔，再将薄铝片按图 8-5 所示虚线的长边两侧卷成方边或圆边，卷边高 2mm、宽 1.5mm，制成长方形的标本套，大小为 75mm×25mm，规格与载玻片相同，然后将经过透明处理和封固在 24mm×24mm 或 22mm×22mm 的两块盖玻片中央的粉螨标本由标本套一端推入中央圆孔处，再用旧纸盒板切割成适当大小的纸板，从标本套两端推入，将封固的盖玻片标本挤紧，左侧纸板上标签注明种类、寄主，采集地点、日期，采集人；右侧纸板上标签注明粉螨的学名、雌雄、发育期及鉴定人等，放入标本盒内保存。

螨体标本封固在两块盖玻片中央时，颚体向后，末体向前。封固液要适量，勿过多或过少，两块盖玻片四周涂一层透明无色指甲油。这种改良制片方法一般在粉螨标本稀有时使用。为使制作的粉螨玻片标本能达到良好的观察效果，要对盖好盖玻片的标本进行加热处理使之透明，常用的加热方法有电吹风法、酒精灯法和烘箱法。电吹风法是用电吹风的

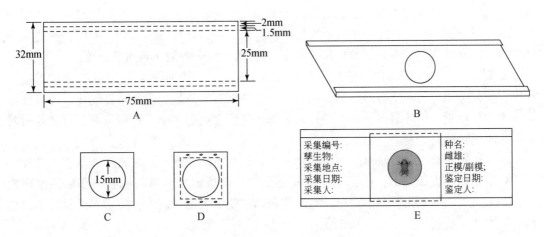

图 8-5　含标本套的标本制作方法

A. 长方形薄铝片；B. 制成标本套；C. 盖玻片；D. 双盖玻片封固标本；E. 盖玻片制成标本

热风对玻片标本加热，当观察到封固剂刚开始沸腾或有气泡出现时，即停止加热，冷却后镜下观察；酒精灯法是把玻片标本放在酒精灯外焰上加热，当封固剂刚开始沸腾或出现气泡时即撤离火焰；烘箱法是把玻片标本平放在烘箱中加热（60～80℃），每日多次观察，直至标本完全透明为止。透明度好的标本应该 8 足挺展，螨体透明，用显微镜观察其背面和腹面的细微结构清晰。

　　制作好的玻片标本平放在标本盒中，室温下 30 天左右可完全干燥，置于50℃烘箱中可加快干燥。在相对湿度较大的地区，为了防止封固剂发霉和回潮，可用无色指甲油涂抹在盖玻片四周，也可采用加拿大树胶双重封片法解决此类问题。最后，在玻片标本的右方粘贴标签，标签上写明粉螨的拉丁学名和中文名、采集时间、采集地点、采集人姓名及寄主等信息（图 8-6）。

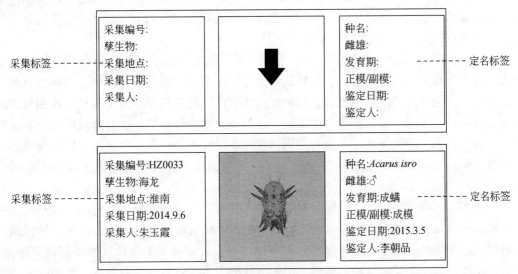

图 8-6　螨类玻片标本标签贴法示例

如初制粉螨玻片标本不理想、粉螨数量又很少、封固液又变干时，则把玻片标本浸泡于温水中（水温 40～50℃），使盖玻片与标本自然脱离载玻片落入水中。此时，为避免螨体收缩，应立即把螨标本置于奥氏保存液中，经 20～30 分钟后，再重新制片。

4. 玻片标本的重新制作　玻片标本保存一段时间后，特别是保存 10 年以上的博物馆标本，往往会出现气泡或析出结晶，使一些分类特征看不清楚，需要重新制作。还有些粉螨标本十分珍贵，损坏后很难再获得，为了保护这些宝贵的教学、科研资源，也要及时对陈旧标本进行适时修复。

玻片标本重新制作最简单的方法：在一个表面皿中加满清水，将玻片标本有盖玻片的一侧向下平放在表面皿上，使标本全部浸在水中，而载玻片两侧的标签不会因沾水而损坏，几天后封固剂软化并溶于水中，盖玻片和标本脱落入表面皿中，将标本反复清洗，再按一般方法重新制片。

三、注意事项

粉螨个体微小，若要对其进行鉴定，必须将其制作成玻片标本，借助显微镜观察其外部形态特征与内部结构，如螯肢、须肢、毛、足、背、腹及生殖器官、呼吸器官等，才能进行螨种的鉴定工作。因此，粉螨标本制作技术是研究粉螨的重要环节，若要制作成质量较高的标本必须注意以下事项。

1. 粉螨漂白与透明　有些螨种体色很深，透明度较差，如阔食酪螨（*Tyrophagus palmarum*）和吸腐薄口螨（*Histiostoma sapromyzarum*）。制片前需要漂白与透明，较好的方法是将螨移入凹玻片或小皿中，加入 1～2 滴过氧化氢（H_2O_2）溶液，即双氧水溶液，用零号毛笔轻轻翻转螨体即可脱色，但过氧化氢溶液不宜过多，过多会导致刚毛等细微结构脱落或使标本裂解；也可以将粉螨放入盛有 90% 乙醇与乳酸（$V/V=1$：1）的指形管中（用脱脂棉塞口）一周，即可透明；或将粉螨放于 5% 氢氧化钾溶液中浸泡，但要不停地观察，达到透明的要求后立即挑出；颜色极深不易透明的螨，可将其放于 5% 氢氧化钾溶液中，置 50℃ 的温箱中保持 24 小时使其透明。

2. 粉螨清洗与去杂　粉螨躯体上刻痕、突起、刚毛及足毛等易黏附杂质，使螨体不清晰。标本制作时，可先用解剖针把粉螨从保存液中挑入凹玻片的凹槽中，在螨体上滴加适量保存液，用零号毛笔或毛发针轻轻翻转螨体数次，使其在保存液中泳动，再用吸水纸将保存液吸除，如此反复直至将杂质清洗干净为止。然后移到另一块滴有封固液的载玻片上调整肢体位置，盖上盖玻片，再行封固。在操作过程中动作要轻而精细，以保持螨体的完整性。活螨也可放在清水中清洗杂质，固定的螨类标本可直接将螨置于封固液中进行清洗。

3. 粉螨整姿与"垫脚"　粉螨标本的背面、腹面及侧面各部分特征都需要观察，如粉螨科螨类的颚足沟、格氏器和基节上毛等要从侧面才能观察清楚。因此制作永久性粉螨标本片时，各个体位的标本都应该制作。将螨体用解剖针或零号毛笔挑起置于封固液中央，在解剖镜或显微镜下观察螨体的姿势，用解剖针把螨体翻转至理想的位置。整姿时常用酒精灯加热使其四肢伸展，该方法操作虽然很简便，但不易掌握，螨的标本太少时不宜采用。对于一些个体较大或背拱的粉螨，或躯体比较脆弱的粉螨，在制作永久性标本片时，应在封固液中放 3 块（成三角形）或 4 块（成正方形）碎小的盖玻片或棉线做成"垫脚"，以免螨类因盖玻片的重力而压碎或变形。

4. 粉螨玻片标本贴标签　制成的粉螨玻片标本应及时贴上标准标签，贴标签时要使用防虫胶水，谨防虫蛀。标签要贴在载玻片左侧，用墨汁标注后，再涂一层透明无色指甲油，干燥后既美观又防潮，还可避免标签脱落。标签上要标明粉螨种类、采集地点、采集时间、采集人姓名、孳生物和鉴定人等。

5. 粉螨玻片标本防霉　制成的玻片标本在室温下放置 1 个月左右便可干燥；也可放在 60~80℃的温箱内，经 5~7 天即可干燥透明；也可用电吹风（40~50℃）吹干。然后在盖玻片四周涂上透明指甲油，待指甲油干燥后既美观又防水，还可避免盖玻片脱落。制成的粉螨标本片应放置在标本盒内，置于冷凉干燥处，同一空间内放适量的干燥剂，防止潮湿发霉。

6. 粉螨玻片标本时限　制成的粉螨标本应尽快进行形态研究，如镜下观察、测量、拍照或摄像，因为粉螨制片过程中没有脱去躯体内的水分，有些螨体内甚至含有食物，这些水分或食物会从其体内析出，从而使整个螨的结构变模糊，影响形态观察。因此所谓永久性标本也不能放置太长，通常一年内不影响形态观察，若标本制作精良，保存时间可延长。

（李小宁　郭　家　李　婕　石　泉）

参 考 文 献

陈琪，姜玉新，郭伟，等，2013. 3 种常用封固剂制作螨标本的效果比较. 中国媒介生物学及控制杂志，24（5）：409-411

崔世全，刘振志，刘玉东，等. 1997. 自朝鲜入境交通工具及货物携带病媒昆虫调查. 中国国境卫生检疫杂志，4：222-224

范青海，苏秀霞，陈艳. 2007. 台湾根螨属种类、寄主、分布与检验技术. 昆虫知识，44（4）：596-602

方宗君，蔡映云，王丽华，等. 2000. 螨过敏性哮喘患者居室一年四季尘螨密度与发病关系. 中国劳动卫生职业病杂志，6：35-37

韩玉信，赵玉强. 2006. 不同居住和工作环境内螨类孳生情况的调查. 中国热带医学，6（4）：745-746

何耀明，袁志洪，陈国雄，等. 2005. 新塘口岸媒介生物本底调查. 中国国境卫生检疫杂志，2：100-103

江佳佳，李朝品. 2005. 我国食用菌螨类及其防治方法. 热带病与寄生虫学，3（4）：250-252

李朝品. 1995. 中药材中孳生螨类的调查研究中国人兽共患病杂志，11（6）：406-408

李朝品. 2006. 医学蜱螨学. 北京：人民军医出版社

李朝品. 2008. 人体寄生虫学实验研究技术. 北京：人民卫生出版社

李朝品. 2009. 医学节肢动物学. 北京：人民卫生出版社

李朝品，刘小燕，贺骥，等. 2008. 安徽省房舍和储藏物孳生粉螨类名录初报. 中国媒介生物学及控制杂志，19（5）：453-455

李朝品，沈静，唐秀云，等. 2008. 安徽省储藏物孳生粉螨的群落组成及多样性分析. 中国微生态学杂志，20（4）：359-364

李朝品，唐秀云，昌文涛. 2007. 安徽省城市居民储藏物孳生粉螨群落组成及多样性研究. 蛛形学报，

16（2）：108-111

李朝品，武前文 . 1996. 房舍和储藏物粉螨 . 合肥：中国科学技术大学出版社

李立，李朝品 . 1987. 肺螨标本的采集保存和制作 . 生物学杂志，2：30-31

李隆术，李云瑞 . 1988. 蜱螨学 . 重庆：重庆出版社

李孝达，李国长，郝合军 . 1988. 河南省储藏物螨类的调查研究 . 郑州粮食学院学报，4：64-69

梁伟超，孙杨青，刘学文，等 . 2005. 深圳市储藏物孳生粉螨的研究 . 中国基层医药，12（12）：
　1674-1676

林萱，阮启错 . 1993. 福建省储藏物螨类种类、分布、危害情况调查 . 粮食储藏，22（4）：17-23

林萱，阮启错，林建福，等 . 2000. 福建省储存物螨类调查 . 粮食储藏，29（6）：13-17

林仲华 . 1991. 中国水仙球茎螨类调查报告 . 福建热作科技，2：6-12

刘雅杰，于德江，朱平 . 1993. 速生薄口螨 Histiostoma feronirum Dufour 与人参坏死病 . 中国野生植物资
　源，2：17-22

陆联高 . 1979. 仓螨的研究和防治探讨 . 粮食储藏，3：1-6

陆联高 . 1994. 中国仓储螨类 . 成都：四川科学技术出版社

马恩沛，沈兆鹏，陈熙雯，等 . 1984. 中国农业螨类 . 上海：上海科学技术出版社

马新华，陈国杰，李业林，等 . 2009. 进口原糖中甜果螨和粗角粉螨的分离与鉴定 . 植物检疫，23（1）：
　14-15

孟阳春，李朝品，梁国光 . 1995. 蜱螨与人类疾病 . 合肥：中国科学技术大学出版社

莫少坚，谢少远，陈开生 . 2000. 梧州进出口粮谷豆类带螨情况调查 . 粮油仓储科技通讯，1：32-34

乔趁峰，张志轩 . 2008. 盆栽百合刺足根螨的危害及防治 . 中国花卉园艺，20：43

秦剑，郭永和 . 1993. 粉粉螨分离纯化的简便法 . 济宁医学院学报，3：17

沈定荣，胡清锡，潘元厚 . 1980. 肠螨病调查报告 . 贵州医药，1：16-18

沈静，李朝品，朱玉霞 . 2010. 淮北地区粉螨物种多样性季节动态研究 . 中国病原生物学杂志，5（8）：
　603-605

沈静，王慧勇，李朝品 . 2007. 淮北地区不同生境中粉螨的生物多样性研究 . 热带病与寄生虫学，5（1）：
　35-36，42

沈祥林，王殿轩 . 1992. 河南省近期储藏物螨类调查研究 . 郑州粮食学院学报，3：81-88

沈兆鹏 . 1979. 甜果螨生活史的研究（无气门目：果螨科）. 昆虫学报，22（4）：443-447

沈兆鹏 . 1982. 台湾省贮藏物螨类名录及其为害情况 . 粮食贮藏，6：16-20

沈兆鹏 . 1983. 台湾省为害贮藏农产品螨类的生态记录 . 粮食储藏，6：54

沈兆鹏 . 1985. 储藏物螨类的采集、保存和标本制作 . 粮油仓储科技通讯，4：42-44

沈兆鹏 . 1985. 储藏物螨类对环境的污染 . 环境科学，6（3）：80-83

沈兆鹏 . 1987. 储藏物螨类与人类经济活动的关系 . 粮食储藏，16（2）：27-31

沈兆鹏 . 1988. 全国重点省、市、区储藏物螨类调查总结会在上海举行 . 粮油仓储科技通讯，5：52

沈兆鹏 . 1989.《全国储藏物螨类调查研究》通过鉴定 . 粮食储藏，18（6）：55-56

沈兆鹏 . 1989. 三种粉螨生活史的研究及对储藏粮食和食品的为害 . 粮食储藏，18（1）：3-7

沈兆鹏 . 1989. 我国储藏物螨类超过 100 种 . 粮油仓储科技通讯，3：56

沈兆鹏 . 1994. 我国储粮螨类研究三十年 . 黑龙江粮油科技，3：15-19

沈兆鹏 . 1996. 动物饲料中的螨类及其危害 . 饲料博览，8（2）：20-21

沈兆鹏 . 1996. 海峡两岸储藏物螨类种类及其危害 . 粮食储藏，1：7-13

沈兆鹏 . 1996. 我国粉螨分科及其代表种 . 植物检疫，6：7-13

沈兆鹏 . 1996. 中国储粮螨类种类及其危害 . 武汉食品工业学院学报，1：44-47，458，49-52

沈兆鹏.1997.中国储粮螨类研究四十年.粮食储藏,6:19-28

沈兆鹏.2005.中国储藏物螨类名录.黑龙江粮食,5:25-31

沈兆鹏.2007.中国储粮螨类研究50年.粮食科技与经济,(3):38-40

沈兆鹏.2009.房舍螨类或储粮螨类是现代居室的隐患.黑龙江粮食,(2):47-49

宋福春,李朝品,田晔,等.2007.淮北地区储藏物粉螨群落组成的初步调查.医学动物防制,23(2):
 134-135

宋乃国,徐井高,庞金华,等.1987.粉螨引起肠螨症1例.河北医药,(1):10

苏秀霞,陈艳,范青海,等.2006.根螨属螨类进境风险分析.华东昆虫学报,15(3):230-234

唐秀云,李朝品,沈静,等.2008.亳州地区储藏中药材粉螨孳生情况调查.热带病与寄生虫学,6(2):
 82-83

陶莉,李朝品.2006.腐食酪螨种群消长及空间分布型研究.南京医科大学学报,26(10):944-947

陶莉,李朝品.2007.腐食酪螨种群消长与生态因子关联分析.中国寄生虫学与寄生虫病杂志,25(5):
 394-396

王凤葵,张衡昌.1995.改进的螨类玻片标本制作方法.植物检疫,5:271-272

王慧勇,沈静,宋福春,等.2009.淮北地区仓储环境中粉螨的群落组成及季节消长.环境与健康杂志,
 26(12):1119-1120

王克霞,崔玉宝,杨庆贵,等.2003.从十二指肠溃疡患者引流液中检出粉螨一例.中华流行病学杂志,
 24(9):44

王克霞,杨庆贵,田晔.2005.粉螨致结肠溃疡一例.中华内科杂志,44(9):7

王晓春,郭冬梅,李朝品.2007.安徽省不同种类汽车生境仓储螨和尘螨孳生情况及多样性调查.中国媒
 介生物学及控制杂志,5:461-463

王治明.2010.螨类标本的采集、鉴定、制作和保存.植物医生,3:49-51

温廷桓.2005.螨非特异性侵染.中国寄生虫学与寄生虫病杂志,23(S1):374-378

吾玛尔·阿布力孜.2012.土壤螨类的采集与玻片标本的制作.生物学通报,1:57-59

吴梅松.1996.储藏物螨类的危害与防治方法研究综述.粮食储藏,5:16-22

吴子毅,罗佳,徐霞,等.2008.福建地区房舍螨类调查.中国媒介生物学与控制杂志,19(5):
 446-450

邢新国.1990.粪检粉螨三例报告.寄生虫学与寄生虫病杂志,8(1):7

徐道隆.1988.采集储藏物螨类标本的简易方法.粮油仓储科技通讯,3(2):54-56

许礼发,王克霞,赵军.2008.空调隔尘网粉螨、真菌、细菌污染状况调查.环境与职业医学,1:79-81

许礼发,湛孝东,李朝品.2012.安徽淮南地区居室空调粉螨污染情况的研究.第二军医大学学报,
 33(10):1154-1155

杨庆爽.1980.螨类标本的采集、保存和制作.植物保护,5:37-40

殷凯,王慧勇.2013.关于储藏物螨类两种标本制作方法比较的研究.淮北职业技术学院学报,1:
 135-136

于晓,范青海.2002.腐食酪螨的发生与防治.福建农业科技,6:49-50

湛孝东,郭伟,陈琪,等.2013.芜湖市乘用车内孳生粉螨群落结构及其多样性研究.环境与健康杂志,
 4:332-334

张朝云,彭洁,陈德林.2003.螨虫致食物中毒一例报告.中国卫生检验杂志,13(6):776

张浩.2000.储藏物粉螨初步调查.中国基层医药,7(2):117-118

张进,沈静,宋富春,等.2010.淮北地区储藏环境粉螨孳生调查.环境与健康杂志,27(11):9-73

张伟,鲁波,孙宗科,等.2009.南北方不同城市冬季室内螨类孳生情况调查.中国卫生检验杂志,

（12）：2961-2962

张伟，孙宗科，鲁波，等．2010. 南北方不同城市夏季室内螨类孳生情况调查．中国卫生检验杂志，（8）：2103

赵金红，王少圣，湛孝东，等．2013. 安徽省烟仓孳生螨类的群落结构及多样性研究．中国媒介生物学及控制杂志，24（3）：218-221

赵小玉，郭建军．2008. 中国中药材储藏螨类名录．西南大学学报（自然科学版），30（9）：101-107

周洪福，孟阳春，王正兴，等．1986. 甜果螨及肠螨症．江苏医药，8：444-464

周淑君，周佳，向俊，等．2005. 上海市场新床席螨类污染情况调查．中国寄生虫病防治杂志，12（4）：254

朱玉霞，许礼发，王克霞，等．2005. 空调隔尘网灰尘粉螨污染的调查．环境与健康杂志，6：80

Hughes AM, 1983. 贮藏食物与房舍的螨类．忻介六，沈兆鹏，译．北京：农业出版社

Arlian LG, Morgan MS. 2003. Biology, ecology, and prevalence of dust mites. Immunol Allergy Clin North Am, 23（3）：443-468

Chyichen H, Chen W H. 2000. A new species of Rhizoglyphus Claparede（Acari：Acaridae）infesting bulbs from Taiwan. Chinese J Entomol, 20：347-351

Chyichen Ho. 1993. Two new species and a new record of schwiebea oudemans from Taiwan（acari：acaridae）. Internat J Acarol, 19（1）：43-50

Dvorak-King C. 1997. PA catheter numbers made easy. RN, 11：56-57

Franzolin MR, Baggio D. 2000. Mite contamination in polished rice and beans sold atmarkets. Revista de Saude Publica, 34（1）：77-83

Gabriels L. 2008. ［Quality of life：the numbers tell the tale？］. Tijdschrift voor Psychiatrie, 50（5）：249

Gallagher RM. 1999. The numbers game. Nursing Standard（Royal College of Nursing（Great Britain）：1987），13（41）：18-19

Gupta A, Khaira A. 2011. Opportunistic non-BK viral disease after renal transplantation：a game of numbers. Transplant Infectious Disease：An Official Journal of the Transplantation Society, 13（3）：329

Gupta A, Kumar S, Mishra B, et al. 2011. Evaluation of awareness and use of emergency access numbers in Delhi. National Medical Journal of India, 23（5）：312

Hart BJ, Fain A. 1987. A new technique for isolation of mites exploiting the difference in density between ethanol and saturated NaCl：qualitative and quantitative studies. Acarologia, 28：251-254

Johnson LF. 1999. First aid by the numbers. Occupational Health & Safety（Waco, Tex.），68（4）：40-43

Larson DG, Mitchell WF, Wharton GW. 1969. Preliminary studies on Dermatophagoides farinaeHughes, 1961（Acari）and house dust allergy. J Med Entomol, 6：295-299

Ly Kin. 2010. Increasing staff numbers. Community Practitioner, 83（9）：12-13

Matsumoto K. 1975. Studies on the environmental requirements for the breeding of the dust mite, Dermatophagoides farinae-Hughes, 1961. Part 3. Effect of the lipids in the diet On the population growth of the mites. Jpn J Sanit Zool, 26：121-127

Matsuoka H, Maki N, Yoshida S, et al. 2003. A mouse model of the atopic eczema/dermatitis syndrome by repeated application of a crude extract of house-dust mite Dermatophagoides farinae. Allergy, 58：139-145

Owen S, Morgenstern M, Hepworth J, et al. 1990. Control of house dust mite inbedding. Lancet, 335（8686）：396-397

Platts-Mills TAE, Thomas WR, Aalberse RC, et al. 1992. Dust mite allergens and asthma：report of a second international workshop. J Allergy Clin Immunol, 89（5）：1046-1060

Ree HI, Jeon SH, Lee IY, et al. 1997. Fauna and geographical distribution of housedust mites in Korea. Korean J Parasitol, 35 (1): 9-17

Takahashi G, Tanaka H, Wakahara K, et al. 2010. Effect of diesel exhaust particles on house dust mite-induced airway eosinophilic inflammation and remodeling in mice. J Pharmacol Sci, 112 (2): 192-202

第九章　粉螨显微观察技术

粉螨个体小，多为 120~500μm，肉眼难于辨识。因此，在粉螨形态特征、生活史和为害等的研究过程中需利用显微观察技术（microscopic observation technology）对其进行显微观察、测量和摄影。

第一节　粉螨显微观察与测量

显微镜是粉螨螨种鉴定中最常用的光学仪器，种类很多，常用的有放大镜（magnifier）、解剖显微镜（dissecting microscope）、生物显微镜（biological microscope）及扫描电子显微镜（scanning electron microscope，SEM）等。显微观察与测量技术被广泛应用于蜱螨形态研究领域，人们常根据实验研究内容的不同选择使用不同的显微镜进行粉螨的观察和测量。

一、显微观察

显微观察是应用光学系统或电子光学系统设备，对肉眼难以辨识的微小生物进行形态特征或运动规律的观察。所观察到的图像信息是被观察物体与辐射波之间相互作用的效应，而对于某些不能直接被肉眼识别和观察的信息，则需要利用显微器械等处理后观察。

（一）放大镜

放大镜是利用凸透镜具有放大作用的原理制作的简单目视光学仪器，其作用是放大肉眼的视角，帮助肉眼观察物体的细微结构。放大镜分为透镜和镜柄两部分，受凸透镜焦距的限制，放大倍数有限。在粉螨的研究中，放大镜常适用于粗略地观察样本中的活螨。

手持单片放大镜的倍率一般在 10 倍以下，不同倍数的放大镜焦距不同，焦距越短放大倍数越大，通常使用 3~5 倍的放大镜。使用时取适量采集到的样本置于培养皿中，置于眼前，移动培养皿或放大镜，使手持放大镜对准样本，直至样本图像清晰可见。

（二）解剖显微镜

解剖显微镜，也称为实体显微镜（solid microscope）或立体显微镜（stereoscopic microscope），镜体上端安装着双目镜筒，其下端的密封金属壳中安装着五组棱镜，镜体下面安装着一个大物镜，使目镜、棱镜、物镜组成一个完整的光学系统。物体经物镜做第一次放大后，由五角棱镜使物像转正，再经目镜做第二次放大，在目镜中观察到正立的物像。其放大倍数为 20~100 倍，视野较广，工作距离较长，可得到图像清晰、视野宽阔、立体感强的正立像。因此常用于一些固体样本的表面观察或解剖等工作。

在粉螨研究中，解剖显微镜适用于对样本中孳生的螨进行分离、挑取、制作玻片标本及对活螨进行大体形态观察，镜下所见螨体的形态特征在物种鉴定方面可作为重要参考。

将装有适量样本的培养皿或带有活螨的载玻片置于解剖镜下，旋转粗调螺旋，将物镜的放大倍数由小到大慢慢调节，直至视野清晰，找到活螨，用零号毛笔将其移至视野中央或移动培养皿（载玻片）将螨移至视野中央，再进一步调节物镜放大倍数至合适大小，调节微调按钮，使视野清晰。观察活螨时，为观察螨体全貌，需随时调节培养皿或载玻片上活螨的姿态，并配合调节粗螺旋和细螺旋，以便从不同平面角度观察螨体的各部分特征。若样本中粉螨较活跃，爬行较快，不容易观察到时，可将样本置于4℃冰箱中，待螨体静止后，或者用乙醚将活螨麻醉后再进行观察。此外，为了观察储藏物内的粉螨为害情况，也可在解剖显微镜下对样品中大米、小米、芝麻和花生等颗粒状物进行实体解剖，观察其内部的粉螨孳生情况。

（三）生物显微镜

生物显微镜用于生物切片、细胞、细菌及活体组织培养、流质沉淀等的观察和研究，也可以观察其他透明或半透明物体及粉末、细小颗粒等物体。生物显微镜的放大倍数一般有20倍、40倍、100倍（低倍），400倍（高倍）和1000倍（油镜）等。

生物显微镜一般用于观察粉螨的玻片标本，镜下观察螨体的形态特征是目前进行螨种鉴定最常用的生物分类方法。

观察时应注意光线调节、倍数放大及低倍、高倍视野配合观察粉螨形态特征。对光后将制作好的粉螨标本玻片置于载物台中央，使标本对准通光孔正中，调节两目镜之间的距离，使双眼能同时观察，然后低倍物镜对准通光孔，使用粗调焦螺旋将镜筒自上而下调节，避免物镜镜头接触玻片而损害镜头和压破玻片，当物镜镜头与载物台的玻片相距2~3mm时停止调节。两眼同时注视观察，并转动粗调焦螺旋，使镜筒徐徐上升，直到物像清晰为止，再调节细调焦螺旋使螨体图像清晰可见。自然采光调光时，左手调节反光镜的方向，上下调节聚光器的距离，调整视野亮度；人工光源（电光源）调光时，光线的强弱可通过调节显微镜上调光线强弱的旋钮（通过电阻的改变）、聚光器距离及光圈（虹彩盘）的大小来实现。观察时，一般先在低倍镜下观察螨体的全貌，初步观察粉螨的背面、腹面、颚体和足的形态特征；再用高倍镜进一步观察螨体局部形态特征，如螯肢、足、毛序、跗节、须肢、基节上毛、感觉器官和生殖器官等。若要观察粉螨的生殖区、颚体、螯肢、须肢、足、跗节及须肢、足上着生的各种毛和感棒等，则需要用油镜进行观察，观察时注意油镜的操作需要较强光线，故需要将光线调至最强，并且油镜使用完毕后要注意清洁、保养，用擦镜纸除去香柏油（二甲苯）。此外，在粉螨的观察中，还会用到荧光显微镜（fluorescence microscope），将螨体标本经过荧光色素染色处理后，在荧光显微镜下可以清晰地观察螨体形态特征。

（四）扫描电子显微镜

扫描电子显微镜（简称扫描电镜）利用二次电子信号成像原理观察样品的表面形态，

即用极狭窄的电子束扫描样品，通过电子束与样品的相互作用产生各种效应。其特点为：放大倍数高；分辨力强，可达3nm；可在样品室中对样品做三维空间的平移和旋转，可从不同角度观察、研究标本，倾斜度可达±60°，旋转度可达360°；景物在感光片上成像焦点清晰的范围大，既景深大，可得到立体且富有真实感的图像，既能够直接观察样品表面的结构，也能进行成分和元素分布的分析等。

扫描电镜一般用于粉螨超微结构的观察研究，以了解其颚体、感器、刚毛和足等细微的形态特征。在进行扫描电镜观察前，要求对样品做相应的处理。将整体标本放入扫描电镜仪器的真空室内，一般用快速冰冻法除去水分。样品干燥后放在镀膜机的真空罩内，镀上金属膜后便可用于观察。如果需要对粉螨的器官或组织进行亚显微观察，通常采用以下处理方法。

1. 振荡清洗　螨体表面常覆盖一些杂质掩盖其表面，因此应设法清除，但又不能损坏其表面特征，常用0.1mol/L磷酸盐缓冲液（pH 7.4）或生理盐水将标本反复震荡清洗或超声波清洗。

2. 双固定　将样本放置于用0.1mol/L磷酸盐缓冲液配成的1%戊二醛液（pH 7.4）中固定12~24小时，称为前固定；然后用磷酸盐缓冲液洗净，在磷酸缓冲液中放置1~24小时。之后置于1%锇酸溶液（pH为7.4）中固定1~2小时，此称为后固定，后固定时间不宜过长，否则标本变脆。锇酸剧毒，其蒸气对呼吸道黏膜和角膜均有刺激作用。因此在用锇酸溶液固定标本时，在操作过程中应加倍小心。

3. 双蒸水清洗　固定后的样品用双蒸水冲洗2~3次，每次5~10分钟，清除表面固定液。

4. 脱水　用50%、70%、80%、90%、95%、100%的乙醇依次进行脱水，每级5~10分钟，100%乙醇脱水2次，每次15分钟。

5. 置换　脱水后需用乙酸戊酯或乙酸异戊酯将样品中的乙醇置换出，具体方法为先将标本移入1:1的纯乙醇与乙酸戊酯或乙酸异戊酯的混合液中浸泡10~15分钟，再移入100%的乙酸戊酯或乙酸异戊酯液中置换，时间为10~15分钟。

6. 干燥　将样品取出，置于滤纸上，移入干燥器内密闭，使样品干燥，现一般采用CO_2临界点干燥法，将置换后的样本放入临界点干燥装置（高压密闭容器）中，注入液态CO_2，在31℃、72.8个大气压的临界状态下干燥。

7. 镀膜　用导电胶将干燥后的标本块黏在样品托上，待导电胶干燥后镀膜。用真空喷涂仪或离子镀膜机在标本表面镀上一层金属薄膜，使表面导电，增加样品的二次电子发生率，使图像的反差增强，常用的金属有金、铂、钯和它们的合金。金钯合金能提供比纯金更薄的连续层。

8. 拍摄电镜照片　根据研究目的，从不同角度观察标本的不同部位，重要的细微结构在调好亮度、景深、放大倍数、分辨率等之后图像会更清晰，最后拍摄电镜照片。

在对粉螨进行电镜扫描时，最好事先将粉螨用热酒精烫死或用乙醚麻醉，否则活动的螨体在进行扫描拍摄时会影响图片的拍摄质量，同时在拍摄时应注意控制拍摄时间，否则时间太长螨体易脱水干瘪而影响形态观察。

二、显微测量

显微测量是通过显微装置获取微小物体图像并进行相应处理的一种摄影测量方法。

（一）生物显微镜测量

在粉螨的观察过程中通常会涉及螨体的测量，但由于螨体较小，需在显微镜下进行。用于测量的工具有目镜测微尺（micrometer）和镜台测微尺（stage micrometer）（图9-1）。由于镜台测微尺与样品标本在相同位置，均需经过物镜和目镜的两次放大成像再进入视野，都随着显微镜的放大倍数增大而放大，因此可根据镜台测微尺的读数得到样品标本的实际大小，所以在一定放大倍数下可用镜台测微尺来校正目镜测微尺，即计算出在该放大倍数下目镜测微尺每格所代表的长度，然后移去镜台测微尺，换上待测标本片，用校正好的目镜测微尺在同样放大倍数下测量样品标本大小。

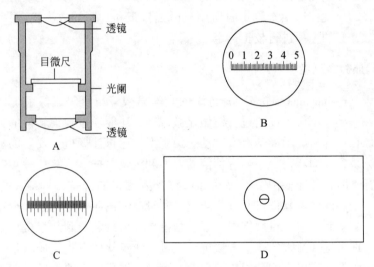

图9-1　显微测微尺结构示意图

A. 目镜测微尺在目镜中的位置；B. 目镜测微尺；C. 镜台测微尺（放大）；D. 镜台测微尺

粉螨标本镜下测量需用镜台测微尺与目镜测微尺。镜台测微尺是一块中央有一圆形测微尺的特制载玻片。镜台测微尺长1mm或2mm，被等分为100小格或200小格，每小格为10μm（0.01mm）；另一种是将2mm等分为20格，每小格为100μm（0.1mm），在此2mm的一端，另将0.2mm划分为20小格，每小格为10μm（0.01mm）。目镜测微尺是一块圆形玻片，其上用激光雕刻了刻度尺线，形状基本是"十"字形，在十字线上分有格子，一般将5mm平均划为50格，或把10mm平均划为100格。由于使用的目镜和物镜放大倍数不同，其每格实际表示的长度也不同，因此用前必须用镜台测微尺来校正。校正方法如下：将镜台测微尺放在显微镜的镜台上，刻度面朝上，使圆形测微尺置于视野中央；旋下目镜上的目透镜，将目镜测微尺置于接目镜的中隔板上，刻度面朝下，然后旋上目透镜，并装入镜筒内。先用低倍镜观察，调节焦距，光线稍调暗，以便看清两个测微尺的分格线，镜下观察时，以两测微尺左边的某一线相重合为标准，再观察两个测微尺右侧分格线再次重叠的位置（图9-2），分别记录两条重合线间的目镜测微尺和物镜测微尺的格数。根据两尺重叠的这一段，即两者相当的小格数，计算出目镜测微尺每小格的长度。

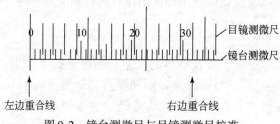

图9-2　镜台测微尺与目镜测微尺校准

$$目镜测微尺每格长度=\frac{镜台测微尺格数}{目镜测微尺格数}\times0.01mm$$

按上述方法，分别测定出在不同倍率的物镜下目镜测微尺上每格的实际长度。由此测出的目镜测微尺的尺度仅适用于测定时所用显微镜目镜和物镜的放大倍数，若更换物镜、目镜的放大倍数，必须重新进行校正标定。

（二）数码显微镜测量

数码显微镜（digital microscope）将传统的光学显微镜与数码成像系统通过光电转换器有机地结合在一起，不仅可以通过目镜做显微观察，还能通过数模转换的方式将显微镜看到的实物图像在计算机显示屏幕上实时动态图观察，通过计算机上安装的显微图像分析软件进行追踪分析，从而获得一系列有价值的定性和定量数据。

测量粉螨标本时，先在显微镜下寻找和调整需要测量的部位，调节图像至清晰位置后，将计算机上安装的测量软件打开进行测量，测量前需按照软件的尺寸校正步骤，先把软件校正准确，测量时需注意将软件中目镜、物镜放大倍数调节到与显微镜一致，选择需要的测量单位，即可选择适宜的测量方法进行测量。测量软件有先进的测量功能，不仅仅局限于测量直线距离，还可以测量周长及角度。测量数据可以方便地导入电子数据表中进行统计。

粉螨常见的测量指标如下：①体长：一般不含颚体，仅指躯体长度；②体宽：躯体在足Ⅲ与足Ⅳ之间的最大距离；③螯肢长：螯肢后端至动趾末端的距离；④须肢长：须肢转节基部到须肢跗节末端的距离；⑤毛及感棒长：毛及感棒着生基部到其末端的距离；⑥足长：自足基部到足跗节末端的距离。

第二节　粉螨显微摄影

粉螨个体微小，为更直观、更清楚地观察其形态特征，通常采用显微摄影技术（photomicrography）将其放大，把观察到的特征以图片的形式清晰地记录下来。显微摄影技术是利用显微摄影装置将显微镜视野中的物像拍摄下来，并存储记录在某种形式的信息载体（如胶片的化学形式或数字存储记录方式）上，以供显微影像信息再现的技术。

一、普通光学显微摄影

普通光学显微摄影广泛应用于微小生物的研究，在微小生物的形态观察和物种鉴定等方面发挥了重要的作用。

(一) 普通光学显微摄影设备

普通光学显微摄影设备主要由普通光学显微镜、摄影装置两个部分组成。

1. 普通光学显微镜　该装置是为了找到需要拍摄的物体和部位，方便后续摄影。有关该装置可参考上述生物显微镜介绍部分。

2. 摄影装置　照相机是常见的摄影装置。照相机的大体结构基本相同，主要由镜头、光圈、快门、取景器、测距器和机身等组成。而所谓的"傻瓜"相机则不需要光圈、测距装置，可直接取景，简化了操作步骤。

（1）镜头：镜头焦距是指无限远处的景物在镜头上所结成的清晰影像至镜头透镜中心的距离，即由镜头透镜中心至底片间的距离。镜头焦距长，则成像大；反之，焦距短，则成像小。每个镜头的焦距值都在镜头圈上标出，按照国际惯例，镜头焦距皆以英文字母 F 或 f 表示，长度单位为 mm 或 cm。镜头的视角与成像成反比，视角越大，成像越小；反之，视角越小，成像越大。镜头还分为标准镜头、远摄镜头、广角镜头、微距镜头及变焦距镜头等，根据不同拍摄需要选择合适的镜头。

（2）光圈：是用来控制光通量的，可由控制钮逐级放大或缩小，不同光圈孔径与镜头焦距比值的倒数称为光圈系数（F 或 f 系数）。例如，镜头的焦距为 50mm，某级光圈孔径为 25mm，那么光圈系数 f = 25/50 = 1/2，其倒数是"2"，此即是 f 系数，通常写作 f/2，依次类推。目前，f 系数的标法趋向统一。多采用下列标准，f 系数为 1、1.4、2、2.8、4、5.6、8、11、16、22、32、44、64 等。光圈系数每差一档，镜头的光通量就相差一倍。光圈越大，景深越小；光圈越小，景深越大。适当缩小光圈，可改善镜头成像的质量。在显微照相时光圈已固定，不可调整。

（3）快门：是照相机上一个主要的机械部件，其作用是：①与光圈系数配合，控制感光片的曝光量；②用于动体摄影，以抓取瞬间动作，使之成像清晰。按其结构不同，快门可分为机械快门和电子快门两种。机械快门依其基本结构与所在位置不同，又分为镜中快门和焦点平面快门。镜中快门位于镜头前后透镜组的中间，光圈的前面，由几叶极薄的钢片组成，其最大速度为 1/500～1/300。焦点平面快门，也称为帘布快门，是由帘布制成的，装在相机后壁，感光片的前面，接近焦点平面的地方，其速度可高达 1/1000 秒或 1/2000 秒，但拍动景易变形。电子快门是以电子组件代替机械部件，快门的速度以秒为计算单位，快门的速度盘上刻有一系列数字，如 1、2、4、8、15…250，它们分别代表 1 秒、1/2 秒、1/4 秒…1/250 秒。在光圈系数相同的情况下，快门开启的时间越长，从镜头进入到达感光片的光线数量越多，反之越少，如 1/25 秒比 1/50 秒慢一倍，进光线就多一倍。此外，还有"B"和"T"两极快门。

（4）取景器：是用来选取景物和调整构图的装置。其视角和镜头的视角相一致。近代相机的取景多与对焦装置结合在一起，称为对焦取景器。目前已发展到全息取景器，多由电脑控制。但常见的仍属直式取景器和光学反射式取景器。取景器的一般要求：①距离镜头越近越好，可减少上下左右的视差；②从取景器看到的范围通常比实际拍摄的画面偏小；③有一定校正平移视差的功能，使远近目标的景物与底片画面基本一致。

（5）测距器：为使被拍摄的景物通过镜头在底片上结成焦点，拍出清晰的照片，在拍摄时要随时调整相机上的距离标尺，这个装置便是测距器，也称对焦器。现代相机的取景与测距器多在一个孔内，也称连动测距器。各种相机的取景调焦装置虽不一样，但多采取重合调焦的方式。

（6）自拍装置：实际上就是一种延缓开启快门的装置，其属于快门的附件，结构性能基本上与慢速结构一样，延缓时间为10秒左右。

（7）偏振镜：也称偏光镜。使用时加在相机的镜头前，以阻止不需要的偏振光。偏振镜的结构包括两层玻璃和一层胶膜。在两层玻璃之间的胶膜中，有极细的按相同方向顺序排列的直线结晶物。在寄生虫摄影工作中，常需要拍摄放置在玻璃柜、匣、橱窗及镜框等中的标本，也需要在水缸中拍摄鱼类等，诸如此类的拍摄过程中常会遇到闪耀的反光问题，这种反光会影响景物细部的表现效果，同时说明有偏振光的存在，于是就出现了偏振镜，其是用来消除这类反光的摄影附件，犹如淡灰色的滤色镜，拍摄时，将偏振镜细线所成的角度转至与物体反射的偏振光相垂直的位置，就可以把不需要的偏振光阻挡住，而仅让所需要的光线通过。使用时，金属圈上的红点朝上，安装在镜头上缓缓转动。在取景器中观察物体平面上的反光，待反光现象消除或部分消除时，即可拍摄。它还可以与滤色镜合用。偏振镜呈淡灰色，对物体上的彩色无影响，可用于拍摄彩色片。偏振镜的曝光系数与滤色镜相似，即计算曝光时间时应将快门速度乘以曝光系数。

（二）显微摄影技术

1. 工作前准备

（1）光路系统的清洁：显微摄影必须保证光路系统的清洁，任何光学部件有污垢和灰尘均会影响照片的质量。物镜、目镜及聚光镜等部件如污垢长期不清理，就会引起霉菌孳生，导致镜片发霉而不能使用。各部件在擦拭时只能清理表面，而不应任意拆卸。

（2）光轴中心的调整：显微摄影时光轴中心的调整是绝对不可忽视的，否则拍出的图像各部分感光不均匀。检查镜体与照相系统的安装是否正确；根据被检物体的情况选用感光片；如为半自动和全自动照相系统，需调节好相应的按钮。拍摄前需用目镜观察，先调好两眼的瞳距，使两个视场的物像合二为一，再调节好两眼的屈光度以适应观察者的视力。

2. 视场光阑

视场光阑调节是指在显微观察标本时根据物镜的倍率不同开大或缩小视场光阑而给予适宜的光束面积，以达到镜检的优良效果。在显微摄影时它起着增加和减弱影像反差的作用。当视场光阑开大到一定程度时，照射到被摄物体上的光即产生反射与不规则的散射，造成影像反差的损失；当视场光阑收缩到取景框边缘的外方时，图像的反差就得到改善；视场光阑过度收缩接近取景框，则图像的四角部分将被切去。因此，在显微摄影时，视场光阑的应用是一个重要的因素，应开启到比取景框稍大的位置。

3. 人眼屈光度的校正　镜检时，人眼的屈光度不尽一致，总是存在着一定的差别。当甲看清视场中的图像后，乙来观察时就不一定清晰，这是由于两人眼睛的屈光度有所不同而造成的，只要调节一下微调焦旋钮就很容易使图像清晰。但是在显微摄影时，用这种方法是不能解决的，因为上述是通过改变工作距离的长短来补偿两人的屈光度；而显微摄影则必须使物镜处于它本身的工作距离处，使成像清晰地落在感光片的平面处，才能使感光片得到清晰的图像。实际工作中人们往往有这样的经历，在视场中观察到的图像很满意，但拍摄出来的底片则模糊不清，多数是因为这个原因。

显微摄影的调焦方法必须利用取景侧目镜（聚焦望远镜）或取景目镜，首先进行屈光度的校正，即旋转取景侧目镜或取景目镜上的圆环，使取景框中的双十字线达到最清晰的程度，这时再进行调焦使图像清晰，便可进行曝光。需要指出的是，应用同一只眼睛调节，否则两眼之间也会存在屈光度的差异。在调节双十字线时，应尽快予以调整，否则长时间的调整会使人眼产生适应性，则不易调得准确，如遇此情况，可远眺前方稍待一段时间后再进行调节。

在使用 4 倍以下物镜时，由于焦深较长，只用取景目镜还会发生调焦的误差，这时可利用"聚焦放大镜"来克服误差。方法是将聚焦放大镜放在取景侧目镜或取景目镜上，拧紧固定螺钉，再旋转该镜筒上的圆环，看清双十字线后物像是否同时清晰，如不清晰，再进行调节。在使用 10 倍和 20 倍物镜时，当双十字线与图像同时清晰后，用眼环视一下，看双十字线与图像是否有移动现象，若图像不移动，则说明焦点已对准；如有移动，需用微调螺旋再次调节清晰。

4. 曝光的补偿　拍摄显微照片时，根据被拍摄物体组织结构所占帧幅面积的百分比调节曝光补偿。在明场情况下，如果组织结构的各部分在帧幅内均匀分布，不论是平均测光还是点测光，均不需要曝光补偿；若被拍摄物体所占的面积小或分散，则需要进行曝光补偿，加长曝光时间，否则被拍摄物体的曝光不够；反之，在暗场情况下，物像是明亮的，在曝光的补偿方面就需要减少曝光时间。

5. 感光片倒易率失效的补偿　感光片的曝光有着一定的规律——倒易律，即曝光是以投射到感光片表面上光的亮度来决定的。根据这一规律，总曝光量为光的强度与时间的乘积。在日常照相中，如果光圈为 f/8，则曝光时间为 1/125 秒；若将光圈缩小一档，即缩小为 f/11，则曝光时间相应地增加一档，即为 1/60 秒，这样两者的总曝光量是相同的，当显影后，底片上的密度也是相同的。但当曝光时间超过一定范围后，这一规律就不再起作用，导致曝光不适和引起颜色还原的不良现象，这种现象称为"倒易律失效（reciprocity failure）"。

在显微摄影中，不能通过聚光镜孔径光阑的大小来补偿曝光时间，否则会影响物镜的成像质量，只有在倒易律范围内适当延长或缩短曝光时间，才能获得适当曝光的底片及密度水平。在全自动显微摄影装置的控制器上装有倒易律失效旋钮，可根据不同感光片所指出的倒易律失效系数来设置，这样在曝光时就能自动进行补偿，从而获得合适的曝光效果，在彩色显微摄影中，这一规律的应用尤为重要。

另外，由于计算机技术的广泛应用，也可以通过摄像头、图像采集卡、摄像头配显微镜专用光学接口和专用的视频图像软件包同计算机连接，这样既可以采集动态图像，也可抓拍静态图像，使用起来更为方便。

二、数字切片扫描系统摄影

随着计算机图像技术的发展，近年提出的数字切片（digital slides）概念和相关技术为昆虫显微切片观察提供了新思路，特别是其在切片保存、远程教学中的便利性使数字切片越来越受到相关专家的欢迎，与此同时，数字切片系统也成为研究的热点。

1. 数字切片的概念　数字切片也称为虚拟切片（virtual slides），指利用显微镜搭载可控微动平台，结合自动化操作技术将传统的玻璃切片在自定义倍数下进行全自动、全方位扫描，扫描后得到一组分散的显微镜下高倍数字化图片，将其无缝拼接后得到的全视野高分辨率数字图像结合数据库技术可方便快捷地对切片信息进行检索。

2. 数字切片扫描系统装置　数字切片系统由精密移动平台（微动平台）、显微镜、照相机、计算机四部分构成。精密移动平台安装于显微镜观察平面，作为显微镜载物台，其上放置需要扫描的载玻片或细胞培养皿等仪器；计算机通过 CCD 摄像头与显微镜连接，通过摄像头采集扫描过程中的每一幅图像；计算机通过控制微动载物平台对载物台上的仪器进行自动化扫描，并且将扫描过程中的每一幅图像保存于计算机中。

3. 玻璃切片的选择　数字切片其实就是将玻璃切片图像数字化，即将光学显微镜下的玻璃切片结构用高清摄像头予以采集，并通过图像处理系统和应用软件加以储存和分析。因此，为确保制作出的数字切片典型结构清楚、便于使用，在扫描摄影之前应认真筛选出制作质量优、结构典型的切片。

4. 数字切片的制作　利用数字切片扫描与应用系统。该系统一般由全自动显微镜、CCD 显微镜摄像头、扫描控制系统和浏览软件系统组成。在制作数字切片时，先利用全自动显微镜在低倍镜下对玻璃切片进行扫描，采集图像。为了获得更高分辨率的数字切片，在低倍镜下采集完整切片后，还要在高倍镜下进一步快速扫描（3 分钟内完成）。将扫描的切片图像用相应的扫描控制软件与图像压缩存储软件自动进行无缝拼接和处理，存储在计算机或存储介质中。

5. 数字切片扫描流程　根据图像采集原理，数字切片设备可分为面阵 CCD 采集设备和线阵 CCD 采集设备。面阵设备多用于自动显微镜，其能够直观地对显微镜视场中的图像进行观察；线阵设备的每行像元数要多于面阵设备，在配合高速平台移动的情况下能够达到更快的扫描速度。扫描工作分为 4 个步骤：粗扫描及配准拼接、玻璃切片关键区域定位、自动聚焦、精确扫描及配准拼接。

扫描工作涉及的几个关键技术如下：

（1）像素分辨率标定：线阵设备的图像采集需要相应的平台移动，这需要先进行分辨率标定工作。因为 10 倍物镜下不仅能够看清切片细节，并且扫描过程中产生图片的总数相对较少，所以选择 10 倍物镜。

（2）全景逐帧扫描：在标定像素分辨率后，便可以进行逐帧扫描。事先设置好扫描范围，使得每次扫描当前帧图像时，前一帧及后一帧图像都能完好地衔接，最终拼合的图像几乎没有误差，达到无遗漏扫描或无重复扫描。由于在大面积扫描中可得到上百或上千幅图片，小误差会逐渐累积，越来越明显，因此必须精确设置微动平台横向及纵向的移动距离，以确保误差在可接受的范围内。

（3）图像数据的存储管理：自动化扫描过程中系统自动保存每一帧图像并对图像按顺序命名。对存盘图片的文件名称自动排序以匹配扫描的每一帧图像。系统在 Windows 环境下采用 Windows 的内存映射文件机制可以解决大文件的读写问题，配合交互式图像显示方法较好地实现了图像存储管理和浏览。

（4）全景图像拼接：扫描结束后对所有扫描图片进行拼接，最终得到整个扫描范围的全景图像。图像拼接基于 OpenCV（Open Source Computer Vision Library）的应用，假设扫描范围为 $m \times n$，采集的图像分辨率为 $x \times y$，则最终拼合得到的图像分辨率为 $(m \times x) \times (n \times y)$。设置拼接后的全景图像感兴趣区域（ROI）为 $(m \times x) \times (n \times y)$，不直接将全部图像依次放置到 ROI，将每一排 m 个图像的横向直接拼接，得到 n 个每 m 个图像横向拼接的图像组，再对这 n 个图像组进行纵向依次拼接，最终得到该扫描范围内的全景图像。

（5）拼缝的消除：图像平滑可以消除拼缝，从而保证全视场图像的连续性和整体性。

6. 数字切片的后期处理与归类　将采集好的数字切片运用专门的 Motic VM V1 Viewer 虚拟显微镜系统软件打开，准确而严谨地对切片内容进行描述，并在不同的放大倍数下对特殊结构予以标注。最后按照标本的具体内容分门别类。尽可能多地采用更多结构严谨、典型且清楚的玻璃切片，应将筛选过的玻璃切片全部进行拍摄。

7. 数字切片的特点　数字切片来源于玻璃切片，但其与传统玻璃切片相比具有以下优点：①可以在一定程度上替代显微镜，进行切片的教学、复习，使用方便，成本低廉。②制作完成后，可以永久性保存和使用，从而弥补了传统玻璃切片需要重复制作、易褪色、易碎、不易永久保存等缺陷。③存储及管理方便，可以节约大量的储存空间。④不需要使用专业的显微镜设备进行观察，而是利用相应的图像浏览软件进行观察，用鼠标操作可以选择切片任意位置进行定倍及任意倍率的放大或缩小，模拟显微镜观察模式，不产生图像信息失真现象，通过互联网可实现多用户同时浏览和讨论。在没有显微镜和玻璃切片时也能自由观察切片，不受时间和空间的限制，更加便利有效。⑤能保证观察者观看的数字切片中图像的色彩及清晰度与传统玻璃切片完全一致，避免了观察者在认识上的偏差。⑥内容统一，信息量大。⑦提供整张切片全视野的信息，分辨率高，图片清晰，色彩逼真，直观易懂，便于对典型结构的学习与理解。⑧不仅可以应用于实验教学，还可以应用于理论教学、网络教学及学生的自主学习等，有着广泛的应用前景。

（叶向光　石　泉　许礼发　朱玉霞）

参 考 文 献

柴强，陶宁，段彬彬，等 . 2015. 中药材刺猬皮孳生粉螨种类调查及薄粉螨休眠体形态观察 . 中国热带医学，15（11）：1319-1321

柴强，陶宁，湛孝东，等 . 2016. 中药材白及孳生吸腐薄口螨的研究 . 中国血吸虫病防治杂志，28（4）：453-455

陈琪，姜玉新 . 2013. 3 种常用封固剂制作螨标本的效果比较 . 中国媒介生物学及控制杂志，24（5）：409-411

陈琪, 刘婷, 孙恩涛, 等. 2013. 光镜下伯氏嗜木螨主要发育期的形态学观察. 皖南医学院学报, 32 (5): 349-352

陈琪, 赵金红, 湛孝东, 等. 2015. 粉螨污染储藏干果的调查研究. 中国微生态学杂志, 27 (12): 1386-1391

丁晓昆, 李芳, 王彦平. 1992. 皮脂蠕形螨的扫描电镜观察. 中国寄生虫学与寄生虫病杂志, 10 (3): 225-226

段彬彬, 湛孝东, 宋红玉, 等. 2015. 食用菌速生薄口螨休眠体光镜下形态观察. 中国血吸虫病防治杂志, 27 (4): 414-415, 418

樊培方, 叶明忠, 温廷桓. 1996. 山羊蠕形螨扫描电镜观察. 动物学研究, 17 (4): 385-391

冯玉新, 郭淑玲, 刘莹, 等. 2008. 两种人体蠕形螨口器环境扫描电镜观察. 中国病原生物学杂志, 3 (10): 768-769, 805

郝瑞峰, 张承伯, 俞黎黎, 等. 2015. 椭圆食粉螨主要发育期的形态学观察. 中国病原生物学杂志, 10 (7): 623-626

洪晓月. 2012. 农业螨类学. 北京: 中国农业出版社

洪晓月, 王荫长, 尤子平. 1994. 朱砂叶螨体表的扫描电镜观察. 南京农业大学学报, 17 (2): 48-53

洪勇, 陶宁, 湛孝东, 等. 2016. 洋葱害螨速生薄口螨的形态观察. 中国血吸虫病防治杂志, 28 (3): 301-303

兰景华. 1992. 昆虫样品的扫描电镜制备方法 (简报). 西南农业大学学报, (4): 291

兰景华. 1993. 扫描电镜观察活体螨类的优点 (简报). 西南农业大学学报, (5): 402

李朝品. 2008. 人体寄生虫学实验研究技术. 北京: 人民卫生出版社

李朝品. 2009. 医学节肢动物学. 北京: 人民卫生出版社

李朝品, 姜玉新, 刘婷, 等. 2013. 伯氏嗜木螨各发育阶段的外部形态扫描电镜观察. 昆虫学报, 56 (2): 212-218

李朝品, 李立. 1987. 四种肺螨病病原螨的扫描电镜观察. 皖南医学院学报, 6 (3): 17-19, 87

李朝品, 裴莉, 赵丹, 等. 2008. 安徽省粮仓粉螨群落组成及多样性研究. 蛛形学报, 17 (1): 25-28

李朝品, 武前文. 1996. 房舍和储藏物粉螨. 合肥: 中国科学技术大学出版社

李剑平. 2007. 扫描电子显微镜对样品的要求及样品的制备. 分析测试技术与仪器, 13 (1): 74-77

李隆术, 李云瑞. 1988. 蜱螨学. 重庆: 重庆出版社

刘波兰, 张道伟, 金道超. 2013. 尼氏真绥螨体表特征的扫描电镜观察. 山地农业生物学报, 32 (2): 128-131

刘婷, 金道超. 2014. 拱殖嗜渣螨各发育阶段的体表形态观察. 昆虫学报, 57 (6): 737-744

刘莹, 李速婷. 2007. 人体蠕形螨环境扫描电镜样本的制作. 医学动物防制, 23 (11): 818-819

陆联高. 1994. 中国仓储螨类. 成都: 四川科学技术出版社

钱驰, 张少华, 吴秉羲. 2012. 基于精密移动平台的数字化切片技术. 苏州大学学报 (工科版), 32 (6): 34-39

佘俊萍, 张锡林, 王光西, 等. 2011. 三种显微技术对人毛囊蠕形螨的观察和研究. 四川动物, 30 (1): 47-49

宋红玉, 段彬彬, 李朝品. 2015. 某地高校食堂调味品粉螨孳生情况调查. 中国血吸虫病防治杂志, 27 (6): 638-640

宋红玉, 赵金红, 湛孝东, 等. 2016. 医院食堂椭圆食粉螨孳生情况调查及其形态观察. 中国病原生物学杂志, 11 (6): 488-490

陶宁, 段彬彬, 王少圣, 等. 2016. 芜湖地区储藏动物性中药材孳生粉螨种类及其多样性研究. 中国血吸

虫病防治杂志，28（3）：297-300

陶宁，郭伟，王少圣，等．2016.地鳖虫养殖环境中肉食螨种类调查及网真扇毛螨形态观察．中国血吸虫病防治杂志，28（4）：429-431

陶宁，孙恩涛，湛孝东，等．2016.居室储藏物中发现巴氏小新绥螨．中国媒介生物学及控制杂志，27（1）：25-27

陶宁，湛孝东，李朝品．2016.金针菇粉螨孳生调查及静粉螨休眠体形态观察．中国热带医学，16（1）：31-33

陶宁，湛孝东，孙恩涛，等．2015.储藏干果粉螨污染调查．中国血吸虫病防治杂志，27（6）：634-637

陶宁，湛孝东，赵金红，等．2016.某高校食堂害嗜鳞螨孳生调查及形态观察．中国血吸虫病防治杂志，28（2）：199-201，219

吴桂华，刘志刚，孙新．2008.粉尘螨生殖系统形态学研究．昆虫学报，51（8）：810-816

谢家仪，董光军，刘振英．2005.扫描电镜的微生物样品制备方法．电子显微学报，24（4）：440

徐柏森，冯汀．2000.扫描电镜生物样品的快速制备方法研究．中国野生植物资源，19（6）：47-48

叶可人，姜志国，孟钢．2009.一种基于线阵CCD成像的显微虚拟切片扫描系统．中国体视学与图像分析，14（4）：413-418

张智强，梁来荣．1997.农业螨类图解检索．上海：同济大学出版社

赵学影，刘晓宇，李玲，等．2012.屋尘螨成螨形态的扫描电镜观察．昆虫学报，55（4）：493-498

赵学影，赵振富，孙新，等．2013.谷跗线螨扫描电镜的形态学观察．中国人兽共患病学报，29（3）：248-252，261

Ahamad M，Louis SR，Hamid Z，et al.2011. Scanning electron micrographs of medically important dust mite, Suidasia pontifica（Acari：Astigmata：Saproglyphidae）in Malaysia. Trop Biomed，28（2）：275-282

Akdemir C，Yilmaz S.2009. Sensitization to house-dust mite and mite fauna in selected children's homes in Kütahya, Turkey. Turk J Pediatr，51（3）：232-237

Lawson D.1972. Photography of house dust mites. Med Biol Illus，22（2）：115-118

Melnyk JP，Smith A，Scott-Dupree C，et al.2010. Identification of cheese mite species inoculated on Mimolette and Milbenkase cheese through cryogenic scanning electron microscopy. J Dairy Sci，93（8）：3461-3468

Serpa LL，Franzolin MR，Barros-Battesti DM，et al.2004. Tyrophagus putrescentiae predating adult insects of Aedes aegypti and Aedes albopictus in laboratory. Rev Saude Publica，38（5）：735-737

Wergin WP，Ochoa R，Erbe EF，et al.2000. Use of low-temperature field emission scanning electron microscopy to examine mites. Scanning，22（3）：145-155

Witaliński W，Liana M，Alberti G.2002. Fine structure and probable function of ring organs in the mite Histiostoma feroniarum（Acari：Actinotrichida：Acaridida：Histiostomatidae）. J Morphol，253（3）：255-263

第十章　粉螨分类技术

粉螨分类学是建立在形态学、生物学、生理学、生物化学、生态学和遗传学等学科的基础上，综合运用其中特定的知识、方法和手段，研究粉螨种类、异同及历史渊源关系，并据此建立分类系统的一门科学。总结粉螨分类学进化历史，建立一个有高度预见性的分类系统和丰富的有价值的信息存取系统，为害螨防制和益螨利用提供了科学依据。运用粉螨分类学可以正确地鉴别粉螨种类，建立科学的分类系统，了解各种粉螨的地位和亲缘关系，阐明粉螨进化的途径和过程，并且在生产实践中也有重要意义。

第一节　分　类　阶　元

粉螨种类繁多，具个体差异，但同一门类不同类群之间却存在着或远或近的亲缘关系。因此，正确地鉴定并描述粉螨是其分类研究的基础。只有准确地确定粉螨的物种名称和分类地位，才能有效地研究它们的生物学特性及其与人和环境之间的相互关系，才能有效地防制粉螨及预防螨病。

分类阶元（taxonomic category）是生物分类学确定共性范围的等级。分类系统是阶元系统，通常包括7个主要级别：种、属、科、目、纲、门、界。种（物种）是基本单元，近缘的种归为一个属，近缘的属归为一个科，近缘的科归为一个目，以此类推，依次归为纲、门、界。随着研究的进展，分类层次不断增加，单元上下可以附加次生单元，如亚门、亚纲、亚目、亚科、亚属、亚种。有的在纲、目、科上加"总"，如总纲、总目、总科。此外，还可增设新的单元，如股、群、族、组等，其中最常设的是族，介于亚科和属之间。

粉螨分类上最常用的阶元有：

界（kingdom）

门（phylum）

亚门（subphylum）

总纲（uperclass）

纲（class）

亚纲（subclass）

总目（superorder）

目（order）

亚目（suborder）

总股（superstock）

股（stock）

亚股（substock）

群（group）

总科（superfamily）

科（family）

亚科（subfamily）

族（tribe）

属（genus）

亚属（subgenus）

种（species）

亚种（subspecies）

种是分类的基本单元，又是繁殖单元，是能够相互配育的自然种群的类群，这些类群与其他近似类群有质的区别，且在生殖上存在隔离，它是生物进化过程中连续性与间断性统一的基本间断形式。建立一个属必须以模式种为依据，科的依据是模式属；属和科都有形态学和生态学的独特性。目以上的阶元是最稳定的阶元，它们所包含的共性范围也很少被质疑。种不是生物进化的最终分支，它是由种群组成的。由于种群长期生活在不完全相同的环境条件下，种的特征就或多或少有所变化，产生了种以下的分类阶元，主要有亚种（subspecies）、变型（forma）、生态型（ecotype）、变种（variety）。亚种是指具有地理分化特征的种群，分类上与同一种中其他亚种在形态特征和生物学特征上没有明显的区别。变型在分类上应用很广，由于分析情况不够，常把种以下不同类型称为变型。生态型是由于生活条件发生改变而产生的变异，这种变异不能遗传，随着环境条件的恢复，其子代也就消失，这种变异也恢复到原始性状。变种是与模式标本或原始记载的特征不完全符合的种类，现已不常用，如果是一个变异的种群，可以称其为亚种；如属于个体变异，则取消。

为规范粉螨分类术语，便于世界各国相互借鉴分类意见，Krantz（1978）结合各国学者的研究成果，对分类系统中的拉丁文名称词尾做了统一规定。本书粉螨分类借鉴了Krantz（1978）蜱螨分类的拉丁文名称的词尾，供读者参考。

蜱螨亚纲分类阶元拉丁名称词尾（Krantz，1978）：

目的词尾—formes

亚目的词尾—ida

总股的词尾—ides

股的词尾—ina

亚股的词尾—ae

群的词尾—idia

总科的词尾—oidea

科的词尾—idae

亚科的词尾—inae

族的词尾—ini

依照此规定，阅读有关蜱螨分类的文献时，根据拉丁名的词尾便可知道某种粉螨属于哪个分类阶元。粉螨新种逐年增加，资料逐渐充实，分类系统也将不断更新、完善。

第二节　分类方法

　　粉螨分类首先是鉴定（identification），即确认并准确描述物种；其次是分类（classification），即将物种排列成序，建立一个完善的分类系统；再次是对物种的形成和进化因素进行研究，研究该物种如何发生、物种间的亲缘关系如何，以及这种关系具有什么意义等。粉螨分类所使用的方法主要包括检索表（key）、命名和标本。

一、检索表

　　检索表是以区分生物为目的编制的表，是识别和鉴定粉螨的常用工具。粉螨常见的检索表有分科、分属和分种检索表，分别可检索出粉螨的科、属、种。熟练掌握检索表的制作和运用是开展粉螨分类研究工作的基础。粉螨检索表的编制原理是根据对粉螨形态特征的比较，从不同阶元（目、科、属或种）的特征中选出比较重要、突出、明显而稳定的特征，将粉螨分为两类，然后在每类中再根据其他相对应的特征做同样的划分，直至最后分出不同的科、属、种。

　　常用的检索表主要有平行式（双项式）、连续式（单项式）和定距式（退格式）三种，以前两种最为常见。现以本书粉螨亚目（Acaridida）的分类系统为例介绍粉螨检索表的制作方法。

　　1. 平行式检索表　也称双项式检索表，每一项两个相对性状的内容都写在相邻的两行中，数字号码均写在左侧第一格中。所鉴定的对象符合哪一项，就按哪一项指示继续检索，直至检索到具体名称为止，总条数为所含种类数减1。平行式检索表制作如下：

蜱螨亚纲（Acari）分亚目检索表

1. 在足 I、II 胫节背面有 1 条长鞭状感棒并常超出跗节末端 ［除食菌螨科（Anoetidae）外］
　………………………………………………………………………………………… 2
　无长鞭状感棒 ……………………………………………………………………………… 3
2. 充分骨化的螨类，在前足体背面后缘有 1 对明显的假气门器 …… 甲螨亚目（Oribatida）
　稍骨化的螨类，在前足体背面后缘有 1 对明显的假气门器 ……… 粉螨亚目（Acaridida）
3. 气门易见，常位于躯体两侧并与管状的气门沟相通 …………… 革螨亚目（Gamasida）
　气门不易见，常位于颚体或颚体基部，有时与气门片相通 …… 辐螨亚目（Actinedida）

---

　　2. 连续式检索表　也称单项式检索表，将一对互相区别的特征用两个不同的项号表示，其中后一项加括号，以表示它们是相对比的项目。所鉴定的对象特征若符合该项，就继续向下检索；若不符合，则检索其后括号中的序号。总条数为所含种类数的 2 倍减去 2。连续式检索表制作如下：

蜱螨亚纲（Acari）**分亚目检索表**（改编自沈兆鹏，1996）

1 (4) 在足 I、II 胫节背面有 1 条长鞭状感棒并常超出跗节末端［除食菌螨科（Anoetidae）外］
2 (3) 充分骨化的螨类，在前足体背面后缘有 1 对明显的假气门器······ 甲螨亚目（Oribatida）
3 (2) 稍骨化的螨类，在前足体背面后缘有 1 对明显的假气门器 ····· 粉螨亚目（Acaridida）
4 (1) 无长鞭状感棒
5 (6) 气门易见，常位于躯体两侧并与管状的气门沟相通 ············ 革螨亚目（Gamasida）
6 (5) 气门不易见，常位于颚体或颚体基部，有时与气门片相通 ····· 辐螨亚目（Actinedida）

3. 定距式检索表 也称退格式检索表，一般仅在包含种类数量较少时使用，具有层次清晰的优点。在编排时，每两个相对应的分支开头都编排在离左端同等距离之处，每一个分支的下面，相对应的两个分支开头都比原分支向右移一个字格，依次编排，直至编制终点。定距式检索表制作如下所示。

蜱螨亚纲（Acari）**分亚目检索表**（改编自沈兆鹏，1996）

1. 在足 I、II 胫节背面有 1 条长鞭状感棒并常超出跗节末端［除食菌螨科（Anoetidae）］
　　2. 充分骨化的螨类，在前足体背面后缘有 1 对明显的假气门器 ·······················
　　·· 甲螨亚目（Oribatida）
　　2. 稍骨化的螨类，在前足体背面后缘有 1 对明显的假气门器 ····· 粉螨亚目（Acaridida）
1. 无长鞭状感棒
　　3. 气门易见，常位于躯体两侧并与管状的气门沟相通 ······· 革螨亚目（Gamasida）
　　3. 气门不易见，常位于颚体或颚体基部，有时与气门片相通 ·················
　　·· 辐螨亚目（Actinedida）

在编制检索表时，首先要对被编的各个类群非常熟悉，将所要编制在检索表中的粉螨进行全面细致的研究，选用重要而稳定的特征进行编制，这些特征对于这一类群粉螨来说是稳定和主要的，是划分类群的主要依据，尽量避免使用不稳定的性状，如身体大小、长短等。利用这些特征把粉螨划分为两部分时，界线是清楚的，切忌模棱两可。同时，这些特征必须是直观的、便于应用的，一般来说应能在标本上直接反映出来。对性状状态进行描述时，需要把器官名称放在前面，把表示性状状态的形容词或数字放在器官名称后面。例如，描写足的数目时要写成"足 4 对"，而不是"4 对足"；描写粉螨足的颜色时要写成"足黄褐色"，而不是"黄褐色足"，要尽量正确使用专业术语。然后再根据拟采用的检索表，按照先后顺序，逐项排列起来加以叙述，并且在各项文字描述之前用数字编排。最后检索出某一等级的名称时需写出具体名称（科名、属名和种名），在名称之前与文字描述之间要用"……"连接。

无论是以上哪一种检索表，使用时都必须从第 1 条开始查起，而不能从中间插入，以避免得出错误结论。另外，由于检索表力求文字描述简明，仅列少数几个主要特征，还有很多特征不能覆盖，所以在进行种类鉴定时，不能完全依赖于检索表，应同时查阅有关分类学专著与文献中的全面特征描述。

二、命名法与命名规则

国际上规定，所有的生物都要使用统一的名称，即学名（scientific name），以便于国际交流，每个生物只能有一个统一的学名。对动物的系统命名始于 1758 年 Linnaeus 发表的《自然系统》（第 10 版），书中首次提出将作者此前用于植物分类和命名的系统移到动物界，采用双名法（binominal nomenclature）对物种的学名规定了统一的命名体制，这也成为对一切生物界通用的学术命名方式。动物命名法应用于已知的现生种和已经灭绝的动物，粉螨学领域必须严格遵循最新修订的《国际动物命名法则》（*International Code of Zoological Nomenclature*）。

（一）命名法

命名法（nomenclature）是生物分类单元命名的法则，涉及生物和生物类群的命名，以及命名所遵循的规则和程序。生物命名法规包括植物命名法规和动物命名法规，两者相互独立，内容有所不同。我们现在使用的动物命名法规是 1999 年修订，2000 年 1 月 1 日起开始实行的《国际动物命名法规》（第 4 版）。对粉螨的命名要严格遵循最新修订的《国际动物命名法规》。

1. 单名法（nomen）　　指属和属级以上的分类单位由一个拉丁词组成。第一个字母必须大写，排版时属级以上的阶元皆用正体，如粉螨科（Acaridae Latreille, 1802）。

2. 双名法（binomen）　　又称二名制，是生物命名的标准，即以拉丁文或合于拉丁文格式的文字记载物种的名称。该名称由属名+种名构成，属名在前，种名在后。属名的第一个字母须用大写，其余均用小写。属名与种名均应用斜体排版，手写时可于其下面加下划线，以示斜体，如粗脚粉螨（*Acarus siro*）。其次，种名之后是命名者与命名时间，命名时间在命名人之后，两者之间用逗号分隔，命名人姓氏用正体，第一个字母大写，其余字母小写，且必须给出全称而不得缩写，只写作者姓而不写名，如腐食酪螨（*Tyrophagus putrescentiae* Schrank, 1781），表明该名是由 Schrank 于 1781 年命名的。若有两位命名者时，可将两位命名者的姓均列出，中间用"&"连接，如瓜食酪螨（*Tyrophagus neiswanderi* Johnston & Bruce, 1965）。

注意命名人和命名时间均不是学名的组成部分，在使用某一学名时，命名人可以引用，也可忽略。其次，如果一个种转入另外的属，原命名者和发表日期用括号括起，表示种的属级发生了变动，所以命名人前后的括号不可随意添加或删除。当某个研究对象的种名尚未确定时可用"属名+sp."表示，如一种嗜腐螨（*Saproglyphus* sp.）即为嗜腐螨属（*Saproglyphus*）的某种粉螨。

在文中叙述时，命名人的姓有时可用略写。例如，Linnaeus 可略写为 Linne. 或 L.，如粗脚粉螨（*Acarus siro* L., 1758）；Fabricius 可略写为 Fabr. 或 F.，但其他以字母"L"或"F"开头的分类学家的姓氏则不能再缩写成"L."或"F."。通常其他命名人的姓不得略写，或只略写至第二音节的首字母。例如，Matsumura 可简写为 Mats.，而不得略写为 M.。

（二）命名原则

命名原则（nomenclature principle）是生物分类单元命名所依据的法则或标准，是生物分类单元命名不能背离的禁止性规定。

1. 优先律（priority）　指一个分类阶元或物种的命名以最早的命名为基准，即当分类阶元或同一物种被两个或两个以上的不同作者同时以不同的命名发表时，以第一厘定者所选择的命名为基准。当一个种被两个或多个作者分别多次作为新种来记载、发表时，可能出现一个种有多个名称的情况，这时也遵循优先律；当一个物种的不同部分或一个物种生活史中不同形态被先后作为不同的物种加以不同的命名时，也须遵循优先律；科级、属级或种级名称的优先权不受其所在级别升级或降级的影响，也不受拼法因次序或组合改变后任何命名的改变。一个学名一经发表，若无特殊理由，不得随意更改。这样就保证了一个物种只能对应一个学名，除非该命名违背了命名法的规定而成为不可用的命名。当一个命名超过 50 年无人使用时，这个命名则成为遗忘名，遗忘名不再享有动物命名的优先权。

2. 同名律（homonymy）　对同名关系的处理遵循同名律，当两个不同物种的命名相同时，后来者（即所谓次同名）须被废弃，以其他名称替代。同名关系根据产生的不同而分为原同名和后同名，原同名指最初发表时就出现的同名现象，后同名指某一物种发表后由于属分类关系的改变而产生的同名，当后同名产生时，对后者（次后同名）须以其他命名代替，若分类关系改变，则必须使命名恢复为原初的状态。

动物命名法相对于其他生物的命名法具有一定独立性，这种独立性体现在当一个物种或分类阶元由动物界移出时，其学名在动物界仍以异物同名的形式保留，即后命名的动物界物种或分类阶元不能使用这一物种或分类阶元曾经在动物界使用过的名称。

三、标本

要想正确鉴定粉螨，除了要有科学的分类检索表外，粉螨标本（specimen）的结构也必须完整。第一次用于描述和记载新种时所依据的标本即作为规定的典型标本，称为模式标本（type specimen）。当一个分类单元被作为新种发表时，描述者必须指定一个或多个标本作为模式标本。模式标本的类型主要有：① 正模（holotype）：指记载和发表新种时所依据的单一模式标本，也称为主模式标本。② 配模（allotype）：指记载、发表新种时与正模一起使用的不同性别的标本。③ 副模（paratype）：指依据多个标本记载、发表新种时，同时所参考的其余同种标本。④ 全模（syntype）：指记载、发表新种时依据一系列标本而未指定正模标本，这时全部模式标本称为全模，也称为综模或合模式标本。⑤ 等模（isotype）：指与正模式标本为同一采集者在同一地点与时间所采集的同号复份标本，也称为同号模式标本或复模式标本。⑥ 新模（neotype）：指当正模、等模、综模、副模式标本均有错误、损坏或遗失时，根据原始资料从其他标本中重新选定出来充当命名模式的标本。⑦ 原产地模（topotype）：指当不能获得某种类的模式标本时，便从该物种的模式标本产地采集同种的标本，与原始资料核对，完全符合者可代替模式标本。⑧ 后选模

(lectotype)：指发表新分类群时，发表者未曾指定正模或正模已遗失或损坏时，由后来的作者依据原始资料，在等模式或依次从综模、副模、新模和原产地模式标本中，选定 1 份作为命名模式标本。⑨ 态模（morphotype）：在二态或多态的种，选出与正模标本不同态的标本，作为同种异态的模式标本。

模式标本是建立一个新种的物质根据，通过模式标本可以提供鉴定动物种类的参考标准。在发表新种时，必须指明模式标本的存放地点，以供需要时进行查对。目和纲没有模式标本，它们不受命名法规的严格约束。科的模式标本是一个属，称为模式属（type genus）；属的模式标本是一个种，称为模式种（type species）；种的模式标本是一个或一组标本。

四、谱系法规

20 世纪 90 年代后期，随着支序系统学的发展和系统发育研究结果的增多，以及对生物间系统发育关系认识的深入，需要对众多支系（clade）进行命名。因此，以 Kevin de Queiroz 和 Philip D. Cantino 为代表的生物系统学家提出了对支系命名的新法规，即谱系法规。Kevin de Queiroz 认为命名体系必须和进化关系相一致，任何进化历史中进化单位的命名都应当具有明确的进化含义，对传统的林奈系统提出了质疑。林奈系统与系统发育研究之间的矛盾促进了生物谱系命名法规的产生。谱系法规对生物类群进行命名和分类时，要求预先有一种关于该类生物系统发生的假说。这个假说反映了生物类群的演化历史，就像描述一类生物的家谱一样。在谱系法规中，没有了门、纲、目、科、属、种这样的等级概念，取而代之的是假说中的“支系”，这些支系按照谱系法规的规则命名后都有了特定的进化意义。

谱系法规与林奈分类的法规最基本的不同在于，前者的名称企图反映生物的系统发育，即所谓共同祖先的概念，而后者虽也企图将名称基于分类群的特征（即本质），但从实际来看，目前的林奈分类法规仅基于命名模式和林奈系统的等级而已，并不反映进化。传统的林奈分类系统有优势，但生物谱系命名法规的理念也有可借鉴之处，所以可以考虑吸收二者的优点。谱系法规侧重于哲学意味浓厚的本体论，而传统法规更侧重于可以实际应用的经验论。

粉螨呈全球性分布，几乎每个地方均可见粉螨踪迹，全球粉螨有 1400 余种。我国幅员辽阔，自然条件复杂，目前已记述粉螨 150 种以上。粉螨的分类研究目前尚处在发展阶段，新种逐年增加，资料逐渐充实，分类系统不断更新、完善，粉螨的物种数量将随着人们研究工作的不断深入而逐渐增加。

第三节　粉螨分类技术

粉螨种类繁多，生境多样，形态各异，在人们的日常生活和生产工作中具有重要的经济地位，因此备受各国粉螨学者的重视。粉螨分类是一切研究工作的基础，随着生物学和其他各种科学技术的突飞猛进，我们对粉螨结构同源性、生殖系统的解剖结构、染色体型和遗传系统，以及在粉螨分类当中可以用作系统发生关系标志的分子标记有了进一步的认识。新的螨种、属，甚至是科在不断被发现，这些发现也在不断挑战着现在科、属的概念。分类学家在形态分类的基础上形成了进化分类、支序分类和数值分类三个学派。在技术方面，现代分类学家把计算机、显微镜、生物化学和分子生物学等技术应用于分类工作，极大地丰富了粉螨分类学的手段和技术。

一、形态分类

形态特征是指生物身体构造上的各种性状，包括身体外部形态和内部构造。无论何时，形态特征都必然是粉螨分类学上最重要的依据，在不同类群中应用的分类特征多不同，如粉螨科（Acaridae）螨类躯体被背沟明显地分为前足体和后半体两部分，常有前足体背板，表皮光滑、粗糙或增厚成板。爪常发达，以 1 对骨片与跗节末端相连，前跗节柔软并包围爪和骨片；雄螨常有肛门吸盘 1 对和跗节吸盘 2 对。而食甜螨科（Glycyphagidae）的螨类躯体背面无背沟，常无法区分前足体和后半体；前足体板可退化或缺如，表皮粗糙或有小突起。爪插入端跗节的顶端，由 2 个细腱与跗节末端相连接。雄螨常缺跗节吸盘和肛门。常用的形态特征主要包括以下两种。

（1）外部形态特征：如肛毛、顶毛、背沟、皮纹、第一感棒（ω_1）位置及爪、表皮内突和生殖孔的形状等。粉螨亚目（Acaridida）下麦食螨科（Pyroglyphidae）类无顶毛，粉螨科（Acaridae）螨类有背沟，脂螨科（Lardoglyphidae）螨类爪分叉，果螨科（Carpoglyphidae）螨类表皮内突 I 和表皮内突 II 联合。基节上毛（scx）形状可呈杆状 [如伯氏嗜木螨（Caloglyphus berlesei）] 或分支状 [如食甜螨（Glycyphagus domesticus）]。螨类背面的背板、花纹、瘤突、网状格的大小和完整与否，以及螨卵表面的花纹和刻点等也是分类学上的重要依据。

外生殖器的形态特征也具有分类意义，如生殖孔形状、肛吸盘的有无等。雌螨生殖孔较大，多呈纵向裂缝（多数为营自生生活的螨类），或呈横向裂缝（多数寄生螨类），以便卵排出。麦食螨科螨类雌性生殖孔为内翻的"U"形，有一块骨化的生殖板；薄口螨科（Histiostomidae）螨类的生殖孔为横列；嗜渣螨科（Chortoglyphidae）螨类生殖板大，新月形，位于足 III 和足 IV 之间，雄螨具肛吸盘；而食甜螨科（Glycyphagidae）螨类无明显生殖板（若明显，位于足 I 和足 II 之间），雄螨无肛吸盘。雌性生殖孔的前缘也可与胸板相愈合，如果螨属（Carpoglyphus）；也可与围绕在输卵管孔周围的围生殖环相愈合，如脊足螨属（Gohieria）。

（2）内部形态特征：如毛的类型，消化道的类型，气门的有无及数量，马氏管的有无及数量，卵巢、受精囊和精子等生殖器官的形状等。有些螨类仅有无辐几丁质的毛，有些螨类既有无辐几丁质的毛，又有辐几丁质的毛，据此可将螨类分为单毛类（Anactinochaeta）和复毛类（Actinochaeta），单毛类包括节腹螨目（Opilioacarida）和寄螨目（Parasitifomes），复毛类包括真螨目（Acariform）中的所有种类；螨类的消化道可以分为盲囊型（单毛类螨）、无肛门型 [辐螨亚目（Actinedida）部分螨类]、结肠型 [大部分粉螨亚目（Acaridida）、革螨亚目（Gamasida）和辐螨亚目（Actinedida）的螨类]；寄螨目（Parasitifomes）、巨螨亚目（Holothyrida）有马氏管 2 对，其他螨类仅有 1 对，而粉螨亚目与甲螨亚目螨类无马氏管，而辐螨亚目的大部分种类胃后的消化管与胃不分离，既是消化器官，又是排泄器官，排泄物经肛门排出体外；精子结构已成功应用于多种动物群体的系统分类研究。Liana 等研究了 18 种无气门亚目螨的精子结构，发现无气门亚目螨的精子结构种间变化很大，可用于群内的系统发育分析。此外，在螨类排泄器官中所见到的鸟嘌呤块的形状也会随螨种而异，因此有时也可由此从体外辨认其排泄器官。

二、数值分类

数值分类学（numerical taxonomy）又称表征分类学（phenetics），是用数量的方法来评价有机体类群间的相似性，并根据相似性值将某些类群做进一步归纳研究。19 世纪，随着生物统计学的发展兴起，数值方法开始应用于分类学，最早提出数值分类学理念的是法国植物学家 Michel Adanson。实质上，数值分类是指用数值分析方法，借助电子计算机将分类单位根据其性状（形态学、细胞学和生物化学等）归类成分类单元的研究。数值分类法中所有特征都不加权，分类不需要反映进化，因为独立演化出相似性的分类单元将被归在一起。

数值分类认为可以在现存生物类元间的性状及其状态异同的基础上，通过定量估计其间的全面类似性来认识类元间的亲缘关系，建立定量化的、更自然的和更合理的分类系统来探索类元的进化。侯舒心等（2008）选取 52 种恙螨，每种恙螨有相互独立的 48 个形态测定数据，并将定性指标赋值进行系统分析，亚科级分类与经典形态分类一致。罗礼溥等（2007）将数值分类法应用于医学革螨的分类，结果显示数值分类能够比较客观地反映医学革螨各分类阶元的分类地位与亲缘关系，分类结果与传统形态分类结果基本一致。数值分类学的产生在生物分类、系统和进化研究领域引起了观点、概念和方法论的全面重新审查，推动了分类学的发展。

三、支序分类

支序分类（cladistics）又称为系统发育系统学（phylogenetic systematics），是根据共同祖先，基于进化树分支的一种生物分类方法。支序系统学派创立于 20 世纪 50～60 年代，最初被称为系统发育系统学。支序分类法试图根据分支事件（即物种分化）来推演系统发育的关系。一个特征若是由另一个特征演化而来，那么后者称为祖征（plesiomorphies），前者称为衍征（apomorphy）。生物共有的形态学、胚胎学、行为学、生理学、生物化学、遗传学、染色体学等衍征越多，它们来源于共同祖先的可能性越大。它与传统进化系统学的不同之处在于其用经验的方法重建生物的系统发育关系，并应用严格的进化原理，而不是只根据主观的特征加权形成分类。它与表型学的区别之处在于其尝试找出分类单元间的谱系关系，而不是依据表型或总体相似性的关系。

支序系统学派强调分类系统必须严格反映系统发育关系，并严格规定任何一个自然类群，尽管其阶元级别高低不同，但均应源自同一祖先，即应该是一个单系群，单系群才是生物学上有意义的、真正的自然类群。吴太葆（2007）基于粉螨 55 个形态特征的系统发育支序分析表明，粉螨亚目 4 科间的关系为麦食螨科＋［粉螨科＋（食甜螨科＋嗜渣螨科）］，麦食螨科与其他 3 科的亲缘关系较远。由于支序分类学严谨的方法论、清晰的推理过程、明确的表达方法及其所得结果的可检验性，其已成为当今生物系统学研究的主要理论与方法，其应用已扩展到生物地理学、分子生物学、生态学、协同进化、生物多样性等进化生物学的诸多研究领域。

四、进化分类

进化分类学（evolutionary taxonomy）又称进化系统学和综合分类学，是以进化论为理论基础，要求分类系统反映生物亲缘关系，总结进化历史的分类学。进化分类由达尔文首创，在其著作《物种起源》（1859）出版以后得到公认，是应用最久、最广的分类著作。进化分类学涉及 3 个基本问题：物种概念、系统原理和特征分析。首先是物种问题，进化论明确了种群是物种的基本结构单元，根据种群的地理分化，开展了种下的亚种分类；又从种群分化和物种分化研究物种形成和分布规律。其次是种上进化和系统原理，肯定了两个分类标准：分支系统和阶段系统，前者是指系谱分支，后者是指发展水平。最后是特征分析，鉴于单系系统有共同起源，因而分类特征也必须出于同源，不取异源或平行特征。

在分类实践中，进化分类学家力求最大限度地同时利用两类变数的信息内容，综合了分支系统学和数值系统学的成分。该分类法与分支分类学是一致的，即必须在分类之前尽可能完全地重建系统发育关系，对性状需要仔细进行加权。但是，进化系统学派反对分类中的"分邻法"或"向下"分类。数值分类学的大部分观念和信条也是进化分类学所反对的，但是对于用数值分类方法进行归类的实际步骤是赞同的。数值分类学家对性状不予加权，进化分类学家则相反，其结论总是建立在对性状仔细加权的基础上，因而不同的分类学家对同一类群的研究结果各不相同。

五、现代生物技术在粉螨分类中的应用

随着以研究基因结构和功能为主的现代分子生物学和以 DNA 重组技术为核心的生物技术的突飞猛进，分子生物学和现代生物技术已经广泛应用于粉螨学的研究，极大地丰富了粉螨分类工作的技术和方法。20 世纪 60 年代，蛋白质分子系统学研究以组织匀浆液中可溶性蛋白质的免疫学方法为主，之后又发展了纯蛋白的微量补体技术。20 世纪 70 年代产生了单克隆抗体技术，使免疫（血清）系统学方法更加准确可靠。20 世纪 70 ~ 80 年代主要以等位酶基因电泳为主，之后蛋白质序列和立体结构数据也用于系统学研究中。到目前为止，蛋白质分子系统学研究方法可归为 5 类：免疫学（血清学）方法、电泳方法、一级结构分析方法、立体结构分析方法及质谱分析方法，可以用来研究杂合度、亲缘关系、地理变异和杂交等的系统发育。20 世纪 80 年代以来，以多聚酶链式反应（polymerase chain reaction, PCR）和 Southern 杂交为基础发展了一系列衍生技术，如核酸序列分析（nucleic acid sequence analysis）、限制性片段长度多态性（restriction fragment length polymorphism，RFLP）、随机扩增多态性 DNA（randomly amplified polymorphic DNA，RAPD）、扩增片段长度多态性（amplified fragment length polymophism，AFLP）、微卫星 DNA（microsatellite DNA）、单链构象多态性（single strand conformational polymorphism，SSCP）和双链构象多态性（double strand conformational polymorphism，DSCP）等，使分子系统学在 DNA 水平的研究飞速发展，成果显著。

（一）同工酶技术

同工酶（isoenzyme）是指具有相同催化功能的不同结构形式的酶分子。这类酶可以存在于生物的同一种属或同一个体的不同组织，甚至同一组织或细胞中。同工酶技术是指运用同工酶分离及同工酶谱分析技术，对生物进化、遗传变异和疾病发生等进行研究，并为疾病诊断、治疗和预后提供依据的一项技术。同工酶技术具有敏感性高、特异性强、操作简单和价格便宜等优点，被广泛应用在寄生虫学领域，如系统学、进化学、流行病学和药理学等。同工酶技术在医学粉螨的研究主要表现为螨种的鉴定、亲缘关系的确定及遗传多样性的调查。

同工酶技术通过对不同分类单元之间的粉螨进行酯酶同工酶的研究，可以利用其生化特征的差异来推测不同分类单元间物种在基因水平上的差异，以此来推断它们的血缘关系和进化地位，可以在属、种鉴定及种间亲缘关系中进行鉴定区分，弥补了传统方法在种下亚分类方面的缺陷，能成功地区分形态上十分接近的种。国内学者刘群红、张浩（2001）应用等电聚焦电泳（IEFE）方法研究腐食酪螨（*Tyrophagus putrescentiae*）和粉尘螨（*Dermatophagoides farinae*）的酯酶同工酶和蛋白质，并将两者进行了比较，指出酯酶同工酶谱在粉螨分类上起到一定的辅助和补充作用，可在一定程度上反映科、属、种的差别，尤其是近缘种。酯酶同工酶具多态性，可应用于螨种鉴定及遗传变异的探讨。例如，腐食酪螨酯酶同工酶在 pH 3.62~5.20 可见 8 条酶带、2 条主带；粉尘螨酯酶同工酶在 pH 4.68~5.42 可见 7 条酶带、3 条主带；上海真厉螨（*Eulaelaps shanghaiensis*）酯酶同工酶在 pH 4.90~5.82 可见 9 条酶带、1 条主带；羽腹巨螯螨（*Macrocheles plumiventris*）酯酶同工酶在 pH 5.04~5.68 可见 7 条酶带、4 条主带；甲螨（Oribatid mites）酯酶同工酶在 pH 4.84~5.80 可见 7 条酶带、2 条主带。

（二）多聚酶链式反应（PCR）

PCR 技术是近十几年来发展和普及最迅速的分子生物学技术之一。利用 PCR 技术能够从复杂的 DNA 分子群体中选择性地复制一段特异的 DNA 序列，从而使某一 DNA 片段得到特异性的扩增。由于它具有强大的扩增能力，并且可与其他分子生物学方法（如核酸杂交）和免疫学方法（如 ELISA）相结合，使其敏感性和特异性明显增加，因而广泛应用于生物医学各个学科，包括基因克隆、修饰、改建，构建 cDNA 文库，遗传病、传染病的诊断，法医学鉴定，物种起源，生物进化分析，流行病学调查等。

PCR 是分子生物学技术的典型代表，在粉螨的研究中也被广泛应用。Jeyaprakash 等（2004）提取多种螨 DNA，先用普通 PCR 扩增，再用高保真 PCR 扩增线粒体 12S rRNA 特异性片段，很容易区别雌雄成螨、若螨、幼螨、卵的差异。李朝品等（2004）利用 PCR

技术体外扩增粉尘螨 Der f1、Der f2 cDNA，构建重组质粒 pMD-18T- Der f1、pMD-18T-Der f2，并经酶切及 PCR 验证。研究结果证实，不同动物区系之间粉尘螨 Der f1、Der f2 cDNA 序列存在一定差异。

（三）核酸序列分析

核酸序列分析是基于 PCR 技术及基因测序技术而产生的一种方法，目前被广泛采用，包括 DNA 序列分析和 RNA 序列分析。此方法可以选取特定的核基因或线粒体基因，通过提取、扩增、测序一系列过程，从而获得不同分类阶元的特定基因序列，然后基于一定的假设、模型和算法，通过比较分析不同系谱同源基因序列的变异，重建所研究系谱之间的系统发育关系。

在螨类分子系统学研究中，由于不同的基因其进化速率不同，在核酸序列分析时，要根据所研究的分类阶元选取不同的基因进行分析。对于高阶分类单元，一般选用较保守的基因进行分析，常用线粒体基因有 rrnS 和 rrnL 及核基因 18S rDNA 和 28SrDNA 等，而近缘种类则可选用进化较快的序列，如线粒体内的 COX I 基因及核糖体非编码区 ITS1 和 ITS2等。对于高级分类单元和近缘种类之间的类群，优先选用核蛋白质编码基因（nuclear protein coding genes），如延伸因子 EF-1α（elongation factor1 alpha）。Webster 等（2004）在对储藏物中粗脚粉螨（*Acarus siro*）居群的分子系统学研究中测定比较了粗脚粉螨、小粗脚粉螨（*Acarus farris*）、静粉螨（*Acarus immobilis*）、薄粉螨（*Acarus gracilis*）及粉螨属（*Acarus*）外的腐食酪螨（*Tyrophagus putrescentiae*）、害嗜鳞螨（*Lepidoglyphus destructor*）的 COX I 和 ITS2，COX I 的分析数据表示所测种类的亲缘关系与传统分类基本一致，数据显示小粗脚粉螨与静粉螨的亲缘关系最为接近，但也有一定分歧，从 BP 值看粗脚粉螨与腐食酪螨的数据相对于同属的小粗脚粉螨、静粉螨、薄粉螨更为接近。Noge 等（2004）测定了无气门亚目 73 粉螨标本的 ITS2 基因序列，序列长度为 282～592 个碱基。共有序列的种间变异超过 4.1%，而种内或个体间变异为 0～5.7%。地理隔离种群间的变异为 0～3.2%，与种内变异几乎相同，表明无气门亚目 ITS2 基因序列具有种属特异性，可用于无气门目螨的种类鉴定和低阶元的系统进化研究。

（四）限制性片段长度多态性（RFLP）

RFLP 技术是 20 世纪 80 年代中期发展起来的一种 DNA 多态分析技术，它将目标 DNA 序列经一定数目和种类的限制性内切酶进行酶切，由于不同的目标 DNA 序列结构（遗传信息）有差异，限制性内切酶在其上的识别位点的数目和距离就发生了改变，因而产生相当多大小不等的 DNA 片段。较简单的靶序列，如线粒体 DNA（mtDNA）可以省去杂交，直接用电泳方法检测。要检测大分子 DNA 的 RFLP，可借助分子杂交技术，用某一标记的 DNA 片段作为探针，与电泳后的 DNA 片段进行杂交，把被标记相关的 DNA 片段检测出来，从而构建出多态性图谱，进行系统进化和亲缘关系的分析。

目前在分子系统学中用于 RFLP 分析的靶序列主要是基因组 DNA 和线粒体 DNA，其中线粒体 DNA 是系统进化研究的一个强有力的工具，尤其是动物线粒体 DNA。因为它的碱基替换速率相对较快，而且高效的单倍体遗传和母系遗传方式减小了检测时的有效种群大小（effective population size），提高了遗传漂移的敏感性，是目前分子系统学上最佳的靶序列。罗萍（1998）通过 RFLP 和 PAPD 对腐食酪螨和屋尘螨基因组 DNA 进行分析，发现两种螨存在不同的限制性酶切图谱，并且腐食酪螨和屋尘螨基因组 DNA 也存在异质性。这种差异揭示粉螨种间的 DNA 多态性可以区分物种，达到分类目的。Wong 等（2011）在对屋尘螨、腐食酪螨、椭圆食粉螨（*Aleuroglyphus ovatus*）和热带无爪螨（*Blomia tropicalis*）ITS2 序列 PCR 扩增的基础上，应用 PCR–RFLP 技术对上述螨类进行了分子鉴定。

（五）随机扩增多态性 DNA（RAPD）的聚合酶链式反应

RAPD 技术是在 PCR 技术的基础上建立起来的，是以一系列随机合成的寡核甘酸单链为引物进行的聚合酶链式反应。多态性的产生由互补核苷酸引物的碱基差别形成。RAPD 图谱与 RFLP 相比有一定的优点，人工合成的随机引物可以进行交换，比克隆 DNA 片段作为探针要容易和迅速得多。目前 RAPD 技术已广泛地应用于生物的种类鉴定、系谱分析及进化关系的研究。

RAPD 技术可对螨的种、株型及种群进行鉴定区分，尤其对传统分类学方法难以解决的问题更加适用。Edwards 等（1998）应用 RAPD 技术比较了 3 种植绥螨（*Phytoseiulus*）的遗传多样性，分析了种间及种内的遗传比较结果，结果显示种内的遗传距离明显小于种间遗传距离，并认为该分子标记可作为快速鉴定不同种类植绥螨的方法。

（六）扩增片段长度多态性（AFLP）

AFLP 技术是将 RFLP 分析法和 PCR 法结合起来发展的一种新的基因组 DNA 多态性分析技术。该技术将得到的 DNA 样品先进行 PCR 扩增，然后限制性内切酶（restriction endonuclease，RE）酶切、电泳。与 RFLP 相比最大的优点是：所需的 DNA 量少，不需 Southern 杂交，实验结果稳定，重复性较好，表现孟德尔遗传，每个 AFLP 反应可以检测的位点为 50～100 个，多态性强，适宜于遗传多样性分析、种质鉴定、分子系统学研究。

Weeks 等（2000）首次将 AFLP 技术应用于螨类研究，对采自两种不同寄主植物上的二斑叶螨（*Ketranychus ruticae*）10 个种群进行了 AFLP 分析，这些种群因不同的寄主植物而聚类成两个分支，证明 AFLP 可用于螨类不同种群间遗传多样性的研究。

（七）微卫星 DNA

微卫星 DNA 也称简单串联重复序列（simple tandem repeat，STR），在所有真核生物基因组中随机分布，由于重复次数和程度的不同，使所在的基因座位呈现一定的多态性。微卫星 DNA 的重复在基因组的进化中起着非常重要的作用，因而被认为是遗传信息含量最高的遗传标记，并逐渐成为基因组分析和分子进化分析最普遍的工具。在分子系统学研究中，可以利用某个微卫星 DNA 两端的保守序列设计探针，同基因组 DNA 杂交或通过 PCR 扩增产物，然后对通过放射自显影得到的杂交信号进行分析，用得到标记的探针杂交检测微卫星 DNA 的变异。

微卫星 DNA 多态性在分析物种进化和系统发生、生物种群内遗传变异及种群间关系

等方面均有重要意义。Walton 等（1997）利用从人疥螨（*Sarcoptes scabiei*）中分离出的 3
个微卫星位点对来自 9 个患者的 18 个人疥螨个体的多态性检测表明，该 3 个位点的等位
基因具有高度变异性，因此它们的 DNA 指纹图谱可以用于来自不同寄主或相同寄主螨的
流行病学及分类学研究。袁明龙（2011）在提取、纯化柑橘全爪螨（*Panonychus citri*）基
因组 DNA 的基础上，采用磁珠富集法构建了柑橘全爪螨 AC、TC 和 ATG 3 个微卫星富集
文库。结果表明，TC 文库和 ATG 文库中发掘的微卫星位点更适合作为分子标记研究该螨
的种群遗传结构。

（八）单链构象多态性（SSCP）和双链构象多态性（DSCP）

　　SSCP 和 DSCP 是近年来发展的新的 DNA 检测技术，两者原理相同，即由于突变引起
DNA 分子双螺旋构象的改变，导致它们在聚内酰胺凝胶中电泳速度发生改变。通过 SSCP
和 DSCP 分析，可检测 DNA 特定片段的分子变异情况。此方法快速、简便、经济，由于使
用保守引物进行 PCR 扩增，所以扩增的条带是稳定的，可重复性高，此方法是得到分子
标记的一种快捷途径，把有变异的条带进行克隆测序，相比全序列测定而言费用节约。但
有些突变不引起 DNA 弯曲，分子构象不改变，就不能被 SSCP 和 DSCP 检测出来，所以
SSCP 和 DSCP 不能用于系统发育分析，但 SSCP 和 DSCP 确实是一种快速有效的分子标记
方法，可用于物种种群遗传和进化生物学研究。

　　传统的形态学分类方法和现代生物学技术分类方法各有利弊。形态学方法具有直观、
简单、快捷、经济等优点，历史悠久，已形成了一套相对成熟的分类系统。但粉螨种类繁
多、形态各异、生境多样，导致分类系统变化较大，容易产生鉴定错误。现代生物学技术
具有准确、客观、灵敏等优点，能够鉴定出形态学不能区分的昆虫亲缘种，但由于基于不
同的分子标记及不同的假设、模型和算法，分子系统学分类之间会有差异，分子系统学分
类与经典的形态学分类也可能会有一定差异。因此如何处理粉螨不同分类方法之间的矛盾
是当今粉螨分类学研究所面临的严峻挑战。如能将这些方法有机结合，积极地化解各个分
类方法的消极因素，建立一个合理、有效、实用的粉螨分类系统，将对粉螨的研究起到至
关重要的作用。相信随着粉螨研究工作水平的不断提高、现代生物技术的不断发展，粉螨
分类系统将日益充实、完善。

（赵金红）

参 考 文 献

陈心陶，徐秉锟 . 1959. 我国十年来蜱螨类调查研究综述 . 动物学杂志，10：436-441

邓国藩，王慧芙，忻介六，等 . 1989. 中国蜱螨概要 . 北京：科学出版社

高克勤，孙元林 . 2002. 谱系法规与林奈系统之优劣浅评：有关生物学命名问题的新进展和争论 . 科学通
　　报，47（22）：1756-1759

侯舒心，郭宪国 . 2008. 恙螨数值分类和属间系统发育关系的研究 . 中国病原生物学杂志，3（4）：
　　307-309

姜在阶 . 1992. 中国蜱螨学研究进展概况 . 昆虫知识，3：159-162

李朝品 . 2006. 医学蜱螨学 . 北京：人民军医出版社

李朝品. 2009. 医学节肢动物学. 北京: 人民卫生出版社

李朝品, 高兴政. 2012. 医学寄生虫图鉴. 北京: 人民卫生出版社

李朝品, 沈兆鹏. 2016. 中国粉螨螨概论. 北京: 科学出版社

李朝品, 武前文. 1996. 房舍和储藏物粉螨. 合肥: 中国科学技术大学出版社

李理, 徐军, 钟南山. 2003. 反义内皮素转换酶核酸对尘螨过敏哮喘患者外周血单个核细胞释放白细胞介素 5 的抑制作用. 中华结核和呼吸杂志, 26 (9): 22-25

李隆术, 李云瑞. 1988. 蜱螨学. 重庆: 重庆出版社

李云瑞, 卜根生. 1997. 农业螨类学. 重庆: 西南农业大学

刘群红, 张浩. 2000. 两种粉螨的酯酶同工酶和相关蛋白质电泳的研究. 锦州医学院学报, 22 (3): 8-9

娄国强, 吕文彦. 2006. 昆虫研究技术. 成都: 西南交通大学出版社

陆联高. 1994. 中国仓储螨类. 成都: 四川科学技术出版社

罗礼溥, 郭宪国. 2007. 云南医学革螨数值分类研究. 热带医学杂志, 7 (1): 7-10

罗萍. 1998. 两株粉、尘螨基因组 DNA 的研究. 四川省卫生管理干部学院学报, 17 (4): 197-199

马恩沛, 沈兆鹏, 陈熙雯, 等. 1984. 中国农业螨类. 上海: 上海科学技术出版社

孟阳春, 李朝品, 梁国光. 1995. 蜱螨与人类疾病. 合肥: 中国科学技术大学出版社

沈兆鹏. 2007. 中国储粮螨类研究 50 年. 粮食科技与经济, 3: 38-40

苏小建, 杨庆贵. 2013. 蜱螨分类鉴定方法的研究进展. 中国国境卫生检疫杂志, (3): 212-215

汤彦承, 路安民. 2005. 浅评当今植物系统学中争论的三个问题——并系类群、谱系法规和系统发育种概念. 植物分类学报, 43 (5): 403-419

王慧芙, 金道超. 2000. 中国蜱螨学研究的回顾和展望. 昆虫知识, 1: 36-41

王慧勇, 李朝品. 2005. 粉螨系统分类研究的回顾. 热带病与寄生虫学, (1): 58-60

吴太葆. 2007. 基于形态特征和 COI 基因的粉螨重要类群系统发育研究 (蜱螨亚纲: 粉螨亚目). 南昌: 南昌大学

忻介六. 1984. 蜱螨学纲要. 北京: 高等教育出版社

徐荫祺. 1964. 蜱螨学在我国三十年来发展的今昔对比 (1934-1964). 动物学杂志, 6: 258-260

杨庆贵, 李朝品. 2004. 粉尘螨 I 类变应原 (Der f 1) 的 cDNA 克隆测序及亚克隆. 中国寄生虫学与寄生虫病杂志, 22 (3): 173

杨庆贵, 李朝品. 2004. 粉尘螨 II 类变应原 (Der f 2) 的 cDNA 克隆测序及亚克隆. 中国人兽共患病杂志, 20 (7): 630

杨庆贵, 李朝品. 2005. 尘螨变应原的分子生物学研究进展. 中国寄生虫学与寄生虫病杂志, 23 (6): 467-469

袁明龙. 2011. 柑橘全爪螨种群遗传结构及全线粒体基因组序列分析. 重庆: 西南大学

张智强, 梁来荣, 洪晓月, 等. 1997. 农业螨类图解检索. 上海: 同济大学出版社

朱卫兵, 谢强, 卜文俊. 2006. 生物谱系命名法则简评. 动物分类学报, 31 (3): 530-535

朱志民, 夏斌, 余丽萍, 等. 1999. 粉螨总科的形态特征及分类学研究概况. 江西植保, 22 (4): 33-34

Hughes AM. 1983. 贮藏食物与房舍的螨类. 忻介六, 沈兆鹏, 译. 北京: 农业出版社

Edwards OR, Melo EL, Smith L, et al. 1998. Discrimination of three Typhlodromalus species (Acari: Phytseiidae) using random amplified polymorphic DNA markers. Enperimental & Applied Acarology, 22 (2): 101-109

Eriksson TL, Rasool O, Huecas S. 2001. Cloning of three new allergens from the dust miteLepidoglyphus destructor using phage surface display technology. Eur J Biochem, 268 (2): 287

Jeyaprakash A, Hoy MA. 2004. Multiple displacement amplification in combination with high-fidelity PCR improves detection of bacteria from single females or eggs of Metaseiulus occidentalis（Nesbitt）（Acari：Phytoseiidae）. J Invertebr Pathol，86（3）：111

Noge K，Mori N，Tanaka C，et al. 2004. Identification of astigmatid mites using the second internal transcribed spacer（ITS2）region and its application for phylogenetic study. Experimental & Applied Acarology，35（1-2）：29-46

Walton SF，Currie BJ，Kemp DJ. 1997. A DNA fingerprinting system for the ectoparasite Sarcoptes scabiei. Mol Biochem Parasitol，85（2）：187-196

Webster LM，Thomas RH，McCormack GP. 2004. Molecular systematics of Acarus siro s. lat.，a complex of stored food pests. Molecular Phylogenetics and Evolution，32（3）：817-822

Weeks AR，van Opijnen T，Breeuwer JA. 2000. AFLP fingerprinting for assessing intraspecific variation and genome mapping in mites. Exp Appl Acarol，24（10-11）：775-793

Wong SF，Chong AL，Mak JW，et al. 2011. Molecular identification of house dust mites and storage mites. Exp Appl Acarol，55（2）：123-133

第十一章　粉螨线条图绘图技术

绘制粉螨线条图是螨类教学和科研过程中的一个重要环节，也是科研工作者必须掌握的一项基本技术。粉螨线条图采用图解法的方式来表现粉螨的形态特征，它可以帮助我们形象地了解和掌握粉螨的形态结构，尤其是用文字不能表达的粉螨显微特征，通过绘制粉螨线条图能及时还原所观察到的现象，帮助读者和科研人员正确地理解和掌握研究内容。传统工艺方法绘制粉螨线条图时间长、难度大、效果差，随着计算机技术和数码技术的发展，绘图工艺有了很大改进，绘制的线条图更加精细，绘图方法更为科学，绘图效率有了质的提升，节省了大量人力物力，为粉螨教学、科研提供了强有力的辅助手段，也为其他学科生物绘图工作提供了参考。

第一节　粉螨线条图的特点和绘制要求

和其他生物学科研究相似，在螨类研究过程中，经常需要在学术论文、专著或研究性报告中附加粉螨线条图，相比传统线性文本描述而言，其更具有说服力，比拍摄照片更能突出表达重点，从而提高读者的认知效率。

一、线条图的特点

和艺术绘画相比，粉螨线条图绘图方法有很大不同，主要区别有几个方面：①研究目的方面，粉螨线条图绘图是从粉螨科学研究的角度出发，用科学的观点和方法通过绘图真实地表现粉螨的形态特征，辅助科研工作；②绘图方法和工具选择方面，粉螨绘图是使用特制的工具、材料、设备来描绘粉螨形态，更强调粉螨图源的合理获取及计算机绘图的技巧和方法；③应用领域方面，绘制粉螨线条图是辅助螨类教学、科研的有效手段，在期刊论文中常与相应的文字描述相辅相成、相得益彰，是协助粉螨科学研究的科学图；④评价标准方面，粉螨线条图必须符合粉螨学科的研究要求及粉螨的本来面目，如线条的粗细、位置、走势和弯曲度等要和粉螨的实际特征结构保持一致。

因此，要做好粉螨绘图工作，研究人员必须具备一定的粉螨学专业知识，辅以精湛的绘图技术，才能做出一幅具有科学性和艺术性的好作品。

二、线条图的绘制要求

为了保证学术研究的科学性和严谨性，粉螨线条图的绘制工作对绘图人员的粉螨专业知识和计算机操作技能都有较高的要求。绘图人员首先要对粉螨的外形包括口器、螯肢、须肢、足体、跗节、刚毛等器官特征有明确认识；其次，绘图时要把握好粉螨外形各部位的比例关系，确保粉螨线条图的严谨性；再次，要明确绘图目的和方法。根据图的媒介表现形式决定绘制的线条粗细，根据图的表现主题决定绘制粉螨整体图还是局部特征图、绘制背面图还是绘制腹面图等，进一步决定图间的比例关系、尺寸大小，从而选择合适的绘图方法。绘图的方法要注重灵活性，根据粉螨的不同形态，可以采用多种方法相配合。例如，是采用纯线条绘制平面图，还是使用点、线、面结合的方式绘制立体图等，最终目的都是为了更好地突出所要论述的观点。最后就是用图要严格谨慎。绘制的粉螨线条图在使用前要严格检查、谨慎使用，主要检查线条图是否能准确反映实物，是否达到科学上要求的条件及图与文字注解是否吻合等，还要注意在出版印刷物中，线条图插入的位置是否得当、与刊物的版面排列是否一致、排版是否紧凑、各部位的注解是否正确等，这些都要事先考虑周到，避免返工，费时费力。需要说明的是粉螨线条图的绘制工作相比艺术绘画来说，要求更为严格，需要绘图人员有较强的耐心才能完成绘图任务。

第二节　图 源 获 取

粉螨线条图的绘制工作不是通过绘图者的主观想象创作出来的，必须事先准备好标准的参考对象，方能开始绘图。随着现代科技进步，粉螨图的获取渠道已不局限于传统的目测仿绘，还可以通过以下几种方式获取。

一、光学投影仪

光学投影仪广泛应用于仪器仪表业、微生物测量和电子工业等领域，能高效地检测各种形状微小物件的轮廓和表面形态。光学投影仪种类繁多，一般使用立式投影仪测量体积较小的观测对象。具体操作方法是先将观测对象（如粉螨标本）用适当的夹持具安装在载物台上，打开电源，选择轮廓投影，然后调整焦距及光圈，转动调整手轮，使之在投影幕上呈现清晰影像。

光学投影仪属于高精密仪器，日常使用维护需要注意诸多事项。例如，在使用过程中不得阻挡投影仪的进风口、出风口，投影台上投影片的四周要遮光，不得擅自打开光学测量投影仪盖板，使用过程中不得搬动投影仪等，此外仪器需由专业人员清洁，防止漏电事故的发生。

二、显微镜描绘装置

虽然显微描绘器随着显微照相技术的广泛应用已逐渐退出历史舞台，但是其能够分离出观察对象的主要结构，克服显微照相景深的限制，因此在显微影像的描绘中仍然有着不可替代的作用。

在教学中通过显微描绘器能够训练学生的观察和绘图能力，在没有显微照相装置的条件下，显微描绘装置是必不可少的。它是一种将显微影像投射到绘图纸上的光学装置，可以装在显微镜的目镜镜筒上，从目镜可以同时看到标本的投影和绘图纸与铅笔的像，这样在观察时可以用铅笔在绘图纸上画出标本像的轮廓，如图11-1所示，这种描绘器的使用非常方便，而且也不需要进行遮光处理。

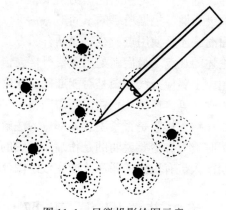

图 11-1　显微投影绘图示意

三、显微摄影

　　显微摄影是通过显微镜来拍摄微观影像的方法，是在显微技术的基础上增加了拍摄功能，是进行微观科学研究必备的手段之一。精密的显微设备和熟练的显微操作技能是取得良好显微摄影效果的前提条件。具体来说，显微拍摄操作的一般流程是先启动设备和相关软件，使用高速预览模式调焦，调焦时如果想获得更快的预览速度，可以将相机的分辨率调至较小值，但拍照要在高分辨率模式下，然后左右移动载玻片，点击自动白平衡，此时可以调节相机参数，包括曝光时间、饱和度和亮度等，最后点击拍摄按钮，拍摄完成后系统会提示拍摄文件存放路径，将文件命名后即可保存。

四、扫描电子显微镜

　　扫描电子显微镜（scanning electron microscope，SEM），简称扫描电镜，是采用逐点成像的图像分解法进行的。具体来说，通过三极电子枪发射电子束经聚焦后成为50mm直径的电光源，再通过电磁透镜调制，形成直径为 5～10mm 的电子束，投射在观测对象上，在扫描线圈的作用下，对观测对象进行扫描，在高能电子束和观测对象之间产生二次电子发射、背反射电子和X线等信号。然后通过不同的接收器接收这些信号，经放大后用来控制荧光屏的亮度。因此，观测对象表面任意点反射的信号与显像管荧光屏上相应的亮点是一一对应的，大量的电子信号最终形成观测对象的影像，从而达到观察显微物体的目的。由此可见，扫描电镜非常适合观察螨类对象的外部形态，可以高倍放大粉螨对象的局部细微特征，具有很强的立体感，是进行显微组织特征观察的首选科研仪器。

五、书刊

中华人民共和国成立以来，我国科研人员对粉螨方面的研究一直没有停止过，截至目前相关期刊文献已达千余篇，著作上百部，尚有大量的报告、工具书等供读者使用。书刊上的插图无疑为后人的研究提供了参考，在借鉴前人论述的基础上，结合自己的观点，可以将书刊上筛选下来的插图作为图源，通过临摹、仿绘或拍照等手段绘制粉螨线条图。

六、网络资源

互联网的兴起为书籍、期刊等印刷媒体提供了电子存储与分享的功能。目前可以通过中国期刊网查询到 60 年代以来的大多数粉螨研究文献，还可以通过互联网了解国外同行的研究进程，更有诸多相关学科的门户论坛网站为专业研究人员提供线上交流讨论，从中可以获取大量粉螨研究相关的文字、图片、视频和软件等。因此，可以利用计算机技术收集、筛选或截取各种粉螨电子资源，为绘制粉螨线条图提供帮助。

第三节　绘图工具的选择和使用

绘制粉螨线条图是生物绘图的一种，传统生物制图以手工绘图为主，主要依赖一些手工器具和适用的材料，大多数可以从市场购买，部分手工器具可以动手改造。现代生物制图以计算机绘图为主，通过专业绘图软件和硬件的配合，绘图效果更为精细、均匀和美观。

一、传统绘图工具

传统常用的绘图工具主要有铅笔、橡皮、绘图钢笔、刮刀、圆规、尺子、比例规、放大镜、网格及绘图纸等。选择笔芯较硬的铅笔才能画出较细的线条并保持图纸清洁，当前市场上出售的专业绘图笔绘图效果就很明显。绘图出现错误时，可以使用橡皮或刮刀修改，橡皮要选择擦过纸后不易起毛的，刮刀要锋利，用手术刀或剃须刀都比较合适。画图过程中也经常需要测量和画线，尺子最好多准备一些样式，方便用于画线、勾边和比例测量等。绘画使用的绘图纸一般有普通绘图纸和坐标纸盒复印纸，实际选择的绘图纸要质地坚韧、不易起毛、纸面光滑、吸水能力强。此外，还有可能会用到其他一些工具，如剪刀、圆规和胶布等，实际绘画时可以根据情况配合使用。

二、数位板

数位板，又称手绘板、绘图板，是一种计算机外接输入设备，通常是由一块集成电路板和一支压感笔组成。数位板的出现克服了鼠标绘图的抖动性和不精确性，使计算机绘图更为灵活、便利，主要应用于设计领域，如同画家的画板和画笔应用到生物绘图领域，具有传统制图方式无法比拟的优势。一方面，数位板的绘画线条粗细、硬度和弧度等可以随意设定，不用顾虑画出来的线条毛糙的情况，也可以设定线条的弧度，能够保证线条均匀；另一方面，数位板画出的线条可以随意修改，如果不满意可以使用压感笔后端的橡皮擦除，不会留下任何痕迹。

三、计算机绘图软件

常用的计算机绘图软件有很多，如 Photoshop、Illustrator、Coredraw 等。每种软件都具有各自独立的绘图功能。例如，Photoshop 属于专业绘图处理软件，可以进行绘画、照片处理、广告设计及简单的动画制作等，在图像图形处理、视频编辑和出版等方面都有应用空间；Illustrator 是一种工业级标准的图形处理软件，广泛应用于艺术插画、出版印刷、书籍排版和多媒体图像处理等，它可以实现对矢量线条的精确控制，为工业设计提供线框模型等，它的矢量功能更适用于粉螨线条图的绘制工作；Coredraw 作为专业的广告文印处理软件，为适应印刷需要，提供了专门针对矢量图和位图的编辑功能，给用户提供了广阔的交互式创作空间，使用户可以设计出多种富有创意的图形。

第四节 线条图的仿绘与改编

传统绘制粉螨线条图的方法主要有玻璃转绘法、构形绘图法、轮廓绘图法、尺规测绘法及目测绘图法等，除尺规测绘法外，其他方法均有不同程度的局限性或缺陷。例如，玻璃转绘法只能针对大型昆虫类绘图；构形绘图法和轮廓绘图法不够精确，要求制图者有很好的绘画功底；尺规测绘法最为精确，但对微小型测绘对象不适合，而且绘制过程烦琐，有大量计算过程。这里以粉螨线条图的仿绘与改编为例介绍一种既精确又省力的方法。

一、粉螨线条图的仿绘

粉螨线条图的仿绘过程如果要做到既精确省力又不受仿绘对象尺寸的限制和绘图人员美术功底的制约，临摹粉螨图源是目前最好的选择。

1. 准备绘图笔和绘图纸 目前市场上专业绘图笔的种类很多，大多数使用效果都很不错，绘制的线条不会出现晕染现象，防水耐褪色，能画出流畅一致的线条。绘图时，可以按笔芯粗细不同多选择几款绘图笔，粗线条绘图笔用于勾画外形、肢体和器官等较大面积的轮廓，细线条绘图笔用于勾画局部细节，如爪、鄂体等。

绘图纸一般选择比较专业的工程图纸，质地紧密而强韧，具有良好的耐擦性和耐磨性，用于打印最终效果图。另外还要选择半透明的硫酸纸，用于手工描绘和线条图修改，是临摹图像的最佳选择。

除准备绘图笔和绘图纸外，还要准备高分辨率照相机、高清彩色打印机及照片纸等。

2. 打印粉螨图源 在准备好粉螨图源后（电子文档可以直接输出打印），借助现代高分辨率相机拍照，然后将相机中的粉螨图源文件复制到计算机中，利用高清彩色打印设备输出图源，这样获取到的图源最能代表粉螨原始形态。外形方面，打印的图源是粉螨原始形态的放大版；色彩方面，虽然现代打印机无法百分之百还原自然色彩，但在肉眼观察范围内，所打印出的照片与粉螨的实际外形和颜色基本是一致的。

3. 临摹仿绘　先将打印的图源照片放置在干净平整的透明玻璃上，上方附着准备好的硫酸纸，挤出硫酸纸和照片之间的空气，为防止硫酸纸在绘图过程中产生漂移或滑动，最好在纸张的拐角处使用透明胶将硫酸纸和图源粘在一起。如果仿绘的是线条图，线条图结构清晰，那么可以直接动手描绘；如果是标本图源或是电镜图源，需要事先确认好粉螨的整体特征结构，再开始临摹，防止绘图过程中产生迟疑，影响描绘进度。

80%以上的螨线条图，运用不同的线条形状来表现粉螨的外部轮廓、局部特征和明暗层次。具体描绘过程中还需要注意：①线条笔画自然流畅，用力均匀，不能提按、停顿；②笔尖光滑圆润，边缘不能毛糙；③笔画粗细均匀，不宜随意变换笔画粗细；④点的边缘要光滑，不能画成"蝌蚪点""叉开点"。

4. 复印成图　描绘完成后，从头到尾检查一遍全图，如果有问题及时用潮湿的细笔刷擦拭错误部位，晾干后重新绘制错误部位，直至整幅图片完美无瑕，然后将绘制的硫酸纸放置在复印机上，上面覆盖白纸，防止透明硫酸纸复印后无法达到预期效果。检查整图是否完整，如果因复印机原因出现断线或缺点情况，及时用绘图笔补齐。最后是对线条图的完善工作，如为图添加标题、图标、注释或比例尺等。

二、粉螨线条图的改编

粉螨线条图的改编是在仿绘的基础上，对粉螨线条图的形态结构进行调整。调整的内容主要包括：外形轮廓修正、局部特征替换、爪的修饰和清晰化处理、足体摆放位置调整、刚毛和毛基窝的增删等。由于极少有直观、现存、完整的粉螨图源作为参考对象，所有粉螨线条图改编的内容都必须经过科学的推理、分析和查阅资料取证，最后才能确定改编后的粉螨具体形态。另外，不同的改编要求采用的绘图方式方法也不一样，操作难度是仿绘工作的数倍。例如，图11-2A为需要仿绘的粉螨线条图图源，现要求对其进行改编，改编的主要内容是使粉螨线条图变得完整，如图11-2B所示。具体操作步骤如下：

（1）观察原始粉螨线条图的形状结构，通过和改编要求对比发现原始粉螨线条图左侧缺少4条足，右侧结构特征完好，初步设想是把右侧完整结构复制翻转到左侧。

（2）EP印图源，利用计算机自带的图片水平翻转功能翻转图源后再次打印，将两次打印的图源沿粉螨身体垂直对称轴剪掉没有足体的一半，然后利用胶水或透明胶拼接修剪后的图源，得到完整图源，将图源放在透明玻璃平面上压平，附上透明硫酸纸，临摹下方粉螨线条图。最后完成复印、检查、完善与标注工作。

实际操作过程中可能会遇到各种问题，如粉螨图源不属于对称结构、线条图是侧面该如何操作、如何实现足的弯曲、如何处理爪不清晰等，必须事前了解大量螨类形态结构组成及不同螨体姿态特点，再根据视觉透视原理，或临摹图源，或标尺测量，或模型推理，画出草图逐一进行锤炼，最终达到改编的目的。

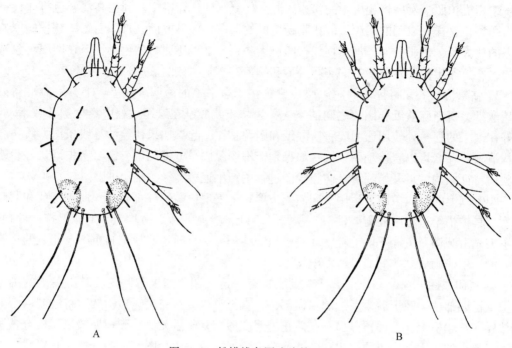

图 11-2　粉螨线条图改编前后对比

A. 改编前；B. 改编后

第五节　计算机绘制线条图

　　传统粉螨线条图的绘制过程比较复杂，一般采用纯手工绘制整个图形，使用的工具繁多，具有相同特征的点、线、面结构必须重复绘制，精确绘图难以把握，是一项细致、复杂而冗长的工作，不但效率低、周期长，且不易于修改。随着计算机技术的不断进步，计算机制图技术逐渐取代传统绘图方式走向现代艺术绘画前沿，尤其是专业绘图软件的不断涌现，使计算机绘图技术在生物制图领域得以普及。

　　通过前文几种典型绘画软件的比较，Illustrator 软件最适合粉螨线条图的绘制工作，下面简单介绍使用 Illustrator 软件绘制粉螨线条图的方法、过程和注意事项。

一、点、线、面的绘制方法

　　Illustrator 作为专业矢量图形绘画软件，绘制的点、线、面都是矢量的，不仅放大不失真，而且后期可以灵活修改。用于勾画点、线、面的工具有钢笔、画笔、铅笔、符号喷枪及直线和弧线等，实际绘图过程中使用较多的是钢笔工具（ ✿ ）和钢笔同组工具［添加锚点工具（ ✿ ），删除锚点工具（ ✿ ），转换点工具（ ▶ ），这 4 种工具常用来绘制及修改线条］。此外还有路径选择工具（ ▶ ）和直接选择工具（ ▶ ），这两者都是用来选取线条路径的，功能方面略有差异，路径选择工具选择的是整条线段，直接选择工具可以选择线条中的某一段或某一点，使用方法较路径选择工具灵活。

　　点的绘画比较简单，可以使用画笔工具或椭圆工具画单个点，也可以先定义画笔样式或符号样式，然后使用画笔工具或符号喷枪工具画一组点。物体的面是由一系列的点或线构成的，所以只要掌握点和线的绘画技巧，面的绘画问题也迎刃而解。下面着重阐述线条的绘制方法。

　　1. 折线的画法　粉螨线条图图注或关系图中经常使用到折线。Illustrator 软件中使用钢笔工具绘制折线是非常轻松的。钢笔工具每点一点就会在画布上留下一个小正方形，俗名锚点，真正打印图形时不会出现，只是为编辑图形提供方便，再次点击画布时会在两点之间生成一条线，在 Illustrator 软件中将钢笔绘制的线条统称为路径，如图 11-3 所示，实际并不是直接画出了 4 条线段，而是通过钢笔工具在画布上点 5 个锚点，Illustrator 软件会自动在这些锚点之间依次连接构成一条路径。也就是说，画路径的过程实际上就是用钢笔工具指定锚点位置的过程。

　　另外，llustrator 提供了专门的添加锚点工具（🖋⁺）和删除锚点工具（🖋），使用添加锚点工具可直接在没有显示锚点的路径上添加新锚点，而使用删除锚点工具（🖋）在已有的锚点上单击即可删除该锚点。该工具在没有锚点的路径上则显示为直接选择工具的光标（🔾）。

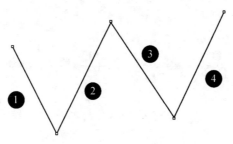

图 11-3　折线的画法

　　2. 曲线的画法　通过观察图 11-4，发现几乎所有的轮廓结构都是由曲线组成的，简单来说都是由 "C" 形曲线和 "S" 形曲线拼接而成的，也就是说能画好曲线基本上就能够绘制粉螨线条图。

　　前面讲述的是在画布不同位置点击产生锚点，形成折线，现在介绍的操作有所不同。新建画布，选择钢笔工具，如图 11-5 所示，在起点按下鼠标并向右上方拖动，会看到产生一个锚点和两条以锚点为中心的射线，在合适的位置松开鼠标左键，完成起点锚点的绘制。然后移动到另一个位置，同样按下鼠标左键拖放，方向为右下方，拖动时可发现在两个锚点之间产生一条曲线，松手后完成该锚点的绘制。最后换个位置再按下鼠标拖动，方向为右上方，松手后完成整条路径绘制。这样就得到一个由 3 个锚点形成的曲线路径。

　　以上是 Illustrator 中折线和曲线的绘画方式，实际绘画中曲线使用频率非常高，在熟练使用的情况下，配合 CTRL、SHIFT、ALT 等快捷键可以提高操作速度。

　　至于线条的编辑方法，曲线和折线添加、删除锚点的方式相同，不同的是曲线每个锚点有两个方向线，它们控制着曲线的弯曲程度，改变方向线的角度和长度会影响曲线的弯曲度。

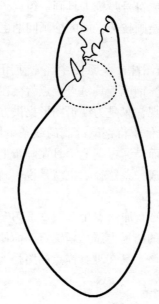

图 11-4　螯肢腹面观

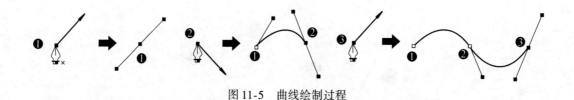

图 11-5　曲线绘制过程

二、Illustrator 软件中画笔样式、色板、符号在绘制粉螨线条图中的应用

　　理论上来讲，每一个粉螨个体外形都具有对称性，包括足对称、体毛对称、外轮廓对称和颚体对称等，虽然科研过程中强调研究个体的独特性，但对称结构并不影响线条图对粉螨特征的表达。传统粉螨线条图的绘制工作需要详细手绘每一个结构，而在 Illustrator 软件中粉螨对称结构可以只画一半，然后进行复制、翻转、拼接即可，节省了一半的工作量。另外，粉螨体毛很多，如顶内外毛、胛内外毛、肩内外毛、背毛、基节毛、肛前后毛、感棒和芥毛等，绘制体毛过程会占据相当多的时间。观察发现许多体毛具有相似性，可以在 Illustrator 软件中定义几种基本的体毛样式，实际绘制时可以批量添加体毛，再进行细节调整，这样既保证了工作效率，又能使体毛之间存在外观差异。此外，在绘制粉螨线条图过程中，还经常绘制许多点来修饰局部特征，如用虚线表示隐藏的结构特征，所以也可以采用类似定义体毛的方法提高绘图效率。

1. 体毛外形样式的定义和应用方法　体毛一般由毛基窝和细长的毛发组成，具体形状呈现多样化，有空心、实心、长的、短的、带刺状的和不带刺状的等，以空心、细长、带刺状的体毛外形为例，绘制方法如下：

（1）定义体毛基本样式：从粉螨图源中找到标准体毛形态，采集为电子图片文件，导入到 Illustrator 软件中，首先注意观察毛基窝形状、刺状结构的大小、分布频率和范围，以及空心毛结构占整个毛结构的比例，利用椭圆图形绘制毛基窝，对椭圆描边，然后利用钢笔工具勾画一条细长箭头，描边粗细和毛基窝一致，最后利用钢笔工具画一点状线段作为体毛上的刺，注意刺的长度不宜过长或过短，画好一根刺后进行复制，借助 Illustrator 中的对齐功能，对多根刺进行垂直和水平方向上的平均分布，这样刺的排列就非常均匀了，如图 11-6 所示。

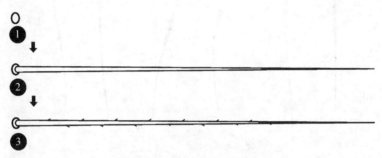

图 11-6　体毛绘制过程

体毛基本样式定义好后，用选择工具选中整个体毛，在定义画笔样式面板中点击"新建画笔"图标，弹出新建画笔窗口，如图 11-7 所示，选择"艺术画笔"选项，点击确定，这样一个粉螨体毛样式就基本定义完成。

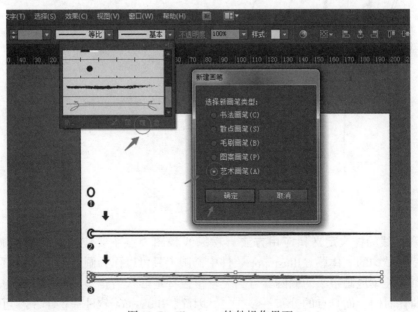

图 11-7　Illustrator 软件操作界面

（2）体毛样式的应用方法：画笔样式的应用方式比较多样，可以使用画笔直接画出，也可以用钢笔等工具画出图形后应用样式。体毛样式属于用户自定义的画笔样式，实际绘画时，画笔的粗细一般设定为1PT，然后在画笔定义面板中选择刚设定的样式就可以直接绘画了，如图11-8和图11-9所示，还可以定义其他样式的体毛形状。

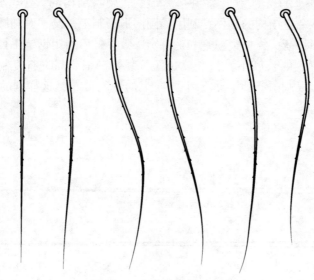

图 11-8　中空带刺体毛画法

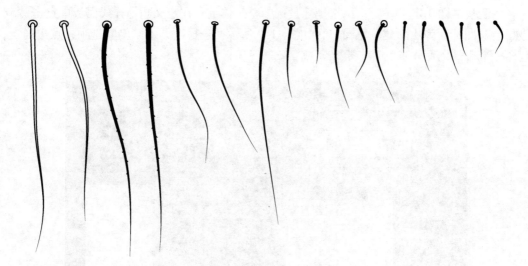

图 11-9　其他体毛画法

2. 点和虚线的样式定义和应用方法　粉螨线条图中点主要应用在背板和髋结构中，用于衬托特征结构的立体感。Illustrator 软件中椭圆工具可以作为画点使用，最直接的方法就是在画布上连续地画很小的椭圆，直到完全覆盖特定形状为止，虽然操作简单，但这种方法过于消耗时间，而且点的分布不够均匀。因此，Illustrator 软件提供了3种可以批量画点的方法：一是预先设定多个点作为画笔样式，用画笔画线来批量画点；二是将椭圆定义为符号，利用符号喷枪批量画点；三是先确定形状中点的排列方式，是横平竖直排列，还是随机无序排列，接着根据已确定的排列方式画椭圆点阵列集合作为最小的图形单元，然后将画好的椭圆点阵列定义为新建图案色板，实际应用中直接对特定形状应用自定义色板样式即可，如图 11-10 所示。虚线的制作方法和点类似，可以先定义虚线的基本样式，然后利用画笔工具或钢笔工具批量画虚线。

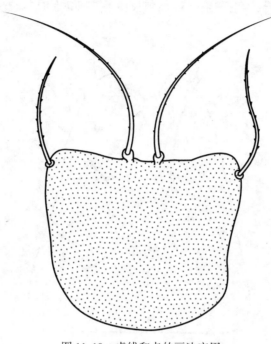

图 11-10　虚线和点的画法应用

三、计算机绘图实践

1. 准备粉螨图源，确定粉螨特征结构　粉螨图源在色彩、清晰度、外形特征方面有很大差异，不同类别图源的分析难度也不一致。例如，书刊上的粉螨图源结构较为清晰，很少需要对结构特征再进行判断。而如果使用粉螨标本作为图源，可能会存在大量的对比推理工作，因为粉螨标本属于实物显微摄影拍摄，形态结构和线条图相比需要仔细观察区别，部分特征模糊无法分辨的部位还需要推理分析，然后才能确定该部位的线条形态。所以分析粉螨标本对应的线条形态时必须认真、仔细、严谨，否则将导致最终绘制的线条图和真实粉螨结构之间存在较大误差，误导读者阅读和粉螨研究工作。

2. 粉螨线条图的绘画步骤　粉螨线条图的绘画过程大致分为勾画大轮廓和细节修饰两部分。以腐食酪螨（*Tyrophagus Putrescentiae*）下颚体腹面观为例（图 11-11）。先定义画笔的粗细，画笔的粗细以印刷对象为准，本书约定印刷对象为 A4 纸大小，螨体轮廓使用 4PT 描边，肢体轮廓使用 2PT 描边，局部结构线条使用 1PT 粗细，体毛根据需要使用 0.5 ~ 1PT 粗细绘制。绘图者在充分确认粉螨图源结构特征的基础上，将整个下颚体腹面绘画分成 4 个小步骤。首先使用钢笔工具画出下颚体外轮廓，勾画轮廓时要注意线条中的转折点，一般没有特别尖锐的拐点；其次用稍细的画笔勾画内部修饰线条，用于衬托褶皱等；然后画出背面体毛，画背面体毛或其他功能特征时，要注意使用虚线，寓意为背面特征；最后画正面体毛，画正面体毛可以使用预先定义好的体毛样式，这里依据大多数粉螨体毛实际特征情况将粉螨体毛按外观特征分为实心短体毛、实心长体毛、空心短体毛、空心长体毛和空心带小刺长体毛 5 种。图 11-12 中主要用到的是实心短体毛和空心长体毛。

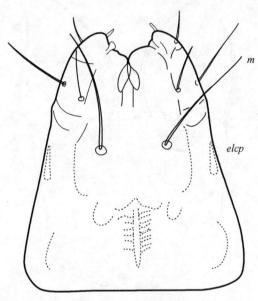

图 11-11　图源选取

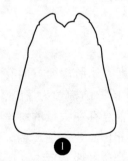   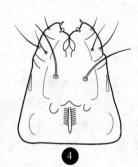

图 11-12　书刊线条图改编过程

　　按照上述绘画步骤画出腐食酪螨螨体（图 11-13）和足 I（图 11-14）的线条图。鉴于螨虫体貌特征繁杂，在熟练使用 Illustrator 软件工具绘画基础上，要注意使用高效而稳妥的绘画技巧。螨体特征中最多的结构是体毛和足体，根据体毛的多样性可以预先定义多种体毛样式，以精简绘画流程和节约绘画时间。需要说明的是，由于体毛的自然伸张形状多样，实际绘制体毛时可以不拘一格。足体是粉螨特征中最复杂的结构之一，理论上每对足体都是对称结构，在粉螨线条图中绝对对称的足体结构也不影响线条图的特征表达，并且外观上更协调、美观，同时利用对称结构可以节省绘图时间，提高绘图效率。

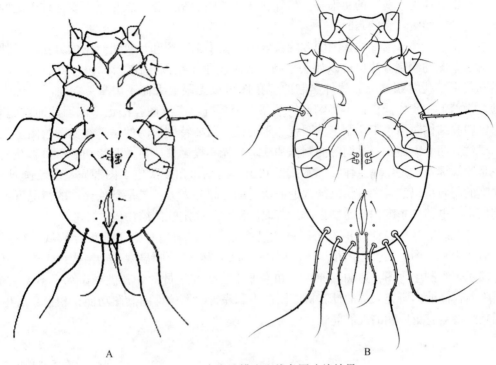

图 11-13　腐食酪螨腹面线条图改编效果

A. 改编前；B. 改编后

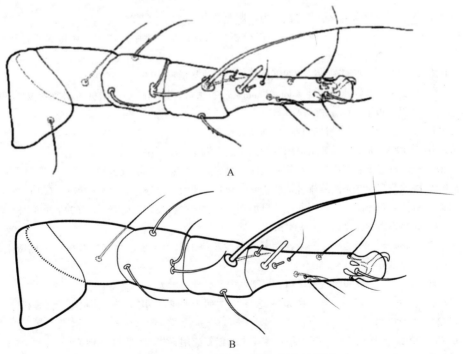

图 11-14　腐食酪螨足 I 线条图改编效果

A. 改编前；B. 改编后

　　线条图绘制完成后，对比图源，检查有无遗漏或误画的特征结构，如实线和虚线、实心体毛和空心体毛、线条的粗细等。另外，在线条图绘制过程中，尽量不要让体毛之间产生交叉，否则影响读者的判断。

　　本章主要介绍了粉螨线条图图源的获取途径及手工绘图和计算机绘图的方法。其他种类生物线条图的绘制方法也可以如法炮制。和传统手工绘图相比，计算机绘图更为高效、灵活和美观。利用 Illustrator 软件绘制的线条图可以无限放大而不失真，在绘制过程中可以随意撤销上一步的操作，不影响最终效果。但传统手工绘图技法也不能因此而被抛弃，在论证粉螨结构时用手工绘制草稿图就非常便捷。需要特别说明的是，在实际绘图过程中还需要注意两个方面：一是图源的制作和获取。光学投影仪、显微照片和显微摄影观察的对象是粉螨标本或是粉螨虫体，标本质量和虫体的拍摄角度决定了图源质量和绘画难度，高清晰的图源可以节省大量粉螨结构论证所需的时间和人力；二是条件允许的情况下，可以利用生物电镜多角度拍摄粉螨虫体，获取图源，为确定螨体结构提供参考。

　　计算机制图技术自计算机发明以来便已有之，在广告行业和工业设计领域已得到普及，但在生物制图方面，国内很少学者使用专业绘图软件绘制显微生物结构线条图，更多人习惯手工绘制生物图，追溯其原因，和专业生物研究人员的计算机操作水平不无关系。通过不断提高业内研究人员的计算机绘图能力和完善绘图软件的制图功能，相信今后生物绘图技术将会有更广阔的发展前景。

（韩仁瑞）

参 考 文 献

陈川惠.2015.浅谈药用植物生物绘图方法.卫生职业教育，（11）：63-65

陈莉，徐军，陈晶.2015.扫描电子显微镜显微分析技术在地球科学中的应用.中国科学：地球科学，（9）：1347-1358

陈明翠，滕雪梅.2015.工程制图坐标绘图纸创新.中国科技信息，（Z4）：75-76

崔俊芝，葛斯琴.2012.图像处理软件 Adobe Photoshop 和 Adobe Illustrator 在昆虫绘图及图像处理中的应用.应用昆虫学报，49（05）：1406-1411

范晶晶.2011.浅析艺术绘画与设计表现的异同.大众文艺，（10）：70

海军医学编辑部.1998.海军医学要求电脑绘制线条图.海军医学，（1）：10

胡少玲.2006.光学投影仪的调修技巧及使用误区.福建质量信息，（8）：69-70

黄河胜.1990.医学期刊中线条图编排规范的研究.合肥工业大学学报（社会科学版），（S1）：61-64

金顺爱.2005.科技期刊插图中线条图的计算机加工方法.中国科技期刊研究，16（2）：208-210

李朝品.2006.医学蜱螨学.北京：人民军医出版社

李朝品，沈静，唐秀云，等.2008.安徽省储藏物孳生粉螨的群落组成及多样性分析.中国微生态学杂志，20（4）：359-360

李朝品，武前文.1996.房舍和储藏物粉螨.合肥：中国科学技术大学出版社

李金华，潘永信.2015.透射电子显微镜在地球科学研究中的应用.中国科学：地球科学，（9）：1359-1382

李昕，马雪霏.2012.点线面构成在版面信息编排中的创新应用.艺术与设计（理论），（Z1）：76-79

李颖.2002.平面构成基础教学初探——谈平面构成的要素点、线、面.苏州大学学报（工科版），22

（6）：36-38

李羽峰．2016．关于几种绘图软件之间数据格式的研究．西部探矿工程，28（3）：93-94

路红，徐伟．1999．扫描电镜照片的生物绘图技法．吉林农业大学学报，21（4）：81-84

毛仁美．1997．生物科技图画技法．生物学通报，（8）：42

齐亚力．2009．谈 Photoshop 在绘制线条图中的应用．中国医学教育技术，23（1）：86-88

沈兆鹏．2009．房舍螨类或储粮螨类是现代居室的隐患．黑龙江粮食，（2）：47-49

孙伟信，孙立国．1995．谈生物绘图及训练．牡丹江师范学院学报（自然科学版），（1）：62-63

唐安科．2006．生物墨线绘图的方法与技巧．生物学通报，41（5）：46-48

唐安科，唐发辉，赵元．2004．Coreldraw 和 Illustrator 在生物线条图绘制中的应用．重庆师范大学学报（自然科学版），21（2）：43-44

唐安科，唐发辉，赵元君．2004．电脑制作生物线条图．动物学杂志，39（2）：57

王丹丹．2014．浅谈计算机图形图像处理技术——Photoshop 运用技巧分析．黑龙江科技信息，（27）：124

王小东，郭文茂，张学飞．2012．常用绘图工具的创新设计．科技创新导报，（24）：22-23

王小平，张凌，王亚平，等．2013．影响显微摄影清晰度的关键操作技术．中国医学教育技术，27（3）：372-375

吴欣然，徐秋菊．1993．科技期刊线条图的处理．编辑学报，（4）：201-203

吴志新，陈孝煊，陈楠．2010．动物学实验中生物绘图能力培养的思路与实践．畜牧与饲料科学，31（8）：59-60

徐小安，刘涛，康哲，等．2007．绘图软件 CorelDRAW12 在昆虫绘图中的应用初探．贵阳医学院学报，32（1）：104-105

薛俊增．1994．解剖镜下坐标式生物绘图法．生物学杂志，（4）：34

闫红，崔效起，李晟．2004．浅谈 Coreldraw 中的矢量图和位图．河北工业大学成人教育学院学报，19（1）：8-9

杨春浩．2010．Adobe IllustratorCS4 图形设计与制作技能基础教程．北京：科学出版社

杨光．2016．数位板绘画的美学特征．吉林艺术学院学报，（3）：23-27

姚炬，张颖杰．2004．Coreldraw 在图形编辑中的运用．海洋测绘，24（3）：47-48

姚兴海，马秋云．2003．基于 Coreldraw 的地图符号库建库．测绘通报，（2）：36-38

于习法，邵立康，王静．2010．常用绘图工具的改革研究．工程图学学报，31（3）：200-204

曾亚纯．2005．生物绘图技术在医学昆虫制图中的应用技巧．贵阳医学院学报，30（5）：471-472

张开泉．2007．谈线条图在医学人体解剖学教学中的应用．中国医学教育技术，21（5）：433-436

张曼丽，范青海．2007．螨类休眠体的发育与治理．昆虫学报，50（12）：1293-1299

张新玲．2010．论国际科技期刊线图（linegraph）的编排规范．郧阳师范高等专科学校学报，30（5）：82-83

张印廷，白亮，张双娟，等．2009．MapGis 与 Illustrator 制图特点的比较．科技资讯，（21）：20

张宇，辛天蓉，邹志文，等．2011．我国储粮螨类研究概述．江西植保，（4）：139-144

赵洪涛．2007．投影仪工作原理及使用与维护．交通科技与经济，9（5）：68-69

赵化奇．1999．浅谈昆虫绘图方法．中等林业教育，（4）：51

钟文莉．2010．高职艺术设计专业计算机软件绘图课程教学．中国职业技术教育，（21）：94-95

周莉花．2008．利用 Coreldraw 编辑科技期刊插图的技巧．学报编辑论丛，（00）：192-194

朱兴才．1995．浅论昆虫绘图的特点和要求．陕西林业科技，（1）：50-51

朱志民，夏斌，文春根，等．2000．中国嗜木螨属已知种简述及其检索．蛛形学报，（1）：45-47

卓选鹏，黄崇亚，胡爱玲．2010．医学期刊中照片图的编排理念和编辑方法．编辑学报，22（4）：316-318

第十二章 粉螨的饲养

粉螨的种类很多，习性复杂，其饲养方法各异。粉螨饲养的内容主要有粉螨种源的获取、饲养设备与饲料的选择、温湿度条件的设置、饲养管理等。掌握粉螨科学饲养方法有利于对粉螨进行研究与利用。为了帮助相关领域的人员更好地掌握粉螨的饲养管理技术，本章结合实践经验与现有资料报道，对粉螨饲养概况和饲养方法进行介绍。

第一节 粉螨饲养概况

一、粉螨饲养用途

在科研与应用中，经常需要饲养不同种类的粉螨。根据不同需求，对于饲养数量、饲养方式、粉螨纯度要求等都有不同的标准。在饲养粉螨时，首先要明确饲养目的，并根据饲养目的选择合适的饲养方式。粉螨饲养目的主要包括以下几个方面。

1. 开展基础性研究 许多粉螨是主要的农作物虫害、人体致敏过敏原。研究粉螨生物学性状如发育、繁殖等，了解其生活史和生活习性，是研发预防和治疗技术的前提。此外，近年来分子生物学技术也越来越多地被应用于粉螨的基础研究。

2. 生产捕食性天敌 应用天敌进行农林害虫生物防治是替代化学防治的有效方法之一。一些粉螨是捕食性天敌昆虫及螨类优良的食物，应用粉螨生产农作物的天敌，较之传统采用农业害虫饲养方式，前者可以大量节约生产空间、降低原始材料和人力成本，最终使得捕食性天敌品种得以廉价大量饲养。

3. 满足医疗制药需求 以粉螨为原材料制成的螨性疫苗在过敏性疾病检测与治疗等方面具有重要的作用，尤其在螨性哮喘的治疗方面前景广阔。

4. 满足检验检疫需求 能够有效除螨、防螨已经被列入一些日用品的质量检验与性能评价指标，如测试家用纺织品、汽车内饰、婴儿座椅等的防螨性能，或一些小型家用电器（吸尘器、除螨器、空气净化器等）的除螨效果等。在开展相关检测时，往往需要一些粉螨用于试验，或对检出物进行饲养。另一方面，粉螨个体微小、生境复杂，是进出口检验检疫中的重点关注对象。当截获样品中存在粉螨时，需要进行鉴定，甚至培养鉴定以确定其是否属于检疫性粉螨。

二、粉螨饲料选择

不同种类的粉螨在自然界中的食物也不同，有些是仓储物害螨、有些是植物或食用菌上的害螨，还有些是寄生于纺织品中的害螨等。可见其营养需求差异较大，相应的适用饲料差异也较大。一些粉螨如刺足根螨（*Rhizoglyphus echinopus*）可用薯片等饲养；腐食酪螨（*Tyrophagus putrescentiae*）、粉尘螨（*Dermatophagoides farinae*）等可用麸皮、面粉等廉价饲料大规模饲养；还有一些粉螨饲料中必须添加动物性饲料成分，如屋尘螨（*Dermatophagoides pteronyssinus*）；除此以外，有的粉螨具有营养倾向性，如甜果螨（*Carpoglyphus lactis*）需用含糖量较高的饲料进行饲养。

饲料是粉螨饲养是否成功的一个重要因素。根据饲料类型可分为天然饲料、人工配合饲料。天然饲料即直接采用自然界中粉螨食用的食物进行饲养。这种方法的主要优势是易被粉螨接受，饲养的粉螨活力高，食性和行为与在自然条件下的也比较接近。不足之处在于其获得可能受到自然条件的制约，须适应季节的变化。人工配合饲料可以很好地补充天然饲料的这些不足之处。其营养稳定，能获得生理指标一致的试验用螨；饲料成分易于控制和调整，便于开展与粉螨取食需要和营养需要相关的研究，或测试相关营养成分对粉螨生长发育的影响等。但并非所有的粉螨品种都能完全用人工饲料饲养，实际应用中往往有时采用在人工饲料中加入天然食物成分形成的混合饲料饲养粉螨。

在规模化饲养过程中，粉螨通常与饲料以混合的形式存在。因此，除了选择营养适宜的饲料外，还需要考虑饲料的空间结构。对于不少种类的粉螨来说，提高饲养器皿内部的实际表面积有助于提高其饲养效果，故需要尽量保持饲料结构蓬松。饲养容器中饲料堆积不易过厚，避免将底部饲料压得过紧。

当粉螨达到一定密度或饲料出现腐败变质时，会产生大量的氨气，这对于粉螨生长是致命的，需要及时更换饲料。传统做法是将陈旧饲料与粉螨的混合物铺在新饲料表面，并进行光照，利用粉螨的负趋光性使其向下移动进入新饲料中，随后将顶部的陈旧饲料取走。这一方法的主要缺陷是陈旧饲料及螨体排泄物等容易落入下方的新饲料中，难以彻底清洁，长期如此易造成饲养环境恶化，甚至产生硫化氢气体，导致螨类成批死亡等。一种新的方法是将放置新饲料的容器与原饲养容器接近、连接，利用当环境恶化时粉螨对健康环境的趋性这一特点，诱使螨主动爬入新饲料中，2～4日后，大多数螨体可完成迁移，此时可撤除并清洁旧饲养容器。连接时，可采用中空的锥形接管连接两侧容器，直径较大一端连接旧饲料，直径较小一端连接新饲料，以降低粉螨进入新饲料后返回旧饲料中的概率，这一方法也称为"爬盘法"，其有效避免了新旧饲料的直接接触，可以更好地维护饲养环境。

三、饲养方式

饲养粉螨时，首先需要获得种源。以检验检疫为目的的饲养通常直接从检测样本中挑选活螨作为种源饲养。以科研或生产为目的的饲养则可能采用采集、引种等方式获得粉螨种源。采集即根据粉螨的生活习性采集粉螨孳生物样品。在解剖显微镜下用小号毛笔或毛发针从样品中挑选健康成年活螨用于种螨饲养，挑螨时应小心避免伤害螨体。引种即从其他实验室、粉螨饲养种群中引进种源。从已有种群引进的种源往往具有已经驯化、容易繁殖、饲养成功率高等优点，但引种前要了解原种群的饲养条件和发育指标，避免从已经出现衰退现象的种群中引种。适应性差或活力不强的粉螨种源会使新建种群过早衰退；受化学物污染或病原感染的粉螨种源可能会导致引种完全失败。因此须尽量寻找、选择优质种源。

　　获得粉螨种源后，可采用多种饲养方式进行饲养。根据饲养规模的不同可分为个体饲养和群体饲养，而群体饲养又可根据其饲养规模进一步分为少量饲养和大量饲养等。根据粉螨生活史的不同阶段来饲养可分为完全饲养、不完全饲养等：完全饲养是指包含对粉螨生活史世代各期的饲养，以生产、研究应用、扩增为目的的饲养大多数采用完全饲养；不完全饲养即对粉螨生活史中部分生活时期的饲养，如幼螨饲养、若螨饲养、成螨饲养等。为观察个体发育变化或以分类鉴定为目的的饲养多属不完全饲养。由于完全饲养涵盖了较为全面的饲养管理过程，本节主要介绍个体、群体的完全饲养。

　　1. 个体饲养　是指在较小的饲养器皿（小室）中接入 1 只粉螨单独饲养。通常在实验室进行，用于生物学实验、分类鉴定等。饲养的小室可根据实际需求设计，此处仅列举两种较为经典的饲养小室。

　　（1）沈兆鹏（1995）记述了一种方法，此方法所用的个体饲养器由三部分组成（图 12-1）：①一块厚 3mm、载玻片大小的无色有机玻璃板，其上钻有一小孔，孔上方直径 6mm，下方直径 3mm，孔壁呈 45°斜面；孔壁周围用氯化乙烯涂抹光滑，以去除幼螨及各静息期粉螨的隐匿场所。②一块涂黑的 15mm^2 的滤纸，用胶水将其粘贴在小孔下方，以做饲养器底部。③一块普通盖玻片，充当饲养器盖，先在上孔边缘用凡士林涂抹一薄层，然后将盖玻片盖在孔上压紧，防止粉螨逃逸。饲养时，先在孔内放入少量饲料，然后接入需饲养的粉螨，置于 25℃ 和相对湿度 75% 的条件下养殖。

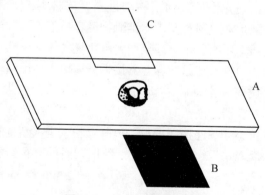

图 12-1　个体饲养器（1）
A. 有机玻璃板；B. 黑色滤纸；C. 盖玻片

　　研究粉螨生活史时，一般需用 60 个个体饲养器，每个饲养器中接种入螨卵 1～2 粒，逐日观察并记录。较为理想的是把一对正在交配的粉螨移入饲养器中饲养，使其产卵，然后分期分批把卵取出，扩大饲养。

　　（2）由上下两层有机玻璃板和燕尾夹构成小室（图 12-2）。采用两块长 30mm、宽 20mm、厚 3mm 的长方形有机玻璃板，下层有机玻璃板正中央带有一直径 10mm 的圆孔，圆孔底层以长 20mm、宽 15mm、300 目的黑色纱布覆盖，纱布能够完全密封圆孔。在纱布上接入粉螨及饲料后，覆盖没有圆孔的上层有机玻璃板，两层有机玻璃板在左右两端分别用燕尾夹固定。

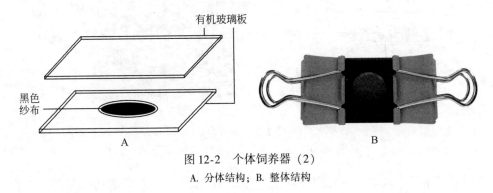

图 12-2　个体饲养器（2）

A. 分体结构；B. 整体结构

　　制作完成的小室可放置在托盘上，置于人工气候箱内培养。大部分粉螨适宜繁殖的温度为 20～30℃。粉螨体壁薄、体温调节能力弱，环境温度的变化会直接影响其体温，适宜而恒定的温度有利于多数粉螨的卵、幼螨和若螨的生长发育。因此在饲养过程中一般不采用昼夜变温的控制方法，而是在其最适温度区间内恒温饲养。粉螨可依靠体表从空气中吸收水分，因此多适宜在高湿度环境（RH>70%）中饲养。因其具有避光性，故建议在全黑暗条件下饲养。

　　当不具备可调节温湿度的人工气候箱时，也可将小室置于干燥器内，通过饱和食盐水溶液调节相对湿度，并将干燥器置于温度比较适宜的室内遮光饲养。

　　2. 群体饲养　须根据对粉螨饲养量的实际需求量选择饲养容器。少量饲养可用培养皿、玻璃瓶或保鲜盒（需在保鲜盒的盒盖中部挖一个圆形孔洞，然后用纱网封住，再将圆形海绵置于保鲜盒内，同时向保鲜盒内添加足量清水，海绵上放一张直径略小的黑色塑料，然后往黑色塑料上添加足量的饲养介质再接种粉螨）等进行饲养（图 12-3）；大量饲养则通常在饲养容器中接入大量粉螨种源和饲料，饲养容器的容积根据实际需求可选择数百毫升到数升，对其材质没有严格的限定，玻璃、塑料、有机玻璃或搪瓷器皿等均可以使用。需要注意的是，饲养容器不能完全密封，在使用现成的容器饲养粉螨时，须对原有盖子进行改造或替换，以确保饲养容器透气。塑料或有机玻璃材质的盖子可在中间挖去一块，洞口处粘贴双层尼龙纱网（约 300 目）后使用。玻璃、搪瓷等不易改造的材料建议不用盖子，直接以双层纱网覆盖后用宽皮筋套紧封口。

　　当饲养规模较小，如仅使用几个容器饲养时，可将饲养容器置于人工气候箱内饲养；也可在干燥器底部加入过饱和食盐水，保持约 75% 的相对湿度，上面放一玻璃瓶，瓶中放入新鲜饲料，将粉螨接种于饲料上，然后用滤纸封闭瓶口，将干燥器置于（25±1）℃条件下（使用恒温箱或放在可保持 25℃左右的室内），使其繁殖 4～6 周，粉螨形成群落，布满饲料表层，再用直径 15cm、高 18cm 的玻璃圆筒，筒底放入大米 400g，米上放入面粉300g，然后把干燥器中饲育的粉螨连同饲料移入圆筒中，并用滤纸封口，置于温度 25℃、相对湿度 75% 的小室中，4～6 周可获得大量的粉螨。当饲养规模较大，需要连续、大量生产粉螨时，应建立整体进行温湿度控制的封闭饲养室。

图 12-3　群体饲养器

A. 饲养盒结构图；B. 饲养盒实体图

　　饲养室要求门和墙要有良好的保温性，地面和墙壁要平整、易清洁，可以包含数个小间，每间室内可搭建、摆放数个饲养架（图12-4），每个饲养架包含4～5层或更多，每层间距 30～40cm，并放有饲养粉螨的容器，或将面粉用 120 目过筛后分层置于室内，每层厚度 3～4cm，把干燥器内培养的螨种移到面粉表层，然后在其上覆一层大米（大米用 40 目过筛），厚度 0.5cm 左右；4～6 周后筛除大米和面粉，就可收获大量粉螨，为了有利于粉螨发育繁殖，可在面粉中加入一定量的酵母或麦曲，饲养室尽可能避光。

图 12-4　饲养架

　　饲养室须配备相应的清洗设施用于清洁饲养容器与器材。大规模饲养还应在饲养室附近独辟空间配置一些其他专用设备设施以简化流程、保障操作，如采用电热鼓风干燥箱对饲料等进行干燥、采用高温高压灭菌锅对饲料等进行除虫消毒、采用小型粉碎机粉碎混合饲料、采用人工或自动分样筛收集粉螨产品。除此以外，需配置解剖显微镜在饲养过程中进行样本检查。

四、粉螨分离、存储与运输

经过一段时间的饲养后，在饲料表面有大量粉螨涌现。从饲养容器内挑出少量饲料检查，肉眼可观察到其表面涌动变形，在显微镜下可观察到大量活动的粉螨，说明粉螨已经顺利繁殖到较高的密度。此时根据不同需求往往还要进一步分离纯化。以鉴定、生物学研究等为目的的个体或小规模饲养，可以在显微镜下用小号毛笔将粉螨轻轻挑出，而在以生产等为目的的规模化饲养中，则需要更为便捷完善的分离纯化、存储、运输等配套技术，以确保其被有效利用。

1. 分离与纯化　规模化饲养所获得的粉螨还必须能够根据其应用目的被有效分离、收集。在粉螨收集过程中，根据不同的收集目的和要求，可采用不同的分离纯化技术。当仅须分离粉螨活体与其排泄物等，而不要求与其饲料分离时，可采用前文中更新饲料时的"爬盘法"，若有进一步要求，可采用多种方法分离粉螨与饲料。李朝品等（2016）总结了直接镜检法、水膜镜检法、振筛分离法、电热集螨法、光照驱螨法、避光爬附法、背光钻孔法、食料诱捕法等仓储物粉螨分离技术，其中很多方法不仅适用于自然样本中的粉螨分离，也适用于粉螨饲养过程中的产品收集。

裴伟等（2010）认为粉螨分离技术主要分为三大类：比重分离（即利用提取液的比重使螨虫上浮而达到分离目的）、筛分离（即利用过筛水洗等方法达到分离目的）与习性分离（即利用粉螨的畏热、畏光等习性，使其自行爬出饲料以达到分离目的）。在实际应用中，分离往往是上述三类方法综合应用，如在采用习性分离前，先用筛分离筛去除体积较大或较小的饲料和介质，获得包含大部分待分离螨类的滞留物，往往能够有效提高习性分离的效率。

在选择收集方法时，需要考虑待收集的样本大小、收集目的、是否要求尽可能多地收集或杂质含量尽可能低、收集到的螨是否必须是活体等问题。若待收集样本较小，可以采用从土壤动物分离常用的经典布氏漏斗法衍生而来的"电热集螨法"：将漏斗置于三脚架上，管部留下约2cm长的根部，底部做成网状，网上放置待分离样本。在上方一定高度处采用约100W的灯泡照射样本。在漏斗底部放置水盘收集样本中因畏热而向下爬行最终掉入的螨体。当不要求收集到的样本是活体时，可用无水乙醇替代水盘。

当样本较大且需要收集到活螨时，可用夏斌等（2015）专利中提出的方法快速大量过筛分离。首先根据待收集品种粉螨的大小采用不同孔径的分样筛初步筛选；将过筛后的样本均匀铺在塑料板上，静置片刻后翻转，此时大量饲料和少部分螨虫掉落，大量的螨虫和少部分的饲料碎屑将吸附在塑料板上；再将塑料板倒扣在更细的分样筛上，用手或小木棒轻轻敲打，使所有样本掉入分样筛中，静置后倒置分样筛，则残余饲料脱落，筛中剩余几乎不含饲料碎屑的螨虫。

2. 存储与运输　规模化饲养的粉螨根据其饲养用途、目的不同，以活体或干燥螨体的形式存储、运输。活体保存方式同规模化饲养，通常与饲料混合保存、运输，在实际应用前进行分离纯化。干燥粉螨标本可采用以下方法收集：将培养料分别过20目和80目分样筛，两者之间有大量粉螨。将活螨置于 0.65% 生理盐水或蒸馏水中，清洗干净后，再将螨置于 200 目尼龙绢中，用吸水纸吸干表面的水分，浸入丙酮，脱脂 30 分钟，待丙酮挥发后，冷冻干燥。将脱脂后干燥的粉螨准确称量，用无菌安瓿（ampoules）分装，每瓶 1g，封口，注明标记，保存备用。

活体与干燥螨体均可通过邮寄、快递等方式运输。运输时须做好防震防碎措施，应在粉螨容器的外周和包装盒之间用报纸、泡沫塑料等材料充分填充。活体运输时，建议用小型塑料容器对粉螨与饲料的混合物进行分装，以避免饲养容器内饲料过多，运输过程中晃动、震荡等压死粉螨。容器及包装盒需要扎孔透气，但雨季运输时也须注意防湿防潮。适宜运输粉螨的温度为 5~30℃。冬季或往寒冷地区运输时应采用保温设施；夏季或往炎热地区运输时应采用保温盒、冰袋降温，或选择专业冷链运输，尽量缩短运输时间。

五、注意事项

由于粉螨饲养往往在湿度较高的环境中进行，饲料易于变质、发霉，此外，许多饲料也是蟑螂等室内害虫的食物，因此必须特别注重保持饲养环境的清洁卫生。饲养室内应尽量避免或减少使用纺织品地毯、窗帘等难以清洁且易于孳生粉螨的材料；饲养使用的所有容器及其他器材在每次使用前后均必须高温高压消毒；饲料在使用前必须除虫灭菌；饲养容器、待用饲料等须保持密封；陈旧饲料及用过的容器等须及时清理；定期检查饲养架或培养箱内部情况，发现污染及时清理消毒等。

高湿度的环境还有可能加速电线老化、缩短电器设备寿命等。因此设计饲养环境时，必须合理铺排电路，尽量保持电线附近的小环境干燥。并定期检修电路，一旦发现问题须及时修理电路、更换元件设备，避免发生漏电等问题，杜绝安全隐患。

另外，由于一些粉螨与人类生活关系密切，可能存在于衣物、毛发上，是人体过敏性疾病的重要过敏原等。为确保饲养环境良好和人员身体健康，相关工作人员也必须注意个人卫生，进出饲养室或工作区域时要洗手消毒；工作时尽量穿着仅在本工作区域内使用的工作服；佩戴一次性口罩、手套、工作帽或发网；工作服与工作帽等定期清洗、消毒；杜绝在工作区域饮食、抽烟等行为。

第二节　不同类型粉螨的饲养方法

不同种类的粉螨在饲养方法上存在差异，其中最主要的是饲料配方差异。此外，各种粉螨的最适温湿度条件、对饲料空间结构的要求等也存在一定差异。根据饲养目的不同，对饲养规模、成本控制等也存在不同要求。下面介绍几种粉螨的饲养方法。

一、粉尘螨和屋尘螨

粉尘螨（*Dermatophagoides farinae*）和屋尘螨（*Dermatophagoides pteronyssinus*）是与过

敏性疾病相关的两种主要螨类，即通常所说的过敏原，其螨体各部分及排泄物均可使过敏体质的人致敏、发病。对其饲养的医学目的主要是制作过敏原应用于临床。此外，其也是目前国内外纺织品防螨检测中使用的标准测试虫种；其中粉尘螨还可以作为一些捕食性螨类的猎物应用于其捕食者的饲养。

粉螨饲养的适宜温度在25%左右，相对湿度须保持在75%以上。由于其具有畏光的特性，需要在黑暗条件下饲养。饲养时可先用少量个体在玻璃瓶或玻璃器皿内饲养，形成群落后移入盛有饲料的玻璃缸或饲养盆中继续培养。通常饲养容器内可供利用的表面积越大，越有利于其繁殖。具体操作可参见上述群体饲养中利用干燥器饲养粉螨的方法。

在两种螨类中，粉尘螨食性更为广泛，相对易于饲养。国际上有学者使用过含有水蚤干粉、鱼粉、酵母、大豆粉、腮须、胡须、粉尘、头皮屑和含有牛肉等成分的犬饲料、牛肝粉、鞣酸蛋白、小鼠粉末饲料、粉末猪饲料等多种饲料或其混合物进行饲养，均有饲养成功的记录。也可以仅采用米、面等植物性饲料饲养。但一些研究显示动物性脂肪含量与雌螨的繁殖密度呈正相关。通常4~6周后可大量繁殖，此时需更换饲料或重新接种。

屋尘螨对动物性食料的要求较高，仅用面粉难以进行饲养。国际上有使用鼠粉末饲料、干酵母、粉末鱼粉等饲养屋尘螨的相关报道。赖乃揆等（2001）报道以全麦粉为主加以适量的麦皮、干酵母、虾皮、牛肉粉、维生素C、肌醇、胆固醇、山梨酸等混合物作为饲料可以有效繁殖屋尘螨。

在以检测纺织品为目的饲养粉尘螨和屋尘螨时，国际上往往对其饲料有较为严格的要求，如美国规定这两种螨类均必须采用指定的混合饲料（脱水牛肝粉和干酵母粉1:1）。我国目前尚缺乏此类标准，仅要求同一试验中所采用的饲料营养成分应统一，并提供了若干饲养配方示例。

二、腐食酪螨和椭圆食粉螨

腐食酪螨（*Tyrophagus putrescentiae*）和椭圆食粉螨（*Aleuroglyphus ovatus*）是饲养植绥螨科（Phytoseiidae）中多食性捕食螨的常用原料，是天敌规模化生产中常用的重要食物。其可用麦麸、米糠、粗粮等或粮食作物的秸秆粉碎物等粮食作物下脚料进行大量饲养，成本低廉。

饲养时，将各原料粉碎后经60~100℃高温烘干3~6个小时消毒，冷却后装入体积为1~2L的培养容器中，控制培养料含水量为5%~12%，在容器内接种腐食酪螨或椭圆食粉螨，在25~28℃、相对湿度70%~95%的条件下培养10~30天，虫口密度可达50~500只/克。

一些研究显示，在饲料中添加糖、蛋白质、脂肪等营养物质可以有效提高所饲养粉螨的产量与质量，以此饲养捕食螨还可以有效提高捕食螨的某些生物学特性。例如，在麦麸中添加酵母等成分，可使腐食酪螨体内可溶性糖和蛋白质的含量显著提高，以此腐食酪螨饲养的巴氏新小绥螨（*Neoseiulus barkeri*）产卵量提高40%，与仅用麦麸饲养的腐食酪螨相比，生产周期可缩短一半以上。

三、甜果螨

甜果螨 (*Carpoglyphus lactis*) 是近年来新开发的一种具有较大潜力的多食性植绥螨科 (Phytoseiidae) 捕食螨的替代猎物，能有效饲养大部分可用腐食酪螨、椭圆食粉螨饲养的捕食螨品种，此外，还可饲养加州新小绥螨 (*Neoseiuluscalifornicus*)、东方钝绥螨 (*Amblyseiusorientalis*) 等捕食螨。尤其是东方钝绥螨，其过去被认为是叶螨 (*Tetranychidae*) 的专食性捕食螨，必须采用叶螨进行饲养。用甜果螨饲养后，饲养成本大大降低，使其低成本生产成为可能。与腐食酪螨和椭圆食粉螨相比，甜果螨对食料中的糖分要求较高，随捕食螨同时释放到田间通常不会对正在生长的农作物造成危害，是一种安全性较高的天敌饲料猎物。

王伯明等 (2010) 利用糖、酵母、介质 (麦麸、蛭石等)、水混合成饲料可以大量饲养甜果螨，具体操作是：在温度 (25±1)℃、相对湿度 (90±1)% 的人工气候箱内，接种 200 只甜果螨到含有白糖 9g、磨碎的食母生片 (以干酵母计算) 1g、麦麸 7g、蛭石 3g 和水 5g 的饲养容器中，处理方法是将盒盖中央凹下的部分去掉，并用两层 350 目的尼龙纱网封住，麦麸和蛭石经 120℃灭虫灭菌消毒 2 小时，冷却后使用，经 30 天饲养，甜果螨可增殖近 1400 倍。

四、薄口螨

薄口螨科 (Histiostomidae) 螨类也可作为一些捕食螨类天敌产品的替代猎物，在实验室主要采用培养基饲养。可用玉米粉培养基、BY (牛肉膏+酵母膏) 软琼脂培养基饲养，尤其是采用玉米粉培养基饲养，在培养皿中接种 5 对雌雄成螨 20 天后，收获若螨 14 090 只，成螨 836 只 (赵晓平，刘晓光，2011)。以上方法更适合于小规模饲养，其优点是繁殖效率高、易于收集纯品薄口螨，不足之处在于对培养基的配置操作等要求较高，且薄口螨仅聚集在培养基表面，缺乏能够大量容纳薄口螨的空间结构，限制了产量。而在规模化生产中，我们发现利用市售麸皮可降低饲养成本，可大量饲养薄口螨。在温度 18 ~ 35℃、相对湿度 80% ~ 95% 的环境下，取含水 26% ~ 35% 的干净麸皮放入饲养容器中，饲养容器有透气口且能有效阻止薄口螨逃逸，然后接入 100 余只薄口螨，密封容器饲养。其中最适饲养条件为温度 25℃、相对湿度 85%，采用 1kg 含水 30% ~ 35% 的麸皮，此条件下饲养 20 天后薄口螨可繁殖到较大数量。

五、刺足根螨

刺足根螨 (*Rhizoglyphus echinopus*) 为害多种球根、球茎、块茎、鳞茎等，是农业生产与仓储中的重要害螨。饲养目的主要为了解其生物学习性，为农业测报防治提供依据。

忻介六等 (1979) 提出用下列配方进行刺足根螨饲养：麦胚 (过 40 目筛) 24g、牛奶 25ml、食母生片 (过 40 目筛) 22g、琼脂 6g、维生素 C 2.5g、肌醇 0.3g、熟鸡蛋黄 10g、水 250ml。

　　当对螨量要求较小时，更为简洁的方法是在培养皿中用 1cm 左右厚的马铃薯片饲养，适宜饲养温度为 26～29 ℃，宜在黑暗条件下饲养。刺足根螨喜好湿润环境，在饲养时需要尽量保持接近 100% 的湿度，可以在薯片表面用解剖刀轻轻划出网格型，饲养过程中在薯片边缘定时加无菌水，水经由网格流向薯片的其他部分，以保证饲养所需的湿度。此外，在饲养前要做好培养皿等的消毒，饲养中要注意保持饲养环境的清洁，以延缓薯片变质。除马铃薯薯片外，刺足根螨也可用马铃薯淀粉或鱼粉饲养完成世代发育，但其发育历期比用薯片饲养分别延长了 31.7% 和 14.6%，未成熟期死亡率高出 17.5% 和 13.6%，产卵量下降 20.0% 和 34.4%。

六、伯氏嗜木螨

　　伯氏嗜木螨（*Caloglyphus berlesei*）是重要的农业害螨，不仅为害储藏期的小麦、花生、椰干、亚麻等多种食品，在养殖中华真地鳖等时，如存在伯氏嗜木螨，会导致中华真地鳖等大量死亡，另外，它也是重要的食用菌害螨，取食菌丝、子实体等。在医学上，它也是肺螨病和尿螨病的病原体。过去国内外对于伯氏嗜木螨研究较少，主要是由于缺乏稳定的螨源可供研究。

　　目前较为有效的饲养方法是刘婷等（2015）提出的，在温度 25℃、相对湿度 75% 的环境下，在准备好的经烘干灭虫灭菌的饲养容器内放入 5g 含水量 60%、质量比为 3∶2 的粗麦麸和啤酒酵母粉，并将饲养容器置于密闭的广口瓶底部，按照 25 只/克接入伯氏嗜木螨，饲养期间每隔 2 天调查一次，虫口密度大于 200 只/克时，添加新饲料。添加饲料时，将放置新饲料的容器与原饲养容器靠近放置，诱使螨体主动从陈旧饲料中爬入新饲料中，2～4 天后，待大多数螨体（包括初孵幼虫）完成迁移后，即可将旧饲养容器撤除。重复以上饲喂操作。在此条件下，计算净生值率 $R_0 = 190.7$，即每隔 7.25 天种群数量增长 190.7 倍。25 只螨培养 14.5 天后种群数量达到 909 162 只，种群数量增长 36 366.49 倍。

　　以上几种饲养模式、饲养方法仅作为饲养粉螨时的参考，这些方法不仅能够用于所述粉螨的饲养，而且也适用于其他粉螨品种的饲养，但由于粉螨的品种很多、生活习性复杂，更多更好更新的饲养方法有待进一步研究和探索。

（姜晓环　吕佳乐　王少圣　乔　岩）

参 考 文 献

陈艳，林阳武，范青海．2006. 食物对刺足根螨生长发育、繁殖及休眠体产生的影响．华东昆虫学报，15（4）：250-252

邓国藩，王慧芙，忻介六，等．1989. 中国蜱螨概要．北京：科学出版社

黄和，2013. 营养添加物对腐食酪螨及其天敌巴氏新小绥螨大量扩繁的影响．安徽农业大学硕士论文

赖乃揆，于陆，邹泽红，等．2001. 屋尘螨的人工饲养与临床测试的研究．中华微生物学和免疫学杂志，21（增刊1）：26-28

李朝品．2006. 医学蜱螨学．北京：人民军医出版社

李朝品 . 2008. 人体寄生虫学实验研究技术 . 北京：人民卫生出版社

李朝品 . 2009. 医学节肢动物学 . 北京：人民卫生出版社

李朝品，沈兆鹏 . 2016. 中国粉螨概论 . 北京：科学出版社

李朝品，武前文 . 1996. 房舍和储藏物粉螨 . 合肥：中国科学技术大学出版社

李隆术，李云瑞 . 1988. 蜱螨学 . 重庆：重庆出版社

李全文，代立群，李绍鹏 . 2002. 介绍一种变应原粉尘螨的培养方法 . 中国生化药物杂志，2：61-63

李全文，代立群，孙希志 . 2004. 变应原粉尘螨的培养 . 潍坊医学院学报，26（2）：158

李孝达，李国长，张会军，等 . 1990. 粉尘螨饲养研究初探 . 粮食储藏，5：25-27

李云瑞，卜根生 . 1997. 农业螨类学 . 兰州：西南农业大学

刘婷，金道超，郭建军，等 . 2006. 腐食酪螨在不同温度和营养条件下生长发育的比较研究 . 昆虫学报，49（4）：714-718

刘婷，周书林，薛保红，等 . 2015. 一种规模化生产伯氏生卡螨的方法 . 专利申请号：CN2015100164487

陆联高 . 1994. 中国仓储螨类 . 成都：四川科学技术出版社

罗冬梅 . 2007. 椭圆食粉螨种群生态学研究 . 南昌大学硕士论文

马恩沛，沈兆鹏，陈熙雯，等 . 1984. 中国农业螨类 . 上海：上海科学技术出版社

裴伟，海凌超，廖桂福，等 . 2009. 粉尘螨和屋尘螨饲养及分离技术研究进展 . 中国病原生物学杂志，4（8）：633-635

裴伟，松冈裕之 . 2010. 粉尘螨分离技术的研究进展 . 热带医学杂志，10（9）：1149-1153

商成杰，方锡江，贾家祥，等 . 2008. 中华人民共和国纺织行业标准-纺织品防螨性能的评价 . FZ/T 01100-2008. 北京：中国标准出版社

王伯明，徐学农，姜晓环，等 . 2010. 一种人工大量饲养甜果螨的方法 . 专利号：ZL2010105249949

王伯明，徐学农，姜晓环，等 . 2013. 一种适用于螨类相关实验的饲养小室 . 专利号：ZL2013202812870

王伯明，尹哲，乔岩，等 . 2014. 吸尘器除螨效果检测方法 . 专利号：ZL2014105556517

王恩东，乔岩，尹哲，等 . 2013. 薄口螨的人工大量饲养方法 . 专利号：ZL2013101873725

王凤葵，张衡昌 . 1995. 改进的螨类玻片标本制作方法 . 植物检疫，（5）：271-272

王少圣，刘文艳，李朝品，等 . 2007. 粉尘螨的培养实验 . 医学理论与实践，6：630-631

王少圣，刘文艳，李朝品，等 . 2007. 粉尘螨的饲养管理 . 特种经济动植物，10（4）：21

吴伟南，梁来荣，蓝文明 . 1997. 中国经济昆虫志（蜱螨亚纲：植绥螨科）. 北京：科学出版社

夏斌，邹智勇，邹志文，等 . 2015. 一种快速分离螨虫与饲料的方法 . 专利号：ZL2015100958439

忻介六，沈兆鹏 . 1964. 椭圆食粉螨（*Aleuroglyphus* ovatus Troupeau，1878）生活史的研究（蜱螨目，粉螨科）. 昆虫学报，3：428-435

忻介六，苏德明 . 1979. 昆虫、螨类、蜘蛛的人工饲料 . 北京：科学出版社

阎孝玉，杨年震，袁德柱，等 . 1992. 椭圆食粉螨生活史的研究 . 粮油仓储科技通讯，6：53-55

杨洁，尚素琴，张新虎 . 2013. 温度对椭圆食粉螨发育历期的影响，甘肃农业大学学报，48（5）：86-88

杨燕，周祖基，明华 . 2007. 温湿度对腐食酪螨存活和繁殖的影响 . 四川动物，26（1）：108-111

于晓，范青海，徐加利 . 2002. 腐食酪螨有效积温的研究 . 华东昆虫学报，11（1）：55-58

张丽芳，刘忠善，瞿素萍，等 . 2010. 不同温度下刺足根螨实验种群生命表 . 植物保护，36（3）：100-102

张丽芳，王继华 . 2006. 刺足根螨的人工饲养技术 . 昆虫知识，43（1）：118-119

张曼丽 . 2008. 刺足根螨休眠体的形成与解除 . 福建农林大学硕士论文

张倩倩，范青海 . 2005. 猎物对巴氏钝绥螨生长发育和繁殖的影响 . 华东昆虫学报，14（2）：165-168

张艳璇 . 2003. 一种用作捕食螨——胡瓜钝绥螨的人工饲养方法 . 专利号：ZL021109079

赵晓平，刘晓光 . 2011. 实验室薄口螨的大量培养及休眠体的诱导 . 动物学杂志，46（4）：42-46

邹志文，夏斌，辛天蓉，等. 2015. 一种粉螨的人工饲料. 专利申请号：CN2015105198028

Hughes AM. 1983. 贮藏食物与房舍的螨类. 忻介六，沈兆鹏，译. 北京：农业出版社

Erban T, Erbanova M, Nesvorna M, et al. 2009. The importance of starch and sucrose digestion in nutritive biology of synantropic acaridid mites: alpha-amylases and alpha-glucosidases are suitable targets for inhibitor-based strategies of mite control. Arch Insect Biochem Physiol, 71 (3): 139-158

Erban T, Hubert J. 2010. Comparative analysis of proteolytic activities in seven species of synantropic acaridid mites. Arch Insect Biochem Physiol, 75 (3): 187-206

Franzolin MR, Baggio D. 2000. Mite contamination in polished rice and beans sold at markets. Rev Saude Publica, 34 (1): 77-83

Larson DG, Mitchell WF, Wharton GW. 1969. Preliminary studies on*Dermatophagoides farinae* Hughes, 1961 (Acari) and house dust allergy. J Med Entomol, 6: 295-299

Matsumoto K. 1975. Studies on the environmental requirements for the breeding of the dust mite, *Dermatophagoides farinae* Hughes, 1961. Part 3. Effect of the lipids in the diet on the population growth of the mites. Jpn J Sanit Zool, 26: 121-127

Matsuoka H, Maki N, Yoshida S, et al. 2003. A mouse model of the atopic eczema/dermatitis syndrome by repeated application of a crude extract of house-dust mite *Dermatophagoides farinae*. Allergy, 58: 139-145

Sasa M, Miyamoto J, Shinoara S, et al. 1970. Studies on mass culture and isolation of *Dermatophagoides farinae* and some other mites associated with house dust and stored food. Jpn J Exp Med, 40 (5): 367-382

Thind BB, Clarke PG. 2001. The occurrence of mites in cereal-based foods destined for human consumption and possible consequences of infestation. Exp Appl Acarol, 25 (3): 203-215